Sustaining Life : How Human Health Depends on Biodiversity

サスティニング・ライフ

人類の健康はいかに生物多様性に頼っているか

Edited by Eric Chivian, M.D., and Aaron Bernstein, M.D.
エリック・チヴィアン／アーロン・バーンスタイン編著
小野展嗣／武藤文人監訳

東海大学出版部

We dedicate this book to the millions of plant, animal, and microbial species we share this small planet with, and to our own species, Homo sapiens, who. first walked on Earth some 195,000 years ago, and struggled to survive over the millennia to become the magnificent and extraordinarily powerful beings we are today.

May we have the wisdom, and the love for our children and all children to come, to use that power to save the indescribably beautiful and precious gift we have been given.

Doctors Eric Chivian and Aaron Bernstein are deeply grateful for the support given by the Mitsubishi Corporation Foundation for the Americas for the Japanese language edition of Sustaining Life: How Human Health Depends on Biodiversity.

エリック・チヴィアン博士とアーロン・バーンスタイン博士は，『サステイニング・ライフ：人類の健康はいかに生物多様性に頼っているのか』を刊行するに当たり三菱商事米州財団の助成を受けました．三菱商事米州財団に深く感謝いたします．

Sustaining Life: How Human Life Depends on Biodiversity

サステイニング・ライフ

生態学者は人類への警鐘を暗喩して，坑道の中のカナリア，と呼んできた．この小鳥は爆発や火事の後の石炭鉱山の中へつれていかれ，毒性ガスの探知に用いられるが，同じように我々のまわりのある種の繊細な植物や動物が，病的状態や死ぬ様子をみれば，共にいる環境の危険な変化の兆候が得られる．

今日の世界では我々自身がカナリアの役目を果たしているのかもしれない．そんな疑問を抱くのももっともだ．しかし本書『サステイニング・ライフ：人類の健康はいかに生物多様性に頼っているか』の充実した内容は，その疑問の先を行っている．人類とこの星の何百万というほかの生物種たちのつながりには，無数の経路がある．他の生物のことを考えれば，つまりは我々のことを考えることになる．他の生物との共通の健康や福祉を無視するなら，我々人類の種自体が危うくなる．我々と他の生物との関係をよりよく理解し，またより正しく管理すれば，我々自体の安全と生活の質が大きく改善されるだろう．

『サステイニング・ライフ』の読者は，生態学の分野ではまだ占有の進んでいないニッチにある，大量の文献を十分に活用できる．人は毒物汚染が及ぼす直接的影響はよく知っているものである．また，大気高層のオゾンホールが良くないことや，地球温暖化や森林破壊，淡水水源地の減少が地球の大きな危機であることもよく知っている．しかし，普通の人々はもちろん，ほとんどの科学者にとってさえも理解しがたいのは，生物多様性は人類の幸福に対して広範な影響を持つ，ということである．なぜ理解しがたいのかと言えば，一般的な世界観では健康とは我々の体内の問題であり，家畜や病理的な微生物は例外だが，人類以外の生物は考えられていないからである．

『サステイニング・ライフ』のテーマはこのような一般的な理解とは正反対にある．およそ考え得るすべての経路で，生物多様性は人類の健康に広範な影響がある．現在地球上で進行中の種および生態系の破壊や管理の失敗は，疑いもなく植物の自然資源の質を低め，また自然環境を不安定にし，さらに人類に感染する病原や我々の生命が依存する農作物や森林に対する侵略的生物の拡散を促進している．この傾向を元に戻す努力は最小限にしか行われていない．加えて，生物探索，つまり新たな薬物原料の開発のために生物多様性に期待する行為は，ほとんど無視されているかわずかしか行われていない．公衆衛生の促進に天然の生物多様性を利用する試みはほとんど無い．こういった数々の失策から，人類の80％が存在しまた多くの健康危機が起きている発展途上国では，ひじょうに大きい不満が噴き出している．

『サステイニング・ライフ』では著者らは世界観の転換を提案している．それは，人類社会とは，生命の網の一部であり，またその網目に絡まれているという，明白な原則から断言されている．我々は生物界を超越した超精神的存在あるいは技術科学的に高位の存在になることはできない．生命は我々の周りや，体内にも満ちあふれている．人体の細胞はほとんどがヒトではなく細菌であり，口腔内だけでも700種以上の細菌が棲んでいて，その特殊化した社会が病原性の種の進入を防いでいる．ある試算では肥沃な土壌１トンには400万種の細菌いるが，その１グラムに100億個体ほどがいることとなる．目には見えなくとも，土壌その他の場所にいるこれらの生物の集合体は，我々の連続する存在の生命維持に必要である．同様に，数百万種の昆虫の中で，数千種がペットにされたり病原体の保有者であるが，その残りの存在にこそ我々は依存している．もし有益な昆虫が繁栄しなければ，地上世界の生態系は崩壊し，それとともに人間社会の良き部分も滅ぶだろう．

多くの理由から，我々は人類自身の安寧のみでなく，その他の生命の存在にもさらなる配慮が必要である．生物多様性は，『サステイニング・ライフ』の著者らがやむにやまれぬ緊急性とともに論じているように，人類活動のあらゆる局面で利益となっていくだろう．それは医療面から経済面，我々の共同体の安全性から精神的な満足にまで及ぶだろう．

エドワード・O・ウィルソン

序　文

エドワード・O・ウィルソンはアリについてこう述べている．「我々が生き延びるために彼らが必要だが，彼らは我々を必要としない．」同じことは，実際，無数の他の昆虫，細菌，菌類，プランクトン，植物，その他の生物についても言える．この基本的真実は，しかしながら，我々の多くから抜け落ちている．それどころか，我々人類は一般に自然界でまったく独立しているかのように活動している．あたかも自然界のほとんどの生物無しに，そしてそれらから提供される生命を与えるサービス無しに，まさに自然界は産物とサービスの無限の供給源で我々だけが利用し，無限の水源であるかのように．

たとえば，ここ50年間ほどで，我々の活動により，おおよその量で地球から失ったのは，表土の５分の１，農業に適した土地の５分の１，大規模商用海洋漁業の約90%，そして森林の３分の１である．この期間中に人口が約３倍に増加し，25億人から65億人以上となった．我々は何百万トンもの化学物質を土壌や淡水，海，大気中に投棄したが，これらの化学物質が他の種や，実際には自分たちにも及ぼす影響については知らなかった．我々は大気の組成を変え，有害な紫外線をろ過するオゾン層を薄くし，陸上および地表のすべての生物に有毒であり，大気中の二酸化炭素の濃度を 60万年以上の間地球上に存在しないレベルまで上昇した．これらの二酸化炭素排出は，主に我々による化石燃料の燃焼で起きているが，地表と海洋の温暖化と気候の変化をもたらし，人類とその他の生物の健康と生存を世界中でますます脅かしている．そして現在，人類は，究極的には光合成に由来する陸上の生物学的総生産のほぼ半分，そしてこの惑星の再生可能な淡水の半分以上を消費または浪費している．

我々は他の生物種の生息地に大きな損害を与えて絶滅に駆り立てており，その環境への攻撃は不可逆的な１つの結果として，自然災害の数百倍から数千倍もの速さで影響を与えている．そうして，ある生物学者たちは，事態が「第６番目の大絶滅現象」に突入した，と述べている．前回の大絶滅現象，第５番目が起きたのは6500万年前で，恐竜その他の多くの生物が一掃された．第５番目では，おそらく地球に巨大な小惑星が衝突した結果だったが，今回は我々が原因である．

もっとも邪魔をしているのは，これらすべての動きが一緒に起きた結果，我々は「生態系サービス」と呼ばれるものを妨害しており，つまり，そういった様々な方法は，その生物たちの，さらにはそれら生物たちお互いの相互作用や，生物たちとその生存環境との相互作用の諸々の合計，人間の生命を含め，この惑星の生命を生きているすべての人生を生き続けるように機能している．

我々はこういったすべてのことを行ってきた．我々ヒト *Homo sapiens* の１種だけが，地球上おそらく1000万，あるいはその何倍以上もの種の中で，どこで何をやろうと何の影響も受けないかのごとく振る舞ってきた．

この星の過酷な劣化には，多くの要因があるが，急速に拡大する人口と資源の持続可能でない消費の影響を，我々が真剣に受け止めることができないことが，そこに少なからずあり，また，そうした点は主に先進国の人々が行っているが，途上国でも増加している．最終的には，我々は基本的な理解で失敗してしまった．人類は自然と切り離せない部分であり，自然に深刻なダメージを与えれば，自らも深刻なダメージを受けてしまうのである．
本書は1992年のリオデジャネイロの地球サミットで最初に考案された．そこでは，その時点で史上最大の世界指導者集会が開催され，何万人もの政策立案者，科学者，環境保護者などが集まり，野心的な目標を定めて地球規模の気候変動を抑制し，世界の生物多様性を保全しようとした．我々はそのとき認識し，またさらには現在明らかになっているが，地球温暖化の問題とは対照的に，人間の健康の潜在的な影響に重大な注意が払われており，主要な国際的な報告書では章が設けられているが，種の喪失と生態系の混乱の問題については同じことが当てはまらない．
このように，一般に生物多様性と人間の健康の関係は無視されているが，それは非常に深刻な問題と考えられ，生物多様性の損失の人類への全方位的影響が政策決定に知らされないだけでなく，健康リスクの理解を欠いている一般市民は，生物多様性の危機の規模を把握しきれず，それに対処する緊急性を発揮しない．悲劇的なことに，審美的，倫理的，宗教的，そして経済的な議論でさえ，彼らを説得するのに十分ではない．
この必要性に対処するため，ハーバード大学医学部の健康地球環境センター（CHGE）は，国連の支援の下，他の種が人間の健康にどのように寄与しているかを知るために，国際的な科学的効果を調整し，主題に関する総合的な報告書を作成しようとした．幸いなことに，国連環境計画，国連開発計画，生物多様性条約事務局はこのプロジェクトの共同スポンサーとなり，後に国際自然保護連合（IUCN）もこれに参加した．その結果が本書，『サステイニング・ライフ：人類の健康はいかに生物多様性に頼っているか』である．
我々はサステイニング・ライフにおいて７つのグループの生物に着目し，それらの喪失と絶滅，あるいは絶滅による喪失，そして無数の他の生物の損失が人間の健康をどのように意味するかを説明しようとしている．我々が特に注目した両生類は，地球上の生物群の中でもっとも脅かされており，約6000種のうち約３分の１が絶滅の危機にさらされており，120種以上が過去数十年ですでに絶滅したと考えられている．両生類は過去３億5000万年以上にわたって地球上に存在していたが，化石記録には過去にこのような高い割合で絶滅が起きた証拠はなく，そのためこの損失は新しいものであり，人類に起因する現象と考えられている．
本書では豊富な事例で両生類がいかに人類の医学に貢献しているかを示した．それは極めて重要な化学物質で新しい鎮痛剤や高血圧治療薬につながるものからはじまり，生医学研究で両生類が果たしてきた，また現在も果たしている中心的な役割についてまでである．両生類は，たとえば，抗生物質治療への耐性菌の出現を防ぐのに役立つかもしれない．この現象は急速に激しさを増しており，患者の感染症よりも一歩先を見据えて奮闘している医師に大きな警鐘を鳴らしている．我々はここで，もう１つの事例を読者のために紹介し，両生類の喪失がどれほど大きな人類の損失となるのかの手助けとしたい：
イブクロガエルのなかま（カモノハシガエル *Rheobatrachus silus* とキタカモノハシガエル *R. vitellinus*）は，幼体が胃袋から出てくる他に類を見ない両生類だが，1980年にオーストラリアの熱帯原生林で発見された．これらカエルではメスは受精卵を飲み込み，卵は胃の中で孵化する．孵化が完全にオタマジャクシ期まで進むと，母親ガエルがはき出すことで幼体は外界に届けられ，成体のカエルへと成長していく．
カエルを含むすべての脊椎動物種の胃は，酸とペプシンなどの酵素を分泌する細胞があり，食物を消化する．また胃を刺激して中身を空にし，内容物を小腸に移動させてさらなる消化が起こるようにする化合物も存在する．食物の摂取は，これらの化合物の放出の引き金となる．イブクロガエルのオタマジャクシを用いた予備研究では，オタマジャクシは単独または複数の物質を分泌し，母ガエルの胃の酸とペプシンの分泌を抑制し，また胃が空になることを防ぎ，消化されないようにしていることが実証された．これらの研究は，ヒト消化性潰瘍（米国で2500万人を超える人々に影響を及ぼす疾患）を治療する重要な新知見につながったかもしれないが，イブクロガエル類 *Rheobactrachus* の両方の種が絶滅したために，続けることはできなくなった．

先進工業国から発展途上国まで，幅広い専門分野の科学者たちが，本書をとりまとめるのに関わってきた．そうしてきたのは，本書は人々の理解を助け，人類が自然の不可欠な部分であること，そして我々の健康は種の健康と生態系の自然な機能に最終的に依存していること，が広まると確信しているからである．また本書を書いたのは，我々は皆，私たちの努力が政策立案者の助けとなり，革新的かつ公平な政策をたて，健全な科学に基づいて，生物多様性を効果的に保全し，世代を超えて人々の健康を促進することを願っているからである．そして最後に，本書を作ったのは，我々は皆，地球上の生命は神聖であり，それを残して行くことを決して諦めてはならないと，と信じているからである．そしてまた，我々はみな確信している．人々が自らとその子どもたちの健康と生命がどれだけ危うくなっているのかに気が付きさえすれば，地球環境を全力で守ろうとするだろうと．

エリック・チヴィアン，医学博士
アーロン・バーンスタイン，医学博士

刊行に寄せて

世界が地球規模の環境危機に直面している理由の１つに考えられていることとして，我々人類が住んでいる自然世界からある種の隔離がされていて，それがために自然世界に対して物理的，化学的，そして生物学的な体系を変えることができてなおかつその影響を人類自身が受けないからである，というのがある．サステイニング・ライフは，この広く持たれた誤解に疑問を呈しており，利用できる最高で最新の科学的な情報で，我々が想像するであろうより大規模に，人間の健康が，他の種の健康と，そして自然の生態系の好ましい機能に依存することを決定的に証明している．

地上の生命は変化に富み，そのことを示す生物多様性は，苦しみをやわらげ，生活水準を上げ，国連のミレニアム開発目標（国連加盟国に採用された，世界で人間の健康と幸福を進めるための2015年の一連の８つの目標．環境の持続可能性を確実にすること，極端な貧困と飢えを半減すること，HIV／AIDS，マラリアと他の病気と戦うことを含む．）を達成しようという我々の努力の中心にある．我々は生物多様性が提供する無数の奉仕なしではいられない．それらは我々の収獲のために受粉し，窒素，リンその他の栄養分で土地を肥沃にし，何百万という人々に生計と薬品を提供している．医療の進歩は，現在処置不能の病気の治療を含めて，植物・動物・微生物に由来する強力な薬品や，その他の種の生医学的な研究から得られる知識なしでは不可能である．我々は，この人の生命の柱を節約し，そして維持しつつ使わなければならない．しかしながら，生物多様性は先例のない率で落ち込んでおり，資源として，そして，高水準の注意に値する問題としての評価はまったく不当である．

本書は世界が進む方向を変えるのを手助けしようと試みている．この有意義な仕事を作り出すために先進国からと同時に発展途上国からも国際的科学的なチームに人員を招集した，ハーバード・メディカル・スクールの健康地球環境センターを称賛したい．また，この教育的な努力が，生物多様性条約事務局，国連環境プログラム，および国連開発計画を含むいくつかの国連部局との密接な協力の成果でもあることを，私は喜びたい．いかなる読者にも理解可能なように，直接的な，そして技術的でない用語で書かれた，サステイニング・ライフは読者を教え，また知らしめるだろう．しかし本書はまた，主題の周囲での緊張感を伝え，究極的には政策立案者と市民を納得させようとしている．我々の将来の健康と前途，まさに我々の命そのものは，この挑戦を全想像力を費やして進めることにかかっており，そしてそれゆえに，我々は将来の世代から自然界の富から利益を得る機会を奪わないようにせねばなるまい．

コフィ・アナン（元国連事務総長）

訳者序文

今から40年も前の話になるが，ドイツのマインツ大学に留学してまもなく，指導教官の若いＭ教授から２つの注意を受けた．１つは，喫煙に関することで，「吸うのは君の自由だが，喫煙が健康に与える影響を科学的に正しく理解しているはずの医者や科学者が率先して禁煙を実行しないと，自らの研究姿勢に対する社会の信用が生まれない」という趣旨だった．これには大いに共感したので，それから半年かけて徐々に量を減らし完全に禁煙した．もう１つは，象牙の箸を使っていたことだ．ゾウの密猟につながっているという．これに対しては，日本や中国に象牙やべっ甲の文化があること，いかに象牙が箸の素材として優れているか，また，産業革命以前の文明ではゾウやタイマイの存続が危ぶまれるほどの乱獲は行われていない，など多少の反論を試みた．だいたい狩猟をゲームにしたのも，大型船に捕鯨砲を積んで近代捕鯨を始めたのも西洋人である．ヨーロッパの森は一見美しいが，中で調査をしてみると，思ったより昆虫相が貧弱だ．先輩に聞くと，ほとんどが中世以降伐採され続けた二次林で，たくさんの昆虫が絶滅してしまい面白い種が採れるのは林床の落葉層からだけだという．

本書を訳していて，私はこのことをすぐに思い出した．私が渡独した当時（1976年）は，まだ保全生態学（保全生物学）という概念はなく，経済発展と自然保護が両立しない，ということがようやく理解され始めた頃だった．黄色を通り越して赤信号が点滅し始めている地球において，もはや人類の生き方自体をコントロールしないと，取り返しのつかないことになるという危機感が，世界各地で環境問題に取り組む人たちを変えた．しかし，現実には世界人口の増加をくい止めることは容易ではないし，気温や CO_2 の濃度など悪い要素ばかりが右肩上がりで，しかもその速度を増している．

本書は，ひじょうに複雑にみえる地球の環境問題が，じつは「私たち人間の豊かな生活」という案外単純かつ単一の原因によって発生している，ということをくり返し訴える．とくに1960年代以降の地球環境の変貌ぶりについては数値や実例を挙げて丁寧に解説している．古代ギリシャや中国に起こった文明は，3000年，4000年の間，自然と人類の調和の上に成り立っていたが，わずかこの数百年の間に，修復不能な自然破壊が地球環境の悪化とそれに伴う生物多様性の顕著な衰退をもたらした．その原因を１つひとつ解き明かして行くと，それは文明の高度化という一点に限りなく収束する．

日本と関係の深い，海洋資源が枯渇する構図などは好例で，船の性能，網の素材，冷凍技術あるいは魚類の生態の研究などによる技術革新によって漁獲量が以前とは桁違いに増えている．漁業者の言い分は，多くの人の食卓を潤すことで社会に貢献しているというものである．結局，収量をコントロールする以外に道はないのだが，獲れなくなれば場所を変え，魚種を変え，獲れなくなるまで獲ってしまうのが人間の所業であることは，本書に掲げられた事例が物語っている．自分がやめても，他の国の漁船がきてさらっていってしまう．マグロやサケなどの漁獲量の制限にはどうしても強権，それも国際的な強制力が必要になる．かといって養殖漁業にも，陸上における農業や牧畜と同じように数々の問題があることを本書は指摘している．仲間内で同期的に物事を進める日本では，食材としての魚介類や鯨などの水産資源に問題が生じていることを指摘されても，一方で国をあげて和食文化の海外への普及に懸命なので及び腰になる．異文化の人たち，対極の意見の人たちと議論し，そこに潜む矛盾を克服してこそ国際的な地位を確立できる．既得権をやんわりと剝ぐ行政的な手腕も問われるところだ．米国の大統領選挙を例に挙げるまでもなく，民主主義では単純な多数決ではなく，数ある意見を何度も篩いにかけて本質を絞り込み最終的に二者択一として民意を問う．

本書のところどころに，西洋人（とくにアメリカ人）特有の一方的な論理も顔をのぞかせる．発展途上国の人が読むと，「自分たちがやりたい放題やった後に，責任転嫁も甚だしい」と思えるかもしれない．しかし，原著者らは科学者としての判断と感性に基づく「社会的責任」（social responsibility）を果たすことにひたむきなのだ．植民地主義が地球をほぼ覆った時代に膨張主義的政策を掲げた後発のドイツや日本が叩かれ，結果的に植民地の解放が達成されたように，環境問題も欧米主導で国際世論が形成されている．たとえばアマゾンの原生林を開発して有用植物のプランテーションを行っているのも，そのために起こる生物多様性の衰退や種の絶滅危惧を告発しているのも同じ側の人間であって，現地の人々の立場に立った議論はほとんどない．先進国と開発途上国の意識のずれを解消するには，現地に雇用が生まれ，人びとが裕福になって消費が伸び，やがて先進国の仲間入りをすればよいということなのだろうが，そのために犠牲になる自然は誰からもまったく顧みられていない．

日本人は集団行動に馴らされていて，とくにティーンエイジャーは企業の戦略に踊らされやすいと言われる．化粧品や玩具などの小物や音楽，アニメなどのメディア商品など生活必需品ではない物が効率良く利益を生む．本書の終章に環境破壊を抑える手だてとして，節電やリサイクル，地産食品の奨励のほか「パーム油（ヤシ油）を成分に含むマーガリンやクッキーを買うのを避ける」「自動車の使用を控える」「市当局に緑地を増やすことを陳情する」「教育委員会に環境問題を教科に組み込むよう嘆願する」など，企業にとっては頭の痛い行動規範が具体的に提案されている．言うは易く行うは難しなのだが「高価な化粧品を買わない」「アボカド等の輸入食材を食べない」「薬剤や抗生物質を使用しない」ことを読者の方々は実行できるだろうか．本書を読んで，現在の地球環境の状態とそれを悪化させた原因など，環境問題の「本質」を正しく理解したならば，少なくとも1つは態度で示してほしい．今では親友の一人となったM教授の一言で私は禁煙することができた．些細なことでも日常の習慣からの脱却には，本人の努力のほか，きっかけと周囲の理解が必要だ．世界中で喫煙する人がいなくなれば，火事を防げるだけでなく，タバコの栽培地が森に戻る．水を飲めば生きていけるのだから，ものすごい面積のコーヒー園や茶畑の自然回帰も不可能ではない．

本書は，過去の大量絶滅まで引き合いに出して，近未来に起こるカオスの危険が夢物語ではないことを警告している．1972年に中国と国交が回復したとき，経済界は「中国の人口の分だけ日本の家電製品が売れる」と見込んだが，そうした奢りが半世紀の間に拡大する中国経済の脅威に対する不安へと変わった．消費に頼りきった経済活動には限界がある．化石燃料の枯渇を想定して，ポリエステルなどの合成繊維に代わるクモやカイコの天然糸の研究などが見直されている一方で，化学工業のほか，発電，運輸などあらゆる分野で石油依存が相変わらず続いている．

インドを訪れたのは36年ぶりだが，なにより衛生状態が改善しているのには驚いた．他の生物への影響を考えると不安を感じるが，薬剤の使用が徹底していて，ホテルや街角ではイエバエや蚊などの衛生害虫がほとんど見られない．整備された舗装道路を走ると，インド中央部の大地には延々と穀類，綿，果実，香料などの耕作地，そして牧草地が続く．そして隔離されたタイガー・リザーブ（保護地域）が，肉食獣との共存の難しさを教えてくれる．

本書には欧米をはじめアフリカや南米の事例を研究した文献が多く引用されている．しかし，国土の利用に関しては，悠久の歴史を持つインドや中国を擁するアジアは次元が違う．今後は，もっとアジアから環境問題の解決に寄与する情報や欧米の上を行く提案を発信していかなればならない．ひょっとすると，読者の一人の小さな英知がカオスを阻止するかもしれない．本書がそれに少しでも貢献できればうれしく思う．アジアには世界人口の60％以上に当たる44億もの人々が暮らしているのだ．

保全生態学が提唱されて三十数年，環境問題ばかりではなく，企業のPRや大学の講座など，ありとあらゆる分野で「持続可能な」（sustainable）という言葉を耳にするようになった．原書が刊行されたのはオバマ大統領就任直前の2008年である．日本では，その年を象徴する漢字が「変」だったように，大手製紙会社がこぞって古紙比率をごまかした「環境偽装」や数々の「食品偽装」が発覚し始めた年に当たる．本書のテーマは「生物多様性の維持がいかに人類の健康で文化的な生活のために大切か」ということにあり，当時のアメリカでは画期的な出版物だったようだ．邦訳に手間取ったことで鮮度の低下を心配したが，公害先進国でありながら日本では生物多様性や環境保全の議論が一般に浸透していく速度が遅かった．そのさなかに起こった大震災と原発事故によって「安全」が見直され環境問題への関心が一気に高まったことで，かえって絶好のタイミングで邦訳が出版されることになったのではないかと思う．辛抱強く編集を続けてくださった東海大学出版部稲 英史氏に訳者を代表して厚く御礼を申し上げる．

インド，アームラヴァティ市にて
2015年11月17日
小野 展嗣

Acknowledgments

Close to 300 people have had a hand in the making of this book — as authors, editors, reviewers, advisors, research assistants, research librarians, staff assistants, illustrators, photographers, and financial benefactors. It will not be possible to thank everyone as they should be thanked, for that would require another book. But we must recognize the following people:

We first acknowledge our remarkable fellow chapter authors, who have used their great expertise to help translate the science into compelling terms that an interested, but not necessarily a scientifically trained, reader could comprehend. We thank them for their extraordinary skill and hard work and for their commitment to the project and generosity to us.

Then, our wonderful research and staff assistants — Margaret Thomsen, Emily Huhn, Chris Golden, Joe Orzali, and Charlotte Hadley — who worked with the authors and with us to find just the right figures and tables for our needs, who researched the countless questions we raised and helped us keep track of the endless details involved in writing a book.

We must here also thank Google, the ISI Web of Knowledge, PubMed, and Wikipedia, whose parallel universes we have inhabited for significant portions of the past few years. And we have to mention those geniuses who conceived of and developed the Internet and the World Wide Web, changing all of our lives forever, without whom this book would not have been possible.

Our superb illustrators and designers, photo researchers, and Photoshop magicians, working at the Public Broadcasting Station WGBH and as freelancers — Tong Mei Chan, Elles Gianocostas, Lisa Abitbol, Doug Scott, and Deborah Paddock — deserve special mention and our deepest gratitude, as do our enormously skilled research librarians at Harvard — Jack Eckert, Mary Sears, and Dana Fisher.

There are a large number of other people all over the world whom we should recognize and thank — scientists, photographers, illustrators, and others who went out of their way so that this project would succeed. We cannot even list all their names. But several stand out, those we could always count on: Alejandro Alvarado, Karl Ammann, Adam Amsterdam, Joshua Arnow, Michael Balick, Robert Barlow, Julia Baum, Dami Buchori, Virginia Burkett, Marc Cattet, Gordon Cragg, John Daly, Robert Diaz, Giovanni Di Guardo, Andrew Durocher, Elaine Elisabetsky, Frank Epstein, Jonathan Epstein, Paul Epstein, Bill Fenical, Toshitaka Fujisawa, Beatrice Hahn, Brian Halweil, Jim Hanken, Ray Hayes, Hans Herren, Nancy Hopkins, Clinton Jenkins, Fred Kirschenmann, Donald Klein, Thomas Kristensen, Mike Lannoo, Richard Levins, Tom Lovejoy, John Marchalonis, Michelle Marvier, Roz Naylor, Ralph Nelson, Fernando Nottebohm, Judy Oglethorpe, Toto Olivera, Norman Pace, Andrew Price, Anne Pringle, John Reganold, Callum Roberts, Noel Rowe, Gary Ruvkun, Carl Safina, Bill Sargent, Anja Saura, Scott Schliebe, Chris Shaw, David Sherman, Ann Shinnar, Louis Sibal, Sigmund Sokransky, Melanie Stiassny, Amos Tandler, Else Vellinga, Burt Vaughan, David Wake, Diana Wall, LaReesa Wolfenbarger, Richard Wrangham, Junko Yasuoka, and Michael Zasloff. Thank you all. We hope we shall be able to return the favor someday.

We are honored by the co-sponsorship of this project by the U.N. Environment Programme (UNEP), the U.N. Development Programme (UNDP), the Secretariat of the Convention on Biological Diversity (CBD), and the World Conservation Union (IUCN), and could not have had better collaborators, colleagues, and friends who represented these agencies and organizations and who helped us with the content of the book and with shepherding it through their vetting processes — Hiremagular Gopalan and Maiike Jansen at UNEP, Charles McNeill at UNDP, Jo Mulongoy at the CBD, and Jeff McNeely at the IUCN. And we are deeply indebted to Kofi Annan for his Prologue and to Ed Wilson for his Foreword, and to both of them for their wisdom and outstanding leadership over many years in working to protect the global environment.

We also thank our editors at Oxford University Press, first Kirk Jensen, and in the last few years Peter Prescott, for being as excited about this book's potential as we were from its beginnings and for their unquestioning faith in us during its long gestation. Greater patience hath no men.

To our loving, supportive families, we can never repay you for your insightful critical commentaries; for enduring too many nights of take-out, and our frequent absences, both mentally and physically; and for always trusting that in the end it would be worth it.

And finally, this book has been made possible through the enormously generous financial support, for which we are deeply grateful, of many individuals, foundations, and corporations, including

3M
Arkin Foundation
Arnow Family Fund
Baker Foundation
Bristol-Myers Squibb
The Chazen Foundation
Nathan Cummings Foundation
Carolyn Fine Friedman
Richard & Rhoda Goldman Fund
Clarence E. Heller Charitable Foundation
Johnson & Johnson Family of Companies
Johnson Family Foundation
Henry A. Jordan, M.D.
J. M. Kaplan Fund
Leon Lowenstein Foundation
John D. and Catherine T. MacArthur Foundation
New York Community Trust
Newman's Own Foundation
Josephine Bay Paul and C. Michael Paul Foundation
The Pocantico Conference Center of the Rockefeller Brothers Fund
V. Kann Rasmussen Foundation
Rockefeller Financial Services — Anonymous Donor
Roger and Vicki Sant
Silver Mountain Foundation
Jennifer Small
Threshold Foundation
UN Foundation
Lucy A. Waletzky, M.D.
Wallace Genetic Foundation
Wallace Global Fund
Shelby White
Winslow Foundation

Thank you everyone, Merci, Gracias, 謝謝, شكرا

The Editors

目　次

甲虫の種多様性（ジュウジアトキリゴミムシ属 *Lebia* とその近縁群）
記載されているものだけで世界に35万種もの甲虫類が知られる．それは全昆虫の40％を占め，脊椎動物の種数の6倍にも及ぶ［出典：Champion, C. G., in Frederick Du Cane Godman and Osbert Salvin (editors): *Biologia Centrali-Americana; or Contributions to the Knowledge of the Fauna of Mexico and Central America*, 1881～1884, Vol. 1, Part 1, Insecta, Coleoptera, Table 10. R. H. Porter and Dulau and Company, London（ハーバード大学比較動物学博物館エルンスト・マイヤー蔵書）］

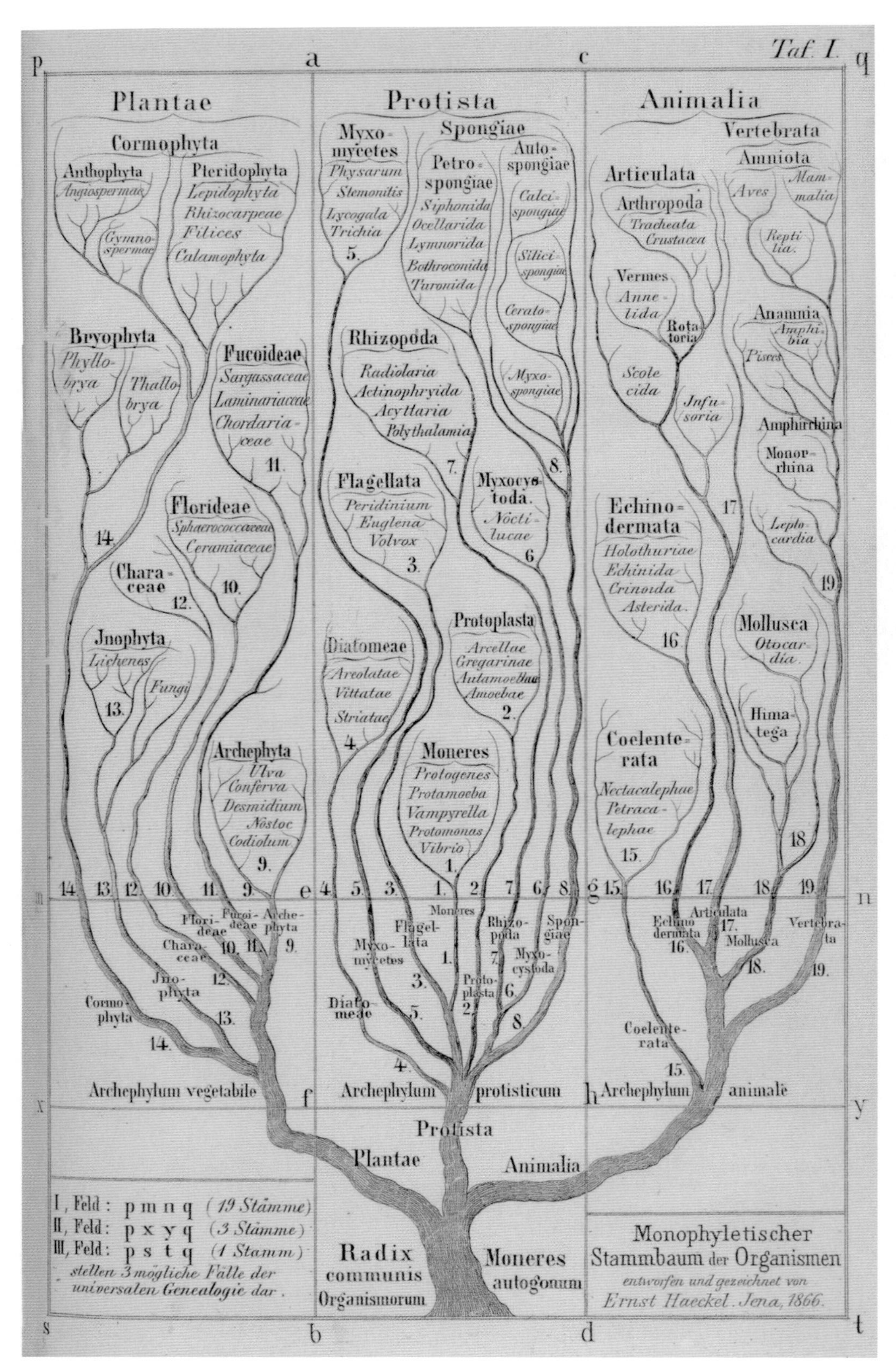

図1.1. エルンスト・ヘッケル（Ernst Heinrich Philipp August Haeckel）の系統樹
『生物の一般形態学』（1866年，ベルリン，G・ライマー社刊行，ボストン医学博物館，フランシス・A・カウントウェイ医学蔵書）より

Trigo (*Trigonia*)

Celt (*Celtis*)

Loncho (*Lonchocarpus*)

Ingcup (*Inga* + *Cupania*)

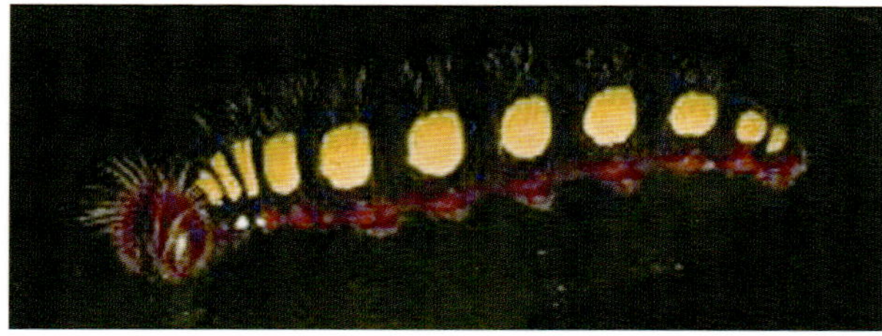

Lohamp (*Lonchocarpus* + *Hampea*)

Hihamp (*Hampea*)

Byttner (*Byttneria*)

Fabov (Fabaceae + orange venter)

Yesenn (yellow venter + *Senna*)

Sennov (*Senna* + orange venter)

図1.2. 新熱帯に生息する10種の異なったチョウ（アオネセセリ類）のイモムシ（幼虫）── 以前はこれらがすべて１種（*Astraptes fulgerator*）と考えられていた（訳者註：図中の文字は主な食草の名および色彩から付けられたあだ名．括弧内にそのもとになった言葉を補った）
長年にわたる博物館標本のDNAバーコーディングを含む形態学的な研究によって，以前は*A. fulgerator* １種と思われていたチョウがじつは10の異なる種であると確認された．DNAバーコーディングとは，種を特定するために，生物のゲノムの一部分の短いDNAの結合順序（塩基配列）を決定しそれぞれのヌクレオチドに特定の色を配して，スーパーマーケットで使われる統一商品コードと同じように縞模様で表す系統学的な手法である．成虫（チョウ）の形態はどれも極めてよく似ていて見分けがつかなかったが，幼虫（イモムシ）には特徴的な色彩や斑紋があり，しかも食草が違うなど生態学的にも大きい差異があるので，それぞれ食草や色の特徴などから上のような仮の名が与えられた．結局，これまで知られることがなかったこのチョウの多様性は，DNAバーコーディングと伝統的な分類学の手法を組み合わせて示された．熱帯の地域にはこうした隠蔽種の例が多いと思われる（Herbert et al., 2004, *Proceedings of the National Academy of Sciences of the USA*, 101(41):14812-14817より．©2004 National Academy of Sciences）
（訳者註：Brower, 2005, Systematics and Biodiversity, 4(2): 127-132など異論もある）

図1.3．新発見のイカ
この大型のイカ（未記載種）の体長は4～5 m（＝13～16.5フィート）と推定されている．アメリカ合衆国のモントレー・ベイ水族館の無人潜水艇ティブロン（Remotely operated vehicle “Tiburon”）によってのハワイ・オアフ島沖の水深3380 m（＝2マイル以上）の場所で撮影されたもの（©2001 Monterey Bay Aquarium Research Institute）

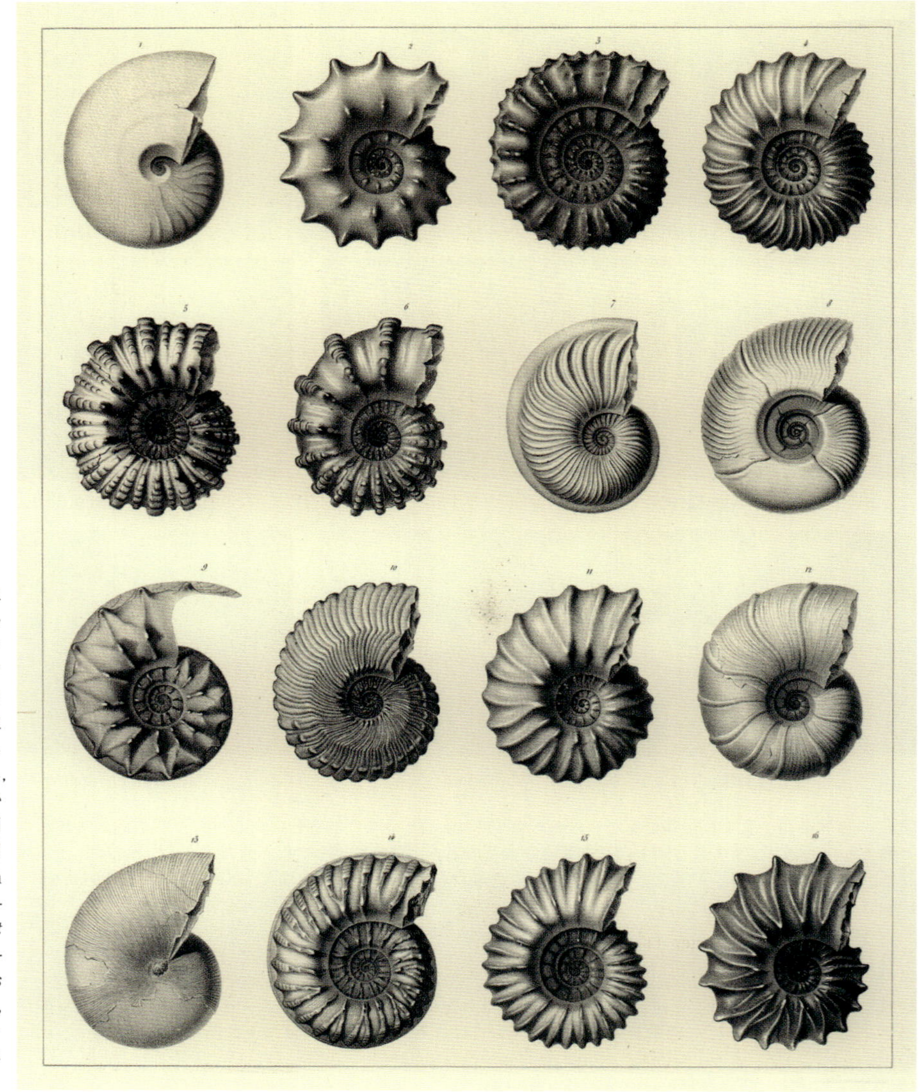

図1.4．アンモナイトの化石
海は，数十億年にわたって，生命の計り知れない多様性を育んできた．アンモナイトは，オウムガイ（*Nautilus pompilius*）やタコ，イカなどと同じ頭足類（イカ綱 Cephalopoda）に属する．古生代の海に広く分布し，多様でしかも個体数も多かった．しかし，中生代の初め2億4500万年前から白亜紀（6500万年前）に至る間地球上に存在し，恐竜と時を同じくして絶滅した［出典：Jean Charles Chenu, *Illustrations conchyliologiques, ou descriptions et figures de toutes les coquilles connues vivantes et fossiles, classées suivant le système de Lamarck*, Vol. 4, Plate 12, 1842-1853．ハーバード大学比較動物学博物館エルンスト・マイヤー蔵書］

図1.5. ハワイ諸島の絶滅鳥の１種 Hawai'i O'o（*Moho nobilis*）
ライオネル・ウオルター・ロスチャイルド著『レイサン島およびその周辺の島々の鳥類相』より［1893〜1900年，R. H. Porter（ロンドン）刊］.［訳者註：1934年に見られたのが最後と言われる］

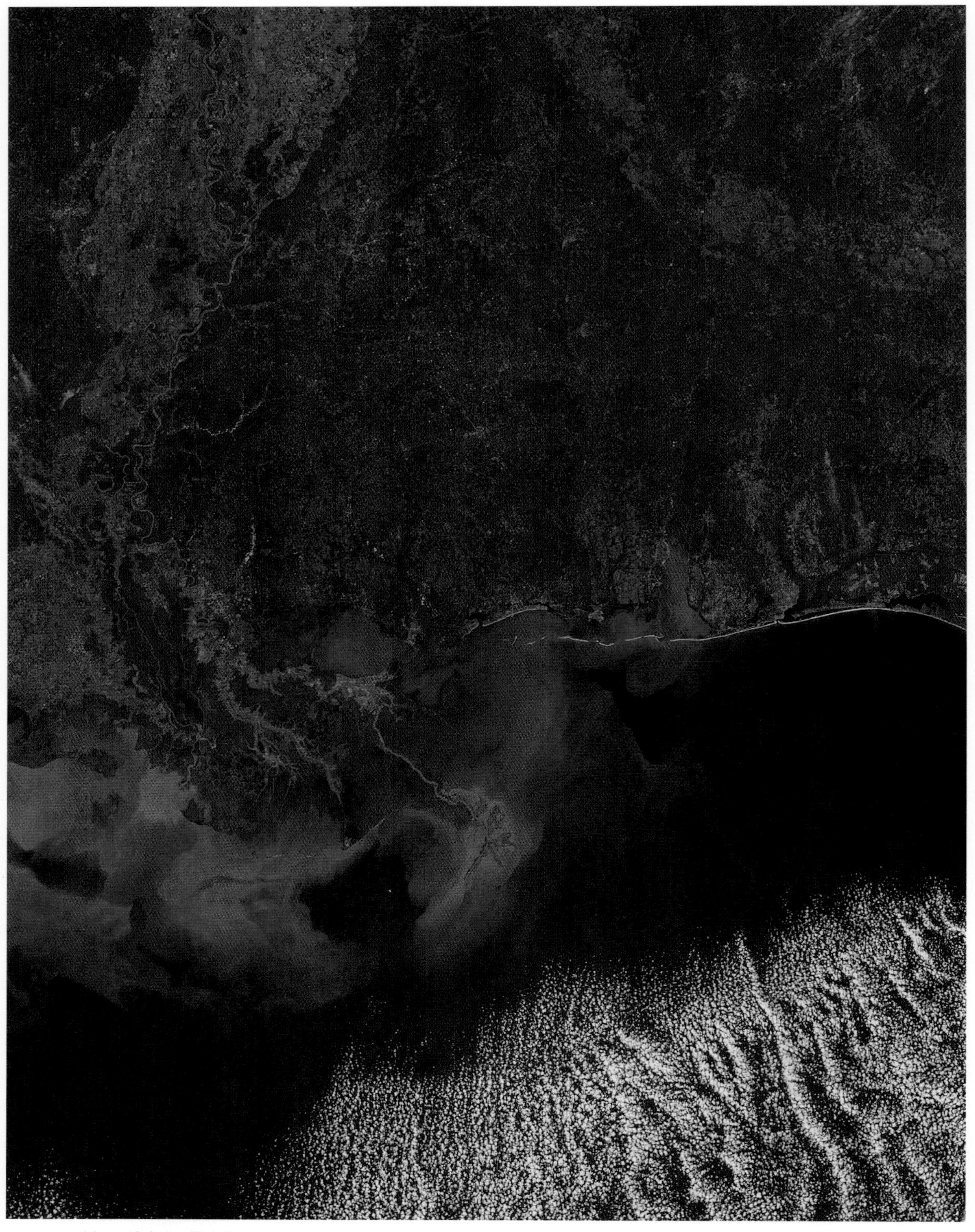

ミシシッピ川から流出する汚染物質で広がるメキシコ湾のデッドゾーン（海洋生物が生息できない低酸素海域）
2001年10月15日，NASAの人工衛星から撮影された画像．主にミシシッピ川からメキシコ湾に流れ込む化学肥料や汚水による堆積物や過剰な栄養素によってこうしたデッドゾーンが形成される．海岸線に沿った海域に異常発生する植物プランクトン（濁緑色の部分）が，懸濁する堆積物（茶色の部分）と相まって，海水中だけでなく海底に酸欠状態をもたらし，海生生物を死滅させる（画像提供：NASAゴダード宇宙飛行センターMODIS緊急対応プロジェクト．NASAのEarth Science Data and Information Services Centerのサイト gsfc.nasa. gov/oceancolor/scifocus/oceanColor/dead_zones.shtml も参照できる）

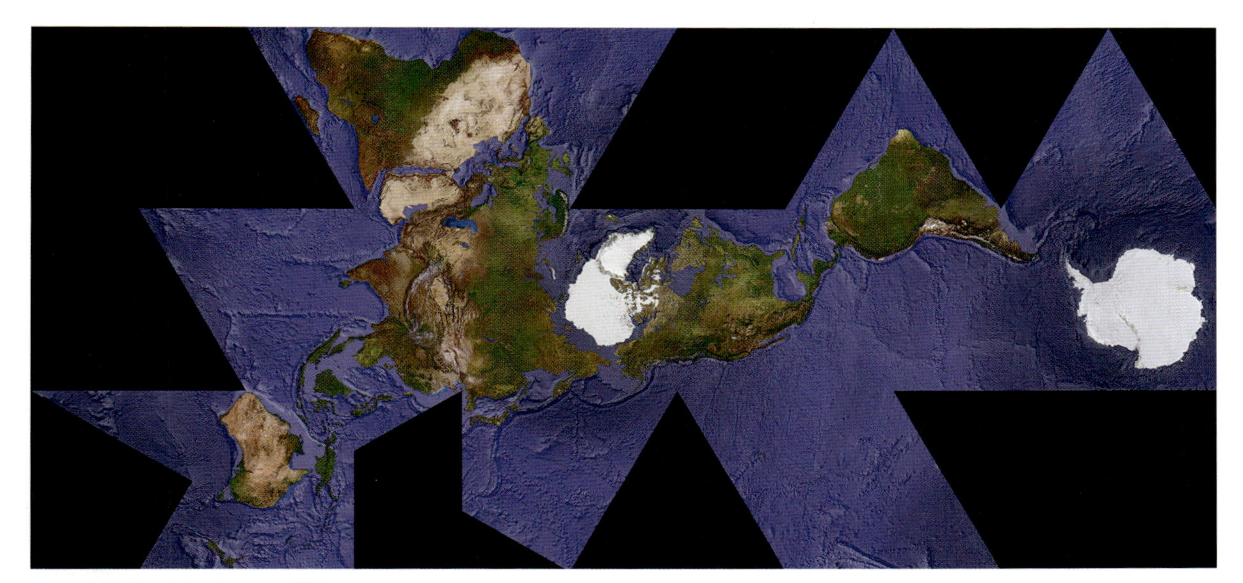

図 2.1. 地球のダイマクション地図
ブックミンスター・フラー（Richard Buckminster Fuller）が考案した．地球を正二十面体に投影した図法で，20の側面を持つ三次元構造をしており，それぞれの面は正三角形を呈する．この正二十面体を切り分けると二次元の地図に広げることができる．フラーは，このダイマクション図法は（ここではフラー図法と呼ぶ），ほかの図法（たとえばメルカトル図法など）に比べ以下のような利点があること強調した．まず，実際の面積や陸塊の形状との「ずれ」がひじょうに小さいこと，また，宇宙に上や下がないように，地図にも上下や南北がないことを示すことができること，そして，海洋によってそれぞれ隔てられているように見える各大陸が1つの連続した陸塊として表現できることである（実際にそれは2億5000年前にはパンゲアと呼ばれる1つの巨大な陸塊であった）[© 1938 Buckminster Fuller. Spaceship Earth Satellite Map © 2002 Jim Knighton and Buckminster Fuller Institute. “Dymaxion” およびダイマクション地図はバックミンスター・フラー研究所の商標. www.bfi.org 参照]

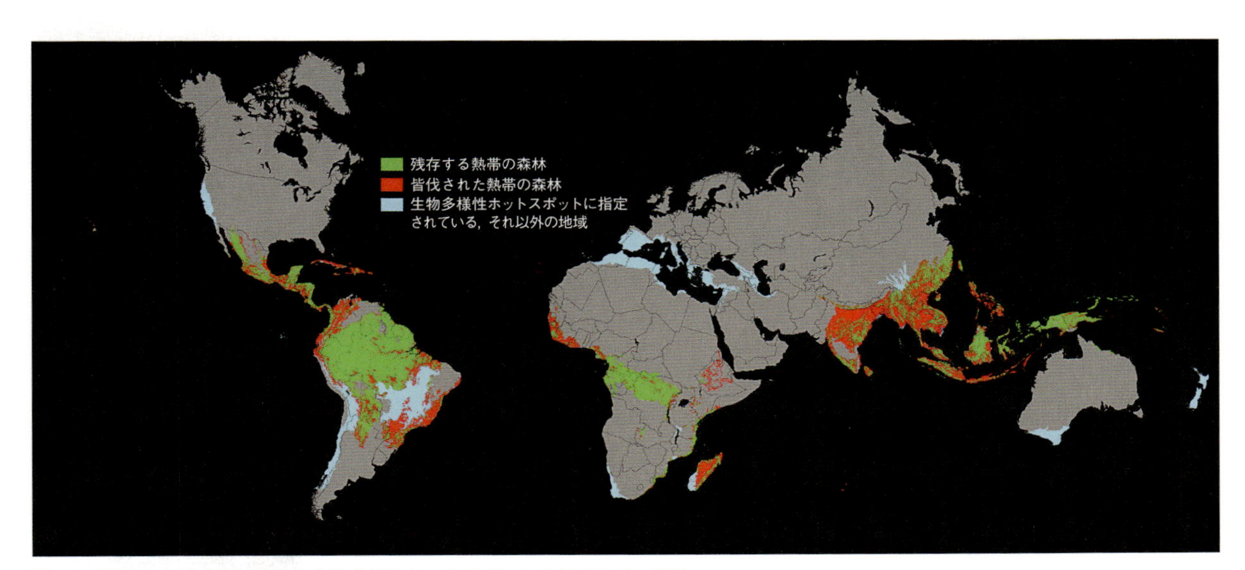

図 2.2. 熱帯における森林破壊と生物多様性ホットスポットを示すフラー地図
フラー図法により描かれた大陸の地図をもとに制作された．環境システム研究所（ESRI）の空間分析ソフト Arc GIS（Geographical Information Systems）のデータが，展開された大陸上にプロットされている．この地図では，皆伐された森林と残存する森林および生物多様性ホットスポットとして指定されているそれ以外の地域がよく示されている．現実に保全が可能性な地域の広さや地形がよくわかるので，研究者は，これからのフラー図法の利用価値に期待をかけている［Clinton Jenkins 制作．出典：S. L. Pimm and C. Jenkins, 2005. Sustaining the variety of life. *Scientific American*, 293(3): 66–73］

図 2.3. ブラジル，ロンドニア州の衛星写真．上：1975年６月19日，下：2001年９月19日
わずか二十数年間に，広範囲にわたる熱帯雨林が伐採され，新たにできた両側に支線のある道路が等間隔に平行して延び，魚の骨状のパターン（fish-bone pattern）と呼ばれる模様を描き出す［アメリカ地質調査所 U. S. Geological Survey から借用］

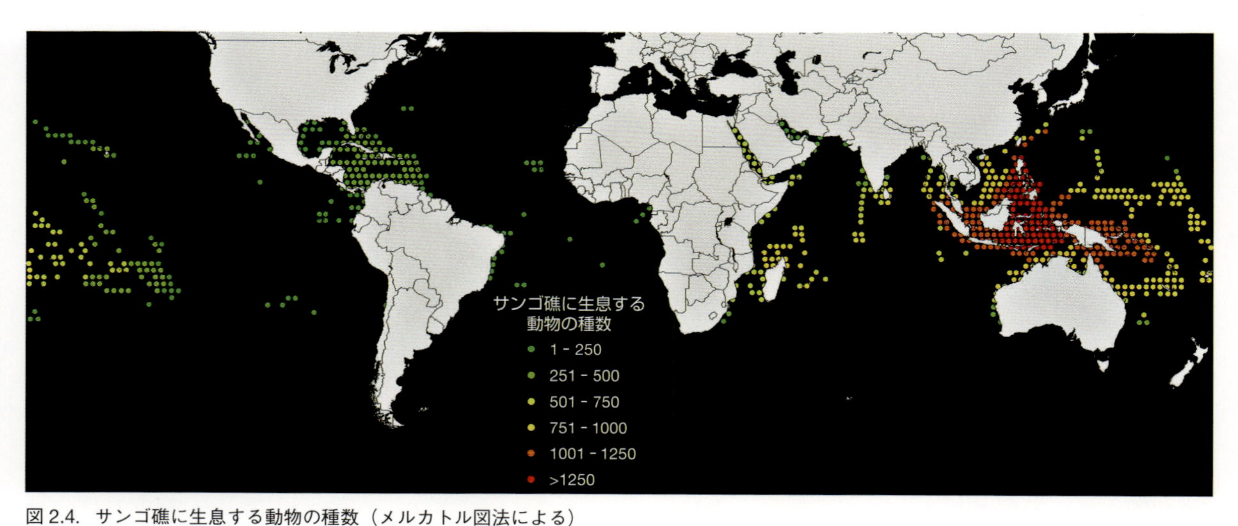

図 2.4. サンゴ礁に生息する動物の種数（メルカトル図法による）
サンゴ礁の生物多様性を表す．魚類，サンゴ類，貝類，および甲殻類を含む．それぞれのドット（点）は，同じ広さを示し，面積およそ5万 km^2（1万9000平方マイル強）の正方形の升目を意味する．サンゴ礁の生物がいかにインドネシアおよびフィリピン周辺の南太平洋の海域に集中しているかがわかる［Callum Roberts らのデータにより Clinton Jenkins が作成した図を，許可を得て掲載］

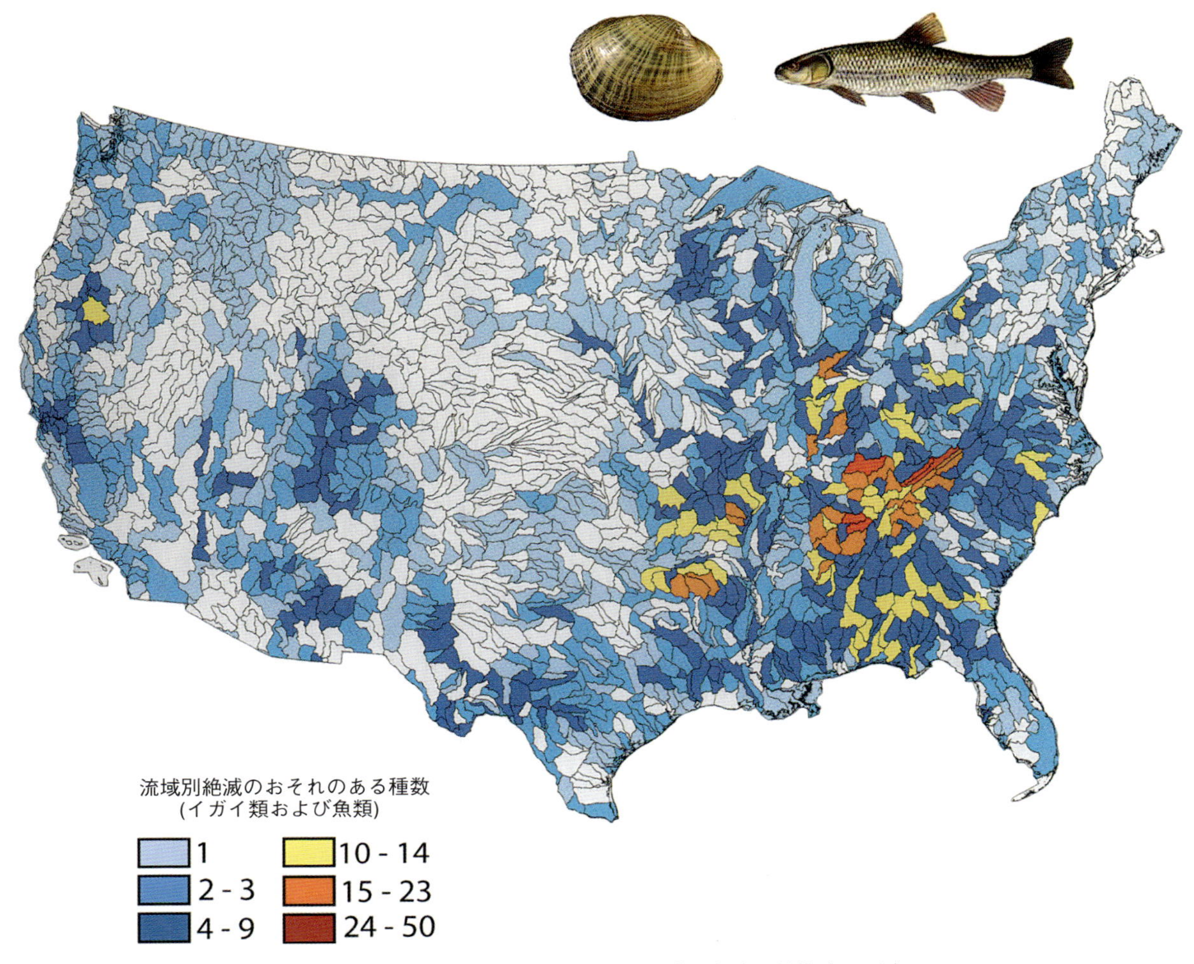

図 2.5. アメリカ合衆国における，流域ごとの絶滅のおそれのある淡水魚およびイガイ類の種数（1998年）
（L.L. Masters et al., eds., *Rivers of Life: Critical Watershed for Protecting Freshwater Biodiversity*. ©1998 Nature Serve and the Nature Conservancy, Arlington, Virginia より許可を得て改変）

図 2.6. ハクビシン（*Paguma larvata*）
（神奈川県横浜市環境局の許可を得て掲載. www.city.yokohama.jp/me/kankyou/dousyoku/nogeyama/tenji/hakubishin. html）

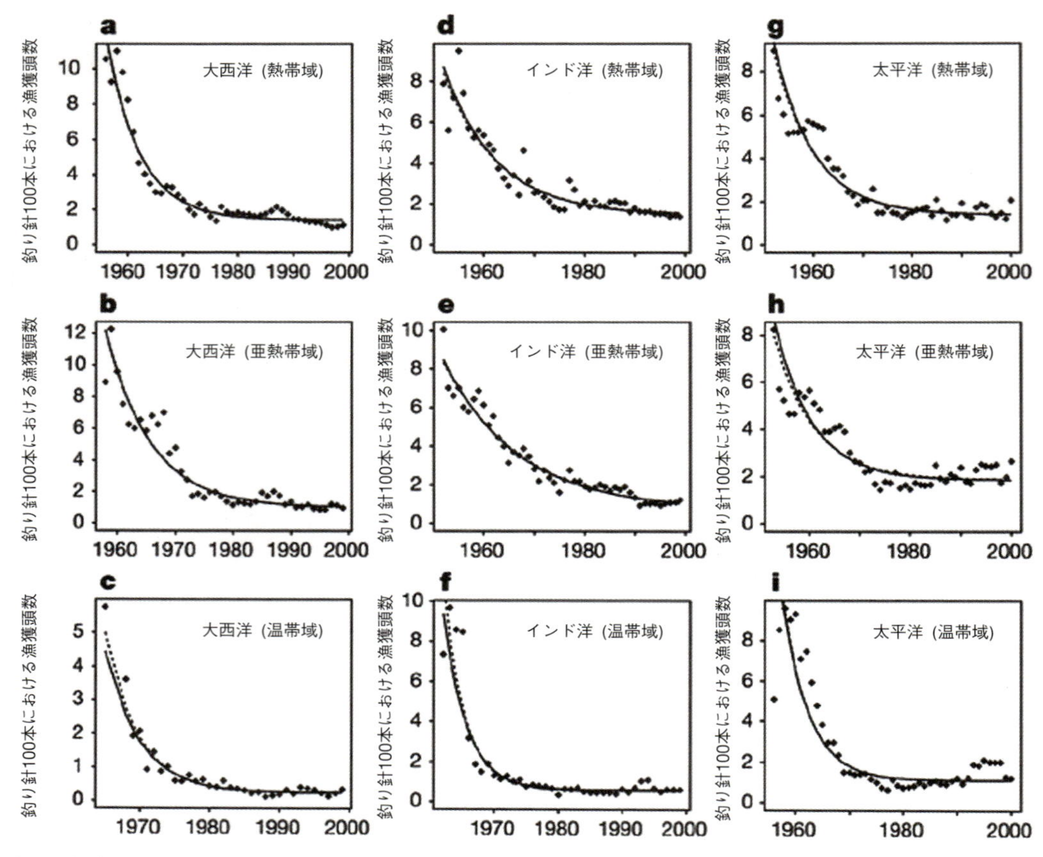

図 2.7. 過去40年間の大西洋，太平洋，インド洋における大規模商業漁業の崩壊.
グラフは，商業価値のある魚種の釣り針100本当たりの漁獲数を示す（R. A. Myers and B. Worm (2003) の Rapid worldwide depletion of predatory fish communities. *Nature*, 423: 280-283より引用. ©2003 Macmillan Publishers Ltd.）

写真 2.8. 外来種ホテイアオイ（*Eichhornia crassipes*）に覆われた湖面（David Sanger 撮影）

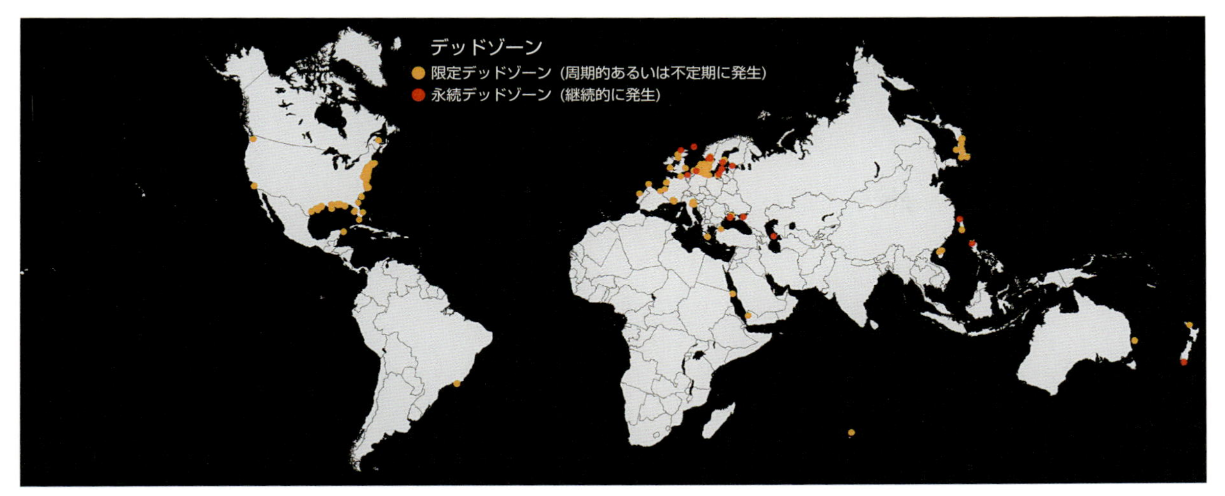

図 2.9. 海洋デッドゾーンの分布を表すフラー投影図
限定 - デッドゾーンとは，毎年発生するものおよび定期的あるいは不定期に再発しているものを指す．本図は環境システム研究所（ESRI：Environmental Systems Research Institute）の空間分析ソフト Arc GIS（Geographical Information Systems）を使用して作成し，GIS のデータがフラー図上にプロットされている．地図および大陸の配置は Clinton Jenkins 創案のものに，許可を得て以下の文献を適宜参照し改変：Diaz et al.: A global perspective on the effects of eutrophication and hypoxia on aquatic biona, in *Proceedings of the 7 th International Symposium on Fish Physiology, Toxicology, and Water Quality, Tallinn, Estonia, May 12–15, 2003*, Rupp, D.L. and M.D. White (sditors). EPA 600/ R-04/ 049, U. S. Environmental Protection Agency, Ecosystems Research Division, 2004, 1-33

図 2.10. ベンガルハゲワシ（*Gyps bengalensis*）
本種を含むアジア産の3種のハゲワシ類の個体数が激減したのは，ジクロフェナクという抗消炎薬が原因と考えられている（Ronald M. Saldino 氏提供）

図 2.11. コアホウドリ（*Diomedea immutabilis*）によって集められたプラスチック片
この鳥が繁殖するハワイ諸島の北西部に位置するレイサン島（Laysan Island）の海岸はプラスチックでいっぱいだ．それには，メカジキやマグロ釣りに用いられるケミカル・ライトスティックやフィッシング・ビーズ，釣り糸，ボタン，チェッカーの駒，使い捨てライター，玩具，PVC（ポリ塩化ビニール）製の管や部品，ゴルフのティー，皿洗い用の手袋，フェルト・ペンなどが含まれる．それらの大多数は，2000 km（1243マイル）も離れたアジアの国々から来たものだ（写真提供：Steven Siegal, Marine Photobank）

ネパールにおけるリンゴの花の人工授粉
中国とネパールの間の国境にある茂县国では，ハチが絶滅したために，リンゴの木を手で授粉しなければならない．100本の木を授粉するには20～25人の人出が必要だが，これはハチの集団2つがなし遂げられる仕事である（ネパール総合山岳開発国際センター，Farooq Ahmad，Uma Patrap 両氏より）

図3.1. マーシュ・アラブのリードハウス
この葦小屋はイラク南部のマーシュ・アラブ族の典型的な浮小屋で，この地域では何千年間にもわたる伝統通り，葦を縛って編んだもので作られている．サダム・フセインはこれらの湿地帯を大幅に破壊したが，主に国際的努力によって，それらの復活を助成する取り組みが現在進行中である（Nik Wheelerの写真から）

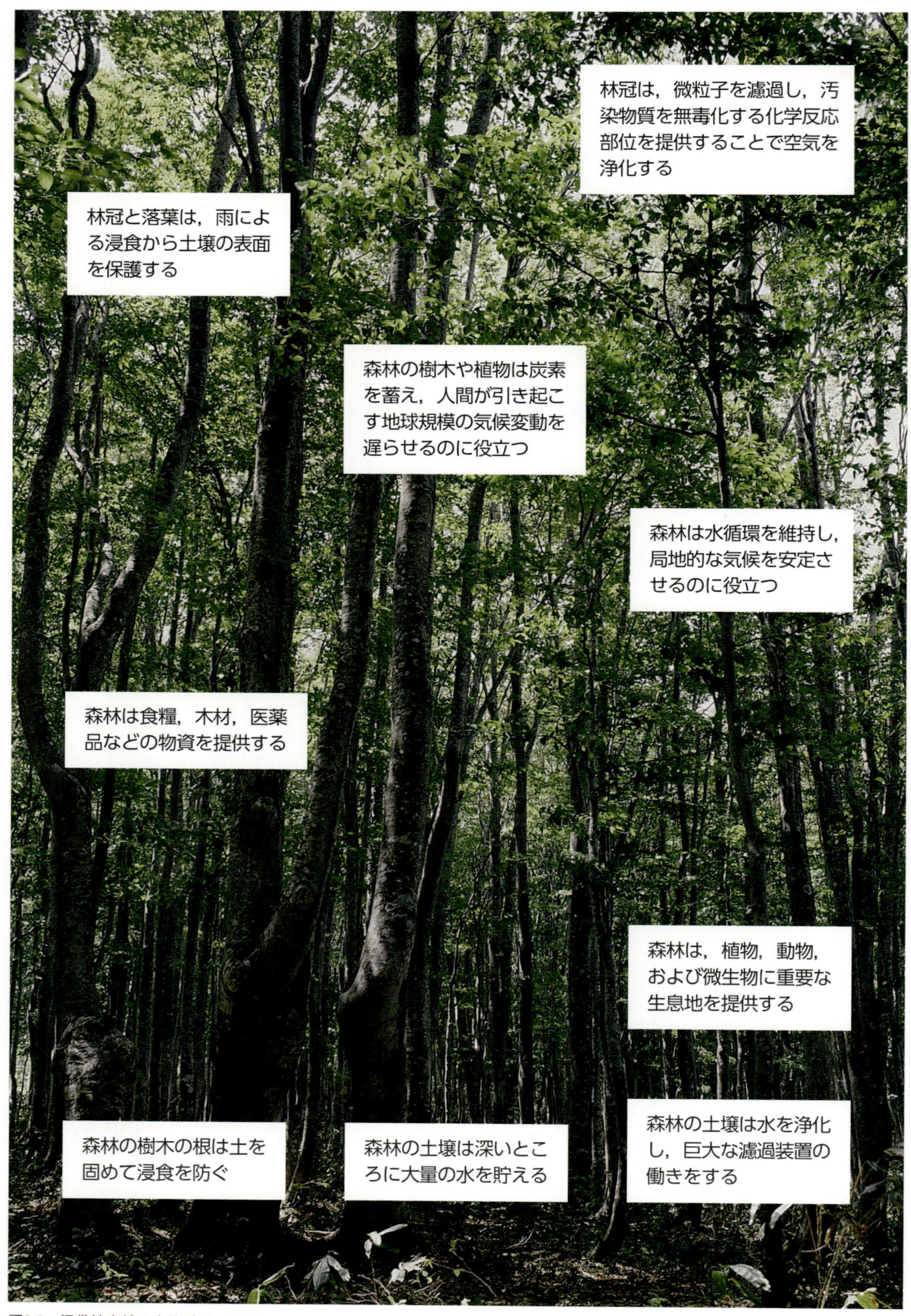

図3.2. 温帯性森林の生態系サービス
（写真原本は Jin Young Lee, www.dreamstime.com より，テキストデザインは Tong Mei Chan より）

図 3.3. 淡水湿地帯の生態系サービス
（写真原本は Mauro Marini: www.dreamstime.com より．
テキストのデザインは Tong Mei Chan より）

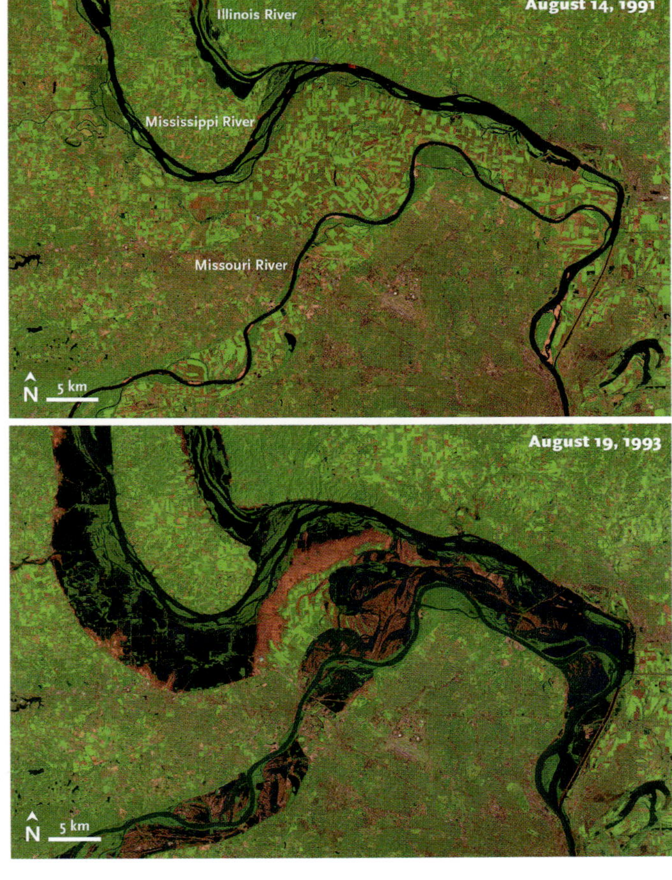

図3.4. ミズーリ州セントルイスにおける1993年夏の洪水前後
衛星写真は，1991年8月14日，および1993年8月19日に撮影したもの．異常豪雨とそれによる被害に引き続いたイリノイ川，ミズーリ川，ミシシッピ川の堤防破壊，何百万ヘクタールもの街，都市，農業用地に洪水をもたらした川の氾濫原の成長
（提供：NASA 地球観測写真）

図3.5. 1993年夏のイリノイ川におけるイリノイ州ヒルビュー近くの洪水が起きた農業地
（航空写真提供：Jim Wark）

図3.6. エルサルバドルのサンタテクラの地すべり
（© USGS.）

図3.7. フロリダ州南東部のマングローブの写真
強くて密集したマングローブの枝と根は，波と高潮のパワーを分散させ，海岸線を安定させる（提供：米国海洋大気庁）

図3.8. カラシナ（*Brassica juncea*）
カラシナは組織中に様々な有毒金属を吸収することができる（© 1995〜2004 ミズーリ植物園，F. E. Kohler の *Medizinal-Pflanzen*, Gera-Untermhaus, 1887 より引用．www.illustratedgarden.org/mobot/rarebooks/）

図3.9. イノモトソウ（*Pteris ensiformis*）
（提供：シンガポール国立公園委員会）

図 3.10. 西オーストラリア州の小麦畑を区切るユーカリ（*Eucalyptus* sp.）の生け垣
（© Oil Mallee Company of Australia）

図3.11. イセリアカイガラムシの上で摂食行動をするベダリアテントウ（*Rodolia cardinalis*）成虫
カイガラムシの背中にいる小さな赤みがかったテントウムシの幼虫に注意（© 写真は全カリフォルニア州 IPM プロジェクト参画大学の Jack Kelly Clark による）

図 3.12. キャッツキル流域の地図
6つの主流域が，ニューヨーク市へと通ずる経路上の貯水池と水路に沿って示されている（地図はキャッツキル保全開発センターが2005年12月に作成したもの．データ提供は，2005年のニューヨーク市環境保護部・上下水道局・地球情報システム課より）

図 3.13. アブラヤシ（*Elaeis guineensis*）
（© 1995～2005年，ミズーリ州植物園より）

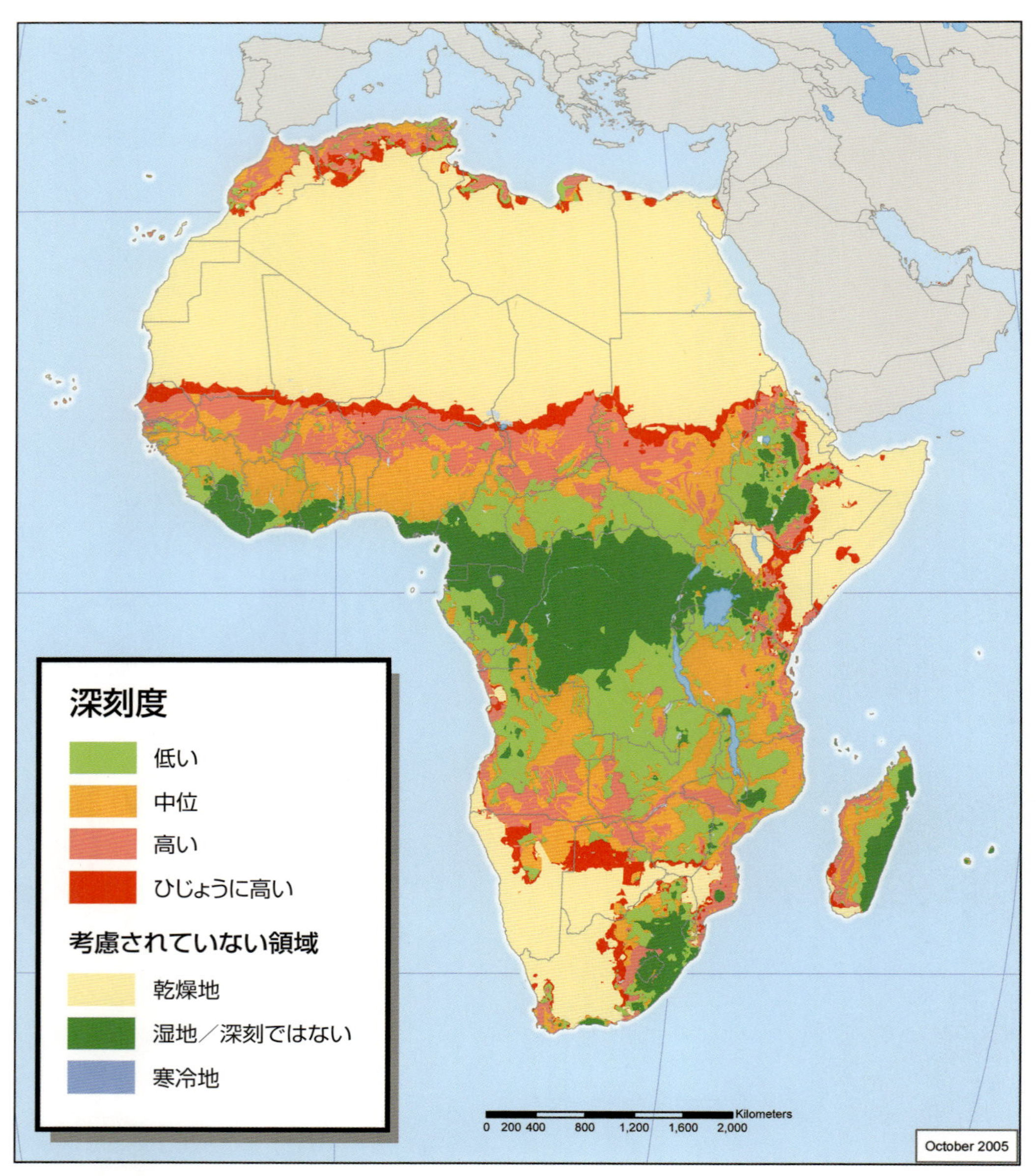

図 3.14. 2005年アフリカにおける砂漠化の深刻度
（提供：アメリカ農務省自然資源保全局土壌調査課）

イモガイ類の貝殻コレクション（ただし，最上段の右から２個目と３個目，２段目の右から２個目を除く）
イモガイ類は自然界の属の中で，ヒトに関するもっとも多数の医薬成分を含んでいる（出典：www.victorianshellcollection.com)

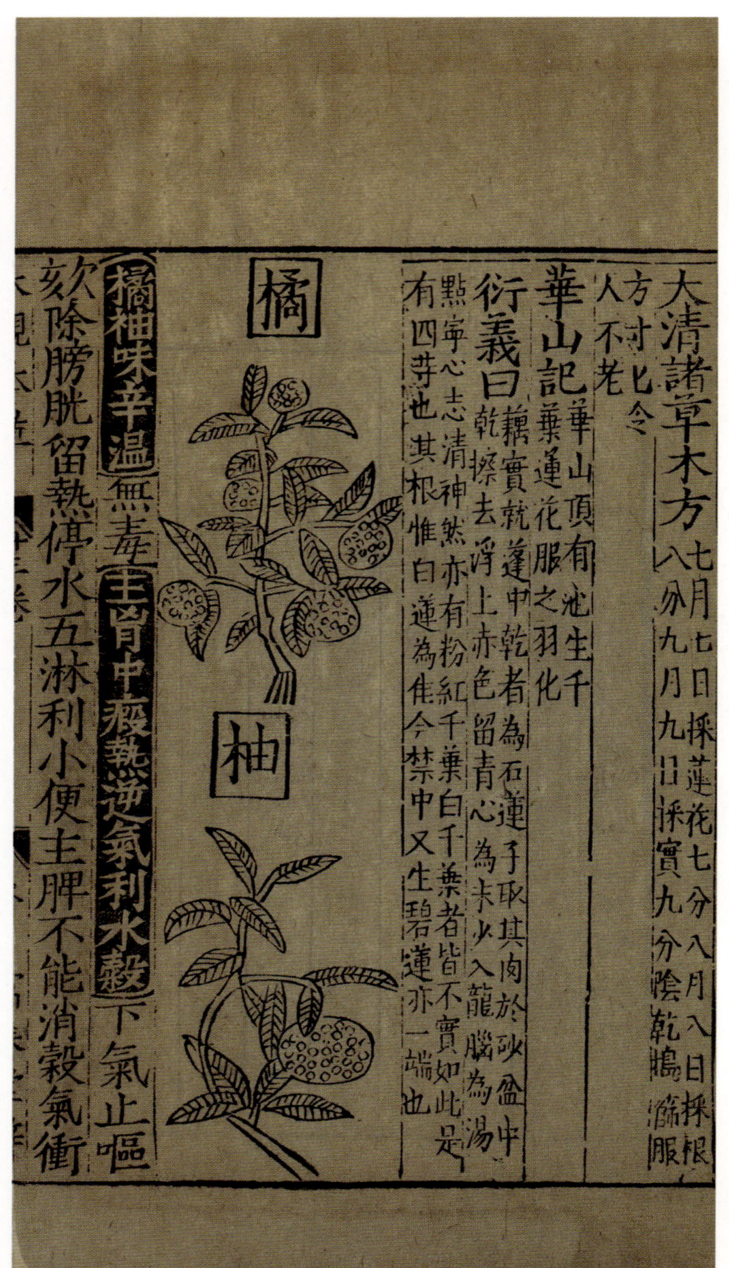

大清諸草木方七月七日採蓮花七分八月八日採根八分九月九日採實九分陰乾擣篩服方寸匕令人不老

華山記華山頂有池生千葉蓮花服之羽化

衍義曰藕實就蓮中乾者為石蓮子取其肉於砂盆中乾擦去浮上赤色留青心為末少入龍腦為湯點寧心志清神然亦有粉紅千葉白千葉者皆不實如此是有四等也其根惟白蓮為佳今禁中又生碧蓮亦一端也

橘

柚

橘柚味辛溫無毒主胸中瘕熱逆氣利水穀下氣止嘔欬除膀胱留熱停水五淋利小便主脾不能消穀氣衝

図4.1. 16世紀中国の薬物学

このページはブンタン（ザボン *Citrus maxima* または *C. grandis*）の薬用効果を記している．ブンタンは大型の柑橘類で，オレンジ類のいずれかとの交配品種がグレープフルーツである．皮の内側を削った粉末は中国で皮膚の感染症・発疹その他の炎症を治療するのに現在に至るまで長い間用いられている（Original held at the Harvard-Yenching Library of the Harvard College Library, Harvard University）

訳者註：引用もとはいわゆる『証類本草』と思われる．『証類本草』は北宋の唐慎微がそれまでの本草書を集成して11世紀に出版した『経史証類備急本草』と，後世に出されたその補追版の総称である．この引用ページ前半は蓮すなわちハス *Nelumbo nucifera* の薬効についての記載である．引用部分の後半は新農本草經から孫引きされた橘柚（きつゆう）の記述である．橘柚はミカン属のいずれかを指しているようだが，原典の種の特定は難しい（難波，1980）．橘と柚の各々が示す種は文献によって一致しない．植物の図の上の橘はポンカン *Citrus reticulata*，下の柚はブンタン *C. grandis* かもしれない．日本では橘はタチバナ *Citrus tachibana* やカラタチ *Poncirus trifoliata* を，柚はユズ *Citrus junos* を示すことに注意．

柑橘類の果皮は，陳皮，橘皮などとして知られるが，この薬用法に示されているのは橘白（きつはく）と思われる．柑橘類の果皮は外側が黄色く，内側が白いが，各々を分けて薬用とされる場合がある．外側が橘紅（きつこう），内側が橘白である．橘白は日本では薬用としないようだが，中国では薬用とされている（難波，1980）．

〈参考〉

唐愼微，1600（萬暦28）．重刊經史證類大全本草．23巻．籍山書院重刊．国立国会図書館近代デジタルライブラリ収蔵．
http://dl.ndl.go.jp/info:ndljp/pid/2575456?tocOpened=1（2012年12月6日確認）

難波恒雄，1980．原色和漢薬図鑑（上）．保育社．

図4.2. 16世紀に作られたアビセンナ（Avicenna）の銅版画（Courtesy of Boston Medical Library in the Francis A. Countway Library of Medicine）

図4.3. 1882年のジャワの Tjinjroen Plantation でのキナの樹皮の採集と乾燥
(From J.C.B. Moens, De Kinacultuur in Azie. Ernst & Co., Batavia, 1882. Used with permission of the library of the Arnold Arboretum, Harvard University, Cambridge, MA)

図4.4. クソニンジン，薬名オウカコウ（黄花蒿, *Artemisia annua*）
(Photo by Scott Bauer, U.S. Department of Agriculture)

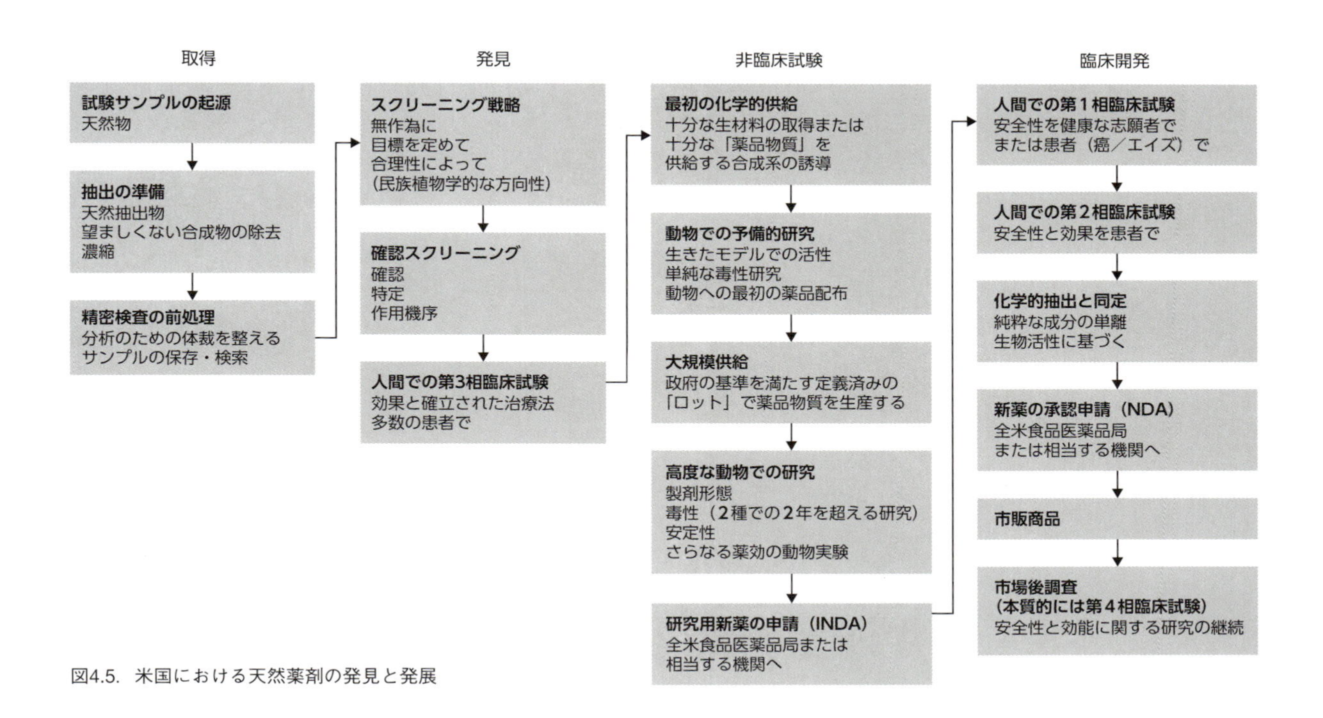

図4.5. 米国における天然薬剤の発見と発展

図4.6. ヤボランジの葉を集めるアピナへ族の男性
(©Michael Balick)

図4.7. ケシ (*Papaver somniferum*) の花と未熟果 (ケシ坊主).
未熟果の傷から乳液が染み出ている
(©Michael Balick)

図4.8. マダガスカル原産のニチニチソウ (*Catharanthus roseus*)
(Courtesy of U.S. National Tropical Botanical Garden)

図4.9. テリハボク属の *Calophyllum lanigerum*. サラワク島での撮影は
Doel D. Soejarto, 1996年 3 月16日
(©D.D. Soejarto)

図4.10. シナガワハギ属 *Melilotus* の群生，米国サウスダコタ州ブラックヒルズのカスター州立公園
（©2005 Gerald Brimacombe.）

図4.11. 医療用のチスイビル（*Hirudo medicinalis*）
チスイビルは再び治療に用いられるようになった
（©Carl Peters, Biopharm Leeches）

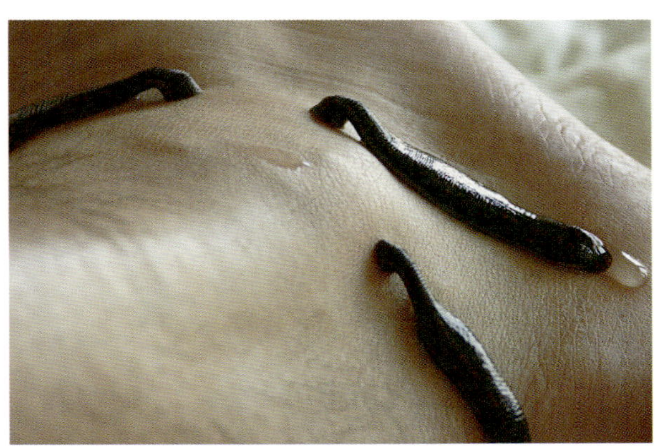

図4.12. 足首の変形関節症の治療に用いられている 3 匹のチスイビル
（Photo by Andreas Michalsen, University of Duisburg-Essen, Germany）

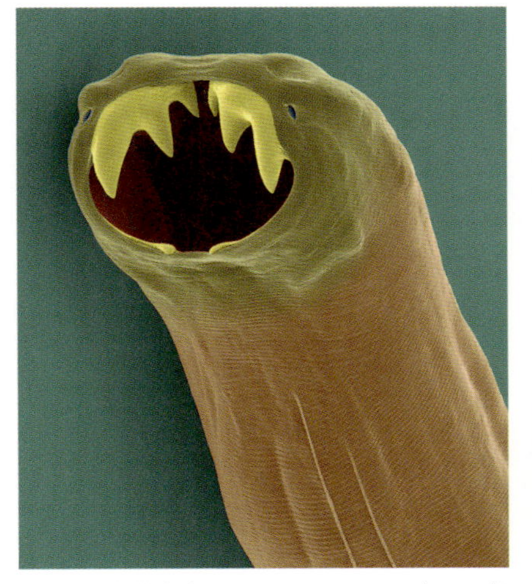

図4.13. 犬鉤虫（*Ancylostoma caninum*）の口部の走査電子顕微鏡写真（カラー化処理済み）
（©Dennis Kunkel Microscopy, Inc.）

図4.14. 南米産の毒蛇ハララカ *Bothrops jararaca*
（©Wolfgang Wuster）

図4.15. アレクサンダー・フレミング卿と彼の実験室
(Courtesy of U.S. Library of Congress)

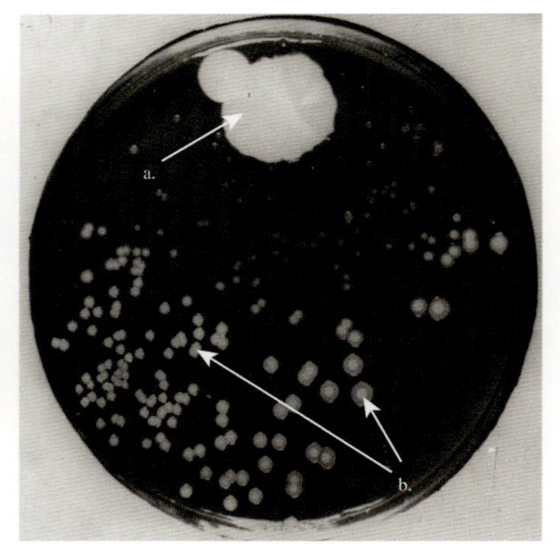

図4.16. フレミングのペニシリン発見時のペトリ皿
(a) アオカビ *Penicillium*. (b) ブドウ球菌のコロニー. カビの周りをコロニーが避けていることに注意
(©Alexander Fleming Laboratory Museum/St. Mary's NHS Trust)

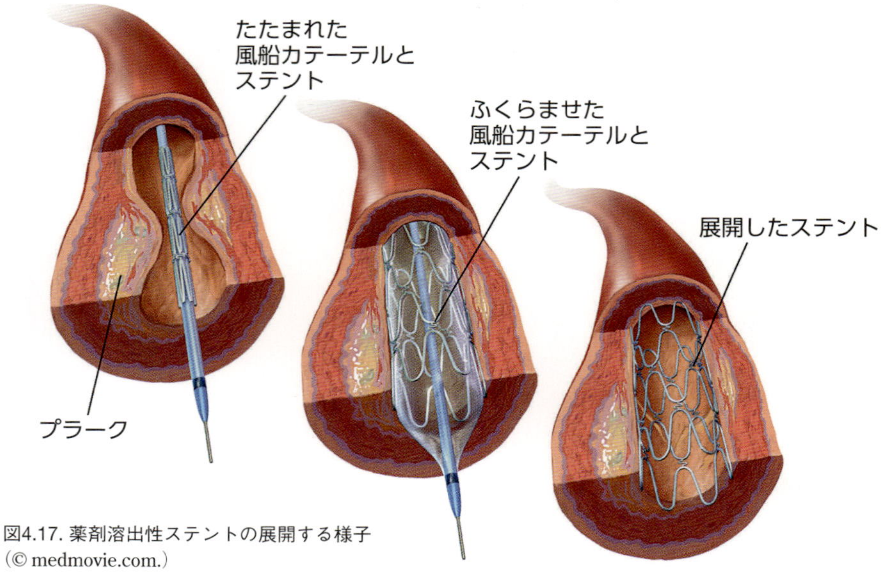

図4.17. 薬剤溶出性ステントの展開する様子
(© medmovie.com.)

図4.18. ハネモ属 *Bryopsis* の海藻
(提供：William Capman, Augsburg College, Minneapolis, MN)

図4.19. 外肛動物のフサコケムシ *Bugula neritina*
(提供：San Francisco Bay: 2K, California Academy of Sciences)

図4.20. ヤギ目の軟質サンゴ *Pseudopterogorgia elisabethae*
（©2005, Howard R. Lasker）

図4.21. ヤギ目の軟質サンゴ *P. elisabethae* 拡大写真
（©2005, Howard R. Lasker）

図4.22. 群体ホヤの１種，*Diazona* sp.
（提供：Paddy Ryan/www.ryanphotographic.com）

図4.23. ムラサキバレンギク *Echinacea purpurea* とマルハナバチ
（©Robert E. Lyons）

図4.24. セイヨウオトギリソウ（*Hypericum perforatum*）
（©2006 Steven Foster）

図4.25. カラバルマメ *Physostigma venenosum*
（©1995-2004 Missouri Botanical Garden, ridgwaydb.mobot. org/mobot/rarebooks）

図4.26. インドセンダン（*Azadirachta indica*）の種子と葉
（©Gerald D. Carr）

図4.27. マツカサシメジ *Strobilurus tenacellus*
（写真：Pietro Curti, AMINT President, www. amint.it）

キイロショウジョウバエ *Drosophila melanogaster* の走査電子顕微鏡写真
画像はカラー化されている（©Dennis Kunkel Microscopy, Inc.）

I

CLAVDII GALENI

PERGAMENI DE ANATOMICIS AD-
MINISTRATIONIBVS LIBER PRIMVS,
Ioanne Guinterio Andernaco interprete.

ANtea quoq; adminiſtrationes Anatomicas conſcripſi,cũ pri-
mũ nuper ex Græcia Romam ſum reuerſus,initio principatus
Antonini, qui nobis etiam nunc imperat.rurſus tamé alteras
haſce duplicé ob cauſam literis mandare mihi viſum eſt· Pri-
mum,ꝙ Flauius Boëthus Romanorum Conſul cum ex vrbe
in ſuam ipſius patriã Ptolemaidem proficiſci inſtitueret, pre-
cibus me cõpulerit,vt priores illas adminiſtrationes ſibi præ-
ſcriberé .tam enim Anatomicę ſpeculationis amore flagrabat,
quàm mortalium,qui vixerunt vnquam,nemo alius. Dedi igitur iam diſcedéti præter
alios commentarios etiã de adminiſtrandis conſectionibus opus,libris duobus com-
prehenſum:cuiuſmodi veluti memoriæ adminicula deſiderabat, veritus ne multorum
quę exiguo tempore apud nos viderat,obliuiſceretur. At quoniam fato ille functus eſt,
nec ego commentariorum exéplarium copiam amicis poſſum facere,ijs videlicet quæ
Romæ habuerã,per incendiũ amiſſis:ideoq; rurſum ab illis rogatus , ſatius eſſe putaui
alios conſcribere. Altera cauſa eſt,ꝙ hoc opus,eo quod tunc condideram, longe melius
reddetur:puta tũ libris fuſe perſpicuitatis gratia explicatis auctius:tum diligentia exa-
ctius.quippe multas interea cõſectionũ ſpeculationes adinuenimus.Siquidé cum Boë-
thus adhuc Romæ ageret,libros de Hippocratis Anatome,& Eraſiſtrati abſoluimus,
præter illos de viuis reſecãdis,item de mortuis, inſuper de reſpirationis cauſis,& de vo-
ce cõmentarios.Porrò à diſceſſu Boëthi ingens volumé de particularũ vſu compoſui,
quod ſeptédecim libris abſolutũ viuenti adhuc illi miſimus. Verum de thoracis & pul-
monis motu treis olim cõmentariolos adoleſcens exaraui, ſodali in patriã longiore in-
teruallo redeunti gratificaturus,qui publice aliquod artis ſuę ſpecimen ædere cupiebat,
ſed orationibus ad oſtentationé ſibi componendis parũ erat idoneus. Quo etiam mor
tuo accidit vt cõmentarij in multorum manus exciderent : quanuis in hoc non parati
vt æderétur. Nam degens adhuc in Smyrna,Pelopis audiendi gratia, qui ſecũdus poſt
Satyrum Quinti diſcipulum pręceptor mihi obtigit,ſcripſi ſanè ipſum,nondum plane
magni quippiã,aut noui,quod mētione dignum eſſet,dicere conatus. Poſtea vero cum
fuiſſem Corinthi,vt operam darem Numiſiano , qui & ipſe celeberrimus Quinti au-
ditor extitit:item in Alexandria,tum apud alias quaſdam gentes,quibuscum Numi-
ſianum Quinti diſcipulum conuerſari audiebam, deindè in patriam meam perrexi:in
qua haud ita diu commoratus, Romam repetij: vbi permultas Boëtho conſectiones
oſtendi, præſentibus quidem ei ſemper Eudemo Peripatetico,& Alexandro Dama-
ſceno,qui nunc Athenis publica peripateticæ diſciplinæ profeſſione dignatur : ſubin-
de vero & alijs pleriſq; viris præclaris,quemadmodum & Sergio Paulo Conſule, nunc
Romanorũ præfecto,viro tum rebus,tũ diſciplinis philoſophicis per omnia pręcipuo.
Tũc itaq; Anatomicas , id eſt inciſorias adminiſtrationes in Boëthi gratiam compo-
ſui, multa ſane & perſpicuitate,& exacta diligentia ijs quas nunc paramus,inferiores.

a.j.

図5.1. ガレノスの解剖学書の表紙, *Anatomicis Administrationibus Libri Novem*（S. Colinaeus, Paris, 1531）（From the Boston Medical Library in the Francis A. Countway Library of Medicine）

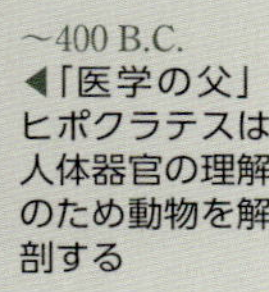

～400 B.C.
◀「医学の父」ヒポクラテスは人体器官の理解のため動物を解剖する

◀ガレノスは動物実験化学を記述した『解剖の手順について』を著す
～170 A.D

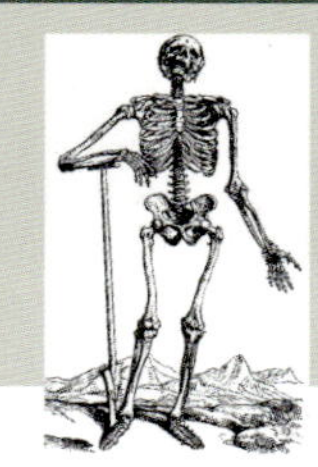

1543
◀アンドレアス・ヴェサリウスは一部，解剖に基づき『人体解剖全書』を著す

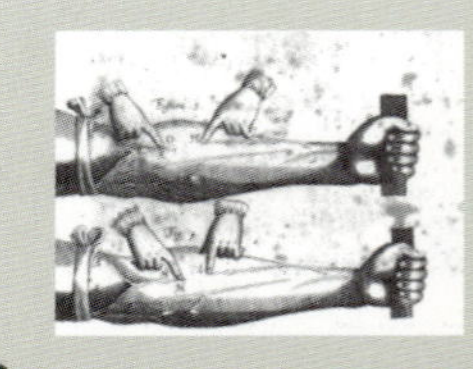

◀ウィリアム・ハーヴェイは動物モデルを用いて人間の血液循環を研究する
1628

図5.4. 紀元前400年から西暦1885年に至る医学史の時系列と里程
動物，植物，および微生物に基づくもの（デザイン：Tong Mei Chan）

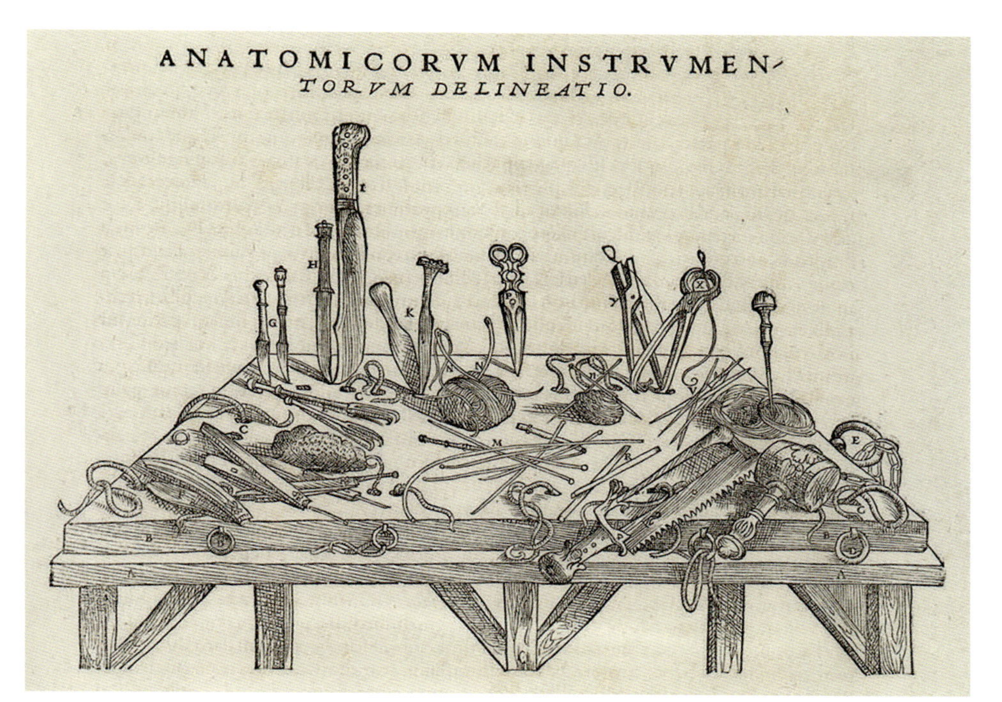

図5.2. ヴェサリウスの解剖卓とその道具
（出典：『人体の構造』*De Humani Corporis Fabrica Libri Septem* Ex Officina Ionnis Oporini, Basileae, 1543; Boston Medical Library in the Francis A. Countway Library of Medicine）

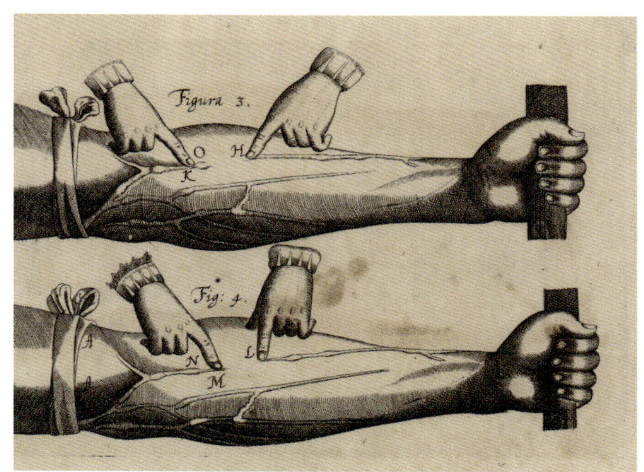

図5.3. 静脈の弁を用いたハーヴェイの実験の図
（出典：*Exercitatio Anatomica de Motu Codis et Sanguinis in Animalibus* [Francofvrti: Sumptibus Gvilielmi Fitzeri, 1628], Boston Medical Library in the Francis A. Countway Library of Medicine）

1600年代末
◀マルチェロ・マルピーギとアントニー・レーウェンフークは独自に顕微鏡を開発し，植物や動物の細胞，微生物の観察に用いる

◀イヌでの実験の後，エーテルは手術で最初の全身麻酔として一般に用いられるようになった
1846

▶グレゴール・メンデルはエンドウマメの実験に基づいて遺伝についての業績を出版した
1865

1865
◀クロード・ベルナールは動物の観察に基づいて，膵臓，肝臓，および血管運動神経について機能の解明をする

▼ルイ・パスツールは微生物が病気を引き起こすことを発見し，家禽，ヒツジ，ウマ，イヌに実験を行って，予防接種法を開発する
1885

図5.5．シロイヌナズナ（*Arabidopsis thaliana*）
シロイヌナズナは生医学研究の重要なモデル生物となった（© Gary Peter, University of Florida）

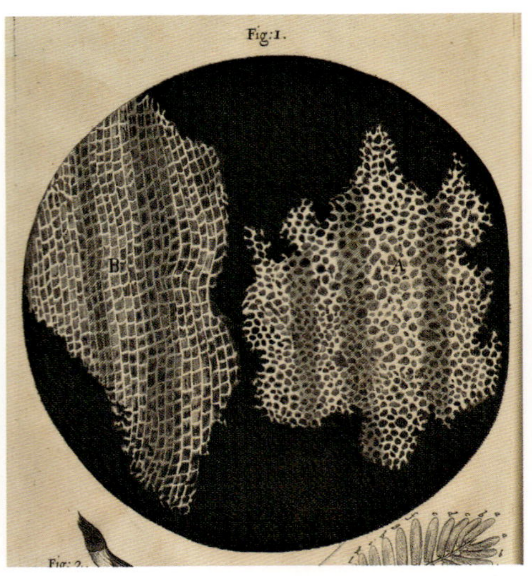

図5.6．ロバート・フックの描いたコルク細胞の図
（出典：Robert Hooke, *Micrographia*. Jo. Martyn, London, 1665. From Boston Medical Library in the Francis A. Countway Library of Medicine）

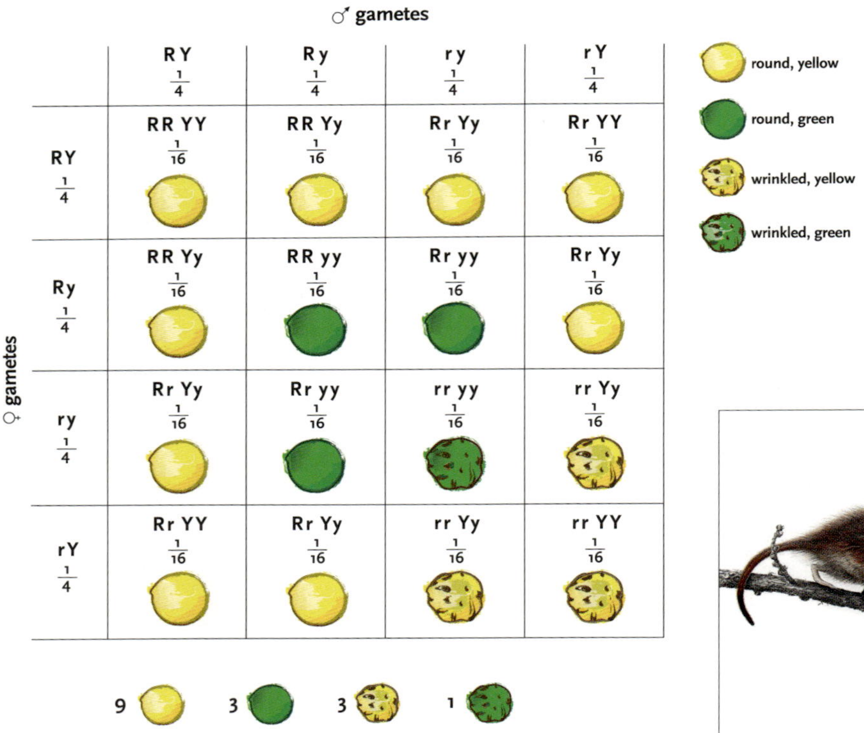

♂ gametes

♀ gametes	RY $\frac{1}{4}$	Ry $\frac{1}{4}$	ry $\frac{1}{4}$	rY $\frac{1}{4}$
RY $\frac{1}{4}$	RR YY $\frac{1}{16}$	RR Yy $\frac{1}{16}$	Rr Yy $\frac{1}{16}$	Rr YY $\frac{1}{16}$
Ry $\frac{1}{4}$	RR Yy $\frac{1}{16}$	RR yy $\frac{1}{16}$	Rr yy $\frac{1}{16}$	Rr Yy $\frac{1}{16}$
ry $\frac{1}{4}$	Rr Yy $\frac{1}{16}$	Rr yy $\frac{1}{16}$	rr yy $\frac{1}{16}$	rr Yy $\frac{1}{16}$
rY $\frac{1}{4}$	Rr YY $\frac{1}{16}$	Rr Yy $\frac{1}{16}$	rr Yy $\frac{1}{16}$	rr YY $\frac{1}{16}$

round, yellow
round, green
wrinkled, yellow
wrinkled, green

9　3　3　1

図5.7．メンデルのエンドウマメの両性交雑図
このような交配実験でメンデルは優性形質（丸い，黄色）と劣性形質（しわ，緑）の遺伝の基本原則を示した（イラスト：Elles Gianocostas）

図5.8．ネズミと人類の共通祖先エオマイア *Eomaia scansoria* の図
（原図より再構成：Mark A. Klinger/Carnegie Museum of Natural History）

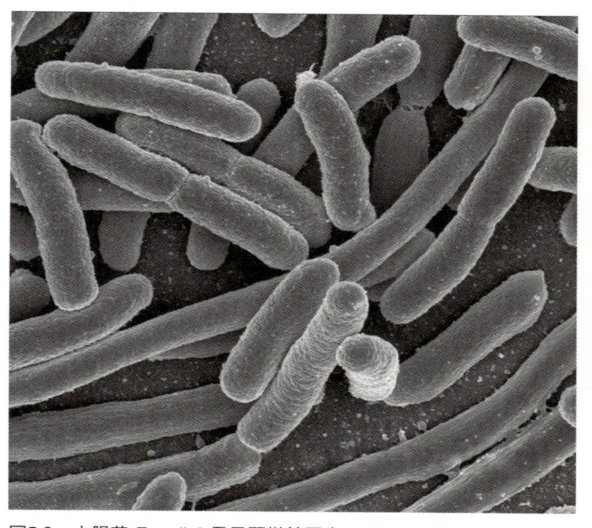

図5.9. 大腸菌 *E. coli* の電子顕微鏡写真
（提供：National Institute of Allergy and Infectious Disease, National Institutes of Health）

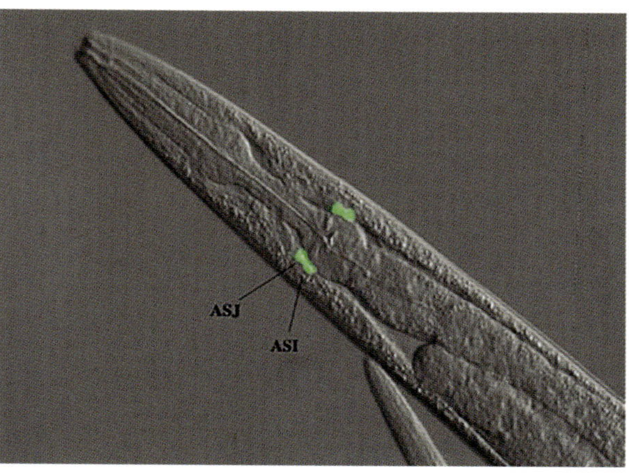

図5.10. 線虫 *C. elegans* の顕微鏡写真
C. eleganscan の細胞は顕微鏡下で容易に可視化でき，リアルタイムで直接観察が可能である．この写真では2つのニューロン ASJ と ASI が標識され，グルコースの外的レベルが監視されている（標識されていない2つの対応するニューロンが逆側にある）．標識されたニューロンは緑色蛍光タンパク質導入遺伝子を持つので緑色に染色されている（Box 5.2参照）（写真：Weiqing Li, Gary Ruvkun Lab.）

図5.11. ペチュニア（*Petunia hybrida*）
濃い紫色のペチュニアを捽出するための実験中に，二重鎖 RNA の色素遺伝子を細胞に導入していて，偶然，RNAi が発見された（© 2002 Alia Luria）

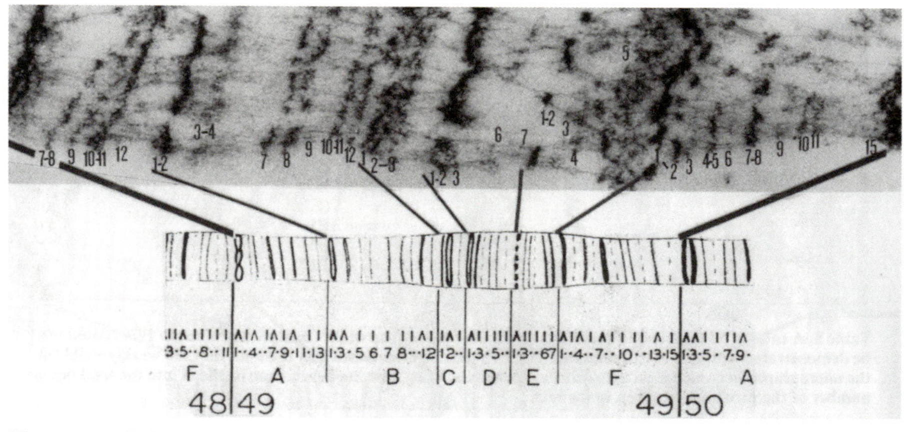

図5.12. ショウジョウバエ *Drosophila* の多糸染色体の2R（2番目染色体右腕）の49区画
これらの染色体はショウジョウバエを含むいくつかのハエで見られる．それらは長く太く，多数の平行な染色体繊維でできている．高密度のバンドは特定の遺伝子の位置を示しており，それらの機能を調べることを可能にしている（© Anja Saura, University of Helsinki）

図5.13.　ゼブラフィッシュ（*Danio rerio*）のメス（上）とオス
メスのほうが大きい（© Ralf Dahm, Max Planck Institute for Developmental Biology, Germany）

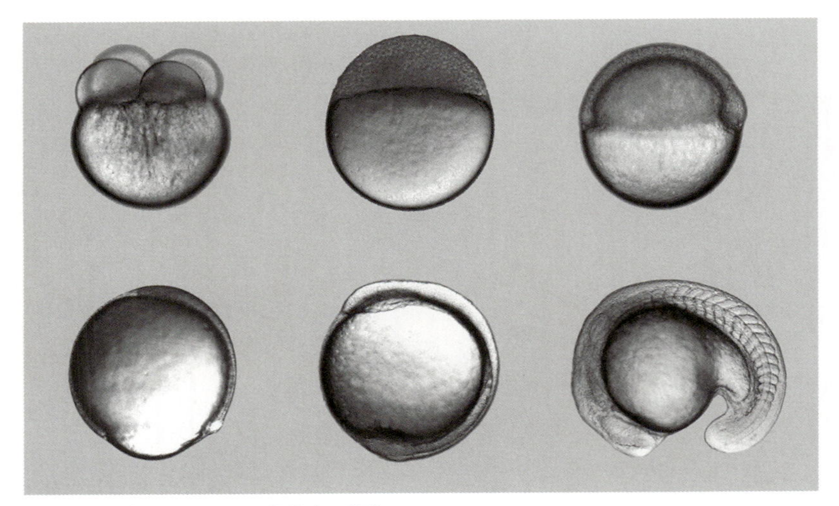

図5.14.　ゼブラフィッシュの胚発生の段階
ゼブラフィッシュの透明な胚は様々な器官発生が起きる胚発生の段階の観察を可能としている（出典：P. Haffter et al., The identifi cation of genes with unique and essential functions in the development of the Zebrafish (*Danio rerio*). *Development*, 1996; 123:1-36. © The Company of Biologists）

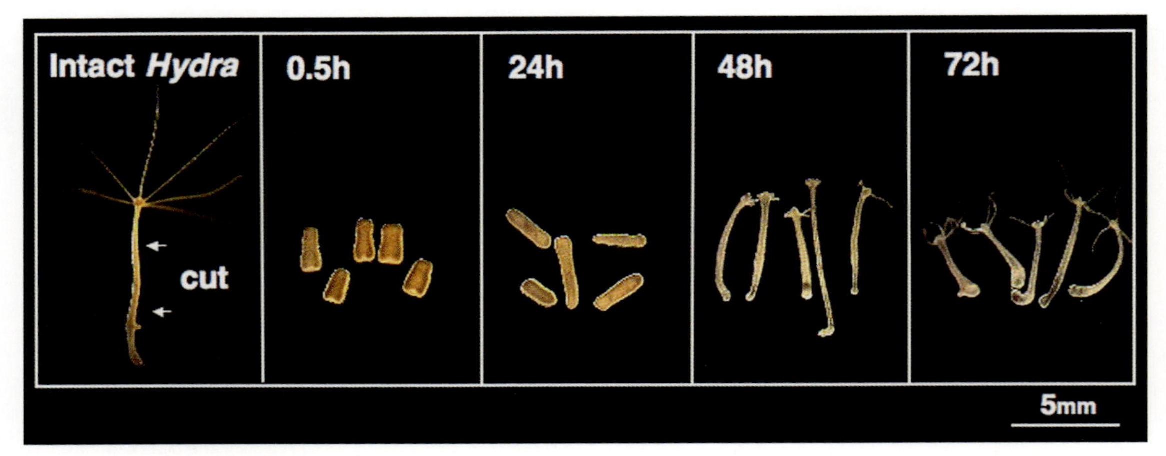

図5.15.　ヒドラ（*Hydra*）の頭と脚の再生
ヒドラの軸を分断すると各々の断片に機能的な頭と脚が72時間で再生する（© 藤澤敏孝，国立遺伝学研究所）

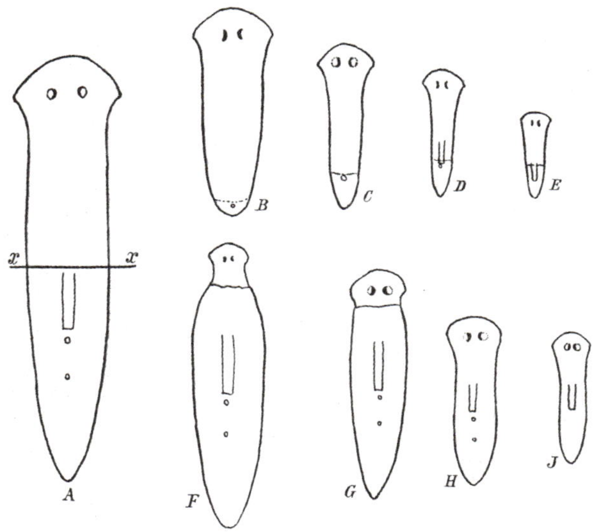

図5.16. プラナリア（*Planaria maculata*）の再生図
これらはトーマス・ハント・モーガンの原図であり，二分されたプラナリアの再生の各段階を示している（出典：T.H. Morgan, Experimental studies of the regeneration of *Planaria maculata. Archiv fur Entwicklungsmechanik der Organismen*, 1898; 7: 364-397）

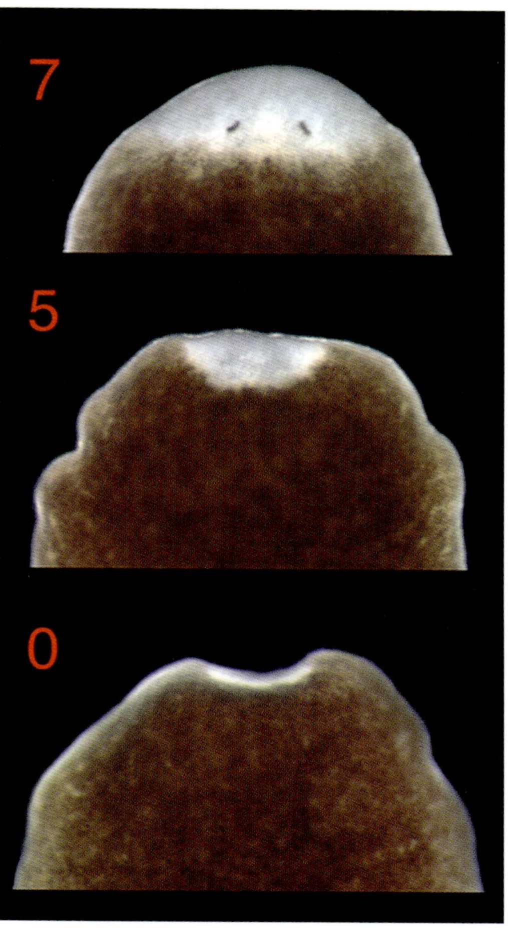

図5.17. 断頭後のプラナリアの芽球形成
5日後，傷口は新生芽細胞と呼ばれる幹細胞で満たされ，芽球を形成する．さらに2日後では，眼などの特化した器官が形成され始める（© Alejandro Sanchez Alvarado, University of Utah School of Medicine）

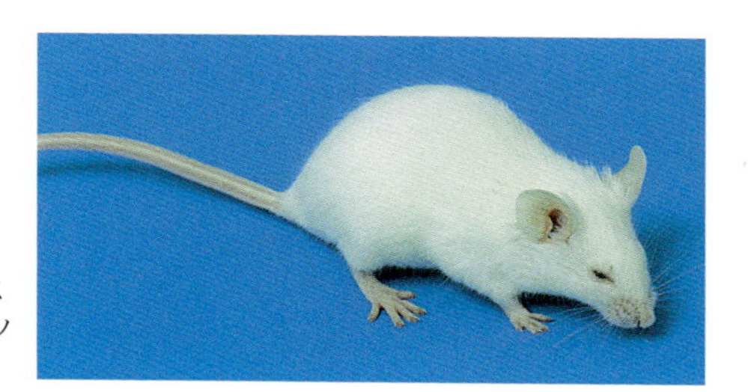

図5.18. MRL マウス
（提供：米国ジャクソン研究所）

図5.19. セクロピアサン（*Hyalophora cecropia*）
開長12～15 cm のセクロピアサンは北米最大のガである（写真：Scott H. Hale）

図5.20. 大西洋産のヌタウナギの１種（*Myxine glutinosa*）
（© Illustration by Jacqueline A. Mahannah）

ホッキョクグマ *Ursus maritimus* とその２頭の子グマ
（写真：Steve Amstrup, U.S. Fish and Wildlife Service）

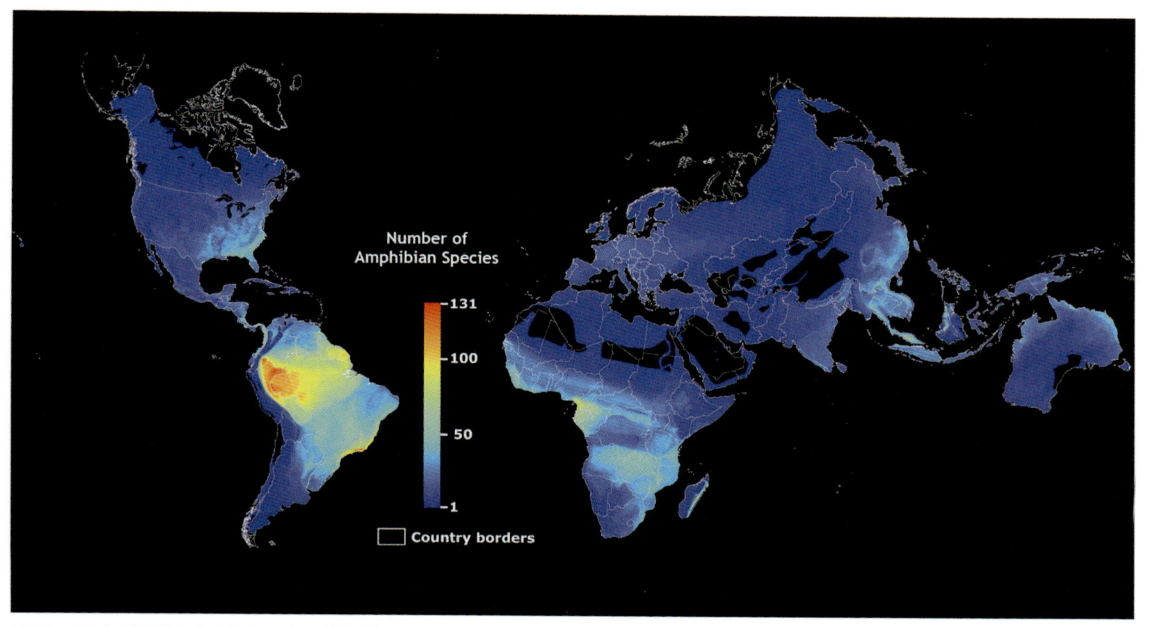

図6.1. 世界両生類の多様性のフラー投影図
この地図は，環境システム研究所の ArcGIS ソフトウェアを使用して作成された．このソフトは GIS データをフラー投影図にプロットすることができる．この地図は両生類の世界的分布を示している．南アメリカ，とくにアマゾン盆地の両生類の著しい濃度に注意（作成：Clinton Jenkins, 2005）

図 6.2. セイブヒキガエル
セイブヒキガエル *Bufo boreas* の減少は，気候変動，紫外線 B の増加，真菌感染などの要因の組み合わせによるものかもしれない（写真：Christopher W. Brown，米国地質調査所）

図6.3. オスのオレンジヒキガエル（*Bufo periglenes*）
Monteverde の雲霧林にのみ分布するオレンジヒキガエルは，繁殖期に水溜まりに数百匹が集まる．1989年，1匹だけのオレンジヒキガエルがなかまを探しているのを発見された．それ以来，1個体は見られないため，この種は現在絶滅していると考えられている（© J.W. Raich / Iowa State University）

図6.4. ミイロヤドクガエル *Epipedobates tricolor*
（www.jjphoto.dk の提供）

図 6.5. アルゼンチン，ブラジル，ボリビア，パラグアイで発見されたソバージュネコメガエル *Phyllomedusa sauvagei*
（Johannes Otto Foerst, Bamberg, Germany の提供）

図6.6. 広大な水域で隔てられた氷床上のホッキョクグマの母と子
凍らない海面は，ホッキョクグマのアザラシを狩る能力を低下させ，溺死につながる（© 2002 Tracey Dixon, www.trp.dundee.ac.uk/~spitz）

図6.7. ワモンアザラシの幼獣
5つの亜種で構成されるワモンアザラシ *Phoca hispida* は，北極圏でもっとも豊富に，広く分布する海産哺乳類である．ワモンアザラシの個体群は，これらを餌として依存するホッキョクグマのように，過剰な捕獲，汚染，地球温暖化による北極の氷の融解からの圧力を受けています．（©B&C Alexander）

図6.8. アメリカクロクマ *Ursus americanus* の母子の巣ごもり
（写真：Gary Alt）

図 6.9. シロクロエリマキキツネザル *Varecia variegata*
このキツネザルは，すべてのキツネザルの種と同様，マダガスカルのみに固有の種である．約4.5 kg に成長し，20年間生きる．ヒト以外の霊長類では二番目に大きな吠え声を持つ．吠え声がいちばん大きなサルはホエザルである．IUCN によって絶滅寸全種として分類されている（© Noel Rowe）

図 6.10. アゴヒゲオマキザル *Cebus xanthosternos*
この新世界のサルは現在，ブラジル南部の大西洋森林にしか見られない．絶滅寸全種である（© Noel Rowe）

図 6.11. クロザル *Macaca nigra*
英語名 Celebes Macaque，ほかに Celebes Crested Macaques，Crested Black Macaques または Black "Apes"．この旧世界のサルは，インドネシアの Sulawesi 島（旧 Celebes）の北東の熱帯雨林，およびそれらに隣接する小さな島に棲んでいる．群れで生活し，通常は支配的なメスが指導者で，群れの個体数は最大25匹．生息地の破壊の結果として絶滅の危機に瀕していると考えられており，野生肉食動物と農場での駆除の両方により，殺されることが多い（© Noel Rowe）

図 6.12. ワウワウテナガザル *Hylobates moloch*
英名 シルバリー・ギボン，モロック・ギボン，ジャバン・ギボン，またはインドネシア語のオワ・ジャワ（owa jawa）として知られる本種は，インドネシアのジャワ島の西部と西部中央部の熱帯雨林にのみ見られる．野生個体は2000頭未満と推定されている．伐採，農業，人間の居留地の森林伐採による自然生息地の98%の喪失と違法なペットのための幼獣の捕獲（母親は殺される）による．絶滅寸全種（© Erni Thetford）

図6.13. ボルネオオランウータン *Pongo pygmaeus* の 母，父，そして息子
ボルネオオランウータン（マレー語では，オランウータンは「森の人」を意味する）は，インドネシアのボルネオ島とマレーシアの熱帯雨林，山岳林に生息する．人間の活動は野生の個体数数を大幅に減少させ，現在 IUCN によって絶滅危惧種に分類されている（© Karl Ammann, karlammann. com）

図6.14. マウンテンゴリラ *Gorilla beringei beringei*
マウンテンゴリラは，生息地の喪失，虐殺，戦争のために世界でもっとも絶滅の危機に瀕している動物の1つだが，保全努力によりこの傾向は若干逆転し始めている（© Martin Harvey）

図6.15. 殺されたゴリラの家族
ゴリラはしばしば家族で一緒にいるので，ブッシュミートのためにそれらを同時に虐殺することは困難ではない（© Karl Ammann, karlammann.com）

図 6.16. 孤立したオスの青年期のチンパンジー *Pan troglodytes*
（© Karl Ammann, karlammann.com）

図 6.17. 歳を取ったオスのボノボ *Pan paniscus*
（© Karl Ammann, karlammann.com）

図 6.18. イチョウ *Ginkgo biloba*
Philipp Franz von Siebold（1796～1866）, ***Flora japonica; sive, Plantae quas in imperio japonico collegit, descripsit, ex parte in ipsis locis Lugduni Batavorum.*** 1835～1870. © President and Fellows of Harvard College, Archives of the Arnold Arboretum

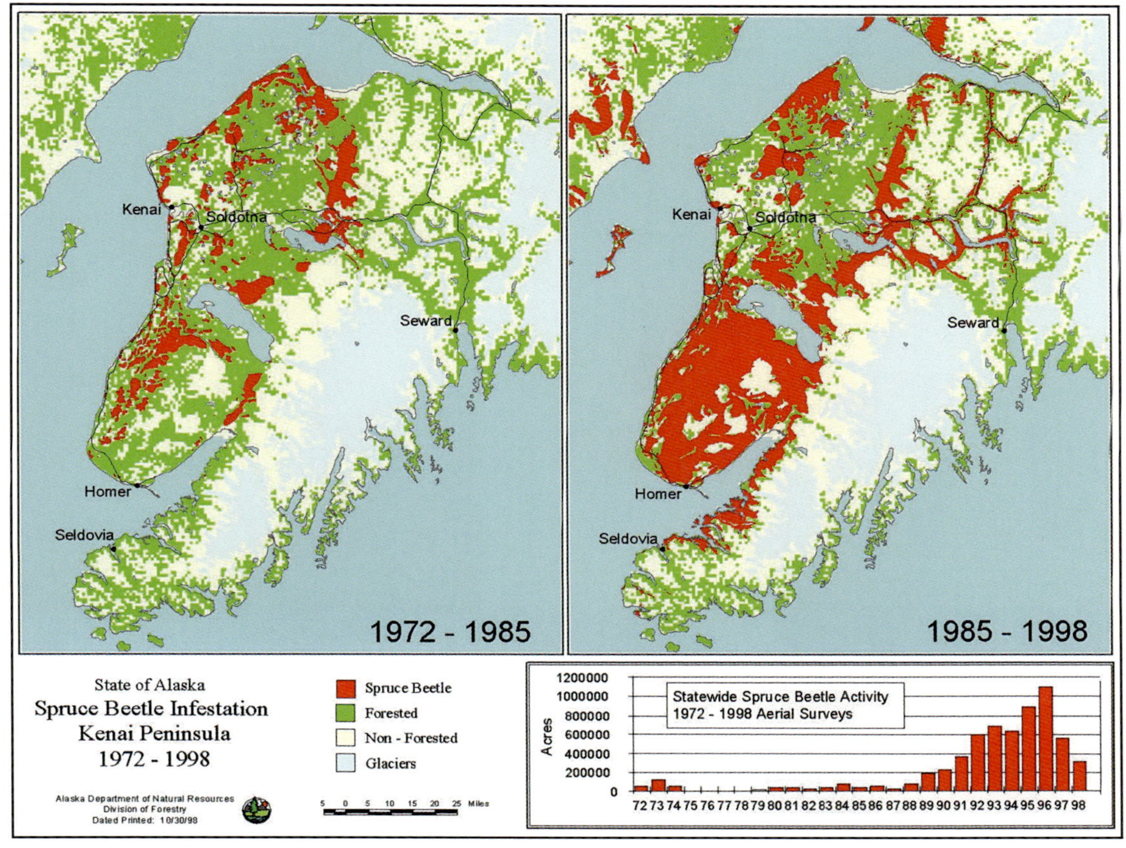

図6.19. アラスカ州ケナイ半島の1972～98年のキクイムシ類 *Dendroctonus rufipennis* の被害地図
1985年から1998年までの13年間の発生数は1972年から1985年にかけてより増加していることに注目．これは地域の著しい温暖化に関連していると考えられる．このような被害は，樹木を殺して森林生態系を破壊し，主要な森林火災の舞台となっている（アラスカ天然資源省の許可を得て使用）

図 6.20. タイヘイヨウイチイ *Taxus brevifolia* の針葉と実
Charles Sprague Sargent's *Silva of North America*, illustrated by Charles Edward Paxon, Vol. 10. Houghton, Miffl in & Co., Cambridge, 1896, Plate DXIV. Harvard University Botanical Library の許可を得て使用

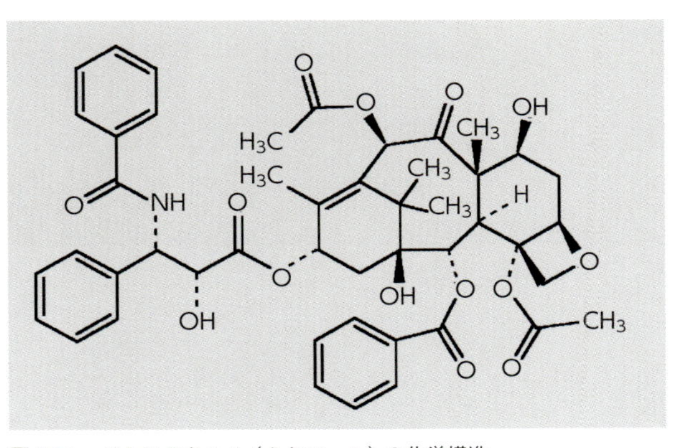

図 6.21. パクリタキセル（タキソール）の化学構造
パクリタキセル分子は非常に複雑な連結環で，化学合成のみではほとんど発見することができない

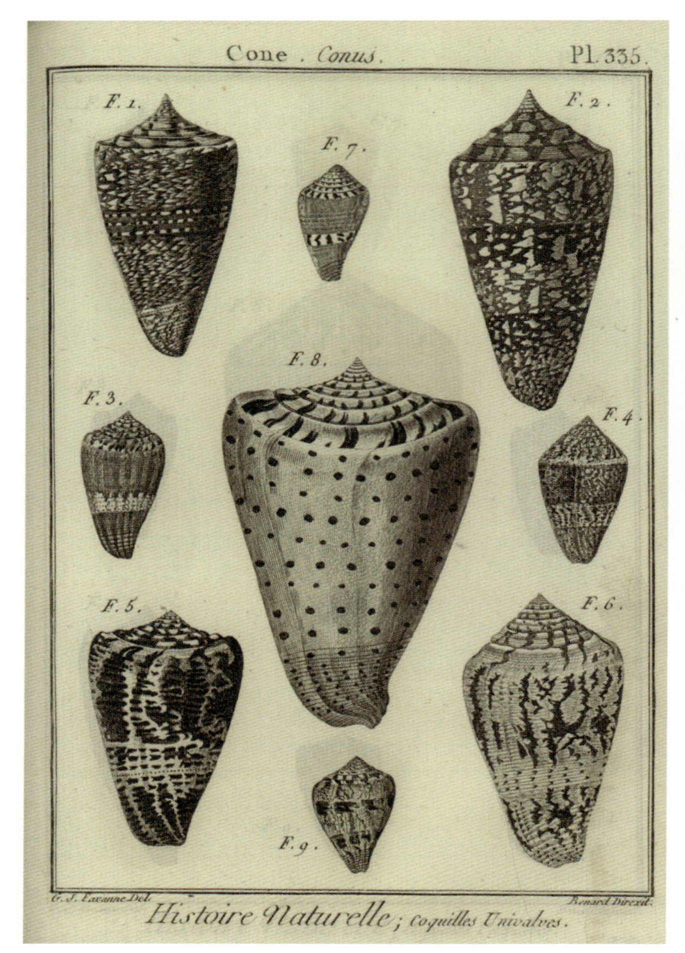

図 6.22. イモガイ類 9 種を載せた18世紀の印刷物
Tableau encyclopédique et méthodique des trois règnes de la nature, vingt-unième partie / par le cit. Lamarck. Chez Henri Agasse, Paris, 1798. エルンスト・マイヤー文庫，ハーバード大学，比較動物学博物館収蔵

図 6.23. フロリダキーズのサンゴの白化
（© Craig Quirolo / Reef Relief, www.reefrelief.org）

図 6.24. カリブ海のサンゴ礁のイシサンゴ類の *Montastrea annularis* のコロニーにおける黒帯病
シアノバクテリアの *Phormidium corallyticum* を主体にした数種の細菌類が，黒帯内に存在している．頂点の白い円形領域は死んだサンゴである．グランドケイマン島から撮影された写真（© Ray Hayes）

図 6.25. イモガイの銛が吻から突出しているところ
（© Clay Bryce.）

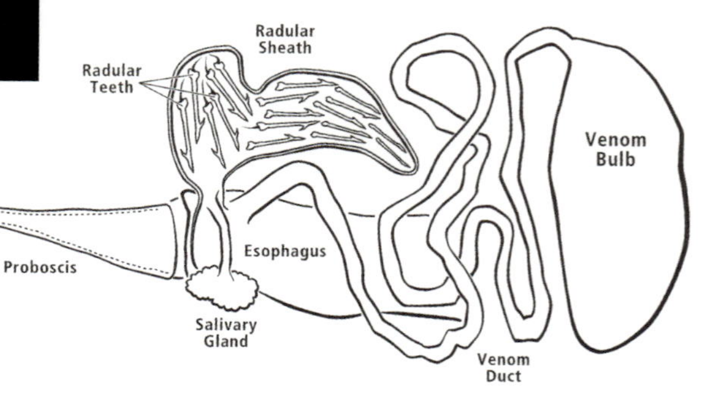

図 6.26. イモガイの銛の解剖図
個々の銛は様々な段階で形成され，放射状のさや，すなわち「矢筒」にならぶ．食道に入り込み，そこでは毒液で覆われ，次に胸部の先端に装着される（Baldomero M. Olivera の提供）

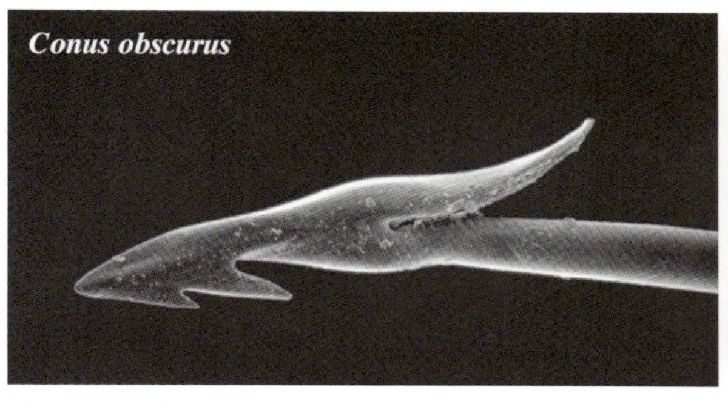

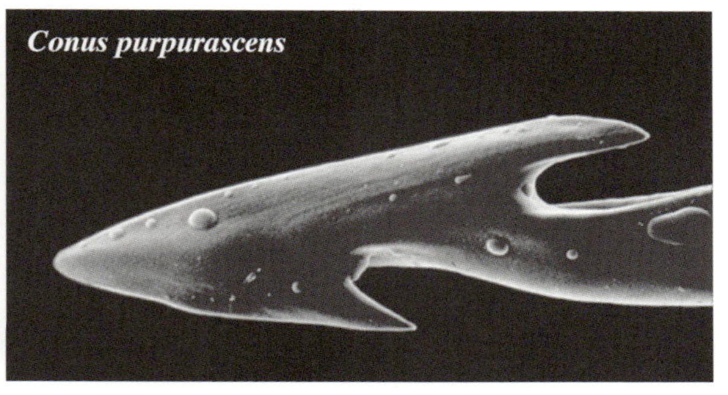

図 6.27. ムラサキアンボイナ *Conus obscurus* およびアヤメイモ *C. purpurascens* 由来の銛先端の走査型電子顕微鏡写真
イモガイ類の各々の種は独自の銛を持つ（Baldomero M. Olivera の提供）

図 6.28. ニシキミナシ *Conus striatus* が魚を銛で捕らえたところ（Baldomero M. Olivera の提供）

図 6.29. ヤキイモ *Conus magus*（© Giancarlo Paganelli, www.coneshell.net）

図 6.30. チマキボラ *Thatcheria mirabilis*
このクダマキガイ科の巻き貝は，一般に浅い沖合いの生息地に棲む他のクダマキガイ科類とは対照的に，深海でのみ見られる．クダマキガイ科の他のすべての構成種と同様に，それは銛で打ち込んだ毒素で獲物を麻痺させる（写真 © Burt E. Vaughan, shells.tricity.wsu.edu）

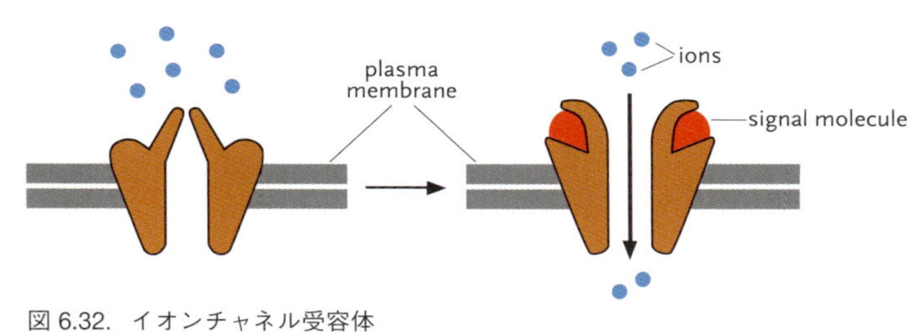

図 6.32. イオンチャネル受容体
この模式図は，閉じた膜イオンチャネル（左）と特定の受容体に結合し，イオンが通過する（右）シグナル分子によって開かれたものを示している（描画は © Elles Gianocostas）

図 6.31. ヌリツヤトクサ *Terebra dussumieri*
この貝は有毒なタケノコガイ科 Terebridae という有毒な巻き貝のなかまである．彼らは獲物を食べる前に有毒なペプチドで覆われた銛を打ち込む（写真 © Burt E. Vaughan, shells.tricity.wsu.edu）

図 6.33. ナツメイモ *Conus bullatus*
イモガイ類は餌を検出し，周囲の水を吸い上げて化学的に分析すると，彼らは吻を伸ばし，獲物に銛を打ち込んで鎮静化し，包み込んで消化を開始する（© 2002 Charlotte M. Lloyd.）

図6.34. フカヒレを売却する前に天日乾燥する
(© Adam Summers / Biomechanics Lab)

図 6.35. ウバザメ *Cetorhinus maximus*
(© Tony Sutton.)

図6.36. ニシアブラツノザメ *Squalus acanthias*
(© Scott Boyd, Emerald Sea Photography)

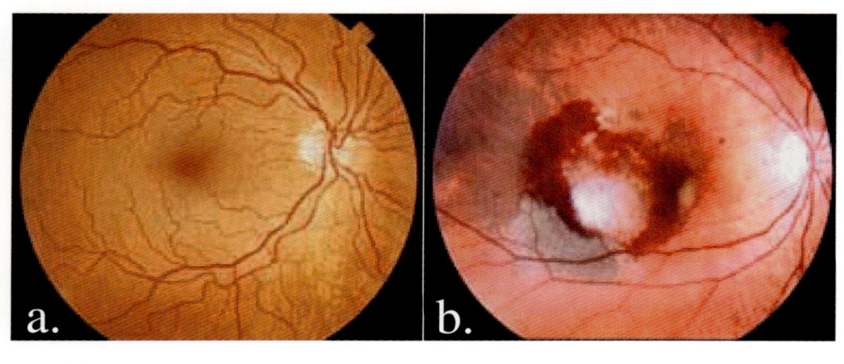

図6.37. 滲出型成人黄斑変性
(a) 正常な網膜の写真. (b) 湿性成人黄斑変性を伴う網膜の写真 (© Eye Centers of Louisville, D.B.A., Bennett & Bloom Eye Centers)

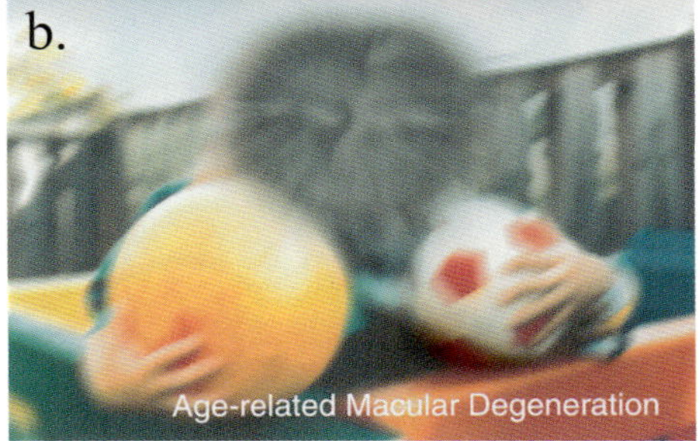

図 6.38. 浸潤型成人黄斑変性
(a) 正常な視覚.(b) 浸潤型 AMD を持つ人の見え方
(米国国立衛生研究所の提供による)

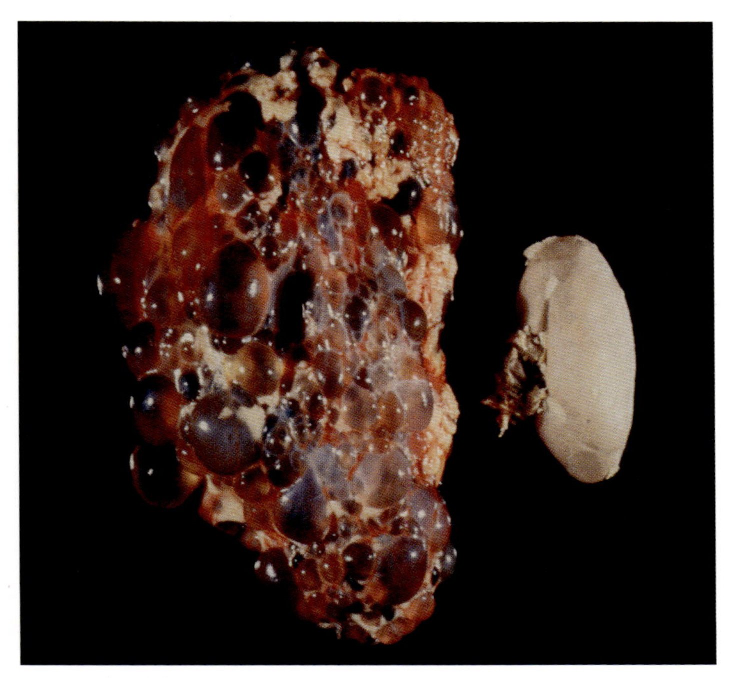

図 6.39. 多発性嚢胞腎症
重度の多嚢胞性疾患を有する腎臓が左側にある.右側は正常な腎臓(© Polycystic Kidney Foundation)

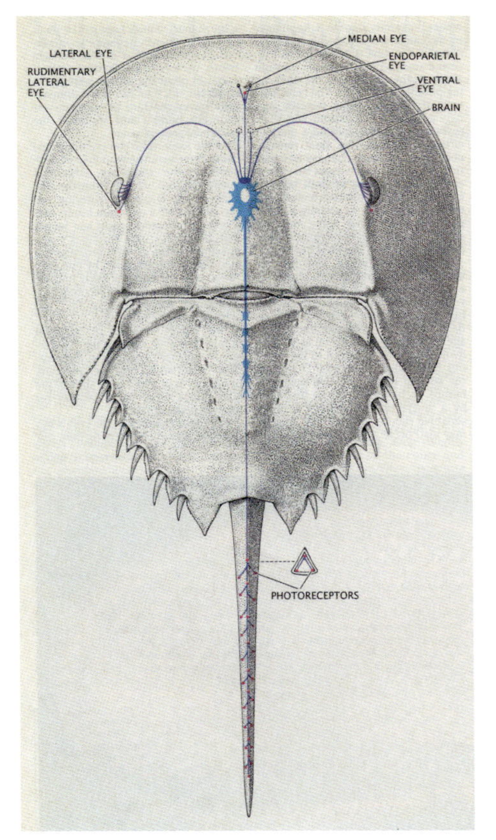

図 6.40. アメリカカブトガニ *Limulus polyphemus* の眼と光受容体
(Robert B. Barlow, Jr., What the brain tells the eye. *Scientific American*, 1990; 262(4). Nelson H. Prentiss の許可を得て画像を使用)

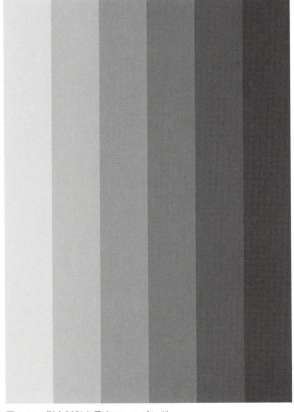

図 6.41. 側方制御を示すマッハバンド
(イラストは © Elles Gianocostas)

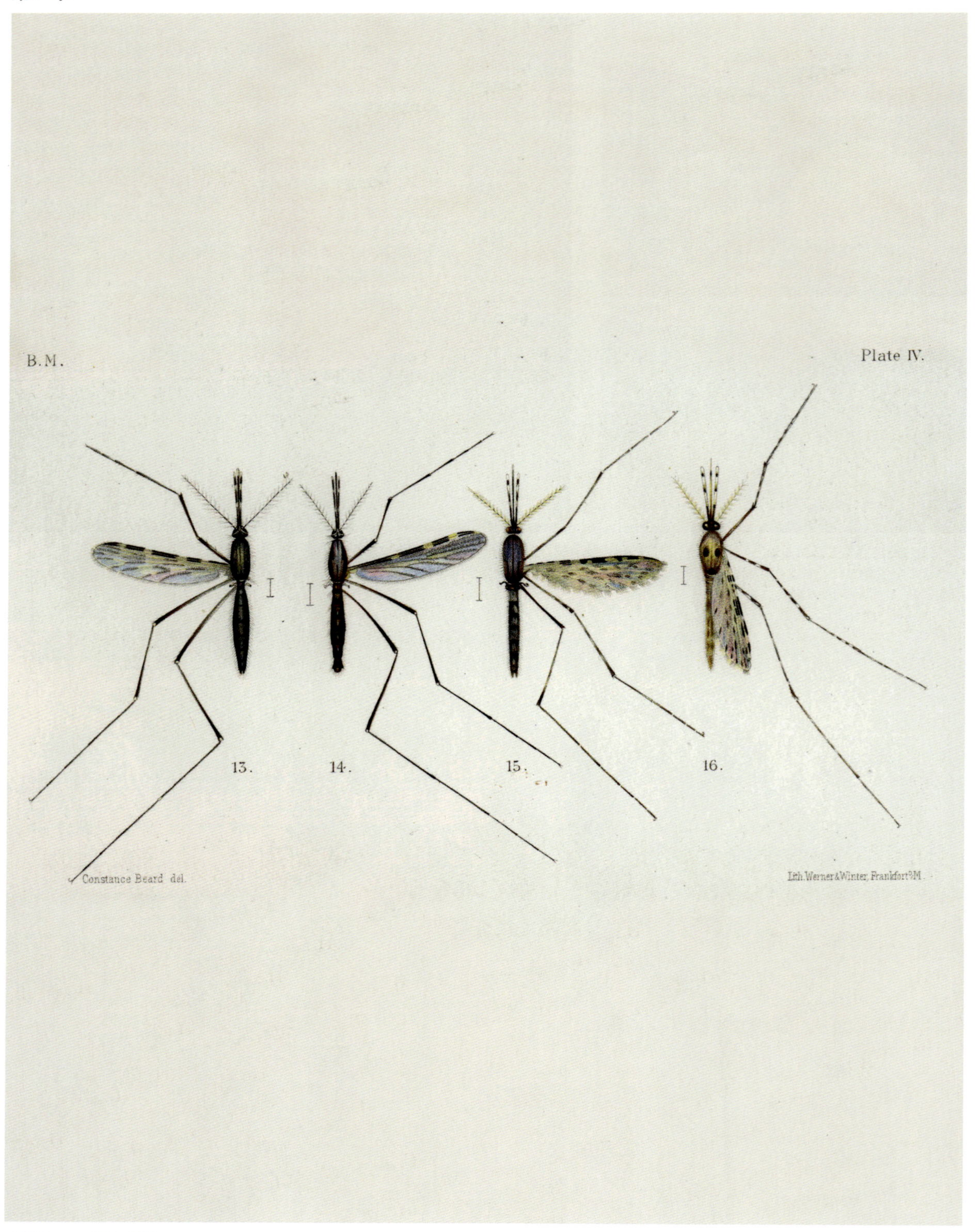

４種のハマダラカ属種

13：*Anopheles funestus*, マラリア・フィラリア病の媒介者．14：***Anopheles rhodesiensis***．15：***Anopheles costalis***（別名 ***An. gambiae***），アフリカにおけるマラリアの主要媒介者（それらのゲノムは2002年に塩基配列が解読されている）．16：***Anopheles kochi***．（A Monograph of the Culicidae or Mosquitoes の E.V. Theobald より．主に，Colonial Office and Royal Society. 1901, Plate IV でなされたマラリアの原因調査に関わった世界各地の大英博物館で入手した資料から作成したもの．ロンドン評議員会の令により印刷．ハーバード大学比較動物学博物館エルンスト・マイヤー蔵書）

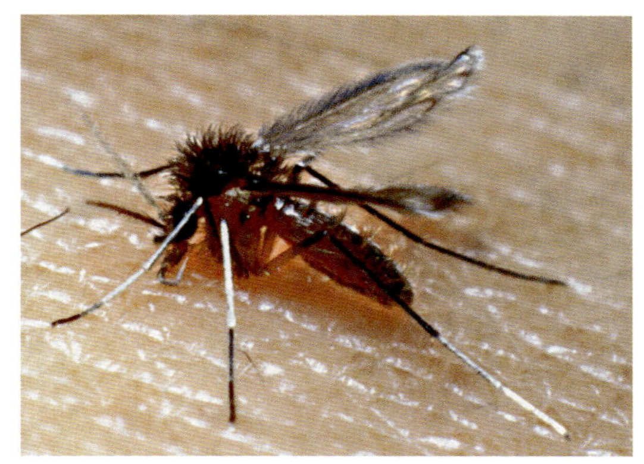

図7.1. サシチョウバエ（*Lutzomyia longipalpis*）
サシチョウバエは中南米で黒熱病としても知られる内臓リーシュマニア症の主な媒介者である（提供：国立アレルギー・感染症研究所の Jose Ribeiro）

図7.2. ブラジル，マナウスの森林と人間居住地の境界
住宅と熱帯雨林生息地の近接は，リーシュマニア症およびその他の感染症の発生を助長している（© David H. Molyneux）

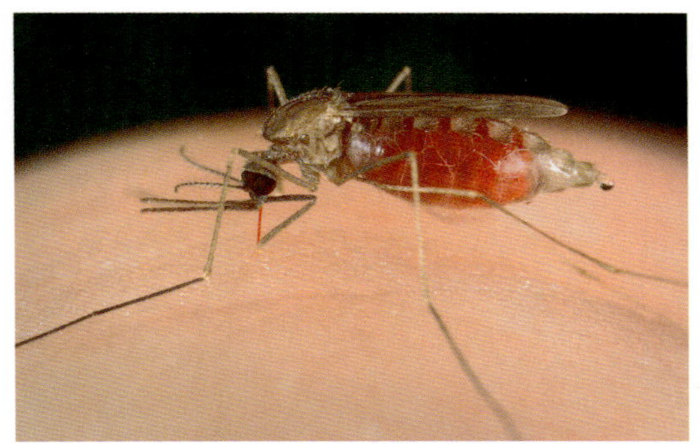

図7.3. ハマダラカ属の１種 ***Anopheles freeborni***
Western Malaria Mosquito として知られるこの *Anopheles freeborni* のメスが吸血している．マラリア病がこの蚊の唾液を介して別の人に伝染することが可能になるまでには，マラリア原虫は1週間以上かけて蚊の腸内で成熟をする必要がある（写真は疾病対策予防センターの James Gathany より）

図7.4. アフリカ，ブルキナファソの小さな湖を形成するマイクロダム
このような水のたまり場は，人間の病気を伝搬する蚊や巻貝類の新たな繁殖場を作ってしまうこともある（© David H. Molyneux）

図7.5. ジャワオオコウモリ（*Pteropus vampyrus*）
（写真はボストン大学の Thomas Kunz より）

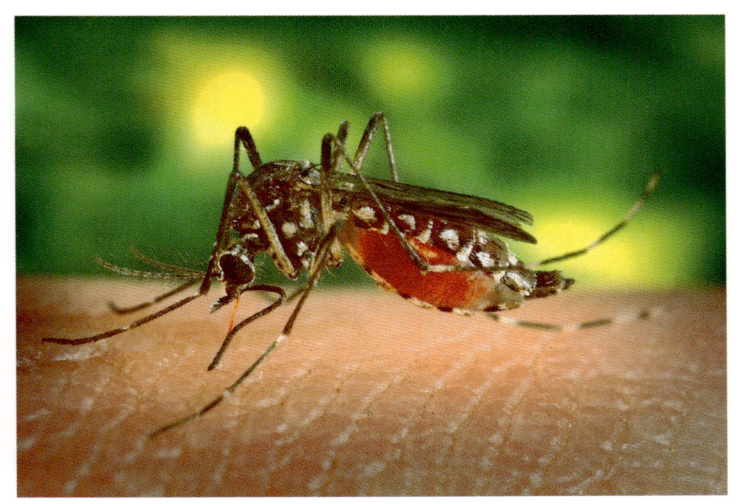

図7.6. ネッタイシマカ（*Aedes aegypti*）
Ae. aegypti は世界において黄熱病およびデング熱の主要媒介者となっており，後者は世界でもっとも蔓延している蚊媒介性ウイルスによって引き起こされる．*Ae. aegypti* は広範囲に分布しており，すべての大陸の熱帯および亜熱帯地域で見られる（提供：疾病管理予防センター）

図7.7. クロアシマダニ（*Ixodes scapularis*）
シカダニとも呼ばれる本種は，米国東部においてライム病の媒介者となっており，バベシア症という病気も伝染する（提供：米国農務省の Scott Bauer）

図7.8. シロアシネズミ（*Peromyscus leucopus*）．アメリカ東部におけるライム病の主要保有宿主
P. leucopus はアメリカ合衆国東部および中央部地域の至る所で見られるが，北はカナダまで，また南はメキシコのユカタン半島にまで拡大しつつある（© シカゴ動物学会の Jim Schulz）

図7.9. ツェツェバエ（*Glossina pallidipes*），ケニアのシンバヒルズ産
知られているツェツェバエ類23種のうち，ほとんどの場合，3種だけがトリパノソーマ類を人間に伝搬する（© 1999 Steven Mihok）

図7.10. ベトナムでブタとニワトリを一緒に飼育している様子
（提供：国連食糧農業機関の D. Nam.）

図7.11. カワスズメ科魚類 *Trematocranus placodon*
（www.hojleddet.dk. の許可による）

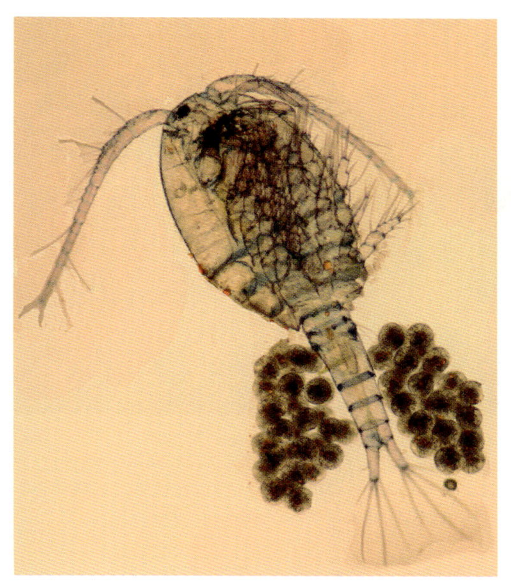

図7.12. *Mesocyclops* 属の１種
（© ニューハンプシャー大学淡水生物学センターの Sonja Carlson, cfb.unh.edu/CFBkey/index.html. より）

図7.13. *Toxorhynchites splendens* の幼虫
Toxorhynchites 属の幼虫は，一部の地域においては重要な蚊の捕食者となっている可能性がある（© タイのカセサート大学の Kosol Charernsom より）

図7.14. アカギツネ（*Vulpes vulpes*）とハタネズミ（*Microtus* sp.）
（© 1992年 Steve Kaufman より）

図7.15. アカオノスリ（*Buteo jamaicensis*）とトウブハイイロリス（*Sciurus carolinensis*）
（© Saugus Photos Online の James F. Harrington より）

図7.16. スーティーマンガベイ *Cercocebus atys* の若齢個体
（画像はオハイオ州立大学の W. Scott McGraw より）

図7.17. ブッシュミート目的で殺されたゴリラ
霊長類の血液への曝露は，この人間が解体されたゴリラを処理しているときに起こっているが，霊長類のウイルスが人間に伝搬することの原因となる（©Karl Ammann, karlammann.com）

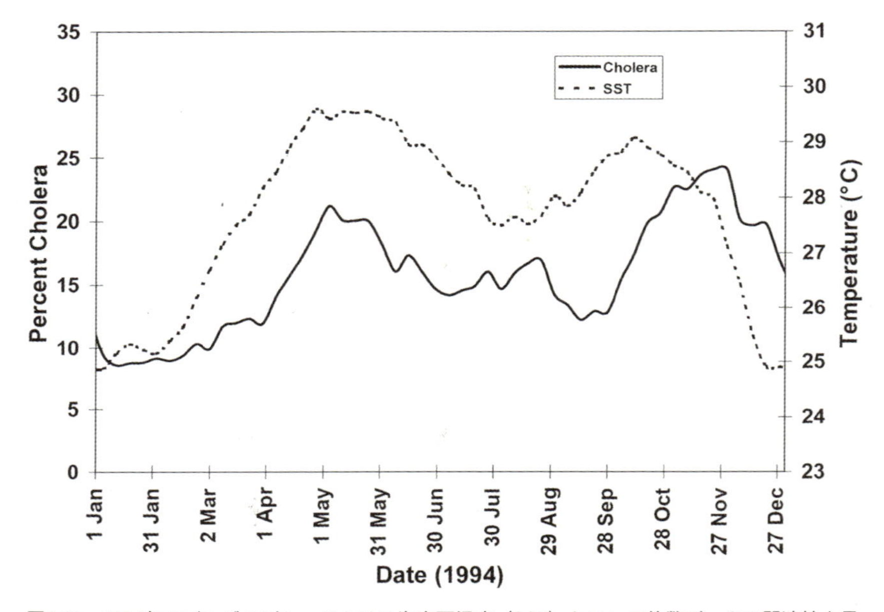

図7.18. 1994年のバングラデシュにおける海表面温度（SST）とコレラ件数データの関連性を示すグラフ
（R.R. Colwell からの許可による Global climate and infectious disease: The cholera paradigm. *Science*, 1996; 274: 2025–2031. の再印刷. © 1996 American Association for the Advancement of Science）

図7.19. *Vibrio cholerae* 菌を保有しているメスのカイアシ類の顕微鏡画像
（提供：メリーランド大学の Rita Colwell および Anwarul Huq 両博士）

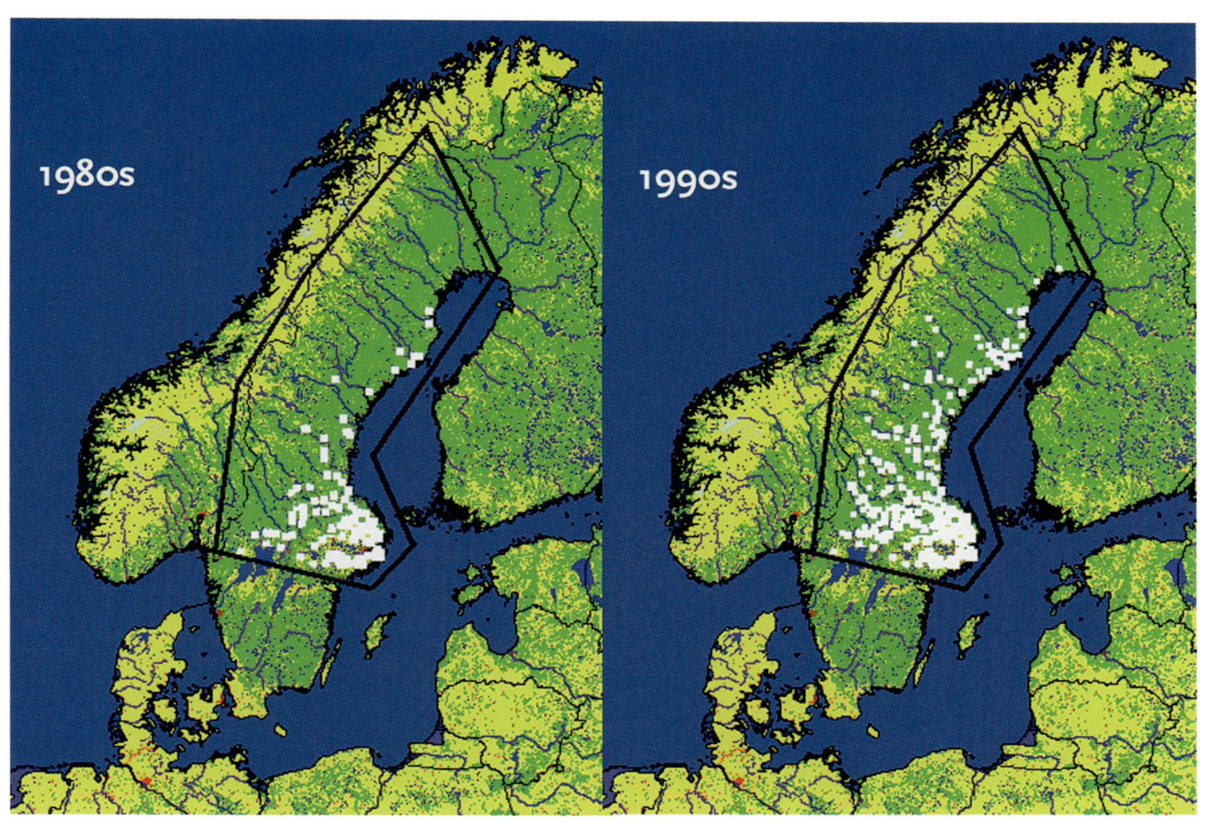

図7.20. 中央スウェーデンにおける European Tick（*Ixodes ricinus*）の分布と密度の変動
白抜きの四角は，*I. ricinus* というダニが1980年代初頭と1990年代半ばに存在することが報告されたスウェーデン内の地区を示している．黒い線の輪郭は研究対象地域を示す．1980年代から1990年代にかけて，*I. ricinus* の個体数の増加と，そのダニの分布が北部へと変遷する現象が見られた（E. Lindgren, L. Tälleklint, and T. Polfeldt. Impact of climatic change on the northern latitude limit and population density of the disease-transmitting European tick, *Ixodes ricinus*. *Environmental Health Perspectives*, 2000;108(2):119–123からの引用）

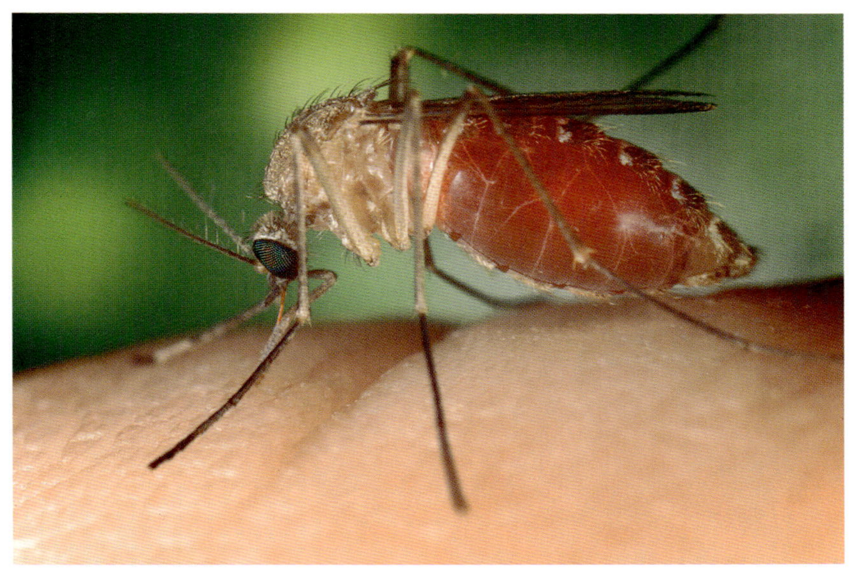

図7.21. 米国南東部においてウエストナイルウイルスの主要媒介者となっているネッタイイエカ *Culex quinquefasciatus*
（提供：疾病対策予防センター）

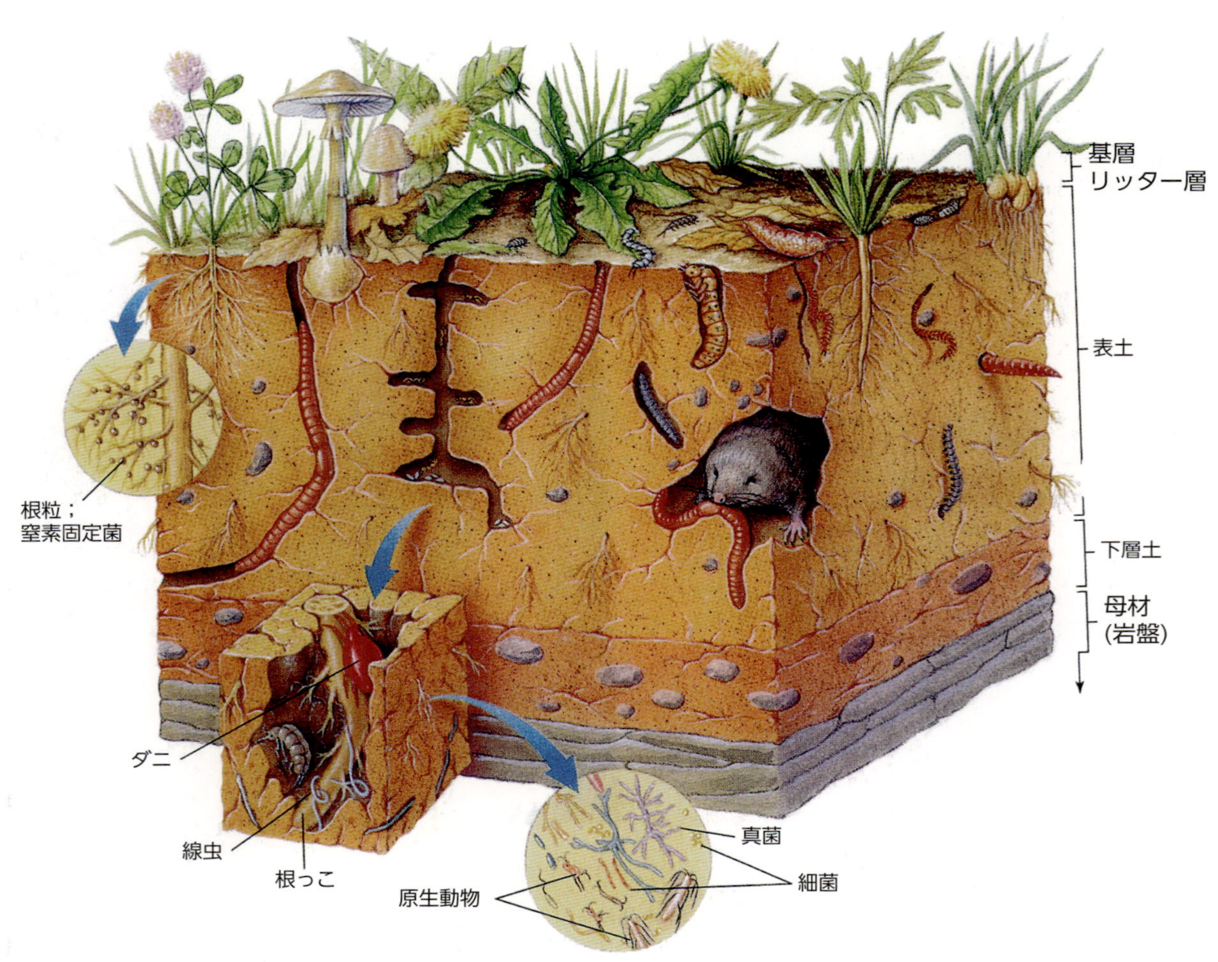

土壌生物
温帯土壌の断面図で示されている通り，極めて多様な生物が土壌を肥沃にし，食糧生産を可能にする（出典：Peter H. Raven and Linda R. Bert (editors), *Environment*, 3rd ed. © 2001, Harcourt, Inc., reprinted with permission from John Wiley & Sons, Inc.）

図8.1．ワシントン州の小麦畑における深刻な土壌浸食
農民が探針を用いて土壌サンプルをとっているところ．サンプルは土壌内の養分利用性や有機物などを測るために使われている（写真：米国農務省，Jack Dykinga）

図8.2．様々な種類のジャガイモ．
いくつもの種類のジャガイモを同じ畑で育てることにより，疫病や異常気象による不作に対抗できる（提供：米国農務省）

図8.3．小麦に発生した黒さび病
この疾病はコムギ黒さび病菌（*Puccinia graminis*）によって引き起こされるが，近年再発生している（提供：米国農務省農業調査局穀物病研究所，Jacolyn A. morrison）

図 8.4. アフリカにおけるトウモロコシの露地栽培
ナイジェリアのイバダンにある国際熱帯農業研究所・本部の農場で，窒素固定能力を持つマメ科植物ギンネム（*Leucaena leucocephala*）の列の間に植えられたトウモロコシ．このような露地栽培は，アフリカその他の世界各地で人気を博し始めている（© musa Usman, International Institute for Tropical Agriculture, Ibaddan, Nigeria, www.iita.org）

図8.5. 有益な土壌線虫
土壌に棲む有益な線虫（a）は，たとえばトウモロコシの根（c）を食べるウェスタンコーンルートワーム *Diabrotica virgifera virgifera*（b）などの宿主の口や肛門のような開口部から進入する．一度中に入ると，線虫は自らの腸内寄生性細菌（第3章，Box 3.1「微生物の生態系」参照）を放出する．放出された細菌は，宿主を消化して増殖し，線虫に食料を供給する．線虫はそれを食べて育ち，宿主が完全に消化されると脱皮し，再び土壌に出て，新たなる宿主を探す（写真：Sergio Rasmann, Matthias Held，スイス，ヌーシャテル大学）

図8.6. 他の益虫.

a）トマトスズメガ（*Manduca quinquemaculata*）についたコマユバチ（おそらく *Cotesia congregata*）の卵．卵が孵化した後，トマトスズメガの幼虫を消化する（© Jill m. Nicolas, 2004）

b）ニワオニグモ（*Araneus diadematus*）（提供：Dreamstime.com，Dawn Hudson）

c）コナジラミの若虫を食べるクサカゲロウ（*Chrysoperia* sp.）の幼虫．クサカゲロウの幼虫は“アブラムシのライオン”と呼ばれ，多くの農業害虫の貪欲な捕食者である（提供：米国農務省，農業研究事業団，Jack Dykinga）

d）ヒメカヒメノコテントウの亜種ジュウヨンホシテントウまたはラントウムシ（*Propylea quatuordecimpunctata*）がマメ科植物についたアブラムシを食べている．科学者は，ジュウヨンホシテントウが現在米国で17の大平原と西部の州にはびこっているロシアムギアブラムシ（*Diuraphis noxia*）の制御に役立つのではないかと考えている（提供：米国農務省，農業研究事業団，Scott Bauer）

e）ヒメバチ（*Diapetimorpha introita*）がアメリカタバコガ（*Helicoverpa zea*）の蛹のいるトンネルに卵を産もうとしているところ（提供：米国農務省，農業研究事業団，Scott Bauer）

f）カメムシ亜目の昆虫（*Geocoris* sp.）がコナジラミを葉に付けて，あとで食べられるようにしている（提供：米国農務省，農業研究事業団，Jack Dykinga）

図8.7. 様々な花粉媒介者

a）ムラサキツメクサ（*Trifolium pratense*）についたオオカバマダラ（*Danaus plexippus*）（提供：Dreamstime.com, Carokine Henri）
b）セイヨウミツバチ（*Apis mellifera*）（提供：米国国立衛生研究所）
c）マキバブラシノキ（*Callistemon rigidus*）の花のそばを飛ぶノドグロハチドリ（*Archilochus alexandri*）のメス（提供：Dreamstime.com, Paul Wolf）
d）ハイガシラオオコウモリ（*Pteropus poliocephalus*）（© iStockphoto）
e）マルハナバチ（*Bombus pratorum*）（提供：Dreamstime.com, Paul morley）
f）マンネングサ（*Sedum* sp.）にとまるヨーロッパアシナガバチ（*Polistes dominula*）（提供：Dreamstime.com, Janice muskopf）
g）白い桜の花にとまるキンイロハナムグリ（*Cetonia aurata* L.）（提供：Dreamstime.com, Steffen Foerster）
h）ヒマワリ（*Helianthus annuus*）にとまるヒメアカタテハ（*Vanessa cardui*）（提供：Dreamstime.com, Lloyd Clements）

図8.8.　トビムシ
写真のムラサキトビムシ科 Hypogastruridae のトビムシは真菌を食べる．トビムシは，世界で約7500種が確認されており，ほとんどの陸上生態系に広く存在している．もっとも古くから存在する陸上生物の1つで，4億年前の化石が発見されている（写真：コロラド州立大学，自然資源生態学研究所，Mark St. John）

図8.9.　大豆を使用する耕起の保全
アイオワ州の中心部にあるこの大豆農場は，浸食を防ぎ，土壌に多量の栄養素を残すために，浅耕栽培を採用している（提供：米国農務省，自然資源保全局，Lynn Betts）

図8.10.　アマゾンで畑や牧草地を作るための焼き畑農業（写真：米国航空宇宙局，D.W. Deering）

図8.11.　中国，四川省，綿陽市のメタン発生装置
地下のコンクリートコンテナの人間や動物の廃棄物から嫌気性細菌が生成するメタンは，一般的な家庭の調理と暖房に必要なエネルギーの60％を供給することができる．残りの廃液は，ブタの栄養補助食品として，あるいは作物の肥料として使われている（写真：Paul Henderson）

図8.12. 様々なブタとヒツジの品種
農家は複数の家畜品種を農場に持っていた．19世紀の版画より（出典：From Solon Robinson (editor), *Facts for Farmers and the Family Circle.* A.J. Johnson, Cleveland, Ohio, 1867）

図8.13. 様々な鶏の品種
（出典：Solon Robinson (editor), *Facts for Farmers and the Family Circle.* A.J. Johnson, Cleveland, Ohio, 1867）

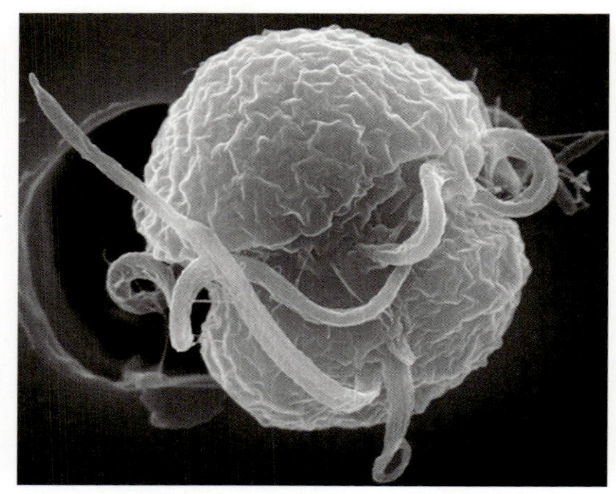

図8.14. 渦鞭毛藻 *Pfiesteria piscicida* の走査型電子顕微鏡写真
（提供：ノースカロライナ州立大学，応用水生生物センター）

図8.15. *Pfiesteria piscicida* に攻撃されたニシン科魚類メンハーデン *Brevoortia tyrannus* の損傷状態
（提供：ノースカロライナ州立大学，応用水生生物センター）

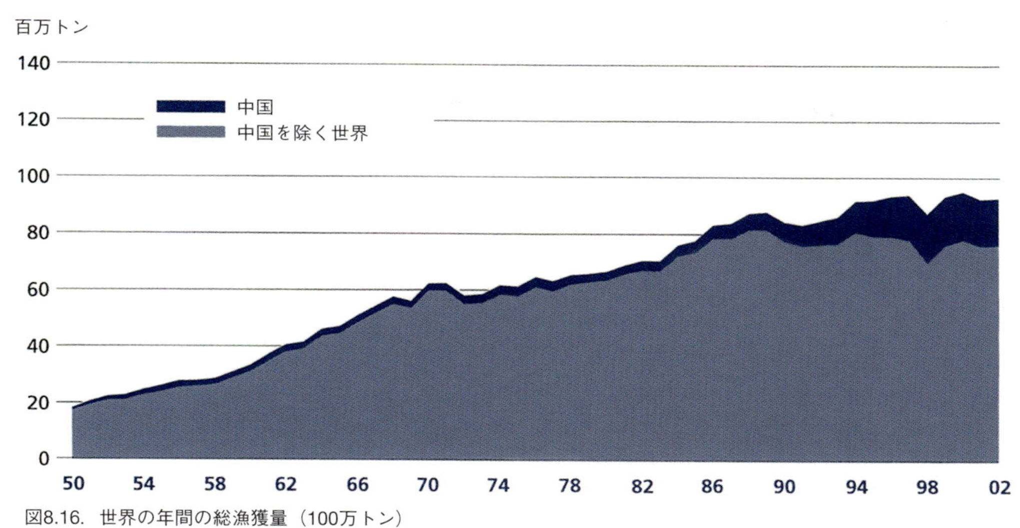

図8.16. 世界の年間の総漁獲量（100万トン）
（出典：国連食糧農業機関，世界漁業・養殖業白書（SOFIA），2004年）

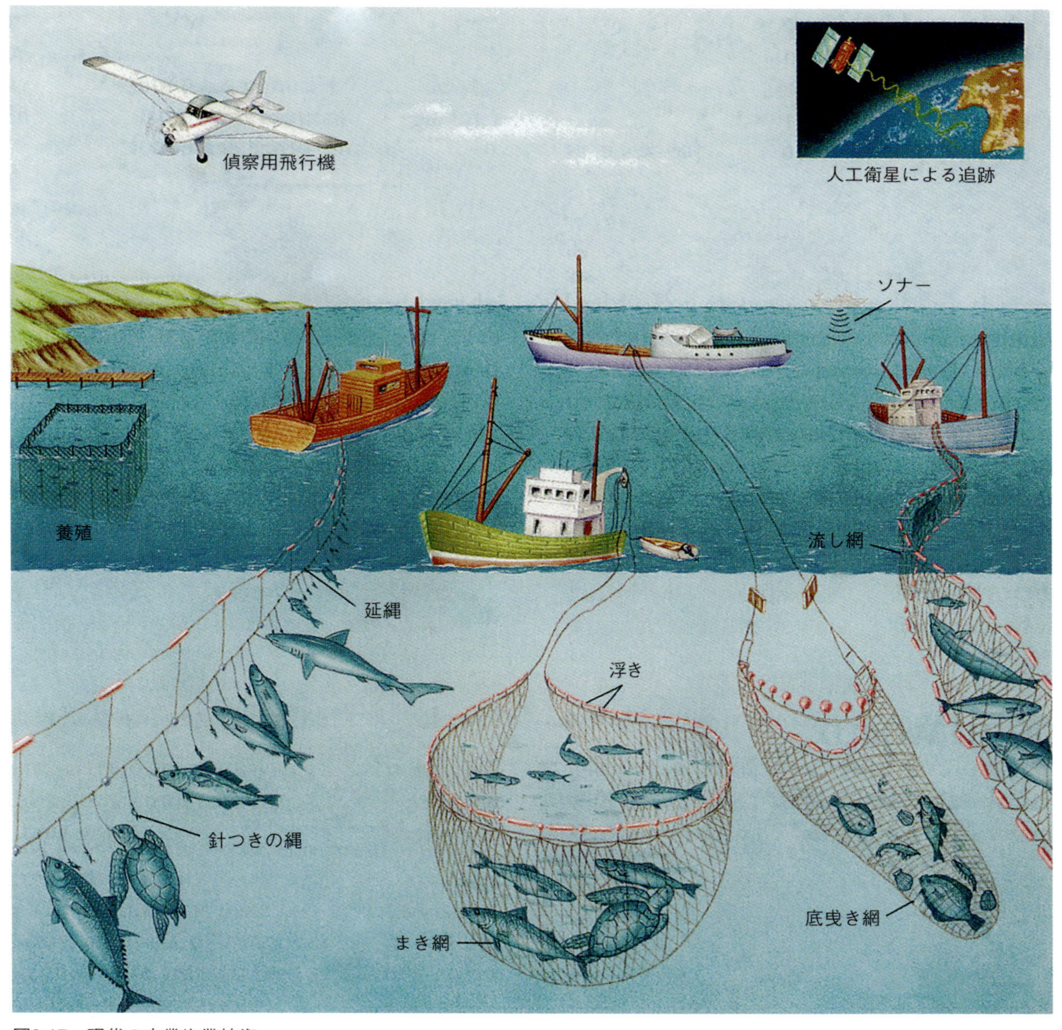

図8.17. 現代の商業漁業技術
（出典：Peter H. Raven and Linda R. Bert (editors), Environment, 3rd ed., © 2001, Harcourt, Inc., reprinted with permission from John Wiley & Sons, Inc.）

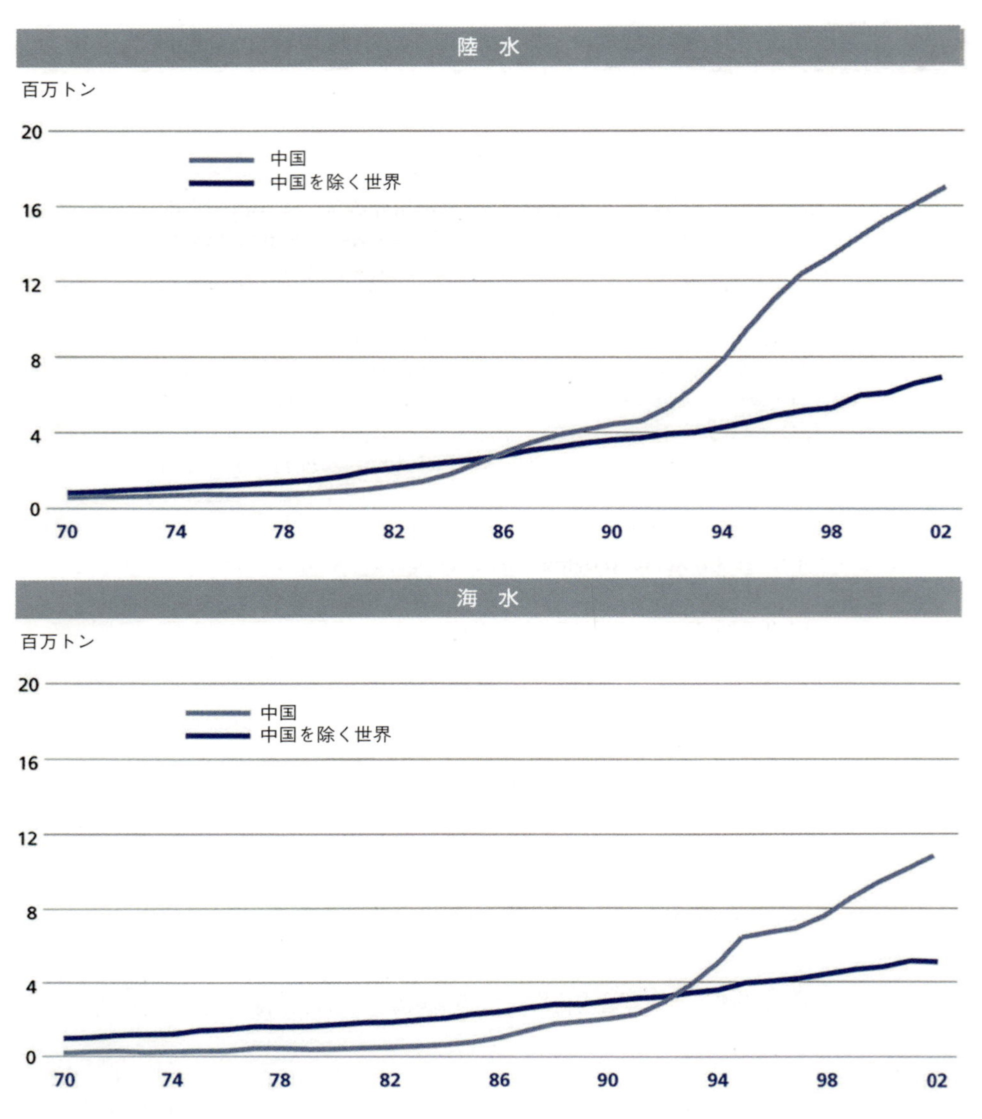

図8.18. 1970年からの海水および陸水域における養殖生産［註：データは水生植物以外の数値である］
（出典：国連食糧農業機関，世界漁業・養殖業白書（SOFIA），2004年）

図8.19. カラフトマス（*Oncorhynchus gorbuscha*）の稚魚についたサケジラミ（*Lepeophtheirus salmonis*）（写真：Alexandra Morton，www.raincoastresearch.org.）

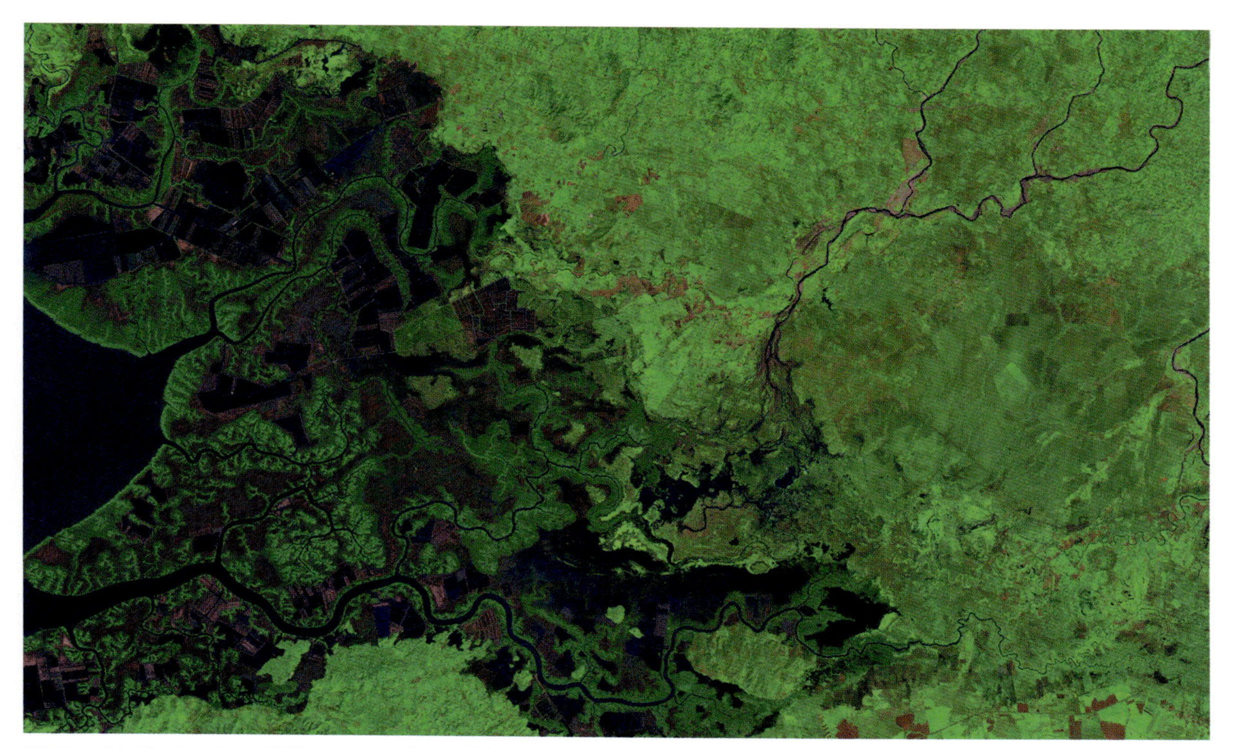

図8.20．ホンジュラスのエビ養殖によるマングローブ破壊
（© NASA）

図8.21．スペイン，バルセロナ，ラ・ボケリア市場で売られているヨーロッパカタクチイワシ *Engraulis encrasicolus* の塩漬け
（写真：Eric Chivian）

第 9 章　2006年夏，ノースダコタ州にある本人所有の3700エーカー（約15 km^2）の有機農場のソバ畑にたたずむフレッド・キルシェンマン　彼方に見える樹木は，作物害虫を食べる捕食者や寄生虫を引き寄せて，またそれらの生息地を提供する生け垣の一部である（写真：Constance L. Falk）

図9.1.　トウモロコシ *Zea mays*
（出典：F.E. Köhler, *Medizinal-Pfl anzen in naturgetreuen Abbildungen mit kurz erläuterndem Texte: Atlas zur Pharmacopoea germanica*, Vol. 3. Gera-Untermhaus, 1883-1914.　1995～2004, ミズーリ植物園の許可を得て掲載.　www.ill ustratedgarden.org/mobot/rare books/）

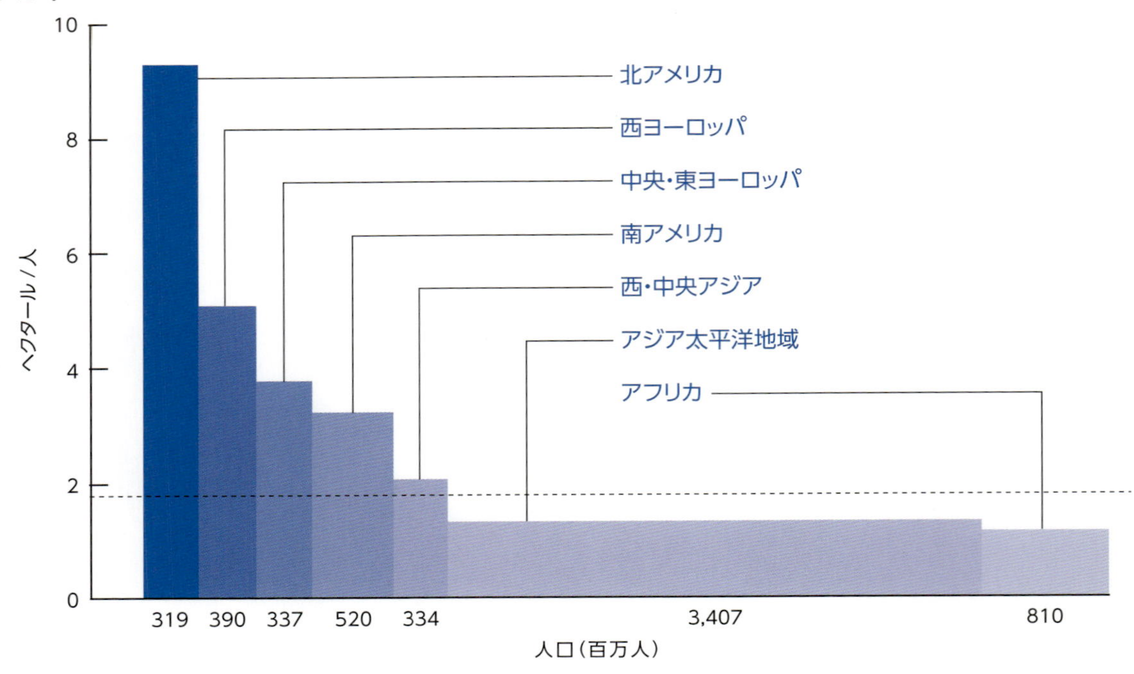

図 10.1. 地域による「エコロジカル・フットプリント」の違い（2001年版）.
約1.8ヘクタール（ほぼ4.5エーカー）の破線は，一人分のフットプリントを示し，持続可能な世界人口のフットプリントの総量から割り出した一人のために必要な生物学的に生産が可能な土地の面積を表している．このグラフは，2001年の世界人口の数値に基づいている．今日では，人口が増加しているので，この領域はもっと小さくなっている．（グローバル・フットプリント・ネットワーク www.footprintnetwork.org の国別フットプリントの大きさに関する2004年版のデータに基づき作成．）

第1章

生物多様性とは何か?

スチュアート・L・ピム，マリア・アリス・S・アルヴェス，エリック・チヴィアン，アーロン・バーンスタイン

地球上でもっとも多様性にあふれ繁栄している生物は甲虫であるという．創造主（神）はなぜ甲虫ばかりを多様にしたのだろうか．かつて異彩を放った近代進化論者（集団遺伝学の提唱者）のホールデン（J. B. S. Haldane, 1892～1964）は,（神学者から）神とその創造について問われたとき（ホールデンが本当にそのような言葉で表現したかどうかはわからないが),「神は甲虫に異常な愛着を持っておられた（神様は甲虫が大好きだった）an inordinate fondness for beetles」と答えたという.

（訳者註：Arthur V. Evans と Charles L. Bellamy の『An Inordinate Fondness for Beetles』という題名のよく知られた本もある）

「生物多様性」とは，遺伝子，種，個体群，エコシステム（生態系）など地球上のあらゆる生命のバラエティーのことを指す．土壌や淡水，海水の本来の性質を変えてしまう人間の活動は，すでに生物多様性を急激に衰退させており，人間がもし無尽蔵ではない地球資源をこのまま使い続ければ，より大きな損失がもたらされるだろう．二酸化炭素やメタンなどの大気中の温室効果ガスの濃度を減らす取り決めがなされ，それによって地球環境に起こり得る災害に対する警鐘が鳴らされているが，生物多様性の減少は取り返しのつかない環境破壊をもたらすということがもっと認識されなければならない．遺伝子のようなミクロの世界でも，あらゆる「種」において，またその種内のある個体群，あるいは1つの生態系という単位でも，多様性が損なわれてしまったら，決してもとへは戻せないのだ.

生物多様性の衰退を測る目安として，生物の「種の減少」がもっとも広く用いられてきた．しかし，それ以外の様々な次元で地球の生命を捉えると，生物多様性の全体像は，種の多様性だけの問題より，もっと深く，またもっと複雑である．たとえば，遺伝的な多様性はある種の中の個体と個体の関係の上にも成り立っていて，種としては絶滅しない場合でも，その種の1つの地域個体群が消滅すれば，その種自体の遺伝的な多様性は失われることになる．種が属する「属」,「科」,「目」,「綱」,「門」，そして「界」に至る高次の分類学的階級における多様性もある．さらにその種が一員をなしている生物群集，あるいはエコシステムも存在する．多様性の減少や機能の衰退は，上に挙げたどのレベルでもそれぞれ独自の視点で見ることができるだろう．ある地域のエコシステムが人為的な影響を受けた場合，たとえその構成員であるすべての「種」が生き延びたとしても，個体や種間の関係を見れば，環境が劇的に悪化して多くの生態学的機能が失われる可能性がある.

本章では，世界における生物多様性の現状を概観し，本章に続く各章の土台となるように意図した．本書を読み進むにつれて，生物多様性の衰退によっていかに私たちの健康が，そして生活が危険にさらされるか，という実例に触れることができるだろう.

生物の類縁関係

生物多様性の度量を計る1つの方法は，世界中の生命体すべての「家系図」を作ることである．それは系統樹（あるいは系統図）と呼ばれ，この思想は1866年に出版されたエルンスト・ヘッケル［Ernst Haeckel（1834～1919）；ドイツの生物学者］のみごとな系統樹（図1.1）に端を発する．この1枚の図に，生物多様性の全貌とその進化の時間的経過，そして推測される類縁関係に関わるヘッケルの洞察がすべて集約されている．この系統図はダーウィンの『種の起原』が世に出てからわずか7年後に発表されたが，ヘッケルはこの本をチャールズ・ダーウィン（Charles Darwin）だけでなく，ヴォルフガング・ゲーテ（Wolfgang Goeth）とジャン・ラマルク（Jean Lamarck）に奉呈した．この図が載った本『Generelle Morphologie der Organismus』（訳者註：邦題なし，生物の一般的な形態の意）の中で，ヘッケルはダーウィンの進化論をすべての生物に当てはめて具現化しただけでなく，生物が1つの共通の祖先から多様化する様相に関する独自の理論（系統論）を展開した．

いろいろな生物の遺伝子を比べてみたいという人の好奇心が，系統樹の形を大きく変え，その結果私たちの生物多様性に関する認識に変革をもたらした．この思想上の革命によって2つの大きい議論が巻き起こった．1つは，ヘッケルが3つに分けた生物のもっとも大きいくくりである「界」についてであり，もう1つは，最良の「種」の概念とは何か，と

Box 1.1　種とは何か？

本書の趣旨に沿えば，遺伝子とは「遺伝的形質の基本的な分子単位」，種とは「他種と区別できる固有な形質の組み合わせ（形態，遺伝子および行動）を持つ生物の集団」，個体群は「ある一定の地域に生息する同種の生物の集団」そして生態系は「多様な種とその生息地の無機的環境およびそれらのすべての相互作用の総体」と定義されるだろう．

標準的な「種」の定義は，自然条件下において同種の個体間で子孫を残す能力に基づいている．つまり異なる種どうしでは子孫を残すことができない，ということになっている．ウマとロバは交尾してその子（ラバ）が生まれるが，ラバが不妊性なので，両者は異なる種であるというわけだ．しかし，この概念は無性生殖をする生物には意味をなさない．それらをどのように分けて考えたらよいのか？　また，多くの生物の生殖習性がよく知られていない現状では，有性生殖をする生物ですら，どれがどの種であるか，どうやって見極めるのだろうか？　現実には，ほとんどの種について，1個体かせいぜい数個体に関する情報，あるいはただ1カ所のみの生息地が知られているだけなのである．

通常，異なった種どうしは，異なった形態をしていて異なった行動をとる．しかし，たとえば，新熱帯に産するアオネセセリの類（図1.2）では，相違が微妙すぎて簡単には種を判別できない．こういう場合は分子生物学的な方法に頼ることになる．異種間に特異的な遺伝子の配列を読み取ることで，このような難しい例でも分類できるようになった（遺伝子解析については本章の「微生物の世界」の項参照）．しかしながら，科学においては種の同定が一筋縄ではいかないということも理解しておいてほしい．同種内であっても遺伝子型（個体が持つ遺伝子の構成）と表現型（形態や行動などある生物の持つ遺伝子型が形質として表現されたもの）に多様性があり，それはその生物が環境に適応して進化するにつれて獲得されてきた状態を表している．

Box 1.2　カール・フォン・リンネの功績

（訳者註：原文は Linnaeus だが，日本でもっとも一般的な呼称であるリンネを用いる）

リンネ（Carl von Linné；Carolus Linnaeus）は，18世紀の半ばに活躍したスウェーデンの植物学者・医学者で，生物学の発展に大きい影響を与えた偉人の一人である．彼は，それぞれの生物の種にラテン語名を用いることで，科学者が今日でも使っている生物分類のための画期的な表現方法を一般化した．

リンネは生物の名を，大文字で始まる属名とそれに続く小文字のみによる種小名の２つの言葉で表した．たとえば，サトウカエデ（sugar maple）は *Acer* という属の名と *saccharum* という種小名で表す．私たちヒトを表す *Homo sapiens* も同じだ．亜種と呼ばれる同じ種内の地理的な変異に対しては，第3の名前（亜種小名）を補う．たとえば，*Pan troglodytes troglodytes* は，中央アフリカ西部に分布するチンパンジー（種）の１つの亜種（ツェゴチンパンジーと称される）で，エイズウイルスをもともと持っていた動物と考えられている（第6, 7章で詳述）．

生物学的な記述においては，同じ文中で属名がくり返し用いられるときや略号だけでも理解できる場合は，*A. saccharum* のようにしばしば属名の省略形が用いられる．また，ある生物の種が不明でも，所属する属が明らかなとき，あるいは，ある属に属する種であることを表現したいときには，species（単数，複数同形）の省略形を用いて *Acer* sp.（単数）あるいは *Acer* spp.（複数）のように表す．同じグループ内に同じ頭文字で始まる属が複数あるときには，２文字以上の属名の省略形にする場合もある．たとえば，*Anopheles*（ハマダラカ属）の場合は，カ科の近縁群の *Aedes*（ヤブカ属；*A.* あるいは *Ae.* と略される）と区別するために *An.* と表すことがある．ガンビアハマダラカ（*Anopheles gambiae* または *An. gambiae*）は，今日，アフリカでもっとも危険なマラリア原虫の媒介者（carrier）であり，ネッタイシマカ（*Aedes aegypti* または *Ae. aegypti*）はデング熱や黄熱病のウイルスの媒介者として有名である．

学名のより形式張った記述に際しては，ラテン名（訳者註：今日の命名法では必ずしもラテン語である必要はない）の学名の後ろに命名，記載した分類学者の名字を付け加える．もし，学名の後ろに「L.」となっていたら，命名者がリンネであることを表している．分類学者（taxonomist）とは生物多様性を理解するために生物を階層に分類し体系的にまとめる研究を行っている科学者のことであり，生物の階層のことをタクサ taxa（単数形はタクソン taxon）と呼ぶ．タクサには，低次から高次に向かって種（species），属（genus），科（family），目（order），綱（class），門（phylum）などのタクソンがある．

世界には多くの国々，言語があり，同じ生物でありながら，言語によってそれぞれ違った呼び名（地方名，方言を含む）が存在するが，リンネが考案した分類システムを用いると世界共通の認識が得られるのである［訳者註：学名による表記法では系統関係を完全には表現できないとの焦燥感から分類学はしばしば検証に不向きな学問領域という錯覚を与えるが，分類という思考法自体が，本来人間が持っている潜在的な識別能力に形式を与えたもので，それ以上の表現方法が提案されたことはない］．本書では学名（属名および種小名）をイタリック体で示した．

カール・フォン・リンネ
ラップランド（スウェーデン北部）探検後，同地方の民族衣装を身につけた肖像．1735〜1740年頃．メゾチント（銅版画）．ヘンリー・キングズバリー／マーティン・ホフマン製版・印刷．（http://www.ucmp.berkeley.edu/history/linnaeus.html による）

くに微生物における種の認識の問題である.

基礎生物学の教科書のほとんどで,生物は動物(Animalia),植物(Plantae),菌(Fungi),プロティスタ(Protista;原生生物界;真核の単細胞生物)そしてモネラ(Monera;細胞核を持たない原核生物でミトコンドリアおよび葉緑体を欠く)の5界に分類されている.これは,動物界,植物界,プロティスタ界を主要な3つの幹とし,モネラはプロティスタとして,また菌類は植物として扱ったヘッケルの分類と本質的にはほとんど変わりない.しかし,ロバート・H・ホイタッカー(1969)(註1)が提唱した5界説と違うところは,ヘッケルが真核生物と原核生物を区別しなかったことである.現代になってこの2つの界の根本的な違いを認識することができたのは,著しく進歩した顕微鏡の性能が,ヘッケルの時代には不可能だった観察を可能にしたからだ.

主に顕微鏡による生物の外形や部分の形態あるいは表現型の観察によって提唱されたヘッケルの3界説やホイタッカーの5界説は,現在さらに,多くの科学者により,遺伝子の解明に重きを置いた研究方法によって補足,修正されようとしている.このコンセプトの変化もたらしたのは,外見がよく似ていても,遺伝子の配列からまったくの別種だと認識されることがしばしば起こるようになってきたことによる(図1.2).そしてもう1つ,界と界の間の距離は古典的な認識のように均等ではなく,たとえば,動物,植物,菌,プロティスタはそれぞれ近縁だが,どれも原核生物であるモネラとは離れている,というような事実が明らかになってきたことである.

ツリー・オブ・ライフ(Tree of Life)という,遺伝学的な相違に,より大きいフィディリティーを課した新しい発想の系統図が,1990年,微生物学者カール・ウーズ(Carl Woese; 1928～2012)によって提唱された.ウーズの系統図はEukarya(真核生物),Archaea(古細菌),Bacteria(真正細菌)という3つの主要な枝(ドメイン)によってできている.この新モデルは,初め大きい反発を受けたが,今日,徐々に支持する科学者が増えてきた.5界説のように界を用いて分類する代わりにドメインと呼ばれる3つの大きい幹線を想定することで,生物分類の古典的な考え方に変革を与えるきっかけとなった.

3つのドメインによる系統図(3ドメイン説)によると,微生物に3つの遺伝学的な相違が認められる.進化学的な「時間」で見ると,維管束植物(たとえばトウモロコシ属 *Zea*),菌類(たとえば「インクの傘 ink caps」と呼ばれるナヨタケ科・ヒトヨタケ属 *Coprinus* [原文のまま] のキノコ)および哺乳類(たとえばヒト属 *Homo*)などは,どれも比較的近い過去に,1つの共通の祖先から進化してきたことがわかる.3ドメイン・モデルは,古典的なヘッケルの「ツリー・オブ・ライフ」(系統樹)とはある意味対照的で,生物多様性とその生物が地球上に生存している時間の長さによって系統関係を表わしており,私たちが見慣れている系統図のように人類を「頂上」に置くのではなく,人類を含むすべての植物と動物と菌類が図の「底」のほうに描かれている.こうして,3ドメイン説は,生物全般とくに微生物の世界の進化学的な類縁関係に関するさらにつっこんだ研究の必要性を示唆した.

微生物の世界

微生物の世界の種多様性がどのくらいあるかという問題を解決することは,以下の理由からはなはだ困難だ.まず第一に,多くの微生物は組織培養ができないので,生理や免疫作用を起こす攻撃性の特定に関する実験が行えない．たとえば，顕微鏡下でカウントされる，海水（訳者註：海水１mlに生息する微生物は100万個体と言われる）や湖水，あるいはその沈殿物や土壌などのサンプルの中の細菌のタイプや個体数のうち培養可能なものは１％以下に過ぎないだろう．細菌群集のRNAを用いた構造解析でも同様の結果が得られている．ましてや，桿菌（bacillus；棒状の形をしたバクテリアのタイプ）などはどれもまったく同じ形をしていて，それぞれの細菌をその外見から精度の高い識別をすることは不可能である．

そのため科学者は，遺伝学的な手法を用いて，多様な細菌（bacteria）および古細菌（archaea）の遺伝子を比較することで，より正確な同定ができると確信している．リボソームのRNAをエンコードするためにもっとも信頼される遺伝子は16S rRNAと呼ばれる．リボソームは細胞質に含まれていてタンパク質の合成に関与する構造体である．16S rRNAの構造は多くの生物で数百万年にわたって継続的に保存される．しかしながら，時間が経過し種が進化するのに伴って，遺伝子にもわずかな変化が生じる．そのため，生物間の遺伝子の微妙な相違を比較することによって，ある種を他の種から区別することができ，また，その２種の種間の類縁の程度や両者の共通の祖先がいつ頃存在したかを測ることもできる．３ドメイン・モデルはじつはこうした手法によって導き出された．さらに，16S rRNA遺伝子では，配列を決定する（シークエンシング）ため，ポリメラーゼ連鎖反応（ポリメラーゼ・チェーン・リアクション）あるいはPCR法と呼ばれる手法で，簡単にまた安価でDNAの断片を選択的に増幅することができる（第５章，p.198の「好熱菌 *Thermus aquaticus*」の項を参照）．

こうした新しい技術を駆使して，研究者は世界を駆け回ってあらゆる環境から微生物のサンプルを採取している．たとえば，バーミューダ諸島に近いサルガッソー海（藻海）の水面から深層の海底火山の火道（volcanic vent）に至るあらゆる種類の「海水」や，南極大陸の氷底湖であるボストーク湖の低温の湖水からワイオミングのイエローストーン国立公園の高温の間欠泉に至るあらゆる陸水，また，ブラジルの熱帯雨林からアメリカ合衆国南西部の砂漠に至るあらゆる土壌を採取して調べるうちに，微生物の世界がいかに広大でしかも多様であるか，ということがおぼろげながら理解され始めてきた．

地球上に生息する微生物の個体数は４～６ノーニリオン（$4〜6 \times 10^{30}$）と推測されている．これは，宇宙の星の数の10億倍に当たる途方もない数字である．ほとんどの微生物は陸上および海洋の表面に生息していると考えられている（註２）．しかし，そこに何種類の微生物がいるのか，それに近い桁でさえ，じつは誰にもまだわからない．1000万種から多い場合は10億種と推測されている．

少なく見積もっても１m^3の土壌に100万種の異なる微生物の種が生息しているが，今のところ，そのうちのわずか6000種の真正細菌および古細菌のみに学名が与えられている．しかし，環境が同じタイプであれば，１m^3の土壌中には同じ種のバクテリアが棲んでいてその微生物相は同じなのか，反対に，世界の他の場所の違った環境から採取した１m^3の土壌には別種のバクテリアが棲んでいるのか，ということさえわかっていない．つまり，バクテリアのある一種がひじょうに広い範囲に分布していて，同じ種がどこででも見つかっているのかどうかがわからない，ということである．唯一言えるのは，陸上でも海洋でも地球上の生物多様性のほとんどは微生物が担っているようだということ，そして，その微生物の多様性について研究者でさえほとんど何も知らない，ということである．

微生物の世界は驚異であるということはどの科学者も認めている．たとえば，シグムンド・ソクランスキー（歯周病学，微生物学の権威）とブルース・パスター，およびフォーサイス研究所（ボストン）の彼らの共同研究者らが行った研究によると，古細菌や菌類あるいはアメーバ（原生生物）だけでなく700種以上の異なるバクテリアの種が人間の口の中に棲んでおり，その数は60億個体に及ぶと推測された．また，人間の腸の中から800種の微生物が発見されたが，そのほとんどがバクテリア（数千の株を含む）であった（第3章 Box 3.1「微生物の生態系」を参照）．

古細菌の世界

古細菌（archaea）は最初の原核生物である．顕微鏡下では姉妹群に当たる真正細菌（bacteria）に似ているが，特異な生化学的形質によって区別される．古細菌はある面では，バクテリア（真正細菌）より私たちと同じ真核生物と似ている．たとえば，彼らは私たちと同じようにヒストンというタンパク質でDNAを折りたたんで核内に収納するが，バクテリアは違うタイプのタンパク質を使う．しかしそれ以外の性質はひじょうに異なっている．古細菌の細胞膜はエーテル結合を含む脂質によるが，バクテリアや真核生物ではエステル型の脂質によっている．古細菌についてはよくわかっていないことが多いが，彼らもバクテリア同様，ひじょうに多様であることは確かだろう．

古細菌はもともと過酷な自然環境に閉じ込められた生物であると考えられているが，そうではない．上に述べたように，彼らは温帯の土壌や植物の根などのほか，人間の口や腸の中からも見つかっている．確かに多くの種が過酷な環境に棲む能力を有していることから極限環境微生物（extremorphiles）などと呼ばれるのは，彼らがたぶん地球環境が今日のスタンダードから考えると生物にとってひじょうに過酷だった時代に進化し，そうした環境に生化学的に適応できたことによるのだろう．

たとえば，「strain 121」として知られる古細菌がそのように呼ばれるのは，彼らが水の沸点よりも高い，121℃の灼熱の中でも生きていけることによる．この興味深い微生物は，北西太平洋，フアンデフカ海嶺（Juan de Fuca Ridge）の7447フィート（2270 m）の深さにある海底火山の火道から見つかった（註3）．

古細菌はまた，死海（アラビア半島）やグレート・ソルトレイク（合衆国ユタ州）に見られる高濃度の塩水の中や，水深6.8マイル（1万1000 m）などというフィリピン沖のマリアナ海溝のもっとも深い深底からも見つかっている．この深さは台湾の台北にある世界最高のビルの高さの200倍以上に当たり，そこにはものすごい水圧がかかり，また酸素がない環境である．そのほか，数千フィートの地下や，極端に高い酸性やアルカリ性の環境からも発見されている．

北日本沖の別の海底火道から見つかったピクロフィルス属（*Picrophilus*）の2種の古細菌は，pHが1以下という極端な酸性の環境（0.1モルの硫酸のpHに匹敵する）に生活する．デイノコックス・ラディオドュランス（*Deinococcus radiodurans*）という放射線抵抗性の種は，吸収線量が175万ラドの放射線の中でも生きていける（1ラド=0.01グレイ）．この値は，ヒトの致死線量が500～1000ラドであることと比べると，いかに大きいかがわかる．さらに，古細菌の中には酸素の代わりにメタンや硫黄を使って生きている種もある．

このように，過去数十年における微生物の世界に関する知識の急激な増大，そしてそれがもたらした地球の生物多様性は微生物の多様性が担っているという新しい認識はあるが，本章やそれに続く各章においては，現在，私たちがもっともよく知っている基礎的な，顕微鏡によって観察される動植物の多細胞の世界に焦点を合わせていく．

Box 1.3　ウイルスは生命体か？

ウイルスを生命体として分類すべきなのか否か，科学的な論争がある．生物多様性について扱う本書としても，万全を期すためにここで少し議論しておきたい．ウイルスも地球生命体のすべてが遺伝情報として用いるDNAあるいはRNAを使い，また他の生物と同じようにタンパク質を含んでいる．彼らはまた繁殖するが，知られている限り，彼ら自身だけで繁殖することはできず，増殖するには宿主となる生物の細胞の遺伝装置を利用しなければならない．また，多くの研究結果が示している通り，たとえばインフルエンザウイルスのように彼らは環境の変化に反応して進化する（第7章，p.292の「病原体の多様性」の項を参照）．

しかしながら，ウイルスを生物と呼ぶか呼ばないかは，「生物」をどう定義するかにかかっている．たとえば，生命体は細胞によって成り立っているが，ウイルスは違う．また，生物は自身で繁殖するが，ウイルスにはそれができない．ただし，バクテリアを種分類できるのか，微生物だけで生態系を形成しうるのかという問題もあることは確かなので，ウイルスと生物の各群のどこに線を引くかはそれぞれの研究者の考え方にかかっている．そうした議論は，本章の趣旨とはややかけ離れているので，「生命の樹」に関わる学者に委ねるべきだろう．たとえば，国際ウイルス分類委員会では，生物分類と同じようにラテン名を与えた分類体系が提案されている．

ウイルスの幾何学的な構造や彼らの宿主となる生命体の特性によっていくつかのグループに分ける人もいる．しかし，もっとも一般的なのは，ノーベル賞を受賞した生物学者デビット・ボルティモアによって提案された，DNAやRNAのタイプによって分類する方法だろう（ボルティモア分類と呼ばれる）．たとえば，彼らが持つDNAやRNAが1本鎖か2本鎖かによって分類できる．また，エイズウイルス（HIV）のようなレトロウイルスは細胞に取り付くとRNAを鋳型にして2本鎖DNAに変換する．ウイルス同様多くの病気を媒介する感染性因子として，ウイロイド（1本鎖RNAのみで構成される）やサテライト核酸（染色体の付随体）あるいはプリオン（感染性のタンパク質：第7章のBox 7.1を参照）があるが，それらもウイルスと同じように一般に「生命体」として受け入れられる特性を欠いている．

ウイルスの分類は，有細胞の生命体の分類に似ているが，もっとも高次な階級を目（order）とするところが違っている．コンゴ民主共和国（旧名ザイール）のキクウィト（Kikwit）で発見されたエボラウイルスを例にとると，それはモノネガウイルス目（Order Mononegavirales）のフィロウイルス科（Family Filoviridae），エボラウイルス属（Genus *Ebolavirus*），ザイールエボラウイルス（Species *Zaire ebolavirus*）となる（訳者註：動物や藻類・菌類・植物の命名法と異なり，ウイルスの分類では種の名は英語式である．また同じ名でも属名として使用するときは大文字で，種小名では小文字で書くと定められている）．

近年の研究によると，ATVと呼ばれるアシディアヌスウイルス（*Acidianus* two-tailed virus）は南イタリアの火山性の温泉に生息する極限環境性の古細菌の中で増殖し，宿主の細胞と関係なくタンパク質を含んだ2本の繊維状の尾を作り出す．この尾は，宿主の細胞の分布が密でない場合，ウイルスの運動をアシストするのではないかと見られている（註a）．この発見は，私たちの理解を超えて，ウイルスが宿主の細胞から独立して活動し生命体として定義し得る存在である可能性を示唆している．

種絶滅率の測定

１年間に，あるいは１時間に，何種類の生物が絶滅していくかについて，驚くべき数字が公表されている．こうした推定はすべて，現在地球上に実際に存在している生物の種数の算定の上に成り立つが，それはかなり予測不能な数字だ．それだけではない．人類が地球の歴史上に現れる前と後では地球の生態系の様相がまったく違ってきているので，今日起こっている絶滅は地球史上の自然の絶滅とは異なるかなり異常なものであるということを認識する必要がある．私たちには，そうした出来事の１つひとつに取り組む姿勢が必要である．現在の地球における種の絶滅率の高さは，人類の活動の結果生まれた歴史上前例のないもので，地質時代に起こった大絶滅の規模に匹敵する．そしてそれが，人間の健康に対する重大な，そして増大し続ける脅威を引き起こしているということを本章および全編を通じて訴えかけていきたい（註４，５）．

地球には何種類の生命体が存在しているのか？

およそ150万種（最新の情報では175万種）の生物が記載され学名を与えられている（註６）．しかし，分類学者でも，一人の人間が把握できるのは，全生物のうち，陸生の脊椎動物や維管束植物，美しい殻を持った貝類や翅のある昆虫などの無脊椎動物などわずか10万種ほどの比較的メジャーな生物に過ぎない．鳥類や哺乳類はもっともよく知られている動物群だろう．約１万種の鳥類，そして4300種の哺乳類がこれまでに記載されている．毎年，多くの新種候補（未記載種）が発見されているが，分類学の専門家でさえ，果たしてそれがすでに他の国の誰かによって記載されている既知種なのか，簡単にはわからないし，ときには１世紀以上前にすでに命名記載されている可能性もある．

2003年に日本の沿岸で発見されたナガスクジラ科の新種（訳者註：ツノシマクジラ）や，2001年に各地の海洋で見つかった深海イカ（図1.3），1999～2004年の５年間にボルネオ島の内陸部の原生林から361種もの新種（ほとんどは昆虫）が記載されたこと，1992年にベトナムの北部，ラオスとの国境近くの辺境の保護区から発見された大型のレイヨウの新種サオラ（今では生息地が失われ絶滅危機にある），そして2002年に南アメリカで発見されたオマキザル科ティティ属の *Callicebus bernhardi* などは大きいニュースとしてマスコミをにぎわせた．

そのほかにも，広く知られることはなかったが，ボリビアのアンデス山脈から発見された新種のカエルや昆虫，数百種に及ぶ魚類や植物，海洋の深海から得られた種々の動物群の新種，アマゾン奥地から発見された魚類の新種，東南アジアの熱帯泥炭湿地に生息する魚類や甲殻類など，数えきれないほどの新種や新発見の記録が私たちの周辺の自然環境あるいは未開の地からもたらされている．

現在，地球上に生息している生物の種数は600万～1500万種，あるいはそれ以上と見積もられているが，概数として約1000万種と言ってよいだろう．ただし，それには微生物は含まれていないし，微小なダニや線虫など身近にいながら見つかっていない動物のほか，前人未踏の奥地や，外洋，深海に生息する未発見の種など，ものすごい数の生物がカウントされていない．

海の生物の種多様性

海は地球の面積の71%，また生物圏の容積の95%以上を占めるが，陸生生物の多さに対して遥かに及ばない25万～30万種の海生生物が記載されているに過ぎない（註7，8）．海は広大で，しかも人が到達できない深さがあるので，これまでに調査がなされたのは全体の5%以下である．そのため，陸生生物に比べ，海生生物の研究はひじょうに遅れている．もう少し詳細な調査研究が行われれば，海生生物の多様性の一端を知ることができるだろう．

2004年，10年間に及ぶ「海生生物のセンサス」プロジェクト（Census of Marine Life: www.coml.org/）の一環として，世界70カ国の研究者によって106種の魚類の新種を含む約1万3000種もの海生生物の新種が記載された．その結果，集中的に調べれば，もっとも小型の節足動物や，ワーム状の形態を持つ各動物門（環形動物など），植物プランクトン，動物プランクトン，そしてバクテリアや古細菌などを含む微小な海生生物の多様性は，陸上生物の生物多様性に匹敵するレベルに達するものと推定された（註9）．バーミューダ諸島に近いサルガッソー海（藻海）の調査では，わずか4カ所の水面から得られたサンプルに数百の微生物の新種が発見されたことなどがこの仮説を支持している（註10）．

サンゴ礁に生息する小型の生物は生物地理学的に見て分布域が限られているものが多く，その生物相は過小評価されがちである，しかし，とくに熱帯のサンゴ礁は，浅海の生態系の中でも，もっとも生物多様性が大きい場所であり，「海の熱帯雨林」と呼ばれることもある．実際には，熱帯のサンゴ礁には，現在知られている9万3000種の10倍以上に当たる95万種もの生物がいると考えられている（註11）．

海生生物の多様性の大きさについて，もっともわかっていない場所は深海である．

世界の海洋の平均深度は1万2467フィート（3800 m）である．そして深海底を覆う柔らかい堆積層は地球の表面積の65%を占め，生物が棲む環境としては地球上でもっとも大き

表1.1. 命名記載された生物の種の数（原核生物を除く）

分類群	記載された種の数
原生動物門	40,000
藻類界	40,000
植物界	270,000
菌類界	70,000
動物界	
脊椎動物亜門	45,000
線形動物門	15,000
軟体動物門	70,000
節足動物門	855,000
甲殻亜門	40,000
クモ綱	75,000
六脚亜門	720,000
その他の動物	95,000
合計	1,500,000

Robert M. May の許可を得て転載［出典：The dimensions of life on Earth, in *Nature and Human Society: The Quest for a Sustainable World*, Peter H. Raven (editor), National Academy Press, Washington, DC, 1997］
（訳者註：この統計はやや古い．この数値を2割増しにすると，現在のデータに近い数になる）

い（註12）．海底の堆積層に棲む生物の種数は，おそらく浅海に棲む生物の種数より多いはずである．そのことは，海底の泥を採取した小さいサンプルの中から見つかる生物の驚くべき多様性によっても十分予見できる．たとえば，アメリカ合衆国の東海岸の沖のわずか215平方フィート（21 m^2）の海底から採取された標本の中から800種以上の生物が見つかり，しかもそのうち60％以上が未記載種であった（註13）．オーストラリアの海底の堆積物の材料では，採取された生物のじつに90％以上がこれまで誰も見たことがないものであった．このような調査結果から，ある研究者は，海底に棲む多毛類（ゴカイのなかま）およびセンチュウ類のようなワーム状の動物，甲殻類，軟体動物などを含む深海生物は少なく見積もっても50万種，多ければ1000万種以上になると予想している（註13）．

海に生息している生物の種の数は陸生生物の数には及んでいないが，それは高次の分類階級群の多様性にはまったくあてはまらない．陸上には28の門に属する生物しかいないが，海には44もの門に属する生物が生息している．動物に限って言うと，33の門のうち，32の門が海から知られているが，陸上にはわずか12の門しかない．このような海における高次分類階級群の豊かさは，最初の生命が海で誕生したと考えられていることや，地球に陸が形成されるより前に海には30億年の歴史があるということを反映している．また，海生生物では，体の構造だけでなく，遺伝的特性，生化学的あるいは生理学的な作用や代謝の反応と経路などにおいて，陸生生物より遥かに多様である．このことは，海が，生物工学のための豊富でしかも未知の材料を提供していることを示している．

人類出現以前の生物の絶滅率

絶滅は自然の現象である．そして，地球上で人類が二足歩行を始める遥か以前から存在した．従って，近世になって，人間が引き起こした生物多様性の減衰を明らかにするためには，まずそうした自然の現象としての絶滅の確率やその原因を知っておかなければならない．

かつて地球上で一度は多様化し分布域を広げた化石で知られる海生生物の記録は，出現から絶滅に至るまでに100万年から1000万年もの長い時間，「種」が継続的に生存したことを示している．また，哺乳類では，平均すると250万年の間，種が維持されると考えられ，少なくとも数種の齧歯類では突然変異により種が形成されてから絶滅するまでのかなり正確な期間が判明している．そうした「種の顛末」は，太陽を回る地球の公転軌道の微妙なブレと自転軸の傾きの変化によって引き起こされる気候の長周期的な変遷（ミランコビッチ・サイクル Milankovitch cycle）と連動すると言われている．これは，セルビアの地球物理学者ミルティン・ミランコビッチ（Milutin Milankovitch）が，地球の長期にわたる気候変動（寒冷化と温暖化）［訳者註：日射量の長周期変化］を正確に計算して提唱したものである．

絶滅現象は地球史の上の各時代に広く散らばっており，いっぺんに起こったものではないということを前提としよう．恐竜やアンモナイト（図1.4）が大量に絶滅して白亜紀の終焉を告げたが，それは，約6500万年前，メキシコ湾に小惑星が落下し，衝突して起こった一度だけの巨大な天変地異に起因する．そのような大量絶滅を除くと，貝類などの海生生物の化石の記録から導き出される期待値はおよそ100万種のサンプルのうちの１種が１～10年に一度の割合で絶滅しているというものである．こうして海生生物の化石データをもとに得られた絶滅する割合は，100万種のうちもっとも多い場合で1年につき1種，またもっとも低く見積もった場合は10年に1種，と計算される．この数字は回数の割合に換算して「100万年／種に1回の絶滅」というように言い表すこともできる．これを背景絶滅率（background rate of extiction）と呼ぶ．

鳥類では2000年前には生存していたはずの種が，1年間に換算すると1～数種の割合で絶滅した（註5）．現在，鳥類の種数は約1万種である．1年1種として現在の鳥類の絶滅に関する状況は100万年・種に付き100回の絶滅，あるいは背景絶滅率（自然絶滅）の約100倍ということになる．両生類や類人猿あるいは裸子植物では絶滅率はもっと高いだろう（訳者註：背景絶滅とは，短期間に多くの種が絶滅する大量絶滅に対し，適者生存により種間の競合の結果起こる自然絶滅を指す．現生種の絶滅率については，一方で過大な見積もりだという反論もある）．

海生生物の化石の記録から割り出された値を今日見られる鳥類やほかの生物群に当てはめることができるのか，と考えるのは当然だろう．この疑問に答えるには，まず，現在絶滅の危機に瀕している種は生息地が局限され，個体数が少ない，という事実を考慮しなければならない．古代の海生生物のデータは，むしろ陸上の生物の絶滅率に比して，より低いと考えなければならない．なぜなら，海生生物では通常種ごとの分布がひじょうに広く，個体群が大きく，個体数も多いので，絶滅危惧に陥りにくいのである．

種分化速度 speciation rate（新しい種が派生する割合）や進化学的な類似度を表現した分子系統図（16S rRNA など，遺伝子やタンパク質の比較分析に基づく）は，背景絶滅率推定の傍証として利用できる［p.69～69参照］．こうしたデータも，現生種の起源が，平均するとだいたい100万年前であるということをよく支持している．

最初の人為

すでに初期の人類が，種の絶滅に大きく関与していた証拠が残っている．5万年前から1万年前にかけて，人間の狩りによって大型哺乳類の10以上の属が失われた，という説が有力だ．しかし，過去に人間が引き起こした絶滅と，今日起こっている絶滅との間には大きい違いがある．過去の絶滅は，地理的に限られた場所に生息していて狩りの対象になりやすい大型の陸上動物に限られていて，しかも乱獲の結果が招いたものである．それに対し，20世紀半ばから今日にかけての種の保存に対する脅威は，生息地への侵食や森林破壊，作物の過剰栽培，環境汚染，地球気候の変動など地球全体の規模で起こり，その結果，世界の様々な環境に生息するあらゆる種類の生物に対して広く及んでいる．この絶滅規模のギャップは，「大昔から行われてきた人間の所為」だと言って現在の絶滅危機を軽視する考え方に対して大いなる疑問を抱かせる．

現在の絶滅率

国際自然保護連合 IUCN（Box 1.4を見よ）により，844種が過去500年間に絶滅に至った種としてリストアップされている．世界両生類アセスメント（Global Amphibian Assessment）によるとさらに122種が絶滅した可能性が高いとされていて，この数を足すと絶滅種は1000種に近くなる．しかし，たとえ名前が付いていて同定可能であっても植物，動物，微生物のほとんどの種について絶滅に関する状況が把握されていないので，実際にはカウントされていない絶滅種が無数にある．生物学者の大半は，今日地球上に実際に生息している生物種のうち発見されている種の割合は10～15%，あるいはそれ以下であろうと考えている（本章の「地球には何種類の生命体が存在しているのか？」の項を見よ）．歴史が始まって以来，これまでもっとも多くの絶滅種が記録されているのは海洋島である．しかし，過去20年間だけを見ると，大陸における絶滅種の数がそうした海洋島のそれに近づいてきた．科学者によって考え方に差はあるが，現在の絶滅率は人類誕生以前の絶滅率の100倍から1000倍の間にあり，さらに１万倍に向かって進行しつつある，ということでは一致している．

以下に，現在の絶滅率が異常に高いということを支持する，数百年前から数千年前の過去に起こった近代の絶滅の典型的な例を３つ示したい．

太平洋諸島の鳥類

ポリネシア人が太平洋諸島に入植して定住したのは4000年前から1000年前の間である．彼らの足跡は，人為による大規模な絶滅の記録を鮮明に物語っている．たとえば，たくさんの種類の鳥の骨が古代人の遺跡の考古学的な発掘調査によっていろいろな地層から見られるが，今日までは続いてはいない．このことは，ほかの考古学的な証拠とともに，多くの鳥類が，人間が住み始めて以降に絶滅したことを示している．初期の人間の集落で，人によく馴れる飛翔力の乏しい大型の鳥が食べられていたことに疑いはない．彼らが連れてきた大型のネズミ類も，敵をおそれない鳥を餌の対象とした．その結果，ポリネシア人は石器時代の技術だけで，なんと当時の鳥類の全種数の10%にも及ぶ1000種以上を絶滅させた可能性がある．多くの島々で，彼らはどのような種類の鳥でも，見つけ次第食べていたのだろう．

ハワイ諸島では，43種もの鳥が骨の証拠だけから知られる．鳥類の骨はきゃしゃで壊れやすいので，それが絶滅種のすべてとは限らない．いったい何種の鳥がいなくなってしまったのだろうか？　それに答える１つの方法は，過去200年間に生きていて遺跡の地層から骨が見つからないものをカウントすることである．結果は40種であったが，この数字によって，何種の鳥が生存していた証拠を残さずに絶滅したかを推定することができる．

ジェームズ・クック（James Cook）がハワイ諸島に上陸したのは，1778年のことである．その後すぐ，ヨーロッパからの移民が牛や山羊を持ち込んだ．それらの家畜は，ハワイ諸島には存在し得ない大型の草食動物であったが，かつてポリネシア人が持ち込んだネズミ類が在来の鳥に影響を与えたように，原生の植物相を破壊した．ヨーロッパ人の移住によって，鳥類のさらなる絶滅が引き起こされた（図1.5）．上述の絶滅種以外に，わずか18種であるが，19世紀の博物学者によって採集されて，今日まで標本として保存されている鳥類の記録がある．

以上を総合すると，人間が初めて島にたどり着いたと言われる西暦４～５世紀以降，ハワイ諸島で絶滅したと推定される鳥類の総種数は101種（43＋40＋18）ということになる．

では，今日，何種の鳥が生き残っているのだろうか？

ハワイ諸島産鳥類のうち，12種はほとんど見られなくなった希少種で，彼らを救うことは望み薄である．私たちがほとんど目にしない，ということは，彼らどうしが出会うこともほとんどなく，繁殖が不可能だということを表している．さらに12種については，見つかることは見つかるが，個体数がひじょうに少なく，将来にわたって種が維持されるかわからない．結局，人間に出会う前には136種がいたと推測されているハワイ諸島の鳥のうち，101種が絶滅し，二十数種が絶滅寸前，ないし絶滅危惧であるので，たったの11種だけが生き残り，将来も種を存続できる個体群を維持しているというのが現実である（註15）．

鳥類だけが犠牲になったわけでない．980種のハワイ諸島の原生植物のうち84種が絶滅し，133種については野生の個体が1種につき100以下である．また，数百種の野生の陸貝および数種の爬虫類が人の入植とともに絶滅したと報じられている．

南はニュージーランド，北はハワイ諸島，そして東はイースター島に至る広大な範囲の太平洋諸島に入植したポリネシア人は，1000種の鳥類だけでなく多くの動植物の種を絶滅させた．ひじょうに遠いところにある孤島以外，すべての太平洋の島々には，それぞれ数種のハトやオウム・インコの類が生息していたと考えられているが，その多くが姿を消した．

太平洋諸島だけが例外ではない．過去300年の間に，インド洋に浮かぶモーリシャス島，ロドリゲス島，レユニオン島では，ドードーなど33種の鳥，30種の陸貝および11種の爬虫類が絶滅し，大西洋のセント・ヘレナ島やマデイラ諸島では36種の陸貝が絶滅した．島嶼にはそもそも大型の捕食動物や在来の競合種，そして病原体が存在しないことから，島嶼に生息する種はそうした侵入者に対してとくに劣勢になる．そして，ひとたび外来種（とくに捕食者）が侵入すると，壊滅的な被害を受ける．また，島嶼に生息する種の分布域はたいていひじょうに狭いので，外来種による生息域の破壊は，しばしばその種の生息域全体に及ぶ．

島嶼の問題を論じてきたが，次のような疑問がわき上がるのは当然だろう：“島だけでなく，大陸にも「大量絶滅の証拠」があるのではないか？”

南アフリカの顕花植物

この問題を考える手始めとして，ものすごく大きい植物多様性を誇るアフリカ大陸南端のケープ・フロリスティック（Cape Floristic region）という小地域を見てみよう．そこは，面積当たりでは，世界中のどの植物区よりも植物の種数が多い．アマゾン川流域の熱帯雨林を上回るのである．その地域には数種類の異なった植生タイプから構成される独特な植物相が展開されている．そのうち，もっとも普通に見られ種多様性が豊富なのは，特有の灌木植物がたくさん生えているフィンボス（fynbos）と呼ばれる植生だ．フィンボスはfine bush（細い灌木）のことを意味するアフリカーンス語に由来する．この地域において同定された約8500種の植物のうち，20世紀に36種が絶滅した．また618種の絶滅危惧種については，今後数十年の間に確実に絶滅するだろうと考えられている［Box 1.4のIUCN（国際自然保護連合）の絶滅のおそれに関するカテゴリーを参照］．侵入した外来植物（とくにオーストラリア産のアカシア属*Acacia*の樹木）および自然環境の農地への転用が，絶滅危惧種を生みまたそれらを実際に絶滅に至らしめる2大要因と認識されている．

オーストラリアの哺乳類

これまでに60種の哺乳類が絶滅したが，そのうち19種はカリブ海の島々に産したもので，やはり島嶼における絶滅率の高さを物語っている．しかし，それより18種多い37種の絶滅はオーストラリア大陸で起こった．それらは陸生哺乳類の全種の約６％にも及ぶが，絶滅が起きた場所は，ほぼ半数ずつ，２地域に分かれる．

第一の地域は，南部の乾燥地帯である．そこは主に葉先が鋭く尖ったイネ科の植物がわずかに生えるような土地だが，家畜の放牧がさかんに行われている．第二の地域は，西オーストラリアの南端に広がるコムギの栽培地帯である．そこでは自然林の95％が農地に転用された．それ以外の43種については，彼らのもとの生息域の２分の１あるいはそれ以上の地域で，もはや見つからなくなってしまった．離島の保護区のみで生き残っているものもいくつかある．こうした環境破壊は，体重が35 g から5.5 kg の間の中型の地表生活種，すなわちネズミ類からワラビー（小型のカンガルーのなかま）に至る動物にもっとも強く影響した．逆に，うまく生き残ることに成功した動物群には，コウモリ類のほか，オポッサムやフクロモモンガなどの樹上生活性の種および岩山に営巣するものなどがある．フクロモモンガ類は有袋類の中でも，かなりの距離を滑空して移動できる特性を進化させたグループである．

オーストラリアにおける哺乳類の絶滅には，自然環境の破壊と分断，家畜などの外来種の人為的な導入，近年における山火事の頻度，規模，継続期間の変化，の３つの原因が考えられている．

飼育される家畜は植生を破壊し，土壌の風化と硬化（圧密）を助長する．移入されたウサギが在来種と競合し，食餌としての植物の量を減少させている．初めはハンティングの獲物として供されたと見られる，捕食性のキツネ（*Vulpes vulpes*）が移入されたのは1860年代のことである．それ以後，人里離れた場所でも，多くの小型哺乳類の個体群がキツネによって滅ぼされた，と考えられる．オーストラリアにおいて，キツネのいない場所では絶滅種が少ないという事実がこの仮説を支持しており，現在ではキツネの個体数をコントロールする施策が，小型哺乳類の個体数の減少に歯止めをかけている．

ハワイ諸島，南アフリカそしてオーストラリアでの３つの絶滅の例を見てきたが，動物および植物の絶滅が，島嶼でも大陸でも起こりうることを理解いただけたと思う．これらは陸生の動物や植物の中でもよく研究されてきたグループの典型であるが，すべてにおいて人類の所為が色濃く反映していることがわかる．

Box 1.4　国際自然保護連合（IUCN）とレッドリスト

2006年版の『絶滅のおそれのある生物種のレッドリスト』には，脊椎動物，無脊椎動物，維管束植物および菌類の広範な分類群から１万6118種が，絶滅危惧あるいはそれに準じる種として掲載されている．しかしこの数字が，実際に絶滅の危機に瀕している種のほんの一部であることは明らかだ．およそ150万種といわれる既知の生物のうちわずか2.5%に当たる４万168種についてのみ研究がなされており，未知種を含めると地球上には1000万種以上の生物がいるだろうと推定されているからだ．良いデータが揃っている脊椎動物の主要なグループでは，鳥類のおよそ12%，哺乳類の20%，両生類の３分の１，霊長類の３分の１（第６章参照），カメ類（陸生，水生を含む）の40%の種が絶滅の危機にある．

およそ既知の両生類の5分の1がCritically Endangered（ひじょうに危険）あるいはEndangered（危険）というレッドリストのカテゴリーの中でもっとも高次の絶滅危惧の段階として扱われている［訳者註：日本のレッドデータブックでは両者を絶滅危惧Ⅰ類（A/B）としている］．

調査研究が完了しているのは，裸子植物類（gymnosperms）に属する2門，ソテツ類（Cyacadophyta）およびマツ類（Coniferophyta）［訳者註：裸子植物門（Gynmospermae）のソテツ綱（Cycadopsida），マツ綱（Coniferopsida）とする場合もある］のみで，ソテツ類の52%，マツ類の25%がそれぞれ絶滅危惧とされている（第6章の裸子植物の項を見よ）．

「絶滅危惧」（threatened）という言葉は，種の絶滅の危険に対して使われる科学用語である．レッドリストのカテゴリーのうちCritically Endangered（CR：ひじょうに危険），Endangered（EN：危険）およびVulnerable（VU：危険が増大しつつある）の3つのいずれかに当てはまるとき，「絶滅危惧」と見なされる［訳者註：日本のレッドデータブックではそれぞれ，絶滅危惧Ⅰ類（A/B），Ⅱ類に相当する］．そして，この3つのカテゴリーのどれにランク付けされるかは，その種の生息地および個体群の大きさと個体数の増加，減少傾向の適切な調査結果に基づいて判断される．たとえば，過去10年または3世代のどちらかの長いほうの間に個体数の80%以上が失われたという有効な証拠がある場合，生存している成熟した個体の合計数が250という基準値より少ない場合，あるいは，生息地の面積が10 km^2（約3.9平方マイル）で縮小傾向にある場合は，その種はCritically Endangered（ひじょうに危険）と見なされる．CRと見なされた種は，今後10年間あるいは3世代を経過するうちに絶滅するリスクが約50%あるものと判断される．Endangered（EN：危険）またはVulnerable（VU：危険が増大しつつある）に評価する基準も，Critically Endangered（CR：ひじょうに危険）と同様，個体数と生息地のパラメーターによる．ENと評価される種は今後20年あるいは5世代（ただし最高100年間）のどちらか長いほうの期間に，絶滅するリスクが20%あるもの，またVUは，100年間に10%の絶滅リスクがあるものである［訳者註：IUCN日本委員会では，絶滅寸前（CR），絶滅危惧（EN），危急（VU）としているが，ここではあえて原意を示した］．

絶滅危惧種の状況についての知識は分類群によって大きいギャップがある．脊椎動物に関しては比較的よく調べられていて，既知種の40%について調査研究がなされている．一方，無脊椎動物や維管束植物，菌類の多くはほとんどわかっておらず，バクテリアや古細菌に至ってはまったくと言ってよいほど不明だ．また，陸生の生物に比べ，淡水や海洋に生息する水生生物については，多くの種の状態が把握されていない．つまり，生命体の多くのグループで，絶滅に関する情報がまったくないか，ほとんどわかっていないという状況なのである．昆虫類では，95万種と見積もられている記載済みの既知種のうちわずか1200種しかIUCNは把握していない．それでもなお，2006年版のレッドリストは，調査された主要な分類群のすべてにわたって，絶滅が危惧される種の数が増大しつつあることを伝えている．

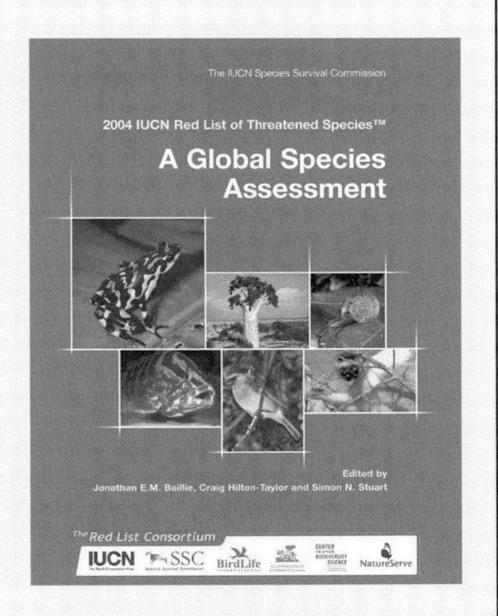

IUCNレッドリスト
2004年，IUCN「絶滅のおそれのある生物種のレッドリスト」が『世界生物種アセスメント』の刊行と同時に発表された．次の評価は2008年に行われる予定だ．絶滅のおそれのある生物種のレッドリストは，http://www.iucnredlist.orgでオンライン検索が可能なデータベースとして，毎年更新されている（© 2006 International Union for the Conservation of Nature and Natural Resources）

将来の絶滅率の予測

世界中の絶滅危惧種の数を把握するため各方面で定期的な調査が行われている．そのうちもっとも権威があるのは，スイスのグラン（Gland）に本部のある国際自然保護連合（International Union for the Conservation of Nature and Natural Resources: IUCN）がほぼ毎年行っている調査報告だ．30年以上前から，同連合（IUCN）の「種の保存委員会」（Species Survival Commission: SSC）のメンバーが，7000人以上の専門家との連携によって，世界中の生物の種および亜種についてその保存状況を評価している．そうした調査結果に基づき「絶滅のおそれのある生物種のレッドリスト」がこの委員会（SSC）によって定期的に発行されている．

リストに掲載されているいわゆる“絶滅危惧種”のすべてが今後100年以内に本当に絶滅してしまうと仮定してみよう．もちろんもっと早く絶滅してしまうものもいるに違いない．仮にその推測が正しいと，たとえば鳥類では，およそ1万種と言われる現生種の12%が絶滅危惧なので，絶滅率は，100万種／年当たり1200で，自然絶滅の1000倍以上ということになる．他の動物群でも同じような推測がなされている．明らかなのは，近来になって，絶滅する生物の数が多くなりしかも加速度的に増大しているということである．

このことはさらにいくつかの問題を提起している．

第一に，種分化によって形成される新種によって損失が補填されるか？　ということ．地質年代を遡ると，地球の歴史上これまで5回，様々な要因によって大絶滅が起こり，地球の生物多様性の大部分が失われたことがある．たとえば，ペルム紀大絶滅（The Great Dying）と呼ばれる，2億5000万年前に起こった大絶滅では，100万年という時間の単位にして90～95%あるいはそれ以上の海生生物が死滅した．こうした大絶滅やそのほかの地質学的な出来事や化石の記録を見ると，いつかは生物多様性が回復すると楽観しがちだが，それには数百万年あるいは数千万年という長い年月が必要である．

第二に，これまでの絶滅のケースを詳しく観察することによって，次にどこで，さらに可能なら何種の生物が絶滅するかを予測できるのか？　という問題．ほとんどの場合それは不可能だろう，というのが答えだ．偶然であれ故意であれ人為的に移入された外来種が，他の生物の絶滅の原因になることは多いが，本当にそうなるかならないか，事前にはわからない．外来種による影響や地球規模の気候変動などのファクターの連鎖反応によって起こる事象は様々で，物理的，化学的，あるいは生物学的な作用（あるいは相互作用）のうちどれが真の原因かを見極めることが難しいからだ．

しかしそれは，予測が困難だからといって，絶滅の驚異を無視してよい，ということではない．事実，これまで述べてきた島嶼や大陸での実際の絶滅例にはとんでもない外来生物の影響があったことを示している．さらに，今後数十年間に，地球規模の気候変動が，多くの絶滅危惧種の存続を阻む危険は明らかに増大している．それには温度などの直接の影響のほか，生息環境の改変などの間接的な影響も含まれる．ある研究では，それらの要因を総合的判断して，西暦2050年には，現在確認されている種の15～37%に当たる種が絶滅しているだろうと推測されている．

このような予測の難しさに比べれば，生息環境の破壊による絶滅の規模の推定はそれほど難しくない．環境破壊は，今起こっている絶滅や，将来起こり得る絶滅に対するもっとも重要な原因と考えられているからだ．たとえば，鳥類では1200種の絶滅危惧種のうち75％に当たる種にそうした危険があるとされている．環境破壊は止むことがなく，さらに加速する場合もあり，現在普通に見られる種であっても数十年の単位の将来，その生息環境を失ってしまう可能性もあるのだ．

二次的な絶滅

ある生物の種が絶滅すると，その影響でほかの多くの種も絶滅する，ということは容易に考えられる．理解しやすい例を示すと，すべての鳥や哺乳類，そして昆虫が絶滅すると，当然，それらに寄生していた寄生虫や細菌類も，その種だけを宿主としているかほかの種にも寄生できるかの如何にかかわらず絶滅してしまう（第３章の微生物の生態系に関するBox 3.1を見よ）．たとえば，シロアリ類を見てみよう．彼らは，体内に原生生物の鞭毛虫類（Mastigophora）を宿しているが，その鞭毛虫はさらにいろいろな種類のバクテリアと共生している．おそらく，シロアリと鞭毛虫とバクテリアは共進化してきたので，かなりの確率で寄生関係に特異性がある．その結果，もし，シロアリが絶滅すると，鞭毛虫もバクテリアも共倒れとなってしまうのだ．

もっと複雑な例を見てみると，あらゆる生物は，生態系の中で食物連鎖を形成している．その中で，ある１種の生物が失われると，それを食べていた種やその種から恩恵を受けていた種だけでなく，競合していた種やその種に食べられていた種にも影響が及ぶ．そうすると影響を受けたそれらの種は，さらにそれぞれが別の種に影響を及ぼすだろう．生態学では，二次的な絶滅のパターンはひじょうに複雑なため，理論的にその構造を解明することも，また，全体の絶滅の傾向を予測することも極めて困難であるとされている．

二次的な絶滅の驚くほど明快な事例もいくつか報告されている．もっともわかりやすいのはシンガポールのチョウ類の例だろう．この島の森林のじつに95％が伐採され，そこに生息していた約400種のチョウが絶滅していった．主要な原因が環境破壊であることは明白だが，種類によって危険性の段階に違いがあり，雑食性で食草の植物の範囲が広い種のほうが，単一かあるいはわずかの種類の食草しか食べない種より生き長らえる上で有利であった．このことから，ある特定の植物あるいはわずかの種類の食草に依存した種は容易に二次的な絶滅に追い込まれる可能性が高いことは明らかだ．

個体群と遺伝的特性の喪失

生物多様性の消失を問題にするとき，グローバルな種の消失のことばかりが気にかかるが，生物多様性の維持は，実際には，それぞれの種の地域的な個体群に依存している（註17）．都市の水源涵養機能がある森林が明白な例だ．そうした森林が伐採されてしまったら，腐葉土の形成や空気あるいは地下，河川などからの環境汚染物質の除去など，その森が持っている生態系サービス機能が働かなくなる．そうした多様性の喪失は地域的なことだ，と簡単には片付けられない．ある１種の生物の分布域に散らばる別々の個体群では，それぞれの個体群に特有な遺伝子の変異特性を持っているので，地域個体群は遺伝学的な多様性も作り出していると言うこともできる．このような遺伝子レベルの多様性は，じつは農業にとって大きい価値を持っている．たとえば，作物の品種改良を行っている研究者にとって，その作物と近縁の野生種に保存されている遺伝子を取り入れることで，様々な病害に対する抵抗性を得ることができる．ある限られた地域の個体群であっても，それが持っているいくつかの遺伝学的な特性の喪失は，その種全体の絶滅を招きかねない．

種ごとの独自の遺伝子配列個体群の数の平均は，およそ220と推定されている（註18）．この数字がほかのすべての種に応用できるとすると，世界中で20億以上の種個体群が存在することが示唆されている．そのうち，８％に当たる1.6億の個体群が毎年失われている，と推定されている．自然公園などの保護区や動物園で多くの種が保存されていて，別の場所で地域個体群が絶滅しているという傾向はいっこうに変わらない．つまり，一部の個体群を保護しても，それは，元来，地理的な変異のある分布域を持ち多様な遺伝的特性の変異を貯えたその種のわずかな生き残り個体群でしかないのである．

結び

保全生物学者は，既知種の多様性がほかの地域より格段に高いことから，陸上では熱帯雨林，また海洋ではサンゴ礁を保全上もっとも優先されるべき環境として挙げている．熱帯雨林やサンゴ礁の生態系においては，生物の個体数が世界全体の生物の個体数の大部分を占めている．それにもかかわらず，生物多様性維持のための包括的な戦略では，多様性が低く，個体数も少ない生態系も同じように保護されなければならない．なぜなら，そのような環境は，多様な生態系サービスを提供するだけでなく，生態学的な特性や進化学的な情報を持っているからである．ツンドラ（凍土帯），温帯草原，湖沼，北極海や南極海，大河の河口域やマングローブ林などにおける生態系が，そのよい例だ．

たとえば，熱帯の乾燥林，あるいは地中海性気候帯に発達する灌木林では，おしなべて湿潤な熱帯雨林よりも絶滅危惧種の割合が高い（註19）．また，フロリダ沼沢地（Florida Everglades）やブラジルの熱帯湿原（Pantanal）では，種多様性のレベルは高くないが，高度に完成された冠水草原は世界的に見ても珍しく，環境全体の保存が危惧される．そのほか，シギやチドリなどの渉禽類やホッキョクグマ，カリブー（野生のトナカイ）などの動物が生息する北極地域に広がるツンドラのように，上に挙げた環境は，どれもそれぞれ生物学的に重要な側面を持っているものばかりである．

生物多様性は，あらゆる環境において，温暖化や寒冷化などの温度変化や，種の絶滅や生態系の衰退をもたらす病害虫の被害から生態系を守る保険のような機能を持っている．それは，生態系の回復力（ecosystem resilience）あるいは信頼度（ecosystem reliability）として知られており，いろいろな生物のストレス要因を排除する様々な作用を提供する．たとえば，造礁サンゴのいくつかの種は他の生物より直射日光にさらされることに寛容で，そのおかげでサンゴ礁のひじょうに多様な生物相は直射日光の害を受けずにすみ，海面の温度上昇のストレスに対してさえ抵抗性を持つと見られている（註20）．

個体群の多様性や遺伝子の多様性も生態系の安定に貢献するだろう．遺伝学的に見て多様で，また占有空間も多様な種が混生するヤナギ林（*Salix* spp.）はヤナギハムシの１種（*Phratora vulgatissima*）による食害に対して大きい抵抗力を持っているし，ベニザケ（*Oncorhynchus nerka*）も，淡水環境や海洋の気象状況の変化に応じて繁殖力を維持するために，遺伝的に多様な混生個体群を形成している（註21，22）．また，ミツバチのコロニーには，別の意味で生物多様性におけるサバイバル・アドバンテージ（生存優位性）がある．ミツバチの巣箱内の温度は，ミツバチの快適な生活，とくに幼虫の発育にとって，一定に保たれていなければならない．外気温が上昇すると，働き蜂は翅を動かして巣箱の中の暖まった空気を外へ追い出す．気温がどこまで上昇すると，働き蜂が羽ばたき始めるかは遺伝的にプログラムされている（コロニーを形成する女王蜂と交尾するオス蜂にも同様の多様性がある）．そして，働き蜂の気温に対する感度は個体によって遺伝的に多様なので，巣全体としては多様な換気システムを持っていてより広い温度の範囲に適応し安定した生活ができるようになっている（註23）．

種の多様性の高い生態系では，同じ働きをする異なった種が代理機能を果たすことで，結果として大きい生態系の回復力が見込まれる（註24）．つまり，たとえば土壌の落葉層の分解者の１種が絶滅した場合や，植物の花粉媒介者の１つがいなくなってしまった場合のように，ある生態系において１種あるいは数種が絶滅した，あるいは種としての機能がまったく働かなくなってしまった場合，ほかの種の生物がその機能を代わりに担うことで，生態系を維持することができるのである．

結局，生態系の機能は，その構成員としての地位を得ている種とその個体群の多様性に完全に依存している．そして，その機能こそが，地球上に生活する人類およびすべての生物の生存を保証する自然の恵みや生態系サービスをもたらしているのである．第３章では，そのようなテーマで話を進める．しかし，その前に，人間の活動がどのようにして生物多様性に脅威を与えているかを見てみよう．

参考文献およびインターネットのサイト

ARKive, www.arkive.org (electronic archive of photographs, moving images, and sounds of endangered species and habitats).

The Beak of the Finch, Jonathan Weiner. Vintage Books, New York, 1995.

Biodiversity II, M.L. Reaka-Kudla, D.L. Wilson, and E.O. Wilson (editors). John Henry Press, Washington, DC, 1996.

From So Simple a Beginning: The Four Great Books of Charles Darwin, Edward O. Wilson (editor). W.W. Norton & Company, New York, 2006.

The Future of Life, Edward O. Wilson. Alfred A . Knopf, New York, 2002.

Precious Heritage: The Status of Biodiversity in the United States, Bruce A. Stein, Lynn S. Kutner, and Jonathan S. Adams (editors). Oxford University Press, New York, 2000.

The Sea Around Us—An Illustrated Commemorative Edition, Rachel Carson. Oxford University Press, New York, 2003.

Swift as a Shadow: Extinct and Endangered Animals, Rosamond Purcell. Houghton Miffl in, Boston, 1999.

Tree of Life Project, tolweb.org/tre/phylogeny.html (interactive website where one can explore relationships between organisms).

The World According to Pimm: A Scientist Audits the Earth, Stuart L. Pimm. McGraw Hill, New York, 2001.

See also IUCN Red List of Threatened Species (redlist.org), U.N. Environment Programme World Conservation Monitoring Center (www.unep-wcmc.org), U.N. Convention on Biological Diversity (www.biodiv.org), European Union Nature and Biodiversity homepage (europa.eu.int/comm/environment/nature/), and Convention on Trade in Endangered Species of Wild Fauna and Flora (CITES) (www.cites.org).

第2章

人類の生活が生物多様性に与える脅威

エリック・チヴィアン，アーロン・バーンスタイン

人間は皆，「自分たちは創始の時代から地球の上にいて，カニなどよりも遥かに古い存在であり，そして，いつまでも子孫を残し続けることができる」と思い込んでいる．でも，それはまったくの幻想で，本当は人類が地球という舞台に登場してきたのはつい最近のことなのだ．それなのに今，すべてを台無しにしようとしている．せっかく盛り上がったところで出てきて，思い出に残るシーンの余韻をかき消して，うやうやしく終わりの挨拶をするスポンサーを演じるつもりなのか．

E. B. ホワイト『The Second Tree from the Corner』より

生まれた種は，いつかは絶滅するが，今日起こっている絶滅は，人間の「指紋」がついている点でこれまでの自然絶滅とは違う．本章では，種の絶滅に際して，人間の活動がどのように環境の変化をもたらしたかを検証したい．

環境変化の個々の事例はよく議論されているが，実際には，原因は単純ではなく，いくつかの攻撃要因が同時に降りかかっている．複数の要因が組み合わさり，その相乗作用が，個々の要因の合計よりも大きい影響を与える場合もある．たとえば，気候変動が，カエルツボカビ症に感染しやすい状況を作り出し，アデヤカフキヤヒキガエル（*Atelopus varius*）などのコスタリカ産のカエルが死亡した例などのように，1つの脅威が別の脅威を助長することも起こるのである（註1）（第6章，p.223参照）．

こうした人間が引き起こした要因の“ワンツー・パンチ”が地球上の生物の多くの種にとって絶滅の脅威となっているのだろう．たとえば，オンタリオ州の北西部では，気候変動と酸性雨の相乗効果で，湖水の透明度が増し紫外線が通過しやすくなった．土壌や植物に由来する水中の有機炭素が，水生生物にとって重要な紫外線バリアーとして働いている．アルバータ大学のデヴィッド・シンドラー（David Schindler）と彼の共同研究者による20年以上にわたる測定調査によると，気候変動による日照りがもたらす周辺の土壌からの有機炭素の流入不足と酸性雨による湖水の酸性化によって，湖水中の溶存有機炭素量が低下している（註2，3）．その結果，浅瀬で子どもが育つ水生生物は，紫外線に直接さらされる危険が増大する．さらに紫外線の照射量も，成層圏のオゾン層の減少によってすでに高いレベルに達しているのだ．紫外線は，ある種の藻類の光合成や生育だけでなく水生無脊椎動物の生息を阻害し（註4，5），水生生物の食物連鎖にも影響を及ぼしている．

この章を読んで，私たち人類が，地球上で繁栄するのに必要なパートナーをいかに絶滅に追いやっているかを知れば，怒りや失望を覚える読者がいるかもしれない．しかし，こうした人類の自滅行為から脱却するために，個人としてあるいは団体として何らかの行動を起こそうとする前に，本書の第10章で提案したガイドライン（行動目標）をまず理解してほしい．それには，私たちが日々簡単にできる，地球の生物を絶滅の危機から救う方法が書かれている．これまで，広い視点でこの問題に関する議論を俯瞰してきたが，まず，

生物多様性の危機の中でもっとも深刻な「生息地の消滅」(habitat loss) のことから話を始めよう.

陸上における生息環境の消滅

人類は, 地表面のほぼ半分をすでに人為的に改変したが, この割合は今後30年で70%に達するだろうと考えられる (註6). 国際自然保護連合 (IUCN) が,「生息地の消滅」を, 全絶滅危惧種の50%に対する危険要因に挙げているように, それが今後数十年の間も, 絶滅危惧あるいは絶滅のもっとも重要な要因になることは明らかだ. 以下に, 生息地の絶滅をもたらす主要な原因について述べる.

森林破壊

森林は地球上の広範囲に見られ, 熱帯の降雨林からサバンナと一体となった乾燥林, 温帯からツンドラ地帯に至る針葉樹林や, カエデやナラ, カバノキ類など1年のうち一定期間, 葉を落とす樹木から構成される温帯の落葉樹林などひじょうに多様だ. 森林破壊もそれと同じように多様で, すべての樹木を皆伐する段階から, 森林資源を永続的に利用するために一部の樹木を選択的に伐採する段階, さらに山火事の災害に伴って起こるものまでいろいろな様相を呈する. 世界における1年間の森林の消失面積は12万 km^2 (4万6300平方マイル) に及び, 熱帯の湿潤な地域の森林に集中する傾向がある. それらのもとの面積1400万~1800万 km^2 (540~700万平方マイル) の約半分だけが現在残っている. このほとんどが過去50年の間に伐採されたものである. 一方, 熱帯乾燥林の1年間の消失面積は, およそ4万 km^2 (1万5400平方マイル) である. これは, 今日残存している乾燥林の1%に当たる. これらの値は完全に伐採された森林の面積である. 熱帯雨林における焼失や, 間伐, あるいは一部が伐採された森林の林縁における被害を合わせた値はそれ以上になると考えられる. こうした地域がもとの森林に戻ることは少なく, ほとんどは生物多様性のわずかの部分が残る荒れ地と化してしまう (図2.1, 2.2, 2.3).

アジアに属するロシア東部では, 毎年5000 km^2の森林が伐採されている. そのほとんどが「皆伐」である. これらの林業が行われている地域では, 自然な森林の回復や, 植林によって森林を復活させる措置を講じているが, 森林の大幅な減少を招いている. 世界的に見ると, アメリカ合衆国東部のように, 温帯林が復活している地域や, 植林が行われている地域がたくさんある. 植林地はおよそ200万 km^2 (約77万平方マイル) に及び, その大部分が針葉樹かユーカリによって占められている. こうした植林地は, 外見は森林だが, もはや自然の森林生態系とは呼びがたい. なぜならそれは単に1種の樹木だけで構成される「農場」であって, 人工の生態系が自然生態系に置き換わっていることでは, アメリカ合衆国のグレート・プレーンズやアルゼンチンのパンパなどの大草原に広がるプレーリー (穀倉地帯) のようなものである. どちらの農業システムでも, その生態系はもとの自然生態系に比べると生物多様性が著しく減少している. フィンランドなどヨーロッパの国々ではヨーロッパアカマツやドイツトウヒの同齢林が育っているが, 持続可能な林業がなされている自然森林に比べ, 増大するこのような大規模植林地では, 森林に生息する多くの生物が生存の脅威にさらされている（註8）.

人口の増加に伴う森林地域への移住，そして森林の伐採，改変のための政府の助成金が農業技術を発達させ，森林破壊を招いているが，その他の国でも，そうした破壊に無関心な人々の消費が，熱帯の森林における農産物の過剰な生産を助長している.

熱帯雨林の皆伐のほとんどは（国連の1990年代の試算によると70%に相当），家畜の放牧を含む農業開発によるものだ. 新しく創設された農場では，もともとその森林に棲んでいた生物のための生息地を確保しようなどとは思いもつかない. そうした野生の生物は耕作地や牧草地では生きていけないのである. さらに，多くの生物が森の中でもごく限られた場所にしか生息できない. 彼らは特定の温度や水分，そして餌などを必要とし（以下の固有種についての議論を参照），もしそのような環境が伐採や野焼きによって失われると，たちまち絶滅してしまうのである. IUCN の2006年版のレッドリストによると，耕作や牧畜のための森林の皆伐が，まさに陸生生物の絶滅危惧種の20%以上に対する脅威の要因に挙げられている.

陸上におけるそのほかの脅威

都市化によって，野生生物の生息環境は破壊あるいは汚染され，そこにもともとあった植物相や動物相は成り立たなくなる. 現在すでに，世界の人口の約半分が都市に集中しているが，国連の人口部門（Population Division）によれば，都市の人口は毎年2%の割合で増大しており，2030年には世界人口の60%に達するだろうとされていて，開発途上国でも同様に高い割合である（註9）. また，ダムの建設や灌漑工事などの水利事業は，生物のもともとの生息地の自然およびそこに生息する種の存続を脅かす. これらの活動はどれも人間の生活に利益を与える一方で，種の多様性や生態系に相当のコストを強いるものである（生態系サービスについては第3章に詳しい解説がある）.

外来種の影響や狩猟による淘汰圧などの要因を見つけることは比較的容易だが，生息地の喪失が種の絶滅に果たす役割を確認することは難しい場合が多い. たとえば，北アメリカの東部の森林では，19世紀の森林破壊によって，リョコウバト（*Ectopistes migratorius*）やカロライナインコ（*Conuropsis carolinensis*），ムナグロアメリカムシクイ（*Vermivora bachmanii*）などの鳥が絶滅した. しかし，たとえば，リョコウバトをみてみると，最終的に絶滅の原因になった過剰なハンティングのほかにも，森林破壊が，直接，生息にダメージを与えるだけでなく，鳥たちをより小規模な森林へと追いやりハンターに遭遇する機会が増すことで間接的な影響も与えている（詳しくは p.94 の乱獲に関する項を見よ）（註10）.

ほかの地域，とくにヨーロッパでは，集約的な土地の改変が行われてきたにもかかわらず，種の絶滅が著しい地域にはならなかった. 場所が変わると，生息環境の破壊が原因と考えられる絶滅種の数に違いが出ることは否めない. なぜなのだろうか？

固有種とホットスポット

別の方法でこの問題を議論してみよう. 人為による絶滅が著しい地域に共通する特徴は何だろうか？　第1章で述べた種の絶滅が著しい3つの地域（ハワイ諸島，アフリカのケープ・フロリスティック地域，オーストラリア）やそれ以外のいくつかの地域におけるケース・スタディーにより，その地域以外では見られない種の割合が高いことが判明した.

研究者はそれらを「固有種」(endemics) と呼ぶ．離島には固有種が豊富だ．たとえばハワイ諸島では，植物の90%，鳥類の100%が固有種である．しかし，大陸にも，固有種が豊富な場所もある．ケープ・フロリスティック地域では植物の70%が，またオーストラリアでは哺乳類の74%が固有種である．さらに北アメリカでは，魚類の90%以上，淡水産貝類のほとんどが固有種で占められている．それに対して，グレート・ブリテン島の鳥類の固有種は約１%に過ぎず，北アメリカ東部では，現生の鳥類のうち固有種の割合は35%（上に挙げた３種の絶滅種を含む）である．

これまで起こった絶滅は，固有種が豊富な狭い範囲の地域に集中しているので，世界の絶滅状況の分析は，そうした絶滅の著しい場所における研究結果に頼っている．なぜ，そうなるのか？　いくつか簡単な絶滅モデルを考えてみよう．もっとも簡単なのは，全体（総数）に対する絶滅危惧種の割合だろう．しかしこうした変数は，以下のように，世界における絶滅パターンに直接当てはめることはできない．第一に，このモデルでは，実際に問題にすべき種の数より大きい数を分母とするので，失われる種の割合を実際より小さく見込んでしまう．つまりある一地域に生息する種の総数は，絶滅率を計算する場合にはあまり実効性がない．大陸に比べて，離島に生息する生物の種数は少ないので，実際よりダメージが大きく見える．第二に，もし一般に島嶼に生息する鳥類がもともと絶滅危惧の状況であるなら，繁殖陸鳥の種数もほぼ同じで，生息環境も限定されないのだから，ハワイ諸島とグレート・ブリテン島の両所での絶滅率は同じにならなければならない．ところが，ハワイ諸島では100種が絶滅したのに対して，グレート・ブリテン島ではわずか３種である（註11）．

ハワイ諸島では，すべての鳥がその島々のみでしか見られない種類である．しかしグレート・ブリテン島では逆にすべてがそうではない．このことはこれまでとは異なった絶滅モデルがあることを示唆している．そこは，何らかの原因で一定の範囲が破壊された「型抜き型」(“cookie-cutter” model) の地域，あるいはランダムに選択されているので「一部切り抜き型」(“cuts out” model) と呼ばれる地域である．この切り取られた地域 (cut out area) に生息していた種は，ほかの地域では生き抜いていたのが見つかり，再び増殖することが可能となる．そういう地域では，絶滅率は森林破壊の広がりに左右され，固有種のうちのわずかしか絶滅に至らない．このような生息環境の破壊が一部の限定された地域の絶滅モデルでは，絶滅種数はその地域の種の総数との相関はなく，その地域の固有種数と相関する．このモデルがブリテン島のケースに当てはまる．固有種の宝庫 (endemism center) と呼ばれる固有種の多い小地域は，絶滅した種の全体に対する割合は小さく不釣り合いだが，固有種の地理的な分布範囲がひじょうに狭く，小地域に密集している場合も多いので，リスク（危険度）の面では，もっとも危惧される地域ということができる．そのため，固有種の局地的分布の傾向は，現在の絶滅の構図を理解し，未来の絶滅を予測するためのカギとなる要素である．

「ホットスポット」は生物の固有性の著しい場所のことである．そこではひじょうに高いレベルの環境破壊が起こっている．現在，ホットスポットとされている地域の面積は，地球の陸地のわずか1.4%であるが，哺乳類，鳥類，爬虫類，両生類の既知種の３分の１がそこに棲んでいる（本来，ホットスポットとされなければならない地域は，その10倍の面積があったと推測されている）．ホットスポットの３分の１ほどの地域が，現在何らかのかたちで保護を受けている．25カ所ある森林地域のうち16カ所を占めるのが熱帯林である．比較的破壊が少ないとされるアマゾン川流域，コンゴおよびニューギニアの３地域ですら，もともとあった熱帯林の約半分しか残っていない．このように高度な生息環境の喪失の結果，この25カ所のホットスポットは，絶滅種あるいは絶滅危惧種の大多数がかつて棲んでいた，あるいは現在見られる地域ということになってしまった（註７）．

海洋における生息環境の消滅

海生生物の多様性の喪失について，科学者もまだはっきりとは答えられないが，人間の活動の影響が徐々に増加していることは確信している．世界の人口の50％以上は海岸線から100 km（60マイル）以内の地域に住んでいて，その数字は2020年には75％にまで上るだろう（註12）．沿岸の海水はどんどん汚染され，湿地環境に驚くほど大規模なダメージが生じる．さらに，海産魚の漁獲高の95％は大陸棚からもたらされているが，そこでは漁業によって得られる食料のための海産生物資源が４分の１から３分の１程度落ち込む．海産生物資源とは，太陽エネルギーを光合成によって取り込む食物連鎖の底辺にいる生物，それらを食べる草食動物（一次生産者，独立栄養生物），そしてそれを食べる肉食生物（消費者，従属栄養生物）の生産物の総和である（註13）．それと同時に海生生物の多様性の源もその沿岸海域にある（註14）．

陸上と同じように，海生生物の多様性がもっとも大きい場所も熱帯にある．とくに多様なのはサンゴ礁だ（図2.4）．サンゴ礁にはおよそ10万種もの海生生物が暮らしている（第１章で述べたように，サンゴ礁の生物の総種数はこの数字の９倍以上になると予測されている）．そのうち4000から5000種が魚類であるが，それは世界の魚類の全種の数のほぼ40％に当たる（註15）．サンゴ礁をすべて足しても，世界の海表面の0.2％しかないが，サンゴ礁の周囲の海岸線は，世界の海岸線のおよそ６分の１を占める（註16）．

海生生物の多様性の中心は，東南アジアのフィリピンとインドネシアを取り囲む海域である．そこは，サンゴ礁だけでなくマングローブ林や海藻が繁茂する海底が広がり，地球上に生息する海生生物の既知種のひじょうに多くが集中することから「コーラル・トライアングル」とも称される．大西洋では，カリブ海が大きな生物多様性を育んでいる．東南アジアやカリブ海だけでなく，サンゴ礁は，陸上と同じように，固有種の宝庫であり生物多様性がもっとも脅かされている場所だ．そこは，もっとも危険が迫っている海のホットスポットなのである（註15）．

地球の「礁」環境のうち20％はすでに人間の生活によって破壊されたと推定されている．そして，さらに50％が環境の破壊と生物の絶滅の危機に瀕している（註17）．そのような危機をもたらした要因は，過剰な漁業だけでなく，毒（シアン化物）やダイナマイトを利用した手荒な漁法，沿岸居住地の発展に伴う下水による水質汚染，河川によって流入する毒性のある物質，農薬や肥料，浸食による沈殿物，直接的な破壊，サンゴや石灰岩の採取，宝石の生産などの商業目的の乱獲，空中の二酸化炭素が溶け込むことによる炭素濃度の増加と海水の酸性化（サンゴの石灰質の骨格化の妨害），などなどひじょうに多岐にわたる．なかでもサンゴ礁の生物多様性の危機にとってとくに問題なのが，サンゴ礁の白化とサンゴを死に至らしめる様々な伝染性の病気の原因となる地球温暖化がもたらす海表面の温度上昇だ（第６章，p.256のイモガイの項参照）．このように世界中に広がっているサンゴ礁に対する悪影響は，そのままひじょうに多数の種の絶滅につながる．とくに，ひじょうに限られた範囲のサンゴ礁にしか生息していない種にとって深刻な問題である．

漁業による海生生物の生息環境の喪失

サンゴ礁以外の海の生態系も，人間の活動によって危険にさらされている．乱獲である．過剰な漁業は，海の生物多様性を消失させるもっとも大きい原因になっている（この問題は以下の乱開発に関する項でも扱っている）．いくつかの漁法は，ときに環境破壊を招く．たとえば，海底を重い網で引くトロール漁業は，海底の生物の生育に必要な環境を破壊し，食物連鎖をズタズタにする．大規模なトロール漁法は，海底の生物資源を根こそぎ収穫することで陸上における森林の皆伐と同じであるが，海底の環境破壊のスケールは森林の場合よりも大きい．トロール漁法によって，１年間に15億ヘクタール（580万平方マイル弱）もの大陸棚の表面が削り取られていると推定される．この広さは，陸地の総面積の10分の１に匹敵し，毎年失われている森林の面積のなんと1000倍にも及ぶ（註18）．多くの場合，トロール漁業による破壊は，その漁法が始まる前に比べて，生物多様性や生息環境の生態系を大きく減衰させる結果を招いている．トロール漁業は，浅海の海産資源に大きいマイナスの影響を与えているだけでなく，近年はより深い場所の海底にシフトしている．現在，大陸棚の深さの海底で行われているトロール漁業の割合は40％ほどで，近代漁法は水深2000 m（1.24マイル）の海底にまで進出しており，そこで獲られた深海の生物が世界各地のスーパーマーケットに並んでいる（註19）．浅海と並行して行われる，より深い，処女地での漁獲物には魚類と同じ量のサンゴが入っている．しかし，数年もするうちに，そこでは，サンゴの収量が目立って減少する．なぜかというと，そこはすでに何もいない海底と化しているからだ．

深海のトロール漁業は，そこに生息する冷水域のサンゴ群集など，とくに生育の遅い海生生物とその生息環境に荒廃を招く．大陸からやや離れた約1000 m（3280フィート）の海底に生息する深海サンゴについては，1990年代までは，研究が遅れ，本質的なことは何もわかっていなかった．深海サンゴの生息する海山の頂上付近および緩やかな大陸の斜面では，陸上の森林の皆伐による破壊によく似た，あるいはそれより顕著な現象が見られる．ひじょうに密なそして多様な無脊椎動物群集は数千年間かけて成立したものであるが，わずか数年のうちに完全に破壊され，そこはもとの単なる岩場に戻ってしまう．トロール漁業によって海底から漁獲される人気の商品の中には，じつは数百年，数千年かけて育ってきたものもあるのだ（註19）．このような目には見えない深海の環境を破壊することは，それだけでなく広い範囲の動物群において絶滅を引き起こしていることも確実である．私たちがそこにどのような生物がいるのかを知る前に，生息環境の消滅によって，すでにひじょうに多くの種類の生物が高度の絶滅危惧に陥っている（註20）．

海生生物は大量の子を産み，海洋の広い範囲に広がるため，絶滅に対する危険から回復する力が大きいと思われがちだが，それはまったく間違っている．多くの海生生物の種では，産卵数も少なく，限られた範囲にしか生息しないので，生物地理学的に見た分布範囲が局限されている種の割合は有意である．

淡水域における生息環境の消滅

河川や，湖沼，湿原などの割合は地表の面積の１％に満たない，またその水量はおよそ0.01％しかないという事実に反して，それらの環境は驚くほど大きい生物多様性を育んでいる．淡水魚の種数だけで，脊椎動物の全種数の４分の１に達する．それに両生類や，ワニやカメなどの水生の爬虫類，カワウソやカワイルカ類，トガリネズミ類などの水生の哺乳類を加えると，脊椎動物の３分の１は淡水域に限って生息していると言える．不運なことに，淡水域の生物多様性のすべては解明されていない．とくに無脊椎動物や微生物の知識はまったく不完全で，地球上の広範囲に及ぶ淡水環境の生物多様性の全体像を，陸生の生態系に匹敵するレベルで分析することはまだできない．陸生と陸水の知識のギャップを度外視しても，淡水生態系における種の多様性が陸生のそれを遥かに上回っていることは確実だ．

多くの分類群で，淡水域の種多様性は熱帯地方において顕著であるが，それは必ずしもすべてに当てはまることではない．多くの無脊椎動物のグループでは，アメリカ合衆国の温帯地方が，世界の淡水生物の多様性の大きな部分を占めている．たとえば，世界のザリガニ亜目の甲殻類の既知種の60％，イガイ類の30％，カワゲラ目の昆虫の40％，カゲロウ目の昆虫の30％がそこに産する．アメリカ合衆国における淡水生物の研究が他の地域よりも進んでいることから数字が多少大きく見積もられているとしてもこの値は高い（註21）．

淡水生物の生息環境は，世界でもっとも危機が迫っている場所である．淡水域の生物多様性の減少傾向は陸上生物や海生生物と同じように大きい．1970年から2000年の間の脊椎動物の個体群の世界的な動向を表すWWFの「生きている地球指数（Living Planet Index）」により，とくに脆弱な淡水域が図示されている．その30年間に，陸生および海生脊椎動物の指数の落ち込みは30％だが，全体の指数が40％も落ちているのは，淡水域の落ち込みが50％と高い値になっていることによる．種数の多い北アメリカの魚類相を例にとると，364種が絶滅危惧の状況がひじょうに危険（Critically Endangered）または危険（Endangered）［訳者註：日本では絶滅危惧IA・IB類としている］とされている．この状況は，過去10年間の絶滅危惧状態の増加傾向が45％であることを示し，固有の魚類の30％が絶滅の脅威にさらされていることを物語る（註22）．淡水産のイガイ類では，もっとひどい状況で，アメリカ合衆国の水域から知られる300種のうち，67％が危険が増大しつつある状況（Vulnerable）［訳者註：日本では絶滅危惧II類としている］あるいはすでに絶滅している（図2.5）（註21）．

これらの状況は稀なことではなく，温帯地域の人為的な影響が著しく減少率がとくに大きい場所から遠く離れたところでも起こっている．ネパールのヒマラヤ山脈の雪融け水による水系では魚類の42％が絶滅危惧種と考えられている．

淡水域の生物多様性が豊かな熱帯地域ではあまり研究が進んでいないが，どの生物群でも厳しい状況にあることは確かだ．たとえば，マレーシア（半島部）の豊かな魚類相においては，主に木材生産のための皆伐による生息環境の破壊によって，種数が著しく減少している．４年間にわたる綿密な採集調査により，これまでに半島から記録されている魚類のわずか45％の種しか発見できなかった．また，メキシコでは，1960年代に36種の魚類が絶滅の危険があると判断されていたが，その後の10年で，123種になり，その後も増加し続けている（註23）.

陸水生態系が，人間の活動や環境変化に対してこれほどまでに危機的な状況を作り出したのは，陸水の存在がもともと不均衡だったことも反映しているが，そもそも水が人類の幸福を支える中枢をなす資源であることが原因だ．陸上の水系は人間の健康や食料の生産だけでなく，水力発電や運輸など経済の創生と発展にとって欠くべからざるものである．さらに，多くの文化や宗教活動の重要な拠点を形成している．20世紀，世界の人口はそれまでの４倍になった．それに伴って，陸水生態系における水の消費量は８倍になったと言われている．現在，それは１年間の地球全体の降水量の半分（陸上の降水量とほぼ同じ量）に相当すると考えられ，人口増加に伴って増大する水の需要が世界中の河川や湖の形態を変えた．主に農業用水の灌漑によるこうした大規模な水の浪費の結果，コロラド川，ガンジス川，ナイル川，インダス川，黄河など，地球上のすべての大陸の大河でさえ，乾季には海へ流れ着く前に流量がひじょうに少なくなってしまう．

水量が減ることだけでなく，流入水や河川形態の変化も問題だ．たとえば中国では，数千年間にわたって，こうしたことがくり返されてきた．水の供給を制御することは，これまでも，そしてこれからもずっと続く，国の施策の第一義的な事項なのである．巨大な貯水ダムの構築や流量の規制が地球上の河川形態を変えてきた．人類全体の影響力は計り知れない．今日，15 m 以上の高さの大規模なダムは４万1000カ所にも及び，さらに数えきれないほどの小規模なダムがある．それによって，世界の河川の60％以上の流量が調節され，全流量の５倍以上に匹敵する１万 km^3 もの水が陸上に貯えられている．さらに，1998年時点，高さ60 m 以上の巨大ダムの建設が，世界の349カ所で計画，あるいは施工されていた．ダム建設の影響は，陸水生態系だけにとどまらない．こうした巨大な貯水プロジェクトのために，これまでに8000万人以上の人々が強制的に移住をさせられた．2009年完成予定の中国の三峡ダムが完成すると，さらに190万人がその数字に加わる．ダム建設が，住血吸虫による伝染性の病気の蔓延の原因になることもある（第７章，p.285 を参照）．1950年代以来，人工建造物に貯えられた水量が，陸上の河川貯水量を700％に増大させた．いくつかの報告によると，巨大な水量による重さの配分の変化は，地球の物質循環や重力場（引力の及ぶ範囲）に目に見える影響を与えるという（註24）．

このような陸水学的に大きい変化は，水に取り込まれた有機物を下流へと流すことを阻害するなど，ダムに貯えられた湖水の化学的な悪化をもたらすだけでなく，河岸，湖岸あるいは小川や池沼の周辺の森林を減少させ，外来種の移入，定着を助長し，乱獲による陸水系の生物多様性の衰退にもつながる．

環境汚染の問題はさらに深刻だ．陸水系の生産力（肥沃さ）は，溶媒としての水の総量も増大させる．ということは，下水や化学肥料の混入により溶け込む重金属や薬剤，化学薬品などの有害物質の量も増大し，湖や河川や湿地の自然環境を危機に陥らせている．海洋水と違い，陸水では水量が限られていて，混入物を希釈し有害物質の影響を軽減させるほどの量がない．富栄養化（有機物が過剰に混入した状態）と有害藻類の異常発生は，いまやどこででも見られ，乾燥化や干拓による世界の湿地の衰退が，陸水系の有機物の処理能力を減少させている（以下の環境汚染の項を参照）．

いまだに世界の電力生産のもっとも大きい原料物質である石炭の採掘による陸水系の汚染もある．商品になる前の石炭から，他の岩石や塩類からなる不純物が洗い落とされるが，この過程で生じた工業廃水は，水銀や鉛，ヒ素などの重金属など多様な有害物質を含んでいる．ケンタッキー州とウエスト・バージニア州では，数十億ガロンのこうした廃液が約500カ所のsludge lagoonあるいはslurry pondとして知られる汚泥貯水池に保管されている．しかし，地球温暖化によって増大が予想されている豪雨の際に，こうした汚泥貯水池は定期的に崩壊する．過去のもっとも大きい事例は2000年に起こった．そのとき，決壊したビッグ・ブランチ汚泥貯水池（Big Branch slurry impoundment）から少なくとも3億ガロンの廃液が，ケンタッキー州のビッグ・サンディー川（Big Sandy River）そして，さらにオハイオ川（Ohio River）に流出した．この量は，1989年の「エクソン・バルディーズ号原油流出事故」の際に，座礁したタンカーからプリンス・ウイリアム湾（Prince William Sound）に流れ出た1100万ガロンの原油より遥かに多い．有毒な汚泥が，20マイルに及ぶ水域にデッドゾーンを形成し，2万7000人の住民の生活水にも一部が混入した(註25)．

マウンテントップ・コール・マイニング（山頂採掘）は坑道を掘らずに石炭層が露出するまで掘削する採掘法で，文字通り，屋根に当たる上部の地層を吹き飛ばす．その際，破壊された岩の破片が谷底へ捨てられ，河川の源流部の流れを塞き止め，下流域全体を汚染する．アパラチア地方（アパラチア山脈東麓の高原）の40万エーカー以上（訳者註：1エーカーはおよそ4000 m^2）の土地の1200マイル（＝193万 km）にも及ぶ川床が，このような掘削法を含む鉱業的な行為によって影響を受けた（註26）．さらに，電力を得るための石炭の燃焼は，水銀汚染のほか，酸性雨の原因となる亜硫酸ガス（二酸化硫黄）による大気汚染など，陸水の生態系へ悪影響を及ぼし，他のどの化石燃料よりも多くの CO_2（二酸化炭素）を排出することで地球温暖化の大きな原因となっている．実際，アメリカ合衆国の石炭による火力発電の CO_2 の排出量は，乗用車，トラック，バス，航空機などのすべての乗り物が出す CO_2 の総量を上回っている（註26）．

河川の源流から河口に至るまで，あるいは所定の水域から洪水の氾濫原まで，また水面から川底に至るまで，河川が大陸のあらゆる地形を越えて長い距離を流れることで，陸水の生態系は広大な境界域を持っている．しかも，それぞれの水との境界域では，季節や，もっと長い周期の時間とともに状況が変化する．河川が持つこうした複雑な関連性のために，ある一定の範囲におけるその場しのぎの環境保全の施策は，まったく成果をもたらさない．実際には，1つの小さい水系を守るために，もっと広い範囲の陸地を管理しなければならないのだ．つまり，ある場所の陸水の生物多様性の保全には，上流のすべての水系とその河岸および流域全体，さらに下流域までのコントロールが必要である．このような生物多様性を持続させることができる陸水生態系の健全で安定した状態こそが，生態系の変化を感知し，人間の水の消費を長期間維持させるための，もっとも良い指標となるだろう．

天然資源の乱獲

陸上で

狩猟や漁業，あるいは単なる収集のために行われる過剰な採取（乱獲）は，しばしば，ある種の生物が子孫を残すことができる個体数維持のレベルを遥かに超え種の絶滅の原因になることがある．オオウミガラス（*Pinguinus impennis*）やリョコウバト（*Ectopistes migratorius*）はその顕著な例だ．アメリカ合衆国では，1830年代，オーデュボン（John James Audubon）が「日食かと思うほどその鳥の群れが空を覆った」と記すほどリョコウバトがたくさんいた．ある地方では，ときに40マイルにも及ぶリョコウバトの繁殖コロニーが森のすべての木々を覆い，その重みで樹木が根元から倒れることもあったという．しかし，その肉を食べる目的だけでなく，単にスポーツとしての狩猟のためにものすごい数のハトが狩られた．ある競技会の優勝者はなんと３万羽を殺したという．その結果，1890年代には，野生では繁殖が困難で絶滅を回避できないほど個体数が激減することとなり，ついに，1914年９月１日，シンシナティ動物園で飼育されていたマーサと名付けられた最後の１個体が死亡して，リョコウバトは絶滅した（註27）．

植物の乱獲も，ときには，人間にとって医学的に有用な種を絶滅させることがある．一例を挙げると，ニチリンソウ（*Vinca rosea*：Rosy Periwinkle）は，マダガスカル原産の植物で，ビンブラスチンおよびビンクリスチンという２種のビンカアルカロイドを含み，それぞれ他の物質とともに合成される抗がん剤は，ホジキン・リンパ腫や急性白血病などの病気から多くの患者を救う画期的な化学療法のために処方される．この種の野生の個体群は絶滅の危機に瀕したため，植栽が施された．アフリカン・チェリーあるいはアフリカン・プラム（*Prunus africana*）は，現地でOmugooteとかEntasesaと呼ばれ，サハラ砂漠以南の山岳地域に見られる．この植物の成分は，発熱，マラリア，胸部の痛みなどいろいろな症状に効果があるとされ，とくに50歳以上の男性に広く見られる前立腺肥大を抑える治療に用いるため採取された．アフリカ全土（とくにカメルーンやマダガスカル）で，この樹木の樹皮のほとんどが剝ぎ取られ，ピジウム（pygeum）として売られる薬品の原材料として大量に輸出された（1997年の輸出量は3225トン）．研究者は，持続的な栽培が行われないと，今後５年から10年の間にこの種が絶滅するだろうと警告している（註28）（種が絶滅したためにほとんど手に入らなくなった医薬品の例についてはさらに第４章を参照）．

乱獲の１つの側面として，生きた動物の商取引を挙げることができる．それが違法であれ，合法であれ，またその目的が，食べるため，ペットとして飼育するため，動物園で展示するため，あるいは医学上の実験動物として供用されるためなど，その状況は問わない．アメリカ疾病予防管理センター（CDC：Centers for Diseases Control and Prevention）によると，合衆国において，2002年に輸入された動物の数は，哺乳類が４万7000，鳥類が37万9000，爬虫類が200万，両生類が4900万，魚類が２億2300万個体に上り，それらのほとんどが正確に同定されていない．「絶滅のおそれのある野生動植物の種の国際取引に関する条約」（通称：ワシントン条約CITES；追録Bを参照）の北京事務所は，絶滅危惧種の取引による収入は，毎年100億米ドルに達し，麻薬，銃器に次いで３番目に大きいブラックマーケット（闇市場）を形成していると推計している．

ブッシュミート／食用の野生動物

ハンティングおよびブッシュミート（主に熱帯地方で得られる食用の陸生野生動物の肉）を食べることも種の絶滅につながることがある．とくに霊長類の場合深刻だ．私たちは数千年間にわたってブッシュミートのために狩りを続けてきたが，その計り知れない年月の間，世界中で行われてきた狩りの様式と今日の狩猟の違いはその量にある．ブッシュミートへの依存率は，人口の増加と食料の需要のためにますます増大し，これまではとても入っていけなかった未開の地へ踏み込むことも可能になった．ブッシュミート危機対策委員会（Bushmeat Crisis Task Force；www.bushmeat.org）によると，中央アフリカで消費されている動物由来のタンパク質の80%，あるいは地方も都市も含めた全世帯のタンパク質の摂取量の50%以上をブッシュミートが供給している．コンゴ盆地（コンゴ共和国，コンゴ民主共和国，カメルーン，中央アフリカ共和国，ガボン，赤道ギニアを含む）では，哺乳類の種の60%が，制限のない狩猟の対象になっている．狩猟の対象は，ダイカー（アフリカの森林やブッシュに棲む小型のアンテロープ）などのレイヨウ類，アフリカヨシネズミ（cane rat；*Thryonomys swinderianus*）など多くの齧歯類，アフリカタテガミヤマアラシ（*Hystrix cristata*）のほか，鳥類，ヘビ類，トカゲ類，チンパンジー，ゴリラ，その他の猿類など多岐にわたっている．拡大し続ける国際的な食肉市場へと輸出されるものも含め，ブッシュミートの消費量には本当に驚かされる．中央アフリカでは，年間100万トン以上の森林生の動物が食肉用に殺されていると推測されている．それは，４分の１ポンドのブッシュミート・ハンバーガーを毎日，１年間にわたって3000万人に供給する量に匹敵する（註30）．森林の伐採やエボラ出血熱などの病気と並んで，ブッシュミート・ハンティングが原因で，数種のサル類が絶滅危惧種に指定されている（ブッシュミート・ハンティングとその人類への影響に関する議論は第６章，231頁，および第７章，315頁を参照されたい）．

2003年に流行したサーズ（SARS；重症急性呼吸器症候群の１つ）には8098人が感染し，774人が死亡したが，中国の広東省の食肉市場でウイルスを持った野生のハクビシン（*Paguma larvata*，図2.6）から感染したのが最初と考えられている（註31）．中国産の４種のキクガシラコウモリ（*Rhinolophus*）がサーズウイルスのキャリア（媒介者）であることも判明した．実際，自然界では，これらのコウモリがもともとのウイルスの宿主で，ハクビシンにはコウモリから伝染したのではないかと思われる（コウモリ類も食肉市場で取引されていて，その糞が伝統的な漢方薬の１つとされる）（註32）．にもかかわらず，１万頭以上のハクビシンが疑いをかけられて殺処分された．こうした新しい動物原生感染症（野生動物や家畜から人に感染する人獣伝染病）の発生によって，中国や他のアジアの国々において，哺乳類，爬虫類，両生類，鳥類，あるいは海産動物など多くの野生動物を食料としてだけでなく健康や長寿，滋養，強壮のための薬剤として広範に利用されている現状が明らかになった．中国での繁盛ぶりをみると，野生生物を扱うレストランの興隆がさらなる種の絶滅の危機につながる可能性を示唆している．

海洋における過剰な採取

サンゴ礁も生物の生息環境を脅かす乱獲が問題になっている場所である．ほとんどのサンゴ礁は開発途上国の海岸線に沿って発達しており，そこでは，人口の増加と貧困が人々に海からの恵みをタンパク源とすることを強いている．その結果，漁獲量を何とか維持するため，伝統的な漁業法に代わって，自然に大きいダメージを与える漁法が導入されている．たとえば，水中でダイナマイトを爆発させ，あるいは青酸カリなどの毒物を撒いて，大量の魚を殺すやり方だ．サンゴ礁のすべての生き物が犠牲になる，このような破壊的な漁法が，海洋生物学でいう世界の主要なホットスポットの中でもその核となるべき東南アジアの海岸で広範に行われている（註33）．

地理的に生息範囲の狭い種が，絶滅の危機に陥りやすいことは言うまでもない．しかし，分布域が広い種でも，乱獲の結果，個体数の激しい減少がみられることがよく知られている．熱帯産のハタ類は，産卵期を狙った漁法によって根こそぎ漁獲され，広く分布するにもかかわらず絶滅危惧に陥っている（註34）．さらに，種によっては，高い経済的な価値を追い求めるために，操業が，その魚の個体数が少ない海域にまでも及んでいる．

装飾用の貝類（第6章，p.256参照）や観賞魚，サンゴなどのような希少な生物の海洋資源としての価値も増している．それらは，食料としては取引されないために，生物に関する貿易統計に載ってこない．しかし，アメリカ合衆国やヨーロッパに専門の宝飾店が何軒あるか，ざっと数えただけで，そうした生物の加工品の市場が大きく，また増大しているかがわかる．そのような商品の出所はじつは意外に少数の国々であり，とくにフィリピンとインドネシアは大量輸出国の双璧である．

海洋資源の乱獲

乱獲は，海産生物にとって唯一最大の脅威である．とくにおよそ50年前から，大型漁船による商業的な漁業が始まってから著しい．そうした漁船は，1航海で1000トン以上の海産物を漁獲し積み込むことができ，漁業の質と漁獲量を飛躍的に増大させた．しかし，海洋資源の乱獲そのものは，じつは最近の現象ではなく，前世紀からあった．大洋に多数生息する大型の脊椎動物の捕獲である（図2.7）（註35）．

アメリカ合衆国北東部のニューイングランド地方では，もともと多数生息していた鯨類がいなくなるのにわずか30年しかかからなかった．19世紀の初頭，クジラの資源が枯渇してしまったため，ニューイングランド地方の漁民は，クジラを捕獲するために3，4年間もかけてハワイ諸島など遥か遠方の漁場まで航海しなければならなかった．大型哺乳類の乱獲の例はこれにとどまらず，世界の各地で起こっていた．北太平洋ベーリング海に生息していたステラーカイギュウ（*Hydrodamalis gigas*）は1768年に絶滅したが，それは，この動物がロシアの難破船に発見されてからわずか27年後のことであった．ガラパゴス諸島では，ガラパゴスオットセイが19世紀より前の乱獲により個体数が激減した（註36）．

19世紀，オーストラリアの熱帯地域では，入り江や海草（海中に育つ種子植物）の群落にジュゴン（*Dugon dugon*）が群れていたと記されている．ジュゴンは，マナティーに似た，体長3 m，平均体重が800ポンド（約450 kg）もある海生哺乳類である．数百から数千頭のジュゴンの移動中の群れの大きさは3～4マイルにわたっていた，と記録されている（註35）．19世紀当時のジュゴンの個体数は100万～360万頭と推測されているが，数十年にわたる乱獲によって，今日では，激減してしまった．ジュゴンはアマモなどの海草が育つ沿岸の海域を好むが，そうした海草が世界各地で絶滅の危機に瀕していて，生息環境がひじょうに狭められている．また，繁殖率が低いことも影響して，絶滅危惧のまま推移しているのである．オーストラリア北西部のヨーク岬半島（Cape York Peninsula）とニューギニアの間に横たわるトレス海峡は，世界でもっとも重要なジュゴンの生息地であるが，1996年の調査では生息個体数は２万8000頭以下と推定されている（註37）．

最初の開拓者が新大陸に渡ったとき，チェサピーク湾は多様性の宝庫だった．海水は澄み，貝類が豊富で，コククジラ（*Eschrichtius robustus*）やイルカのなかま，アシカ，マナティー，チョウザメ（*Acipenser oxyrinchus*）やサメ，エイのなかま，カメ類，そしてアリゲーターなど多くの動物たちが見られた．しかし，乱獲と，河口や海岸線の乱開発によって，今日では有害な藻類が繁茂し，溶存酸素の欠乏する海域となったチェサピーク湾には，それらのわずかが生き残っているに過ぎない（註35）．

もっと北，メイン湾やニューファンドランド沖のグランドバンク（Grand Banks）では，大陸棚に広がる海底台地がタラの１種タイセイヨウマダラ（*Gadus morhua*）の一大生息域だった．1497年，ジョン・カボット（John Cabot：北アメリカ大陸の発見者）がイングランドの旗を立てた頃，群れをなすこの大型の肉食魚はこの海の優占種であったが，その後４世紀の間に，私たちは釣り針や網や罠によって，この魚をほとんど獲り尽くした．あるとき，この地方のタラ漁は世界でも他で見ることのできないほどの豊漁を記録した．しかし，20世紀の初頭，ニューイングランドにトロール漁法が導入されると，漁獲量は減少し始めた．1990年代の初めに起こったタイセイヨウマダラ資源の崩壊は，漁業の歴史の中で，もっとも大きい悲劇とされている．1988年，カナダでは47万9141トンのタイセイヨウマダラが漁獲されたが，1995年にはわずか１万2490トンに減った（註38）．この間に，タラの繁殖能力を漁獲が上回り，こうした激減をもたらした．1980年代の中頃，ニューファンドランド沖やラブラドル海峡では，タラは６年目に産卵を始めていたが，1990年代の中頃には５年目で産み始めた．そのため，タラは早く成熟し，小ぶりになった．この変化は，乱獲の淘汰圧がタラに遺伝的な変異をもたらした結果であると考えられている（註39）．1992年以来，カナダ東部では法律によってタラが期限付きの禁漁となっている．この一時的禁漁措置にもかかわらず，10年にわたる調査では，タイセイヨウマダラの復活の兆しは見えていない．それどころか，今やこの種は，カナダではほとんど見られなくなり，科学者の専門委員会は，もはや絶滅危惧種法（Species at Risk Act；訳者註：2002年に制定された）の対象にすべきであることを示唆している．

数世紀前，銛と槍によって始まった生態系の構造改変は，今日では，商業的なトロール漁，底曳き網漁（大型の閉じた網によって海底の生物を根こそぎ採取する）およびはえ縄漁（数千本の釣り針のついたラインを数十マイルにわたって流す漁法で，毎年10億本以上の針が使われる）によって継続的に行われている（註40）．世界の漁業は，いまや深刻な問題を抱えている．主要な海域で行われている調査，研究によると，大型の回遊魚の資源量は，漁業の商業化によって，40～50年前のわずか10％に落ち込んでいるという．さらに問題なのは，生態系の食物連鎖の上部を占める捕食性の魚を獲り尽くしたことにより，成魚ではないものや，食物連鎖の下部を占める種が捕獲されていることである（註41，42）．

もし，こうした事態が続くならば，世界の漁業が崩壊するだけでなく，海洋生態系に深刻な影響を及ぼし，広範囲な生物の絶滅を招く可能性がある．国際連合食糧農業機関（FAO：Food and Agriculture Organization）は，現在行われている商業的な漁業の50％で，資源量の限界に達しており，さらに24％は過剰な漁獲を行っていると推測している（註43）．

移入種問題

人間の活動とともに，数千年間にわたって，植物の苗や種子や飼いならされた動物だけでなく，害虫や感染症の病原微生物など，世界中でいろいろな種の生物が人間に運ばれて新しい環境へと侵入した．しかし，こうした移入種の数とその地理的な広がりは，近代になって旅行や貿易が盛んに行われることに伴って急激に増大した．多くの場合，衣服や車両のタイヤ，木製のパレット，あるいは船舶のバラスト水などに伴って偶然やってきた便乗者（hitchhikers），あるいは意図的に導入された移入生物が新しい環境で問題を起こすことはないのだが，移入種の中には，侵略的になって生態系を混乱させるだけでなく，他の在来種の生存を脅かしたり，絶滅へ追いやったりするものも現れた．昆虫類を多く含むそのような侵略的外来生物は，すでに自然が破壊された環境において繁栄するものが多い（註44～46）．生息環境が破壊されたとき，侵略的外来種の影響が，生物多様性の維持にとってもっとも大きい脅威となると考えられている．

人間活動に伴って移入される種だけでなく，風に飛ばされて遠距離を移動する生物のように，人間とは直接関係なく移入される種もある．たとえば，2004年の巨大なハリケーンによって大豆さび病菌（*Phakopsora pachyrhizi*）がブラジルからアメリカ合衆国まで運ばれ，アーカンサス，ミシシッピ，アラバマ，フロリダの各州の大豆や他の作物の栽培が危険にさらされた（註47）．大豆さび病菌は95種の植物に感染することが知られている．風によって運ばれる病原性の微生物の例はほかにもある．土壌性菌類の１種アスペルギルス・シドウィー（*Aspergillus sydowii*）はもともと，アフリカのサハラ砂漠やサヘル（サハラ砂漠南縁の乾燥地帯）に自生するカビであったが，貿易風に飛ばされた塵とともにカリブ海に運ばれ，ヤギ類（サンゴ）に致命的な感染症をもたらした（註48）．どちらのケースも，単に風によって侵略的な微生物が新環境に運ばれたわけではなく，人間によって引き起こされた地球温暖化が，強大なハリケーンの発生や海表面温度の上昇などのような激しい気候変動に関与している可能性がある（註49）．こうしたアフリカ大陸からアメリカ大陸へ，あるいは中国からアメリカ西海岸へ大規模に飛散する粉塵が，長期にわたって広がる干ばつの一因になっているかもしれない．在来の生物にとって，地球温暖化のせいで，より適した気候条件を求めて侵入してくる外来種と生息環境が競合することが大きい脅威となっている．また，地球温暖化がもたらす外来生物の侵入は，農業と密接な関連があるほか，家畜や野生動物，あるいは人間の疾病にも大きく関与している（以下の地球温暖化の項を参照）．

遺伝子組み換え（GM：genetically modified）植物が侵略的移入の原因になることもある．GM 植物の花粉は，野生の近縁種を受粉させることで外来遺伝子による交配種を作り出し，野生種の遺伝子を淘汰してしまう可能性がある．実際に報告された例はまだないが，

GMセイヨウアブラナとGMトウモロコシがそれぞれ，組み換えをされていないセイヨウアブラナや在来のトウモロコシに入り込んだ例が見つかっているので安心できない．サケのような遺伝子組み換えをされた魚も，野生種と交雑しもともとの遺伝子を持った子孫を淘汰することで，その種の生存に大きな危険を及ぼす可能性がある（GM生物に関しては第9章を参照）．

人間による生物の故意の持ち込みには恥辱の長い歴史がある．1890年代，ニューヨークで，100羽のホシムクドリ（*Sternus vulgaris*）がヨーロッパからセントラルパークに持ち込まれた．シェークスピアの『ヘンリー四世』に登場するホシムクドリは，この作家の作品に出てくるすべての鳥を合衆国に持ち込もうという試みの対象になった．当時，狩猟家は，エキゾチックな鳥類や哺乳類を狩りの対象として導入した．また釣り人も新しい種類の魚を釣りたかった．ホシムクドリを持ち込んだ市民の動機は単純で，そうした慣習に従っただけである．

ところが，もともとはイギリスの庭に普通に見られる鳥をニューヨークに持ち込もうという奇抜なアイディアによる導入であったが，後年，ジェット機のエンジンに衝突して飛行を妨害する，あるいは農作物を食害するなど，様々な問題が生じた．意図的な導入が被害を及ぼしたのである．外来生物は，また，いろいろな面でほかの種の脅威になる．その原因として，たとえば，生息環境における在来種のニッチを奪いその場所から追い出すことや，餌を横取りし食べ尽くすことのほか，寄生や，疾病の伝播などが挙げられるが，それらすべてが，在来生物の地域個体群やその種全体の個体数を減少させ，絶滅させることにつながる．

タヒチ諸島の北西部に位置するソシエテ諸島に生息する58種類のポリネシアマイマイ属（*Partula*）の陸貝に起こったことをみてみよう．1970年代の終わり頃，数十年前に侵入した外来種のアフリカマイマイ（*Achatina fulica*）を退治するために，捕食性のヤマヒタチオビ（*Euglandina rosea*）をフロリダから導入した．しかし，不幸なことに，ヤマヒタチオビはアフリカマイマイよりは在来のポリネシアマイマイを好んで捕食し，58種いた在来のポリネシアマイマイのうち，54種を野生状態では絶滅させてしまったのである．そのうちの多くの種については，捕獲して人工的に飼育する試みが行われたが，種が保存される保証はなかった．たとえば，ロンドン動物園で飼育されていた*Patula turgida*という種のわずかな個体は，1996年，寄生虫によって失われた（註50）．

クズ（*Pueraria lobata*）は，新たに建設された道路の路肩が崩れるのを防ぐために，日本から合衆国の南西部へ持ち込まれた蔓植物であるが，外来種が運搬経路を伝っていかに簡単に分布を拡散するかということを証明する悲劇的な結果をもたらした．クズは，ひじょうに早く成長し地面を広く覆う．そのため，そこに生えている樹木や草本を窒息させるだけでなく，送電線にも被害を及ぼす．合衆国では，この植物がいまや700万エーカー（訳者註：1エーカーはおよそ4000 m^2）の土地を覆っており，10年後にはその面積は2倍になるだろうと予測されている（註51）．

とはいえ多くの移入は意図的ではない．数種のラットは大洋を行き来する船舶への密航によって拡散した．コロンブスの時代，彼らはポリネシアから太平洋諸島全域に広がった．グアム島では，在来の鳥類およびトカゲ類のほとんどすべての種が樹上に棲むミナミオオガシラ（brown tree snake；*Boiga irregularis*）というヘビによって失われた．このヘビは，オーストラリアやパプアニューギニアなどが原産地だが，第二次世界大戦中にアメリカ合衆国の貨物船に密航し各地へ移入されたと考えられている．また，攻撃的で毒があり，グアムでは毎年，約50人が咬まれて病院で治療を受けている（註52）．エイズを発症させるHIV（ヒト免疫不全ウイルス）の感染はアフリカから世界中に拡散した．同様に初期の新大陸や太平洋地域の植民地を開拓したヨーロッパの人たちはいろいろな感染症の病原体をまったく免疫のない人種に持ち込んだ．たとえば，梅毒のスピロヘータや天然痘のウイルスである．天然痘は，数十年の間にアメリカ大陸の先住民の半数の命を奪ったと言われ，後のスペイン人によるアメリカ征服を可能にした．

健全な生態系の維持が外来種によってかき乱されることもある．カワホトトギスガイ（Zebra mussel；*Driessana polymorpha*）は，黒と白の縞模様のあるコインほどの大きさの小型の二枚貝である．この貝は，1986年，不注意にも船舶によってロシアから合衆国の五大湖へと侵入したが，あっという間に繁殖し，19の州の湖や河川に広がった．その結果，水域の溶存酸素は減少し，淡水性の貝類など多くの在来生物と競合し餌を奪った（註53, 54）．アメリカ産のカブトクラゲの１種ムネミオプシス・レイディー（*Mnemiopsis leidyi*；アメリカではcomb jelly，イギリスではsea gooseberryあるいはsea walnutと呼ばれる）はカワホトトギスガイと逆の方向に人為的に移動した．このクシクラゲは，最初，船の下水溝に溜まった水（bilge water）によって，アメリカのチェサピーク湾から黒海に侵入したと考えられている．その後，カスピ海に達し，カタクチイワシ漁を壊滅させた（註55）．国際海事機関（International Marine Organization）の推計によると，毎年，約7000種もの生物が，30～50億ガロンと推測される貨物船のバラスト水によって世界中を旅しているという（註56）．

アフリカのビクトリア湖では２種の外来生物による脅威が知られている．ナイルパーチ（*Lates niloticus*）は，ビクトリア湖に漁業の対象として導入されたが，数種の在来の魚類を絶滅に追いやり，在来魚に依存して生きていた湖の周辺の漁民の生活を奪った（註57）．また，南アメリカ原産のホテイアオイ（*Eichhomia crassipes*）が，ビクトリア湖で繁茂し湖面を覆っている（図2.8）．近年は拡散速度が鈍ってきていることが確認されたとはいえ，この植物は，世界中の湖や河川で繁茂し水面を覆いつくすことで溶存酸素の量を減少させ，多くの種に脅威を与えている．

侵略的外来種の問題は，近年，国際連合環境計画（United Nations Environmental Programme），国際海事機関（前出），国際自然保護連合（International Union for Conservation of Nature and Natural Resources）など多くの機関から，緊急の課題として注目を集めている．しかしながら，もっと大切なことは，水の流れの調整や引き起こされた漁業の崩壊によって生じる巨額の損害を避けることであり，また，外来種が在来のほかの生物を危険にさらし生態系を混乱させることで生物の社会全体に大きい影響を及ぼし，さらに人間の健康にもリスクを与える，ということを忘れてはならない．

感染症の脅威

ウイルスやバクテリア，菌類，原生生物，あるいはダニなどによって引き起こされる様々な感染症が多くの生物の生存を脅かしている．人為的に持ち込まれた新しい病原体が感染症を引き起こすことがある．ハワイ諸島では，鳥マラリア原虫（*Plasmodium relictusm*）や，鳥ポックスウイルス（*Poxvirus avium*）など鳥マラリアや鶏痘の病原体が不用意に移入された結果，在来の固有種の大きい個体群が激減した（病気の蔓延はこれらの病原体を媒介する蚊を人間が持ち込んでから約100年後に起こった）．一方，人間が直接持ち込まなくても，病原体が移入されるケースもある．前述した大豆さび病菌のほか，パーキンサス症という原生生物の１種 *Perkinsus marinus* が引き起こすカキなどの二枚貝類の病気は，1980年代の中頃，エルニーニョ現象や地球温暖化の結果海水の温度が上昇することで，ロングアイランドからメインにまで感染域が拡大した．そのほか，サンゴが様々な感染症にかかって白化するケースのように，上昇する海水の温度が生物の抵抗力を弱めるという状況もある（第６章の p.256 参照）．

病気の感染がいかに陸生生物を弱らせるかを認識するために，以下に２つの例を挙げる．18世紀にアメリカに持ち込まれたヨウシュミツバチ（*Apis mellifera*）は，様々な要因によって自然状態で個体巣が激減したが，その要因の１つは，吸血性のミツバチヘギイタダニ（*Varroa*）によるヴァロア病によるものと見られている．アメリカ合衆国では，いつ，またどのようにこの病気が侵入したか定かではないが，1979年にメリーランド州で確認されたのが最初である．しかしおそらく，在来の系統と交配実験を行うために別の品種を輸入したのが原因だろうと考えられている．合衆国では，このダニのせいで，1990年代の中頃の２年間だけで，移動養蜂，定置養蜂にかかわらず50～90％の個体群が壊滅し，ものすごい被害が出た．農薬の散布や，アフリカミツバチ（ヨーロッパのミツバチとアフリカに移入されたミツバチのハイブリッド）との競合，あるいは，ハチの生息環境の悪化などの人為的な所業によっても，アメリカのミツバチは危機的な状況にある（註59）．ミツバチのようなポリネーター（花粉媒介者）の消失やその農業上の損失については第８章で詳しく言及する．

20世紀の初頭に，アジアからアメリカ合衆国に移入されたクリ胴枯病菌（*Cryphonectria parasitica*）は，その菌に抵抗力のある中国からの輸入樹から拡散したと考えられ，1904年に初めて，ブロンクス動物園で確認された．その後，この子嚢菌の分布拡大はひじょうに早く，合衆国東部のアメリカグリ（*Castanea dentata*）の成木をほとんど枯死させた（註60）．アメリカグリは，人間や動物に食糧を供給するだけでなく，軽くて強く，またまっすぐな材木が，建築資材として大変優れており，貴重な樹種の１つであった．18～19世紀の開拓地の家屋や納屋の多くはクリ材を支柱として建築されている．

ウミガメ，サンゴ，海生哺乳類，ウニ，貝類，などの海産生物でも，感染症が蔓延しており，今後もその傾向は収まらないことが示唆されている．それには，海生生物の養殖の増進，船舶のバラスト水の海岸への放出量の増大，海水温の上昇，家畜の病原菌の海産生物への伝播，人間が垂れ流す化学物質が細胞に取り込まれることによって起こる免疫力の低下など，様々な要因が挙げられる．

上に述べた貝類のパーキンサス症以外にも，以下のような海産生物の激減の原因になった感染症の例が報告されている．1987年以来，世界の海生哺乳類で，モルビリウイルスによる感染症の流行が少なくとも８回あったことが記録されている．このウイルスは麻疹や犬ジステンパー，牛疫などを引き起こすウイルスと同じ科に属する．1998年，北欧の海岸における1万8000頭のゼニガタアザラシ（*Phoca vitulina*）および数百頭のハイイロアザラシ（*Halichoerus grypus*）の集団死，2002年の同海域での主にゼニガタアザラシ2万1000頭の集団死，1988年，バイカル湖での数千頭のバイカルアザラシ（*Phoca sibirica*）の集団死，1991年および1992年，スペイン，フランス，イタリア，ギリシアおよびトルコの海岸線における数百頭のスジイルカ（*Stenella coeruleoalba*）の集団死，1987年から1988年にかけて，合衆国の大西洋沿岸においてハンドウイルカ（*Tursiops truncatus*）の個体数の50%が失われた集団死（1994年にはメキシコ湾でも小規模な集団死があった）など，この感染症の流行に起因する大量死の事例が確認されている（註61）.

海水温の上昇により，サンゴが死んで白化する「サンゴの大量死」も最近増えてきた．カリブ海など，いくつかの海域では，とくに危険度が高い．かつてカリブ海で優占的であったサンゴの1種 *Acropora cervicornis* は感染症のせいで姿を消した．また，42種のサンゴに感染する黒帯病（black band disease；BBD），22種に感染する白帯病（white band disease, type I），あるいは10種に感染するポリテス・ポックス（*Polites* pox）などの顕著な事例のように複数の種が感染する場合もある（註62）.

そのほか，セレンゲティー・ライオンからアメリカニレに至る広範な生物で，感染症が種を絶滅させる危険があることが知られている．野生生物のほか，家畜や栽培植物にこのような感染症の流行をもたらす複雑な生物間の相互関係や生態学的な事象を理解するための研究はまだ始まったばかりである．それについては，第7章で詳しく述べる．

環境汚染

人類は，この数世紀で自然界の化学的な循環をこれまでにないレベルで変えてしまった．土壌や水の酸性化，重金属の残留のほか，主に殺虫剤や除草剤などの使用が生物の活動に及ぼす総合的な要因によって，数百万年にわたって築き上げられた複雑な生物間相互作用で成り立つ生態系を危険にさらしている．また，自然界においてバランスが保たれていた炭素，窒素，リンあるいは水の循環が，人間の活動によって激しく変化した．こうしたすべての変化は，地球上の生命体の存続や絶滅危惧種の生存に大きく影響する．

富栄養化

窒素のような元素は生命体の生存に欠かせない．それは，地球上の生物の体を作り多様性を構成しているほか，陸上，陸水および海洋生態系における様々な作用をコントロールする重要な物質の1つである．たとえば，窒素の濃度が激変すると，水や土壌に含まれる低レベルの窒素に適応している植物の多くが失われると同時に，その植物に従属している微生物や草食動物，さらにそれらを餌とする捕食者も生きていくことができない．地球環境の78%は窒素を含む物質で成り立つが，気体としての窒素（N_2）の利用は多くの生物にとって不可能である．土壌細菌には，そうした遊離窒素を固定し，ほかの生物が利用できる状態（活性窒素）に転化させる働きがある．しかし，今日，農業における化学肥料の使用と，化石燃料の燃焼によって，自然界における窒素の濃度が増大している．

近代的な通常の農業では，食糧の生産に窒素肥料を使用することは当然で，急速な人口増加に伴う食糧需要に対応するためには必須のことだと考えられている．しかしながら，すべての化学肥料が作物によって利用されるとは限らない．ある統計では，窒素の50％は水によって洗い流され，地面に浸み込むか河川へと流れ，下流域に生息するすべての生命体に予期しない「施肥」をすることになってしまう．それどころか，多くの河川は海へと流れ込むので，河口や沿岸の生態系にまで，生物多様性や生物間相互作用を攪乱するなどの影響を及ぼす．

もっとも大きい自然破壊の1つは，過剰な窒素の放出が海洋に「デッドゾーン」を生むことだ．窒素濃度の高い農業排水や下水の垂れ流しは，世界の海域に約150カ所のデッドゾーンを作り出した．窒素は，水面に生活する植物プランクトン（微小な植物や藻類を含む）を増殖させ水面を覆い，その個体群はいったん赤潮状態（boom）となり，やがて時を経て極端な貧栄養状態（bust）に陥る．植物プランクトンが死滅することによって，水底ではバクテリアが増殖し酸素を消費する．それに伴って，水中の溶存酸素量が激減し，魚も通常の植物も生息できない環境ができあがる．1960年代以降，ほぼ10年に2倍の速度でデッドゾーンの数は増加している．そのほとんどは，より豊かな国々の沿岸に発生していて，およそ3分の1はアメリカ合衆国が占める．もっとも規模の大きいデッドゾーンはバルティック海に広がっており，8万4000 km^2（3万2400平方マイル）に及ぶ．これは世界で2番目に大きいビクトリア湖の面積に匹敵する．そのほか，黒海の北西部やメキシコ湾の北部でもそれに次ぐ巨大なデッドゾーン（p.6 第2章の扉）が見つかっている（註63）．

ある種の藻類は，高密度に発生しHABs（Hermful algal blooms；有害藻類ブルーム／水の華）と呼ばれる状況を作り，ほかの野生生物に物理的ダメージ（たとえば魚の鰓を塞ぐ）を与えるほか，種々の有害な毒素を出すことで，野生生物にまた違った面で脅威を与えている．HABsのメカニズムはまだ完全にはわかってはいないが，海水温の上昇と農業排水および下水由来の過剰な栄養素の流入が相互に作用して，世界規模で頻繁にこうした状況を作り出していることは間違いないと考えられる．また，船舶のバラスト水の出し入れ，あるいは堤防や水路工事による水流の改変などによって，新しい藻類の外来種が人為的に移入されることもHABsの原因になると思われる．

HABsはひじょうにたくさんの個体の魚を殺す．たとえば，1カ所のブルームが養魚場で飼育されている数百トンの魚全体を死亡させる．さらに，藻類が作り出す毒素が，その海域の食物連鎖全体に作用する可能性もあり，その上位にいる種ほどリスクが大きい．カッショクペリカン（*Pericanus occidentalis*）やアメリカマナティー（*Trichechus manatus*）のような絶滅危惧種がHABsの犠牲になった．さらに，海産物に混入した毒素を人間が摂取して，重篤な神経障害を起こし，場合によっては死に至ることもある（註64）．

リンも農業排水や下水に多く含まれる元素であるが，窒素が海水中で問題となるように，淡水に放出されると藻類の異常発生（淡水赤潮やアオコなどの藻類ブルーム）やデッドゾーン形成の原因になる．窒素が海洋生態系で成長阻害要因となるのに対し，リンは淡水中で成長を制限する要因となる．淡水では，農地の土壌に含まれる量の10分の1といったひじょうに少ない量のリンが溶け込むだけで藻類の異常発生が起こる．こうした淡水のブルームは毒素を生産することがあり，しばしば水生生物に危害を及ぼすが，それ以上に，藻類が水面に太陽光を通さない層を形成することで，水面下で光合成を行う植物の生育を妨げるだけでなく，その植物に依存して生きている多様な生物の生存を脅かす．酸素を放出する植物の消失は，藻類ブルームの遺骸が酸素を消費することと相まって，水中の溶存酸素の量を極端に低下させ，デッドゾーンの形成と魚類の絶滅を招く（註65）．

残留性有機汚染物質（POPs）

過去60年の地球環境をふりかえってみると，地球上のあらゆる生命体を使って制御が不可能な大実験が行われているようなものである．人間が作り出した数万種類の化学物質が，行き場を失って地球全体に広がっている．もちろん化学物質の多くは人間の生活に多大な利益をもたらした．しかし，残留性有機汚染物質（POPs：persistent organic pollutants）と総称される一群の化学物質は，地球の生命体にとって，とんでもない危険をはらんでいる．POPs（ポップス）は数年あるいは数十年にわたって残留し音もなく自然環境を破壊する．POPs は大気中に漂い，水の流れに乗って拡散するだけでなく，生物の体内に摂り込まれて生態系の食物連鎖（食物網）の上を移動し，細胞の組織の中に蓄積される．さらに，自然界に存在するホルモンや生物学的な活性物質によく似た構造を持つ汚染物質が，生物の繁殖能力に影響を与え，免疫機能を低下させることでがんの原因になり，人間を含むあらゆる動物の神経系の発達や機能を妨げる．

海洋あるいは陸水生態系の食物連鎖において，その頂点に位置する捕食性の動物ほど体重に占める脂肪の割合が高く，POPs の危険度がより大きくなっているようだ．たとえば，環境汚染が進むロシア西部のスヴァールバル諸島に暮らすホッキョクグマは，ほかの地域に生息する同種のクマより細胞内に取り込まれた POPs の値が数倍大きい（註66）（第 6 章，p.233 を参照）．同じような結果は，シロイルカ（別名ベルーガ；*Delphinapterus leucas*）でも報告されている．カナダのセントローレンス川の河口に生息するシロイルカは，感染症やがんの発生率のほか，生殖障害を起こしている割合が高いが，原因は DDT や PCB（ポリ塩化ビフェニル），マイレックス（mirex）と呼ばれる有機塩素系の殺虫剤などの POPs のほか，鉛や水銀などの汚染物質による負荷が大きいことによると推測されている．シロイルカは，海の食物連鎖網の頂点に位置する動物で，五大湖や河川から流入する残留性の有機物質に汚染された魚を餌にしている．1980年代から1990年代の初期にかけて，セントローレンス川の河岸に打ち上がったシロイルカから，カナダ政府が定めている基準値を超えるハイレベルの汚染物質が検出されている（註67）．

有機汚染物質は，わずかに含まれる場合でも，ホルモンと同じように作用することがある．それによって生殖器官が正常に形成されず，出生率が下がるなど，動物の繁殖に大きい影響を与える．たとえば，フロリダのアポプカ湖（Lake Apopka）に生息するアメリカアリゲーター（*Alligator mississippiensis*）の1994年から1995年にかけての記録では，テストステロン（男性ホルモン）の数値がひじょうに低く，またペニスのサイズが25％も小さくなっていることが判明した．1980年代，アポプカ湖には DDT（ハダニ類の防除剤）の誘導体ディコフォール（dicofol）が大量に漏出していたことが知られていた．さらに，周辺の農場から出る農業排水や下水処理場の排水が流入していた．アリゲーターは，湖の生態系の食物連鎖網の頂点に位置するので，DDT 由来の成分などの蓄積がテストステロンの数値を下げ，生殖器の奇形をもたらしたと考えられている（註68，69）．

POPs の危険はこれにとどまらない．1960年代，五大湖（合衆国）では，ダイオキシンの毒性で卵が死滅した結果ニジマス類の地域個体群が消失した．また，湖の沿岸に生息するハクトウワシ（*Haliaeetus leucocephalus*）やハヤブサ（*Falco peregrinus*）のような猛禽類では，おそらくDDTの作用で卵殻の形成に異常をきたした結果，多くの個体群が壊滅した．そのほか，イタチ類，カワウソ類，アザラシ類をはじめ，数種の海鳥の種もPOPsの被害を受けている．

2004年に発効したストックホルム条約（Stockholm Convention）は，もっとも危険な残留性有機汚染物質（POPs）のうち12種類について，排出を規制することを目的としている．この条約は将来へ向けた大事な1歩だが，これらの化学物質を環境から取り除くことは，多くの場合難しい．1970年代以降使用が禁止されている殺虫剤でもいまだに野生生物や私たち自身の体内に存在しているものがある．さらに，次々に新しい化学物質が開発されている現状では，この条約はほとんど無力である．たとえば難燃剤として電気製品や建材などに添加されるポリ臭化ジフェニルエーテル（PBDEs；Polybrominated diphenyl ethers）のような新種のPOPsは，ひじょうに早く自然環境に拡散し，すでに様々な野生生物の細胞の中から見つかり始めている．

薬剤による環境汚染

1990年代の半ばから，インド亜大陸の90％以上の地域で，ベンガルハゲワシ（*Gyps bengalensis*，図2.10），インドハゲワシ（*Gyps indicus*），ハシボソハゲワシ（*Gyps tenuirostris*）の3種の鳥の個体数が激減した．これらのハゲワシの死因は，長い間謎に包まれたままであったが，2004年，国際研究チームがついに，その犯人が家畜の治療に鎮痛剤あるいは抗炎症薬として使用されるジクロフェナクという薬剤（人間に対しても関節炎や通風の薬として用いられる）であることを突き止めた（註70）．ハゲワシは，治療を受けて体内にジクロフェナクを蓄積した家畜の死体を食べることで，間接的にこの薬を摂取し，副作用として知られている腎不全を発症して死亡したことがわかった．それが結果的にこの3種の鳥類に絶滅の脅威を与えたのである．2005年，インド政府は家畜にジクロフェナクを使用することを禁止したが，この3種の鳥の個体数は，10年前に比べて3％以下の水準にまで落ち込んでいる（註71）．

ハゲワシ類は，東南アジアだけでなく世界各地で，野生動物や家畜の腐肉を食べるスカベンジャーの代表として知られている．インドの一部でゾロアスター教の信者パールシー（Parsi）によって行われる鳥葬では，人間の死体を処理することさえある．ハゲワシ類の衰退によって，現在ハゲワシ類が有している生態学的なニッチ（地位）が狂犬病のウイルスを持った野犬に奪われ，狂犬病の人間社会への蔓延につながりかねないことが危惧されている．WHO（世界保健機関）の報告によると，インドでは年間3万人以上が狂犬病により死亡しており，この数は他のどの国の死者数よりも突出して多い．ジクロフェナクの代替薬として新たに開発されたメロキシカム（meloxicam）はハゲワシ類に被害を与えないが，高額なため，まだ広く用いられてはいない（註72）．

抗消炎薬のほか，ホルモン剤や抗生物質などの薬品の家畜への投与は，じつは，野生動物の生態に深刻な打撃を与え，人間の健康をも脅かすことが問題となっている．近代的な家畜の飼養では，成長ホルモンを投与して成長を早めることがさかんに行われている．しかし，排出されたホルモンが土壌や地下水を通じて流れ出て，結局，河川や湖沼の生態系において，数種の魚類の生殖能力に作用するだけでなく，長期にわたって人間の健康に悪影響を与え，とりわけ子どもたちを危険にさらしていることは一般にはほとんど理解されていない．

抗生物質は，広く家畜や養殖魚介類に投与されている．米国科学アカデミー（U.S. National Academy of Science）の1998年の報告では，アメリカ合衆国だけで毎年1900万ポンド（9500米トン；8618トン）もの抗生物質が，人間の病気の治療以外にウシ，ブタ，および家禽に対して使用されている．こうした抗生物質の量は，合衆国で1年間に医療に用いられる量（約300万ポンド）の6倍以上になっている（註73）．通常，抗生物質は，特定の病気の治療あるいは感染症の蔓延を予防するために長期的に用いられるが，実際には，ほとんどの抗生物質がブタやニワトリを少ない餌で早く成長させるためだけに使用されている．抗生物質の投薬には多額の費用がかかる．ひとたび，病原微生物が抗生物質への薬剤抵抗性を獲得すると，同類のほかの抗生物質への抵抗性も形成される．人間の医療においてそうした変化が起こった場合，医療以外の家畜の生産現場で，人の抗生物質と化学構造やその効果が似ている薬剤の使用が続けられるということは，じつに愚かなことである．なぜかというと，人間の医療に使用される抗生物質に対して薬剤抵抗性のある微生物の系統が，養豚や養鶏の現場で次々と生み出される結果になるからだ．

こうした理由によって，世界保健機関（WHO）は，家畜への抗生物質の使用禁止を勧告している．自然界でも問題は深刻である．抗生物質が，ある種の水生植物に害を与えることや，土壌細菌の成長や増殖，多様性を変化させる可能性がある．さらに，海岸の生態系でも，抗生物質が海水に流入することによって甲殻類などの動物たちが危険にさらされている．

人間が使用した後，下水と一緒に周囲の環境にばらまかれている薬剤も同じである．これは急速に浮上した深刻な問題だが，ようやく科学的な調査が始まったところだ．2002年，アメリカ地質調査所（U. S. Geological Survey）は，合衆国の河川の水の80％のサンプルから，抗鬱剤，ホルモン剤，ステロイド剤などのドラッグの成分を検出した．同様の結果はほかの多くの国々でも知られる（註74）．人間とほかの生物の化学的な構造はほとんど同じなのだから，わずかの量でも，これらの薬剤が野生生物の種に対して影響を及ぼさないわけはない．実験室におけるある実験結果によると，たとえばエチニルエストラジオール（ethynylestradiol）のような，受胎調節のために合成された経口避妊薬（ピル）に含まれるエストロゲン（卵胞ホルモン）が，河川に流れ込むと，10億分の1単位の微量でも長期的な摂取による蓄積によってニジマス類が死亡する可能性のあること，また，半分のオスで繁殖能力が100分の1に縮小する可能性があることを報じている（註75）．コロラド州では，下水の流れ込む川に棲むホワイト・サッカー（*Catostomus commersonii*）という魚で，水に含まれるエストロゲンの影響によりメスの生殖器が発達していることが見いだされた（註76）．また，ウエスト・バージニア州のポトマック川南部の支流では，バス類のメス化したオスが精巣中に卵を形成しているのが発見されている（註77）．

下水を通じて周辺環境に排出されているフルオキセチン（fluoxetine）という抗鬱薬（プロザック Prozac という商品名で知られる）の成分は，都市下水処理水の10倍以上の含有濃度とはいえ，水生生物に発生学的な異常を引き起こすことが示唆されている（註78）．多様な化学物質の野生生物や人類に対する影響がどのくらい大きいかはまだほとんど未知だが，先進工業国の近代的な下水処理場でさえ，周辺環境を汚染している薬剤の成分や栄養素を漉し取るフィルター設備は貧弱なのが現状だ.

酸性降下物とその沈着

地球上で起こっているあらゆる化学反応は，自然環境の酸性度と相互関係がある．産業革命以降，化石燃料を燃焼させることによって，生物圏における酸性度のバランスが崩れた．石油や石炭を燃やすことで生産された硫黄と窒素が大気中に漂い，雨や雪がそれを取り込むことで形成される酸性雨あるいは酸性雪が地上に降り，土壌や河川，湖沼の酸性度を上げる．燃焼によって生じた多量の二酸化炭素（CO_2）は世界の海水を酸性化させる．二酸化炭素は水に溶けると炭酸（H_2CO_3）に変化するからである（註79）(p.118 の海水の酸性化の項を参照).

河川や湖沼の淡水における生態系とそこに棲む生物に対する酸性物質の沈着の問題はよく論じられてきた．アメリカ合衆国およびカナダ北東部に広がるアカトウヒ（*Picea rubens*）やサトウカエデ（*Acer saccharum*）の森林は，20世紀の後半，土壌が酸性汚染されたために発生した立ち枯れ（樹木の成長が阻害され死に至る病気）によって疲弊した（註80).それらの森は，石炭を燃焼させて稼働する火力発電所の風下にある．発電所からの距離は数百マイルあるいは数千マイル（1マイル＝約1.6 km）もあったが，酸性の霧が，樹木の葉間に漂い，土壌に沈着した．酸性化は，植物の栄養バランスを崩す．なかでももっとも良くないことは，土壌中から取り入れるカルシウムを欠乏させることである．カルシウムを必要とする細胞の分裂，形成を妨げることで，細菌感染や，センチュウなどの寄生虫の増殖を助長し，樹木の耐寒性を奪い，やがて枯らしてしまう.

水生生物の場合は，直接水に触れているので，化石燃料を燃やすことで生じる副産物が水に溶け込み，酸性化した環境の影響はより深刻だ．酸性汚染された水そのものも，魚類にとって毒性があるが，さらに，それが水の化学的な性質を変化させることが危険である.もっとも重要な作用は，酸性汚染された水が土壌中のアルミニウムを水中に取り出し，多くの水生生物にとって毒性のあるアルミニウム含有量の増加に関与することである．幾度となく観察されている湖や河川の魚類の多様性の喪失は，この水の酸性化とアルミニウムの増加というダブルパンチに起因していると言える．酸性汚染水は，淡水魚の体内に蓄積される水銀の量も増加させる．さらに，水道水の酸性度が上がることで，水道管や結合部のハンダから溶け出す鉛の量が増加し，人間の体内への鉛の残留をもたらすかもしれない.

産業革命が始まって以来今日までに人間によって生産されたCO_2の量のおよそ3分の1はすでに海に吸収され海水をより酸性にしたと考えられるが，大気中のCO_2の急激な増加によって，今後数十年，海水の酸性化にさらに拍車がかかることが予想されている．こうした酸性汚染は，多岐にわたる種の絶滅を引き起こし，海洋生態系に重大な影響を与える可能性がある（註79）(「地球規模の気候変動」内の海水の酸性化の項を参照).

火力発電所からの窒素と硫黄の放出量の規制が，先進工業国においては，大気の酸性度を下げ，水や土壌の質を向上させた．しかし一方，中国やインドなどの開発途上国は，いまだに化石燃料に依存しており，大気や水，土壌の酸性汚染は逆に，大幅に増加しているのが現実である.

重金属による環境汚染

自然界に存在する鉛，水銀，カドミウム，ヒ素など，多くの金属元素に動植物に対する毒性があることはよく知られている．たとえば，鉛や水銀は，自然状態では問題にならないが，人間の活動によって排出され環境に蓄積されたとき，生物多様性の維持にとって危険な状態になる．鉛や水銀を自然環境に排出する元凶は，自動車を動かすためのガソリンの燃焼と電力を得るための火力発電所での石炭の燃焼である．そのほかにも，鉛は狩猟の際の銃弾や釣り糸に付ける錘(おもり)からも自然環境に放出され，水銀は，農業において，種苗の殺菌や防カビ剤に使われ土壌に残留する．

鉛は，鳥，カエル，魚類，カメをはじめ，ウシ，シカ，コウモリ，オットセイなどの哺乳類などひじょうに多様な動物に対して毒性がある．鉛には神経細胞を破壊する作用があり，とくに成長期の神経系にダメージを与える．脊椎動物では，鉛が骨に蓄積されるので，とくに発育中の胎児の骨代謝に異常をきたし，血中の水銀濃度が胎児期曝露の指標となる．胎児期曝露によって行動異常が引き起こされ，場合によっては子孫を残すことができなくなる．とくに水鳥や猟鳥では，散弾の鉛が体内に蓄積され命を落とすことがある．

水銀も神経系に有害で，四肢の協調性異常や，刺激に対する反応，聴力，視力や知覚などに異常が出るほか，精子の生産にもダメージを与える．通常は生命体が摂取し得ない水銀元素だが，水生細菌の働きによって，数カ月にわたって細胞内に残留する有機メチル水銀に変換されると，生物にとって大変危険だ．魚類などの水生生物はメチル水銀によって行動が阻害され，繁殖，発生，成長に異常が出て，死に至ることもある．メチル水銀は環境における残留性が高く，また生物体内に蓄積される．そのため食物連鎖網の中を移動することでより高い濃度に集積する．食物連鎖の上位に位置する魚種では，周囲の環境に存在する水銀濃度の100万倍のレベルに達することがある．北極海のワモンアザラシ（*Phoca hispida*）や香港に生息するシナウスイロイルカ（*Sousa chinensis*）をはじめ，カナダの猟鳥類，ビクトリア湖の魚類など，地球上のあらゆる場所に暮らしている動物で，細胞中に残留している危険な濃度の水銀が検出されている．それは，とりもなおさず，人間を含む魚を食べる動物にとって，水銀の毒性試験を行っているようなものだ．

さらに，水銀は，微生物のような食物連鎖の下位にいる生物にも分解能力の異常を起こすことが知られている．この発見を受けて，欧州連合の政策執行機関である欧州委員会（European Commission）の水銀に関するワーキング・グループは，ヨーロッパ各地における現在の水銀の残留値は，有機物の分解に悪影響を与えるとともに，重要な栄養素のリサイクルにも負の作用を及ぼす可能性が高い，という緊急声明を発表した（註81）．

水銀にはほかにも生態系にとって厄介な作用がある．水銀は，染色体の異常を引き起こす．また，植物と共生する種々のバクテリアが提供する生態系のサービス（機能）が制限されるだけでなく，クロロフィル分子の構造を変化させ，中心金属のマグネシウムを置換させて光合成を阻害するので，植物にもひじょうに有害なはずである．

除草剤と殺虫剤

アメリカ合衆国の環境保護庁（EPA：United States Environmental Protection Agency）の試算では，毎年，57億ポンド（約26億 kg）の殺虫剤が地球環境に使用されている（註

82)．こうした化学物質が，農業や人間の健康にとってひじょうに重要であることは明らかであるが，殺虫剤はそれ自身が毒性のある材料でできているため，駆除しようとした種以外の多くの種（いわゆる目標外生物）にも効き目があるので危険である．

除草剤や殺虫剤の目標外の生物への殺傷に際して，もっとも憂慮すべきことは，そうした薬剤を不用意に環境にまき散らしたときに大量に残留するある種の化学物質が生命体を危険にさらすことである．たとえば，1990年代にバッタなどのアルファルファ（ムラサキウマゴヤシ）の害虫を駆除するために用いられたモノクロトフォス（monocrotophos）という殺虫剤は，アルゼンチンに生息するアレチノスリ（Swainson's hawk）の6000羽以上の大量死に関与したと言われている（註83）．

近年，野生生物に知らない間に作用する化学物質の潜在的な毒性が重要視されてきた．アトラジンという除草剤は，アメリカ合衆国では頻繁に使用されているが（使用量は毎年7500万ポンドほど），EU に属するヨーロッパの７カ国では使用が禁止されている．この薬剤は土壌残留性が強く，もともとアメリカ全土で降った雨水に含まれる量がわずか100億分の１のレベルであっても，アカガエルの１種 *Rana pipiens* の性を転換させ生殖腺の発達を遅延させる（註84）．土壌から滲み出たアトラジンが，湖沼や河川に集約されると異常な高濃度になることは明らかである．この除草剤が両生類の個体数に及ぼす影響が大いに懸念されている（第６章の両生類の項を参照）．

プラスチック

安価である上に，軽くて丈夫，そして耐水性のあるプラスチック（plastics）［訳者註：ここでは，合成樹脂の製品を含む広い意味の言葉として用いられている］は，過去20年の間に，食料品加工の必須材料として台頭した．2005年には，世界で１億トン以上（ほぼ2500億ポンド）が生産されている（註85）．毎年，100万トンもの量の使用済みのプラスチックが，ゴミとして海洋に投棄されている．海岸に打ち上げられたデブリ（廃棄物）を回収して調べたところ，プラスチックが海の漂流ゴミ（marine litter）の60～80％を占め，世界中の海に漂い，海岸に散乱していることがわかった（註86）．

プラスチックは，海産動物にとってときに致命的である．漁網やロープ，６缶パック・ホルダーなどのプラスチックが鰓に絡まり魚を窒息させることがある．ウミガメやイルカが，クラゲやイカと間違えてビニール袋や風船を飲み込むことがある．ぼろぼろに砕けて漂う発泡スチロール（スタイロフォーム）の小さい破片はある種の魚の卵に似ていて，海鳥の幼鳥がついばむ．プラスチックは，殺虫剤の成分の PCB（ポリ塩化ビフェニル）など毒性のある物質を含んでいることがあり，動物が摂取すると消化管内に滲み出る（註87）．前国際連合事務総長のコフィ・アナン（Kofi Annan）は，プラスチックがその大部分を占める海の漂流ゴミ（marine litter）によって，毎年，100万羽の海鳥および10万頭の海生哺乳類やウミガメが死に追いやられている，と述べた（註88）．

プラスチックは，世界の海洋に生息するほぼすべての海の生き物にとって危険だ．コアホウドリ（Laysan Albatross：*Diomedea immutabilis*）をはじめ多くの種の鳥にとって，それはさらに過酷である．死んだ個体を含め251羽のコアホウドリの幼鳥について調べたところ，プラスチックを摂取していなかったのはわずか６個体だけだった（図2.11）．そのうち，死んだ個体は平均24 g，あるいは体重の１％の量のプラスチックを飲み込んでいた

(註89).

自然環境に残留する微小なプラスチックの破片や繊維が，1960年代以降3倍に増えており，新たな問題となっている．それらは砂浜や海床に堆積し，動物性プランクトンなど食物連鎖の底位にいる生物によって摂取されている（註90）．

紫外線（UV）

およそ5億年前より以前の地球では，大気中をすり抜けて直射する太陽からの紫外線（UV：ultraviolet）の線量が多く，生命体が生きていけるのは海中に限られていた．紫外線は本質的にDNAを損傷するほか，タンパク質の安定性や細胞壁の強度にも影響を与えるので，紫外線の直射が，生物が海中から陸上へと進出するのを拒んでいたからである．海の中では，水が生物を紫外線から守るフィルターの役割を演ずる．やがて，その下で藍藻類が光合成の機能を進化させ，水と二酸化炭素と太陽光（光エネルギー）から糖質と化学エネルギーと酸素を生産した．大気中に放出された酸素（O_2）は，紫外線の作用によってオゾン（O_3）に変化し，成層圏にオゾン層が形成される．そして，5億年前以後のあるとき，大気中の酸素濃度は今日の濃度の10分の1程度のわずかの量ではあったが，形成されたオゾン層は地球の表面を直射する紫外線の線量をある程度ブロックするのに十分な厚さに成長していて，陸上での生命体の生存が可能になった．約4億5000万年前，古生マツバラン（psilophytes）と呼ばれる植物が陸上に進出したのが最初と考えられている．動物はやや遅れて上陸し，土壌性の微小な無脊椎動物であるトビムシ類（Collembola）がもっとも古く，約4億年前の化石が知られている（トビムシの詳細ついては第8章，p.320参照）．

地球の歴史は，このように太陽光による紫外線の照射とオゾン層の形成が陸上生物の生存にとってひじょうに重要であることを語っている．しかし，20世紀中頃から始まったオゾンの減少によって，南極の上空にオゾンホールと呼ばれるオゾン層が極めて薄いエリアが形成されている．クロロフルオロカーボン（CFCs：chlorofluorocarbons；フロン）のようなオゾン層を破壊する化学物質の放出を制限あるいは禁止したモントリオール合意（モントリオール議定書）は，これまでに効力を発揮した環境に関する国際協定のうち，もっとも成功した部類だろう．しかし，当初の予想では，地球温暖化は2050年には完全に回復するとされたが，最新のデータによると遅れそうである（註91）．さらに，強力で用途の広い農薬の臭化メチル（methyl bromide）のような数種の化学物質がオゾン層を破壊することがわかってきた．この薬剤はアメリカ合衆国のいくつかの州ではいまだに多量に使用されている．また，中国やインドなどの開発途上の地域のように，いまでもエアコンにフロンガスが広く使われているところもある．

生命体にとって，紫外線には多岐にわたる有害な作用がある．紫外線は光合成を行う植物プランクトンや海生植物の活動を抑制し，多くの植物は紫外線から身を守るために大量の色素を生成する．そのような生物は食物連鎖の底辺にいるため，海洋では紫外線の線量が多いとバイオマス自体が減少することがよく知られている．紫外線は，両生類（第6章，p.217参照）や魚類のように食物連鎖の上位にいる生物の体にも直に影響を与える．魚類の卵や幼魚は，紫外線の影響を受けやすいが，実際に自然界においてどのようなダメージがあるのかは解明されていない．植物は，一般的に，紫外線を強く浴びるとより小さくなり，根系を伸ばさない．キャベツや大根と同じアブラナ科に属するシロイヌナズナ（*Arabidopsis thaliana*）（訳者註：モデル生物の１つ）の研究によると，紫外線によるDNAの損傷は子孫に受け継がれ，ときには増幅することもある（註92）．また，紫外線が家畜に皮膚がんや白内障を起こさせ，免疫機能を低下させることがよく知られているが，それはおそらく野生動物でも同じだろう．そして人間にも当てはまることだ（註93）．結局，私たちは，成層圏のオゾン層が破壊されることによって，多くの生物にとって有害な紫外線が地表に照射される量が増えているという現実がようやく目に見えてきて，それが地球全体の生物多様性にとってどのような影響があるか，ということを今初めて理解しつつあるということである．

戦争や武力衝突が環境に与えるダメージ

種の絶滅危惧や生態系喪失の危機といった問題を考えるとき，科学者はあまり戦争や紛争における武力衝突のことには触れない．しかし，野生生物の個体数にとって，あるいはただでさえ失われつつある熱帯雨林のような自然環境に対して，戦争はさらに悪い影響を及ぼす．過去60年間に160もの戦争が数え上げられているが，国と国のぶつかり合いは少なく，その多くは政治的，宗教的あるいは民族間や人種間の地域紛争における武力衝突である．紛争の結果，多くの人が移動を強いられ，ときに数十万人に及ぶ難民が生じる．故郷を追われた難民は，「焼き畑」式の原始的な農業によって大規模な森林破壊を起こし，狩りによって野生動物を駆逐する（註94）．第二次世界大戦の記録では，戦争によってばらまかれた地雷や不発弾が野生生物や家畜を危険にさらした．地雷や不発弾が爆発すれば，人間だけでなく，周囲の野生生物も犠牲になるのである．世界中で１億個もの放置地雷がいまだに除去されておらず，その状況は数十年にわたって続くであろう．領内に600万～1000万個の地雷がばらまかれたといわれるカンボジアのような国は考えられない重荷を背負っている（註95）．

意図的であるかないかにかかわらず，ベトナム戦争などの近代戦における化学物質の拡散も戦争の負の一面である．1961年から1969年にかけて，米軍は，植物を排除し作物を不作にして敵軍に打撃を与えるため，約10万トンに及ぶ高濃度のダイオキシンを含む枯れ葉剤をベトナム，ラオスおよびカンボジアの森林や耕作地にまき続けた（註96）．ダイオキシンは，毒性が高く，発がん性や数十年にわたって環境に残留する内分泌攪乱作用があり，ベトナムでは野生の肉食獣（食肉目），有蹄類（ウシなどの反芻を行う動物），ゾウなどの動物が顕著に減少した（註97）．

戦争が種の絶滅や生態系の破壊に深く関与した例を２つ挙げる．最初の例は，1991年の湾岸戦争に始まり，2003年以来現在に至るまで継続するイラク紛争である．爆撃による火災や爆発によって，自然環境に大きい影響が及んでいる．サダム・フセインの破壊行為に端を発する戦争のために，トラックや戦車などの重車両によって砂漠は踏みにじられ，近代的な兵器に含まれる多様な化学物質が環境に放出された．湾岸戦争では，イラク軍は600以上のクウェートの油井や石油で満たされた油送溝を爆破し大量の黒煙が空を覆った（註

98）．それによって，カモ，ガン，カモメ，ツルなど推定10億羽の渡り鳥が東ヨーロッパへの帰路を失った（註99）．また，イラク軍がイラク南部の湿地や沼地に故意に原油を流出させた結果，そこに棲む水生生物とともに数えきれないほどの鳥類が死んだ．サダム・フセインとイラク軍による環境破壊の最たるものは，この原油の流出であり，それはチグリス川とユーフラテス川に挟まれた古代から続く湿地帯の90％以上に当たる5200エーカー（約１万3500 km^2）もの範囲に及んでいる．この地域は，マーシュ・アラブ（Marsh Arab）と呼ばれるバビロニアやシュメール文明の5000年来の子孫に当たる部族の居住地で，中東およびヨーロッパ西部における最大の湿地生態系（アメリカ合衆国のフロリダ州南部に広がるエバグレーズ湿地の２倍の広さがある）が存在していた．この湿地帯は，ウスユキガモ（*Marmaronetta angustirostris*）やバスラオオヨシキリ（*Acrocephalus griseldis*）（註100）などの希少種を含む数百万羽の留鳥の生息地であるだけでなく，シベリアからアフリカへ渡る数百万羽の渡り鳥の中継地（註101）や養殖対象魚の産卵場にもなっていた．復旧事業が始まっているが，湿地が奪われたことで絶滅した種，そうでなくても個体数を減らすなど大きい影響を受けた種が多数みられるものと思われる．この戦争による環境破壊の大きさは計り知れない．

第二の例は，25年以上続くアフリカの内戦で，いくつかの地域で野生生物の生息に破滅的な影響を及ぼしている．ある地域では，多数の武装した兵士やゲリラが国立公園や野生動物保護区を占拠し，そこで彼らは密猟を行って，野生動物を食糧として利用するだけでなく，貿易によって弾薬や兵器のほか通常の商品の購入しサービスを受けるためにも利用する．1979年のウガンダの内戦では，ひじょうに多くのアフリカゾウなどの大型哺乳類が殺された（註94）．同様に1990年から1994年まで続いたルワンダの内戦でも，その影響でアフリカスイギュウやアンテロープの類が多数狩られた（註102）．コンゴ民主共和国でも，最近の戦乱や政情不安のためにいくつかの保護区で野生動物の個体数が減っている．いくつか具体例を挙げれば，北東部のガランバ国立公園に生息するキタシロサイ（*Ceratotherium simium cottoni*）のスーダンの狩猟者による密猟，同国最大のサロンガ国立公園を含む広大な地域でのアフリカゾウの密猟，カフジ・ビエガ国立公園におけるヒガシローランドゴリラ（*Gorilla beringei graueri*）の密猟がある．そのほか，横行するコルタン（コロンバイト・タンタライト）という鉱石の無許可の採掘に付随して，象狩りによって肉や象牙が売られるという事態も生じている（註103）．この希少金属は，携帯電話などの電化製品のコンデンサーなどの用途に用いられ近年注目を集めている（訳者註：紛争鉱物と呼ばれ，コンゴは埋蔵量が多いとされる）．コンゴ民主共和国ではボノボも広い範囲で狩られた（註104）．コンゴ以外でも，アンゴラ，モザンビーク，スーダン，ソマリア，ウガンダなどでは，20年以上にわたるこうした数多い内乱の余波で，アフリカゾウの個体数が著しく減少している（註94）．

武力衝突は，しばしば農村の暮らしを混乱させる．農業ができなくなると，人々は自然環境とりわけ野生動植物に依存せざるを得ない．戦争は戦いの最中もそしてその後も環境に対して大きい負荷を与える．野生生物の生息域に対する直接的な被害以外にも，野生生物の保護に携わる組織やその経済基盤にも深刻な影響を与え，多くの場合，人や組織の野生生物保護に対する能力を容赦なく減少させる．戦争が終結しても，スポンサーの信頼を再び得るだけの組織の構築と人材育成には何年もかかり，せっかく環境破壊が頻繁に起こっている野生生物の豊富な地域への行路が再開しても，時間が経つうちにまた新たな紛争が起こる．紛争が長引くと，国や地方自治体の勢力が衰えることもしばしば起こり，持続的な保護活動はまったく不可能になってしまう（註105）．

軍備自体も生物多様性の衰退の原因になる．アメリカ合衆国だけでなく，どの国でも，軍隊の基地や施設が，放射性廃棄物を含む化学物質による大気汚染や土壌汚染，水質汚染の発生源となり，また爆撃演習や土木工事によって自然の生態系を破壊してきた歴史がある．そうした軍事のすべてが在来種の絶滅危惧に関わる．アメリカ合衆国の国防総省（US Department of Defence）が連邦議会（Congress）によって，「絶滅の危機に瀕する種の保存に関する法律」（Endangered Species Act）や「海洋哺乳類保護法」（Marine Mammal Protection Act），あるいは「渡り鳥保護法」（Migratory Bird Protection Act）の条項から免除されている事実は，真の国家の安全という観点からは，決して受け入れられるものではない（註106，107）．「国家の安全」には幅広い自然環境の保全と生態系の機能維持も含まれると主張している人も多い．

地球規模の気候変動

太陽，海，大気，陸，そして生命体……，地球の気候はこれらの相互作用の重なり合いによって成立する．このうち大気の組成はとくに重要である．なぜかというと，水蒸気，二酸化炭素，メタン，ハロカーボン（ハロゲン化炭化水素；塩素，フッ素，臭素などのハロゲン元素を含む），オゾン，亜酸化窒素などからなる気体が，地表面で反射した太陽光の熱を吸収するからである．温室の壁を取り巻くガラスのように，大気は反転して地表面の温度を上げ，いわゆる「温室効果」（greenhouse effect）を生む．本来これは自然現象なのである．もし温室効果がなかったら，地球の平均気温［14.6℃（58°F）］は，火星［地表面の平均気温－63℃（－81°F）］のようになってしまうだろう．このように大気の組成の変化は，温室効果の度合いと密接な関係がある．そのため，その変化を観察することは，地軸を中心にした自転と太陽の周りを回る公転の周期が作り出した地球の歴史の上で，過去の気候変動を探り将来の気候を予測する重要な手がかりとなる［訳者註：ここで言う気候変動（climate change）とは「人類の影響を受けた気候変動」を意味し，非人為の自然の気候変動（climate variability）と区別している］．

人間は，大気の組成や地表面の構造を大規模に変化させることで，地球の気候変動に対して突出した影響力を持っており，しかもそれは増大し続けている．科学者の間でも，私たち人間の社会が原因になっている地球の気候変動にどのように対処したら良いかについて意味のある議論がなされていない．19世紀後半，産業革命がものすごい勢いで進行した頃より以前の60万年（ひょっとすると数百万年）もの長い間，大気中の二酸化炭素（CO_2）の濃度は280 ppm（parts per million by volume；ppmbv）には達しなかったが，それ以後，今日までのわずか150年間に35％も上昇し2008年には380 ppm 以上になった．この上昇は，石炭，石油，天然ガスを燃焼させることによって大気中にCO_2が放出されたことと，世界中で森林破壊が起こって植物による還元ができなくなったことによる．CO_2などの温室効果ガスの濃度の上昇によって温室効果はますます助長される．将来の人口の爆発的な増加およびエネルギー需要により，大気中のCO_2濃度は，今後も上昇し続けることが予想されるが，こうした右肩上がりのエネルギー需要に劇的な変化が生じない限り，CO_2濃度は，2100年には19世紀中頃のレベルの２～３倍に達するとみられる．CO_2濃度に関しては，地球史からみればわずかな一瞬に過ぎない200年あまりの時間の中で２倍あるいは３倍というこれまでに経験したことのない数値が達成されようとしている（註108）．

私たちが，CO_2などの温室効果ガスの量をこのまま増大させるとますます温暖化が進み，気候変動の影響は多方面に波及する．多くの気象学的な研究によって，かつてない気温や降水量の記録が分析されている．それによると，現在の平均表面気温は19世紀末よりも１℉（0.6℃）上昇している．しかもその半分は1970年代以降の上昇である．精度のある気象観測が始まった1856年以降，地球の気温が高かった年のベスト20のうち，なんと19回が1980年以降に記録されている．1998年，地球の平均表面気温は，その前年の1997年より0.3℉（0.2℃）高く，大幅に新記録を更新した．この1998年の記録は，2005年の記録を上回っていた．また，温度の上昇は，赤道付近の低緯度の地域より高緯度の地域，海水面より標高の高い場所，そして日中より夜間のほうが著しかった（註108）．

地球温暖化に伴って，海や湖沼からの水分の蒸発も激しくなり，やがてそれが雨や雪となって降る．20世紀を通じて，中緯度および高緯度の地域では，降水量がおよそ10％増大した．蒸発量と降水量の増大は，一部の地域で豪雨や洪水を助長し，別の地域には干ばつをもたらす．温暖化はさらに永久凍土層や北極の氷，山岳地域の万年雪や氷河を融かす．温暖化による氷河の融解によって海水の体積が膨張し，20世紀の間に平均海面は７～８インチ（10～20 cm）も上昇した．また，因果関係は未定だが，過去10年間に地球温暖化がエルニーニョ現象の強さや持続期間の延長に関与したことは明らかである（註109，110）．

2007年度のノーベル平和賞の共同受賞者である「気候変動に関する政府間パネル」（IPCC：Intergovernmental Panel on Climate Change）によると，20世紀に起こった地球温暖化の実質的な原因は人間の活動にあることが科学的に証明されている．IPCCは1988年に設立された国際的な機関で，各国政府から推薦された2000人の専門の科学者が数年ごとに，現在のおよび将来の地球の気候に関する調査や論文から得られた最新の知見を分析し評価報告書を公表している．この報告は，それぞれの国の気候変動に対する施策の指針となっている．最新の研究によると，最近10年の気温は，過去1000年間のどの時期よりも高い（註111）．この異常な高温は，自然の気候変動の範疇だけでは説明しにくい（IPCC第４次評価報告書では自然現象の可能性は１～10％としている）．この章だけでなく本書では，この人間の活動に起因する気候の変化を，「地球温暖化」と「地球の気候変動」あるいは両者を合わせて単に「気候変動」と表現しているが，たぶん「地球の気候変動に伴う温暖化」という表現のほうが正確だろう．

過去１世紀の地球の温暖化に対し動植物は多様に反応した．そのうちいくつかの事象については，本章の中ですでに言及し，また別の章でも取り上げられている．植物は早く落葉，開花し，渡り鳥は春の早い時期にやってくる．種によっては分布域を極地や高山帯に延ばしている．高層湿原や雲霧林，ツンドラ，あるいはサンゴ礁のような環境に成立する生態系は，温暖化に対してとくに敏感で，そうした環境に暮らす生物にとっては，温暖化のリスクはとくに高い．

地球の平均表面気温は，2100年には，1.1～6.4℃（２～11.5℉）上昇すると予想されている．この規模と上昇率は，過去１万年前に遡っても前例がなく，種の保存が危ぶまれる．とくに，ほかの場所に移動する手段を持たない種や，ほかの環境に適応できない種の多くにとって危機的である．気候変動は，地球自体の自然の気候変化と，人間の活動によって二次的に発生する環境の変化との相乗作用だが，今後100年間における種の絶滅のもっとも重要な要因となるであろう．これまでの研究によると，もっとも有力な温暖化のシナリオの通り推移した場合，2050年には，地球の陸地の約20％を占めるメキシコからオーストラリアに至る陸上環境に生息する1000種の生物の約４分の１（15～37％）に当たる種が，絶滅の危機に瀕するだろうと予測している（註112）．

本項では，いくつかの実例を見ながら，地球温暖化とそれに付随する気候の変化がいまどのように世界中の生物の種の絶滅に作用しているのか示し，将来どのようになっていくかを予測したい．現在，人間の活動に由来する地球の変化は急激に進行しつつあり，今後数十年にわたって種の絶滅や生態系の破壊の主要因になることは間違いないので，私たちにとって，これ以上重要な問題はないと考える．以下の実例は，過去150年間に起こったたった１℉の平均地表気温の上昇によって引き起こされた事象であるが，IPCC が予測している気温上昇は最悪の場合その10倍であるということを，読者の皆さんにはぜひ理解してほしい．この10℉という数値は，１万8000年前，北アメリカ，ヨーロッパそしてアジアが最大規模で厚さ１マイルもの氷河に覆われていた氷河期の終わり頃から現在までの気温の変化にほぼ匹敵するということを念頭に思い浮かべれば，現在直面している地球表面気温の変化がいかに大きいかを認識していただけると思う．

ただし，ここでは気候変動と種の絶滅について詳しく解説する紙面の余裕がないので，本章末尾の「参考文献」の項に掲げた『*Climate Change and Biodiversity*』（気候変動と生物多様性）等の文献をぜひ参照してほしい．

陸生生物の移動と生息域の変化

気候が温暖化すると，適した生息地を求めてより高緯度地方に移動しなければならない種や，より標高の高い場所へ移動しなければ生きていけない種がある．多くの鳥類やチョウ類のように飛翔性があって移動能力の大きい種は，気温の変化や気候の変化に伴って比較的容易に生息場所を変えることができるだろう．鳥類やチョウ類の研究結果によると，1960年以来，彼らは極方向に向かって平均６km（3.75マイル）生息域を移動させているという（註113，114）．しかし，移動能力の乏しい種はすばやく移動できず，道路や市街地や農場などが進路の障壁となって移動できないこともある．また，すでに極地や高山帯に生息している種のように，これ以上移動できる環境がないという場合もある．その結果，多くの種が絶滅してしまう．

気候変動が生物の種の生息範囲に及ぼす強い影響の例を２つ示そう．最初の例は，アメリカ合衆国の南西部に生息する大変美しいチョウの１種である．エディタヒョウモンモドキ（*Euphydryas editha*）は，長年にわたって多くの研究者によって調査，研究が進んでいるタテハチョウ科の１種である．そうした研究の結果によると，このチョウは，最近の20～30年間に生息域を北へ，あるいはより標高の高い場所へとシフトさせた．しかし，このチョウには移動能力があるにもかかわらず，いまでも絶滅の危機にある．なぜかというと，本種の生息域の北端では，人間の活動によって生息環境が奪われ絶滅の危機にあると同時に，もっとも南側では，気温の上昇と乾燥化によって幼虫が食べる餌植物の数が激減した結果，食草の不足によって個体群が絶滅しているからだ．チョウたちは，生息域の北部では人為的な環境破壊によって，南部では気候変動によって，両側から絶滅へと追い立てられている（註115）．

第二の例は，アルプス山脈に生息する植物（シダ類，被子植物，裸子植物を含み，水等を運ぶ特殊な細胞を持った維管束植物）である．90年以上にわたって，ヨーロッパの植物学者たちは，山地性の植物について研究を行ってきたので，過去のデータと今日の生息域についての調査結果を比較することが可能となったのである．1994年のウイーン大学の研究グループの報告によると，調査地域の３分の２以上の調査地点において，過去70～90年の間にその地域の平均気温が0.7℃（1.3°F）上昇したことに適応した高山植物は，平均して10年に４m（約13フィート）のペースで生息範囲を山頂に向かってより高いところに移動させていた．このことにより，もしもこのまま地球温暖化が進めば，山頂に到達した個体群はそれ以上生息域を延ばすことができず，高い気温の環境に適応する能力のない種は行き場を失って絶滅してしまうであろうということが明確に示唆された（註116）．

しかしながら，個々の種の移動は把握できても生態系は遥かに複雑である．様々な現象がカスケード（段になって連なった滝）のように連鎖する気候変動の影響は，私たちが持っている生態系の基礎的な理解を超えて予想不可能なのである．種は単独では存在しない．生態系は多様な種の相互作用によって成り立つ．ある１種の生物が生きていくためには，たとえば他の生物を餌とするなど，広い範囲の他種の生物に依存しているのである．また，捕食者（天敵）の存在やほかの種との競争によって影響を受ける．当然のことながら，餌となる種も，捕食者も，競合する種もそれぞれに，ひじょうに多くの他の種の生物と依存し合っている．種によって気候変動を回避する手段は違うので，気候変動下では種間関係が崩壊し，彼らが属する生態系は機能しなくなる．そうした状況下ではもとの生態系でも新しく成立した生態系においても，多くの種が絶滅の危機に瀕することになるのである．

海の温暖化

陸上で起こる変化と同様に，海でも海水温の上昇に伴って種の生息域の移動が起こり得る．彼らはより低温の海水を求めて，極地へ向かうか，あるいは深海へと移動する．ある研究によると，タイセイヨウマダラ（*Gadus morhua*）やコダラ（*Melanogrammus aeglefinus*），ホンササウシノシタ（Common sole；*Solea solea*）などの食用魚だけでなく，ウナギガジ（*Lumpenus lampretaeformis*）のような漁業の対象にはならない魚など，北海に生息する魚類12種のうち３分の２が，25年あまり前から分布域を緯度の上下方向（南北）あるいは違う水深の場所へと移動させている．1962年から2001年にかけて，北海の海水温は平均して0.6℃（1.1°F）上昇し，冷水を好む種は北へ移動する一方で，暖かい海に棲む魚種が北海に侵入してきた．魚類学者によると，海水の変化に伴って生息域を移動させることができた魚は，おおむねライフサイクル（生活史）の短い種で，しかもそのうちの数種は，大規模漁業による過剰な捕獲により絶滅危惧の状況にある．また，このまま北海の海水温が上昇し続けると，人間による淘汰圧がすでにかかっている生態系においては，種構成や種間相互作用に予測できない変化が起こって，在来魚の種類によっては繁殖のサイクルや北方への移動に狂いが生じるという（註117）．

海水面の温度の上昇は，サンゴの共生藻類を死滅させ，様々な致死的な伝染性の病気がサンゴ礁の白化現象を引き起こす（前掲の感染症についての議論を参照）．海水温が夏季の平均最高気温を1℃（1.8°F）上回っただけで，白化現象が起こる．CO_2による海水の酸性化もサンゴ礁の衰退を招く．すべての海の環境の中で，サンゴ礁の生態系がもっとも多様性が高いので，サンゴ礁の消失は数えきれない種類の生物を絶滅に導くだろう．

また，海水温の上昇は，下水や農業排水からの有機物の流入と相まって，有害な藻類の発生を誘発し多くの種を絶滅させる．赤潮の毒性によって，アメリカマナティー（*Trichechus manatus*）やフエダイの1種（*Lutjanus campechanus*）などの海生動物に被害が出たことがある．

しかし，海の温暖化のもっとも大きい影響は，植物プランクトンの成長にとって欠かせない窒素やリン，鉄などを含み栄養素に富む海水の循環を妨げることである（註118～120）．光合成を行う微生物である植物プランクトンは，海の食物連鎖（網）の基礎をなすので，その消失は，すべての海生生物にとって悲惨な結果をもたらす．たとえば，オキアミ（エビに似た甲殻類）のように，直接，植物プランクトンを食べる動物プランクトンはもっとも悪い影響を受ける．オキアミは世界中の海洋のどこにでもいて，食物連鎖の中で，植物プランクトンの光合成によって生成されたエネルギーを，魚類やイカ，ペンギン，アザラシ，ヒゲクジラなど無数の生物が取り込める形に転換する役目を担っている．世界中の温暖化の著しい海域では，オキアミの個体数が減少している．たとえば，大西洋の南西部の海域全体で，1970年代より80％減っており，それに従ってオキアミを食べる動物の数も大きく減少している（註121，122）．太平洋の東部，アメリカ合衆国の西海岸でも，温暖化によってオキアミなどの動物プランクトンの減少が見られ，それに伴って大型魚の餌になるニシン（*Clupea pallasii*）やチカ（*Hypomesus pretiosus*）などの小型の群游魚だけでなく，アオノドヒメウ（*Phalacrocorax penicillatus*）やウミガラス（*Uria aalge*）など小魚を餌にする海鳥も減少している．2005年の春，オレゴン州およびワシントン州では，数万羽の海鳥がそうした原因で餓死したという（註123）．

植物プランクトンやオキアミは，大気中から取り込んだ二酸化炭素に由来する炭素を長期間体内に保持する生物で，海底に積もった炭素は数千年にわたって安定した状態で保たれる（註124）．地球の気候変動に伴う海の温暖化の動向は，植物プランクトンやオキアミを減少させることで，温室効果に対する大きい制御因子となり得るのである．

海氷が解ける

第6章（p.234）で述べられているように，海水温の上昇による海氷の融解が，北極海に生息するホッキョクグマを絶滅の危険にさらしている．彼らは餌であるアザラシ類が息継ぎのために上がってくるのを小さい氷の隙間で待ち伏せするのだが，氷が解けて海面が多く露出するようになってしまった．飢餓が襲い，餌不足による栄養失調のため出産率が低下し，幼獣が成獣にまで成長する割合も低下した．このように海氷の融解は，別の意味でもホッキョクグマの個体数に影響する．海水温の上昇が続くと，彼らの主要な餌であるワモンアザラシ（*Phoca hispida*）の数が激減するからである．ワモンアザラシは早春の時季に氷の上で子を産み授乳する．そしてちょうど氷が解ける季節になると乳離れした幼獣は，陸上に生息する天敵がまだ穴の中で越冬している間に，氷床（ice sheet）をプラットホームのように利用して潜り疲れた体を休める．しかし，気温の上昇によって早い時期に穴ぐらの上を覆う雪が解けてホッキョクギツネ（*Alopex lagopus*）などが冬眠からさめて活動を開始すると，ホッキョクグマだけでなくアザラシの子を餌食にする天敵の勢いが一気に増し，アザラシの生存が危険にさらされるのだ．また，海氷の早期の融解が，アザラシの子が低温の水中で長時間耐え抜き，天敵から自分自身を守る能力を獲得する前に，彼らに泳ぐことを強いるとともに，海水温の上昇が，アザラシにとって馴染み（適応力）のないやや南の地方（亜極）の魚種の北上を促す結果になる（註125）．ワモンアザラシは，北極海に生息するアザラシ類のうちでもっとも個体数が多く，キーストーン・スピーシース（keystone species；中枢種）［訳者註：本来この用語は生物量が少ないにもかかわらず生態系への影響が大きい種を表すので，ここでは優占種とすべき］であるので，この種の個体数の減少は北極海の生態系において多くの動物の生存を脅かす．

一方，融解の問題は南極でも生物に重い負担を課している．アデリーペンギン（*Pygoscelis adeliae*）など南極に生息するペンギンは，海氷の後退によってその生存が脅かされている．このペンギンはオキアミを主要な餌としているが，オキアミの数は冬期の海氷の量と餌になる植物プランクトンの量に依存している（註121）．過去50年間，世界でもっとも激しい気温の上昇は，南極大陸西部の南極半島で記録された６℃（11℉）である．そのエリアの調査地では，オキアミの減少により，30年の間にアデレーペンギンの個体群が70％以上崩壊した．さらに，海水温の上昇に伴って降雪量が増加したことで，雪解け水によって水浸しになったペンギンの卵の中では雛が成長せずに死亡した（註122）．

映画『ペンギンたちの行進（March of the Penguins）』［訳者註：もとはフランス映画『皇帝ペンギン（La Marche de l'empereur）』］で有名になったコウテイペンギン（*Aptenodytes forsteri*）も，1970年代に始まった南極の異常な温暖化とリンクして50年前より個体数が減少している．コウテイペンギンは主にナンキョクオキアミ（*Euphausia superba*）のほかコオリイワシ（*Pleuragramma antarcticum*）などの魚やイカを餌にするが，そのどれもが海氷が少なくなると個体群が小さくなる．本来，海氷の減少は，彼らの生息地から餌をとるために海まで歩いていく距離が減るので，コウテイペンギンの卵の孵化率が増大するはずだが，それ以上に餌を獲得する機会が減ることが，この種が生き残る上で重要なファクターだった（註126）．ますます加速する温暖化によってコウテイペンギンの個体数はもっと減少するだろう．

世界に知られる17種のペンギンのうち10種が，IUCN の絶滅危惧種に関するレッドリスト（2006年版）に載っているが，その10種全部が南半球に生息している．地球規模の気候変動が，すでに5000～6000年前から地球に棲んでいる彼らを危険にさらしているのだ．

海水の酸性化

これまでに述べてきた温室効果だけでなく，人間の活動による CO_2の大気への放出は，海水の酸性度を変化させることで，海の生態系にも影響を与える．今，この問題に対する懸念が増大している．

いわゆる pH（ペーハー）も有効だ．中性の純水を７として，０～７が酸性，７～14がアルカリ性を表し，指数が１落ちる，あるいは上がると水素イオンのモル濃度は10倍増減することを示す．自然状態の海水の pH は８～8.3の値を示すので，ややアルカリ性であるといえる．しかし，ここ数十年，人間が放出したCO_2の50％が大気中に漂っている．残りの50％のうち，20％は陸上の植物によって還元されたが，30％が海に吸収された（註127）．海水に同化したCO_2によって$CO_2 + H_2O \rightarrow H_2CO_3$という化学反応が起こって，ソーダ水と同じような炭酸が形成される．

海水のpH値の安定は数十万年の間続いたが，人類の活動によって（工業化前と後との比較で）0.1単位，酸性化が進んだ．この数値は小さいように見えるが，IPCCが予測している通りの化石燃料の燃焼によるCO_2の放出がこのまま続くと，pH値はどんどん酸性化に傾き，2100年にはさらに0.3落ちると予想される．これは過去を2000万年遡ってもみつからない数値で，自然のプロセスに任せるとその回復に数千年を要するものである（註128）．

酸性化の影響は，海洋生物にとって，あるいは人類にとって悲劇的な結末を暗示している．激しい酸性化によって海水中の炭素イオンが減少すると，海の生物の骨格や殻などの体の硬化した部分の炭酸カルシウム（$CaCO_3$）の形成が阻害され，生存が脅かされる．それらには，造礁サンゴや，甲殻類，貝類だけでなく食物連鎖の底辺を担う有孔虫（foraminifera）などのプランクトン原生生物や円石藻（coccolithophores）などの光合成を行うプランクトンなど，もっとも多様で個体数の多い重要な海洋生物が含まれる．また，石灰藻類（calcareous green algae），棘皮動物（echinoderms），コケムシ類（bryzoans；外肛動物）なども影響を受けるだろう．円石藻類は，春季および夏季に大規模なブルーム（大発生した集団）を形成し，死骸は，光合成によって作られた糖と体を取り巻く円石（コッコリス）に貯えられた炭酸カルシウムとともに海底に沈んで堆積する．そこには，ポジティブ・フィードバック・ループ（微生物による協働代謝機構）と呼ばれる仕組みがある．海水の酸性化をもたらす大気中の二酸化炭素の濃度は，円石を形成することを阻害するので円石藻の個体数を減少させる．それによって，海水中からのCO_2の吸収能力も下がり，大気中のCO_2濃度をさらに上昇させることになる．

炭酸カルシウムからなるひと塊の石灰岩はコップ１杯の酢酸（弱酸性）で簡単に分解される．もし海水の酸性度がそれに近いものになれば，炭酸カルシウムの外骨格や貝殻を持った海の生物にも同じような反応が起きる．サンゴのほか，翼足類（海の食物連鎖の主要な構成員である小さい浮遊性軟体動物），サンゴ礁に繁茂する石灰藻（coralline algae）および，高緯度地方の深海の低い温度の海水中に生息する種は，海水の酸性化の影響をもっとも受けやすいハイリスクのグループだ．

生活史の変化

地球規模の気候変動の影響が，渡り鳥の飛来や旅立ち，両生類の繁殖活動，あるいは植物の開花時期など，様々な生物の生活のリズムの上にも及んでいる．また，気候変動が自然の機能を混乱させ，数千年の間ともに進化してきた多様な生物の種間関係が分断されるリスクを高めている問題を研究者は深刻に受け止めている．生物はみな環境からの多様な信号に反応して，生物時計のスイッチを入れている．問題なのは，ある１つの種は多かれ少なかれ別の種の動向によって変化せざるをえないことである．たとえば，暖冬のせいで渡り鳥が春季の滞在地に例年より少し早く到着してしまったとしたら，そこにはまだ餌となる生物が十分でないので餓死する可能性がある．また，気温の上昇によって，植物がいつもより早く開花してしまうと，花粉を媒介する昆虫などの動物がまだよく育っていないために受粉ができず，種子を作ることができなくなるだろう．

オランダ最大のデ・ホーヘ・フェルウェ国立公園では，25年間にわたってシジュウカラ（*Parus major*）の動向を研究した．シジュウカラはヨーロッパからアジアにかけて広く分布する森林生の鳥である．調査期間中に，この公園の春（4月16日～5月15日の間）の気温は，およそ2℃（3.6°F）上昇し，あらゆる生物の生活のリズムが変化した．1980年から2004年の間で，シジュウカラの産卵期に変化はなかったが，雛が孵る時期，あるいは幼鳥が初めて巣離れする大事な時期に，シジュウカラのもっとも重要な餌となるシャクガ科の1種 *Operophtera brumata*［訳者註：日本産のナミスジフユナミシャクに近い］の生活史が変化した．その幼虫の発生ピークが1980年当時よりも平均2週間早まったことで，早く着いたシジュウカラの個体しか満足に餌にありつけなくなった．このガの幼虫はヨーロッパナラの柔らかい新葉を食べるが，2004年，デ・ホーヘ・フェルウェ国立公園ではナラの開芽時期（新芽が開く時期）が1980年の頃より平均して10日も早まったのである．測定値からシジュウカラやガの個体数に減少や変化が起こっていることは間違いなさそうだが，そうした個体数の減少が自然増減の中に含まれるものなのか，あるいは気候変動が衰退の引き金を引いたのかはまだ解明されていない（註129）．

生物の生活史を混乱させることの影響は遺伝子のレベルにも及び，種にとって新しい温度環境に遺伝的に適応したほうがよいかどうかという選択を迫られることになる．たとえば，北アメリカ東部に生息する食虫植物（サラセニア）の壺の中に暮らす双翅類（蚊）の1種 *Wyeomyia smithii* は，30年間にわたって，地球温暖化に対応して適時に冬眠に入れるように光周期反応に対する遺伝的な転換を行った（註130）．ユーコン地方に生息するアメリカアカリス（*Tamiasciurus hudsonicus*）でも，この10年，気温の上昇に対応して遺伝学的な選択が働いた結果，春季の繁殖期が早まった（註131）．一部の保全生物学者は，ほかにも多くの生物が絶滅を回避するため地球温暖化にすばやく適応して急激に進化していると楽観するが，サラセニアに棲む蚊やアメリカアカリスの例が普遍的な現象なのか，あるいは彼らがかなり特異な適応能力を持っていたのかは誰にもわからない．また，遺伝的な適応が実際に絶滅のリスクを軽減してくれるのかどうかも不明だ（註132）．

様々な要因による複合的な作用

この項でお話しするのは，種の絶滅に際して気候変動とほかの要因が複合的に働く場合，あるいは複合的な要因がある中で気候変動が引き金となって種が絶滅する例である．これまで述べてきた地球規模の気候変動が種の衰退や絶滅をもたらしている例は，一事が万事おそらくすべての事象あるいは大半の生物に当てはまることであろう．実際には複合的な要因が関与している事例も，読者によりわかりやすいように，個々の要因の説明の中に含ませてきた．

第6章の両生類の絶滅に関する項で詳しく論じられているが，セイブヒキガエル（*Bufo boreas*）など合衆国の北西部にあるカスケード山脈（Cascade Mountains）に生息する数種の両生類は，気候変動によって浅くなった湖や池で，オタマジャクシがより多くのUVB［訳者註：近紫外線のうち波長280～315 nmのものでいわゆる日焼けを起こすもの］を浴びることで，ミズカビの1種（*Saprolegnia ferax*）の感染に対する耐性を失い危機に瀕している．このケースでは，気候変動によって二次的に起きる降雨量の減少，UVBの照射量の増加，そして菌類による感染症という連関する複数の要因がヒキガエルに関与しているように見える．コスタリカのモンテベルデ自然保護区の熱帯雲霧林に生息する *Atelopus varius* などのカエルにも同様のことが起こっていて，気候変動によって温度や湿度の条件が変化し，カエルにとって致死性の真菌の１種カエルツボカビ（*Batrachochytrium dendrobatidis*）が繁殖しやすい環境が作り出されることで，それに感染する危険が増大している（註133）．

気候変動が，病原の原因となる寄生虫と宿主となる生物の関係に影響している例もある．たとえば，北極圏あるいは亜北極圏に生息するジャコウウシ（*Ovibos moschatus*）に寄生するセンチュウの１種は，気温の上昇によって２年周期の生活史を１年に短縮した．そのため寄生率が増大してジャコウウシの生存や繁殖能力に深刻な影響を与えている（註133）．

気候変動が生態系に影響を与え，そこに生活する多数の生物の生存を脅かしている例を３つ示そう．どの例も，生態系に対する気候変動の影響を予見することの難しさを物語っている．

- 海のデッドゾーン（図2.9の写真参照）

　1993年，気候の温暖化によって前半の６カ月間，平年を遥かに上回る降雨量があり，さらに夏の豪雨が加わりミシシッピ川が氾濫した．この洪水で，アメリカ合衆国の中西部の各州で930万ヘクタール（およそ2300万エーカー）の広さの耕作地および市街地が水に浸かり，数トンに及ぶ工業廃液や農地からの化学物質，そして人間，家畜の排泄物が流れ出した．それによって過剰な有機物や有毒な化学物質が海に流入し，河口から始まるメキシコ湾のデッドゾーンの規模が劇的に増大した（沿岸海域の生態系に形成されるデッドゾーンについては p.103 を参照）．その結果，魚類や貝類をはじめ数えきれないほどの生物が死滅した．

- 森林害虫の侵入

　アラスカ州のケナイ半島では，この30年間，温暖化の影響によって越冬が楽になったキクイムシの１種 *Dendroctonus rufipennis* の生活史が年１化に変化し，繁殖に２年かかっていたものが１年に短縮された．そのため，このコウチュウの個体数が増加し，カナダトウヒ（シロトウヒ）(*Picea glauca*) やシトカトウヒとのハイブリッド種の樹木が食害され，300万エーカー（約120万ヘクタール）のトウヒ林で枯死の被害が出た．種によっては樹液の滲み出しによってコウチュウの幼虫のトンネルを塞ぐという防御法があるが，トウヒはそうした害虫に対する防御法を持たないので，この虫害が，温暖化による乾燥化に追い討ちをかけた（破壊された森林域の地図や詳しい解説は第６章，p.251 参照）．この大規模な森林の後退と立ち枯れが原因で頻発する山火事によって，そこに棲む多数の生物の種の生存が脅かされた（註134）．

　合衆国西部，ロッキー山脈のマツ林においても，温暖化が別種のキクイムシ *Dendroctonus ponderosae* の生活史のサイクルを２年から１年に変化させた．そこでは，この害虫が，マツノコブ病 (Pine Blister Rust) というさび菌の１種 *Cronartium ribicola* による樹木の病気を媒介し森林の衰退に拍車をかけた．

- 海浜の塩湿地帯と干ばつ

気候変動がもたらす長期間の干ばつは，小規模ならたいした苦にならないかもしれないが，連動すると生物の相互作用に対して高度の抑圧原因となり得る．たとえば，合衆国南部で1999年に始まり３～４年続いた干ばつでは，南東部およびメキシコ湾岸の1500 km（940マイル）以上の長さ，25万エーカー以上の面積の塩湿地で過去に前例がない大量死が起きた．実験によって，そこでは次のような現象が引き起こされたことが示唆された．まず，干ばつによって土壌が乾燥し，塩分濃度や酸性度，有害な化学物質の濃度が上昇すると，塩湿地で優占種になっているヒガタアシ（*Spartina alteriflora*）のような草本が生育しにくくなる．湿地の土壌は，都市から流入した重金属を含む有害な物質を吸収するスポンジのような働きをする．ヒガタアシが衰退すると，天敵のブルークラブ（ワタリガニ科の１種 *Callinectes sapidus*）が減少するため，タマキビ（貝類）の１種 *Littoraria irrorata* が増殖する．タマキビはヒガタアシにつくフザリウム（*Fusarium*）という菌類を食べているが，食事の際にヒガタアシの植物体に穴をあける．ヒガタアシは乾燥によってかなりのストレスを受けているので，この菌類の感染がさらに助長されるのである．その結果，ヒガタアシが消えた塩湿地は干潟へと姿を変える（註135）．海浜の生態系のうち，塩湿地はもっとも多様な生物相を育んでいるので，その生態系の大規模な消失はそこに棲む多数の生物に影響するのである．

生物多様性の維持の重要性を主張するためには，生物のそれぞれの種に対して人間の活動の影響がどのくらいあるかを見極めることから始めなければならない．その答えは，さらに第３章で述べるように，生態系の構造と機能に対してそれぞれの生物がどのようにかかわっているかという問題の解決へと発展していく．

参考文献およびインターネットのサイト

Climate Change and Biodiversity, Thomas E. Lovejoy and Lee Hannah (editors). Yale University Press, New Haven, Connecticut, 2005.

Environmental Endocrine-Disrupting Chemicals: Neural, Endocrine, and Behavior Effects, Theo Colburn, Frederick Van Saal, and Polly Short (editors). Princeton Scientific Publications. Princeton, New Jersey, 1998.

Global Warming and Biological Diversity, Robert L. Peters and Thomas E. Lovejoy (editors). Yale University Press, New Haven, Connecticut, 1992.

The Great Reshuffl ing: Human Dimensions of Invasive Alien Species, Jeffrey A. McNeely (editor). International Union for the Conservation of Nature and Natural Resources, Gland, Switzerland, 2001.

A Green History of the World: The Environment and the Collapse of Great Civilizations, Clive Ponting. Penguin Books, New York, 1991.

How Many People Can the Earth Support? Joel E. Cohen. W.W. Norton & Company, New York, 1995.

Impacts of a Warming Arctic. Arctic Climate Impact Assessment, Susan Joy Hassol. Cambridge University Press, Cambridge, U.K., 2004.

Marine Conservation Biology: The Science of Maintaining the Sea's Biodiversity, Elliott A. Norse and Larry B. Crowder (editors). Island Press, Washington, D.C., 2005.

A Plague of Rats and Rubbervines: The Growing Threat of Species Invasions, Yvonne Baskin. Island Press, Washington, D.C., 2002.

Silent Spring, Rachel Carson. Houghton Miffl in Company, Boston, 1962.

Song for the Blue Ocean, Carl Safi na. Henry Holt & Company, New York, 1998.

The Trampled Grass: Mitigating the Impacts of Armed Confl ict on the Environment, J. Shambaugh, J. Oglethorpe, and R. Ham. Biodiversity Support Program, Washington, D.C., 2001; see www.bsponline.org.
The Unnatural History of the Sea, C. M. Roberts. Island Press, Washington, D.C., 2006.

第3章

生態系サービス

ジェリー・メリロ，オスバルド・サラ

人間は「宇宙」と呼ばれる全体の一部分，すなわち時空間に制限されている一部分である．人間は自分の考えや感情を残りの部分から隔離されたもの，すなわち自分の意識における視覚的な妄想の1種として体験する．この妄想というものは，我々にとっては1種の牢獄のようなものであり，身近にいる少人数の人たちへの個人的な要求や愛情を制限するものである．すべての生物と，その驚くほどの美しさの中にある自然全体を包含する思いやりの輪を広げることで，自分自身をこの牢獄から解放することが我々の責務である．

アルバート・アインシュタイン『Ideas and Opinions』

森林，草原，湿地，河川，河口，そして海洋等といった地球のモザイク状の生態系は，自然に機能すれば人間の命も含め，すべてのこの惑星上の生命を維持するための材料，環境およびプロセスを供給してくれる．すべての生物が生態系から得ている利益のことを「生態系サービス」と呼ぶ．食品や木材のように，我々の生活に不可欠で，世界的経済の重要なパートを占めているような馴染み深いものもある．重要であるにもかかわらずあまり認識されていないものは，生態系によって提供される一連のサービスであり，金銭的価値が割り当てられるものではないが，我々の生活を可能にしてくれるものである．これらには空気や水の浄化，廃棄物の分解，陸と海の栄養素の再循環，作物の受粉，そして気候の制御が含まれている．

生態系サービスは，長期間にわたって有害な物質を分解し続ける微生物の短い生命サイクルから，何億年にもわたって生命を維持してきた水，炭素，窒素の惑星規模での循環に至るまでの，複雑な自然の循環を集合させたものといえる．これらの自然循環の破壊は人間にとって悲惨な問題となることがある．たとえば，もしも自然のサービスが結果的に害虫の集団の増殖を止める，すなわち自然界での害虫の天敵の生命サイクルに取って代わったり，あるいはいくつかの地域から排除されたりした場合は，壊滅的な不作が起こることがある．ミツバチや他の花粉媒介者の集団が崩壊した場合，社会は同じような悲惨な結果に直面するかもしれない．炭素循環がひどく破壊された場合は，急激な気候変動が社会全体を脅かす可能性がある．我々はこれらのサービスを当たり前のように手に入れる傾向があるため，一般的にそれらなしでは我々は生きることができず，ましてやこの惑星上の他の生命も生きていくことができないのだということを認識していない．

世界の生態系は無償で生命維持サービスを提供してくれるだろうが，その多くがあまりにも複雑かつ広大すぎて，人類がそれらに取って代わることなど不可能であることに気付くだろう．さらに，これらのサービスが働くためにはどの種が必要なのかということなど，ほとんどわからないし，どのくらいの数量でそれらの種が存在しなければならないのかもわからない．

世界人口が増加して維持不能になり，すべての材料についての１人当たりの消費量が増加していけば，生態系は劣化していき，それらのサービスを提供する能力が損なわれていく．世界の生態系の劣化は，そのほとんどは見えないところで「静かな危機」にあるが，この劣化は結果的に人類に壊滅をもたらす可能性がある（註１）．この章では，生態系サービスの特徴と，これらのサービスの経済的評価をするための現在の事業の実施例について振り返り，人間の活動がどういった形でそれらを脅かしているのかについて議論する．

生態系サービスの特徴

生態系サービスは主に「供給，調節，文化，サポート」という４つのカテゴリーに分けられる．この章とこの本の趣旨のために，主に人間視点からこれらのサービスについて見ていきたい．供給サービスは，生態系から得られる産物であり，食品や医薬品も含まれている．調節サービスは，気候，植物の害虫や病原体，動物の疾病（人間に影響を与えるものも含む），水質，土壌浸食，そしてその他諸々に対する生態系コントロールから，人間が得ることができる利益である．文化サービスは，人間が生態系から得ることができる非物質的な利益であり，娯楽，美的，精神的，知的といった概念である．また，サポートサービスは，その他すべての生態系サービスの生産に必要なものであり，光合成によって植物が生産する新しい有機物（一次生産と呼ばれるもの）と，炭素，窒素，リン等の生命に必要な栄養素および生命化学に必要な他の元素の循環を含むものである．

表3.1．生態系サービスの一例

供給サービス	調節サービス	文化サービス
生態系から得られる生産物	生態系プロセスの環境調節から得られる利点	生態系から得られる非物質的な利点
●食料 ●燃料用木材 ●繊維 ●薬品	●大気の浄化 ●水の浄化 ●洪水の緩和 ●浸食の制御 ●土壌の解毒 ●気候の変化	●美学 ●知的刺激 ●場所の感覚

サポートサービス
他の生態系サービスすべての生産に必要なサービス
●一次生産 ●栄養素の循環 ●授粉

Box 3.1　微生物の生態系：編集者註記

生態系とは何なのかという一般の概念，そして本章とこの書物全体で使われている概念 ── すなわち生態系というのは，特定の環境および生物間の相互関係と，その環境中の生物でない構成要素間の相互関係の中における，すべての生き物を総合したものであるということ ── の中には微生物も含まれているのだが，科学者らは一般的に，生態系というものを巨視的な用語の中に，まずは生態系が含む植物や動物によって定義付ける．その理由は，これらのものが目に見えるものであり，かつもっともよく知られているものであるからである．しかし，地球上で生物多様性がもっとも高いのは微生物であること，微生物が生命を維持する生態系サービスの多くを仲介すること（註 a），そしておそらく１つあるいはそれ以上の種類の微生物と共生生活を送ることをまったくしないような多細胞生物は存在せず，その中には自身の生存に不可欠なものもあるということが，ますます明らかにされつつある（共生というのは，密接に連携して一緒に生活する２種類の生物間の相互関係のことである．この相互関係には，相利共生という両方の生物が共に利益を得る関係，片利共生という片方の生物だけ利益を得てもう一方は何の影響も受けない関係，あるいは寄生という片方の生物がもう一方の生物に損害を与えることで利益を得るような関係もある）．

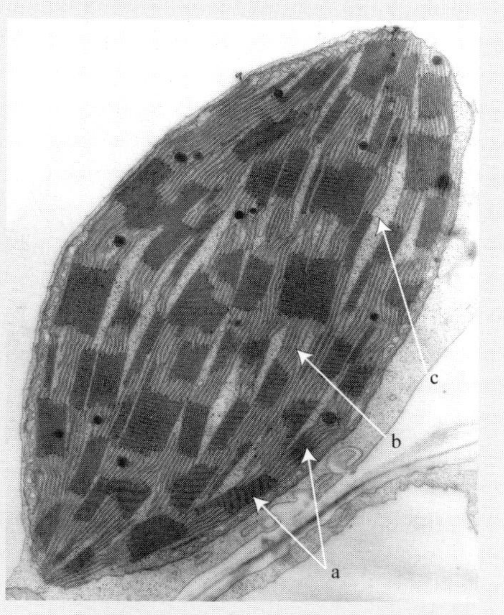

高等植物細胞内の葉緑体：葉緑体断面の電子顕微鏡写真
(a) これらの平たい中空の円盤状のものは，それぞれがチラコイドと呼ばれ，一体化してグラナと呼ばれる積み重なりを形成する．日光からの光子を吸収すると，チラコイド膜におけるクロロフィル分子は光合成のプロセスを開始する．(b) ラメラという，グラナからグラナへとチラコイドを接続する膜構造．(c) ストロマという，葉緑体 DNA だけでなく RNA と酵素も含む半流動性物質．また，二酸化炭素がグルコースに変換され，葉緑体タンパク質が作られる場所である［©Imperial College London．電子顕微鏡画像は1970年代初頭に Department of Botany, Imperial College の A.D. Greenwood が撮影したもの．印刷は J. Barber と A. Telfer (www.bio.ic.ac.uk/research/nield/expertise/chloroplast.html) による］

もう１つの種類の共生も同様に作用しているということもまた，広く理解されているが，その共生には細胞全体およびそれらの中でオルガネラと呼ばれているものの関連性が関わっており，その中にはたとえば葉緑体のようなもとから独立した器官であるものも存在する．太陽のエネルギーを光合成で変換すること，そしてそのエネルギーを貯蔵することにおいて，植物のすべてが葉緑体に依存している．葉緑体というものはシアノバクテリアに起源を持っていることが明らかにされている．葉緑体は時間とともに，そしていくつかの異なる機会において，何億年もの昔に初期の藻類と植物細胞の必要不可欠な部品として組み込まれた．カール・ウーズという地球上の生命を分類するための３ドメイン・モデルを発明した人がいるが（第１章参照），彼は葉緑体とミトコンドリアがもともとはバクテリアであったことを示した初期の分子学的研究でも数例の功績を残している（註 b, c）．葉緑体は独自の DNA を持っており，自分たちが棲んでいる細胞とは独立に複製するものだが，それらのゲノムの多くが今では宿主細胞の核内に存在する．1960年代に始まったことだが，リン・マーギュリスは初期の原核生物が真核細胞におけるオルガネラになったという広く受け入れられた理論を擁護し，19世紀後期にドイツの科学者アンドレアス・シンパーが最初に提案した考え方を，大きく発展させている（註 d）．

同じようなストーリーが，ミトコンドリアという現在の植物および動物細胞のほとんどすべてに対して燃料を提供するエネルギー工場となっている小器官についても語られる．これらの微小な動力発生機は，もともとはより大きな細胞内に同様にして組み込まれた原始バクテリアだったものであり，植物と動物の細胞の必要不可欠なオルガネラとなった．ミトコンドリア DNA は，自身がもともとバクテリアであったということを反映している．まず，ミトコンドリア DNA は環状である（一方，真核生物の DNA は線状である）．また，ミトコンドリア DNA はタンパク質翻訳の際にバクテリアのようなタイプの翻訳装置と遺伝暗号を使う．さらに，その組成は多細胞生物のそれよりも遥かにバクテリアの DNA に類似している（註 e）．これらの違いがあるにもかかわらず，ミトコンドリアは自分たちのやり方を棲んでいる細胞組織の中に導入しているのである．葉緑体に関してもそうであるが，ミトコンドリア DNA の多くはその細胞の核へと翻訳されるが，そこは遺伝子材料が存在するためのより安全で，かつ複製がより忠実に完了できるような場所なのである．さらに，葉緑体のようにミトコンドリアは独自に複製を行う（註 f）．

有性生殖をする動物における興味深い特徴の 1 つは，それらのミトコンドリア DNA の一部が細胞質に限定されているので，ミトコンドリア DNA は卵子には含まれているが精子には含まれていない点である．その結果，ミトコンドリア DNA を分析することにより，子孫の母系系統をたどることができる．こういったことは，人間の集団の起源をたどるために行われている．たとえばミトコンドリア DNA を使うことによって，今日のアシュケナージ系ユダヤ人全体の約40%が，3000年前にヨーロッパに住んでいた 4 人の母親の家系にたどり着くという結果が出せた（註 g）．

微生物とそれらが棲みつく多細胞生物の相互関係に関するこういった洞察を含む分野は，1960年代のトーマス・ブロック（好熱菌 *Thermus aquaticus* ── 第 5 章 p.198 参照 ── の発見者）と，それより数十年前のオランダ人微生物学者マルティヌス・W・ベイエリンクの業績に大いに帰する分野であるが，「微生物生態学」と呼ばれてきた分野であり，現在では 1 つの専門分野として爆発的に成長している状態にある．この分野から新しい概念が生み出されており，その概念の中では，生態系全体そのものが個々の生物，あるいは生物の器官系やその体の一部であるとさえも考えられているし，これらの「生態系」に棲む者は，ほとんどが微生物（ダニのような他の生物もその生態系を占めてはいるけれども），すなわち細菌，古細菌，菌類，藻類，原生動物，およびウイルスである．生態学に関するこういった考え方は重要であり，決して大げさなものではない．

- そのことから，地球上の多細胞生物は微生物群集と関わりを持ってのみ存在しうるのであり，完全に独立して生きているような多細胞生物など存在しえないことが示される．
- 種の定義に関する興味深い疑問が提示されるが，その定義はそれぞれの生物が単一のゲノムしか含んでいないということが前提となっている．ジョシュア・レダーバーグは1958年のノーベル生理学・医学賞の受賞者だが，彼は一例として，ヒトゲノムには多分，人間の体内に常駐する微生物であるミクロビオームと呼ばれる生物すべてのゲノムを一括したゲノムも含まれているのではないか，ということを示唆している（註 h）．
- その考え方は，動物と植物，そして人間自身，家畜および農作物も含む生物における健康や病気に関する理解をより深めることにつながる．
- その考え方によって，免疫系がどのようにして働くのかについての想像を充実したものにすることができるが，そこでは，「非自己」として拒絶されるものとは反対に，「自己」として受け入れられる有益な常駐微生物が，たとえば人間の小腸におけるパネート細胞のような，免疫系の構成要素の発達を調節するための一助となり，それらの反応の引き金となることがある（下記参照）．
- 生物に対する環境変化の影響について評価しようとするには，これらの変化がどのようにして生物の外部環境のみならず，内部環境にまで影響を及ぼすのかについて考慮する必要があることが示唆される．
- その考え方により，人間も他のすべての多細胞生物も同様に，共同進化してきた微生物の世界との重要な結び付きを持っていることが明らかになる．
- その考え方をすることにより，たとえば遺伝子組み換え食品に抗生物質耐性遺伝子を使うような行為，あるいは養殖生物や家畜に対して無差別に抗生物質を与えるという知恵に関して，疑問が投げかけられる．
- そしてその考え方は，微生物というものはほとんどが有害なものであり，殺菌用石鹸や個人の衛生用品などといった無益で潜在的に不健康な行為を用いてでも，自分自身と身の回りの用品から微生物を取り除かなければいけない，というような長年の概念に対抗する考え方である．

本書のどこかで示した事例，たとえば維管束植物と菌根菌の関係およびマメ科植物と窒素固定細菌の関係など（詳細は第８章参照）に加えて，多細胞生物における「微生物生態系」のモデルというものは多く存在する．もしかすると，もっともよく知られている例はウシやヤギなどといった反芻動物であり，彼らは何十億もの数の嫌気性細菌，嫌気性菌，そして繊毛性原生動物で満たされている第１胃と呼ばれる器官を持つ（それらの微生物自体が自分たちの体内に，水素を利用してメタンを生成するバクテリアを持つ）．こういった複雑な微生物の群集が，セルロースと他の多糖類を消化するプロセスをなし遂げるため，これらの物質は反芻動物が自分の腸内に吸収できるような単糖類に分解される．

木を食べるシロアリも微生物に依存している．シロアリは自分の腸内に，鞭毛性原生動物という腸の周辺や腸の内部で生きる多数の異なるタイプのバクテリアと次々に共存する微生物を保持しているが，それらの微生物はすべて，木に含まれる消化しにくい成分であるリグニンやセルロースを，シロアリにとって消化しやすい物質に分解することで役立っている．ヤマトシロアリ *Reticulitermes speratus* という種類のシロアリの腸内細菌に関する新しい研究により，それぞれの個体から300種類以上の異なった細菌が同定されており，その数は700種類にも及ぶものと推定されている(註 i)．

サンゴは自身の体内に同居する褐虫藻と呼ばれる，サンゴに対して酸素と栄養を供給する微細な光合成生物に依存をしている（註 j）．それらの生物がいなくなると，サンゴは「白化」し，致命的な感染症に対して脆弱になる．ある種のカキやフジツボの幼生は，特定のバクテリアがコロニー形成してからでないと定着して成体に変態することができない．そしてココアの木は，その組織内に棲む菌類によって，特定の真菌性病から保護されている（註 k）．

私たちもまた，広範囲にわたる動的で複雑な微生物の世界からの入植を受けている．それは，皮膚や眼球上，そして外界とのつながりを持つすべての器官，たとえば耳，口，鼻，気管，肺，消化管および膣管等の器官内に及ぶものである．腸内だけでもバクテリアの数は100兆ものオーダーに達するが，その数は人間の体内における細胞総数の10倍程にもなり，これらのバクテリアをすべて合わせると，含まれている遺伝子の数は人間の全ゲノムの100倍以上になると考えられている（註 h）．これらの「生態系」についての３例を簡単に見てみよう．

皮膚

私たちの皮膚には幅広い種類の細菌，真菌，ダニなどといった，皮脂腺や毛包に棲む微視的な節足動物が沢山棲み着いている．部位の異なる皮膚では微生物相の数も異なる．たとえば脇の下と足の指の間のスペースの湿った場所には，１ cm^2当たり1000万もの数の細菌（１平方インチ当たり約6500万）がいるが，一方で前腕のような乾燥した場所では，その数はわずか10万しか含まれていない．たとえて言えば熱帯雨林と砂漠を比較しているようなものであ（註 l）．また，生物種自体もある皮膚環境と別な皮膚環境では異なっているであろう．

６人の健康な人の前腕皮膚上の微生物に関する最近の研究で，91属計182種の細菌種が同定された．ヒトごとに高い多様性があり，６人の対象者すべてで見つかった種はたったの４種であった．前腕皮膚上の微生物の数もまた時間の経過とともに変わり，その対象者を８～10カ月後に再検査したときには，もとからいた種の多くはもはや存在しなくなり，他の種と入れ替わっていた（註 m）．ある種の皮膚微生物はバクテリオシン（註 n）のような抗微生物化合物を分泌することが明らかになったが，その化合物は皮膚上における他の化合物，たとえばプソリアシン psoriasin という人間の上皮細胞で産生されるペプチドで，特定のグラム陰性細菌の成長を抑制する能力を持った物質の機能を補うことができる．しかし，私たちの皮膚に棲んでいる微生物について，これらおよび他の新しい洞察があるにもかかわらず，それらの生物の多様性に関して，あるいは皮膚の健康維持や病気を引き起こす際の彼らの果たす役割については，あまりよく知られていない．

ニキビダニの電子顕微鏡写真
ニキビダニ（*Demodex folliculorum*）は大部分の人間に棲み着いていると考えられている．彼らは一般的には気付かれないものの，主にまつ毛や眉毛のような短い毛の毛包中に棲んでいる．また，鼻や耳の中にも棲み，そのような部位で分泌物や細胞破片を摂食する．*D. folliculorum* の他に，別な皮膚ダニの1種 *Demodex brevis* が皮膚の皮脂や皮脂腺に棲んでいる．このようなダニ種が，通常の条件下，たとえば死んだ細胞や微生物を摂取することによって，我々人間に対して有益な役割を果たしているのかどうかについては不明である．これらのダニ種は様々な皮膚病を持つ患者たちにおいてより多く見つかるのだが，そういったダニの個体数増加というものが，果たしてこれらの症状の原因ではなく結果であると言えるのかどうかについては，明らかになっていない（写真 ©Andrew Syred, Microscopix Photolibrary．データ出典：B. Baima and M. Sticherling, Demodicidosis revisited. *Acta Dermato-Venereologica*, 2002; 82(1): 3）

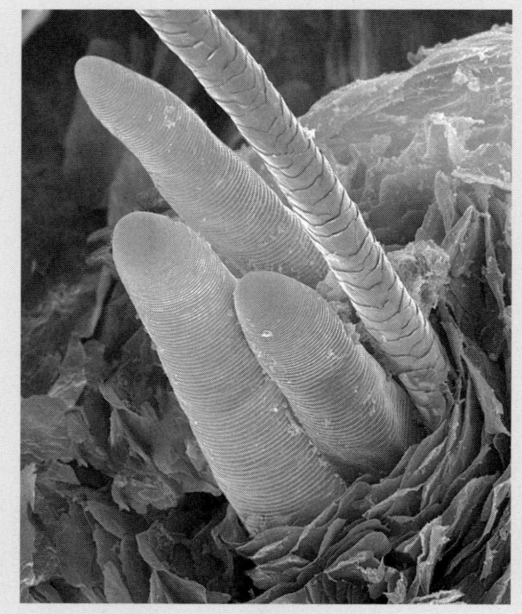

毛包中に潜り込んでいる3個体のニキビダニ
（©Andrew Syred, Microscopix Photolibrary）

口

主にシグモンド・ソクランスキー，ブルース・パスター，アン・ハファジおよびボストン歯科研究センターフォーサイス研究所の同僚らにより，人間の口の中の「生態系」は皮膚の生態系よりもずっと研究が進んでいる．オランダの顕微鏡学者アントニ・ファン・レーウェンフックという人物は，1683年に彼自身の口から採取した歯垢を研究し，細菌の最初の記載となるようなもののいくつかを作り上げたが，彼の行った観察に続いてこれらの研究者たちが，人間の口の中には700種類以上からなる60億以上もの数の微生物がいるであろうと推定している（16S rRNA の研究に基づく，第1章 p.68 参照）（註 o）．これらのほとんどが細菌であるが，古細菌，真菌，アメーバ，およびウイルスもいる．今までにいちばんよく特徴付けがなされている細菌に焦点を当てよう．

人間一人ひとりが特徴的な口腔内微生物の組み合わせを持っていると考えられているが，口の中のそれぞれの部位──たとえば，舌，軟口蓋，歯茎，歯など──では異なった構成を示している．歯肉溝という歯の根元と歯茎の内側の間の溝となっている部分があるが，その歯肉溝は歯周病という歯の脱落の原因となる歯茎の炎症における機能のために，もっとも広範に研究がなされてきた部位である．歯の脱落は，世界中のとくに年配者たちにとっての重大な公衆衛生問題である．たとえば，米国では65歳以上の大人10人のうちほぼ3人が，主に歯周病や虫歯のために自分の歯すべてを失ってしまっている（註 p）．歯茎の微生物が歯周病において果たす機能を理解することはさらに重要なことであるが，それは歯周病感染というものが冠状動脈を含むアテローム性血管疾患と関連しているという科学的根拠が発達したためである（註 q）．

バイオフィルムは粘液基質と一緒に保たれている微生物層からなっているが，口内の組織を覆っている．歯肉縁下の空間においては，片方のタイプのバイオフィルムが歯を覆い，歯垢を形成するが，もう片方のタイプは歯茎の内側沿いに並んでいる．口そのものだけが「生態系」だというわけではなく，口の中の様々な部位も，かつこれらの部位内の微細な環境も同様に生態系であり，それぞれにおいて微生物の配置が異なっているのだということが考えられよう．これらのバイオフィルムは糸楊枝や歯磨きなどの物理的除去に対しては強い耐性があり，急速に再生することができる．また抗生物質に対する耐性も極めて高い．歯肉縁下バイオフィルムは強固に歯茎と歯に設置されているため，病原菌や他の生物が足場を獲得するのを妨げることによって，歯と歯茎を病気から守る役目を果たしている．何種類かの口内共生細菌もまた，病原体を殺す抗菌性毒素を分泌することが明らかにされている（註 r, s）．他には歯茎に沿って並ぶ上皮細胞を刺激し，β-デフェンシンとして知られている独自の抗菌ペプチドを生成することが明らかにされている細菌もある（註 t）．これらのバイオフィルム中の特定種の細菌や他の微生物がたとえば歯周病（その病気において何種類かの古細菌が重要な役割を果たしていることが示されている（註 u, v））や口腔がん（註 w）のような特定の病気と関連があるのかどうかということ，また口腔細菌相の定期的なスクリーニングが，これらの疾患の早期指標として役立つのかどうかということを明らかにするための研究が目下行われている．

人間の口中の歯肉縁下における微生物群集の走査電子顕微鏡写真

少なくとも３種類の異なった細菌の存在を示す口腔バイオフィルムの生物多様性が見える．その中には，桿菌という棒状の生物２型（片方は他方のものよりも長く，断面の直径が大きい）と，球菌すなわち球状の細菌の１型が存在している（Ziedonis Skobe, Forsyth Institute より）

小腸

人間の小腸の微生物にも強い関心が持たれているが，そこには体内微生物の大半が存在している．口腔内細菌で用いられてきたのと同様の rRNA 解析技術に基づく分子生物学的研究，さらに「蛍光 in situ ハイブリダイゼーション」と呼ばれる技術（DNA 配列をそれに付加させた蛍光抗体によって決定するもの）が伴って，800種類にも及ぶ異なる微生物種が存在すること，それらのほとんどが細菌で，人間の小腸と大腸内に棲んでいて，何千種類もの系統や亜種を構成していることが明らかになった（註 x）．多様な古細菌，ウイルス，酵母，原生動物も人間の小腸内に存在し，例として人間の排泄物中には1200種類ほどの異なる型のものがウイルスにおいてだけでも存在するものと推定されている（註 y）．しかし，これら他の生物の多様性の本当の程度は依然として不明である（議論の範囲が，rRNA の研究が正確に実際の特定環境内に存在する他の微生物の種類数を測定できるのかどうかに関するものである，ということに注意すべきである．与えられた rRNA の一部というものが生物個体におけるバクテリア群集の正常な存在を再現しているのかどうか，あるいはその RNA が人間の腸の場合のように食物上に付いていたものを摂取したものなのかどうかを知ることは，その同定されたバクテリアが自身の発見された微細環境の中で活動的に機能しているのかどうかを決定することと同じくらい，読み取りにくいことなのである）．これらの腸内生物群集の構成は，個体間で違うということが明らかになっているだけでなく，同一個体の腸の異なる部位間でも違いがあること，そして同じ部位における腔（内部空間）と粘膜（表面沿いのもの）といった場所間でも違いが見られることも明らかにされている（註 z）．

それらの生物群集すべてがそこで行っていることが，世界中の多くの研究者の疑問となりつつあることである．腸内微生物相が提供するサービスの中には明らかになっているものもある．たとえば，腸内微生物の中には消化しにくい多糖類という植物で見つかる複雑な炭水化物を，別な方法で吸収容易な糖類に分解するのを助けるものもあるということが，長い間知られてきた．それらの微生物は，ビタミン K のようなビタミン類も産生する（ごく少量のビタミン B の１種ビタミン B_{12}，葉酸およびチアミンも産生する）（註 aa）．私たちは葉菜類や他の野菜を含む何種類かの食物からビタミンKを得る場合もあるが，その一方で私たちの主な原料となるものは腸内細菌に由来している．ビタミンKは血液凝固制御の経路，およびオステオカルシンと呼ばれるタンパク質に作用することによる人間の骨の形成において，主要な補因子となる．

無菌の腸に育てたマウスの研究が，腸内細菌相が果たす役割のいくつかにさらなる脚光を当てている．無菌齧歯類は，通常の動物と比較し，同じ体重を維持するために約30％以上も余分なカロリーを消費しなければならない．また，感染に対してもより感受性が高い（註 bb）．*Bacteroides thetaiotaomicron*（人間の腸の中において，より広く研究がなされてきた大腸菌 *Escherichia coli*［第５章の *E. coli* に関する項参照］よりも1000倍多く存在しており，腸内細菌のうちの25％程度を構成している細菌）を無菌ネズミの腸に加えた研究者は，注目に値するいくつかの点を発見している．*B. thetaiotaomicron* は，自身のエネルギーのために使用するフコースと呼ばれる単糖類の消化管内濃度を監視し，供給が低い場合には，この糖類を多く製造するために腸の細胞に信号を送ることが明らかにされている．その見返りとして，*B. thetaiotaomicron* は一連の不可欠な「生態系サービス」を行うのである．たとえば，その細菌は多糖類の分解において重要な役割を果たす（実際に，2003年に解読されたその細菌ゲノムの大半が，このプロセスに貢献している）（註 cc）．それらは腸管上皮細胞を覆う粘液の保護層の形成にも役立ち，物理的障壁としてこれらの細胞が傷付くことも防ぎ，細胞の堅い連結に伴って，細菌が単一細胞の厚さレベルの上皮層を横断して他の組織に侵入するのを防ぐ（註 bb，dd）．*B. thetaiotaomicron* は人間の体を他の方法でも感染から守っているのであろうが，その方法とは，パネート細胞と呼ばれているデフェンシン（食品媒介性および水媒介性の細菌感染と戦うことに役立つと考えられているもの）（註 ee）のような様々な抗菌物質を分泌することで知られる小腸内の特定の細胞と相互作用する方法，潜在的病原体と空間や栄養で直接競合し，それらのコロニー形成を妨げる方法，そしてその細菌自身が抗菌性物質である乳酸，過酸化水素およびバクテリオシンのような強力な抗菌ペプチドを含む物質を産生するという方法である．最後に，*B. thetaiotaomicron* は新たな血管の成長刺激に役立つが，このプロセスは血管新生と呼ばれており，栄養素を吸収するための腸の能力にとって重要である（註 ff）．*B. thetaiotaomicron* のこのような血管新生の役割を研究することは，人間の腸がんがどのように形成され，どのように処置したらよいのかに関する新たな知見につながる可能性がある．

私たちと地球上の他の生物すべてが，複雑で動的な相互依存関係で共進化を遂げてきた微生物で主に構成されているということを考えると，生態系の定義というものを，それらをすべて包含できるように拡大することがひじょうに重要である．この視点で見れば，生態系というものは生物における複数の段階に存在しているのである．まずは微生物の集団レベルから始まるが，そこでは細菌種の異なった遺伝的系統が，異なる生物学的ニッチ，たとえば人間の歯肉縁下のバイオフィルム層のようなものを満たしているが，微生物種レベルになると，異なる細菌種がこのバイオフィルムの別な層に棲んでおり，組織レベルになると，舌の上の微生物群集の構成が，歯肉縁下スペースに存在する生物群集とは異なるものになっており，器官レベルになると，口の生物相が皮膚の生物相とは異なるものになり，生物レベルともなれば全体として違っているのである．個々の生物というものは，次々に，生物におけるより高いレベル，最終的には温帯林や沿岸海洋湿地などの我々が古くから生態系と言っているもののレベルにまで存在する生物群集の一部となるのである．

そのような連続体に沿って生態系について考えなければ，我々の生活や地球上の他の生命すべてにおいて，また衛生面と病気においても微生物が果たす重要で中心的な役割を理解するのに失敗するであろうし，伝統的な生態系すべての様々なサブレベルに存在する生物の膨大な多様性と複雑性に不十分な注意しか払えないと思うし，最終的には生態系の機能がどのようにして生き物の世界を維持しているのかを，表面的で不完全にしか理解できないことになるだろう．

供給サービス

1000年間にもわたり，人間は栄養，住処，燃料を得るために自然の恵みを収穫してきた．彼らは，マラリア，およびその他の疾病を含む病気を治療するために植物の生産物を使用することもある．水域および陸上生態系から採取した産物の多くは，経済市場で取引されている．たとえば，21世紀初頭の海域・淡水域からの魚類の年間収穫量は，約1.3億トン（約1.43億米トン）であり，1000億米ドルもの範囲の価値となっている（註２）．魚類は世界の大部分で人々の食糧の中心的要素となっており，アフリカやアジアでは約20％の人々がタンパク質の主要な源として魚類に頼っている（註３）．

草原や森林を含む陸上の生態系もまた，市場価値のある産物の重要な源である．草原は肉，乳，毛，革を含む広範囲な動物性産物を人間に供給する．森林は，食品，木材，燃料用木材等を含む多くのものを人々に供給する．果物，ナッツ類，キノコ，蜂蜜，および他の多くの食品もまた森林から収穫される．木，竹，草などの植物原料は，住宅やその他の建造物を築くために使用される．木や他の植物由来の有機原料は，世界の総エネルギー消費量の約15％を供給し，開発途上国では，それがほぼ40％を供給している（註４，５）．さらに，何百種類もの森林・非森林性植物から抽出された天然原料は，産業で利用される．例としては，油，樹脂，染料，タンニン，および殺虫剤等が含まれている．

調節サービス

大気の浄化

植物も土壌微生物も我々が呼吸する空気の浄化に関与している．樹冠・森冠は大気中の微粒子のフィルターとしての機能と，大気の組成調節の手助けをする化学反応の場としての機能を持つ（註６）．大気中の粒子状物質の主な発生源は，(1) 石炭，ガソリン，燃料油の燃焼，(2) セメントの生産，(3) 石灰炉の操業，(4) 火葬，(5) 作物の焼却などである．これらのような人間の活動は，ブラックカーボンのような直径100 μm 以下の微粒子と，ほこりのような100 μm 以上の粉塵を生み出す（マイクロメーターは，100万分の１m であり，約0.00004インチなので，100 μm は約0.004インチである）．樹冠は，海の近くの無害な塩分のエアロゾルから，国道沿いの危険な鉛粒子に至るまでの様々な粒子を取り込む．産業国でも開発途上国でも，鉛はいまだにガソリン添加剤として使用されている．

植物の表面，とくに湿った葉の表面は，広範囲な化学反応が起こる場所である（図3.1，3.2）．

自動車や発電所が主に生み出す窒素酸化化合物や地表オゾンの前駆体などといった汚染物質は，そこで無害な化合物に変換される．土壌微生物の中には，これらの変換の多くを担うことが可能なものもいる（註７）．たとえば，「メタン酸化細菌」として知られている微生物グループは，水はけが良く通気性の良い土壌に棲んでいて，古細菌（第１章，p.70参照）に属しているが，地球温暖化に関与する強力な温室効果ガスのメタンを分解する（註８）．

水の浄化

植物のよく茂った高地，淡水湿地，河口の多くは水を浄化する機能を持つ．関与する浄化プロセスは，生物学的，物理・化学的，あるいはその中の２つの組み合わせになる．

◆高地

世界中の高地地帯における森林，灌木，そして草地は人間が使用するためのきれいな水の重要な源である．これらの生態系を通じた水の旅は，ゆっくりと巨大なフィルターを通り抜ける水滴のようなものである．これらの生態系の多くに降る雨は，しばしば無機窒素（アンモニウムまたは硝酸化合物の形で），そして他の無機および有機化合物等の化学物質をかなりの量で含んでいる．土壌を通って浸透するにつれ，植物・微生物に取り込まれたり，化合物が結合する粘土や有機物のような化学反応部位と接触したりすることによって，水から多くの化学物質が除去されていく．たとえば，ニューイングランドの状態良好な中年期森林においては，雨は毎年１エーカー当たり約８ポンドの平均窒素負荷を伴って降る．これらの森林を流れ去る河川水は，しばしば，降雨に存在していた窒素のうちの10分の１未満程度の窒素しか含んでいない（註９）．

◆淡水湿地

文明の夜明け以来，淡水の湿地帯は人間の集落から栄養分を吸収し，再循環し続けてきた．このような生態系サービスは，様々なタイプの湿地帯生態系によってなし遂げられるが，小川や河川沿いの低地地帯を占めるものと，それらに隣接する湖を占めるものも含んでいる．これらの湿地を水が流れると，植物，微生物，および堆積物は，水柱からの窒素やリンなどの栄養素を濾過する．植物はこれらの栄養素を摂り，根，茎，葉の材料として取り込む．微生物は水溶性窒素を生物学的に不活性で環境に対して無害な気体という形状に変換する．また，リンと分子の吸着（分子フィルムを形成する固体表面上への物質の蓄積）に関与するような堆積物中の物理・化学的プロセスは，水の浄化のための機能を持つ．

自然湿地の特徴である栄養素の維持・処理能力は，南イラクの湿地帯で今なされているように，以前のような湿地を再構築することや，沿岸都市街の一部で開発されているような，新しい湿地を作ることで利用されている（註10）．湿地帯が作られているがゆえに，水は堆積物上と植物帯をゆっくりと流れ，それらに対して水から栄養素を取り除く時間を与えている（図3.3）（註11）．

水流の速度を制御することに加えて，構築された湿地帯の管理者らはしばしば，栄養分吸収量と速度を最大限にする努力をしながらの周期的な収穫を通じて，急速成長期の植生状態を維持するのである．彼らはまた，気体窒素の消失を増加させるために堆積物中の酸素濃度を調節し，リンの除去率を高めるために水溶性の鉄やアルミニウムの供給を操作する．

構築された湿地はまた，流水中から毒性のあるものも含め，人工化合物を除去する能力を持っている．ジョージア州アセンズの米国環境保護庁の研究によって，たとえば川，池，灌漑用水路に急速に広がって詰まらせる侵略的なオオフサモ（*Myriophyllum brasiliense*）および淡水性植物によって産生される酵素が，TNT として知られるトリニトロトルエンを効果的に分解することを示した（註12）．このことは，軍事的射撃範囲によって汚染された水から，化学物質を除去するために構築された湿地帯パイロットプロジェクトの成功にいくつかつながってきた（下記の，「土壌，堆積物，水における汚染物質の結合と解毒」も参照のこと）．

◆河口域

ムール貝，アサリ，カキなどの河口域における二枚貝は，懸濁物を除去したり二次的な富栄養化（人間が放出した過剰なレベルの栄養素に起因した水系生態系における藻類の異常繁殖）につながる藻類を消費したりできる濾過システムとして機能する．よく引き合いに出されるような例は，チェサピーク湾のバージニアガキ（*Crassostrea virginica*）の濾過能力である．何世紀もの間，湾内のカキは，約３日間で完全な量を濾過することができるほどにその数が多かった．この大規模な濾過機能の結果，きれいで酸素豊富な水を維持することできた．

汚染，生息地の破壊，乱獲，そして他の圧力の組み合わせが，劇的にチェサピーク湾および米国の東海岸に沿った他の主要な河口のカキの集団を減少させている．チェサピーク湾に関しては，あまりにも激しく衰退しすぎたために，もはやカキが湾を濾過するのに１年近く掛かるようになり，100年前よりも100倍以上の時間が掛かるようになってしまった（註13）．カキの減少の結果として，重要な生態系サービスおよび湾の水質を維持するために不可欠であった水の濾過能力の喪失が起こってしまっている．そこの水はもはや濁ってしまっており，酸素濃度と水生生物に乏しくなってしまっている（註14）．

洪水の緩和

1000年にわたり，世界の多くの地域では，過度に大雨の降る期間は，湖・河川に面した「氾濫原」として知られる比較的平坦な地域の，短期的な洪水を含んだ極端な気象現象にさらされている．氾濫原は，森林や湿地帯のような様々な生息域を含んでいる．ミシシッピ川のような主要河川に面した氾濫原の中には，氾濫原がいくつかの地域では130 km（80マイル）にも及ぶものもある．他の大河川の氾濫原生態系の例を挙げると，スーダンの白ナイルのスッド沼と，ボツワナのオカバンゴ川の湿地帯が含まれる．不変の氾濫原は，多くの植物や動物種の生息地としての役割を果たす．たとえば，南米のパラグアイ川のグランパンタナルは，魚類600種，鳥類650種，哺乳類80種の生息場所と推定されている（註15）．

氾濫原は，自然における「安全弁」の１つである．過度の降雨に続いて，洪水は河岸を越えて流出し，森林，湿地，その他の氾濫原生態系を構成する生息地へ至る．水のいくらかは土壌によって吸収される．そのときに，洪水は氾濫原を肥沃にする栄養豊富な堆積物を新たに残して去り，これらの生態系を世界中でもっとも生産的なものの１つにする．多くの古代文明——たとえば，メソポタミア，エジプト，中国およびインドでは，栄養豊富な堆積物の洪水に起因した堆積による，土壌肥沃度の定期的な強化という利点を活かし，氾濫原を農業用地として利用した．人口が増えるにつれ，世界の多くの地域における氾濫原への開発圧は増加し，その結果，洪水を吸収するための氾濫原の能力が犠牲になった．

ミシシッピ川とその支流は，その下流域である48州の３分の１に流れ出しているが，1993年の夏の間に洪水を起こし，それに続いて上半期の平均降水量を超過し，その夏の間に数々の異常な豪雨をもたらした．豪雨と渇水の両方を含む，そのような極端な降水事例は，地球温暖化の結果として，その頻度と強度が増加していくことが予測されている（註16）．川沿いの氾濫原の消失が荒廃をもたらしたのである（図3.4，3.5）．

洪水は930万ヘクタール（2300万エーカー）以上にわたり，ノースダコタ，サウスダコタ，ネブラスカ，カンザス，ミネソタ，アイオワ，ミズーリ，ウィスコンシン，イリノイといった９つの中西部州の農場，街，都市を水浸しにして広がった．その損害は莫大なものであった．死者数は50人にのぼり，７万世帯以上の家屋が失われ，870万エーカーの農業地帯が損害を受け，総資産の損失が120億ドルと見積もられている（註17）．

洪水被害コストの高さは，次の３つの習慣に起因している．氾濫原湿地の排水，氾濫原における恒久的な建造物の構築，洪水が溢れ出るのを防ぐための堤防の建設．それに付け加えて，中西部独自のもっとも重大な景観の変化は，ビーバーダムの消失であった．ビーバーは，ヨーロッパ人の入植前に何千年間にもわたって氾濫原風景を形成していた．17世紀と18世紀の毛皮交易は19世紀半ば頃までにイリノイ州のビーバーを絶滅の危機に陥れた（その地域のビーバーは再移入によって，再びその数を増している）．ビーバーダムの消失，そして湿地の排水を必要とする集約農業の開始により，ミシシッピ川へ注ぐ支流が妨げられず，洪水を増加させた（註18）．

前世紀において，米国中西部における湿地帯の排水は，農地と家屋域をさらに形成するために強化された．これらの湿地帯の洪水緩和サービスなど認識されていなかった．1993年の洪水でもっとも被害を受けた３つの州であるミズーリ，イリノイ，アイオワは，少なくとも15％のもとからあった湿地帯を持っている（図3.3，3.4，3.5）（註19）．

このような納屋，家，工場のような恒久的建造物を氾濫原に構築することも，２つの理由により洪水時の損害とそれに伴う経済的損失を増加させる．第一に，それらは貴重な資産だからである．第二に，これらの構造物とそれに関連する道路，駐車場，および他の舗装された地面は，洪水を吸収することができる土壌や堆積物の面積を減らしてしまうからである．もし，森林や他の自然植生が氾濫原を覆う場合は，洪水はゆっくりと土地の上に広がり，土地は十分に水を吸収する．開発された氾濫原の土地は，余分な水分を吸収する能力が低下しているので，水はより迅速かつ広範囲に広がってしまう．

最後に，何百もの堤防がミシシッピ川とその支流沿いに，氾濫原の洪水を抑制するために建設された．堤防は，それらが建設されている場所の人命と資産を守るかもしれないが，上流の出水が急増する原因となり，守られていない農場や街に損害を与えるのだ．加えて，堤防は土壌を補充してその規模と洪水吸収能力を維持する氾濫原堆積物の周期的な堆積を妨げる．淡水湿地帯の排水，破壊，開発を伴う堤防の建設と，それに引き続く湿地土壌の喪失は，ハリケーン・カトリーナ後のニューオーリンズの大規模な洪水の一因とも考えられている（註20）．

浸食の制御

◆内陸部

植生は，いくつかの方法で浸食に対する土壌の自然な保護を提供する．第一に，植物群落は降雨を妨げ，土壌の表面を雨が打つ力を軽減する．第二に，根が代わりに土の粒と結合し，洗い流されるのを防ぐ．第三に，古い根の管は排水管のように，土壌に水を通すことにより，表面流出の強力な力を最小限に抑えることができる．動物の巣穴も同じ機能を供する．

国連食糧農業機関（FAO）は20世紀の終わりの10年間に，浸食は世界の耕作地のおよそ400万～800万ヘクタール（1000万から2000万エーカー）を毎年損傷したり破損したりしたものと推定している．浸食によって他よりも影響を受けた地域もある．中国では1978年までの間に，浸食によりすべての耕地の約３分の１が放棄を余儀なくされた．アフリカの多くの地域での浸食速度は，ヨーロッパでの浸食速度の９倍高いと推定されている（註２）．

浸食は，直接および間接的に人間の健康に影響を与える可能性がある．耕作地の面積の減少により，浸食が一部の開発途上国の人々の食糧不足や栄養失調状態に寄与してしまうかもしれない．浸食は直接的に，土砂崩れを通じて死を引き起こす可能性もある．たとえば，カリブと中南米全域の森林の開けた急斜面に降る豪雨は，ここ数十年の間に大規模な土砂崩れで何千人もの人々を死亡させた．1998年のハリケーン・ミッチを伴う豪雨も含まれている（註21）．

大規模な土砂崩れがハリケーン・ミッチの特性となり，大西洋域での過去のハリケーン中，４番目に強いものとなり，24時間以上にわたり毎時180マイルの風速を維持していた．ハリケーンは，1998年の10月27日から10月29日の夕刻までに，ホンジュラスの沖で失速して，いくつかの地域ではおよそ60 cm（25インチ）に及ぶ降水をもたらした．豪雨は，広範な洪水や土砂崩れをもたらし，３万3000軒の家が破壊され，少なくとも7000人の死者と5000人の行方不明者を出し，何千ものコレラ，マラリア，デング熱の被害事例を出すという結果をもたらした（註22）．

ハリケーン・スタンは，2005年９月29日から10月５日までに，グアテマラと中米の他の地域に豪雨をもたらしたが，グアテマラだけで見ても1036人以上の死者を出し，13万人ものホームレスと300万人もの動力源，水，その他の基本的援助をなくした人々を残した．作物と家畜を奪った．そして4000 km（2500マイル）近くもの道路に損害を与え，多くの地域で外部からの救援を断たれた（註23）．米国地質調査所の研究チームは，致命的な土砂崩れの多くは，森林が農業のための道路を作るために切り開かれていた地域で発生していた，と発表した（図3.6）．

◆海岸

マングローブ林や塩水沼地は，多くの沿岸地域で見られるもっとも一般的な生態系である．それらは，海の台風が押し寄せるのに対して土地を緩衝することによって，重要な生態系サービスをなし遂げる（図3.7）．これらの生態系の植物は，海岸浸食を防止することによって，湛水土壌堆積物を安定化させる．北ベトナム・ハノイのマングローブ生態系研究センターの科学者たちは，たとえば，マングローブは熱帯性暴風雨由来の荒れ狂う洪水を制御することに関しては，コンクリート護岸よりも有効である，という根拠を集めている（註24）．森林地帯はまた，ハリケーンの力を弱め，沿岸地域を保護することを助ける働きも持つ．北ニカラグアと南ホンジュラス海岸に2007年９月４日に来たハリケーン・フェリックスに伴う毎時160マイルの風速のときに見られたように．

しかしながら，塩性湿地とマングローブ林はともに急速に破壊されている．知識がない人々にとっては，塩性湿地はしばしば価値のない空っぽの陸地の広がりのように見える．結果的に，家や工業地帯を建設する際の人工的な土地を形成するために，それらの多くは廃棄物投棄に利用されるか，あるいは浚渫された土砂で埋められてきた．マングローブは，エビの養殖や持続的でない材木切り出し作業のような，他の形態の沿岸開発からも攻撃を受ける（註25）．フィリピン，バングラデシュ，ギニアビサウなどのいくつかの国では，マングローブ湿地の50％以上を失っている（註26）．塩性湿地とマングローブの消失は海の台風緩和能力の喪失を越えた結果をもたらす．もっとも重要なことは，これらの陸地の余白部分の生態系は，商業的に重要な魚のためのもっとも生産的な繁殖地と生育場の１つである（第８章 p.338 の養殖に関する項参照）ことと，多種の鳥類の重要な生息地であることだ．

Box 3.2　2004年12月26日の大津波

2004年12月26日に発生した東南アジアの大津波は，25万人以上の人々の命を奪い，数百万人の家を流し，インドネシア，タイ，インド，スリランカなどの国々に広範な被害を及ぼしたが，自然の沿岸生態系が，暴風による高潮に対して，人や土地を物理的に保護する際に果たす役割について，重要な事例研究を提供している．スリランカでの予備的研究では，サンゴ礁，植生海岸砂丘，そして健全なマングローブ林が損なわれていない地域では，沿岸域への被害が軽減されていることが示唆された．タイ，とくにもっとも影響を受けたパンガ県の調査では，マングローブ林と海草藻場が津波の破壊力を大幅に緩和していることが示された（註 a〜c)．モデルシミュレーションは，津波の影響を緩和する際のサンゴ礁の役割を裏付けた（註 d)．しかし，一部の研究者は，マングローブやサンゴ礁は通常の嵐で発生した波の破壊的作用を弱める一方で，津波における防御的役割はあまり明確ではなく，震源からの距離，標高と海岸からの距離，海岸線の形状，波の特性，およびその他の要因が土地破壊レベルを決定する上で重要であるかもしれないと述べている（註 e).

土壌，堆積物，水における汚染物質の結合と解毒

農業・工業は活動の結果の１つとして，意図的であろうとなかろうと，重金属類と放射性元素を世界中に広めているが，これは様々な目的のためにそれらを採掘した結果である．我々はまた，地球上の環境に対して，様々な濃度で，何万もの人工化合物である農薬，医薬，工業用化学物質，家庭用製品，およびその他の化合物を放出しているが，それらの中には分解が遅く，食物連鎖で蓄積され，最終的に我々自身の組織にまで達するものもある（第２章 p.102 の環境汚染の項参照)．それらが堆積されている場所の中には，毒性レベルが人間にとって利用できず，他の多くの生命にとって危険なほどにまで達しているものもある．

科学者たちは，これらの汚染地域を掃除して復元するために，自分たちに危害を加えることなく，潜在的な有毒元素を濃縮する能力を持っている様々な維管束植物を利用している．たとえばカラシナ（図3.8, *Brassica juncea*）は，鉛，クロム，カドミウム，ニッケル，亜鉛，銅，セレンを蓄積することができる．グンバイナズナ（*Thlaspi caerulescens*）は，亜鉛とカドミウムを結合する．また，ヒマワリ（*Helianthus annuus*）は何種類かの放射性物質を取り込むことができる（註27〜29)．これらの「能力」は，「バイオレメディエーション（生物学的環境修復)」または「ファイトレメディエーション（植物による環境修復)」と呼ばれている．そのような植物は，熱帯または亜熱帯地域でとくに豊富である．なぜならおそらく，それらの組織における高い濃度の金属は，これらの地域で普遍的な植物食性昆虫や微生物病原体に対してある程度の防護を与えることができるからであろう．他の種類の植物についても，有毒物質を結合する能力について研究されているが，その中にはアルファルファ，トマト，カボチャの蔓，竹，コードグラス，ヤナギやポプラの木，さらには北米では侵襲的なクズも含まれている（註30)．また，植物でない生物種の中には，地衣（*Trapelia involuta*）のように組織中にウランを濃縮することができるもの（註31)，白色腐朽菌（とくに *Phanerochaete chrysosporium*）や褐色腐朽菌（とくに *Gloeophyllum* 種）のような重金属を蓄積することができる菌類もあるが（註32, 33)，それ

らのバイオレメディエーションの可能性についても研究がなされている．

時には，汚染された場所に生育する植物の存在が，有毒物質を蓄積する能力の合図となる．最近，イノモトソウ（図3.9，*Pteris ensiformis*）という米国の南東部や世界のいくつかの他の地域で普遍的にみられる種が，土壌が木材防腐剤由来のヒ素で重度に汚染されているフロリダ中部の材木置き場で生育しているのが見つかっている（たとえば，「圧力処理木材」で使用されているもの）．イノモトソウは組織中にヒ素を取りこんでいた．その他のヒ素結合植物である侵略的な水生のホテイアオイ（*Eichhornia crassipes*）が，飲用水からヒ素を取り除いていたのだった（註34）．ヒ素に汚染された飲料水は，とくに欧米とアラスカをはじめとする米国の多くの地域で問題となっている．また，ヒ素が地下水の60%以上において高濃度に含まれているバングラデシュなどといった，世界の他の地域でも重大な問題となっている．バングラデシュでは，何百万人もの人々が急性毒性作用のリスクを増加させるヒ素濃度にさらされている．たとえば，嘔吐，食道と腹の痛み，出血性の「重湯」下痢，また角化症（皮膚の肥厚），皮膚の色素沈着の変化，皮膚，肺，膀胱，腎臓のがんのような慢性作用などがある（註35）．

２つのファイトレメディエーションの例は，環境浄化と公衆衛生保護のモデルとして頭角を現している．第一には，ウクライナの不幸なチェルノブイリ原子力発電所近くの小さな池で行われた実験を含む．他のチェルノブイリ周辺地域のような池では，原子炉の火災の際に放出されていたストロンチウム90，セシウム137，および他の有毒な放射性物質でひどく汚染されていた．科学者たちは，池に浮かぶ発泡スチロールラフトに，水耕タンク内に成長してレタス植物のような水中にぶら下がる根を持つヒマワリ（*Helianthus annuus*）を育てた．ヒマワリが急速に水中の濃度より数千倍高いレベルで，彼らの組織内に放射性ストロンチウムとセシウムを蓄積することが明らかにされた（註36）．

もう１つの注目すべき成功譚は，デトロイトのダイムラー・クライスラー社における土地の鉛が混入された管のクリーンアップであった．クリーンアップのプロセスは単純であった．第一に，土壌の上層約1.2 m（４フィート）は，近くの場所に移動し，カラシナとヒマワリを植えられたが，どちらも鉛を蓄積することができる．土壌中の鉛濃度は，連邦および州の規制の両方に準拠した地域に持ち込んでの植え付けの結果，43%減少した．その事業の費用は，有害廃棄物の埋立地に約4400 m^3（5700立方ヤード）の土を運ぶのにかかる費用の約半分であった．その代わりに，クリーンアップ班は，ほんの数立方メートルの鉛が過剰に蓄積された植物材料を処分すればよかったのである（註37）．

河口および海洋生態系において自然に機能する微生物の中には，人間によって生成された廃棄物の無害化という生態系サービスを実行することができるものがある．たとえば，石油や石油副産物として，あるいはガソリンのように，定期的にこれらの環境に流出しているものに関するものである．これらの流出物に存在する化合物成分の多くは，人間と他の多くの生物にとっての健康上のリスクをもたらす．これらの化合物は，沈降粒子に付着すると，底質に沈降するのだが，そこではいくつかの組み合わせにおいて，たとえば海洋細菌 *Alcanivorax borkumensis* SK2のような自然に発生する微生物の場合は，それらを解毒し，最終的には二酸化炭素と水に変えてしまう（註38）．

微生物はまた，他の人工化学物質を無害な物質に変換するために研究されている．たとえば，BAV1という嫌気性細菌は，塩化ビニルという米国内のすべての有害廃棄物スーパーファンド地域の，約３分の１の量で存在する有害産業化学物質を分解することがわかっている（註39）．塩化ビニルは，急性曝露によってめまいや頭痛などの神経症状を引き起こすことがあるし，長期的に曝露した場合は稀に肝がんのような形態を引き起こすこともある．他の微生物は，マラチオン，アトラジン，と DDT などといった殺虫剤と同様に2,4,5-トリクロロフェノキシ酢酸（一般に2,4,5-Tとして知られている）（註40～43）のような除草剤を減らすことができ，何種類かの放射性元素の有害な影響を減らすこともできる（註44）．

害虫と病原体の制御

害虫とは，人間の繁栄を何らかの形で妨害してくる生物のことである．様々な雑草，昆虫，齧歯類，細菌，真菌，および他の生物が人間の食料と競合する，繊維の生産に影響を与える，あるいは病気を拡散する．耕作地と害虫は相伴うものである．耕作地は，５万種以上の植物病原体，9000種の昆虫とダニ，および8000種の雑草を支えているという推測もある．

これらの管理された生態系における生産性の損失はひじょうに高くなることがある．世界的な農作物の収穫量は，害虫や病気によって３分の１ほど減少している（註45）．制御下において，害虫や病気を媒介する生物の個体数を維持するという結果が，生態系サービスのためにならないのならば，その損失はさらに高くなるであろう（図3.10）．

時として，我々は難しい方法を制御する自然の価値について勉強しなければならない．中国での話がこの点を示している．1950年代における毛沢東の大躍進運動の際に，中国当局は，小鳥の群れが穀物を大量に食べることを危惧するようになった．すでに危うくなっていた食糧供給に対するこの攻撃を阻止するために，政府当局はスズメ（最終的にはあらゆる種類の小鳥）が「敵」であり，根絶のための対象であると宣言した．何百万人もの中国人が小鳥を殺すための準備をした．彼らの成功は恐るべきものだった．1958年には何日間にもわたって，北京だけでも80万羽の小鳥が殺されたと推定されている．主な害虫の発生はこの小鳥の根絶計画に起因しており，重大な農作物の損害をもたらした．その過ちは最終的に理解され，小鳥の殺戮は中止された（註46）．

自然界の害虫制御を維持するということは，時として，景観の多様性というものがこのひじょうに重要な生態系サービスに，どのように関係しているかについて理解しなければいけないことを意味する．生け垣に関する１つの例を見てみよう．これは低木や灌木が自然に，あるいは移植された状態で直線状に立ち並んでいるものであり，畑や牧草地を区切るものである．バイエルンの南ドイツ州では，そのような生け垣と人工林のモザイクが農業地帯と隣接している．それらは現代のドイツにおいてもっとも多様性に富んだ樹木の多い生息地であり，30種に及ぶ樹木と多種の植物食性昆虫が生息している．昆虫は大部分において専属的に生け垣の樹木植物を食べるのだが，他方で，ほとんどの場合において農作物を無視している．生け垣における昆虫の存在は一般の捕食者や寄生生物を魅了するが，彼らはそれらの昆虫だけでなく，付近の穀物畑のアブラムシも食べる．北東バイエルン州が，農家が小麦のアブラムシ用の農薬散布をする必要のない，ドイツでは数少ない場所の１つであるのは，生け垣とそれらに関する独特の食物連鎖網があるからである（農作物に利益を与える昆虫と他の生物に関するさらなる論議については，第８章参照）．

自然界での害虫制御をモデルとして使うことにより，科学者たちは農薬にとって代わるような生物学的な制御機構の開発を試みた．生物学的制御は，自然界で発生する病原体生物，寄生生物，あるいは害虫を制御する捕食者を利用することに関係してくる．イセリアカイガラムシ（*Icerya purchasi*）を制御するために甲虫を利用するのは良い一例である．イセリアカイガラムシは，柑橘類の木々などの多くの果樹の枝や樹皮から樹液を吸う小さな昆虫である．オーストラリアの先住民が，1880年代に偶然に米国内にそのカイガラムシを持ち込んだのだ．アメリカの昆虫学者は，オーストラリア原産の他の生物であるベダリアテントウ（*Rodolia cardinalis*，図3.11）が，カイガラムシ病を制御するのに極めて効果的であると考え出した．テントウムシは，カイガラムシの上で排他的かつ貪欲に摂食行動をするので，そのテントウムシの導入により，果樹園ではイセリアカイガラムシを数年でほとんど根絶することができたのである．今日では，カイガラムシとテントウムシのいずれも，アメリカの果樹園にはほとんどいないため，イセリアカイガラムシは経済的に重大な害虫とは見なされていない（註47）．

局地的・地域的気候変動

気候変動が世界的な植生の分布に重要な役割を果たす一方で，植生もまた，局地的・地域的気候に大きな影響を持つ．たとえば，アマゾン盆地における降雨は，一部においてはその地域の森林の存在という結果をもたらす．盆地の平均年間降水量の約半分が森林自身によって蒸発散量を介して再利用される．これは，大気中へ向かって地球の植物に覆われた表面から転送された水の総量を占める過程であり，開けた水面や土壌からの蒸発と，植物内や水蒸気としての大気中への最終的なロスの範囲内での水の動きである「蒸散」とを結び付ける．コンピューターによるモデル研究により，アマゾンでの大規模な森林伐採は，劇的にその地域での降雨量を減らしてしまうために，森林が自身を再生させることができなくなってしまうことが示唆されている．地域的規模では，樹木が蒸散に関連する日陰と表面の冷却をもたらすことによって，「微気象」を作り出すのだ．森林伐採は，森林に隣接する地域における気候変動をもたらすこともあり，これらの地域における農業や水の利用に影響を与える降雨の損失を伴なう（註48～50）．

◆炭素の蓄積と気候の安定化

世界の陸地生態系は有機炭素の大きな貯蔵庫である．これらの炭素の貯蔵量は，2.1兆メートルトンまたはBMTsぐらいであると推定されている（約2.3兆トン）．このうち約600 BMTsは植物組織に貯蔵されており，1500 BMTsは有機物として土壌中に貯蔵されている（註51）．地球上の炭素循環についての最近の分析では，炭素貯蔵量は，少なくともいくつかの地域の生態系では，少ない年次単位ながらも増加していることが示されている．さらに，植物や土壌中の炭素蓄積量に関するこういった増加が，大気中の二酸化炭素の蓄積を鈍化しているがゆえに，気候変動の速度を遅くし，地球の気候システムの安定化のための貴重な生態系サービスを提供している，ということが議論されている（註52）．

過去10年間において，環境政策立案者は，陸上の炭素吸収源が果たす重要な役割を認識するようになった．実際に，国連の気候変動に関する会議の枠組みの１つとして，政策立案者らは気候変動を遅くするための方法として，直接管理するという活動を通じて，これらの吸収源の規模を大きくするための努力をしてきた．陸上の炭素吸収源は，二酸化炭素の排出を吸収するということで，長期的にわたって極めて重要であるという一方で，我々自身を救済する目的で長期的にそれらに依存するべきではないということを認識しておくことが大切である．21世紀の半ばまでに，それらの（炭素吸収源の）規模があまりにも減少してしまうために，化石燃料の燃焼によって放出される（二酸化炭素の）量に関連した炭素の吸収における貢献度が，極端に小さくなってしまうかもしれないのだ．

文化的サービス

レクリエーション

野外レクリエーションは様々な方法で世界中の人間の幸福に貢献している．陸上でレクリエーションする機会には，ハイキング，写真撮影，キャンプ，バックパッキング，大小規模のゲームハンティング，バードウォッチング，野生生物観察，サイクリング，オフロード車の運転などといった活動が含まれる．水をベースとしたレクリエーション活動には，釣り，ボート，水上スキー，水泳が含まれる．1995年の米国では，16歳以上の年齢の人たちのほぼ95％が，何らかの形で野外レクリエーションに参加していた（註53）．米国における最近の世論調査では，65％以上が健康や運動，休養，ストレス軽減のためにアウトドアを利用したと報告している（註54）．野生動物や自然保護区を中心とした観光旅行は，今や「エコツーリズム」とも呼ばれ，アフリカでもっとも急速に成長している産業の１つとなっているが，それが持続可能なのは，自分の国の社会ニーズが考慮に入れられている場合と，受け取った利益の公正な配分が地域の人々に利益をもたらすのに利用される場合だけである．

心理的，感情的，精神的，知的価値

人間にとって自然な設定といえるようなレジャーの価値というものは複数ある．(1) より良い精神衛生，人間的な発展と成長，人間としての感謝などといった人間の心理的な利点，(2) 心臓血管の健康改善などといった精神生理学的な利点，(3) 社会の充実，社会的疎外の減少，家族の結束の強化，他人のより良い養護，文化的独自性の増加，危険な若者による社会問題の減少などといった社会的・文化的な利点，(4) 医療費の減少，生産性の向上，欠勤の減少，離職率の減少などといった経済的な利点，(5) 自然界への依存関係の改善，よりすばらしい理解などといった環境への利点などが含まれている．エドワード・O・ウィルソンの「生命愛」仮説では，これらの利点の多くが，他の生物たちと私たちが生来ハードウェアに組み込まれてつながっている結束というものに起因していることが示唆されている（註55）．

自然界は美しいものだが，その理由のほとんどはそこで見つかる生命形態の多様性に起因している．芸術家らは，図，絵画，彫刻，写真などでこの美しさを捕らえようと試み，その美は詩人，作家，建築家，音楽家らを感化して，自然界を写し，讃えるような仕事を創造させてきた．こういった仕事は，成就し，芸術家と観客の若返りにつながってきたのである．

自然はまた多くの人々に偉大な精神的価値を提供する．このことは，すべての生き物が神によって創造されたものであり永遠の畏敬を込めて扱わなければならないと信じている人々のみならず，神のことはまったく信じないにもかかわらず，生命というものがその美しさ，多様性，神秘性すべてにおいて，畏怖と驚きの深遠な意味を持つものと考えている

Box 3.3 So Intricately Is This World Resolved

So intricately is this world resolved
Of substance arched on thrust of circumstance,
The earth's organic meaning so involved
That none may break the pattern of his dance;
Lest, deviating, he confound the line
Of reason with the destiny of race,
And, altering the perilous design,
Bring ruin like a rain on time and space.

だからこそ複雑な世界

だからこそ複雑な世界
状況の推力に関連するもののうち，
地球の有機的意味は大きく
その役割を誰も変えることはできず；
遅れ，逸れ，ラインは混乱する
レースの運命のために，
雨のごとく時空に破滅をもたらす．

スタンリー・クーニッツ，The Collected Poems より

人々にとっても事実である．地球上の生命は，神を崇拝する信心深い人々がみなそうであるように，信者ではない人々の多くにとっても神聖なものなのかもしれない．

生物学的システムの信じられないほどの複雑さと，生物が35億年以上にわたってどのように進化してきたのかを理解しようとするのは，我々の今までの観察力と知力を使って想像できる方法としては，もっとも挑戦的で，魅力的で，充実したものであると思う人もいる．それはもっとも重要なこととも言える．なぜなら，それは自然界についての我々自身と他の数え切れない人々の理解を通じて，なおかつ政策立案者と民衆に対し，持続性のない行動についての脆弱性を理解させるための集団努力を通じているからであり，地球環境を守る機会をもたらしてくれるからだ．

サポートのサービス

一次生産

純一次生産量（NPP）は，光合成の過程を経て年間に生成される植物材料の量である．それは，生態系プロセスのすべてに力を与え，その結果として他のすべての生態系サービスを提供するための，生態系能力の基礎となるようなエネルギー源のことを表している．

世界の陸上生態系にとって，NPP はおよそ1200億メートルトンの葉，茎，根の形で毎年新規に発生する有機物質であると推定されている．この材料は次々に，陸上生態系によって人間に供給される供給，調節，文化のサービスすべての材料およびエネルギー源として機能する．海洋の年間 NPP は規模が同じくらいで，海洋漁業や海での栄養循環のようなサービスをサポートしている（註56）．

科学者らは，現在人間がすべての陸上 NPP のうちの約40％を消費し，減少させ，吸収しているものと推定している．このことは，他種と生態系にとって重要な意味を持っている．たとえば，我々は選択的に植物を収穫し，場所的・地域的な絶滅を引き起こす．また熱帯雨林を切り開くことによって，これらの地域の気候を変え，隣接する生態系の生命力を低下させる（註57, 58）．

表3.2. 多量栄養素と微量栄養素

多量栄養素	微量栄養素		
炭素	ヒ素	ヨウ素	スズ
水素	バリウム	鉄	タングステン
酸素	ホウ素	マンガン	バナジウム
窒素	臭素	モリブデン	亜鉛
リン	塩素	ニッケル	
硫黄	クロム	セレン	
カルシウム	コバルト	シリコン	
マグネシウム	銅	ナトリウム	
カリウム	フッ素	ストロンチウム	

栄養循環

炭素，水素，酸素，窒素，リン，硫黄およびおそらく25種類にも及ぶ他の元素の地球規模の循環が，地球上の生命を維持している．これらの元素は環境中を有機物や無機物という形態で動き回るため，たとえば光合成や微生物による有機物分解のような他の生態系プロセスの基礎に影響を与えるので，世界の動きに対して根本的に影響を与えるのだ．

農業の集約化，都市化，工業化，および種の導入と除去などといった人間の活動は，環境中の元素の流れを変える．これらの変化は，気候の変化，酸性雨，光化学スモッグ，および海洋における「死水域」のような主な環境問題を引き起こしている．我々はこれらの元素循環をより良く管理しなければならないであろう．もし地球環境というものを持続可能な方法でうまく使いたいと思っているのならば．

表3.2は，動物，微生物および植物に不可欠であると考えられている元素を列挙したものである．大量に必要な元素は栄養素と呼ばれている．炭素，水素，酸素，窒素，リンおよび硫黄という6元素は，生体組織の主要な構成成分であり，生物圏の95％を占めている．

授粉と種の分散

◆授粉

顕花植物と花粉媒介動物は，自然界で一緒に働いている．植物は大地に根を張っているので，配偶行動の際は動物が持つような機動性を持っていない．多くの顕花植物は，交配を手助けしてくれるような動物に頼っているのだ．蜂，甲虫，蝶，蛾，ハチドリ，コウモリ，あるいはその他の動物は，植物に移動性をもたらす効果を持ち，1つの植物から別の植物に，花粉と呼ばれる雄性生殖構造を輸送する．授粉に対する報酬の1つに，食料すなわち蜜（糖分のある液体）と花粉がある．植物はしばしば，特定の授粉動物に正確に対応した食料を作り出す（註59）．たとえば，ハチに授粉される花の蜜は，通常30～35％の糖分を含んでおり，ハチが蜂蜜を作るのに必要な濃度となっている．ハチは蜜の糖分濃度がより低い花を訪れることはない．ハチはまた花粉を「プロポリス」という幼虫の食用となる栄養に富んだ蜜と花粉の混合物を作るのにも使う（註60）．

◆種子の分散

何百万年にもわたって，動物たちは果実を食べ，種（たね）を豊富に含んだ糞の山を広範囲にわたってまき散らしてきた．この重要な生態系サービスは，大きな果実の樹木が自身の生息域に定着することと，気候変動などの様々な障壁に応答して陸を横断することを手助けしてきた．

イボンヌ・バスキンが指摘したように，アメリカの温帯・熱帯両地域の植物分布は，今日においては，更新世という今から何万年も昔の時代における植物分布とは極めて異なっているのだが，その理由はその時代に棲んでいた大きな果実食性動物がいなくなったからである．たとえば，中央アメリカの低地林では，マストドンのようなゾウ，巨大な地上性ナマケモノのほか，他の大部分の果実，種子，葉を食べる消費者が絶滅した．種子を分散させるこれらの動物がいなくなったために，果樹は生息域の大部分を数千年後には失ってしまったのであろう（註46）．ペンシルベニア大学のダン・ジャンセンと，アリゾナ大学のポール・マーティンという２名の有名な植物学者は，北米の温帯域でも果実を食べる大型動物相がいなくなれば，同じことが起こったであろうと示唆している．オーセージオレンジ（*Maclura pomifera*），ポーポー（*Asimina triloba*），アメリカガキ（*Diospyros virginiana*）などのような大きな果実を作る木は，数千年間でその生息域が次第にまばらで限られたものになっていった（註61）．

今日では，オオハシ，アグーチ，サル，オオコウモリ，その他の果食動物（果実食動物）と種子分散動物が，陸域生態系の生物多様性とその本質となる生命付与サービスを維持するのに役立つような，重要な生態系サービスをもたらしている．

生態系サービスの経済的価値

多くの例では，生態系サービスは重要な経済的価値を持っていることが示されている．そのような例を３つ考えてみる．１つにはニューヨーク市へ浄水を輸送すること，他の２つには換金作物の授粉が含まれる．

ニューヨーク市のための浄水

ニューヨーク市は，伝統的に清潔な飲料水で知られており，米国では最高品質としてランクされている．その水は，キャッツキル山地の流域を起源としている（図3.12）．近年，その流域の自然浄化システムを過剰に圧迫するような下水や農業排水のために，水質が悪化してしまったのである．水質が米国環境保護庁の基準を下回った際に，ニューヨーク市の行政は，自然のシステムを工学技術使用の浄水場に置き換えるのに要する費用を査定し始めた．浄水場を建設するために必要な費用は，約6700億～9000億円（60億～80億米ドル）と見積もられているが，これに年間の操業費用である約３億ドルが加わり，前例のみられない莫大な金額の出費になる（註62）．

これらの高額な資本および操業費用の見積もりによって，その問題についてより深く考えさせられる．再分析の結果，浄水場を建設するよりも，流域の自然浄化サービスを完全に復元するほうが遥かに安くなる（１桁安い約1000億円（10億ドル））ことがわかった．これらの選択肢に直面して，市はその流域を復元することを決定した．1997年に，市はキャッツキルの流域の土地を買い上げて，開発，補償，土地所有者の民間開発の制限，汚水処理システムの改善の補助などのために債券を発行して，必要な財源を調達した（註63）．

この事例では，ニューヨーク市民が，水を作り上げた自然流域の保護をすることで，清潔な水の供給を確保し，またその過程で何千億円（何10億ドル）もの金額を節約している（註64）．彼らはその他の価値ある生態系サービスも保護した．たとえば，洪水の制御機能を提供し，地球温暖化の緩和に役立つ炭素吸収源として機能するような流域の能力などである．彼らの成功は，ブラジルのリオ・デ・ジャネイロのような他の自治体のためのモデルとして役立っている．

換金作物の授粉

コスタリカのコーヒー

授粉という生態系サービスについての経済的価値の良例は，中央アメリカのコーヒー農園で見つかる．コスタリカで働く世界自然保護基金チームの研究者らは，コーヒー農園周辺の森林を断片的に保全することは，作物の収穫を増大させ，年間平均収入を約700万円（約6万2000ドル）上昇させ，おおよそ農園の年間平均収入を7％上昇させるのに匹敵することを明らかにした．保全林は，植物の授粉に役立つミツバチの確実な発生源となっているのである．森林地帯近くのコーヒーの花には，2倍の数のハチが訪れ，ずっと遠くにある花に比べて花粉の運搬量を倍に増やすことができた．授粉の増加は，コーヒーの収穫量を20％増大させ，コーヒー豆の奇形を27％減少させることができたのである（註65, 66）．

マレーシアのヤシ油

作物にとっての花粉媒介者の価値というものは，しばしば，失敗したかあるいは付着したときのみ明らかになる．マレーシアのアブラヤシの話はこの点を示している．アフリカのアブラヤシ（*Elaeis guineensis*，図3.13）は，1917年に西アフリカのカメルーンの森からマレーシアに導入された．その際に，ヤシの授粉を行うゾウムシはヤシの木と一緒には持ち込まれなかった．何十年もの間，マレーシアのヤシ栽培業者は，高価で労働集約型の，この章の冒頭の図で示したようなネパールの茂県国のリンゴ栽培業者のような人工授粉に依存していた．1980年には，ゾウムシがマレーシアに輸入された．そういった自然の花粉媒介者の存在によって，まもなくヤシの果実の収量は40～60％増大し，年間おおよそ1億4000万ドルに達する実質的な労働力の節約もなし遂げた（註67）．

生態系サービスにとっての脅威

生態系サービスには様々な要因が影響を与える．この節では，主要な要因のいくつかを見直してみる．たとえば，気候変動，森林伐採，砂漠化，都市化，湿地の排水，汚染，ダムと分流，侵入生物種などである．

気候変動

気候変動に関する政府間委員会（またはIPCC）の第4次評価報告書では，人為的な気候変動が2100年までに，地球表面の温暖化を平均で1.1～6.4℃（2～11°F）の範囲でもたらすであろうと予測している（註68）．報告書はまた，気候変動が特定の地域で，いくぶ

Box 3.4　パーム油，編集者註記

アジア，アフリカ，ラテンアメリカ，オセアニアなどの熱帯地方に数百万エーカーのアブラヤシが植えられ，何百万ものパーム油の工業生産が計画されている．パーム油は，パン，マーガリン，クッキー，クラッカー（一般的に「植物油」としてのみ表示される），口紅，歯磨き粉，石鹸などの幅広い製品に使用されている（註 a）．スーパーの棚に10個の製品があれば，その中の１つにはパームオイルが含まれている．化石燃料の代替品がますます魅力的になり，発電所や車両用のバイオディーゼル燃料源としてのパーム油需要も急速に拡大している．アフリカの多くの地域や南米の諸国で実証されているように，アブラヤシは地元住民が持続的に栽培，収穫することができるが，工業規模の商業栽培によって巨大な森林破壊が必要となったときに問題が起こる．

マレーシアなどの国々は，主にバイオ燃料への関心が極めて高い欧州連合（EU）に輸出するために，大規模なパーム油バイオディーゼルの製造を展開している．ありふれたシナリオは，熱帯雨林をパーム油のプランテーションにするために焼いてしまうことだ（1997年にインドネシアで激しい森林火災があったことに注目すべきである）．森林破壊のために数え切れないほどの種が脅かされている（註 b）．生物多様性は，これらのヤシの単一栽培が必要とする高レベルの化学物質――除草剤と肥料――投入の結果として，さらに損なわれる．もっとも危ういのは，世界のパーム油の80%が生産されているインドネシアとマレーシアで新しいアブラヤシを植林するために行う森林伐採で，それはこれらの国のオランウータン（およびその他の種）の熱帯雨林の住処を一掃し，そのうちの90%はすでに破壊されている．公益科学センターは最近の報告で，パーム油のプランテーションがスマトラのオランウータン生存の主な脅威であると結論付けている（註 c）．

東南アジアにおけるパーム油生産のさらなる問題は，大規模な泥炭地の枯渇と焼却により新しい植林地を樹立することであり，その結果大気中への炭素排出量はかつてないほど大きくなっている（註 d）．オランダの２つの組織である国際湿地保全連合とデルフト水理研究所の科学者による研究では，パーム油生産のためのインドネシアの泥炭地の排水と燃焼が，現在，毎年大気中に20億トン以上の炭素を放出し，インドネシアを温室効果ガスの世界第３位の生産者に位置づけている（註 e）．

マレーシアの森林破壊は，パーム油のプランテーションの増殖から二次的に，1998年にマレーシアで起こったニパウイルス病の発生に何らかの役割を果たした可能性がある．病気を媒介する多くのオオコウモリが，食べ物を探して，養豚場に接する果樹にやってくる．それらの排泄物がウイルスを含んでいるため，コウモリは豚を感染させ，その豚から人々にウイルスが渡る．このような広範囲に及ぶ森林伐採は，蚊やカタツムリが保有する他のベクター媒介性感染症の出現や蔓延につながる可能性もある（第７章，p.294参照）．パーム油やココナツ油などの他の熱帯性油への関心は，食物中のコレステロールを上昇させるトランス脂肪酸の使用に対する懸念と，パーム油にはそのような効果はないという確信によって部分的に煽られてきた．しかし，いくつかの研究は，パーム油がコレステロール値を上げ，心臓病を促進する結果を示しており，この説を否定している（註 f～j）．従って，パーム油の生産は，世界の一部地域の環境を損なっているのと同じくらい，人間の健康を損なっている可能性がある．

んかの自然生態系の消失や断片化をもたらすであろうということも示している．失われることが予測されている生態系サービスは，おそらく痛手が大きく，取り返しがつかないものとなるであろう（註16）．

気候変動は，陸上，淡水，海洋生態系に影響を与える．将来の気候を予測するモデルが，将来の地球上の主要な陸域植生タイプ分布を予測するモデルと組み合わせれば，いくつか

Box 3.5　生態系サービスへのドル価値の割り当て，編集者註記

生態系サービスにドルの数字を割り当てる大きなインセンティブがある．もっとも重要なのは，金銭的に同等のものを提供することで，脅かされていることの価値を人々が認識するのを助けることである．また，自然環境の保護や復元にも役立つ．多くの科学者や経済学者がこの作業に関与しており（註 a, b），そのような計算が必要であることは明らかだ．なぜなら，一般的には，公共政策の決定においてトレードオフが行われなければならないからである．しかし，ニューヨーク市の水道供給や上述したような選択肢が明確で比較的容易に収益化される地方や地域規模のサービスでは意味があるかもしれないが，科学者の観点からすると，多くの場合，おそらくほとんどの他のケースでは意味をなさない（註 c, d）．生態系サービスにおけるドル価値の割り当ては，指定された金額を使えばそのサービスを再作成できるという含みがある．しかし，再構築できないほど規模が大きいものや，または有機物の分解や栄養素のリサイクル，あるいは地球の気候を調節するのに役立つ陸上および海洋における植物による炭素の隔離といった，どのように働いているかをほとんど理解できないほど複雑なサービスにとっては不可能だ．本質的に貴重であり，それがなくては生活できないサービスにドルの価値を割り当てることは可能だろうか？　アリゾナ砂漠の密封された環境の中で（莫大な費用と重要な科学的データによって）生態系が人工的に作成され，4 人の男性と 4 人の女性をその環境で 2 年間生きていくために必要なすべての生命維持支援サービスを提供した「生物圏Ⅱ（Biosphere II)」と呼ばれる実験の悲惨な結果を研究した研究者の結論は，「生物圏Ⅱ」で生命維持サービスを提供する自然の生物学システムを再構築する方法を誰も知らないように，「生物圏Ⅰ」── 地球 ── を保全するためには，すべてのことをより良いものにする必要があるということだった（註 e）．

の劇的な変化がシミュレーションで表わされる．たとえば，気候と陸上生態系を組み合わせられることで高く評価されているモデルを用いた，英国気象庁のハドレーセンターによって開発された最近のシミュレーションでは，気候変動が21世紀の間中ずっと，暑く乾燥した条件によってアマゾンの熱帯雨林の大部分を消失させてしまうであろうということと，雨林を熱帯サバンナという今日のアマゾン盆地の南部と南東部の端に沿って存在するものと同じような，木と草の混生地帯に置き換えてしまうであろうことを予測している（註69）．熱帯雨林の喪失は，木材，食品（果物やナッツ），そして植物，動物，微生物から抽出された薬を含む林産物を供給するための，地域の能力を減少させるであろう．それに加えて，熱帯雨林の消失は，その地域における炭素を収納する容量を削減し，実際に，森林の樹木や土壌中に有機物の形で収納されていた炭素を，大気中へ大量に放出させてしまうであろう．新たに放出された炭素はさらなる温暖化をもたらすので，炭素放出をもっと促進したり，さらなる温暖化をもたらしたりするようなもっとひどい温暖化を伴う，気候システムへの正のフィードバックとみなすことができる．そして熱帯雨林の消失は，局所的・地域的気候に影響を与え，より乾燥した条件をもたらすであろう．

気候変動はまた，淡水生態系，および雨，降雪や雪解け水の量，時期，分布における変化可能性を伴って，世界の一部で提供される淡水生態系サービスに重大な影響を与え，水の利用可能性に変化をもたらしてしまうであろう．興味深い例として，積雪に対する気候変動の影響に関連したものがある．積雪は，春と夏に水を放出することで，山間部と地球の極地帯において，天然の水の貯蔵庫として機能している．積雪は，気候温暖化の際には，

降雨量の増加にもかかわらず，おそらく減少するであろう．なぜなら，科学者らは，さらなる降雨が雨として落ちてくることと，積雪は発達するのが遅く，解けるのが早いであろうと予測しているからである．その結果，河川流のピークが春にはさらに早く来て，夏の河川流が減少する，ということが時折劇的に起こるであろう．これらの変化による潜在的影響には，冬と早春における洪水確率の増加と，夏におけるひどい水不足が含まれる（註16）．夏の河川流が劇的に減少している地域と，水資源のための競争が高い地域では，魚類に生息域を提供するような河川内の生態系サービスは，破綻するだろうし，極端な場合は失われてしまうだろう．

サンゴ礁などの独特の海洋生態系もまた，気候変動によって悪影響を受けるであろう．なぜなら，サンゴは比較的狭い温度範囲で包まれていないとうまく生きていけないためである．ここ数年間で，サンゴ礁の健康状態は前例のない衰退を示している．1998年のエルニーニョ現象の際は，記録的な海表面温度とそれに関連したサンゴの白化現象（サンゴの体内で生活し，サンゴが生きるために必要な藻類がいなくなってしまうことに起因する）がみられた．サンゴのうち70％も１シーズンの間に死滅してしまった地域も中にはあったであろう（第２章，p.89参照）（註70）．

サンゴを失うと，重要な生態系サービスも失うことになる．サンゴ礁は魚類の重要な生息地を提供し，沿岸域を高波から守り，重要な観光客の娯楽場所になっている．サンゴ礁はまた，未開拓の遺伝資源を持った海洋生物多様性に関する地球最大の貯蔵庫の１つなのである．

森林伐採

世界の森林が直面するもっとも深刻な問題は森林破壊である．森林が破壊されると，森林はもはや生態系の産物とサービスを提供できなくなるし，熱帯域では，森林の破壊が先住民の文化的および物理的生存を脅かす．森林伐採によってしばしば，窒素のような重要な植物栄養素が土壌からふるい落とされて，伐採域の河川に流出してしまうことによって，土壌の肥沃度が減少し，土壌浸食の増大がもたらされる（註71）．とくに急斜面上のような制御不能な土壌浸食は，ダムの背後に沈泥がたまることによって，水力発電所の生産性にも影響を与える．土壌浸食もまた，水路の沈降を増大させ，下流域の漁業に害をもたらす．乾燥地域では，森林破壊が砂漠化の過程を通じて，砂漠の形成を助長している（以下参照）．森林が消滅すると，河川に流れ込む地表水の総量は実際に増加する．しかしながら，この水の流れは，もはや森林によって制御されないので，その影響を受ける地域は洪水と干ばつの期間を交互に経験することになる．

森林伐採は種の消失の主要因となっている．多くの熱帯性種は，とくに森林内での生息域が限られているので，生息地の改変や破壊に対してとりわけ脆弱になっている．鳥や蝶を含む移住性種も同様に重大な損失を被る．

森林伐採は，地域的にも世界的にも気候に変化をもたらす．木は，かなりの量の水をくみ出して大気中に放出する．そして，地球上に降雨となって降って返ってくる．大きな森が切り開かれると，降雨量が低下し，干ばつがその地域でより頻繁に起こるであろう．熱帯林の破壊はまた，二酸化炭素という形で，大気中へ貯蔵されている炭素の放出を引き起こすことにより，地球温暖化を助長するかもしれない．

現在の森林伐採の速度を計算することに関しては，衛星でのカバーが十分でないこと，定義上の意見の相違，およびその他の問題を含めて，数々の困難に見舞われている（第2章 p.86 も参照）．1980年から1995年までの期間に関して，FAO は先進国の森林地域が約2.7%増加した一方で，開発途上国では10%減少したと推定している．第2章で論じたように，熱帯雨林の森林伐採は推定で年間約12万 km^2（約4万6300平方マイル），また熱帯乾林については，年間約4万 km^2（約1万5400平方マイル）とされている（註72）．

砂漠化

砂漠化とは，かつて肥沃だった乾燥地や半乾燥地が非生産的な砂漠になってしまうような劣化のことであり，耕作地，牧草地と森林における生物学的または経済的生産性と複雑性の損失を伴う．それは主に，気候変動と持続不可能な人間の活動によるものであるが，その中でもっとも一般的なものは，過剰耕作，過放牧，森林伐採，そして灌漑事業の不足である（註73）．世界の乾燥地の70%（異常乾燥砂漠を除く），言い換えれば約36億ヘクタール（約89億エーカー）の土地は劣化している．干ばつはしばしば土地の劣化に関連付けされているが，降水量が長期にわたって平均的な記録よりもかなり下回るときに起こる自然な現象である（註74）．

定義上は，乾燥地域では淡水の供給が限られているのだが，降水量はこれらの地域では年間に大きく変動することもある．この季節変動に加えて，幅広い変動が数年間あるいは数十年間にわたって起こり，頻繁に干ばつをもたらすのだ．多年にわたり，乾燥地域の生態系は，その変動の有無に対して迅速に反応できる植物，動物，微生物がいるために，この水分レベルの変動に対して敏感になってしまった．たとえば，衛星画像が示す限りでは，サハラ砂漠南部の植生地帯の境界線は，雨の降る年が乾燥した年の次に来るか，あるいはその逆の場合は，200 km（約124マイル）ほど移動することもあるのだ（註75）．

人間は，これらの気候における自然変動に順応することにより，乾燥地域で生き延びてきた．乾燥地域の生物学的および経済的資源――とくに土壌の質，淡水供給，植生，作物等――は容易に損害を受ける．人間は古くからの戦略，たとえば農業と家畜飼育で遊牧という生活様式を取り入れることによって，これらの資源を守ることを学んできたのである．しかし，ここ数十年の間にこれらの戦略は，経済的・政治的状況，人口増加や，より定住化していく社会傾向等の変化のため，あまり実用的ではなくなってしまった．土地を管理する者が，気候変動に柔軟に対応できない，あるいは対応しない場合は，その結果として砂漠化が起こるのだ．

砂漠化は生態系の産物とサービスの多様性を減少させる．食糧生産が衰退する．砂漠化が，ある地域内で止まらない場合は，栄養失調，飢餓，そして最終的には飢饉が発生するであろう．飢饉は，典型的には，貧困，暴動，戦争に苦しむ地域でも発生する．砂漠化はしばしば，危機の引き金となるが，その危機は乏しい食料流通と必要なものを買うことができない人々によって，その後さらに悪化してしまう．このことは，とくにアフリカでは事実であり，そこでは大陸の3分の2が砂漠や乾燥地であり，大規模な農業用乾燥地帯のほぼ4分の3がある程度衰えている（註74）．

水や風の浸食に対する土壌の安定化が砂漠化の期間に衰えてしまう．衰えた土地は，下流域の氾濫，水質の悪化，河川や湖沼での堆積物発生，そして貯水池や航路の堆積現象を引き起こす可能性がある．また，眼感染症，呼吸器疾患，アレルギーなど，人間の健康問題を悪化させる可能性を持つ埃や，それを構成する生物を何千マイルにもわたって運ぶ力を持つ砂嵐を引き起こすこともある（第２章p.98の「移入種問題」参照）．

最終的に，植物種と動物種の両方にとって重要な生息地は，砂漠化の進行に伴って失われる．生息地の喪失は，経済的なものも含む様々な結果をもたらす．たとえばアフリカでは，砂漠化が現在もっとも深刻な影響を及ぼしているため，エコツーリズムが悪影響を受けている地域もなかにはある（図3.14）．

都市化

都市化と人口増加は，20世紀のもっとも独特な特徴の１つとされている．1700年においては，世界でたった５つの都市が政治首都のすべてであり，50万人以上の人々の住処だった．1900年までにこの数は43都市に上った．1950年には，たった１つの都市ニューヨークだけが，1000万人以上の人口を有していた．1975年までには，1000万人以上の人口を持つ都市は５つあり，2001年には，17都市となり，2015年までにはこの数が21都市に上るという予測である．2000年までには，全世界の人々のほぼ50％は都市部に住む住人となっていた（註76）．

都市は環境に対して大きな利点を持っているといえる．都市は，より損害を与えている農村地域から人々を引き付けることができるであろう．たとえばコスタリカは，土地が保留地として取っておかれたので，そのままの状態でインテルコーポレーションが，サンノゼで何千もの仕事を達成したほどなので，保全面での成功話となっている．しかしながら，都市はまた，土地を呑み込み，かつての大量のエネルギー，水，原料を取り込んでしまう．都市は，汚染物質や廃棄物を伴って，商品とサービスを探り出す．環境への都市の影響は広い範囲に及ぶ．都市化に関係した土地利用の変化や汚染が，自然の生態系が提供する産物やサービスを変えてしまう．植物や動物の生息地が失われ，生態系の安定化機能の一部が損なわれる．たとえば，都市化はしばしば，浸食の増加と洪水に対する自然な流域制御の減退をもたらす．都市拡大のための湿地帯の中身が，湿地帯の水質浄化機能を失わせている（註77）．これらの「失われた」機能の多くは，取り戻すのが不可能ではないにしても，お金が掛かりすぎるのだ．

表3.3．国・地域ごとの都市生活者総人口の割合

地域	1950	1970	1990	2010
アメリカ合衆国	64	70	75	82
日本	35	53	63	66
ヨーロッパ	51	63	72	74
中米・カリブ海地域	38	52	64	70
サハラ以南アフリカ	12	19	28	40
中華人民共和国	12	17	27	45
全世界	29	36	43	51

出典：世界資源研究所　EarthTrends, 2006; earthtrends.wri.org/ で利用可能（2006年9月26日から引用）

湿地の排水

何百年もの間に地球上の多くの地域——たとえば，オランダ，イギリス，ドイツ，インド，ビルマ，ベトナム，タイ，フィリピン，スーダン，ニュージーランド，米国——においては，人間たちは新しい農地を作るために湿地を排水してきた．世界全体で見た場合，およそカナダの広さの土地に相当する1000万 km^2（390万平方マイル）の湿地が，20世紀の間に排水されてきたという推測がなされている（註78）．

米国48州南部では，排水によって湿地帯が半分くらいに減少した——1億ヘクタール（約2億4700万エーカー）から，5300万ヘクタール（約1億3100万エーカー）に減った．米国のコーンベルトの多くは，主に20世紀に1700万ヘクタール（約4200万エーカー）の土地を排水して作られたものである．南部のミシシッピ川の底地は排水がなされ，最終的には米と大豆栽培の重要拠点となった．フロリダ州エバーグレーズでは，もう1つの100万ヘクタール程度（約250万エーカー）は農業用に排水された．そして，カリフォルニアのセントラルバレーの多くも，湿地から農地や牧草地に転換された（註79, 80）．

湿地の排水は，世界でもっとも生産性の高い農地をいくらかは生産してきたのだが，絶滅の危機に瀕している野生動物の生息地，氾濫原，そして水の流れにとって極めて重要な自然濾過機能を犠牲にしてきたのである．

汚染

雨や雪，大気，水，土地の汚染は，いろいろな形で生態系の産物とサービスを低下させている．大気汚染物質のオゾンは，たとえば自然生態系における多くの異なる種類の農作物や植物の成長を減退させることがある．中国における地表レベルでのオゾンレベルは，毎年10～20％の割合で中国全土の作物収穫量を減少させてしまうほど高いと推定されている（註81）（オゾンは地表レベルでは汚染物質で，作物を含む植物にダメージを与えることがあり，人間に対しては呼吸器疾患を突発させることがあるのだが，その一方で同じ化合物である O_3 は，成層圏においては保護バリアとして働き，有害な紫外線照射が地球表面に到達するのを防いでくれることを，念頭に置いておいていただきたい（第2章 p.110 参照））．雨と雪が硫黄・窒素化合物で汚染されると，その結果として，植物にダメージを与えて土壌を不毛にしてしまう酸性雨がもたらされる．また，表層水を酸性化し，そこに棲む植物と動物を死なせてしまう．酸性雨の窒素成分は，陸地と水中の植物の両方に対し，肥料として作用することもある．チェサピーク湾のようないくつかの河口では，酸性雨中の窒素加入量は，水が観光の魅力を失うほどに藻類の異常増殖を引き起こすほど高く，また死滅した藻類の分解に伴い，水柱の酸素欠乏を引き起こすこともある（註82）．酸素欠乏がひどくなると，劇的な魚の死滅が引き起こされることもある．同じような結果が，農業排水および工業団地・下水処理場などといった点状の発生源から来る，河口域の窒素汚染によって引き起こされることもある．

オンタリオ州サドベリーのような場所では，製錬所から噴き出した重金属が，風下の土壌に蓄積し，影響地域の植物の命に多くの死をもたらした．植生による保護が無くなったため，これらの地域では浸食が大きな問題となっている（註83）．

ダムと水の転用

ダムと水の転用は，産物やサービスを提供する水系生態系の能力に大きな影響を及ぼしていた．ダムは灌漑を拡大し，洪水を制御し，発電を行うなどといった何通りもの目的で建設されてきた．

ダムに関しては，食料・エネルギー生産や洪水制御の成功に関する酷評は，時として環境問題の陰に隠れてきた．１つの問題は，ダムが河川の自然の流れを変更し，水生生物の生息地の質を変化させることで，種の消失をもたらしてしまうことであった．ダムは水の逆流を引き起こし，広範囲の土地に洪水を起こし，貯水池を形成するので，以前にいた植物と動物の生息域を破壊する．田舎の自然美は，しばしば負の影響を受け，ある形態の原野の娯楽は損なわれるか，あるいは不可能になってしまう．

乾燥地域では，ダムの背後に貯水池を建設することは，結果的に大規模な水の蒸発をもたらす．なぜなら，貯水池はもともとの川よりも空気との接触においては，大きな表面積を持っているからである．その結果，深刻な水不足と，残された水の塩分濃度増加が起こることがある．ダムの水が乾燥地域の灌漑のために使用されている場合は常に塩害の危険性，すなわち様々な鉱物塩が土壌中に蓄積されるというプロセスが発生する．天水農業では，土壌断面を通り抜けていく降水は，川へ流れ去って行き，塩分を遠くに運び去ってくれる．灌漑用水は，しかしながら，一般的に土壌に染み込んでしまい，その土地を流れ去って川まで行くことはない．灌漑水が蒸発すると，塩分が後に残ってしまい，それが徐々に蓄積されていく．塩害は結果的に作物の収量の減退をもたらし，極端な場合には，その土壌を完全に農業に不向きなものにしてしまう．このことは，たとえばカリフォルニア州セントラルバレーのいくつかの地域で発生しているが，そこはかつて「世界のフルーツバスケット」として宣伝されていたが，今ではセレン酸塩が灌漑された農業地の土壌中で高レベルに達している（註84）．20世紀の終わりまでに，塩害は世界の灌漑農地の約20％に影響を与えた（註85）．

ダムはまた，住血吸虫症などの水系感染症の拡大を助長し，その病気が地元住民全体に広がる可能性がある．住血吸虫症は，肝臓，尿管，神経系，肺を損傷する寄生虫が引き起こす熱帯病である（第７章 p.282 の「住血吸虫症」の詳細な議論参照のこと）．

外来種

何世紀にもわたる人間の商業や旅は，地球の生物相の再配分をもたらしてきた．このようなプロセスは時代とともに加速し，今日では外来種が重大な環境問題とみなされている．外来種は，在来種と食料・生息地を巡って競合し，あるいは在来種を餌食にすることもある．彼らはまた，病気をもたらす可能性がある．様々な方法で食物網を変え，生態系の機能に影響を及ぼすことにより，外来種は人々に生命維持のための産物とサービスを提供する生態系の能力を減退させてしまう．

外来種は時おり，自然な方法で地域に導入されているが，人間は通常，意図的であるにせよないにせよ，その導入に関係している．たとえば，魅力的な花を持つという理由で，ホテイアオイは南米からフロリダに導入された．長年にわたり，この急速に成長する植物は，在来種を押し出してボートの進行を妨害し，フロリダの水路の多くを詰まらせてきた．

1990年には，アマゾンのホテイアオイの集団は，東アフリカのビクトリア湖にも拡大した．ケニア，ウガンダ，タンザニアと隣接するビクトリア湖は，その周辺の人間の集団にとっては，水や魚のタンパク質の重要な源となっている．土地利用の変化に由来する外来種および富栄養化の組み合わせが，きれいで酸素豊富で驚くべき多様性を持つシクリッド科魚類（淡水魚類の大きな科で，そのうちの何種類かは重要な食料となる．例，アフリカとアメリカの熱帯域に主に棲むティラピアなど）のいる湖を，濁った低酸素の雑草だらけの魚類の多様性が著しく減った湖へと変えてしまった．多くの専門家によれば，富栄養化や外来種による変化があまりにも大きいため，人間の需要を満たすための湖の能力がもはや脅かされているというほどである（註86）．

結論

我々はすべて，この惑星上のどこに住むかにかかわらず，完全に生態系および生態系の提供するサービス，たとえば，食料，水，気候調節，病気の管理，廃棄物処理と，栄養，精神的充足，美的な娯楽の循環などといったものに依存している．ミレニアム生態系評価という，地球生態系とそれが提供するサービスの状況についての，国連の最近の報告では，過去半世紀以上にわたり，人間は歴史上のどの時代とも比較のしようがないくらいに，急速かつ広範囲に我々の惑星の生態系を変えてきた．これらの変化のほとんどは食料，淡水，木材，繊維，燃料についての急速に成長する需要を満たすために作られたものである．その変化の中には，人間の幸福と経済発展のために，明らかに相当な利益をもたらしてきた例もあるが，その他の多くの例では，ほとんど利益がないのだ．またその変化は，地球上の生命多様性の実質的で甚大な不可逆的損失をもたらし，多くの生態系サービスの劣化と，人間の集団のいくつかについての貧困の悪化，という形で大きな犠牲を強いてしまった．この惑星の生態系構成と機能，および人間活動がそれらの提供するサービスをどうやって脅かすのかを，今まで以上によく理解することが義務であり，それらを保護するためにできることのすべてをすることが不可欠である．

参考文献およびインターネットのサイト

Biophilia, Edward O. Wilson. Harvard University Press, Cambridge, Massachusetts, 1984.
Breakfast of Biodiversity: The Truth about Rain Forest Destruction, John A. Vandermeer. Food First, Oakland, California, 1995.
The Dancing Bees, Karl von Frisch. Harcourt, Brace & World, Inc., New York, 1953.
Ecosystems and Human Well-being: Synthesis, Millennium Ecosystem Assessment. Island Press, Washington, D.C., 2005.
"The Great Race." *Economist*, 2002; 364(8280).
Human Wildlife: The Life That Lives on Us, Robert Buckman. Johns Hopkins University Press, Baltimore, Maryland, 2003.
Microcosmos: Four Billion Years of Evolution, Lynn Margulis and Dorion Sagan. University of California Press, Berkeley, 1986.
Millennium Ecosystem Assessment, www.millenniumassessment.org.
Nature's Services: Societal Dependence on Natural Ecosystems, Gretchen C. Daily (editor). Island Press, Washington, D.C., 1997.
The New Economy of Nature: The Quest to Make Conservation Profitable, Gretchen C. Daily and

Katherine Ellison. Island Press, Washington, D.C., 2002.
The Trees in My Forest, Bernd Heinrich. Harper Collins Publishers, New York, 2003.
Valuing Ecosystem Services: Toward Better Environmental Decision-Making, National Research Council. National Academies Press, Washington, D.C., 2004; see www.nap.edu.
The Work of Nature: How the Diversity of Life Sustains Us, Yvonne Baskin. Island Press, Washington, D.C., 1997.

第4章

自然界からの薬品

デヴィッド・J・ニューマン，ジョン・キラマ，アーロン・バーンスタイン，エリック・チヴィアン

生命の図書館は燃えているのに我々はその蔵書のタイトルさえ知らない．

グロ・ハーレム・ブルントラント博士，元世界保健機関事務局長，元ノルウェー首相

生物多様性は人類その他の生命を地球上で生存させる生態系サービスを可能にさせている．その一方で，生物多様性はまた我々に薬品を提供することで，身体の苦痛を軽減し，治療し，あるいは病気を治癒させる．現代のコンビナトリアル・ケミストリーの出現で，数千もの合成化学物質を次々と生産してそのうちの１つまたは少数のものが生物学的な活性を持つ望みがあるようになったが，天然由来の薬物はこの1000年間と同様に主軸のままである．たとえば米国では，よく使用される処方薬の半分以上が天然由来であり，直接的あるいは間接的に，天然合成物がモデルとして，あるいは新薬の化学テンプレートとして用いられている（註１）．

そして，「合理的な薬物設計」（相互作用する分子標的についての知識に基づく薬の設計）となるものの近年の重要な貢献があるというのに，1998～2002年に米国食品医薬品局（または他の国の同様の組織）に認可された小分子の新薬の大多数（158中116）では，起源を天然物へと完全にたどることができる（註２）．開発途上国ではさらに薬品は天然に頼っており，世界保健機関（WHO）が出資する研究の80％もが，天然物からの薬品が対象である．

天然薬品に関する大部分の文献は，植物（とくに熱帯多雨林からの植物）がどのように我々にキニーネ（抗マラリア）とピロカルピン（対緑内障）のような薬を与えてきたか，に集中する傾向があり，我々がこれらの森を伐採したり燃したりするならば，薬品原料となる種が同定される前に絶滅してしまい，これから発見されて他の用途に極めて役立つべき薬品を失うという論議だった．多数のそういった薬品がすでに見つかっており，潜在的薬理活性を完全に分析された既知の植物は１％未満で，現在までに発見された世界全体の種はごく一部で（第１章参照），そして，通常水準の100～1000倍またはそれ以上の急激な速度で我々が生物種を失いつつあるので，この警告は確かに正当化される．しかし熱帯域の高等植物に対する関心は，明らかに極めて重要だが，他の生物の不可欠な貢献を不明瞭にする傾向がある．そういった生物には動物も微生物も含まれるが，薬物療法に用いられ，陸生も海洋性もおり，また，世界中の熱帯にもそれ以外の地域にも分布する．

この章では，天然由来の薬品のいくつかの重要な事例を見ていく．我々はまた天然農薬の使用についても考慮するが，その理由はこれらが間接的に人間の健康にも寄与するからで，それはとくに開発途上国で顕著だが，今日では先進工業国でもその重要度が増している．医薬を我々が生物多様性を保つ必要がある理由の主要な理由として挙げようとすれば，その利点は明白である．そのような重要点は終わることもありええることを，読者は心に

留めておかなければならない．我々の健康と生命は，他の種の存在と天然生態系の健全な機能に依存している．これらは本書の他の章の主題である．

なぜ天然薬品なのか

生物はすべて，感染症その他の疾病から自身を守るために多数の合成物を発達させてきており，そしてすべての生物は，同種の他個体や他の種と，少なくとも部分的には化学物質において相互作用をしている．これらの化合物の一部は進化し，たとえば極めて多彩な種に存在する抗菌性ペプチドとなり，細菌や菌類その他の生物による感染を防いでいる（第5章，p.212参照）．他の化学物質は，捕食者の餌食となるのを止めるように発達し，そういった例にはイモガイ，ヘビ，サソリあるいはクモの有毒なペプチドが挙げられる．また別の化合物は，攻撃を受けやすい種が食べられるのを防御しており，そのような例には一部のカエルやヒキガエルの皮膚の強力なアルカロイドがある．自然は少なくとも35億年間，これらと他の化学製品を製造するコンビナトリアル・ケミストリーの実践者であり，ときには数百万年以上かけて，意図した機能にもっとも適合するように，終わることなく構造を変化させてきた．機能しなかった合成物は，現在はもうないか，あるいは他の機能を持つとみなされている．天然薬品の探索で重要なのは，多くの場合，「臨床試験」は，本質的には，すでに完了していることである．我々の使命は，十分な注意を払って，植物や動物，そして微生物に手掛かりを見つけ，潜在的に人間の薬となる物質を見つけることであり，それらは微生物が抵抗を高めるのを防ぐ抗生物質だったり，新しいメカニズムで作用する強力ながん化学療法剤だったりするだろう．すべての生物の注目に値する均一性が，とくに遺伝子で分子レベルで（この点に関するさらなる議論は第5章を参照）あるので，他の生物からのこれらの生化学の糸口は，重要な新薬の発見につながることがありえるが，そのいくつかは研究室では決して発見されないだろう（註3）．

天然産物の医薬品としての歴史

主にアジアで使われていた，鉱物と金属のある種の特殊な混合物を除いて，20世紀中葉以前の大部分の薬は，植物起源だった．最初の記録は紀元前2600年のメソポタミアから来た．使われていた薬物は様々なヒマラヤスギ類（*Cedrus* spp.）やイトスギ（*Cupressus sempevirens*）の油，甘草（カンゾウ *Glycyrrhiza glabra*），没薬（*Commiphora* spp.），そしてケシ（*Papaver somniferum*）で，そのすべてが今日も様々な病気の治療にある程度用いられている．エジプトの医療は，およそ紀元前2900年の前期からすでに始まっていたと考えられるが，最初の既知の記録はおよそ紀元前1500年からの『エーベレス・パピルス』（*Eberes Papyrus*）であり，そこには約700の薬が記述され，その大部分が植物起源であり，また処方も含まれていた．中国の薬物学（＝本草学）は，数世紀にわたって文書化されてきており，最初の記録では52の処方を含み（五十二病方，B.C. 1100），それに続くのが『神農本草經』（～B.C. 100）で365処方を含み，5世紀の陶弘景はそれを整理して『本草経集注』をしめし，さらに蘇敬（659）がこれを増補編集した『新修本草』では850処方となった（図4.1）．同様に，インドのアーユルヴェーダ療法からの薬品の文章化は，他に先駆けておよそ紀元前1000年のスシュルタとチャラカから始まった．このシステムは，8世紀にユトク・ニンマ・ヨテンゴンポ（Yuthog Yonten Gonpo）の著したチベットの医療書（Gyo-zhi，四部医典）の主要なテキストの基礎となった．古代の西洋の世界では，ギリシャ人は大幅に薬草の開発に貢献し，そこにはテオプラストス（Theophrastus，～B.C. 300年），ディオスコリデス（Dioscorides，～西暦100年）とガレノス（Galen(us)，西暦130～200年）の影響が大きい．この知識については中世初頭から中期にかけて（5～12世紀）は，西ヨーロッパの修道院による若干の記録を除いて，アラブの学者がギリシャ・ローマの文献に対して保存と新知見を加えた拡張を担っており，また，同様にギリシャ・ローマ文化圏に実質的に知られていなかった，中国とインドの薬草についても同じ役割を果たしていた．そのうち2名が顕著に知られている．第一はペルシャの偉大な医者・哲学者のイブン・シーナー（アビセンナ Avicenna，西暦980～1037年）で，その著書の『医学典範』（*Canon Medicinae*）を通じて薬学と医学に大きく貢献した（図4.2）．この著作はヒポクラテスとガレノスの医学的な教えとアリストテレスの生物学的洞察との統合を試みており，数世紀の間アジアとヨーロッパの医学部の教科書として用いられた．第二の人物はイブン・アル＝バイタール（Ibn al-Baytar，1179年頃～1248）で，およそ1400の植物とその薬としての用途を『薬と栄養全書』と『生薬全書』の2冊の本で記している．ギリシャ人の医師・薬理学者・植物学者のディオスコリデス（Dioscorides）は，ネロの統治のローマで活躍したが，600種類以上の薬用植物をカタログ化し，彼の5巻本の『薬物誌』は初期のルネサンスまで（つまり1500年以上も）主要な薬の実用書で，そして植物処方に関する関心は著しく成長した．1597年には，英国王立内科医会の薬草園の管理者のジョン・ジェラード（John Gerard）が『本草あるいは一般の植物誌』（*The Herball or Generall Historie of Plantes*）を発表したが，この分厚い書籍には2200もの薬用植物の木版図が掲載され，200年以上の間，西洋世界で薬品処方をする際のもっとも影響のある教科書となった．19世紀には，化学者は溶媒，蒸留，その他の手段を用いて合成物を植物から抽出する方法を習得し，そしてそのあとには生物活性化学物質を，とくに植物アルカロイドから分離して特定する豊かな時代が続いた．こういった化学物質には1804年のモルヒネ，1831年のアトロピン，1860年のコカインが含まれている．

今日では，天然物からの薬品抽出とその識別は，薄層クロマトグラフィーや高速液体クロマトグラフィーのような技術に依存し，これらは混合物から1つの化合物を分離する方法である．質量分析と核磁気共鳴分光法は複雑な有機分子の3次元構造の分析が可能となる．そして，他の方法ではたとえば生きている動物やがん組織培養において，新薬の可能性のある物質の生物活性を試すことができる．

薬発見の伝統的な医療の役割

民族植物学とは，土着文化による植物の使用法の科学的研究であり，そこには薬品としての使用法も含まれるのが，その創始者はカール・リンネと考えられ，彼は1730年に『ラップ植物誌』(*Flora Lapponica*) を著し，そこにはラップ人，またはサーミ人と呼ばれる北極圏の北に住む人々による植物用途の詳細な説明がされていた．これらの観察は，それ以後やられたのと同じように，先住民によって多くの世代の上に集められた自然界についての知識の上に描かれており，今日の医学の実践に大きな貢献をしている（図4.3）.

２つの現代の医薬，キニーネとアルテミシニンの歴史は伝統的な医学治療者に対する我々の巨大な負債を例示するのに役立つ.

キニーネ

キナノキ類（たとえば，*Cinchona offcialinis*）の樹皮からの抗マラリア剤キニーネの抽出は，フランスの化学者ピエール＝ジョセフ・ペルティエ（Pierre-Joseph Pelletier）とジョセフ＝ベイネミ・カヴァントゥー（Joseph-Bienaime Caventou）が1820年に成功した．この樹皮はアマゾン域の先住民たちが発熱の治療に長い間用いてきた．スペインのイエズス会の宣教師は，16世紀後期と17世紀前期にペルーのインカ帝国征服の後，現地人からこの使用について学び，樹皮がマラリアの予防と治療に効果的であると知った．宣教師たちはこの知識をキナの樹皮とともにヨーロッパに持ち帰り，そこでは樹皮は「ペルーの樹皮」として広く使われた．キニーネをモデルにして，化学者は抗マラリア剤のクロロキンとメフロキンを合成し，さらにキニーネの基本的構造を変えてもっと効果的な薬剤を作ろうとし，新たな抗マラリア剤のブラキンが開発された.

アルテミシニン

黄花蒿（オウカコウ，クソニンジン，または青蒿(せいこう) *Artemisia annua*）もまた，2000年以上の間中国で熱病の治療に使われてきた．しかし中国の科学者がその植物から活性化合物のアルテミシニン（青蒿素）を抽出して強力な抗マラリア剤と判定したのは1972年になってからだった．この発見努力は，当時の新薬の材料を中国の土着の植物から探すという組織的な検査の一部だった．アルテミシニンから近年開発されたより可溶性の誘導体が，アルテメテル（artemether），アルテセル（artether）とアルテモチル（artemotil）である．これらの薬は，メフロキンのような他の抗マラリア薬と複合すると，マラリア治療に極めて効果的であるとわかった．とくにもっとも死亡率の高い熱帯熱マラリア原虫 *Plasmodium falciparum*（第７章のマラリアに関する詳しい論議を参照）に効果的である．この病原虫にはクロロキンとスルファドキシン／ピリメタリン剤の第１次治療に抵抗性を持つものがアジア，南米・中米，およびアフリカで増えている．マラリアが，国際社会の徹底した努力にもかかわらず，毎年100万～300万人（そのうちのおよそ４分の３はアフリカの子どもたちである）の命を奪い，世界中で経済を麻痺させ続けていることを思えば，アルテミシニンと他の効果的な抗マラリア薬の重要性は誇張されてはいない（図4.4, 4.5）.

アルテミシニンのもう１つの可能性のある用途にはがんの治療がある．その抗マラリア活性はマラリア原虫で極めて高濃度で存在する鉄に対する相互作用によると考えられる．また，ある種のがん細胞（とくに白血病細胞）は鉄を高濃度で持つのでアルテミシニンで死滅させられるかもしれない．このことは組織培養されたがん細胞によるいくつかの初期研究で示されている．アルテミシニンとその派生物のがん化学療法剤としての可能性はいろいろな制がん剤の選考で活発に調査されている（註４，５）．アルテミシニンを基にした抗マラリア薬の高い需要の一方で，原草の *Artemisia annua* の商業的な生産は（中国とベトナムのごく限定された場所だけに）限られていたので，アルテミシニン・ベースの治療法はなかなか進まなかった．世界保健機関は，生産強化計画の策定段階に入った．供給に関する問題解決には，バイオテクノロジーの利用が考えられる．カリフォルニアの科学者は，最近バクテリア大腸菌（*Escherichia coli*）と酵母（*Saccharomyces cerevisiae*）で，*Artemisia annua* からの遺伝子導入によって，アルテミシニン化合物の基本構造を産出した．大腸菌または酵母がアルテミシニン生産の実現可能な原料になるためには，基本構造が修正される必要があり，そして商業生産に見合う量的水準に達するためには，全工程を拡張しなければならない（註６，７）．

伝統医学は，今日，先住民たちが実践しているように，独自の「臨床試験」に準拠しており，その効果が示されたときのみ，天然薬品の使用が継続する．これらの追跡期間は極めて長く，しばしば数百年の間に治療者の世代交代をしながら続き，そして，それらは多くの天然物質の薬効成分についての膨大で詳細な知識につながるだろう．

そういうわけで，伝統的な治療者が用いる薬物の中に新薬発見につながる大きな潜在能力があると，多くの人々は考えている．しかし，薬発見にこれらの前例を使うには，問題もある．１つは，診断の問題である．診断用手法，たとえば血液検査，X線，MRI，手術のような侵襲的技術がない場合，伝統的な治療者は主に患者の病歴，身体検査，そして病気の外的徴候に多くを頼らなければならないが，そのすべてが頼みにならない場合がある．迷信もまた正確な診断を妨げるかもしれず，偽薬効果とともに，処置の成功の客観的な評価を曇らせるかもしれない．

さらにまた，ある種の病気，たとえば，年輩者がかかるような，アルツハイマー病や大部分のがんは，一部の寿命が短い先住民には稀な場合がある．最後に，知識は１つの世代から次の世代まで忠実に伝承されたかもしれないし，されなかったかもしれない．中国，日本，韓国およびインドを含むアジアのいくつかの地域では，伝統的な医業は，数世紀以上にわたって詳細な文章で記録され続けているが，これらの地域とは対照的に地球上のある地域，たとえば南米のインディオの間では，知識の継承は主に口頭で行われてきた．これらの口碑が極めて注意深く追跡と観察を反映しているかもしれない一方，彼らは頼りない伝達と逸話的な報告の結果として錯誤が生じている傾向がある．にもかかわらず，先住民の治療者は，多くの新薬の発見において，極めて重要であり続けている．ある研究が示したところによると，１つ以上の国で使用中の現在119の薬（約90の植物種に由来する）のうち，ほぼ４分の３は活性化学物質を伝統的な薬で使われる植物から抽出して発見されている（註８）．

悲劇的にも，伝統的な治療者は，現在２倍の脅威に直面している．どちらも生物多様性の損失によっていて，彼らの調剤書を構成する天然原料の減少と，そして，彼らの文化を一掃するかもしれない外界による侵略である．20世紀前半の４分の３で，ブラジルだけで90以上の部族が「絶滅」している．これらの現地の治療者が持つ秘密を，彼らと彼らが使う植物その他の種がなくなる前に，科学者たちが競い合って記録している．

南米土着の医薬

土着医薬の実例として，南米のいくつかの例に焦点を当ててみよう．もし我々が同様にアフリカ，アジア，太平洋諸島の国々，そして，いくつかの世界の他の地域の住民の豊かな医学伝統を取り扱うなら，この章は単独で1冊の本となるだろう．

キャッツクロー（Unha-de-gato, *Cat's Claw*）

アマゾン原産のキャッツクロー（*Uncaria tomentosa*）の根部の乾燥樹皮は，原産域の先住民に広く使われるが，とくにカンパ族 Campa，アムセマ族 Amuesha，そしてアシャニンカ族 Ashaninca が用いる．主にペルーで見られるものの，この植物は南米にかなり広く分布し，ボリビア，ブラジル，コロンビア，グァテマラ，ホンジュラス，スリナム，トリニダードおよびベネズエラの森林に生育する．避妊薬として，そして，治療薬としては関節炎，リウマチ，胃潰瘍，外傷の諸症状に使われるが，その有効成分はまだ特定されていない．

ヤボランジ（*Jaborandi*, Ruda-do-monte）

この原料は *Pilocarpus jaborandi* の葉から抽出される．ブラジル北東部のアピナヘ族（Apinaje）を含むインディオは，母乳の出をよくするために，あるいは利尿剤としてそれを使ってきた．その活性成分のピロカルピン（pilocarpine）は，1875年にブラジルで最初に発見されたが，20世紀初期から中期にかけては緑内障の眼圧を下げる薬として選ばれていた．緑内障は高い眼圧のため視力が戻らぬまま失明に至ることもある眼病である．ピロカルピンは他の *Pilocarpus* 属の種にも含まれるが，*P. jaborandi* にもっとも高い濃度で見られ，その価値は1980年の推定で4000万ドルにも達した．1997年までには，世界でおよそ2万5000人もが *P. jaborandi* の葉を集めるのに雇われ，1200トン程度の葉をブラジルのマランハオ州，ピアウイ州，およびパラ州で収穫した．しかしこのような過剰収穫は持続的ではなかったことから，1990年代末にメルク社は700エーカー（約283ヘクタール）のプランテーションを準備して他の *Pilocarpus* 属の種 *P. microphyllus* を作付けし，毎年10トンの葉を収穫し，その葉は単位エーカー当たりの高濃度のピロカルピンを含んでいた（図4.5）．

パウダルコ（Pau d'Arco, Lapacho）

パウダルコはまたラパチョとしても知られるが，*Tabebuia impetiginosa* の樹皮から抽出され，西洋ではラパチョール（lapachol）として知られる．その混合物はアマゾン川流域で通常の熱，マラリア，梅毒，皮膚感染症などの疾病の治療に用いられており，またメキシコからパラグアイの乾燥地域，田園地域，乾燥地域では胃障害の治療に用いられている．

米国立がん研究所の1970年代の研究では，ラパチョールがマウスで抗腫瘍活性を持つことが示された．しかし，この薬の臨床試験は，受け入れがたい毒性のために停止した．最近，ラパチョールの誘導体のベータラパチョールが，*Tabebuia* 属の別種 *T. avellanedae* から得られ，それは白血病，乳がん，前立腺がんや多在対抗性のがんを含む一定範囲のがん細胞系統に対して活性があり，そのため，この種の化合物に対する関心が再起された．この薬品は，現在アメリカ合衆国で初期臨床試験（フェーズⅠ/Ⅱ）が行われている．

いくつかの天然由来の薬品の概観

陸性環境

植物

現代でも，植物は医薬の発展に欠かせない源泉である．上記のように，世界保健機関は，開発途上国の相当な量の人々が伝統的な薬に頼り，またその大部分は植物由来であると結論し，最近これらの治療の安全性および有効性のカタログ作成と評価を開始した．先進工業国もまた治療を植物成品に大きく頼っている．たとえば，アメリカ合衆国のコミュニティ薬局から分配される処方の1959年から1980年までの分析の一例によると，およそ25%が植物の抽出物か活性成分を含んでいた（註９）．そのような合成物はそれ自体が薬として有効であるだけでなく，自然界の合成で，他の分子への前駆体として，さらに有用な場合がある．こういった植物に基づいた現在も陥られている薬品には多くの事例があるが，そのいくつかを次に示す．

◆**モルヒネ**

ケシ（*Papaver somniferum*）はほぼ5000年の間，鎮痛剤の原料となってきた植物だが，そこからフリードリッヒ・ヴィルヘルム・アダム・ゼルチュナーは1804年にモルヒネを分離した．メソポタミア下流のシュメール人が最初にケシを栽培し，それらをフル・ギルすなわち「楽しみ草」と呼んだのは，およそ紀元前3000年のことである．それは，激痛や，死の前に起こる状態に伴う動揺その他の状況で依然として多く選ばれる薬品である．モルヒネの構造をモデルとして用いて，化学者はモルヒネよりおよそ25～50倍の効力の，習慣性と耐性がかなり減少した可能性があるひじょうに効果的な半合成のアヘン剤のブプレノルフィンをその後以外開発した．第６章で論じられるように，他の天産物もあり，たとえば，あるものは両生類やイモガイ類から得られ，それらはブプレノルフィンよりもよく効く鎮痛剤でさえあり，中毒性や耐性はまったくない（図4.7）．

◆**ニチニチソウのアルカロイド類（ビンカ・アルカロイド類）**

ニチニチソウ（*Catharanthus roseus* または *Vinca rosea*，図4.8）は世界各地の地域で薬用とされた長い歴史があるが，第二次世界大戦中には糖尿病の治療に使われた．戦後はカナダの科学者と，米国のイーライ・リリー社が，糖質調査の調整に使えないか，この植物の抽出物を調査した．しかしながら，実験動物で，抽出物は白血球を顕著に破壊することがわかった（脂肪をためておく脂肪細胞も同様の影響を受け，そのことがニチニチソウの抽出物が糖尿病に治療効果のあった説明となろう）．白血球の死亡率の観察結果から，研究者たちはニチニチソウが白血病に有効かもしれないと考え始めた．その４つの成分は，一般に「ビンカ・アルカロイド類」として知られるが，1960年代に分離され，そのうち２つは今日利用できるもっとも効果的な化学療法剤に数えられるようになった．１つはビンクリスチンで，別名のオンコビン（Oncovine）としても知られ，小児白血病の治療に革命をもたらし，他の抗がん剤とともに使うことで，その病気は多くの患者で完全に治療できるようになった．もう１つはビンブラスチン，その商品名はベルバン（Velban）で，リンパ系がんのホジキン病が同様に根治可能となった．さらに効果的な薬品を開発する多くの試みもあり，現在までに500以上の潜在的候補が合成され，そのうちの２つの半合成物のビノレルビンとビンデシンが臨床使用されている．

◆アスピリン

ヒポクラテスによると，古代のギリシャ人は，出産の間の鎮痛剤としてヤナギの木の葉（アスピリンの前駆体のサリチル酸を含む）から作られる調合薬を用いていた．18世紀中頃には，エドモンド・ストーンという名の英国国教会派の聖職者は，熱を治療するのにホワイト・ウィロー（*Salix alba vulgaris*）の樹皮を使うという，彼の提案した処置の慎重な観察を行った．彼はこの処置をホワイト・ウィローの樹皮がキナの木のそれのように苦い味がし，「キナの樹皮」は解熱効果で有名なことから思いついた．化学物質のサリチル酸は1830年代に抽出されたが，その２つの原料の１つはヤナギ，もう１つは「草原の女王」またはセイヨウナツユキソウ（Meadowsweet，*Spiraea ulmaria* または *Filipendula ulmaria*）と呼ばれる植物で，それは民間医療の開業医には有名だった．サリチル酸は，植物に広く分布することがわかっており，病原体に対する化学防御として機能し，あるいは，いろいろな環境ストレスに対する防御物質の前駆体として存在する．その後，この薬品は熱，痛み，そして関節炎や痛風の炎症の治療薬としてよく使われるようになった．1860年にはドイツの化学者ヘルマン・コルベはサリチル酸を合成し，1898年にはドイツのフリードリッヒ・バイヤーの研究所に勤めていたフェリクス・ホーフマンが，サリチル酸に胃を刺激しないようにアセチル基を加え，アセチル基の「a」と当時のサリチル酸の原料 *Spiraea ulmaria* に由来する「spirin」を合わせて，彼の新製品（アセチルサルチル酸）を「アスピリン」と呼んだ．

アスピリンは，合成された最初の現代薬だが，今日の製薬業界の基盤と考えられるだろう．アスピリンはこの100年で他のどの薬よりも多くの人々によって服用された．米国だけでも，年間300億錠以上のアスピリンが消費されている．しかし，この広範囲にわたる使用にもかかわらず，アスピリンの作用の機序が理解され始めたのは1970年代で，英国の科学者ジョン・ベイン（John Vane）が，アスピリンがシクロオキシゲナーゼ（プロスタグランジンの生産を助ける酵素）を阻害することを発見した．プロスタグランジンは化学伝達物質で，多くの機能を持つ細胞から放出され，その細胞の機能には痛覚信号を運ぶ神経を刺激し，負傷した組織に血管から液体の漏出を促進し，熱が生ずる原因となることも含まれている．そこでプロスタグランジンの合成を阻害することで，アスピリンは怪我と炎症に伴う痛み，膨張および熱の発生を防止する．プロスタグランジンはまた血小板をくっつき合わせて，血流を止める塊を形成させるが，それは出血時には役に立つ特質だが，そうでないならば，死に至る可能性がある．アスピリンはプロスタグランジン生産を妨げるため，それはある種の心臓発作と脳卒中を引き起こす凝血を防止する手助けとなる．

これらの状況の予防のためにアスピリンを飲む利点があるととくに判断されるのは，心臓発作や脳卒中にかかっていることの危険性が高い人で，心房細動または末梢血管疾患のどちらかあるいは両方をすでに持っている人である．またアスピリンは，おそらく脳内で小さな凝血が形成されるのを防止するので，年長者の認知障害と痴呆の発現を予防するだろう．簡単に言えば，小用量のアスピリンは毎年世界中の何百万人の命を救う手助けとなり，それはすべてヤナギの木から始まったのである（註10）．

◆カラノライド

カラノライドの物語は，偶然の発見と組織的検索の組み合わせがどのように植物から抗HIV剤の発見に結び付いたかという例である．これはまた，それはとくに有望な新薬がどうして発見されないところだったか，そして，いかに多くが，熱帯多雨林その他の生物学的に多様な生息地で存在し，我々が天然資源を浪費し続けるならば，同様に失われるかもしれないか，の例でもある．

1987年に，南のアジアのゴムの木に関連する木の *Calophyllum lanigerum*（図4.9，地元でBintangorとして知られる）の葉と小枝が，米国立がん研究所の支援を受けたハーバード大学アーノルド植物園のジョン・バーリーに採集された．バーリーは，マレーシアのサラワク州のボルネオの島の，地球でもっとも古くからあると考えられる熱帯多雨林にいた．そのサンプルからその後，抗HIV活性が顕著に高い化合物のカラノライドA（calanolide A）が得られた．この有望な結果から，最初の木を見つけるべく再訪問がされたが，その木はどこにも見つからず（おそらく伐採された），そしてこの地域の他の *C. lanigerum* のサンプルからは最初の木からの化合物が生産できなかった．幸運にも，*Calophyllum*（テリハボク属）の別種の *C. teysmannii* がシカゴにあるイリノイ大学のドール・D・ソハート博士が採集し，この種もまた抗HIV剤を産出し，それはカラノライドB（calanolide B）と呼ばれた．カラノライドBはカラノライドAよりも効力が弱いが，多く産出することができた．さらにこれは樹液から採集が可能なので，薬品を継続的かつ更新的に生産するために木を犠牲とする必要はない．注意情報として，メキシコの *Calophyllum* のまた別種がカラノライドAとBの両方を産出することが報告された（註11）．

カラノライドAは小さな米国企業（MediChem Research社）によってすぐに合成され，米国立がん研究所によって許諾が得られる見込みで，また薬品開発には原産国が関与しなければならないので，MediChem社はサラワク州とともにSalawak Medichemという新会社を設立した．この合弁事業は国連生物多様性条約による利益共有の成功事例と考えられている（以下参照 www.biodiv.org/programmes/socio-eco/benefit/case-studies.asp）．

カラノライドが属するのは非ヌクレオシド逆転写酵素阻害剤（NNRTI）と呼ばれている抗HIV剤の部類だが，それらは一般に共通の構造要素を持ち，その効果を制限する交差耐性を誘発するが，他の薬と対照的に，カラノライドAとBには独特の構造があって，他のNNRTI（たとえばネビラピン）で交差耐性を誘発しない．カラノライドBは米国で臨床試験より前の段階にあり，カラノライドAは他の抗HIV剤との併用療法で第2相臨床試験に近づいている．

◆スイート・クローバー（シナガワハギ属 *Melilotus* の種）

ワルファリン（warfalin）は凝血の長期の予防と治療に使われる薬品である．この位置を占有するその登場は，一連のありそうもなくて，時には，奇怪な事態を含み，それらが北アメリカの牛牧草地から世界中の何百万人の医療棚にそれを持ってきた．20世紀になろうとする頃に，ノースダコタとカナダのアルバータ郡に移住してきた農民から，物語は始まる．それらの地の容赦ない気候では，牛のために伝統的なサイレージ（発酵飼料）を作るのに不適当だったため，農民たちはスイート・クローバー（別名シナガワハギ，*Melilotus* spp.，図4.10）を耕作せざるを得なかった．この植物はヨーロッパとアジアから数世紀前に北アメリカに導入されていた（シナガワハギ属 *Melilotus* の種は，現在では北米への侵略的外来生物と考えられている）．スイート・クローバーの使用は栄養的には成功だったが，大変なコストが生じた．牛は，ちょっとした衝突や切り傷で出血が止まらなくなった傷がもとで死に，また自然な内出血で死んだ．家畜のこの出血性疾患（「スイート・クローバー病」として知られるようになっていた）についての出版物は，1920年代初期に出回り始めた．２人の獣医師，アルバータ州のフランク・ショフィールドとノースダコタ州のリー・ロデリックは，牛が悪くなったスイート・クローバーの干し草を食べたときだけこの病気にかかる，と推論した．しかし，ワルファリンと呼ばれるようになる分子が発見されるまでには，多くの年月と，ある元気がない農民との偶然の出会いが必要だった．

1933年２月の凍てつく寒い午後に，エド・カールソンという名の農民が，マディソン郡にあるウィスコンシン大学のカール・パウル・リンクの研究室に現れた．彼は雪嵐の中を，１頭の死んだ雌牛，凝固していない血で満たされたミルク缶，100ポンドの悪くなったスイート・クローバーの干草を持って，ウシの「スイート・クローバー病」の流行を止める方法についてアドバイスを得るために，約300 km（190マイル）を旅してきた（この地域の農民の強さと持久力は伝説的だった）．

現在わかったところでは，リンク氏はその前年「スィート・クローバー病」に興味を持つようになっており，甘い香りのするシナガワハギ属の成分の，クマリンが少ないスイート・クローバー株の開発に取り組んでいた．クマリンの香りはバニラに似ているが，味は苦く，そのためウシは一般に高いクマリン濃度の植物を避けていた．リンク氏の研究室へのカールソンの偶然の訪問は――彼はじつは近くの農業試験場へ行く予定だったが，そこが閉まっていた――リンク氏をクマリン研究に強く集中させることになり，そして６年後，リンク氏の同僚の一人のハロルド・キャンベルは，悪くなったスイート・クローバーの干し草からの成分ジクマリンを抽出した．いろいろな糸状菌（アオカビ属 *Penicillium* とアスペルギルス属 *Aspergillus* の若干の種を含む）がスイート・クローバーでクマリンを代謝するときにジクマリンができ，ビタミンＫの代謝と合成を阻害して血液凝固のプロセスを妨げる．それが1940年代初期から抗凝固剤としてうまく使われた．

ワルファリンはクマリンから誘導される化合物である．その発展と使用は，もう別の珍妙な出来事をもたらした．リンク氏が結核と診断されてサナトリウム閉じ込められたとき，彼にはたっぷりとひまがあったので，すぐに齧歯類の管理の専門家となり，歴史に名を残した．退院した後，彼はクマリンの仕事を再開し，そして，1948年にワルファリンの特許権をとった．そして，それは極めて効果的な殺鼠剤だったが，現在もまだ効果的であり，ネズミその他の齧歯類を出血多量で死なせてしまう．それから，リンク氏は医師たちに対して彼らの患者にワルファリンを使うように興味を引こうとしたが，医師たちは乗り気でなく，ある海軍の提督がワルファリンで自殺未遂をして生き残ったことが広く知られるまで，殺鼠剤としての評価を与えられていた．それから，ワルファリンは迅速にジクマリンに取って代わり，今日まで抗凝固性治療の頼みの綱となった（註12）．

動物

◆医療用のヒル（チスイビル，*Hirudo medicinalis*）

ワルファリン導入後の抗凝固性治療の世界では，40年以上の間のあまり進展はなかったが，1990年代のレピルジン（lepirudin）の出現は最初の大きな突破口となった．レピルジンは，またもう１つ別の天然物質から発見された．それは何世紀もの間医療になじみがあったある生物の唾液からで，医療に用いられてきたチスイビル *Hirudo medicinalis*（図4.11，4.12）が原料生物だった．医療におけるヒルの使用は，約3000年前のエジプトのファラオの墓碑にもあり，また，インド，中国および古代ペルシャでも文書化された記述がある．西洋医学では，ヒルの使用は，19世紀前中期にピークに達した．瀉血がその当時からヨーロッパで一般的になり，その典型的処置コースが１ダース以上のヒルを必要として，およそ１億匹のヒルが1830年代に毎年使われた．医者自身が「ヒル」と呼ばれるようになっていた．ヒルの需要は極めて高まり，一部の政府は会社がヒル生産を強化する奨励金を提供したので，進取に富んだ人たちができるだけ多くのヒルを捕まえようと躊躇なく沼地に入り込むようになった．

1884年に，ストラスブールに勤めていたジョン・ヘイクラフト（John Haycraft）は，ヒルジンという分泌の抗凝固剤がヒルの唾液に含まれていて，犠牲者の血を流れたままにすることを発見した．ヒルジンは血液凝固の過程の重要な構成要素である血中タンパク質のトロンビンに結合して凝固を阻害する．ヒルジンは20世紀になろうとする頃に分離されたが，1994年にバイオテクノロジーの進歩がその大量生産を可能にするまで，薬品としての利用はできなかった．そのとき，ヒルジン・タンパク質をコードするヒル遺伝子の酵母細胞への導入が成功し，そしてそれから，その細胞は微小な「工場」となって組み換えタンパク質を大量生産できるようになった．組み換えタンパク質という呼び名は，酵母のゲノムにヒルの遺伝子が導入された，すなわち「組み換えられた」ことによる．生産された組み換えタンパク質はレピルヂンで，ヒルジンとほとんど同じであった（註13）．

レピルジンは，一部の患者のための重要な薬になった．そういった患者の免疫系は，ヘパリンによるこれまでの治療の結果として血小板が破壊されている（ヘパリンもまた天然資源からの抗凝固剤で，1916年に最初に犬の肝臓から分離されたが，1930年代までは広く利用できなかった）．ヘパリン分子の一部は血小板の一部の表面に似ており，そして，免疫系はヘパリンを目標とする抗体を生み出す際に，一部の人の血小板を破壊してしまうこととなる．ヘパリンは短期の血液凝固阻止に選ばれる伝統的な薬ではあるが，そういった場合使用できず，そして，レピルジンが極めて少ない使用可能な代替品の１つとしてしばしば使われる．

ヒルジンのほかに，医療用のヒルの現代医療への貢献がある．チスイビル *H. medicinalis* は世界中の形成外科医の重要な味方となった．とくに微小血管手術を施す人々であり，多くの手術の中心であり，その施術には指のような切断された部位の再結合が含まれる．そのような手術でもっとも挑戦的な場面の１つは，破裂した静脈の再結合である．静脈が破壊されたとき，傷からの血液排出は不十分で，そして傷付いた組織は腫脹する傾向があり，そしてそれは血流を損ない，回復を妨げるだろう．ヒルは過剰な体液の排出を手助けして，組織の血液供給を復旧させて治療する．ヒルの抗凝固剤もまた，ヒルの噛んだ場所と，結果的にはその周辺の組織に血流を促進もするかもしれない．ヒルは近年，何千もの切断された手足の指，鼻，そして耳を救い，また乳房再建治療でもますます使われるようになった．

そのうえ，わかったことには，医療用ヒルは痛みと，また，しばしば膝その他の関節の炎症の治療に効果的であり，おそらくそれは麻酔薬，抗炎症性化合物と，その他の生理活性化学物質の複雑な混合物によるもので，それらが唾液で注入されるのだ．これらの合成物は何か，そして，それらはどのように働いているかがはっきりしないが，彼らを潜在的新薬そのものとして，また，他の効果的合成物への前駆体として分離することに大きな関心が持たれている（註14）.

多数のヒルが世界中のいろいろな研究所で育てられる間，19世紀のヒルの過剰な捕獲と，20世紀のヒルの主要な生息地である湿地の干拓の倍増で，ヨーロッパの *Hirudo medicinalis* の野生個体群の減少につながった．間が悪いことに，生まれたばかりのヒルの初期餌料として両生類卵が重要で，両生類の個体群の世界的な減少は，彼らの生存を脅かした．これらの医療用ヒルの保全に関する懸念の結果，いくつかのヨーロッパ諸国では絶滅の危機にある種法のもとに保護が提案され，そして，絶滅のおそれのある野生動植物の種の国際取引に関する条約（または，CITES――付録 B 参照）の付属書 II に，このヒルは掲載された.

◆犬鉤虫（イヌコウチュウ，*Ancylostoma caninum*）

現在，線虫抗凝固剤ペプチド NAPc2の，特定の種類の心臓発作の治療のための使用に向けて第 2 相臨床試験が進行中である．鉤虫の唾液の抗凝固性作用は20世紀の最初の数年から認められていたが，この強力な薬物（他の公認の薬物とは異なった部分の凝固過程に作用する）が犬鉤虫の唾液から分離されたのは1990年代後期だった（註15）.

2003年には，NAPc2はさらなる可能性を見せ，エボラウイルス感染の実験的な霊長類モデルで生存率を上昇させた．エボラ患者への NAPc2の用途の裏の理由は，それが血液凝固を操るウイルスの能力に干渉することで，エボラ感染症で起こることがありえる致命的な出血を防止するかもしれないことだった（第 5 章のエボラに関する項を参照）．アスピリンとまったく同様に，犬鉤虫 *A. caninum* は血小板凝集の阻害物質の原料でもあった（図4.13）（註16）.

◆クサリヘビ類

レニン‑アンギオテンシン‑アルドステロン系は，人間の血圧維持に協力して働く一連の酵素とホルモンからなる．このシステムへの中心はアンギオテンシン変換酵素または ACE と呼ばれる酵素で，そしてそれは，10個のアミノ酸のアンギオテンシン I を，8 個のアミノ酸のペプチドであるアンギオテンシン II に変える役割をする．ACE もまた，ブラジキニン（血管を拡張させて，血圧の低下を起こすペプチド）を分解し不活性物質にする反応を促進する．アンギオテンシン II は，血管の収縮と腎臓でナトリウムと流体を保持することで血圧を上昇させる．このようにして，ACE の作用で，アンギオテンシン I はアンギオテンシン II に変わり，また，ブラジキニンは不活性化し，両者によって血圧が上昇する.

1949年に，ブラジルの科学者マウリシオ・ローシャ・エ・シルヴァ（Mauricio Rocha e Silva）は，クサリヘビ科の 1 種ハララカ *Bothrops jararaca*（図4.14）の毒が動物の血中に注入されたときにブラジキニンができることを発見した．1965年には，彼の学生のセルジオ・フェレイラ（Sergio Ferreira）は，毒にさらされた哺乳類ではブラジキニンが産出されるだけでなく，血圧に致命的な急落を引き起こすその能力も強化されることを発見した（註17）．ヤジリハブ属 *Bothrops* の研究を通じて可能となったこれらの洞察から，ジョン・ベイン（John Vane，プロスタグランジンのアスピリンの抑制の発見でノーベル生理学・医学賞を共同受賞）は ACE の阻害が人間の高血圧治療に効果的な手段であるかもしれない，と仮定した.

その後，*Bothrops* 毒の中の活性分子が現在テプロチドとして知られる単純な 9 個のアミノ酸からなるペプチドで，そして，このペプチドがACEを阻害して血圧を下げることを，ミゲル・オンデッティ（Miguel Ondetti）とデイビッド・クッシュマン（David Cushman）とその他のSquibb Pharmaceutical社の同僚たちは示した．そして，テプロチドは高血圧のための潜在的な薬として合成・調査されたが，その薬物動態学的特性（すなわち，それが吸収・代謝されるか）ははかばかしくなかった．以降の研究は1981年のカプトプリルの合成につながり，それは経口投与可能な最初のACE阻害薬だった．現在，市場では多数のACE阻害薬が手に入り，それらは入手可能な降圧薬の中ではもっとも効果的かつ用途の広い部類である．これらはハララカ *Bothrops jararaca* がいなければ発見されなかっただろう（註18）．

微生物

天然物由来の薬品開発は歴史的に植物に集中してきたが，今後は微生物が，地球でもっとも多様な生物として，新薬のもっとも重要な源になりそうである．すべての微生物相の１％未満が現在まで調査されたと推定されているが，この数値さえおそらくかなりの過大評価であり，大部分の環境に存在する微生物がかろうじて研究されているに過ぎない．たとえば，外洋の表層水は，平均して，１ミリリットルにつき合計50万以上の微生物（１立方インチにつき160万以上）を含むと考えられている（註19）．そして，最近の研究が示したのは，並外れた，そして，ほとんど人跡未踏の，海洋環境の微生物種の多様性であり，とくに深海での多様性は，以前に記載されたどんな微生物環境よりも10～100倍以上大きいだろう（註20）（微生物の多様性についてさらに知りたい場合は第１章の p.73 参照）．

まず最初に，科学者は特定の土壌微生物に集中し，それらは臨床細菌学の研究室で使われる培養基質を用いて，簡単に視覚化と成長が可能だった．それらは放射菌目 Actinomycetales の細菌だった．しかし，当初はすべての土壌微生物でもっとも豊富と考えられていた放射菌目は，1990年代に土壌サンプルからDNAを抽出する技術が利用できるようになってからは，実際には微生物界の全体のごく一部だけを構成することが示された．しかし，とくに抗生物質の開発では，放線菌目は人間の病気の治療で極めて重要なままである．これらのいくつかは，微生物に由来する他のいくつかのとくに役立つ薬に加えて，以下に記す．

◆ペニシリン

微生物は1928年までは重要な薬品源であるとは考えられていなかった．しかし，その年，スコットランドの医者アレキサンダー・フレミング（図4.15）は，彼のブドウ球菌の培養菌の１つに青カビ（*Penicillium notatum*, 図4.16）が混じっていて，その周りの細菌の成長を妨げていることに気が付いた．彼はカビからの何かが細菌を殺しているに違いないと推測し，そしてその後まもなく，彼はペニシリンを単離した．10年後には，ハワード・ワルター・フローリー（Howard Walter Florey）を含む多くの科学者の仕事のおかげで，全身性薬品のペニシリンが開発され，そして続く数年の間に，それが何百万もの患者にとって著しく効果的な抗生物質であることが証明された．フレミングは1945年のノーベル生理学・医学賞を受賞した．しかし，1940年代後期には，ペニシリンに対する耐性の最初の報告が，バクテリアによるその破壊に続いて，表面化してきた．それ以来ずっと，速く抗生抵抗を高める能力がある生物，バクテリアに一歩先んじて，我々は新しい抗生物質を発見すべく，検索を続けている．

この50年間で，何万もの半合成および合成βラクタム類（ペニシリンならびにセファロスポリンが属する化学区分）が記載された．セファロスポリンはもう1つのグループの真菌の *Cephalosporium acremonium* が作る抗生物質で，下水道排水管のそばの海水のサンプルから，サルデーニャ島のカリアリ出身の衛生学の教授ジュゼッペ・ブロツ（Giuseppe Brotzu）が1945年に発見した．ブロツは汚染された水で泳ぐ若者が，都市の多くの他の若者たちとは対照的に，腸チフスに決してかからないことを観察し，水の何かが彼らを保護していなければならないと推測した．この予感の後，彼は *C. acremonium* をその水で培養することができ，セファロスポリンの単離に成功した（註21）．ほとんどすべてのβラクタム類は，現在，半合成の手段では基本的なペニシリンとセファロスポリンの建築用ブロックから作られる．

元来のペニシリンに基づいた抗生物質は，先発品に抵抗性ができたバクテリアを殺すことができるように，長年にわたってくり返し修正された．ペニシリンに対する初期の抵抗は，いくつかの細菌が酵素のβラクタマーゼの作用によってペニシリンのβラクタム・リングを切断する能力を高め，結果として細菌の細胞壁製造を妨害する抗生物質の能力に干渉したことで起きた．これは，βラクタマーゼ抵抗性ペニシリン（たとえばメチシリン）の開発に拍車をかけた．しかし，黄色ブドウ球菌 *Staphylococcus aureus* の集団にメチシリン耐性がすぐに現れ，ある地域では極めて一般的となった．メチシリン耐性黄色ブドウ球菌（MRSA と呼ばれる）が人間の健康に大きな危険をもたらすのは，極めて少ない抗生物質しかそれを扱うことができないからである．その少ない抗生物質の1つがバンコマイシンで，その特徴は以下に示されている．

◆アミノグリコシド系薬品

ペニシリンの発見に刺激を受けて，アメリカ合衆国のセルマン・ワクスマン（Selman Waksman）は，いくつかの放線菌（放線菌目に属する熱帯性土壌細菌）も抗菌性合成物を含んでいないか調査した．1940年代中頃には，放線菌が気菌糸（真菌に特有である糸のような放射のネットワーク）を持つことから，アオカビ属 *Penicillium* のような真菌であると考えられていたことを指摘しておかねばならない．しかし，その後，放線菌には核膜がないことが示され（真菌は真核生物で核膜を有する），細菌類であると正しく分類された．

1944年に，ワクスマンと彼の同僚はストレプトマイシンの発見を報告した．これはアミノグリコシドと呼ばれる一群の抗生物質で最初のもので，細菌の *Streptomyces griseus* から分離された．ストレプトマイシンは結核の原因であるヒト型結核菌 *Mycobacterium tuberculosis* に極めて効果的だった．しかし，ヒト型結核菌 *M. tuberculosis* とその他多くの微生物のストレプトマイシンに対する抵抗性はすぐに現れ，そして，多数の半合成の改良品の開発に至った．そして，そのいくつかはまだ広く使われている（註22）．

◆グリコペプチド類

グリコペプチド類は，もう1つの重要な抗生物質の区分だが，バンコマイシンがプロトタイプで，多剤耐性の黄色ブドウ球菌 *Staphylococcus aureus* の感染症の治療の頼みの綱である．バンコマイシンは真菌の *Amycolatopsis orientalis* に由来し，この菌は元来はボルネオのジャングルから土サンプルで1950年代初期で見つかった．いったん安易に治療されると，黄色ブドウ球菌からの感染症は，βラクタムへの，そして，他の種類の多くの抗生物質に抵抗する菌の進化により，多くの場合に生命を脅かすこととなる．

Box 4.1　グラム染色

グラム染色は細菌類を分類する手順の１つで，細胞壁をどのように作っているかの違いで識別される．1884年にオランダの細菌学者ハンス・クリスチャン・ヨアヒム・グラムが開発した．グラム陽性細菌はグラム染色で溶解染色され，顕微鏡下で紫色に染まって見える．グラム陰性細菌は染色されず，ピンク色に見える．グラム染色法は100年以上の歴史があるが，生理学者に信頼されていて，バクテリアの同定に関して迅速で信用のおける情報を与え，どのように菌を殺菌処置するかの指針を与えている．

◆テトラサイクリン類

1940年代中頃のレダール研究所（Lederle Laboratories）のスクリーニング計画から，最初のテトラサイクリン系抗生物質のクロルテトラサイクリンが，細菌の，もう１つの放線菌である *Streptomyces aureofaciens* から発見された．この素材はヒト型結核菌 *Mycobacterium tuberculosis* に対して活性がなかったが，幅広い範囲の他の微生物に活性を示した．1950年には，もう１つのテトラサイクリン系のオキシテトラサイクリンが，*Streptomyces rimosus* で発見され，そしてそれに続く20年間，テトラサイクリンを基礎構造に持つ何千もの派生物が合成されたか，あるいは発酵液から分離された（註23）．

しかし，テトラサイクリンに対する耐性もまたすばやく発達した．これは対抗するバクテリアのポンプによる抗生物質の除去能力の結果であり，それによって細胞内濃度を無効なレベルにまで引き下げている（この基本的な酵素系は，バクテリアの tet-eflux ポンプと呼ばれ，その変化系により，ある種の腫瘍細胞では特定の化学療法剤に耐性を高めていた）．このポンプ・システムの分子に認識されない新規のテトラサイクリンが現在開発中である．

◆アントラサイクリン類

アントラサイクリン類は別種のストレプトマイセス属に由来し，この40年間に多くのその派生物が合成されたが，ある種のグラム陽性菌とある種の酵母類に対して活性があり，これらは主としてがん細胞を標的として用いられてきた．そのもっとも知られているのがアドリアマイシン（ドキソルビシン）で，*Streptomyces peucetius* の変種からイタリアのアウレリオ・ディマルコが1967年に発見した．顕著な副作用（不可逆性の心臓毒性から，生涯の総投薬量が制限される）にもかかわらず，ドキソルビシンは依然として乳がんと卵巣がんの主要な治療薬である（註24）．基本構造の半合成派生物はここ10年で承認され，その他のものは臨床試験中で，毒性問題の解決への努力が行われている，

◆スタチン類

スタチンは今日の世界でもっともよく処方されたか，少なくともよく処方された薬である．なぜなら，この薬は心臓の麻痺や脳卒中が個人に起こる率を25％減少させ，さらに注目すべき点として，そういった病気で死ぬ可能性をほぼ皆無にした．

研究によると，高い血中コレステロール値（とくに低密度リポタンパク質として知られている種類のコレステロール）がこれらの危険を増す．血中にどの程度のコレステロールが循環しているかには多くの要因が関連するが，最大の２要因はどのくらいコレステロールを食べるかと，どのくらい肝臓でコレステロールが精製されるかである．多くの人では，

その貢献度はおおざっぱに言うと同じくらいである．スタチンの大当たりはある酵素に干渉できることによる．その酵素とはHMG CoA還元酵素で，肝臓のコレステロール産出に関わっている（この酵素の機能については，パン酵母 *Saccharomyces cerevisiae* の医学への莫大な価値を解説した第５章で示した）．

最初に単離されたスタチンは，コンパクチン（またはメバチン）と呼ばれ，1976年に別々のアオカビ属の種 *Penicillium citrinum* と *P. brevicompactum* から，日英の２つの別々の研究グループによって発見された．この薬は家族性高コレステロール血症として知られる障害の治療について，可能性を示した．この遺伝性の血症は血中のコレステロール値が危険な水準まで高くなり，深刻なケースでは３歳になる前に心臓麻痺を起こす．1987年，メルク製薬はロバスタチンの特許を取って市場に投入したが，この薬品はさらにもう１つの菌類の *Aspergillus terreus* から得られており，これは基本的に元来のコンパクチンの分子の修正である．このときから，いくつかの他のスタチンが開発されている（註25, 26）．

現在のスタチンの研究は，これらの薬がさらにより幅広い臨床応用をするかもしれないかどうか調査してきた．動物実験によれば，スタチンは生体の血流を全身的に危うくする深刻な細菌性感染症からの生存率を上昇させる．またスタチンは認知症の進行の危険性を下げる効能について研究されているが，その判定はまだ明らかでない（註27, 28）．

これら菌類の合成物を心臓病と脳卒中の人に与えたときの価値を考えると，これらは人類の２大疾病であることと，他の疾病の治療に対する成果の期待される予備的成果から，スタチンは今日の世界でもっとも重要な医薬品であると考えられる．

◆ラパマイシン

元来は潜在的な抗真菌剤として発見されたラパマイシンは，インド人科学者のスレン・セガールによって1972年に単離されてすぐにいったん，医療史から消え去った．彼はイースター島（現地語でラパ・ヌイと呼ばれ，ラパマイシンの語源となった）で発見された真菌 *Streptomyces hygroscopicus* が気がかりな副作用，免疫系を抑制することを発見していた．20年後，この副作用は医療に正当に評価されようとしている．

1980年代に抗真菌剤として見捨てられた，ラパマイシンの開発は，関連性はあるが３つの別々の経路で行われた．第一の経路は免疫抑制活動に関してである．科学者たちは，ラパマイシンが独自の方法でＴリンパ球の活性化を阻害することを発見した．この免疫細胞は移植された器官を攻撃する（この独自の細胞活性に関する研究から得られたもう１つの利点もあった．ラパマイシンはＴリンパ球がどのように活性化するのかという知見を発展させるのにも役立った）．ラパマイシンは既存の免疫抑制剤よりも腎臓その他の器官に対する毒性が低く，結果として，腎臓移植を受けた患者の拒否反応の治療に重要な役割を担うこととなった（註29）．

ラパマイシンは抗がん剤としての大きな将来性も示しており，いくつかの腫瘍の成長を阻止している．現段階では，脳，肺，および子宮内膜のがん，また同様に白血病やリンパ腫の治療に用いられている（註30）．一部の腎臓移植のレシピエントが興味を持つ研究が，2005年に行われたが，ラパマイシンは，彼らの移植された腎臓の拒否反応とカポージ肉腫の進行を同時に防ぐことができた（註31）．カポージ肉腫とは，結合組織の一種の悪性腫瘍で，現在ではある種のHIV／AIDS患者によく見られる．この病気はヒト・ヘルペスウイルス８によって起きるが，このウイルスは，HIVのように，性交渉で感染することがあり，それは免疫作用を弱体化または抑制した結果起きる（腎臓移植を受けた患者の免疫反応は移植された腎臓への拒否反応を防ぐために抑制される）(註32).

ラパマイシンの第三の使用分野では，この薬品はシロリムスとも呼ばれていて，1980年代後期に導入された冠状動脈ステント治療に用いられている．この器具はコレステロールの蓄積で狭まった冠状動脈を開く働きがある．ステントは冠状動脈再建術の一環として挿入されるが，この術式では封鎖された冠状動脈に糸でつないだ風船を挿入して，流路を確保するためにそれを膨らませる．ステントは風船を抜いた後の開いた流路の支柱となる．その後，30〜40％の患者は血流障害が再発し，その症状は再狭窄と呼ばれ，ステントで作られた流路に冠状動脈の内皮細胞が増殖することで起きる．冠状動脈疾患の罹患率と，その疾患の世界の死亡率での順位を考えれば，冠状動脈ステントの再狭窄の防止は高い優先順位に来る．第6章に記載したように，ポリマーステントでは内皮細胞の再生防止にはパクリタキセル（タクソール）が高い効果を持って使われてきた．2005年および2006年に発表された一連の大規模な臨床試験では，パクリタキセル（商品名Taxus，ボストン・サイエンティフィック社）またはシロリムス（商品名サイファー，コルディス社，ジョンソン・エンド・ジョンソン社）でコーティングされたポリマーステントを比較した．いくつかの研究ではステントは再狭窄防止に同程度の効果があり合併症率も同じであり，一方，別の研究ではシロリムスでコーティングしたステントがおそらく最善であった．いずれの場合でも，ステントを天然物由来のこれらの薬品でコーティングすることは冠状動脈疾患の治療の主要な進歩であった（図4.17）(註33〜35).

これらのいわゆる薬品を溶出するステントは遅延性の血栓症の問題があるかもしれないという懸念が最近あり，そのような血栓は移植後の数カ月先と長い期間をおいてできるかもしれない（註36）．しかしながら，装置の支持者は，血栓症（血液凝固の進行）の予想された報告された症状数が高いことは，ステントが多数の高リスク患者に移植されている事実を反映しており，血液凝固は抗血栓剤の投与を続ければ避けられると述べている．

◆微生物のゲノム配列からの情報

地上性の微生物はその他の天然に存在する抗生物質と抗腫瘍剤の起源となっており，それらはどれも臨床応用されているか，臨床試験中である．しかしここ数年で潜在的にもっとも重要な開発は，いくつかの生物，たとえば *Streptomyces coelicolor*（発酵科学者の“実験マウス”に相当するだろう）と *S. avermitilis*（エバーメクチンを産生する．この薬品はおそらくひじょうに広範な対象に効く殺虫剤で，昆虫とダニを殺し，そしておそらく獣医のもっとも重要な駆虫剤である）の，ゲノム配列が決定されたことである．両者のゲノムは構成が似ている．それぞれのおよそ60％が基本的な生命機能をコードしている．残り40％は複数の遺伝子集団で，“二次的代謝物質”（生物の成長，発達，または生殖に直ちに必要とはならない分子）と呼ばれるバクテリアの生産する成分，たとえば抗生物質などを支配しており，これらは通常外的ストレスに対応する．*S. coelicolor* では，3つの抗生物質だけが現在まで特定されたが，ほかにも抗生物質を生産する潜在能力のある23以上の遺伝子集団があることが，遺伝子配列からわかっている．*S. avermitilis* ではエバーメクチンだけしか発見されていないが，まだそのような遺伝子集団が30ある．微生物の遺伝子配列の決定により，巨大な存在が明らかになりつつある．そしてまだほとんどわかっていない微生物の成分の世界は医療にとって潜在的な価値ある存在である．

海洋環境

陸上の生物多様性は巨大であるが，海洋のそれはおそらくその上を行く．第1章で論じたように，海洋環境は地上の2倍の生物門を持つのみでなく，一見して無限の微生物多様性がある．それでも，1970年代までは，安全な水面下で呼吸できる装置や海洋採集の新技術が開発されておらず，ほとんどの海洋環境が未開発のまま大きく残されていた．

初期の海洋探査により，地上では未知の化学成分を生命体が作ることが発見され，なかには臭素，塩素，ヨウ素によって未知の生化学的過程を経て作られるものもあった．これらの化学物質の新規性は，生命が陸上に進出する数億年以上前に形をなしていた海洋生物の遺伝的な特殊性を反映している．そのうちの一部を次に紹介する．

植物

陸上植物の薬品起源としての重要性を考えれば，海の植物も同様に重要であろうと誰しも思うだろう．そして，実際，数十もの海洋植物種由来の物質が，そのうち2，3を紹介するが，現在，薬学的な可能性について研究されている（註38）．

1991年にハワイのオアフ島のサンゴ礁の近くでシュノーケリングを楽しんでいるときに，マーク・ハマンとポール・シューアは海洋性軟体動物のウミウシのなかま *Elysia rufescens* を捕まえることとした．他のサンゴ礁の軟体動物が薬にとって有用な独自の成分を含むとわかったときから，この種もそうしたほうがよい可能性があるという予感を，彼らは持っていた．彼らの予感は，少なくとも部分的には正しかった．彼らはまさに一群の独自な生理活性物質を *E. rufescens* から発見し，その中でもっとも特筆すべきなのは強力ながん化学療法剤で，カハラライドFと名付けられて，現在黒色腫，非小細胞肺がんと肝がんの治療のために，第2相臨床試験を行っている．しかし，軟体動物の *E. rufescens* は，じつはカハラライドFを産出しておらず，餌となる植物から得ており，それらは様々な種のハネモ属 *Bryopsis* の緑藻であった（そして *Bryopsis* 属は，おそらくカハラライドを微生物から得ていることも明らかになった）（図4.18）（註39）．

紅藻類（紅藻門 Rhodophyceae）の，スギノリ属 *Gigartina* とオオキリンサイ属 *Kappaphycus* を含む数種から，カラギーナンとして知られる分子を収穫し，食品や化粧品の増粘剤として長年用いてきた．エリック・ド・クレルクと同僚らによって1980年代末にベルギーのレガ医学研究所で行われた研究によると，カラギーナンは抗ウイルス剤としても有効で，とくに性感染するHIV帯状疱疹ウイルス感染に有効だった（後者の陰部ヘルペス感染症はアメリカ合衆国でおよそ4500万人に影響し，痛みとしばしば衰弱を伴い，特定の抗ウイルス薬で治療されるまでは治ることがない）．カラギーナンは，生殖器のいぼの原因となる，ヒト乳頭腫ウイルスや淋菌の感染を防止できる場合もある．淋菌は女性の生殖路を経由して感染し不妊症の原因ともなる（註40）．

カラギーナンの2つの分子，ラムダ・カラギーナンとカッパ・カラギーナンは1つのジェル製剤に混ぜられてカラガードと名付けられ（開発は the Population Council：人口問題と家族計画問題を取り扱う非営利民間団体），南アフリカの6000人以上の女性グループでHIVの第3相臨床試験中である．カラガードを性交渉の前に膣内に適用すれば，HIVウイルスに，あるいはHIVウイルスに感染した細胞に結合して効果を現すと考えられ，その作用で病原は膣管の内壁を覆う細胞に付着することができず，感染しないと考えられる．そして，多くの他の成分が膣内の酸性環境で急速に分解されるのとは対照的に，カラガードは極めて安定的で18時間以上も活性を保つ（註41）．

フコイダンも大きな関心を持たれている物質で，糖と硫酸塩の複合繊維の分子で，ある種の褐藻類を起源とし，1913年にスウェーデンの科学者ハラルド・キリンが最初に単離した．フコイダンは抗凝固剤（註42），のがん化学療法剤，避妊剤および抗菌物質として見込まれている．組織培養の研究では，フコイダンはＴ細胞白血病ウイルス１型（HTLV-1）に感染したＴ細胞を殺すことが示された（註43）．白血病は白血球のがんであり，白血球がHTLV-1に感染するとＴ細胞白血病となる（第７章，p.299のＴ細胞白血病ウイルス１型に関する論議も参照）．フコイダンは，組織に構造を与える細胞外基質，細胞の間の糖のタンパク質分子の網への彼らの付着を妨げることによって腫瘍細胞の広がりを防止するのを助けるかもしれない．

類似した仕組みがフコイダンが精子が卵子に付着するのを防止する機能（そのため，潜在的な避妊具としての用法がある）と，同様に単純疱疹とHIVの感染を動物モデルで防止する機能を説明するかもしれない．同じ分子の持つこれら２つの特性の組み合わせ――避妊と性行為感染症の防止――は，フコイダンの将来の医薬品としての興味をかなり高めるだろう（註44, 45）．

動物

海洋動物もそれぞれ独自の医学的に役立つ分子を産出する（註46）．その１つが抗がん剤となる可能性のある，コケムシの１種 *Bugula neritina*（図4.19）から発見されたブリオスタチン-1である．コケムシは“群体生物”で微少な海洋動物であり，互いを炭酸カルシウムで連結して群体となり，船底や埠頭の杭のようなものの固い表面にしばしば固着している．彼らはそういった固い表面を覆うか，レース状や扇状の構造体を形成する．ブリオスタチン-1は，がん細胞の成長の強力な抑制剤であると同時に免疫系の強力な活性剤であり，現在は白血病とリンパ腫を含む様々なタイプのがんについて臨床試験中である（註47）．

もう１つの例はトラベクテジンで，スペインのファルマ・マール社が開発し，米国内でジョンソン＆ジョンソンが最終的に売り上げるために認可されたが（FDA承認は保留中），カリブ海のホヤ *Ecteinascidia turbinata* から抽出された強力な抗がん剤である（ホヤ類は，アスシディアンズとかトゥニケイツと呼ばれ，風船状の動物で水を濾過して餌をとる．原始的な背骨を持つため無脊椎動物と脊椎動物を結ぶものと見なされ，ゲノムが詳しく研究されている）．初期の臨床試験では，治療が難しいがんのいくつかで，トラベクテジンは優れた結果を示した．たとえば軟組織の肉腫（脂肪，腱あるいは筋肉のような組織に起こる稀な悪性腫瘍）と乳がんである（註48～50）．トラベクテジンの作用機序は他の入手可能ながん化学療法とも異なっていて，腫瘍細胞のDNA修復機構に干渉する．独自の機序で作用する新薬の発見は，パクリタキセルの場合と同様に（第６章参照），まったく新しい一群の治療薬の発見に結び付く可能性がある．

そして海洋動物から得られた第三の成分は，深海に棲む生物から得られたディスコデルモライドで，カリブ海のカイメンの *Discodermia dissoluta* が起源である．ディスコデルモライドは現在第１相の臨床試験中である．この成分は有糸分裂の軸の微小管を安定させることで働き，パクリタキセルがするのとまったく同様で，がん細胞は分裂できなくなる（註51）．最後に．マノアリドがある．これはスポンジの *Luffarriella variabilis* より単離された成分で，抗炎症性作用を持ち，一群の類似成分が誘導され，そのいくつかは臨床試験に入った（註52）．

その他の場合では，薬品がサンゴ礁性の生物から開発された．その好例にはバハマ諸島沖のサンゴ礁から発見された軟体サンゴの *Pseudopterogorgia elisabethae* があり，これはシュードプテロシンを産出するが，この成分は皮膚軟膏に使われる抗炎症剤の類いである（*P. elisaberhae* に共生する単細胞生物の *Bugula neririna* とともに，おそらく渦鞭毛虫で，成分合成の少なくとも一部分は担っていると考えられる）．年間の商業的な需要を満たす *P. elisaberhae* の量は2200 kg（2.2トン）を超え，軟体サンゴの集団を即座に抹殺する量である．注意深い再生産と再成長の研究を通して，*P. elisabethae* の自然集団は，慎重に収獲すれば18カ月未満で完全に回復することがわかった．これらの発見により，グランド・バハマ島の近くのサンゴ礁を管理して *P. elisabethae* を育てる計画が立てられた．この計画は成功し，12年以上続いているが，それはサンゴは科学的に運営管理され，またもちろん，沿岸生態系が保たれていれば持続的な資源であることを意味している（図4.20，4.21）（註53）．

海洋動物から開発された多くの成分のうち，いくつかのものは海洋生物の多様性の喪失が新薬の発見の可能性をいかに減少させるかを示している．フィリピン中部沿岸沖の海洋無脊椎動物が，米国立がん研究所のプロジェクトの一部として調査され，*Diazona* の１種と同定されるホヤが採集されて研究された．この動物はすばらしい一連の抗がん剤の成分を含んでいて，それらはジアゾナミドと呼ばれ，がんの成長の強力な阻害剤で，その作用機序はその時点では研究者に知られていなかった．再び採集しようと何度も試みたが成功せず，最初はジアゾナミドを含む生物は絶滅したかと思われていた．結局，*Diazona* 種がサンゴ礁の洞穴の奥深くで発見され，また，近年，ジアゾナミドの１種であるジアゾナミドＡが合成されるようになった．しかし，初期に別の *Diazona* 種が発見できなかったことで早期の抗がん剤の開発が妨げられることとなった（図4.22）（註54）．

同じことがキュラシンＡでも起こった．この成分は．パクリタキセルと同様の作用機序を持ち，カリブ海のキュラソー島沖で1994年に藍藻類（cyanophytes）から発見された．幸運にも，発見者は発見源を培養することができた．少しの間をおいて同じ海域に戻ることができたからである．そこは開発途上で，採集地はもう存在していない．海で起きたジアゾナミドとキュラシンＡの話は，以前に述べた陸上で起きたカラノライドＡと同じである（註55）．

◆カイメンの１種 *Cryptotethya crypta*

1945年の秋，ウェルナー・バーグマンは当時未記載だった，後に *Cryptotethya crypta* と命名されたカイメンがフロリダのエリオット半島沖にいるのを発見した．バーグマンと同僚のロバート・フィーニーはこのカイメン *C. crypta* から２つの特筆すべき成分を発見した．１つはスポンゴウジリンで，もう１つがスポンゴチミジンである．これら成分で特筆すべき点は，通常，核酸を構成する糖成分で RNA や DNA を形成する部品となるリボースやデオキシリボースを含むところを，代わりにアラビノースを含む点である．バーグマンとフィニーの発見以前はリボースとデオキシリボースのみが生理活性を持つ糖と信じられていた．

創薬を念頭に，科学者たちは，核酸の他の主要構成要素「塩基」を扱おうとした．スポンゴウリジンとスポンゴチミジンの発見の後，彼らは糖に焦点を当て始め，ここ数十年の間に，この努力は極めて重要な薬品類の発見につながった．その1つがシタラビン，またの名をAra-Cで，スポンゴウリジンとスポンゴチミジンの直後に特許が取られた．1960年に発見された，Ara-Cは急性白血病とリンパ腫の多剤併用療法の重要な構成薬品である．もう1つはアジドチミジンすなわちAZTで，1964年に合成されたが，核酸系逆転写酵素阻害剤と呼ばれる薬品群に属し，HIV／AIDS治療に初めて承認された薬品であり（第6章，p.238の霊長類研究も参照），現在もHIV／AIDSの治療と母子感染予防の主要部分である．依然としてほかの薬品，アシクロビルなどは，ヘルペスウイルス群の治療の選択枝の1つで，また新たなHIV／AIDS治療は，カイメンの *Cryptotethya crypta* からの新成分の発見への着想によっている（註56, 57）．

海洋微生物

1970年代以来，海洋の新薬の検索は，肉眼で見える動植物，とくにサンゴ礁でのそれらに焦点が当てられた．こういった研究は今日まで継続し，上記のように，海洋資源の人類への医学的な莫大な価値を見せつける多くの研究が伴った．近年とくに刺激的だったことは，他の世界の海洋環境での発見で，新しい構造と活性で新薬への巨大な可能性を持っている．カリフォルニアのラ・ホヤにあるスクリップス研究所のウィリアム・フェニカルのグループは，海洋微生物の薬品としての可能性の研究の創始者の1つである（註58）．彼らが調べたのは，海洋の無脊椎動物と植物に共生する，あるいは自由生活の微生物である．

上記のように，通常，海水は1立方インチ当たり160万，1ミリリットル当たり10万もの微生物を含んでおり，驚くべきレベルの微生物多様性を持っている（註59）．海底の微生物の生物多様性はおそらくそれを凌駕する．地上の土のように，それらは究極的には海洋に流れ込む有機物質の貯蔵場所となり，そこは微生物たちには通常はあり得ないほど豊かな環境となる．

近年まで，微生物学者たちは海洋微生物の多様性を正しく認識することができなかった．彼は19世紀に作られた微生物の単離と同定の手法によっていたからである．今日明らかになったのは，それらの古典的な手法は，目指すべき微生物の発見に失敗してしまうが，培地が海洋微生物の成長に必要な成分が欠失しているためで，海洋微生物が進化してきた環境を反映していないからである．新しい培地は海洋の細菌類と菌類の栄養欲求を注意深く分析して作っており，新たな分子生物学的手法は遺伝学的素材を分析し，研究者たちは海洋微生物界の莫大な多様性の一部を垣間見せている．

さらなる発見を確実にするためには，もっとも遠い海洋環境への接近さえ可能となる必要があり，また，未開発の海洋環境を注意深く保全せねばならない．ここ5～10年で，海洋微生物薬品の発見は自然界からの薬品探索分野のもっとも刺激的な前線として明確に確立され，毎年100本以上の論文が科学雑誌に発表されている．

上記のほとんどすべての海洋薬品類（ディスコデルモライドを除く）は浅海域由来で，まだ深海域の環境は植物，動物，微生物に所属する多くの生物を持っていて，それらは人類の医学に対して大きな見込みがあり，それらのいくつかは見たこともないものだろう．それらのあるものは極めて高温水域，たとえば，火山火口のいわゆる「ディープ・スモーカー」に棲んでいて，またあるものは極めて低温な環境，たとえば「冷メタン涌出帯」に生息する．こういった深海生物を利用するには，しかしながら，技術的な困難性が残っており，結果として，約50 m（165フィート）以深の海洋は大部分が未開発のままである．浚渫や底曳きはできるだろうが，どちらも海底環境に広大な損傷を与え，採集物は非選択的だという問題がある．有人潜水艦か遠隔操作艇も使えるだろうが，極めて費用がかさむため，日常的な収集には使えないだろう．

最近同定された，深海の生物で医学的な可能性を持っているものは深海堆積物中の放射菌類の巨大な１群である．上述のように，この分類群はグラム陽性菌で人類の感染症に用いられる抗生物質のもっとも多産な原料で，アミノグリコシド類やテトラサイクリン類，アントラサイクリン類を生み出した．2002年より前には，アクチノミセターレ目 Actinomycetales の１種のみが記載され，その他のアクチノミセターレ目は陸由来であると仮定されるのが常だった．しかし，フェニカルのグループが，熱帯海洋の水深1100 m（3660フィート）で発見された新しいアクチノミセターレ目は，まったく新しい属 *Salinispora* であることを示した．彼らはまた *Salinispora* 種は独特なプロテアソーム阻害物質を持つことを示した．プロテアソームとは哺乳類の細胞内小器官で，細胞のもはや不要となったタンパク質を再利用する．この阻害物質は２～３の菌類や細菌類で見られ，また合成薬品にも見られるように，腫瘍細胞を死滅させる能力がある．*Salinispora* から得られたプロテアソーム阻害物質は，抗腫瘍剤の第一相臨床試験の段階にある（註60）．

潰瘍の薬品発見においてますます明らかになっているテーマは，陸上と同様に，植物や動物から得られる有効成分は実際にはその内部に棲む微生物が生産していると言うことである．そのような事例の１つに，上述に加えて，ホヤの１種 *Lissoclinum patella* が作ると思われていた一連の環状ペプチドが実際にはシアノバクテリアの *Prochloron* が生成していたことが挙げられ，このバクテリアは完全にホヤの内部に棲み込んでいる．こういったことはカイメン類でも起こりうる．浅海性および深海性の海綿動物 Porifera では，たとえば，体内に持つ微生物が，当初はカイメンから発見された薬理活性物質を生産するという証拠がある．その例にはマンザミン A があり，潜在的な抗マラリヤ薬・抗結核薬であるが，インドネシア沖の水深150フィートで採集された海綿動物から単離されたが，実際にはその体内で生きる放射菌が生成していた（註61）．

こういった例が明らかにしているのは，海洋微生物はそれ自体が持っているとされてきた新たな医薬品成分のもととなるばかりでなく，より大型の生物が作っていると考えられてきた成分のもとともなることである．

工業国でのハーブ治療薬

ハーブ薬品に言及せねば，自然産物の論議は終わらない．いくつかは合衆国やドイツ，その他の工業国で広く用いられている．これらの薬品を，ビタミンやミネラルを含み合衆国では「栄養補助食品」とされているものと，治療に使用するものを（たとえば米国食品医薬品局などが）識別するのは，(1) 活性成分の混合物をしばしば含み，どの特定成分が，あるいは成分の組み合わせが，観察される，あるいは期待される治療効果を現すのか明かでない，(2) 調剤が厳密に標準化や観察がされておらず，たとえばある人がムラサキバレ

ンギク属 *Echinacea* の摂取をするとき，錠剤ごとに中身が違う，(3) 薬として承認された多くの天産物とは異なって，薬理効果を強化するための成分調整はされていない傾向にある．

もっともよく使われかつ研究されているハーブ薬品のうち３つ，ムラサキバレンギク属，セイヨウオトギリソウ，およびノコギリヤシについて以下に短く記述する．

ムラサキバレンギク属 *Echinacea*

ムラサキバレンギク属 *Echinacea* の抽出物は医療目的で使われ，典型的には次の数種のうちの１つからなる．すなわちムラサキバレンギク *E. purpurea*（図4.23），*E. angustifolia*，そして *E. pallida* である．これらの植物は葉は細く，花は紫の多年生植物で，北米の草原の原産で，そこではいくつかの先住民が採集を行って薬品として利用しており，とくに毒生物の咬傷や刺されに用いていた．この植物をヨーロッパ人が薬用に用いだしたのは18世紀の間である．現在利用されている抽出物はこれら３種のいずれか単体，あるいはどれかの組み合わせで，根，茎，葉のいずれかあるいは合わせたものか，活性物質がおそらく抽出されたであろう水またはアルコールである．ムラサキバレンギクの処方の多様性は，どの成分やどの処方が有用なのかをわかりにくくしている（註62）．

ムラサキバレンギク属 *Echinacea* の中でもっともよく利用されているのはムラサキバレンギク *E. purpurea* で，その理由の一部は栽培のしやすさであり，また別の理由は誤同定をしにくい点にある．ゲルハルト・マドウスは，ムラサキバレンギク製品のドイツの成品の創設者の一人だが，彼がシカゴに *E. angustifolia* の種子を求めに訪れたのは，当時，この種の抽出物がもっともよく研究されていたからである．彼が母国に持ち帰った種子の袋にはおそらく *E. angustifolia* と書かれていただろうが，実際はムラサキバレンギク *E. purpurea* だった．結果的に，マドゥスは *E. purpurea* の抽出物に関する産業を立ち上げて，この *Echinacea* 類の調合剤として有名なエキネクチンとして知られるようになった（註63）．

ムラサキバレンギク類の製品の世界での売り上げは，毎年数百万ドルに達する．ほとんどの人は風邪の予防と感染期間の短縮を狙ってそれらを摂取している．ムラサキバレンギク類の抽出物が免疫力を高めてそのような影響を及ぼすことができるのかどうかかなりの研究がなされてきた．今のところ，結果はせいぜい混沌としている．

数十もの臨床試験がすんだが，ほとんどに深刻な計画上の欠陥がある．しかし最近の研究の１つでは，厳密な，二重盲検の，無作為抽出の，偽薬対照の形式を用いて，ムラサキバレンギク類（*E. angustifolia* の異なる３つの抽出物を使用）を摂取した場合と偽薬を摂取した場合に医薬的な違いがあるのかを確かめている．この研究は2005年に医学雑誌 *New England Journal of Medicine* に発表されたが，ムラサキバレンギク類を摂取した人は偽薬を摂取した人と比べて，ウイルス感染による通常の風邪に等しく感染し，風邪を引いた場合も症状の度合いは同じであった．批判者は治療効果を観察するには用量が少なすぎたとしたが，服用は認められたドイツの専門家のデータに基づいていた（註64）．

セイヨウオトギリソウ（*Hypericum perforatum*）

セイヨウオトギリソウ（図4.24）は多年草で，ヨーロッパのほとんど（北極圏を除く），北アフリカおよび西アジアに自生する．その医薬品利用は古代のギリシャとローマにまで遡り，ヒポクラテス，テオプラトス，ディオスコリデス，大プリニウス，およびガレノスらが記述しており，他の徴候との間で，利尿剤として，座骨神経痛の治療に，やけどとその他の皮膚外傷に有効であるとした．

セイヨウオトギリソウの医薬品利用は長い年月を通じて展開してきた．中世を通じて，この植物は悪魔の災いを防ぐ力として用いられて fuga demonum すなわち「悪魔への災い」と名付けられていた．オトギリソウ属 *Hypericum* は，実際にはギリシャ語の *hyperikon* に由来するが，これは「亡霊より上」の意味であり，ギリシャ人もまたこの植物が悪魔を追い払うと信じていたかもしれない．しかし，そういった用法については言及されていない．リンネは1753年に種小名 *perforarum* を与えたが，それはこの植物の葉が小さな穴，すなわち perforations を持つためであった．英名（St. John's Wort）は聖ヨハネの麦汁の意味で，正確な起源はわからないが，聖ヨハネとセイヨウオトギリソウの結び付きは，その花の盛りが（少なくとも大部分のヨーロッパでは）聖ヨハネの推定誕生日の６月24日の前後であることである．

セイヨウオトギリソウの精神状態の治療への使用の最初の記述は，16世紀のスイスの医師パラケルススによる．今日，セイヨウオトギリソウの抽出物は軽度から中度の鬱状態の治療に広く用いられている．セイヨウオトギリソウが抗鬱剤として働く機構はわかっていないが，セロトニン，ドーパミン，およびノルエピネフェリンなどの脳内の神経物質の濃度に影響を及ぼすことがわかってきた．他のハーブ療法とは異なり，セイヨウオトギリソウの成品はある種の標準化が行われており，２つの治療効果のあると考えられている主要成分，ヒペリシンとハイパフォリンを同じ程度含有している．

セイヨウオトギリソウの効果については30以上の臨床試験が行われている．全般に，セイヨウオトギリソウは軽度ないし中度の鬱病治療に処方される抗鬱剤（たとえば選択的セロトニン再取り込み阻害剤，すなわち SSRI 類）と同じくらい効果的に見えるが，より重篤な，または長期にわたる鬱病に処方される抗鬱剤よりは効果が弱い（註65, 66）．

本書は生物多様性に関する本なので，セイヨウオトギリソウはその多くの生育場所で侵略的外来種であることも述べねばならない．本種のためにいくつかの在来植物が絶滅の危機にあるとされ，その中にはオーストラリアのマメ科植物スモール・パープル・ピー *Swainsona recta* や，カナダのラン科アツモリソウ属の *Cypripedium candidum* も含まれている．

ノコギリヤシ *Serenoa repens*

この植物は合衆国南部から西インド諸島の原産で，矮性の椰子であり，扇状の葉の長さは50〜100 cm（およそ20〜40インチ），鋭い小葉があり，サクランボ大の堅い実があって熟すると紫色である．アメリカ先住民はこの植物のあるところに住んでおり，とくにセミノル族は小麦粉とこの植物のみを用いて飲み物を作った（この果実は明らかに味付けであり，その風味は「たばこに浸された腐ったチーズ」にたとえられた）．

アメリカ先住民がノコギリヤシを薬用に用いてきたのは1700年代初期からで，性的不能と尿路疾患から咳に至るまでの治療に用いていた．フロリダはノコギリヤシがもっとも繁茂する場所だったが，入植したヨーロッパ人は，家畜がノコギリヤシを食べたときに調子が良いことを知るまでは医療目的には使っていなかった．19世紀に入ってさほどたっていない頃だった（註67）．

ノコギリヤシは，とくにヨーロッパにおいては，良性前立腺肥大（BHP）として知られる，60歳以上の男性の50％以上に影響があるがんではない前立腺腫瘍の男性の，治療の第一選択である．20件以上の無作為臨床試験で，ノコギリヤシ抽出物は残尿と尿量減少を含むBHP症状を取り除くことを示し，従来から用いられていた治療薬と比較して副作用も少なかった（註68）．

医薬品の可能性のある食品

食品は医薬品とは考えられていないが，我々の食べ物に含まれる物質には処方薬品と同じくらい健康に有益な場合がある．たいていの果物と野菜は，たとえば，ビタミンのほかに植物性ステロールや抗酸化フラボノイドといった，病気にかかるのを防ぐと考えられる物質を含んでいる．そういったものの中には緑茶に含まれるカテキンポリフェノールなどがあり，この物質はある種のがんと心臓血管の病気を予防すると言われ，また，ココアに含まれるフラボノイドのフラバン-3-オールとポリフェノールのプロシアニジンは心臓の血管の健康に寄与すると言われている．レスベラトロールは，フィトアレキシン類と呼ばれる抗生物質群に属し，植物が生産して病気を予防する．ピーナッツや桑の実などの木イチゴ類に見られるが，赤ブドウの皮にもっとも高濃度に存在する．赤ワインに含まれる物質で，「フランス人のパラドクス」を説明するといわれる．このパラドクスとは，フランス人が高濃度の脂肪を含む食事をしているのに心臓血管の病気が少ないというものである（註69）．アブラナ科の野菜，たとえばブロッコリーやカリフラワー，キャベツなどはイソチオシアン酸とグルコシノレートを（他の成分とともに）含み，それらはある種のがんを予防し免疫系の機能を健全に保つだろう．オート麦はβグルカンを含むが，この成分は血中のコレステロール値を下げて心疾患を減らす手助けとなる（註70）．

食品中の脂肪類のうち，化学構造からオメガ（ω）-3と呼ばれるものは，とくに注目が必要であろう．オメガ-3脂肪酸には短鎖型と長鎖型がみられる．短鎖型は植物由来で，とくにクルミの実や亜麻 *Linum usifatissimum* の実油から得られる．長鎖型のオメガ-3は魚類から得られ，とくに脂ののったサケ，ニシン，イワシ，カタクチイワシなどから得られる．最近の２つの研究では牛，羊，豚，家禽を含む家畜の肉からも両オメガ-3は発見されていて（註71），牧草を食べさせた牛は穀物を与えられる飼育場の牛よりも顕著に高い含有量で，オーストラリア・ニュージランド食品基準（食品の基準を定めるための両国政府とは独立の機関）によるとオメガ-3脂肪酸の供給源として十分に高い濃度だった（註72）．

長鎖オメガ-3脂肪酸の消費量の増加は心臓病による死亡を減らすという証拠は圧倒的である．いくつかの臨床試験において，魚油由来のオメガ-3脂肪酸は致命的な心室細動（いわゆる「突発性心臓死」）のような危険な心臓不整脈のおそれのある約45％の人についてその危険性を防いだ．これらの脂肪酸は男性および女性の脳卒中の発病も減少させることが示された．さらに，研究によると脂ののった魚をより多く食べると血圧が下がるという（註73）．

オメガ-3脂肪酸が健康に良いのは心臓血管系に限った話ではない．魚の消費が多いと明らかにアルツハイマー病の進行する危険性が減り痴呆の進行が遅くなる（註74）.

論議は続いているものの，植物由来の短鎖オメガ-3脂肪酸は，動物由来の長鎖オメガ-3脂肪酸と比較して，同等の効果はないと一般には言われている．また，人体は短鎖のオメガ-3脂肪酸を長鎖のオメガ-3脂肪酸に転換できるが，その転換率は低く，それゆえ魚食と，おそらく牧草を食べさせた牛の肉を食べることは，依然として心臓に良いオメガ-3脂肪酸の摂取の最良の方法である.

世界の魚類資源への強い漁獲圧力により（第2章p.96と第8章p.335参照），魚油サプリメントの作製のために野生魚類を原料とすることには懸念が表明されている．魚類は摂食する海洋藻類の葉緑体からオメガ-3脂肪酸を得ていることが判明した．PCB類（ある種の野性および養殖魚に発見されおそらく濃縮された形で魚油サプリメントに見られる）に汚染されていない長鎖オメガ-3脂肪酸サプリメントを大量に生産するための努力がされ，一方で野生魚類の保護もするため，商業的規模の海洋藻類養殖が発展してきている.

殺虫剤および防かび剤としての天然産物

天然産物の発展の分野の中で人類の健康に重大な効果を及ぼすにもかかわらず，論議の中であまり考慮されていないのは，天然物を殺虫剤や防かび剤に利用することである．食料の十分な供給がなければ，人は栄養失調となり，治療がなければ，天然あるいは人工の素材から得られたもっとも効果的薬剤が使用できない場合を含めて，健康を保てない．それゆえ天然物の粗製抽出物からの精製成分による，あるいはその派生物質による天然物の利用が極めて重要なのは農業においてであり，とくに高価な合成薬品の使用が不可能な開発途上国に当てはまる．この章では，そういった植物，動物および微生物の，陸および海洋由来の両者について，得られる成分を取り上げて考慮する.

殺虫剤

ピレスロイド

植物は自分を食べる植食性動物や生存を脅かす病原体から身を守らねばならず，その結果，それらの目的にかなうサリチル酸塩を体内に持つようになった．それゆえ，植物が有用な殺虫成分を体内に持っていても不思議はない．それらの中で最初に用いられそしてもっとも成功を収めたのはピレスロイド類である．19世紀より殺虫剤に使われるジョチュウギク *Chrysanthemum cinerariae Jolium* の花の毒性分はピレトリンと呼ばれる．ジョチュウギク *Chrysanthemum cinerariae Jolium* はクロアチアのダルマニア山地の原産で，元来は同地のジョチュウギクがピレトリンの原料だったが，現在の主産地はケニヤ，ウガンダ，ルワンダ，そしてオーストラリアである.

ピレトリンは6種類の類似性の高い成分でできており，それぞれが殺虫活性を持つ．科学者たちはピレトリンの構造を変えて，正確には「ピレスロイド類」と呼ばれるものにして，殺虫効果の安定をはかった．ピレトリンと比較して，ピレスロイド類は太陽光線下で安定で，水にはほとんど溶けず，分解されてできる成分は比較的毒性が低い．結果として，ピレトリン類と比べて，ピレスロイド類は摂取した人々（そしてその他の哺乳類と鳥）に毒性が低く，環境汚染の危険性が低い．ピレスロイド類の高い有用性は証明されており，対象の広い殺虫剤で，効果のある害虫の範囲は広く変異に富んでおり，多くの作物を食害する蛾の幼虫（とくにワタにつくキンウワバ属 *Heliothis* とスポドプテラ属 *Spodoptera* の種），ある種の森林害虫，そして虫卵・幼虫・成虫の甲虫類 Coleoptera，双翅目，そしてワタ，大豆，リンゴ，モモ，イチゴ，トマト，および菜種（キャノーラ油を取るのに使う）を含む様々な産業上重要な作物に害を及ぼすカメムシ亜目 Heteroptera（２万5000種を含む大きなグループ）である（註75）．

カルバミン酸類

生物学的に活性のあるカルバミン酸類は17世紀のナイジェリアの領域で使われ続けており，そこでは住民のエフィクス族が，後に *Physostigma venenosum*（図4.25）として知られる木から採れるカラバルマメの種子を囚人の有罪を確定するのに用いていた．訴えられたものはその豆を砕いて水に浸した乳液を飲まされ，もし生き残れば，無罪が宣誓された．1862年に，有毒なアルカロイドであるフィソスチグミンがカラバルマメから分離された．合成されたのは1935年である．そのときから，膨大な数のその他の成分がフィソスチグミンの活性に基づいて合成され，多くの昆虫に毒性のあることが示された．フィソスチグミンとその合成派生物は，昆虫（と人間）に麻痺と死を引き起こすが，アセチルコリンエステラーゼを阻害する．アセチルコリンは神経末端と筋肉の接合部で見られる酵素で，神経伝達物質のアセチルコリンを分解する．もしこの酵素が阻害されると，このリサイクルが起こらなくなり，筋肉は機能を止める（註76）．

ニコチン

17世紀後期に，タバコ（タバコ *Nicotiana tabacum* とマルバタバコ *Nicotiana rustica* の両者）の葉の抽出水は，ニコチンと２種の極めて近縁な成分のノルニコチンとアナバシンを含むが，吸血昆虫の制御に用いられていた．これら全３種のアルカロイドの殺虫効果はこれらの神経への毒性による（「イモガイ類」のニコチン性アセチルコリン受容体の論議，第６章，p.257 参照）．今日，純粋なニコチン硫酸塩が，遅効性の手法を用いて適応され，タバコ類の葉よりもよく用いられている．

ニコチンが他の殺虫剤を凌駕しないのは，価格が高いこと，哺乳類への毒性が強いこと，および殺虫剤としての範囲が限られているためである．しかしながら，多くの派生合成物はニコチンの基本構造を持ち，いくつかは普通に用いられている（備考，エピバチジンという化学物質は，第６章で両生類に関連して述べられているが，ニコチンにごく近い物質である）（註76）．

ロテノン

デリス属 *Derris*，ロンコカルプス属 *Lonchocarpus*，およびナンバンクサフジ属 *Tephrosia* の根茎からとられた物質はロテノンとして知られ，1930年代には様々な市場向け野菜の害虫のコガネムシ類，アブラムシ類，ゾウムシ類その他の抑制に用いられていた．ロテノン粉末はまたノミ，シラミ，イヌダニなどの動物の寄生虫の駆除に用いられ，熱帯地方の先住民には魚毒として用いられてきた．ロテノンは代謝系の毒で，細胞呼吸を行うエネルギーを遮断することで機能する（註76）.

インドセンダン

インドからミャンマー原産のインドセンダンはマホガニーのなかまでセンダン科 Meliaceae に属し，マルゴサの木とかインドのライラックとも呼ばれる．インドセンダン（図4.26）の昆虫抑制作用は蝗害のときに見いだされた．バッタはインドセンダンの木に群れたが食害することなく去ったのである．種子と葉の抽出物は強い昆虫抑制作用を持ち少なくとも４つの有効成分（テルペン類，アザジラクチン，メリアントリオールおよびサランニンとして知られる化学物質を含む）とおそらく20種の比較的重要でない物質を含んでいる．これらは昆虫の食害の強力な抑制剤で，さらに昆虫の繁殖と成虫への変態を阻害する．インドセンダンの成品は農業用殺虫剤として広く用いられている（註76）.

インドセンダン成品は恒温動物に対する毒性はほとんど，あるいはまったく示さないが，包括的な毒物データはない．インドセンダンは防虫剤としてインドの人々に何世代にもわたって利用されてきたにもかかわらずである.

ネライストキシン

動物と微生物は，ある種の海洋生物も含めて，かねてから殺虫剤の重要な原料である．海洋のギボシイソメの１種 *Lumbrineris brevicirra* は，最初は釣りの餌としてビクトリア湖で広く使われてきたが，殺虫性の毒物を含むことがわかり，それはネレイストキシンと呼ばれた．現在ではネレイストキシン由来の一連の合成薬品があり（商品名カルタップ，ベンズルタップ，チオキクラムとして知られる），摂食あるいは接触のどちらでも効き目があり，植物の汁を吸ったり葉を食べたりする広範な昆虫に効果を示し，とくに鞘翅目（甲虫類）や鱗翅目（チョウやガ）に対して成虫にも卵にも幼虫にも効く（註76）.

エバーメクチン

エバーメクチンは，最初は日本の土のサンプルから1976年に発見された，土壌細菌の *Streptomyces avermitilis* の天然産出物の混合物である．ヒアリ（*Solenopsis inpieta*）とチャバネゴキブリ（*Blattella germanica*）という，農業および郊外の室内害虫の制御に効果的である．この成分の混合薬剤の商品名アバメクチンは，ハモグリバエ類・ハモグリガ類（葉の裏表の間につく害虫）やキジラミ類（ヨコバイ亜目，植物の糖分を含む汁を吸う）に効き，および鱗翅目が収獲作物や装飾品にいる場合に効果がある．原産菌の *S. avermitilis* のゲノムは配列決定されており，エバーメクチン産生に関わる遺伝子群は特定されていて，改良型のドラメクチンなどの開発に利用されている（註76）.

防かび剤

食物の生産と保存において，菌類は人類の歴史に極めて重要な役割を果たしてきた．それ自体が食用となる（たとえばマッシュルームやトリュフ）だけでなく，パン，ビール，ワイン，醤油やチーズなどの成品を発酵させる因子としても，である．彼らは作物被害や，作物が収穫された後の食料損傷の原因であった．ある菌類は他のより有害な菌類から保護する因子を生産し，そのような因子は抗真菌剤として有効であろうという信念から，科学者たちはそういった成分を探索し始めた.

ストロビルリン類

ストロビルリン類は担子菌類（キノコのなかま）から抗生物質を見いだそうという1976年末に開始した計画により，発見されたのが初めである．マツカサキノコ属のマツカサシメジ *Strobilurus tenacellus*（図4.27）の色素と毒素の研究から２つの成分が産出され，それらがストロビルリンＡとストロビルリンＢだが，両者とも抗真菌性の活性を持ち，真菌の呼吸を妨げている可能性があったストロビルリンＡの合成変異体は天然成分よりさらに強力な抗真菌性があることがわかり，低い濃度で様々な真菌性の病原体に効果があることがわかった．たとえば，小麦うどんこ病（*Erysiphe graminis*），小麦赤さび病（*Puccinia recondita*），稲いもち病（*Pyricularia oryza*），大麦網斑病（*Drechslera teres*），ブドウべと病（*Plasmopara viticola*），そしてジャガイモ疫病（*Phytophthora infestans*）である．

ストロビルリン類は収穫物保護のもっとも顕著な現代的革新の１つである．この分野の仮想的な爆発状態があり，500を超える国際特許の出願が20以上の会社と研究所からからあり，3000を超すストロビルリン類似物が合成され，いくつかのストロビルリン由来の製品が市場に出た．同じような活性を示す一連のオウデマンシン類に関連する成分にも興味が持たれている．オウデマンシン類はヌメリツユタケ *Oudemansiella mucida* から抽出された（註77）.

結論

ここ15年以上，世界のほとんどの製薬会社は天然由来成分よりもむしろ，コンビナトリアル・ケミストリーに頼って新薬発見の前段階としてきた．これは農芸化学会社についても同様である．これは驚くべきことではなく，当然といえる．これらの会社で広く受け入れられているのは，コンビナトリアル・ケミストリーの技術により，化学の建築ブロックを無数の異なった組み合わせで組み立てることによって，人は文字通り何百万もの新しい合成物を生成できる，ということである.

まさに，生物学的に活性のある物質のライブラリーを作成しようとする初期の実験は当初はひじょうに成功を収めており，そしてそれらの初期の成功はコンビナトリアル・ケミストリーへの巨大な投資へと結び付き，将来のやるべきことを決める支配的な方法となった．このような脚光のもう１つの原因は，疑うまでもなく，こういった方法で作った成分は潜在的にはまったくの新物質で，それゆえ，もし活性があれば，特許の対象となるという点である．対照的に，信じられていることとして，事実に基づかないが，天然物は特許の対象とならないか，かつまたはもし新たな機能を発見しても，そのための知的所有権は主張できない，というものである.

しかし，振り返ってみれば，こういったコンビナトリアル・ケミストリーによるライブラリーはほとんど天然界で見いだされる構造に基づいているか，あるいはすでに生物学的な活性が示されているものであったことは，認識されていなかった．最近の研究事例では1981年から2002年にかけて世界で容認された合計1031の薬品のうち，コンビナトリアル・

ケミストリーで完全に合成されたものは１つもなかった．そしてその内の臨床試験フェーズI，フェーズII，あるいはフェーズIIIの300以上のがん治療薬のうち，コンビナトリアル・ケミストリーのみで発見されたといえるのはたった１つであった．

また，相当数の後期臨床試験中の薬品，または臨床使用に入った薬品は，コンビナトリアル・ケミストリーによる最適化を行っていることが明らかになった．これらの薬品にはメチシリン耐性黄色ブドウ球菌 *Staphylococcus aureus*（MRSA）感染症に対して効力のあった薬品と，スタチンとは違った方向でコレステロール合成を阻害した薬品が含まれている．天然界は依然として，医学的に価値のある生物学的に活性のある薬品の創薬の端緒となるが，もとの成分よりもさらに効果的な薬品を発見するための構造の修正がコンビナトリアル・ケミストリーの技術でできる場合がある．

この章では地上と海中の植物，動物，そして微生物の並外れた化学的な豊かさを示してきたが，それらは新薬発見のための手がかりであり，とくに微生物に対してはその探索を始めたばかりである．この豊かさと，それらによる多くの病気を治療して，そういった病気による人類の苦しみを楽にする可能性を，人類の活動がますます脅かしている．そういった天然成分を作る生物種がいなくなってしまう前に，天然成分の研究を拡大し，人類の医療への彼らの莫大な可能性を理解し，利用する必要があるだろう．しかし，我々の調査自体が彼らの生存を脅かすことのないように，倫理的に，環境を保ちつつ，極めて注意深く敬意をもって行う必要があろう．

参考文献およびインターネットのサイト

The Elusive Magic Bullet: The Search for the Perfect Drug, John Mann. Oxford University Press, Oxford, U.K., 1999.

The Healing Forest: Medicinal and Toxic Plants of the Northwest Amazonia, Volume 2, Historical, Ethno- and Economic Botany, Dioscorides Press, Portland, Oregon, 1990.

Medicinal Resources of the Tropical Forest: Biodiversity and Its Importance to Human Health, Michael J. Balick, Elaine Elisabetsky, Sarah A. Laird (editors). Columbia University Press, New York, 1996.

Microbe Hunters, Paul de Kruif. Pocket Books, New York, 1964.

Murder, Magic, and Mystery, John Mann. Oxford University Press, Oxford, U.K., 2000.

The Natural History of Medicinal Plants, Judith Sumner. Tiber Press, New York, 2000.

Natural Products Branch of the National Cancer Institute, dtp.nci.nih.gov/branches/npb/index.html.

Plants, People, and Culture: The Science of Ethnobotany, Michael J. Balick and Paul Alan Cox. Scientifi c American Library, New York, 1996.

ダワ．2003．チベット医学入門 講義録．チベットハウス・ジャパン主催 ダライ・ラマ法王の主治医ダワ博士来日公演．ダライ・ラマ法王日本代表部事務所．http://www.tibethouse.jp/event/2003/dr_dawa/030208.html（2012年12月13日 確認）http://mayanagi.hum.ibaraki.ac.jp/paperlist01.htm#１.

第5章

生物多様性と生物医療研究

エリック・チヴィアン，アーロン・バーンスタイン，ジョシュア・P・ローゼンタール

自然は我々に成功させようと懸命であるが，我々に依存しているわけではない．我々だけがその実験ではないのである．

バックミンスター・フラー，ミネアポリス・トリビューン紙のインタビューに答えて

生物医学的研究は常に他の種，すなわち動物，植物，微生物に頼って，人間の生理解明や人間の疾病治療に挑んできた．人間の髪の太さの何百分の一の大きさの大腸菌 *Escherichia coli* から，体長3.4 m，体重591 kg のオスのシロクマまで，寿命がわずか数週間のショウジョウバエ *Drosophila melanogaster* から，人類と同じように数十年を生きるチンパンジーまで，その他数え切れない生物種が現代医療の抗生物質，ワクチン，がん治療，器官移植，心臓切開手術に用いられてきた．

ある種の生物は解剖学的構想を学ぶのが容易で，とくに実験室で役立ち，たとえば巨大な軸索神経を持つイカは細胞から細胞へ伝達する電気インパルスの研究に役立ち，また，アフリカツメガエル（*Xenopus laevis*）は極めて大きな卵を持っている．その他には，ある種のクマやニシアブラツノザメ（*Squalus acanthias*）は，独特の生理機構を持つことから，それらがなければ発見できなかったような，人体の健康に果たす機能や病気の治療に役立ってきた．さらにその他の生物では，実験室内での飼育が容易なことから，短期間に莫大な数に増殖され，また遺伝的な純系の創出が容易で，生物医学的な実験対象となっている．また，次の生物種には大いに感謝せねばなるまい．マウス，ラット，モルモット，ハムスター，ウサギ，ゼブラフィッシュ，そしてショウジョウバエ，そして無数のイヌ，ネコ，サル，ヒツジ，ブタ，カエル，ウマで，その犠牲の上に人類の健康と病気への知識が広がったのである．

人類と他の生物の間には進化の結果，たとえば（我々の知る限り）抽象的な思考力などにおいて顕著な違いがあるが，著しい均一性も保たれていて，分子，細胞，組織，器官，そして器官システムレベルでは様々な生物で共通しており，人類の理解に役立っている．

この均一性の基礎となるのは，我々の遺伝的な装いを他の生物と比較するときに明らかになる．我々の推定2万5000の遺伝子のおよそ半分がショウジョウバエ（*Drosophila melanogaster*）と線虫（*Caenorhabditis elegans*）と共通であり，実験用マウスあるいは家屋のハツカネズミ（*Mus musculus*）とはさらに共通性が高いだろう．我々は酵母という，我々の細胞のごとく核を持つ1つの細胞の生物とさえも1000もの遺伝子が共通しており，核を持たない細菌とは数百の遺伝子が共通である．この中心的な数百セットの遺伝子は，すべての生物に共通と考えられていて，生命の基本作用，すなわちDNAの複製やRNAからタンパク質の生成，エネルギー代謝，アデノシン3リン酸のような核の3リン酸と呼

ばれる物質の合成，この惑星のすべての生命のエネルギーの共通通貨であるATPの合成などをコードしている．これら遺伝子の共通性は，すべての生物が１つの共通祖先から進化した証拠であり，その祖先はおそらく現在の中心的遺伝子セットを持っていたと考えてしかるべきだろう（註１）．

医学研究にはこれは極めて重要である．なぜなら，たとえばヒト遺伝子の突然変異の３分の２はある種のがん，発生上の奇形種の心臓血管系・内分泌・免疫系の不具合，そして糖尿病に関連しているが，ショウジョウバエにはそれらに対応する遺伝子がある．マウスのような哺乳類では，その割合はさらに高まる．結果として，我々は生化学的・生理学的性質を遺伝子で共有しているそれらの生物を研究し，なし遂げるには極めて難しく，ほとんどの場合は基本的に不可能な，人類の健康と病気に関する洞察に到達することができた．

生物医学的研究に用いられる種は自然界に豊富か，あるいは絶滅危惧種に該当しない分類群に属していなければならない．我々はこれらの種をこの章に掲載したのは，それらが人類の医療に対する計り知れない情報を持つこと，そして我々はこの惑星上の他のすべての生物を保存せねばならないことを示すためであり，そのような生物の大部分はまだよく同定すらされていないが，おそらく医学的知識の宝石箱であろう．他にも医療生物学的研究に使われている種は絶滅の危機に瀕した生物群に所属し，たとえばヒト以外の類人猿，両生類，サメ，クマ，カブトガニ，裸子植物やイモガイ類である．これらの生物群は，第６章で取り扱うが，絶滅危機種（絶滅危惧IB類）あるいは絶滅寸前種（絶滅危惧IA類）であり，あるものは絶滅した．もし１つの種が失われれば，解剖学的，生理学的，生化学的，そして行動学的な教えが一緒に失われ，それらはおそらくその種のみが，数百万年，あるいは数億年の間の進化的実験を行ってきた成果である．

他の生物を研究して得た知識がなければ，今日の医療は依然として暗黒時代の中にあるわけだから，現在の生物多様性喪失の危機は，医科学研究の大いなる危機というだけではなく，我々の現在持つ医学全体の危機である．

医科学研究の歴史概略

他の生物の器官を用いて人体の器官の相同な構造と機能を理解した西洋医学の最初の文献が現れたのは，約2500年前（紀元前450年頃）のギリシャで，アルクマエオンは生きた動物の視神経を切断すれば盲目となることを示した．その数十年後，“西洋医学の父”とされるヒポクラテスは生きたブタで嚥下を研究し，また心臓の鼓動を直接観察し，心臓の上部の空間の心房は，下部の空間の心室と交互に収縮を行うことを示した．歴史の中のこの時点ではいかなる形の人体解剖も強く禁忌されていたので，人体の解剖学的および生理学的知識を得るためには動物実験が必要となった．初期の動物を用いた研究は古代アレクサンドリア（紀元前332年のアレクサンダー大王による建設以来，数百年学問の場であった）まで続き，そこにはギリシャ人の生理学者，ヘロフィロスとエリストラトスもおり，彼らは知覚情報を伝達する神経と，筋肉と腱を刺激して筋収縮を制御する神経の違いを識別していた．ガレウス（西暦129～199年）は，ローマ皇帝マルクス・アウレリウスの侍医で，おそらくあらゆる時代を通じてもっとも影響力のある内科医だが，その業績はもっとも重要である．ガレノスは人間の生理学に関して数多くの明敏な観察を行ったが，とくに心臓，肺，および脊髄について動物を用いて研究した．彼の今に続く業績の１つに*De Anatomicis Administrationibus*（解剖学的方法）があるが，これは動物実験に関する精密な科学的技法に関する最初の文献である（図5.1）（註２）．

西洋医学一般と医学研究，とくに中世（大まかに４世紀から15世紀）については，文献は少ないが，当時その地域でなし遂げられたことはほとんどなく，なぜなら科学的探求は，信仰よりも真実の追求における直接の観察の観点から，キリスト教への脅威と見なされ，それゆえ協会の政治力により厳しく弾圧された．

しかし同時期に，こういったことはイスラム世界や中国やインドでは起こらず，科学と医学の成果は花開き続けたのである．

ヨーロッパにおける11世紀末の大学設立はイスラムの学者たちの著作として科学と医学に関する興味を再燃させた．イスラム世界ではギリシャ・ローマの科学と医学の伝統がアラビア語に翻訳されたことで保持されていた．そして16世紀にガレノスの業績が再発見されてからは，科学的手法を解剖学研究に用いることが復活した．1543年にイタリアのパドア大学で働くベルギー人のアンドレアス・ヴェサリウスが著した人体解剖学に関する傑作，"*De Humani Corporis Fabrica*（人体の構造）"は，死体（新しい墓から入手）の違法な解剖に基づいているが，生体解剖（生きた動物の）から得た洞察で内容を補っていた（図5.2）．ほぼ100年後，英国人医師ウィリアム・ハーヴェイは，やはりパドア大学で働いていたが，動物をモデルに人体の血液循環を説明し，そういった実験は有益な解剖学的知見を与えるのみでなく，人体の生理学を理解することにも使えるという有力な主張を行った．ハーヴェイのもっとも著名な論文は*Exercitatio Anatomica de Motu Cordis et Sanguinis in Animalibus*（動物における心拍と血流の解剖学的研究）で，1628年に出版され，ヒツジ，イヌ，カニ，エビ（透明な体により心拍が直接観察できる），巻き貝，ナメクジ，ホタテ貝，ザリガニ，ミツバチ，ジガバチ，スズメバチ，そしてハエについての研究を報告した（図5.3）．

19世紀の初め，西洋の医科学研究の中心はフランスに移動した．フランソワ・マジャンディーは，近代生理学の創設者と考えられているが，身体の機能が様々な器官の相互作用で起きることを示す動物実験を開拓し示した．彼の教え子のクロード・ベルナールは，1865年出版の"*Introduction a l'Etude de la Medicine Experimentale*（実験医学序説）"で，彼の動物実験に基づき，現代科学のもっとも基礎的な原則――１つの変量を研究する場合，他の変量はすべて一定にせねばならない――を確立した．

1840年代のエーテル麻酔の発見と，その世紀の後半の，無菌的外科的技術と細菌学と免疫学の発展は，動物実験の爆発的増加に結び付き，それは現在まで続いている．フランスの化学者のルイ・パストゥールについて例に挙げてみよう．1880年代に，コレラや炭疽病などの病気は微生物によるもので，ヒポクラテスの時代から信じられてきた体内の様々な不均衡によるものではないと信じて，パストゥールはコレラにかかったニワトリの腸からある微生物を取り出し，それを培養し，そしてその培養物を用いて，健康なニワトリとウサギにコレラを発症させた．同様にウサギとモルモット（*Cavia porcellus*）に炭疽病を発症させた．パストゥールは動物がくり返し培養物にさらされることで抵抗性ができることを知り，その結果，彼は効力を弱めた培養物を用いた実験を行い，その初期のワクチンで免

Box 5.1 中世のイスラム医学

8世紀から14世紀にかけては，イスラム医学の黄金期で，バグダッドの東カリフ領とコルドバの西カリフ領の著名な有名な医師たちが，健康と病気における人体の機能に関する詳細な観察を行い，数世紀にわたり医学の実践に影響を及ぼした洗練された医学テキストを記した（註a～c）．中でも顕著な医療学者たちを下記に示す．

9～11世紀のカリフ領バグダッド

- フナイン・イブン・イスハーク（ヨハニティウスとしても知られる）は，『眼科学についての十論』を記したが，本書は眼科治療の初めての系統的な書籍である．
- アブー・バクル・ムハンマド・イブン・ザカリヤー・ラーズィー（アル・ラーズィーとしても知られる）は，当時のアラブ世界最高の医師で，『医学大系』を記した．本書は医学の実践と治療の百科全書で，その中には『天然痘と麻疹の書』も含まれていて，それは臨床医学の年表で傑作と見なされている．
- アブー・アリー・フサイン・イブン・アブダラー・イブン・シーナ（アビセンナ）は，ヒポクラテスからガレウスに至る医学説をアリストテレスの生物論と統合した．彼の著書『医学典範』は，もっとも影響力のある医学書の1つであり，数世紀にわたって西欧社会の医学校の教科書として使われた（口絵p.22の図4.2も参照）．

10～12世紀のカリフ領コルドバ

10世紀初めのコルドバは，マリア・ローズ・メノカルによれば，地上にかつてないほど洗練されて文化的な都市だった（註d）．900カ所の浴場，石油ランプの点灯する舗装された街路，水道で引き込まれた清潔な水に加えて，書籍の町であり，科学，医学，芸術，宗教，哲学，文学の偉大な学習の中心だった．カリフの図書館だけで40万冊の蔵書があり，その他に都市周辺の図書館に20万冊があったと言われるが，当時のキリスト教圏ヨーロッパ最大の図書館ではおそらく400冊の写本があるだけだった．さらに，コルドバはキリスト教徒，ユダヤ教徒が平和に共存しており，その様相はそれまでにもそれ以降にもない状況だった．コルドバの栄光のときには，次のような人たちがいた．

- アブー・アル=カースィム・アッ=ザフラウィー（アルブカシス）は，『解剖の書』を著し，この書籍は中世の外科手術の手法についてのもっとも重要な業績であり，ヨーロッパでは17世紀まで使われた．
- イブン・ルシュド（アヴェロエス）は，ラテン語訳された医学全書『コリゲート』で知られ，本書はガレノスの伝統に則っている．
- モーゼス・マイモニデスまたはモーシェ・ベン=マイモーンは，またラムバムまたは「鷹」とも示されており（アラビア語名のアブ・イムラン・ムサ・イブン・モイマーンとしても知られているが），偉大なユダヤ教徒のラビ（宗教指導者）であり，哲学者であり，そしてまた医師であり，何冊もの医学書を書いたが，そのなかでもっとも著名なのは『医学格言集』（アラビア語で書かれ題名はフスル・ムサだった）で，著述後500年間，医師たちに広く使われた．出生地はコルドバだが，10代の頃家族とともに彼の地を離れ，終焉の地はカイロで，その頃はエジプトのスルタンの主席医師を務めていた（註e）．

疫を誘発できることを発見した．これらの動物実験は，人間には決して行えず，コレラと炭疽病が微生物で起こることの発見につながり，ワクチンがそれら2つの病気の予防となり，またコレラの場合は，症状の激しさを抑え発症期間を短くすることがわかった．

パストゥールの発見 —— 微生物は感染症の原因であること —— の重要な成果の1つに英国の外科医ジョセフ・リスターの業績がある．リスターは外科用器具，縫合糸，包帯を消毒する習慣を広めた．リスター消毒方法以前は，大きな外科手術を受けた患者の半数が感染症で死んでいた．

他の生物種の実験に基づいた人類の医薬品の歴史のマイルストーンのいくつかは図5.4，Box 5.2，および表5.1に示した．ここにまた示しておかねばならぬこととして，すべての医薬品とワクチンは，人間に対する有効性が証明されるまでは，まず動物で安全性を確かめねばならず（第4章の図4.6参照），そして獣医学医療は動物の研究によってのみ，ワクチンの開発とペット，家畜，野生生物の病気と怪我に有効な治療を開発している．

この章では植物については詳しく考えていないが，その代わりに動物とキーとなる微生物数種について焦点を当てている．しかし，読者は植物についても理解をするべきで，生医学研究に極めて重要な洞察を与えている．近年の一例では，アブラナ科のシロイヌナズナ *Arabidopsis thaliana*（図5.5）は，緑膿菌 *Pseudomonas aeruginosa* がなぜ猛毒で人々の間で取り扱いが難しいかを研究するための重要なモデルとなってきた（註3）．そして2005年には，インディアナ州のパデュー大学の研究チームが驚異的な発見をした．彼らは2つの突然変異遺伝子を持ち，野生型と違う外観を持つはずだが，野生型の植物と同じ外観を持つシロイヌナズナを観察した．そしてこの現象の理由は，シロイヌナズナは少なくとも一部の遺伝子のバックアップを持ち，必要なときには活動を起こすというものだった．この発見から，こういったバックアップは他の生物にもおそらく存在し，おそらく人間にもあるだろう（註4）．

生医学研究における動物と微生物の役割

この章では我々の人体の働きが健康なときと不健康なときにどのように働くかを理解するために，他の生物たちがどのように貢献してきたかを見ていく．まずは生医学的研究の鍵となる分野の概略から始める．それらの分野とは遺伝学，組織と器官の再生（幹細胞と神経新生，つまり新たな神経細胞の成長を含む）と，人体の免疫の仕組み，とくに自然免疫と呼ばれるものがどう働くかで，そのどれもが人間の生医学的研究がそれらの分野で広く多様な生物群に依存しているかを示している．我々はこの依存を示すために多くの他の研究領域を選ぶことができた．上に示したように，研究に用いられている生物種の多くは絶滅危惧種ではないが，ヒト以外の生物種の医学上の重要性を示すために，いくつかの絶滅の危機に瀕した生物を選んでいる．

遺伝学

遺伝学は遺伝子がなんなのかとは誰も知らない遙か昔に開始された．1本1本のナツメヤシの木がオスまたはメスの生殖構造を持つという観察に基づいて，古代バビロニア人とアッシリア人はおよそ紀元前2000年のハムラビ王の時代から人工授粉を始めていた．数千年前から，考古学的証拠によりメキシコの先住民はトウモロコシの祖先の栽培を始めた（註５）．これら初期の遺伝学的実験で，そしてそれらに続く1000年以上の植物の栽培化と動物の家畜化において，人々は１世代の様々な形質が時代に受け継がれることを知った．

ヒポクラテス，アリストテレス，そしてプラトンは，紀元前５～４世紀に，ヒトの特徴が遺伝し，そのあるものはその子どもの代に優勢である（つまりより高頻度に現れる）ことを書き記している．これらギリシャ人哲学者たちに始まって引き続き18世紀とそして19世紀においてさえ，新たな生命は卵子や精子の中に小さな完全な生物体としてあらかじめ作られているのか，それとも両親の片方または両方からの構成要素が発展してできるのかの論議があった．18世紀のフランスの数学者ピエール－ルイ・モーペルテュィは動物の交配の経験から，交配種の第一世代は両親の形質をともに持つと記述し，個体は両親の“精の液体”から形成されると結論付けた．

ロバート・フック，カスパー・フリードリッヒ・ヴォルフ，マティアス・シュライデン，テオドール・シュワンといった17～19世紀の科学と医学の歴史中の突出した人物たちとそ

Box 5.2　過去125年の様々な生物種を用いた生医学研究の重要な発展

- 1881年頃：細菌培養に寒天が初めて用いられる．微生物学者のロベルト・コッホがいくつかの海産紅藻類（キリンサイ属 *Euchema*，テングサ属 *Gelidium*，オゴノリ属 *Gracilaria*，イバラノリ属 *Hypnea*，スギノリ属 *Gigartina*，および オオウキモ属 *Macrocystis*）のいずれかに由来する寒天を最初に使ったと信じられているが，その考えはファニー・アイルシェミウスから来ている．彼女はコッホの同僚の妻で，プディング料理に寒天を使っていた．寒天プレートは今日でも全世界で細菌培養の大黒柱である．日本には古くから海藻を煮出してゲル状に加工する食品がいくつかあるが，伝説では1658年（貞享２年）に美濃屋太郎左衛門が寒中に投棄したトコロテンが凍結乾燥し，保存性のある寒天となることを発見し，全国に流通するようになった（訳注：原文改訂）．
- 1833年：貪食細胞は，自然免疫（本文参照）の最初の防衛線は，ヒトデの成長段階の最初のステージであるビピンナリア幼生で最初に発見された．ノーベル賞受賞者のイラ・メニニコフがその発見ができたのは，ビピンナリア幼生の体腔は半透明で，彼が体内に挿入した小片を貪食細胞が食べるのを直接観察できたからである．
- 1905年：チャイロコメノゴミムシダマシ（イエロー・ミールワームの成虫）と様々な半翅目（カメムシを含む広範な昆虫類）で性染色体が発見される．ネッティー・スティーブンスはチャイロコメノゴミムシダマシ（*Tenebrio molitor*）の雌雄の染色体の抗生の違いが容易に識別可能であることを示した．エドモンド・B・ウィルソンは同様の違いを蝶の多くの種で示した．これらの実験は生物の性がＸとＹ染色体の有無に関連するという認識につながった．
- 1909年：イカの巨大軸索神経が発見される．L・W・ウィリアムスはアメリカヤリイカ *Loligo pealei* の解剖学に関する著書で巨大軸索神経を記載した．彼の記述によると，「あまりにも巨大すぎて神経繊維であるとは信じがたいため，発見されていなかった．」この軸索は K.C. コールの実験に理想的で，彼は神経インパルスの電位差測定を最初に行い，さらにアラン・ロイド・ホジキンとアンドリュー・フィーディング・ハクスレーによる実験につながり（彼らは1963年にジョン・エクルズとともにノーベル賞を受賞），さらには他の神経細胞がどのように情報を伝達するかを明

の他の人々は，両親から子どもたちに特徴が受け継がれる際の我々の細胞，細胞分裂，そして核の役割に関する我々の理解に貢献した．彼らは研究に様々な生物を用いた．たとえば，昆虫，カイメン，コケムシ類（微小な水生生物で岩に固着し群体を形成しコケに似ている），有孔虫（単細胞の顕微鏡サイズの生物で炭酸カルシウムの殻には穴が開いて繊維状となる），ニワトリ，ブタ，ヒキガエルである．コルクガシ（*Quercus suber*）はとくに重要で，顕微鏡の下でコルク組織（図5.6）を見ることでフックは植物の細胞を発見し，その箱形の構造が修道院で修道士が住む小部屋である "cell" を連想させて同じ名で呼ばれるようになった．

しかしブルノ（現在のチェコ共和国にある）の聖アウグスト修道院長のグレゴール・メンデルが現れるまでは遺伝学は科学的な基盤の上に確立してはいなかった．エンドウマメの交配（図5.7）を研究していて，メンデルは特徴が１つの世代から次の世代に独立した単位（現在の知識で言う遺伝子）として受け継がれることを数学的に示すことができ，両親は同じ数だけそれらの単位を子どもに伝え，子どもの特徴はそれらの単位の組み合わせであり，単位の中であるものは優勢で，あるものは劣勢であった．

らかにした実験につながった．

- 1931年：遺伝子の転移の発見．バーバラ・マクリントックはトウモロコシの染色体を研究して，細胞分裂時に対になった染色体間で遺伝子が伝達され，子孫の遺伝的多様性が促進されることを示した．この先駆的業績により，1983年にノーベル賞を受賞した．
- 1962年：緑色蛍光タンパク質（GFP）がオワンクラゲ *Aequorea victoria* から単離される．GFP は分子生物学の強力な道具となった．科学者たちは蛍光マーカーをコードする遺伝子と関連させることで目的とする遺伝子の有無を検出できる．GFP の発見以来，30以上の蛍光タンパク質が，すべて自然界から発見された．
- 1964年：アカパンカビ *Neurospora crassa* からミトコンドリア DNA が単離され，性質がわかった．エドワード・ライヒとデイビッド・ラックはこの生物を用いて，ミトコンドリアは真核生物細胞の主要な燃料源であり，DNA を持つだけでなく，その DNA が母系遺伝をすることまで明らかにした．アカパンカビはまた20世紀の初期にジョージ・ウェルス・ビードルとエドワード・ローリー・テイタムが用い，１つの遺伝子は１つのタンパク質をコードすることを明らかにし，彼らは1958年にはジョシュア・レーダーバーグとともにノーベル賞を受賞した．
- 1984年：線虫の *C. elegans* の脳内のニューロンの完全な地図が完成したが，302本のニューロンとおよそ8000個のシナプス（ニューロン間の連結）があった．これは生物の脳の最初の包括的な青写真で，神経の発達過程で遺伝子と環境がどのように相互作用するかの観察できる希有の機会ができた．
- 1997年：ヒツジの成体の細胞からのクローンの作出．
- 2004年：アデノウイルスが血友病を持つ犬とマウスに，血友病に有効な遺伝子を導入して出血傾向を逆転させるのに用いられた．ウイルスは遺伝子治療を行う際にもっとも有望な手段として浮かび上がってきたが，その理由は，ウイルスは元来，細胞に遺伝子を運び込む仕組みを持っており，欠陥遺伝子の正常なコピーを持ち，かつ，病気を引き起こさないようにゲノムを操作するのが容易だからである．

表 5.1.　動物研究に依存する主な医療開発の事例

医薬品
外科手術で使う麻酔薬
ペニシリンを含む，抗生物質
ワルファリンなどの抗凝固剤
抗うつ剤
HIV のための抗レトロウイルス剤
ぜんそく薬
高血圧と心不全の薬
糖尿病へのインシュリン
白血病化学療法
イブプロフェンのような鎮痛剤
およびその他のほとんどのヒト用医薬品（最初に毒性検査を動物で行う ── 第4章参照）
その他の治療・医療診断ツール
輸血
乳がん治療とその他のがんの化学療法
心臓カテーテル
心臓ペースメーカー
CT スキャン（CAT スキャン）
心電図（EKG）
開胸手術用の心肺バイパス装置
静脈内投与
腎臓透析
角膜，心臓弁，心臓，腎臓，および骨髄の器官移植
HIV を含む感染症の検査
ワクチン
インフルエンザ B 型
B 型肝炎
麻疹
髄膜炎
ポリオ
破傷風
百日咳

メンデルの1865年の有力な論文「雑種植物に関する実験」は，ダーウィンの『種の起源』のわずか6年後に出版され，現代遺伝学の始まりと記録されている．不幸にも，ダーウィンは彼の研究について知らないように見え，あるいは知っていたとしても（この疑問はある種の矛盾であるが），その重要性を理解していなかった．知っていて理解していれば，メンデルの洞察はダーウィンが選択された特徴がどのように次世代に受け継がれるか説明するのに役立っただろう．進化と遺伝学の科学的概念が統合されたのは20世紀となってからである．

ここ100年の遺伝学上の発見を振り返って見ることはこの本の範囲を超えている（そのような評論についてはローレンツらの論文（註6）を参照されたい）．その代わり，我々はいくつかの重要な生物種，たとえば実験室あるいは家のハツカネズミ，ショウジョウバエ，ゼブラフィッシュ，大腸菌 *E. coli*，パン酵母，微少な線虫 *C. elegans* などの歴史に集中する（註7）．

実験用および野生ハツカネズミ（*Mus musculus*）

1900年にメンデルの法則（優勢と劣勢の特徴が受け継がれる仕組み）を再発見した研究者たちは，メンデルと同様に，実験対象に高等植物を用いていた．これらの法則が動物でも成り立つかどうかという疑問がすぐに現れて，その答えが出るまでに長くはかからなかった．1902年まで，フランスのルシアン・ケノーはメンデルの法則がハツカネズミの毛色

表 5.2.　動物研究による獣医学の進歩の事例

ワクチン類：ジステンパー，狂犬病，炭疽病，破傷風，口蹄疫，肺炎，牛疫，および感染性肝炎
寄生虫症の治療
ウマの整形外科手術とイヌの股関節形成異常症の手術
イヌのがんの放射線療法と化学治療
家畜のブルセラ病と結核の識別と予防
猫白血病の治療
ペットの栄養の改善

の遺伝を説明することを示し，イングランドのウィリアム・ベイトソンとエディス・サウンダースがニワトリのとさかの特徴の遺伝にそれを当てはめて示した．7年後，2つの科学的進歩があった．エルンスト・エドワード・ティザーはマウスで移植された腫瘍に対する抵抗性が遺伝することを発見し，そしてクラレンス・クック・リトルが最初の純系マウスを開発し，次の世紀に続くマウスの遺伝学が道づけられた．このように，哺乳類の生理学，生化学および病理学の分析へのマウス遺伝学の広範で極めて実り多い適用が開始された．2つの研究課題がマウス遺伝学の最初の50年で主要だった．1つは移植された腫瘍の罹患性を決定する遺伝的要因の研究であった．もう1つは自然腫瘍の発病率の差に関する遺伝的基盤に関する研究で，これは通常の細胞をがんに変える際のレトロウイルスの役割の発見につながった．これら2本の研究の流れは他の近交系マウスの確立に基本的な動機を与え，現在その数は300以上となり，世界中で用いられている．

1980年以後の期間は遺伝学的技術が大きく進み，とくにそれはゲノム（生物個体の持つ遺伝的情報の総計）工学の能力において，一度に1つの遺伝子を取り扱う場合においてである．1980年末から1981年初めにかけて，6つの研究室が個別に，マウスの卵細胞にウサギのDNAを注入して染色体に取り込まれることを示した．その結果生まれた子ネズミはまったく新しい遺伝子を持ち，その遺伝子は完全に機能的だった．従って，ある哺乳類グループのウサギのDNAは，他の哺乳類グループのマウスにおいて，進化過程上の分化から約7500万年経過しているにもかかわらず，健全に機能することが示された．

1990年には，既存の遺伝子を機能しない改変遺伝子に置き換えることができるようになった．この遺伝子機能を「ノックアウト」する方法は，哺乳類生理学で特定の遺伝子の機能を検証する膨大な実験へとつながり，たとえば嚢胞性線維症コンダクタンス制御遺伝子（CFTR）の役割，つまりこの疾患において欠けているタンパク質の検証などである（第6章のアブラツノザメの塩分泌腺に関する議論，p.267も参照）．現在ではノックアウト変異マウスは数千以上の種類がある．

2002年のマウスの全ゲノムの決定は画期的な出来事だった．ヒトとマウスは，およそ1億2500万年前の小さな哺乳類を共通祖先としていた証拠がある（図5.8）．このような長い進化の歴史にもかかわらず，マウスの推定された2500の遺伝子のうち300のみが人間のゲノムに相同な遺伝子がない（註8）．さらに，あるDNA配列はヒトとマウスでよく似ていて，両者を区別することはできない．

マウスとヒトのゲノムの両方の知識を得たことで，研究者はヒト固有の遺伝子の役割の解読ができるようになった．マウスで対応する遺伝子を見つけて，その遺伝子を欠落したマウス系統を作出することができ，その欠落した遺伝子が構造や機能から何を変えたりな

Box 5.3　動物を実験に使う際の懸念

Quäle nie ein Tier zum Scherz, denn es fühlt wie du den Schmerz.
（「動物を苦しめるな，おまえと同じように苦しんでいるぞ」，
イソップの「少年たちと蛙たち」（ドイツ語訳）より）

生医学研究で動物を用いることの必要性は広く受け入れられているが，どのような場合でも許されないと考える人たちもいる．そういった人たちは，動物は意識のある存在で（すなわち，感じたことを経験する能力があり），実験による痛みや苦しみを与え，あるいは苦痛を与えて自然にはない条件下で確認を行うことは道徳的に間違っている，と主張している．人類にもっとも類似する種や，その他の深く感情的で美的な特性を持つ種では，もっとも懸念されている．これらの議論は次の事例で補強されるかもしれない．動物の使用に変わる方法がある．たとえば，疫学的調査，解剖検査の所見，注意深い臨床の試験と観察，そして，人の組織と細胞の培養試験である．または，動物での発見が人間に適応することができない証拠があれば，である（註 a）．しかし，現代医学の歴史は，主に動物研究による洞察で進歩しており，それなしにはそれらの進歩はあり得なかっただろう．そしてもちろん，これは獣医学にも当てはまる．

西欧社会では，ガレノスから現代に至るまで，一般に動物は理性的な魂を持たないと考えられてきて，単なる対象として扱われてきた．19世紀初頭までは，大英帝国には動物の福祉のための組織化された努力は存在しなかった．英国動物虐待防止協会の設立は1824年である．ニューヨーク支部の設立は1863年で，ボストンとフィラデルフィアの支部設立はそのずっと先だった．英国ではまた，研究での動物を保護する法律が初めて成立した．1876年に制定された動物虐待防止法（Cruelty to Animals）は，今日なお有効であり，また，その補完として1986年にできた動物査察法（Animals Scientific Procedure）が世界でもっとも厳しいガイドラインをいくつか制定しており，たとえば犠牲（潜在的な動物の苦しみは）研究による利益より小さいことなどがある．米国では実験動物を保護する最初の法律は1966年に制定された．動物福祉法（Animal Welfare Act）である．この法律では，実験の妨げにならない限り，動物のケアのための最低限の基準が満たされていなければならず，動物に苦痛を伴う実験が行われる場合には鎮痛剤または麻酔剤が必要である（註 b）．現在では，多くの国々が同様の法律で動物実験を規制している．

この極めて重要なトピックは，本章ではこれ以上取り扱わない．むしろ，生医学研究における動物の賢明な利用は倫理的に必須であるという前提から始める．なぜならそれは人類の痛みや苦しみ，生命の喪失を減らすために計り知れない貢献をしており，たとえば医薬品やワクチンなどで安全で効果的な治療を受けるために不可欠である．医師は患者の眼や患者を愛する人々をみる必要があり，そして，患者を助けるために医学が明確に伝えることができなければならない．

我々の強い信念では，野生個体群を保護するためには研究動物を人工繁殖させるように，人道的に最大限の世話をして動物の福祉を尊重し，不必要な動物実験は厳格に禁じ（たとえば化粧品開発用），そして動物実験を行うのは代替手段が充分に考慮されてそれでは不十分なときだけに限定すべきである．動物福祉の提唱者の貢献により，これらの複雑な問題により多くの意識が集中されるべきことが示され，動物研究において人道的で持続可能な習慣が広く実行されるようになった．

くしたりするのかを知ることができる（註9，10）.

現在，世界の研究室には2500万匹を超えるマウスがおり，研究に用いられている哺乳類の9割を超えている．多くの人間の病気はそのままマウスでも起こるか，あるいは遺伝子工学的に引き起こされる．たとえば，あるマウスの系統では腫瘍を発達させる感受性が大きく，他の系統では肥満し，一方，他の系統では血圧が高い．遺伝的に改変された実験室のマウスとその結果引き起こされる不具合や病気との関係を理解することで，人間の病気が分子的，遺伝的あるいは細胞レベルで起きるかをよく理解できるようになるだろうし，その効果的な治療も発見できるだろう．

マウスは人間と同様の哺乳類なので，その遺伝子がどう働くかを理解することが人類でもどう働くかを理解することに役立つ，とほとんどの人が理解できるだろう．哺乳類ではないゼブラフィッシュや脊椎動物ですらないショウジョウバエ，多細胞生物ではあるが線虫の *C. elegans* については同様に理解を得ることは難しい．さらに難しいのは（真核生物ではあるが）単細胞のパン酵母や，核すら持たない大腸菌 *Escherichia coli* が人体の理解に有効であることをわかってもらうことである．しかし実際に，それらの生物のすべてはヒトゲノムの構造と機能のパズルの一片として，それぞれが遺伝学的研究の中心にある．生物医学の他の分野では，遺伝学は多くの生物種から得られる知見に大きく依存している．

大腸菌 *Escherichia coli*

細胞核を持たずゲノムサイズは典型的な哺乳類の数千分の1に過ぎないが，ありふれて存在する大腸菌 *Escherichia coli*（図5.9）は，人の消化管にいて（その他の様々な場所にもいるが）健康機能に不可欠である（第3章，p.132 の大腸菌に関する論議を参照）．そして大腸菌は我々の生命のもっとも基本的な機能の理解に役立ってきた．DNA がどのように複製するかや，遺伝子が機能する・しない，DNA がどのように RNA を作るか，そして RNA がどのようにタンパク質を作るか，などである．その他すべての遺伝学的研究は大腸菌から学んだこれら初期の洞察に基づいている．他のどんな生物よりも大腸菌は分子生物学的によくわかっているものの，まだ多くの部分が未解明で，100年以上の研究にもかかわらず，たとえばゲノムにコードされているたくさんのタンパク質の機能などはわかっていない．

大腸菌のゲノムは他の実験生物と比較して単純なので，遺伝子研究のモデルとして優れている．たとえば，他の生物が自らのタンパク質の崩壊につながる状況にどうするか，いわゆる「ヒートショック」反応を決定するのに用いられている．大腸菌が救出できない破壊すべきタンパク質をどうやって選んでいるか，そしてどれを再び折りたたむかを選ぶかを研究することで，研究者は人体で同様の分子的決定がどのように行われているかを学ぶことができるだろう．たとえば，タンパク質の折りたたみの病気であるアルツハイマー病，ハンチントン病（無意識のけいれん運動と記憶喪失に特徴付けられる遺伝性，退行性の致命的な神経学的疾患）である（註11，12）．また，当初は大腸菌で発見されたいくつかの遺伝子が，人類をはじめとする他の生物で重要な対応する遺伝子を持つことが発見された．たとえば，大腸菌の recQ 遺伝子は人類に5つの相同な（つまり1つの共通の祖先から分化した）遺伝子があり，そのうち1つはウェルナー症候群（早老症となる）に対応し，もう1つはブルーム症候群（多数の染色体の組み替えに特徴付けられる）に対応し，そして

表 5.3.　植物，動物，微生物でほとんどあるいは完全にゲノムの配列がわかっている事例

種（註 a）	遺伝子の数	配列の決定された年	一般名
Anopheles gambiae	15,100	2002	蚊（ガンビエハマダラカ）
Arabidopsis thaliana	25,800	2000	シロイヌナズナ
Caenorhabditis elegans	20,400	1998	線虫
Drosophila melanogaster	14,000	2000	ショウジョウバエ
Escherichia coli	4,400	2003	大腸菌
Homo sapiens	25,000	2001	ヒト
Mus musculus	25,900	2002	ハツカネズミ
Neurospora crassa	10,000	2003	アカパンカビ
Pan troglodytes	25,000	2005	チンパンジー
Rattus norvegicus	22,000	2004	ラット
Saccharomyces cerevisiae	6,000+	1997	パン酵母

註 a: ほぼ300種でゲノムが解読され，700種以上でそれに続く様々な研究段階にある．出典：Cogent database（maine.ebi.ac.uk）および Entrez Genome Database（www.ncbi.nlm.nih.gov/Genomes/）

もう 1 つはロスモンド・トムソン症候群（染色体の不安定性を伴う）に対応し，これらの 3 つのすべてが突然変異でがんの原因となる（註13）．

好熱菌 *Thermus aquaticus*

好熱菌 *Thermus aquaticus* も遺伝学的研究の鍵となる生物である．1966年にトーマス・ブロックとハドソン・フリーズがイエローストーン国立公園の温泉から発見したが，この好極限性細菌（第 1 章 p.70 参照）は79℃を超える温度で生長する．ほとんどの微生物が死んでしまう環境（牛乳のような人間の飲用液体の低温殺菌は典型的には63～72℃で行う）で好熱菌が生存可能なのは，高温下で耐えることができる独自に設計されたタンパク質である．そのうちの 1 つが酵素の Taq ポリメラーゼで，好熱菌が自身の DNA を複製する際に使用しているが，ポリメラーゼ連鎖反応（PCR）の開発につながり，科学者たちは特定の DNA 断片を数百万倍に増幅するのに用いている．PCR 法は DNA の特定，操作，再生の能力を拡大し，分子生物学に革命をもたらした．遺伝子のクローニングを可能にすることで，たとえば，PCR 法は今まで配列決定されたゲノムの確定ができるようになった．また多くの伝染性病原体を診断する重要な道具ともなり，たとえば C 型肝炎ウイルス，結核菌，そして *Chlamydia trachomatis*（世界の失明の主要原因）が診断できるようになり，そして新生児のある種の遺伝疾患，たとえば嚢胞性線維症がわかるようになった．そして，よく知られているように，残された遺伝物質の分析から個人を特定するのにも用いられている（たとえば，舐めた切手に残された口内の細胞や，精液に残された精細胞）（註14）．

パン酵母（*Saccharomyces cerevisiae*）

パン酵母 *Saccharomyces cerevisiae* は，単細胞の自由生活の菌類で，パン生地を膨らませたりビールその他のアルコール飲料の醸造に用いられるが，そのいとこともいえる分裂酵母 *Saccharomyces pombe* は，理想的な実験材料である．人間と酵母の進化上の分化から10億年が過ぎているにもかかわらず，依然として 3 分の 1 の遺伝子は相同である．実際，我々のゲノムは部分的にイーストのそれにひじょうに似ているため70を超えるヒトの遺伝子は

酵母の様々な突然変異の修復に利用できる（註７）．さらに，酵母のおよそ40％のタンパク質は哺乳類のタンパク質に類似し（註15），50ほどの分裂酵母の遺伝子は様々な人類の疾患を引き起こす遺伝子と相同で，その半分はがん遺伝子である（註16）．このことは，酵母は核を持つもっとも単純で起源の古い生物の１つであることから，多くの人類の疾患が数十億年間ほとんど変化なく保たれてきた細胞機能の障害に起因していて，かつ核を持つ生物の多くにおそらく共通して見られるであろう．

酵母は真核生物の遺伝学的研究にこの数十年間用いられてきた．たとえば1950年代末期には，転写 RNA，すなわち tRNA（DNA に暗号化された情報をタンパク質に翻訳する際に常に働く分子）は，ロバート・ホリーが酵母で発見した（註17）．しかし酵母のもっとも重要な貢献は真核生物がどうやって細胞分裂時に自分をコピーするかが明らかになったときにあった．酵母は90分ごとに「出芽」によって繁殖する．この過程の中で細胞が管理して可能にする鍵となる細胞プロセスは，染色体の重複，その重複の正確さをチェックすること（DNA の突然変異が次世代に伝えられないように），そして最後に細胞分裂そのものである．酵母の研究をすることでどの遺伝子がこの生殖の細胞周期を管理し，どのように一緒に働くのかが示される．これらの研究はがん細胞が人体でどのように発達するかに光を当てる．人のどのがんでもこのサイクルの１つまたは複数が阻害されていると考えられているからである（註18）．

線虫 *Caenorhabditis elegans*

顕微鏡サイズの線虫 *Caenorhabditis elegans*（図5.10）は大きさわずかに１mm（0.04インチ）で，遺伝子配列の決定は1998年に行われた．１万9000の遺伝子（酵母で見つかった数の３倍以上）を持つ多細胞生物で，その40％は人間と共通である．線虫はヒトゲノムについてバクテリアや酵母ではできない方法で示唆を与えてくれた．たとえば，胚の発生の制御などである．また，線虫は多細胞生物で見られる２つの基本的な過程の理解に役に立つ．

第一の過程は細胞が死なねばならぬときに起こり，そのような事態は通常の発生でも起こるが回復不能な不祥事にも起こる．線虫はこの「プログラム細胞死」，あるいはアポトーシスと呼ばれる現象研究の重要なモデル生物である．なぜならばこの生物は透明で，（顕微鏡下であれば）細胞分裂，分化，受精卵から成体までの完全な器官への発達の観察が可能で，すべての個体は正確に959個の細胞を持っている．それに比べて，人間の細胞数は数兆個である．プログラム細胞死はすべての胚，胎児，そして成体の正常な発達に重要である．オタマジャクシがカエルになるときを例に取ると，オタマジャクシのある組織の細胞が死ぬことでカエルの組織の細胞が発達することができる．人間でもそれは同様に起きて，胎児の発達の途中で手足の指の間の膜（両生類と人類が共通祖先を持つ証拠）を失う．稀な例では，新生児でこの膜の全体あるいは一部が残るときがあり，合指症と呼ばれる．すべての多細胞生物で細胞の分化と死滅の均衡は厳密に管理されておらねばならずまた精密に時間を合わせなければならないので，細胞は正しい数，正しい型，そして正しい組織化で発達する．線虫を用いた研究で，アポトーシスを制御する遺伝子が特定されたが，これはアルツハイマー病，パーキンソン病，ハンチントン病といった神経組織の変性疾患などの，過度のアポトーシスに特徴付けられる疾患や，同様にアポトーシスの減少によって特徴付けられる自己免疫疾患やがんなどに，最終的により良い治療に結び付く発見である

（註19）．

> おまえは芋虫から人間への道のりをたどってきたが，未だにほとんど芋虫だ．
> フリードリッヒ・ニーチェ『ツァラトゥストラはこう語った』

線虫 *C. elegans* の代謝を遅くすることをできる状態は，「耐性幼虫（ダウアー）」として知られるが，その研究もまた実り多い．線虫の幼虫は土壌細菌を補食するが，餌が少ないとこの冬眠のような状態となることができる．餌が十分にあるときの通常の生活環は２～３週間だが，「耐性幼虫」はその８倍以上を生きる．線虫がどの状態となるかを制御する遺伝子はいくつかあるが，そのうちの特異な１つがゲイリー・ラクーンとその同僚がボストンのマサチューセッツ総合病院で発見した，*daf-2* 遺伝子で，大いに注目されている．*daf-2* 遺伝子に欠陥のある線虫は「耐性幼虫」の状態になれないが，通常の線虫よりも明らかにずっと長生きをする．ヒトゲノムの中で線虫の *daf-2* 遺伝子に類似した遺伝子を探す中で，ラクーンは驚くべき発見をした．*daf-2* 遺伝子はインシュリン受容体をコードするヒトゲノムに酷似しており，そのタンパク質はインシュリンの存在下で血流から細胞にグルコースを取り込ませる．この観察から，*daf-2* 遺伝子欠損の線虫 *C. elegans* の長寿命は，１つはグルコースの消費を遅くすることで起きていることがわかった（註20）．

線虫 *C. elegans* の他の遺伝子で *ctl-1* と呼ばれるものがやはり耐性幼虫期に関連する．それはフリーラジカルという，極めて活性が高く，細胞に有害な，たとえばブトウ糖その他の糖の代謝時に生じる分子の，破壊を促進する．線虫 *C. elegans* の *daf-2* と *ctl-1* 遺伝子を研究することで，我々は糖尿病，とくに２型糖尿病という，インシュリン受容体の不具合により，二次的にインシュリンが少なすぎるというよりも多すぎる疾患の理解と治療を改良することができるだろう（註21）．我々はまた，加齢の中でフリーラジカルの果たす役割の知識を増やし，ラット，猿，人間でカロリー制限が寿命を延ばすかもしれないことを実験して研究を補い，人間の加齢に関するより良い洞察を得るだろう（註22）．

線虫 *C. elegans* はまた「RNA 干渉」（RNAi）という，最初にペチュニア（ツクバネアサガオ，図5.11）で発見された，病気の原因となる遺伝子の発現を抑える強力な遺伝的メカニズムを，どのように用いるかという研究の主要なモデル生物として利用され続けている．細胞が RNAi の仕組みを進化させたのは，二本鎖 RNA を持つある種のウイルスに対抗するためかもしれない．そうすることで RNA は欠陥遺伝子が病気の原因となる可能性を効果的に妨げる（註23）．

線虫 *C. elegans* を RNAi 技術に使うことで，がん研究を含むいくつもの前線に立つことができた．たとえば，がんで突然変異を起こしている遺伝子をいくつか，科学者たちは発見することができたが，線虫を用いた結果であり，RNAi がそこに用いられていたからである．線虫と人間ではこれらの遺伝子が似た方法で機能するので，線虫におけるそれらのスイッチのオン・オフ機能は強力な研究ツールであり，数十のおそらくはがん形成に関わる遺伝子と RNAi に基づくがん治療の発見につながった（註23）．

この技術はマウスでＢ型肝炎やインフルエンザから非小細胞肺がんに至るまでの治療に成功した．そして，それは，人々の網膜の部分の悪化に帰結する，加齢性浸潤性黄斑変性の処置のために調査されている（註24）．黄斑変性は，アメリカ合衆国の年輩者の失明の主要な原因となっている（第6章のサメに関する節の黄斑変性に関する議論参照）．RNAiは，21世紀でもっとも重要な医学進展の1つである可能性がある．

キイロショウジョウバエ（*Drosophila melanogaster*）

キイロショウジョウバエ（*Drosophila melanogaster*，p.29 第5章の扉の図参照）は台所の果物が腐って捨てられるときに自然に発生するかにも見えるが，ハツカネズミとともに，遺伝子研究においてほぼ100年の間，もっとも重要なモデル生物の1つであった．ショウジョウバエのゲノムは，2000年に公開され，線虫のゲノムのように，驚くほど我々のゲノムに似ていた．たとえば，人類の疾患で突然変異や欠失が認められる遺伝子の60%がショウジョウバエでも認められる．人のがんの遺伝子に限って見ると，ショウジョウバエのそのような遺伝子は68%にのぼる（註25）．

1910年から，トーマス・ハント・モーガンはコロンビア大学でショウジョウバエの実験室を立ち上げ，それは教え子のアルフレッド・ヘンリー・スターティヴァント，カルヴィン・ブラックマン・ブリッジス，そしてハーマン・ジョーゼフ・マラーに受け継がれた．モーガンはショウジョウバエでいくつかの特徴を見いだしたが，たとえば白眼（通常は赤眼）などで，性に結び付いた形質である（つまり，性染色体の一方，通常はX染色体に運ばれ，もう一方には運ばれない遺伝子）．他の昆虫のXおよびY染色体から得られた知識から，モーガンは白眼遺伝子がX染色体上にあることを突き止めたが，それが人類の性関連形質の理解への舗装道路となった．モーガンの仕事はその学生がショウジョウバエを用いて大いに拡張した．そして，遺伝子が染色体にあること，特定の特徴のための遺伝子は染色体の上の位置が正確に固定されて，ネックレスの上に真珠のように線形に配置されていること，そして，遺伝子突然変異がX線によって誘発されることを初めて示した．これらの初期の洞察はショウジョウバエから得られ，現在は当然視されることとなったが，彼らの時代には革命的だったそれらの洞察がさらに研究され，我々の染色体と遺伝子の理解に関する基礎の多くが作られた（註26）．

現在のゲノム研究の基礎は，ある生物の全ゲノム配列の決定であり，これもまた初期のショウジョウバエの研究に由来する．デイビッド・S・ホーネスと彼の同僚は1974年にスタンフォード大学でショウジョウバエの研究を行い（図5.12），最初に核DNA断片のクローンを作った．これがショウジョウバエの完全ゲノム地図作成の第一歩であり，ヒトゲノムプロジェクトの技術発展の最初でもあった（註25）．

ショウジョウバエは遺伝研究の主流であり続けたが，一生が短く膨大な個体数の飼育が容易なためであった．1983年には，ホメオティックあるいは「ホックス」遺伝子，すなわち動物の体構造を決定する遺伝子が，ショウジョウバエで発見された．そして，同様なことはToll受容体をコードする遺伝子にも起きたが，これはマウスとヒトのToll受容体の発見につながり，我々の生来の免疫系の理解の大躍進につながった（註27）（下記の「免疫系」の記述も参照）．ショウジョウバエは概日リズム（様々な周期の生物時計），加齢，攻撃，学習そして記憶に関連する遺伝子の発見のもとにもなった（註28）．

最後に，がんの発達から細胞を守るのに必要な*p53*遺伝子の役割が，ショウジョウバエの実験で確かめられてきた（そして実験室のマウスでも確かめられてきた――Box 5.4参照）．*p53*タンパク質は細胞の分裂時にDNA損傷を特定して細胞内のDNA修復タンパ

Box 5.4　ヒトの遺伝病のモデルとなるマウス

- ダウン症：ヒトで先天性の遺伝的疾患としてもっとも有名なものの１つで，800～1000人の生存出生に１人の割合で起こり，トリソミーとして知られる21番染色体の重複という異常から起こる．Ts65Dn マウスは米国ジャクソン研究所で開発され，ヒトの21トリソミーに類似して，多くの行動，学習，生理上の不具合が発生し，その中には心理的な障害や矮小化，肥満，水頭症（過剰な体液が脳に蓄積する状態），そして免疫不全もある．Ts65Dn マウスはダウン症研究の過去最高のモデル生物である．
- 嚢胞性線維症（CF）：CFTR 欠損マウスは米国でもっとも一般的な致命的遺伝病である嚢胞性線維症の研究推進に役立っている．この疾患は白人系の3300人，ヒスパニック系の9500人，アフリカ系の１万5300人，アジア系の３万2000人の出生に１人の割合で起きる．今日，科学者たちは嚢胞性線維症が CFTR 生成に必要な遺伝子の欠損があるとほぼ常に起きることを把握している．CFTR とは細胞内外の塩化物その他の物質の通貨を調整するタンパク質である．CFTR マウスの研究からわかったことだが，嚢胞性線維症患者はおそらくこの疾患に特徴的な濃厚な粘液のため，肺内で特定の細菌に対抗することができず，生命の危険がある感染症を引き起こす可能性がある．CFTR マウスは子の病気を矯正 , 治療する新しいアプローチを開発するためのモデルとなっている．
- がん：p53ノックアウトマウスは，Trp53腫瘍抑制遺伝子が無効となっているので，リンパ腫や骨肉腫を含む様々ながんに極めて感受性が高い．このマウスは，単一個体で多くの異なるタイプのがんを発症する傾向にある稀な遺伝性の Li-Fraumeni 症候群の重要なモデルとして浮上している．
- １型糖尿病：この自己免疫疾患は，若年性糖尿病またはインスリン依存性糖尿病（IDDM）とも呼ばれ，糖尿病全体の10%強を占めている．非肥満性糖尿病（NOD）マウスによって，研究者はヒトの IDDM 感受性遺伝子や疾患のメカニズムを同定することができる．
- 筋ジストロフィー：Dmdmx マウスはデュシュエンヌ型筋ジストロフィー，すなわち男性のみに遺伝する性遺伝性の珍しい神経筋疾患で進行性の筋変成のモデル生物である．
- 卵巣がん：SWR および SWXJ として知られるモデルマウスは，若年あるいは閉経後の女性に極めて重篤な悪性腫瘍の卵巣グラニュース細胞腫を発生させる遺伝疾患の基礎研究に利用されている．

米国立ヒトゲノム研究所（NHGRI）の2005年発表の「モデル生物としてのマウスの背景」より．
www.genome.gov/10005834 [cited August 30, 2007]

ク質を活性化させる「指示を出す」能力を持つ．もし細胞の DNA が修復不能なほど損傷していれば，細胞死するように「指示を出す」．ヒトのがんでもっともありふれた突然変異は *p53* 遺伝子に起きる．不活性 *p53* 遺伝子を持つ無制御な分裂を起こすショウジョウバエの細胞を研究することで，ヒトのがんの発達に関する遺伝的機構の解明が始まるだろう（註29）．

ゼブラフィッシュ *Danio rerio*

脊椎動物として，魚類はショウジョウバエ，線虫，パン酵母，そして大腸菌よりも人間に近く，それゆえ，他の生物ではできないような，たとえば骨形成に関連する病気のモデル生物として使われる．脊椎動物の理解の上で魚類が重要なのは，その中で種数がもっとも多く個体数ももっとも多いからである．ゼブラフィッシュ *Danio rerio* は，南アジアの河川原産で，飼育熱帯魚として長く愛好されてきた．近年，この魚は主要な実験動物となり，およそ250の研究室で1000人以上が研究対象としている．ゼブラフィッシュは研究室ではマウスに勝る利点があり，安価で，大量に増殖する．メスのゼブラフィッシュは，たとえば，通常数千個の卵を一度に産み，研究に必要な特定の突然変異系統を一気に増やすことができる（図5.13, 5.14）．

また，マウスとは対照的に，ゼブラフィッシュの卵の受精は体外で行われ，また幼期は透明なので，すべての発生段階でゼブラフィッシュの器官は観察と操作が可能である．さらには，初期発生が極めて迅速に進み，小さな受精卵，遊泳期，摂餌期はすべての器官発生とともにわずか5日間で進む．ゼブラフィッシュを用いた研究はわずか30年ばかり前に始まったが，様々な組織，たとえば筋肉，軟骨，硬骨，そして皮膚や，様々な器官，たとえば心臓，眼球，脳，腎臓の形成と機能に関する仕組みについての顕著な知見を得た．さらに付け加えると，ゼブラフィッシュの突然変異体の研究により，次のような様々な疾患について広範な知識を得ることができた．たとえば，ヘモグロビン生産の不具合から生じる地中海性貧血，患者は脆弱な骨格を持つ遺伝性疾患，骨形成不全症．そして，ポルフィリンが蓄積する遺伝疾患であるポルフィリン症で，ポルフィリンはヘム（ヘモグロビンやその他の代謝に関連するタンパク質の重要な部品）の主要な前駆体だが，これが神経系を含む様々な器官に高濃度で蓄積されると毒性を持つ（註30）．

ゼブラフィッシュは人の心臓の発達を研究するためにとくに重要である．様々な発生上や機能上の異常に対応した50を超す系統がゼブラフィッシュで選抜された．これらのゼブラフィッシュ変異体はヒトの疾患の表現形に類似し，それらの持つある遺伝子はヒトの遺伝疾患を引き起こすものと同じである（註31）．

細胞，組織，器官の再生

1744年にスイスの科学者アブラハム・トランブレーが淡水のポリープ・ヒドラのエレガントな再生実験で，動物の小さな部分が完全な生物になることができることを証明して以来，人間が傷付いたか病気にかかった部位を再成長させることができるかどうかについて，多くの推測と科学的な関心が持たれてきた．実際，我々は細胞と組織の再生をいつも行っていて，口の中や消化管の内壁はその例である．我々はまた常に赤血球と白血球を補充しており，また傷付いた肝細胞を置き換えており，そして最近の研究（後にまた論じる）では脳内の神経細胞も定期的に再生している（神経発生と呼ばれる）ことを強く示唆している．

しかし，心臓発作の後の心臓組織の入れ替わりと脊髄損傷の後の神経細胞とそれらの接続の見込みは，20世紀のほとんど間，研究者の興味をそそると同時に予想に逆らっていた．

再生研究

再生組織では常に再生過程の段階を関連する細胞の挙動を導く制御機構を必要とする．通常言う再生が起こるためには，2つの異なる過程の1つまたは両方が起こらなければならない．第一は未分化細胞の永続化で，幹細胞と呼ばれ，多能性あるいは全能性である．もしある細胞が特定の種類の組織に分化できるのであれば多能的と呼ばれるが，生体内のあらゆる種類の組織に分化できるのであれば，全能的と呼ばれる．幹細胞は分化の進んだ細胞が損傷を受けたとき必要に応じてその細胞と入れ替わる．この過程の人間での好例は皮膚表面で日常的に失われていく表皮細胞が内面の幹細胞が分化して更新していくことである．第二の過程はすでに特定の型に分化の進んだ細胞，たとえば毛髪細胞，血球，または肝臓細胞が，より分化の進んでいない型に戻ることで（つまり，ある種の幹細胞となり），他の細胞型に分化できるようになることである．この過程は脱分化として知られる．

再生研究は若い学問であり，関連する遺伝的および分子的機構は，ここに記してきたように，たとえば，サンショウウオの四肢の再生とゼブラフィッシュやネズミの心臓組織の再生などを調整するが，まだ計画が始まったばかりである．これらの機構を解明していく際の難しさの１つは，いくつかの再生研究の対象生物のヒドラ，プラナリア（小型淡水扁形動物），そして有尾両生類（サンショウウオ類とイモリ類）が，突然変異系統が研究用に準備できていない種であったり，遺伝的によくわかっていない点がある．にもかかわらず，これらの生物は研究に使われ続けて，ゲノム情報の配列決定がなされているゼブラフィッシュやマウスへの研究を補完して，再生に関する価値ある情報を提供し続けている．

◆ヒドラ

ヒドラは，７億年前に進化した太古の無脊椎動物の刺胞動物の一員で，長い間中高生の生物学の授業の人気者で，再生研究のモデル生物としてよく使われてきた．進化上，刺胞動物は体軸が初めてできた動物であり，つまり上下と前後の区別が明確で，最初に神経系ができた．見てわかるごとく，ヒドラは淡水系に生息し触手にある刺胞細胞で獲物を麻痺させて捕食する．ヒドラには２層の組織があり，外側は外胚葉，内側は内胚葉と呼ばれ，両者は非細胞性のゼラチン質の層で隔てられている．ヒドラ類でもっともよく研究に使われている種は *Hydra vulgaris* である．

ヒドラの再生能力に匹敵するものはいない．ヒドラは小さな断片に分割されると，各々の断片が２～３日という短い期間で１個体ずつに再生する．細胞１つに分離しても再集合して完全個体が再生される．１個体が分離されると，切断面の細胞は何らかの方法で切られた位置を関知し，驚くべきことに，根元のほうの半分からは頭が生え，先のほうの半分からは足が生える．頭あるいは足のみから細胞を取り出すと，ヒドラは完全対とはならないが，このことはこれらの細胞が，体柱の細胞が幹細胞としての役割を持ち続けて，様々な型の細胞に分化できる能力があるのとは対照的に，分化における末端的状態を持つに至っていることを示している（図5.15）（註32）．

まだわかっていないことは多いが，現在の研究から示唆されることは，ヒドラが切断された瞬間から，その細胞は複雑で入り組んだ連続的な分子の挙動を開始することである（註33）．これらは再生，および遺伝子の調整と方向付け（体軸に情報を与え，個体のどちらが頭になるべきかを定める）の起動を始める受容体部位に結合する特定のペプチドに関連し，再生の過程を制御する．ヒドラ再生においてペプチドをコード化する遺伝子と受容体が脊椎動物でも見つかるかどうかは，わかっていない．最近まで，ヒドラの再生の遺伝学的な理解は，遺伝子活性を操作できないためにうまくいかなかった．しかしながら，ここ数年で，研究は長足の進歩を遂げ，とくにRNAiの技術（上述の線虫の項を参照），および蛍光タンパクで遺伝子に印を付けることが使われるようになった（註32）．

たゆみない分子的探索で示唆されたことだが，ヒドラで再生を制御する古代の遺伝子的および分子的メカニズムは，進化の数億年の間も保たれてきた．もしそうならば，ヒドラは，その深い進化の起源から，ある種の再生の基本的経路の解明のための理想的な生物であろう．そのような情報は，我々自身では生まれたときにほとんど失われてしまうような，再生する能力を整理しようとする際に，相当な価値があるだろう．

◆プラナリア

プラナリアは，淡水性の，自由生活の，より目の，平たいムシで，中高生を虜にする生き物だが，その再生はドイツ人科学者のペーター・ジーモン・パラスが1766年に最初に報告した．ヒドラのように，プラナリアは普通ではない再生能力を持っている．トーマス・ハント・モーガンは，ショウジョウバエの研究で知られるようになる前に，1個体のプラナリアを分離して279分の1の大きさにしてもまだもとの個体に復元することを示した．モーガンの研究に幾人かの研究者が続いたが，ごく最近まで，プラナリアは発生と再生の研究でほとんど無視されていたのは，遺伝的あるいは分子学的に研究しがたかったためである．しかし幹細胞研究への興味から研究事例は急速に増え，プラナリアは，3相の組織層を持ち，左右対称で，明らかに器官を持つようなもっとも単純な生物で，ヒドラよりも再生機構は高等動物に似ているので，もう一度注目されるようになった．

プラナリアには数千もの種がいるが，研究室で好まれるのは *Schmidtea mediterranea* で，そのうち1系統は有性生殖で，他のすべての系統は無性生殖をする（個体が2つに分かれる）．どちらの系統も顕著な再生能力を持つ（図5.16, 5.17）．

Schmidtea mediterranea にはネオブラストと呼ばれる幹細胞が，成体の組織内に広く分布するが，個体が負傷したとき急激に増えて負傷部位に移動し始め，ブラステマと呼ばれる特異な細胞群を形成し，再生組織が生まれる（註34）．ネオブラストと再生プロセスそのものの激増を支配するメカニズムがまだ特定されない間，*S. mediterranea* を始めとする研究されたプラナリア種ではより高次の動物群で見つかるすべての主要な遺伝子ファミリーを所有することが示され（註35），哺乳類と極めて近縁な遺伝子さえもあった（註34）．結果的に，プラナリアは，幹細胞や再生プロセスが機能する基本的なメカニズムを理解しようとする上で，ますます重要になりそうだ（註36）．

◆ゼブラフィッシュ

ヒドラは，驚いたことに，新しい細胞を生産することなく再生する．ヒドラの柱部の幹細胞は全体を完成させるあらゆる器官に分化できる．対照的に，ゼブラフィッシュは，脊椎動物の再生のチャンピオンの，サンショウウオやイモリのように，体の各部の再生は新しい細胞の生産とブラステマの形成を通じて行い，プラナリアのような原始的な扁形動物に最初に起こる過程と同じように見える．

過去数年間，ゼブラフィッシュの再生と幹細胞の研究が開花したのは，詳細な遺伝学的知識によるもの，ゼブラフィッシュの再生に関する分子の経路に対する理解が深まっていることによるもの，そして実験室での取り扱いが比較的容易であるからである．ゼブラフィッシュは様々な体構造の再生が可能で，鰭，網膜，鱗，そして心臓の一部や脊髄までもが再生される（註37）．鰭での実験では再生芽の形成と成長に焦点が置かれ，再生が傷付いた箇所の表皮細胞なしで（表皮細胞はもっとも表面の細胞層である），または無傷の神経の供給なしでは起こらないことを示したが，これらの組織がおそらく再生因子を放出していることを示している（註38）．これらの実験で関連する遺伝子のいくつかが見つかり，それらは人類に対応するものがあることが示され（註39），傷が治るときや，ブラステマが形成されるとき，そして鰭が再生するときに見られた．

ゼブラフィッシュはまた心臓組織の5分の1が取り除かれても3カ月以内に再生させることができる（註31，40）．しかし，特定の突然変異があると，ゼブラフィッシュでも心臓が傷付いたときに，ヒトの心臓発作後と同様に瘢痕組織ができる．この瘢痕のできる過程は，心臓再生に関連する遺伝子の活性化により阻害される（註40）．これらの遺伝子を特定することは，傷付いた人間の心臓または他の組織が瘢痕になることを防ぎ，また同様に，どうすれば再生反応を開始できるかに，光を投げ掛けるかもしれない．

◆実験用マウス

哺乳類は通常は付属物を再生できないが，例外的にシカ科の動物（シカ，ヘラジカ，トナカイ，オオツノシカなど）は毎年抜け落ちた角がまた再生する（註41）．マウスは前足の第1関節から先が切断されたつま先を再生させることができ（註42），稀な事例では人間の子どもや，さらには大人の場合にも，事故で第1関節から先が切断された指が美容的に完全な状態で再生される場合がある（註43）．一般には哺乳類では付属物は再生されないが，上述のように血球と肝臓その他の器官の細胞は補充される．脊椎動物では，成体での器官再生能力は，大部分は有尾両生類の進化とともに終わりを迎えたように見える（両生類は第6章で論じるので，その再生もその章にとっておくこととする）．

MRLマウス（図5.18）と呼ばれる突然変異のハツカネズミは，他の突然変異系統を掛け合わせて作出されたが，もともとはその大きな体と免疫細胞を制御できない特質から研究者に着目されていた．年齢を重ねると，MRLマウスのある種の免疫細胞（リンパ節と脾臓のリンパ球）は際限なく増殖するので，この系統のマウスは免疫系の研究，とくに全身性エリテマトーデスのような自己免疫系の疾患にモデルとして使うことができる．また，MRLマウスには傷付いた様々な組織を完全な忠実度で傷跡も残さずに再生させる能力がある．この能力は最初に個体識別のために医学的に直径2mmの穴が開けられた耳が（30日以内に）完全に治っていることで発見された．これとは対照的に，他の実験用マウスでは開けられた穴は閉じずその縁は瘢痕となった．MRLマウスの治癒した穴は肉眼上は普通に見えるが，顕微鏡で見ると他の組織とは違っているのが見えた（註44）．

この観察はMRLマウスでの他の研究の奔流へとつながった．もっとも衝撃的な研究は，マウスでの損傷した心筋や，脊髄の一部での再生だった．どちらの実験でも正常組織の再生は瘢痕の形成なしに起きた．MRLマウスでは瘢痕は形成されないか，形成が開始されても停止してしまうようであり，これが組織再生能力の基本的特性である．

MRLマウスとゼブラフィッシュの研究を行う中で，組織と器官の再生の能力はヒトゲノムの中に残ってはいるが抑制されている，という興味深い結論に達するだろう．もし我々がMRLマウスの固有の再生能力について遺伝的や分子的に，そして細胞の挙動の面から解明できれば，人間についても怪我や病気で破壊された組織や器官のこういった潜在能力を解放することができるだろう（註45）．

幹細胞研究

再生の研究には本質的に幹細胞の研究が含まれている．なぜなら，再生の過程は未分化の幹細胞の活性，またはすでに分化した細胞の幹細胞への脱分化が含まれている．その焦点は，しかしながら，ほとんどの幹細胞研究は細胞の移植であり，損傷や疾患をおった患部の細胞による置換ではない．幹細胞には人間の多種多様な疾患を治療する可能性がある．

たとえば，心臓発作の後の心筋または脳卒中の後の脳組織．たとえばパーキンソン病と筋萎縮性側索硬化症（ALSまたはルー・ゲーリック病）のような変性疾患．そして，分化細胞が不在であるか，機能しない１型糖尿病のような病気である．幹細胞は，移植が利用できる器官の不足を解決できる可能性があるとして喧伝されてもいる．おそらく，他の医学分野の研究はこれほど刺激的ではなく，また論争を生み出しはしなかっただろう．

実験動物を用いた研究は人間の幹細胞研究の基礎となっている．動物モデルは，人間で幹細胞を単離するのに用いられる技術の創出に不可欠であり，また幹細胞がどのような合図を受けて成長と分化を遂げるかの最初の見込みを示した（註46）．この研究は，人の胚性幹細胞，そして成人の，たとえば腸，皮膚，精巣，骨髄その他に通常存在する幹細胞で現在進行中の研究を補っている．

動物の幹細胞の実験は人の医療で大きな成功が見込まれるいくつかの方向へと進んでいる．ここで，２つの病気，パーキンソン病と１型糖尿病について簡単に見てみよう．

◆パーキンソン病

パーキンソン病は，もっともありふれた神経変性運動障害で，アメリカ合衆国ではおよそ100万人を悩まし，毎年４万人が新たにこの病気になっている（註47）．世界でどれだけのパーキンソン病患者がいるかは詳しくはわからないが，400万人という数は極めて確からしく，さらに数百万人はいるだろう．観察によるとパーキンソン病はドーパミンと呼ばれる化学物質を産出する特定の神経細胞に進行性の退化が起きており，それら特定の神経細胞は中脳の黒質と呼ばれる領域にあるが，そのことは最初にウサギで観察され，続いてヒト以外の類人猿で，最後に人で観察された（ヒト以外の類人猿によるパーキンソン病の研究に関する論議は第６章を参照）．この発見はパーキンソン病患者の治療でレボドパまたはＬドパと呼ばれる薬物に結び付き，この合成物は脳のドーパミンレベルを回復させ，現在もまだ治療の選択肢の１つである．

過去20年間に，動物と人間での実験の結果，移植された神経細胞組織によって，回復ができないと考えられていた脊髄や脳の損傷が治療できることが証明された．たとえば，1980年代末期以来，数百名のパーキンソン病患者にヒト胎児の神経細胞が移植されてきた．移植された神経細胞はパーキンソン病の症状を緩和するドーパミンの産生能力があった（註48）．Ｌドパを含めた現在のパーキンソン病治療薬の困難の１つは，患者が長期間服薬すると効果が失われる点であり，そしてしばしば，非自発的な運動へとつながる．結果的に，胚神経細胞の移植を用いたこれら初期の奨励的な道筋は，多くの関心を生み出した．しかし結果は一定しておらず，パーキンソン病がめったにいない若い患者では，老齢の患者よりも臨床的な利点が多く示された（註49）．この分野の困難な点は，ヒト胚組織の入手問題に関しては小さく，現在のヒト胚利用の倫理的問題に関する論議に起因している（註50）．

そのような移植の可能性をさらに理解しようという試みが齧歯類の胚性幹細胞（ES細胞）を用いて行われてきた．パーキンソン病に相当するラットへの移植の後，これらの細胞は増殖しなおかつドーパミンを分泌する神経細胞に完全に分化し，徐々に，そして永続的に，それらの「パーキンソン病」の動物の駆動機能を保つようになった．この研究でもっとも刺激的で予想外の発見の１つは機能的なニューロンとなったのはほんの10％だったことで，残りは病気となった細胞が死なないようにする役目を持っているように見えた

（註51，52）．こういった実験は近年，カニクイザル（*Macaca fascicularis*，尾の長い旧世界ザルで南アジアやインドネシアに分布する）でもくり返されて成功した．この仕事は，人の脳へのES細胞の移植はパーキンソン病，脳卒中，そしておそらくアルツハイマー病で病変したり死んだりした患者のニューロンを置換するのみならず，退行性のプロセスを止める可能性もある，という興味をそそる可能性を提示した．

マウスのES細胞は外傷で損傷した脊髄で（註53），そして脳卒中後のラット脳やミエリン形成不全のラットの脊髄で神経細胞を修復することが示された（ミエリンは脂肪とタンパク質からなる物質で，ニューロンの突起を覆い，電気信号の転送速度を増加させる）．これらのマウスとラットの実験が示すのは，脊髄損傷や脳卒中を含む範囲の人の神経の状態をES細胞移植で治療する大きな可能性である（註54，55）．

◆ 1型糖尿病

パーキンソン病が，ある特化した細胞（ドーパミン分泌細胞）が機能不全であるように，1型糖尿病（以前は若年型糖尿病として知られていた）は膵臓の特定の細胞が破壊されることによる障害で，その細胞はインシュリンを分泌し，インシュリンは血中の糖の量をコントロールする．どちらの障害も特定の単一型の細胞型の欠陥を持つので，潜在的に幹細胞移植が適合する．

ヒトの膵臓の移植の可能性は限られていることから，その膨大な医学的需要に対処すべく他の方法の研究が進んだ．2つの方法で，現段階は期待外れな結果となっている．第一に，β細胞の培養では，組織培養された細胞がインシュリンの生産能力を失う傾向にあって，頓挫した（註56）．第二に，ヒト胚葉性幹細胞の移植に関しては，同様に問題があり，インシュリンを生産する細胞に分化するものの，そうなるのは極めて稀で，もしなっても，十分な量のインシュリンを分泌しなかった（註57）．

そこで再び，ヒトの1型糖尿病の治療でインシュリンを産生できる細胞をどうやって成功裏に移植できるか，という基本的な疑問に答えるために，実験動物に頼る必要性が出てきた．マウス，ラット，そしてアフリカツメガエル（*Xenopus laevis*）が*Pdx1*遺伝子の役割を明らかにした．この遺伝子はインシュリンの生産とグルコースの移動に関連する様々な遺伝子の発現を制御している．*Pdx1*遺伝子の導入により，マウスおよびヒトの胎児の肝臓細胞はインシュリン分泌細胞に変化した．そして，1型糖尿病に相当するマウスにその移植を行った際には，それらの細胞はかなり長期間，通常の機能を回復させていた（註58）．マウスでのこれら初期の細胞移植実験は最終的には1型糖尿病の治療につながるのではないかという希望につながる．この疾患は約530万人の患者がいて，そのうち40万人は子どもで，口では言い表せない苦しみをもたらしている（註59）．

幹細胞の適応の可能性はこれら2つの疾患を超えて広がるだろう．ハツカネズミ，ゼブラフィッシュ，そしてその他の実験動物は他にも血液の遺伝病，心臓発作や肝臓病を含む人間の様々な疾病，の治療について幹細胞の移植に関する研究に使われている．

神経発生

1960年代初期の，哺乳類の成体の脳のニューロンは再生し続けるという実験室の証拠にもかかわらず――この能力は神経再生と呼ばれたが――1990年代遅くまでは広く受け入れられることはなかった．そのときまでは，従来のドグマ――つまり哺乳類の神経発生は胚期，あるいはある種の神経については誕生直後までに限定される――は，反論の余地がないと考えられていた．実際，本書の編者の一人（E.C.）が医学部の学生だった1960年代の終わり頃には，極めて確からしいこととして，我々の持つ神経細胞は生まれたあとは消耗するのみで，最初はゆっくりと，やがては急速に失っていくと習ったものである．幸い，そうではなかったようである．それはどうしてわかったのだろうか？

ジョセフ・アルトマンは，1960年代に行った研究で初めて，ラットとネコの生態の脳で新たなニューロンが形成されていることを示した．当時このようなことは起きないと強く信じられていたため，彼の常識を覆す研究はほとんど無視された．神経再生の研究は1970年代にわたって様々な魚種をモデルに続けられたが，今までの信条を変えるような影響はほとんどなかった．

1970年代末にロックフェラー大学のフェルナンド・ノッテボームとその研究グループが中枢神経系の神経再生がおそらく起きることを，カナリアを用いて影響力のあるエレガントな業績で最初に示すまでは，現実的には受け止められていなかった．ノッテボームとその同僚の指摘では，カナリアの歌を歌わせるシステムがある脳の領域はオスがメスよりも大きく（オスのカナリアはメスのカナリアよりもよく歌い，その歌も複雑である），またオスのその領域は1年のうちの時期によって大きさが変わり――繁殖期の始まる春に最大となる．さらに彼らの発見では，オスのホルモンのテストステロンを，メスの成体カナリアに投与すると，よく歌うようになり，脳内の歌中枢，とくに“高音声中枢”と呼ばれる部分が大きくなった．最初は，こういった肥大はニューロンどうしを連結するシナプス数の増大によると推定されていたが，数年後に放射性同位体標識実験で明らかになったのは，新しいニューロンが実際に生産されていて，それらは脳内の側脳室と呼ばれる部位にある幹細胞に由来し，それらの細胞はカナリアの歌中枢に移動し，死滅したニューロンと置き換わり，それらの新しいニューロンは既存のニューロン回路と連結し，やがて置き換わっていくことだった．この研究は神経再生と言うよりも，むしろある種のさえずる鳥の脳の歌中枢の調査だったが，それにもかかわらず，さらなる神経再生の研究と究極的にはより詳細な人間の脳の理解へと進む刺激となった（註60, 61）.

現在，プリンストン大学のエリザベス・グールドらの業績は成体のラット，マウス，そして霊長類――ツパイ，マーモセット，そしてマカク類の歯状回（海馬の一部で，脳内で新規記憶の確立にもっとも活発に関わっている）で起きていることを確立した（註62, 63）．そしてスウェーデンのヨーテボリ大学のピーター・エリクソンとその同僚は神経再生はヒトの海馬で成人期を通して起きることを決定的に証明した（註64）.

さらなる研究で海馬の神経再生を制限するいくつかのものがわかった．エストロゲンはラットでは歯状回の新規の神経の生産を刺激し，そういった神経生産は通常より複雑な人工的環境下で起こり（たとえばラットやマウスを迷路のあるかごで飼う場合），または豊かな自然環境下に置いた場合，たとえばアメリカコガラ（*Parus atricapillus*）が飼育ではなく自然下に置かれた場合に起きる．糖質コルチコイド，たとえばコルチゾーンは，ストレス環境下で放出されるが，この脳の部位の神経再生を減少させる．妊娠したアカゲザルとラットの出産前のストレスは，出生後の生涯で子の神経再生を減らし，子どもたちに永続的な影響があることが示された（註65）.

ラットと鳴禽類で始まり，半ダースの他の動物種で発展したこれらの研究の意味は明らかに重要である．学習と記憶をどう考えるかが変わり，アルツハイマーのようなある種の退行性の疾患の進行を食い止め，さらにもとに戻す可能性さえも浮かび上がってきた．脳卒中や頭部外傷の犠牲者の，損傷を受けた中枢神経系の修復に関する我々の見解は変更されたが，それはES細胞の移植からではなく，自身の神経幹細胞の移動によるもので，そういった細胞は脳内に，幼児にも大人にも存在し，修復に使われる．出生前と出生直後の期間にストレスを減らすことの重要性に光が当てられたのは，それらの時期のストレスは成人期によく作られるニューロンの数を減少させるかもしれないからである．そして，ストレス，ホルモン，さらに個人の環境の複雑さが，海馬の神経再生を変えることにより，どのように学習や新しい記憶を作る容量を変えていくのかに対する我々の理解に，影響を及ぼしてきた．成人の脳の神経再生に対する知識は依然として微々たるもので，どうやったら，そしていつ，人間の病気が神経再生で治せるのかを予測できる者は今はいない．しかし，ほんの20年前には哺乳類の脳では古いニューロンは新しいニューロンに置換することはまったくなく，ヒトではさらにあり得ない，と広く信じられていたことを考えると，いつか我々は神経再生を利用して，大きな苦しみを引き起こす病気を治療し，または外傷や病気，加齢によって機能しなくなりつつある頭脳をよみがえらせることもできるかもしれない．

免疫系

すべての動植物は微生物の海の中に生きており，それら微生物は体の外面を包み，体外と連結する器官，たとえば動物の消化管や肺の壁面に並んでいる．ほぼすべてのこれらの微生物は宿主に何ら害を与えず，いくつかは生命維持系を手助けさえし，利用できない窒素ガスはある種の植物の根の窒素固定細菌が利用可能な形態にし，また，人の腸内細菌はビタミンKを生産する（第3章のBox 3.1「微生物の生態系」を参照）．ごくわずかな微生物が病原性で宿主を食い物にし，局所感染症を起こし，また様々な全身性伝染病を引き起こす．もちろん，宿主生物が死ぬとき，すでに始まっている腐敗の過程により他の多くの微生物種の餌食となる．

植物と動物は病原微生物の攻撃を防ぐための多重の防御系を進化させてきた．古代ギリシャの医師はヒトのこういった防御システムの諸相を認め，たとえば，一度感染して生き残った人は再度の感染に抵抗力があり，パストゥール（先の「医科学研究の歴史概略」参照）とその他の研究者は100年以上前に免疫系について若干の理解をしていたが，ほんのここ数十年で研究者は免疫系の分子的複雑さを解明してきた．多くの種，ショウジョウバエやカイコガ（*Hyalophora cecropia*）からヤツメウナギやブタ（*Sus domestica*）までが，これらの洞察に貢献してきた．

免疫系には2つの主要な構成要素がある．原始的な先天免疫系は，すべての生物が所有する．そして適応免疫系は，高等脊椎動物のみで見られ，4億5000万年前に最初にサメ・エイのなかま（正確には板鰓類として知られる）——最初に顎を持った脊椎動物——で進化した．適応免疫は病原体の異質な標識が認識され，極めて特異的な化学物質と細胞の反応が起動してそれらを破壊する極めて複雑な体系である．これらの反応は免疫系細胞に「記憶され」るので，同じ病原体に将来遭遇したときにまた反応することができる．この能力はワクチンが伝染性疾患から我々を守る仕組みを説明している．おそらく初期の板鰓類は適応免疫により，先天免疫系にとってなじみのない病原体にさらされる新たな環境に危険を冒して進むのを助けられただろう．人類は板鰓類から進化した様々な他の脊椎動物と同様に，両方の免疫系を持つ．

この項では先天免疫についてのみ検討し，そのもっとも基本的な構成要素とどのように後転免疫と連動するのかについて調査する．ヌタウナギとヤツメウナギを考えると，これらは先天免疫のみを持ち，ある種の原始的な適応免疫の特徴が見られる（第6章で論じるサメは，適応免疫に必要なすべての要素を持っている）．この検討を行い，これらの生物の太古の免疫系の研究を行うことで我々の免疫系の起源と機能をよりよく理解することにどのようにつながるのかを示したい．

先天免疫

すべての生物は，もっとも単純な単細胞の古細菌からもっとも複雑で高等な霊長類と海産哺乳類に至るまで，感染症から身を守る何らかの先天免疫を備えている．元来，微生物の攻撃に非特異的に対応するだけで極めて原始的と考えられていた先天免疫系だが，多細胞生物ではひじょうに複雑で，洗練された一連の受容体の制御の下にある．「先天免疫」という用語は一般に多細胞生物のみに用いられるが，この項では単細胞生物を含む生物の病原体へのあらゆる闘争反応を示す．すべての生物は，ゾウリムシのような単細胞の原核生物や単細胞の細菌類や古細菌類を含めて，抗菌性のペプチドの生産能力がなければならず，さもなければほかの抗菌性の成分，たとえば細菌のストレプトマイセス属 *Streptomyces* が作るような潜在的な抗菌物質（第4章 p.169 の微生物に関する議論を参照）を作れなければ，生き抜くことができない．

先天免疫は，伝染源の攻撃を受けて最初の数分・数時間・数日の間に即座の反応を行えるように設計されている．対照的に，適応免疫の仕組みは数日間は完全には働かず，信じられているところではほとんどの場合活性化することはない．なぜなら先天免疫の防御が成功してほぼ大部分の感染が定着して病気を引き起こす前に終了してしまうからである．

◆受容体

先天免疫系の要素とは何だろうか．まず，受容体がある．パターン認識受容体（PPRs）と呼ばれる変異に富んだ受容体は病原性微生物の進化上で高度に保存的な特有の分子構造の認識に関連する．これらの構造は病原体関連分子パターン（PAMPs）として知られ，病原グループ固有の特徴を持つ．そういった受容体はたとえば，サルモネラ菌のようなグラム陰性菌（第4章，Box 4.1のグラム染色に関する説明参照）のリポ多糖（略号はLPS）への，結核菌のようなミコバクテリウムの糖脂質への，肺炎を引き起こす連鎖球菌のようなグラム陰性菌のリポテイコ酸への，酵母のマンナンへの，ウイルスの二重鎖（ほとんどのウイルスで分裂のある時期に形成される）への対応をする（註66）．ある種の病原体は複数の PAMPs を持つので，そのそれぞれが固有の受容体に識別されて，システムに潜在的に組み込み可能な余剰があることになる．

ショウジョウバエ *Drosophila* での1996年の Toll 受容体の発展性のある発見は，先天免疫受容体の複雑さと特異性へと応用された．Toll 受容体は，ハエの発生において背腹方向の決定をすることで知られているが，カビの *Aspergillus fumigatus* に対するショウジョウバエの認識と防御に必要なことも発見されていた．続いてハツカネズミおよびヒトで Toll

様受容体が発見され，TLR4と呼ばれ，グラム陰性菌のLPSを認識する能力があることから，これらのおよびその他の受容体が先天免疫で働いて中心的な役割を果たすことが示された（註27）．現在まで，合計13の哺乳類のTLRサブタイプが確認され（そのうち10はヒト由来），総じてToll様受容体は（まだまだ発見されると考えられるが）おそらく，すべて，でなければほとんどの一般的な病原性のウイルス，菌類，細菌類，そして原生動物を認識できるという証拠がある（註67）．

◆細胞的および化学的応答

ある病原体が適切な単独または複数の受容体に認識された後，様々な細胞的および化学的な反応が一気に起こる．それらの中には組織マクロファージの出現もあり，高濃度のサイトカインあるいはケモカインと呼ばれる化学物質を産出し，それらは感染部に血流を導いて，身体の細胞防衛の交通を管理するのに役立つ．好中球はアメーバに似た細胞だが，マクロファージとともに病原微生物を吸い込んで破壊する．好酸球はマラリアのような寄生生物の感染に特定の役割を果たす．そして「ナチュラル・キラー」(NK）細胞はウイルスに感染した細胞（そしてがん細胞）を破壊するのを助けると考えられており，病原微生物を引き離すタンパク質を生成する．NK細胞はまたおそらく樹状細胞を殺すが，この細胞は病原体の抗体（特有の表面のタンパク質）をリンパ球に示すのに役立ち，この過程は適応免疫系の抗体と細胞反応を誘発する（註68）．もし先天免疫系が感染を終わらせるのに成功したのなら，適応免疫系は不必要となる．

◆抗菌性ペプチド

先天免疫の反応の一部として，無数の合成物が感染部と，微生物を摂取したマクロファージと好中球の内部に放出される．それらが含むのは，リゾチームやプロテアーゼといった酵素，これら両者は微生物を破壊する；微生物の膜を攻撃する補体タンパク質；有毒な代謝物質（たとえば酸素または窒素を含む反応性分子）；そしておそらくもっとも古くからある防御の，抗菌性ペプチドである（註68）．

抗菌性ペプチドの最初に公表された研究事例は1980年代のストックホルム大学のハンス・ボーマンが行った．ボーマンと同僚は大型のヤママユガの1種，セクロピアサン *Hyalophora cecropia*（図5.19）のさなぎの成分を研究したが，そのさなぎは細菌にさらされていて，2種類の抗菌物質が抽出され，セクロピンAとセクロピンBと命名され，細胞壁に穴を開けて細菌を殺していた（註69）．この発見以降，800を超えるその他の抗菌ペプチドが見つかった（http://www.bbcm.univ.trieste.it（リンク切れ）および抗菌性配列データベース http://aps.unmc.edu/AP/main.php を参照）．それらが分離されたのは細菌から，単細胞の原生動物から，エビのような無脊椎動物から，研究されたすべての脊椎動物の血球と表皮細胞から，そして様々な植物組織からである．これらはすべての生命体に存在すると考えられている（註70）．

広く研究されている抗菌性ペプチドとしては，ショウジョウバエのドロソシンが主に菌類を攻撃し，カエル（第6章の両生類に関する項，p.217参照）の皮膚にあるマガイニンは極めて広い抗菌性のスペクトラムを持ち，そしてウサギ，ウシ，昆虫，カブトガニ，ブタおよびヒト（腸内）にあるディフェンシンは強力な抗細菌性，抗真菌性，そして広い範囲の微生物の活性に抵抗する活性を持つ（註71）．生物は，通常遭遇する微生物を攻撃する抗菌性ペプチドを生産する傾向にある．たとえば，アフリカツメガエル *Xenopus laevis*

のような水生のカエルは，ある種のグラム陰性菌と菌類（と同時に広い範囲の原生動物）に対してとくに活性の高いペプチドを産生するが，そういった微生物は彼らが生きる湿潤な場所で栄えている．対照的に，陸上の乾燥したニッチに棲むカエルは，乾燥環境に適応したグラム陽性菌と菌類を標的とする抗菌性ペプチドを産出する．ヨーロッパアカマツは根に感染する菌類を標的とするまったく新しいペプチドを産出する（註72）．

一般に，病原性微生物は抗生物質への耐性を迅速に発達させ，今日の院内感染問題を引き起こすが，抗菌性ペプチドにはこれは当てはまらない．抗菌性ペプチドは数億年の間，病原性微生物と効果的に戦い続けている．どうやってそれをなし遂げているのか．2～3通りの説明がされてきた．1つは，生物が侵入してきた微生物に対して抗菌性ペプチドを放出する際に，通常，多様な混合物を放出し，混合されたそれぞれは違った構造を持っていて，またそれぞれが微生物に致死的な能力を持つ，というものである．微生物がこの守備攻撃に対抗するには，これらすべてのペプチドにいっぺんに対抗せねばならないが，各々が高度に独自の対抗となる．さらに，抗菌性ペプチドは微生物の生存に不可欠な構造を攻撃する．細菌の膜は多細胞生物とは構造的にまったく異なっている（とくに，いちばん外側の層がマイナスに帯電した脂質に富んでいる）．抗菌性ペプチドはこれらの特徴的な分子を特異的に標的とし，穴を開けて細菌を破壊する．この種の攻撃に対抗するためには，細菌は膜の基本的構造を変化させねばならず，それはまた高度に難しい作業である．抗菌性ペプチドはまた重要な分子経路を阻害する（註73，74）．たとえば，タイリクホシカメムシ（*Pyrrhocoris apterus*）のペプチドはDnaKと呼ばれるタンパク質を破壊することでグラム陽性とグラム陰性の両方の細菌を殺す．DnaKタンパク質はバクテリアのいわゆる家事酵素（housekeeping enzymes）の構造を保つ働きがある．

抗菌性ペプチドの抵抗を食い止める能力は，様々な病原体に対抗する効果的で安全な抗生物質を人々のために開発する研究の波を引き起こした．こういった探索は困難に突き当たったが，この分野はまだ発展段階にあり，これらの物質は，ガのアカスジシンジュサンで最初に発見されたが，明らかに，伝染性疾患の治療に極めて大きな可能性を持っている．

無顎類の免疫システム

太古の生き残りの無顎類はサメその他の軟骨魚類と共通の祖先を持ち，ヌタウナギやヤツメウナギのなかま（図5.20）である．しかしながら，無顎類は，適応性の免疫システムを持つ板鰓類とその他の脊椎動物とは異なって，生得的な免疫反応のみを持っている．しかし，それで困っているようには見えない．彼らの生得的な免疫システムは，すべての無脊椎動物，植物，微生物と同様で，数億年の間，感染症から彼らを守ってきた．適応的な免疫システムへの進化の橋渡しとして，ヌタウナギ類とヤツメウナギ類は人類の免疫系の起源と基本的な機能に独自の視点を与えてくれる．

大西洋のホソヌタウナギ属の1種キタタイセイヨウヌタウナギ *Myxine glutinosa* は，腐食動物で，死んで腐敗した海洋生物を食べているため，高濃度の微生物にさらされている．ヌタウナギがどのようにこれら微生物に免疫学的に対応しているのか，正確なところはわかっていないが，最近，若干の手がかりが発見された．3つの強力な，すべてがカセリシディン・ファミリーの，幅広いスペクトラムを持つ抗菌性ペプチドが大西洋のヌタウナギから検出された．これらのペプチドはグラム陽性およびグラム陰性の幅広い範囲の細菌を殺す．ヌタウナギのカセリシディンは腸内のリンパ球類似の細胞が産出する．ヌタウナギの腸はその薄い膜から体内に侵入しようとする微生物に対応する場所である．リンパ球は適応免疫に関連する最初の細胞なので，カセリシディンが哺乳類で適応免疫反応を誘発することが示されたという事実とともに，キタタイセイヨウヌタウナギは，ほかの２種のヌタウナギ類，東太平洋のヌタウナギ（*Eptatretus stoutii*）と日本にもいるヌタウナギ（*Eptatretus burgeri*）とともに，前駆的な適応免疫を持つかもしれず，そしてまた先天免疫と適応免疫をつなぐ生きた鎖の輪であろう．カセリシディンはまたヒトの免疫系でも役割を持つ．たとえば，唾液中にカセリシディンが不足すると，歯周病にかかりやすい（註75）．

ヌタウナギ類はまた，防御用の粘液を出すことで研究意欲をそそられる生物で，この粘液には高濃度の柔軟で微細な繊維を含み，これらは細胞がどのように形を保ち，移動するのかを理解するのに役に立つ（註76）．

太平洋の特定地域，たとえば日本沿岸などではヌタウナギ類の集団が乱獲によって減少しており（ほとんどがいわゆるウナギ革の需要を満たすために取られる），そしてヌタウナギ漁業は米国に，とくにニューイングランド地域（米国北東部の６州）に移動し，たとえば2000年にはマサチューセッツとメインに200万ポンド（約900トン）の水揚があった．米国東海岸のヌタウナギの漁獲には規定がなく，いくつかの集団では絶滅の危機の懸念がある（註77）．ヌタウナギ類は研究モデルとして重要であるのみでなく，海洋の主要な腐食動物であり，陸上のハゲワシやカラスのように，海洋中の栄養分のリサイクルに貢献している（註78）．

ヤツメウナギ類の数種，ウミヤツメ *Petromyzon marinus* L.，アメリカン・ブルック・ランプレイ *Lampetra appendix*，ノーザン・ブルック・ランプレイ *Ichthyomyzon fossor* は，適応免疫の原始的な要素を持っていることが示された．彼らもまた，リンパ球類似の細胞を持ち，それら細胞の受容体は適応免疫の細胞反応と類似した反応を示す．リンパ球のように，これら細胞は他の血球タイプの細胞より放射線に敏感であり，微生物の表面の抗原の刺激に反応して集合と分裂が可能である．

結論

この章は，第４章と同様に，他の生物，たとえば植物，動物，微生物が，人間の医療にどのように貢献してきたかをまとめている．試験的に，生医学研究の３つの主要分野，すなわち遺伝学，再生，そして免疫系の発達を選んだ．しかし，ほかにも多くの同じぐらい重要な研究分野を選ぶことができる．たとえばヒトのがんはどのように発生するか，老化の過程，心血管系の疾患の起源，であり，ヒト以外の生物種がそれらの状態を理解するためにどういった中心的な役割を果たしてきたかを示すことだろう．

野生の生物を保全する必要はない，実験室で必要な変異体はすべて作成することができる，飼育選択と遺伝子改変を行えばよい，という者が必ずいるだろう．確かにそういった努力の重要性をマウス系統の数が増加し続けていることが示しているだろう．他の人はまた，我々はノアのごとく，単に絶滅の危機に瀕している種の数個体ずつを種子バンクや動物園や植物園はたまた水族館に保存すればよい，そうすれば未来に繁殖させたり必要な様々な情報を得たり必要なことは何でもできる，というかもしれない．そしてまた，こういった保存の試みには大きな利点がある．

しかし，どのような種が存在するか，そしてどのような教えを同定した種から得ることができるか，我々はあまりにも知らず，そして生物がどのように数億年の間に巧みに生き残り病気から身を守ってきたのかを自然は示しており，さらにまた人工環境下で保管できるどのような生物も種の多様性のごくわずかなサンプルに過ぎない．それゆえに生物たちと我々のために，自然界に生きる生物種と生態系を保全する以外はないのである．

参考文献およびインターネットのサイト

"Beyond *E. coli*: The Role of Biodiversity in Biomedical Research," Joshua P. Rosenthal and Trent Preszler. In *Conservation Medicine: Ecological Health in Practice*, A.A. Aguirre et al. (editors). Oxford University Press, New York, 2002.

Howard Hughes Medical Institute Model Organisms, www.hhmi.org/genesweshare/e300.html.

Making PCR: A Story of Biotechnology, P. Rainbow. University of Chicago Press, Chicago, 1996. ポール・ラビノウ［著］，渡辺政隆 訳．PCRの誕生：バイオテクノロジーのエスノグラフィー．みすず書房．

Medicine's 10 Greatest Discoveries, Meyer Friedman and Gerald W. Friedland. Yale University Press, New Haven, Connecticut, 1998.

Microbe Hunters, Paul de Kruif. Harcourt, Brace & Company, New York, 1926 (new edition 1996).

Model Organisms in Biomedical Research, www.nih.gov/science/models/.

Winterworld: The Ingenuity of Animal Survival, Bernd Heinrich. Harper Collins, New York, 2003.

第6章

絶滅危機にある医学上有用な生物

エリック・チヴィアン，アーロン・バーンスタイン

医学の手法は野獣から学ぶ.

アレキサンダー・ポープ（17～18世紀の英詩人）

この章では，４つの絶滅の危機にある生物群を取り上げる．そのうち３つが海洋から，１つが陸上からで，両生類，クマ，ヒト以外の霊長類，裸子植物（モミとかスギ，イチョウを含む植物群），イモガイ，サメ，カブトガニで，これらは皆，人類の医療に極めて重要である．これらの事例研究はまさに本書の核心部分である．我々は自然破壊を行って，今，何を失いつつあるのか，そしてより大きな度合いで何を失おうとしているのか，に特化した事例を示しており，また，人類の健康が多様な方法で生物多様性に依存している様を垣間見せてくれる．

本書に選定した以外にも，同様の観点から選定可能な動物や植物もある．本書の選定基準はよく知られているかどうか，医学への多大な貢献が知られているかどうか，そして地球上の絶滅危惧種に該当するかどうかである．

そういった生物の最重要の存在理由は人類が利用するためであるとは，どんな形であれ意味するつもりはない．この惑星の生き物は数百万年，あるものは数億年という，人類を遙かに超える時間スケールの中で進化を遂げてきて，今日あるすばらしい生物集合体へと進化してきた．彼らの生命は人類の生命と同様に神聖なものである．

しかし，地球は人類が支配しており，その存在が他の生命の存在を脅かしている．本書の執筆者たちの信念では，人々は他に選択枝がないということを理解しない限り，本章に記述された動植物と，その他の地球上の無数の種を保護しようとはしないだろう．

両生類

両生類の絶滅の危機

最初の両生類はおよそ３億5000万年前のデボン紀に魚類から進化して上陸を果たした．彼らは，人類を含むすべての陸上性の脊椎動物の祖先である．両生類 amphibian の由来はギリシャ語の amphis と bios であり，前者は両，後者は生を意味する．その理由は両生類が生活史の中で頻繁に水生環境に接し，卵と幼生の成長を水中で行う一方，生態はその生活のほとんどを陸上で過ごすためである．彼らの両生生活から，なぜ両生類が生活環境の破壊に極めて敏感なのかが，部分的には説明されるだろう．

原生両生類は3つの目に分類される．1つは無尾目 Anura でカエル類とヒキガエル類を含み，既知の両生類の大多数を構成する．2つ目は有尾目 Caudata（または Urodela）で，サンショウウオとイモリからなる．3つ目はアシナシイモリ目 Gymnophiona（Apoda とも呼ばれる）で，アシナシイモリ類からなり，このあまり知られていない生物は巨大なミミズのような形をしている．IUCN（国際自然保護連合）の2009年版レッドリストによると，地球上の主要な生物群の中で，両生類は，霊長類とともに，もっとも危機に瀕している．全体のほぼ3分の1に当たる，6260種中1991種が絶滅の危機にあり，この中には3目のすべてが含まれ，ここ数十年の間に122種が絶滅したと考えられている（註1）．さらに，既知の両生類種のおよそ4分の1（22.5％）で，「データ不足」の状態なので，それらで保全状況が明らかになれば，両生類の絶滅危惧種は1811種を超えるだろう．他の生物群と同様に，両生類でも新種の発見は常に継続していて，2007年の前期には総種数は6155種となった（参照 www.amphibiaweb.org）．（訳注：2016年12月14日現在，7604種である．）しかし，保全状況は，新規に発見された種でもすでに確認されている．

他の大きな絶滅の危機に瀕している生物種，たとえば鳥類（12％程度）や哺乳類（23％）と比較しても，両生類の状況は目立つ．多くの学会でこの状況を「両生類の絶滅危機」と呼んでいる（註2）．両生類の状態に関して主要な科学的な懸念が本格化したのは1989年で，この年，第1回世界両生類爬虫類学会が英国で開催され，世界の様々な場所で両生類が顕著に減少しているという報告が行きわたった．そのとき注目されたのは，そういった減少は1970年代に合衆国西部，プエルトリコ，北東部オーストラリアといった地域で始まっていた．そして1980年代の研究から，コスタリカの1地点のみでも40％程度の両生類の種が消滅しており，そのような突然の消失はエクアドルやベネズエラの山岳地帯でも起きていて，そういった地域は原始のままで人間の居住区とも遠く，そういったことはさらに両生類の生存に関する国際的な懸念を引き起こした（註3）．このような高い率で両生類の絶滅が起こったという兆候は，化石記録にも見られない．実際，現生の主要な両生類の分類群は，地質学的な記録に残るここ数億年に起こった人類の出現以前の大絶滅の出来事に生き残り続けて現存している（註3）．

海洋と両極域を除き，両生類，とくにカエル類とヒキガエル類は，世界中で見ることができ，極めて変異に富んだ砂漠から亜極域に分布し，海面と同じ高度から山岳の雪の降るあたりまで，地表から高木のてっぺんにまで棲んでいる．サンショウウオ類は概して北半球に分布するが，アメリカサンショウウオ科 Plethodontidae は例外で，この肺を持たない（皮膚呼吸の）サンショウウオ類の分布は中米と南米にまで広がる．北米大陸のサンショウウオ類の多様性はどの大陸よりも高く，9または10の科がいる．一方，中米と南米を合わせたサンショウウオ類の種数はもっとも多くなり，すべてがアメリカサンショウウオ科である．トラフサンショウウオ科 Ambystomatidae についていえば，全種が肺を持ち，どの国よりも合衆国内で多様性を持っている．アシナシイモリ類（英 Caecilians）（無足目 Gymnophiona）の分布は熱帯域に限定される（世界の両生類の分布については図6.1を参照．また，第2章の図2.1はバックミンスター・フラーの地球投影図で，ダイマクション地図と呼ばれ，図6.1に用いられている）．

両生類の生残の危機

両生類は人類活動の直接的な影響で危機に瀕している．生息環境の悪化，破壊，分断化．過剰な利用．外来種の移入．紫外線Bの照射の増加．様々なタイプの汚染．地球規模の気候変動．そして，様々な感染症である．一般に，過去には科学文献でこれらは別々に論じられ，これには急激で広範囲にわたる両生類集団の消失が個別の要因を見ることで説明できる，という，暗黙の了解があった．しかしながら，そういった論議で，多様な要因による減少の記述がどんどん増え，また，これらの要因の連動が研究されるに従い，我々は両生類の危機性をより理解するようになるだろう．もっとも危機に瀕した種は，熱帯の山岳地で流水の近くに生息することが明らかになり（註3），どういった研究に注意すべきかがしめされた．

なぜ両生類は絶滅の危機にあるかという理由に，特定の種は，とくに熱帯性の特定の種は，狭い範囲の環境状態に生息するように進化してきたからだ，というものがある．こういった環境，たとえば温度や湿度が，たとえとても穏やかな度合いで変化したとしても，適応の範囲外となり，それにさらされた両生類の生命を支えるシステム（たとえば免疫系）が結果として起きうるので，病気への感染のような他の危険が起こりやすくなる（註4）．これらの事態が死を引き起こすことも明らかとなり，たとえばツボカビへの感染は（下記参照），一連の出来事が最終的に現れる代わりに起きることがあり，それはHIV／AIDSの患者のあるものでは免疫系が存分に弱まった場合に日和見的な真菌感染が起こるのに似ている．この章では，両生類個体群の危機となる要因を個別に見ていく．しかし，一般に，これらの要因は単独では働かないことを，読者は留意する必要がある．

◆生息域の消失

多くの両生類では，陸域と水域というまったく異なった生息環境を生活史の中で行き来するので，そのどちらかが変化すると影響を受けてしまい，潜在的に他の生物よりも環境の改変や喪失に対して脆弱である．その結果，地球の景観改変の主なもの，たとえば森林の清掃，湿地の排水，土地の農地化やその他の開発，そして道路の建設などは，繁殖地である水域との往来を妨げ，両生類の集団に影響を与えてきた．極めて生息範囲の狭いようなカエル類とヒキガエル類，たとえばコイシガエル属の *Oreophrynella weiassipuensis* は，ガイアナとブラジルの国境の1つの山にしか分布せず，とくに危険性が高い（註5）．

サンショウウオでは多くの生息圏の研究が行われてきた．ある研究では原生林では二次林に比べて3から6倍のサンショウウオがいることが示された（註6）．これは，原生林が水分保持と冷涼な環境の保全に役立つ能力を持つことに深く関連し，たとえば，多くの倒れ朽ちた丸太があるので，サンショウウオ類が生き残ることができる．皆伐はとくにサンショウウオ類に有害で，ある研究によれば，未伐採の極相林では皆伐された森林の5倍のサンショウウオが採集された．この研究の結論では米国内の森林の皆伐により，毎年，1400万頭のサンショウウオが失われている（註7）．

人類は数百万年にわたってカエルを補食しており，とくにウシガエルのような大型種の後ろ脚の豊富な筋肉が食べられてきた．現代の取引のほとんどはヨーロッパ，とくにフランスとベルギーに供給され，彼の地ではカエルの脚は長年求められてきたごちそうである．数千万匹のカエルが毎年犠牲となり，そういったカエルたちはインドネシア，マレーシア，バングラディッシュという国々から，時には違法にやってくる．インドでは1987年からカエル類の輸出を禁止した．このような禁輸が行われたのは，殺虫剤を輸入して害虫を退治するよりもカエルによる退治をさせていたほうが，費用がかからないことがわかったからである．アジアジムグリガエル *Kaloula pulchra* は利用されている主な種だが，ほかの種も採集されている（註８）．アジアのカエル類でどの程度の乱獲をすると絶滅の危機につながるのかは研究されていない．同様に，アジアの何百万というヒキガエル類はどうして消えていったのかが疑問となっている．これらの種は主要な昆虫捕食者で，アジアの水田の昆虫に影響し，また，マラリアや日本脳炎などの病原菌を媒介する蚊の捕食者でもある．

◆外来種の移入

両生類の減少や絶滅はまた様々な生物の移入で引き起こされてきた．たとえば魚類，他の両生類，そしてザリガニ類などの移入である．たとえば，カリフォルニアのシェラ・ネバダではスポーツフィッシングの対象として山上湖にニジマス *Oncorhynchus mykiss* やカワマス *Salvelinus fontinalis* を放流した結果，ヤマキアシガエル *Rana muscosa* の卵やオタマジャクシが魚に食べられたことが主な原因で個体数が減ってしまった．マス類を取り除いたことでヤマキアシガエルの個体数はまた増えた（註９，10）．天然の両生類は捕食されることに加えて，他の移入種，たとえばウシガエル *Rana catesbeiana* がツボカビ（下記参照）のような伝染病の保菌者となり，天然のカエル集団を脅かすことがある．そして最後に，移入両生類は天然集団と交配し，あるいは競争に打ち勝って，いずれにせよ生存を脅かすことが知られている（註11）．

◆紫外線Ｂへの暴露

ここ10年の紫外線Ｂ（UVB）の地上への照射量は，人類が原因の成層圏のオゾン層の減少によりここ数十年間で増加している（第２章のUVBに関する記述を参照）．UVBはDNAの突然変異を引き起こすので，潜在的にはすべての生命に害があり，また両生類での実験ではUVBへの曝露で胚や幼生の死亡率，皮膚の損傷，異常行動率が上昇し，成長と発生を阻害する（註12）．いくつかの野外の研究事例では，UVBは特定の種の両生類の生存能力を減少させたが，ほかの種ではそうはならなかった．なぜこれらの研究でそのような違いが出るかの説明は，少なくともその一部はどのくらいのUVBに両生類がさらされるかの違いで説明できる．なぜならば，そういった量は，両生類が産卵する場所での雲の被覆率，標高（標高が高いとより多くの被曝がある），そして水環境の溶存炭素（UVBをブロックする）の量を左右するからである．両生類はまたUVB曝露に対する処理が様々であり，同量の被曝でもあるものは他のものよりも大きな損傷を受ける．UVBの影響に関する様々なデータから，両生類の減少に関する影響は低く評価されるようになった．しかし，UVBがDNAを損傷することと，両生類の繁殖の成功に影響を与えるという優れた研究が出されたことにより，UVBが両生類の減少に影響を与えないとは考えられない．

自然界の両生類集団へのUBVの影響のもっとも強力な事例はおそらくセイブヒキガエル *Bufo boreas*（図6.2）であろう．この種はかつては米国西部に広く分布していたが，今では元来の生息地では希になっている．オレゴン州立大学のアンドリュー・ブロウスタイン，ジョセフ・キーゼッカーと同僚たちは，合衆国北西部の太平洋岸のセイブヒキガエルの孵化成功率は，UVBの曝露から遮断されていない浅い池で胚発生が進む場合は低くなることを示した．こういった影響はカスケードガエル *Rana cascadae*，ユビナガサラマンダー *Ambystoma macrodactylum*，そしてブラウンサラマンダー *Ambystoma gracile* でも見られる．

しかし，ほとんどの両生類の集団死でも当てはまるように，セイブヒキガエルの消失の原因には，たとえば気候変動や真菌感染のような，他の要因が原因となりうる．気候変動により降水量が減ったことにより，セイブヒキガエルが繁殖をする合衆国北西部太平洋岸の浅い湖沼で，UVBのフィルターの役割を果たす水位が低下し，セイブヒキガエルの胚がより多くのUVBにさらされるようになり，続いてカエルツボカビ *Saprolegnia ferax* による致死的感染も起きた，というのがあり得る話の流れである．おそらく，UVBが胚の免疫機能を弱め，ミズカビ *Saprolegnia ferax* に感染したのだろう（註13～15）．

◆汚染

両生類は水棲環境に棲み皮膚は浸透性なので，様々な汚染に弱い．多くの研究があり，たとえば，酸性雨はある種の両生類の繁殖に有害な影響を及ぼすという研究がある（註16）．水質の酸性化は，春期にできる一時的な池で繁殖する種にはとくに問題で，なぜなら，そういった池は地下水の湧水よりも降雨によって満たされており，永続的な池に比較して緩衝能力が低いからである．水質の酸性化により，鉛，アルミニュウム，水銀といった有毒な金属が溶解しやすくなり，水銀はメイン州のキタフタスジオナガサンショウウオ *Eurycea bislineata bislineata* などのある種の両生類では生物濃縮が起きる（註17）．

キタコオロギガエル *Acris crepitans* は，かつてはイリノイ州ではごく普通に見られるカエルだったが，ここ数十年で顕著に数が減り，カナダではもはや見られず，合衆国中西部の北側でも稀にしか見られない．過去150年間に採集されてきた博物館標本を観察して，科学者たちはキタコオロギガエルの雌雄同体（すなわち，オスおよびメスの両者の生殖腺を持つ状態）の事例の増加と，PCBやDDTのような有機塩素化合物の時期的および地理的な出現との間に関連性を見いだすことができた．科学者たち，はこれらの化合物が性分化と生殖を混乱させたのだろう，と仮説を立てた（註18）．キタコオロギガエルはまた，干ばつと寒冷な冬の期間に苦しめられてきた．それら地域の近縁種とは異なり，キタコオロギガエルは冬期に地下に潜ったり，水中に隠れたり，抗凍結タンパクを生産して生き延びたりということはせず，湿地帯の端の浅い水中で冬を過ごす．乾期・寒気がきつすぎると，分布の境界域の北方や西方で生存ができなくなり，そういった場所で彼らは数を減らしている．

汚染が原因である種のカエル類には肋骨の奇形が生じ，アオサギやシラサギなどの捕食者に食べられやすくなる．こういった奇形は合衆国の46州の60種ほどのカエル類，サンショウウオ類，ヒキガエル類で見つかっているが，吸虫の１種 *Ribeiroia ondatrae* の寄生と関連付けられてきた（註19）．農薬に曝露されると，吸虫への感染が起こりやすくなる．

両生類にもっとも多大な危険性を与える２種の農薬に除草剤のグリフォセート（ラウンド・アップの活性成分）とアトラジンがある．グリフォセートは米国で非常によく使われる農薬で，1999年には総量およそ4000万トンが2000万エーカー（約8.1万 km^2）に使われた（註20）．グリフォセートの毒性は強く，製造業者の奨励する使用濃度を３種の両生類，ヒョウガエル *Rana pipiens*，アメリカヒキガエル *Bufo americanus*，ハイイロアマガエル *Hyla versicolor* を対象とした実験では，実験池のオタマジャクシ幼生は３週間で96～100％死滅し，同じく陸上のカエル幼体では68～86％が死滅した（註21）．ある種の遺伝子が組み換えられた作物に対してグリフォセートの利用が世界的に増加し，ある種の両生類に示された毒性は，両生類の絶滅危機の進行する中で，深刻な国際的懸念をするべきだろう．

アトラジンは米国で利用される第2位の除草剤であり，また世界中で非常によく使われている．アトラジンは，米国中西部の雨の400分の1の濃度で，農業廃水の数千分の濃度で（濃度10億分の1，1 ppb），または水1リットル中に100万分の1gの濃度で，アフリカツメガエル *Xenopus laevis* やキタヒョウガエル *Rana pipiens* で雌雄同体や性分化不全を引き起こす（註22, 23）．また，それよりは高めの濃度，4 ppb は，米国の飲料水の許容水準よりたった1 ppb 高いだけだが（註24），トラフサンショウウオ属の *Ambystoma barbouri* の胚や幼体を殺してしまう（註25）．ネブラスカの典型的なトウモロコシ畑では複数の殺虫剤，除草剤，殺菌剤を組み合わせて使っているが，それと同様にアトラジンを低い濃度（0.1 ppb）で他の殺虫剤8種と混合した場合，キタヒョウガエルのオタマジャクシ幼生の3分の1以上が死んでしまう（註26）．これらの発見は，アトラジンの主たる生産者であるシンゲンタ社から疑問を呈された．しかしアメリカでは，アフリカツメガエルやキタヒョウガエルに害を与えるアトラジン濃度未満の場所はなく，おそらく妊婦に対しても胎児の成長を遅らせ，あるいは早産の要因になるという影響を与えている（註27）．米国環境保護庁はアトラジンの継続使用を認めているが，また科学諮問委員会はそのレビューを行っているが，フランス，ドイツ，イタリア，ノルウェーでその使用を禁じていることを鑑みて，再考すべきである．

◆地球の環境変動

上記のセイブヒキガエルの例と，米北西部太平洋岸のカスケード山脈で見られる両生類では，降水量の減少で両生類が産卵し胚発生が進む湖沼が浅くなり，致死率が高まった．この気候の影響は急激なエルニーニョ現象によるものと考えられた．エルニーニョ現象とは，太平洋に通常見られる気象サイクルで，3～7年おきに赤道近くの海水が温まり，太平洋に面する広域な国々の気候のパターンが崩壊することを言う．提示される証拠から地球温暖化は．世界の海表面の水温をさらに上昇させることで，西部よりも東部で，エルニーニョの状態が顕著になり降水のパターンが極端になる（洪水と干ばつが起きる）(註28, 29)．

気候変動はまた，季節の変わり目を変えてしまうので，その結果として，両生類の移動と繁殖に影響を与えてしまう（第2章の地球規模の気候変動に関する節を参照）．たとえば，ブリテン島では，ヨーロッパトノサマガエル *Rana esculenta*（食用のカエルとして知られ，後ろ足が調理に使われる）の繁殖期や，スベイモリ *Trituris vulgaris* が繁殖地の池に現れる時期が1978年から1995年にかけての17年間で顕著に早まった．こういった改変は，他の種との依存関係，たとえば食糧供給や捕食者，競合者などについて影響を与え，これらの種も各々の生活環の中で改変による時期の変更を行うであろうが，その度合いは様々である（註11, 30）．

世界の気候変動の両生類に与える影響は中米の雲霧林，とくにコスタリカのモンテベルデ自然保護区（1万500ヘクタール，または2万6000エーカー）でとくに詳しく調査された．ここではすべての森林域で顕著に温暖化が進み，1975年から2000年に，10年ごとに平均0.18℃（0.32°F）の温度上昇が見られた．温暖化で雲の形成位置は高くなり（原因には山地周辺の低地の森林消失もある）；鳥類，爬虫類，そして両生類の生息地も移動し，ある種では新たな生息域としてより高い山地に移動し（すでに山の最上部に棲んでいた生物には行き場がなくなる）；温暖化に続いて気候に起きる水蒸気の増加と風上の都会に住む住民からの大気の粒子汚染により雲に覆われる量が増え；そして昼夜の温度が変化する．これらの気候によって誘発された変動は，病原性の真菌類のカエルツボカビ *Batrachochytrium dendrobatidis* の生育に良好な状況を作り上げ，モンテベルデやおそらくその他の中米，南米の両生類の一部に死亡を引き起こしている（註31）．オレンジヒキガエル *Bufo periglenes*（図6.3）は1989年に最後に見られたが，絶滅したと考えられている．その鮮やかなオレンジ色は両生類絶滅の象徴である（註32）．

アデヤカフキヤヒキガエル *Atelopus varius* は1996年以来見られなくなったという報告から，絶滅したと考えられていた．しかし，2003年に，従来の生息域に含まれるコスタリカのある場所からアデヤカフキヤヒキガエルの成体が３匹が確認された．他の一時は絶滅したと考えられていたフキヤガマ属 *Atelopus* の種もまた発見された（註33，34）．そういった再発見はこれらの種が生き残るかもしれない，と思わせるかもしれないが，実際にはそれらの種は絶滅危惧種であり，絶滅のすぐ近くに位置している．

フキヤガマ属113種は中南米の熱帯域に棲むが，少なくとも30種は既知の生息地からこの８年間ほどで見られなくなり，絶滅したと考えられている．たった10種のフキヤガマ属で数が保たれている（註35）．これらすべての絶滅に，おそらくツボカビ類の *B. dendrobatidis* が関わっている．事の発端は1980年代末と思われ，このときにアメリカ熱帯域でカエル類やヒキガエル類の大量死が始まったように見えた（註31）．

◆感染症

ツボカビ類は水生動物の生息地と湿った土壌に見いだされる偏在性の真菌類である．ツボカビ類はもっとも原始的な真菌類に属すると考えられていて，既知の最古の真菌類の化石はツボカビ類に似た生物だった．真菌類は寄生性で，宿主は主に植物，藻類，原生生物，および無脊椎動物である．カエルツボカビ *Batrachochytrium dendrobatidis* は，世界中の両生類を氏に追いやるカエルツボカビ症に関連しており，両生類の皮膚のもっとも表面が感染し，脊椎動物に寄生することが知られる唯一のツボカビである．1998年にオーストラリアとパナマの両生類の死体から初めて発見されたカエルツボカビは，世界の93種ほどの両生類の絶滅に関連付けられており，この真菌類がこれらの種の減少に直結するというデータも示されている（以下参照：www.jcu.edu.au/school/phtm/PHTM/frogs/chyglob.htm）．真菌類は皮膚上で成長し，呼吸や液体の交換などの皮膚に不可欠な機能に緩衝するので，両生類に致命的であろう．この真菌類はまたオタマジャクシ幼生の口の中でも成長し，摂食を妨害する．

致死的なカエルツボカビ症がここ10～20年の間に突然現れたということから示されるのは，この病気は新興の感染症で，新たな生息環境に出現し，この病原菌にほとんどあるいはまったく免疫を持たない両生類にとりついたということである（註36，37）．時間経過とともに両生類のツボカビ症は１つの地域から次の地域へと広がっており，この理論を支持している．１つの仮説として，カエルツボカビが症状を発症していない保菌種から移入したというもので，そういった種にはたとえばアフリカツメガエル *Xenopus laevis* があり，本種は生医学研究に非常によく用いられ（本書該当箇所参照），初期の妊娠検査にも用いられており（妊婦の尿を注入して排卵の有無を確認する）（註39），またウシガエル *Rana catesbeiana* も挙げられ，本種は食用源とされている（註40）．これらの種はツボカビ症が新規の生息地で他の両生類に広がっていく仲介者と考えられている．研究者を含む人間たちも，以前はカエルツボカビのなかった地域への病原体の広がりに関与しているとされる．最近の研究で，以前はツボカビ類の分布しなかったパナマのエル・コープで，この菌類が2004年に4カ月間で急速に拡がり，その期間に両生類の量が50%を超える減少を見せ，この地域に分布するカエルの57%に当たる38種が感染した．この期間の気温と降水量は長期記録に見られるものと同様のパターンを示していた（註38）．

両生類減少の要因を考える際に，ツボカビ類が両生類個体群にどの程度影響を与えているのかは論議がある．なぜなら，ある種，あるいはある場合では同一の別個体群で，カビに感染しても影響が出ないからである．ある種の抗生物質がカエルの皮膚表面から見いだされ，たとえばアフリカツメガエルのマガイニン，南米・中米原産のソバージュネコメガエル *Phyllomedusa sauvagei*（図6.5）のダーマセプチンは，カエルツボカビに対抗性があり（抗生ペプチドの項を参照），そしてこれらの種やその他の種で真菌類に対抗する役目を持っているだろう（註41）．オーストラリアのタニガエル属の1種 *Taudactylus eungellensis* では，かつてカエルツボカビにより個体数が激減したが，現在ではツボカビに感染しているにもかかわらず健康な状態で自然界で見られ，おそらく，ある個体は他よりも強い免疫を持っていたか，ツボカビ事態が病原の弱い系統だったのだろう（註42）．さらに，1960年代から北米の健康な両生類の7%からツボカビの感染が確認されている（註43）．従って，カエルツボカビ流行のあるものについては，菌自体は昔からあって，生息地の喪失や気候の変化，汚染などが引き金となって起きたのだろう．

両生類喪失の生態系への影響

両生類の消失に伴って，彼らの生息する陸域と水域に深刻な影響が起きてくる．たとえば合衆国の森林では，サンショウウオ類は個体数でも生物量でももっとも多い脊椎動物と考えられているが（註7，44），こういった生態系の中でサンショウウオ類は有機物質の分解や栄養分の循環について極めて重要である（註45）．また彼らは鳥類や哺乳類には小さすぎる生物の捕食者として重要で，また，彼ら自身もトリ，ヘビ，哺乳類を含む多くの生物の餌として重要である（註44）．また，両生類の幼生は水中の生態系で重要な食植動物となるだろう．

両生類は昆虫の主要な捕食者であり，喪失すれば農業生態系に重大な影響を及ぼすであろうし，蚊などの媒介生物による病気の拡がりも懸念される．拡大している両生類の絶滅危機に引き続いて起きるこういった事態は，研究の最優先事項と言える．なぜなら，カエル類，ヒキガエル類，サンショウウオ類，イモリ類，アシナシイモリ類などは急速に我々の前から姿を消しているからである．

両生類からの医薬品の可能性

両生類は地球上の主な生物群の中でもっとも絶滅に瀕しているため，そして，極めて多様な生理活性物質を持っていて，その一部は重要な新薬となる可能性があるため，彼らが姿を消す前にそれらの活性物質を特定し，できるだけ多くの両生類種を保全するという，厳しい時間との闘いがある．

捕食者や感染症から身を守るため，両生類は非常に多くの物質を作り上げ，それらはストレスを受けたり傷付いたりしたときに皮膚の「顆粒腺」と呼ばれる器官から，しばしば複雑な混合物として，放出される．本節ではこういった物質の一部を紹介する．それらは500種を超える両生類から抽出され（註46），おそらく医薬品として重要な用途がある．これらを次のようなカテゴリーに整理した．アルカロイド毒，抗生ペプチド，ブラヂキンのようなその他の生理活性のあるペプチド，そして新物質あるいは新混合物で，それは「フロッグ・グルー」などとして知られている．

アルカロイド毒

ヤドクガエル類はヤドクガエル科 Dendrobatidae に属する熱帯性のカエルである．この定義は，矢毒という観点からは完全には正しくなく，そのうち３種のみ，すべてフキヤガエル属 *Phyllobates* に属し南米コロンビア西部のチョコ地域に分布する３種が，吹き矢に塗られ（先住民族が鳥や哺乳類を狩るのに使った），その３種だけが強い毒性を持つバトラコトキシンアルカロイドを矢毒に使える十分な濃度で持っている（後述のバトラコトキシンに関する記述参照）．他のヤドクガエル科のカエルは，80種ほどがヤドクガエル属 *Dendrobates*，ミニオバテス属 *Minyobates*，エピペオバテス属 *Epipedobates*，およびフキヤガエル属 *Phyllobates* からのみ知られる．これらのカエルは矢毒となる３種（真の矢毒ガエル）ほどは強くなく，ほんのわずかか，あるいは低い濃度でしかない．しかしそういった成分でも充分に捕食に対する抑止力となる．なぜなら，味は苦く，捕食者の口中を不快にさせる効果がある．ヤドクガエル類のあるものは，生息地の喪失や病気により絶滅に瀕しており，その結果，絶滅のおそれのある野生動植物の種の国際取引に関する条約（CITES，付録Ｂ参照）により収集が広範に制限されている．しかし，ほとんどの場合，付属書掲載前に採集されたサンプルによって，研究者は50種以上のヤドクガエルから800以上のアルカロイドを単離している（註47）．

飼育下のヤドクガエル類は，自身ではアルカロイドを合成できないことが判明している．さらに，ヤドクガエルは食物中の成分からアルカロイドを合成しており，その多くをアルカロイドを含むアリ類，ダニ類，甲虫類，およびヤスデ類に依存している（註48，49）．摂取されたアルカロイドはカエルの皮膚の顆粒腺に蓄えられ，少なくとも１つの例では，カエル体内で化学的に融合されて毒性はより強力になった（註50）．他の両生類でもこういった毒は見られ，マダガスカル島のアデガエル類 *Mantella*，オーストラリアのヒキガエルモドキ類 *Pseudophryne*（ヒキガエルモドキ類は，ヤドクガエル類とは異なって，自らアルカロイド類を合成できる）．アルカロイド毒類は，絶滅寸前種のフキヤガマ属 *Atelopus*（フキヤガマ属については前述の論考を参照）にも発見され，その毒の中にはテトロドトキシン，チリキトキシンもあり，もっとも最近発見されたのはゼテキトキシン AB で，強力なナトリウムチャンネル阻害剤で，パナマゴールデンフロッグ *Atelopus zeteki* から発見されたが（註51），この種もほとんど絶滅している（註２）．

多くのアルカロイドが単離され，その中にはプミリオトキシンやエピバチジンがあるが，それらは重要な新規医薬品となる可能性となる可能性があるか，そのモデルとなり得る．

◆プミリオトキシン類

最初の２つのプミリオトキシン類はイチゴヤドクガエル *Dendrobates pumilio* から単離された．100種近いプミリオトキシンと，多くの構造が似たその他の化合物が，カエルの皮膚の抽出物から発見され，後者にはアロプミリオトキシン類やホモプミリオトキシン類がある．これらの成分は細胞膜を通したナトリウムとカルシュウムの流れに影響を与えるので，強心剤としての使えるかもしれないと考えられている（註52）．今のところは，毒性があるため使われてはいない．しかし，これらの物質の化学合成による改変によれば，毒性の低い誘導体ができるかもしれない．

◆エピバチジン

1976年，アメリカ国立衛生研究所のジョン・デイリーはミイロヤドクガエル *Epipedobates tricolor*（図6.4）の皮膚の抽出物から少量の新規のアルカロイドを単離した．後にそれはエピバチジンと命名され，鎮痛剤として利用できる可能性が高いことがマウスで確認された．当時，原料が限られているためにそれ以上の抽出はできず，数年後にようやく新たな技術を使って，エピバチジンの構造が決定され，また合成された．活性サイトはニコチン受容体であることがわかった（２系統ある神経伝達物質のアセチルコリン受容体の１系統であり，中枢神経から末梢神経まで広く見られる）．エピバチジンは，まったく新しい系統の鎮痛剤を代表し，顕著な鎮痛作用を持ち，その強さはモルヒネの約200倍で，そしてさらに，耐性ができない（耐性とは，時間とともに同様の効果を得るための用量が増加する現象で，アヘンによる鎮痛で通常見られる）（註53）．

エピバチジンの構造は関連する膨大な一連の化合物を合成する出発点として使われている．エピバチジンの分子構造の一部がその薬理学的な効果を発揮すると考えられている．そのうちの１つが，アボット・ラボラトリーズ社の ABT-594である．ABT-594は鎮痛薬としてフェーズ II の臨床試験を行っていたが，2003年に望ましくない副作用により治験が取りやめられた．ABT-594自体はうまくいかなかったが，それに続く鎮痛剤の開発はうまくいき（註54），そしてエピバチジンとニコチン受容体物質はこれらの重要な神経系受容体の理解を助けるための研究に用いられるようになった．

抗生ペプチド類

両生類の皮膚から発見されたペプチドで，抗生活性を示すことが初めてわかったのはボンビニンで，1960年代にヨーロッパキバラガエル *Bombina variegate* から単離された．しかしその他の抗生物質が両生類から本格的に発見されるには1980年代後半のミカエル・ザスロフまで待たねばならず，彼は新たな一連の抗生ペプチド類マガイニンをアフリカツメガエル *Xenopus laevis* から発見した（アフリカツメガエルについては図6.2の本種の写真と，本種の医学上の重要性の論議を参照）．同じ頃に，ローマのラ・サピエンツァ大学で働くビットリオ・エルスパメルがネコメガエル属 *Phyllomedusa* から膨大な種類の生理活性ペプチドを単離した．ここ20年で，合計６種の「構造ファミリー」に属する200を超える抗生ペプチドか様々なカエル類やヒキガエル類から発見されており，これらの天然ペプチド類の多数の誘導体が合成されている（註55）．これら化合物の多様性と可能性は驚くべきでもなく，両生類の生息環境は極めて変異に富んでおり，そういった環境には極めて多様な病原微生物がおり，両生類の皮膚は感染症となる高い危険性があるので，彼らの皮膚の機能が防御壁としてのみならず，水分と電解質の通路を調節もしている．ここではアフリカツメガエルから得られたマガイニン類と，ソバージュネコメガエルから得られた抗生物質について述べる．

◆マガイニン類

マガイニン類はアフリカツメガエル *Xenopus laevis* の皮膚と消化管で発見され，リン脂質に結合する広い薬効を持つ抗生物質である（リン脂質は脂肪酸で，すべての生物の細胞膜の主要な構成物質である）マガイニン類は細胞膜を脆弱にし，集合個体をバラバラにすることで，グラム陰性・グラム陽性のどちらの菌も殺菌する．特筆すべきは，マガイニン類はある種の病原性真菌類・原生動物類を殺す効力があるが，哺乳類の細胞は殺さないが，おそらくマウスおよびヒトから培養されたある種のがん細胞は例外である（註56）．

マガイニンの合成誘導体はペキシガナンと呼ばれ，感染性糖尿病性脚部潰瘍と第三相臨床試験が成功裏に完了し，感染の治療と傷の治癒の両者に効果的かつ安全なことが示された．しかし，米国食品医薬品局（FDA）がさらなる研究を求めたことで商品化が遅れている（註57）．ペキシガナンはまた胚結晶性ショックを引き起こすものを含む細菌感染症の治療に対しても研究されている（註58）．

◆ダーマセプチン類

南米および中米の樹上性のカエル類のネコメガエル属 *Phyllomedusa* の皮膚分泌液は，ビットリオ・エルスパメルによれば，「（生理的）活性を持つ多様なペプチド類の巨大工場と貯蔵庫を持つ（註59）．」それらの中でダーマセプチン類と呼ばれる抗生物質はソバージュネコメガエル *Phyllomedusa sauvagei* から単離された．このカエルはアルゼンチン，ブラジル，ボリビア，およびパラグアイのチャコと呼ばれる乾燥平原に棲んでいる．

研究室では，ダーマセプチン類は生きたカエルから取られ（いまや他の両生類の皮膚成分と同様に）背中の皮膚腺を優しく押して，分泌液を洗い流し，分子を単離する．ダーマセプチン類は細菌類と真菌類に幅広い効力を持ち，ソバージュネコメガエルの皮膚で病原性微生物の感染を防ぐ役割を持つと考えられている（註60）．とくに興味を持たれているのは脊椎動物のペプチド類で初めてある種の真菌類に致死的な効果を持つことであり，アスペルギルス属 *Aspergillus*，カンジダ症菌の *Candida albicans* そしてクリプトコッカス症菌の *Cryptococcus neoformans* を殺す作用がある．クリプトコッカス症は HIV／AIDS 患者など免疫系が弱った人々に生命の危険のある感染症である（註61）．

ソバージュネコメガエルからは他にも新たに２系統の抗生ペプチド類が見つかった．ダーマトキシン類とフィロキシン類である．ダーマトセプチン類とは対照的に，対象が非常に限定的な抗生物質で，ある種のグラム陽性・グラム陰性菌と，モリキュート類（マイコプラズマ類とも呼ばれ，細菌類のうち，細胞壁を持たないグループ）にのみ効力がある．（註62，63）

病原菌の抗生物質耐性が広まったことにより，感染症を治療する新しい抗生物質の発見の必要性は緊急性を帯びて高まり，とくに多剤耐性菌，たとえばメチシリン耐性黄色ブドウ球菌（MRSA）と結核菌の新しい系統で「超薬剤耐性」あるいは XDR に分類される菌で，こういった菌はイソニアジドやリファンピシンといった第一選択薬や３つ以上の系統の第二選択薬が効かない（註64，65）．両生類はこういったバクテリアを取り扱うのに有用なマガイニン類やダーマセプチン類などの抗生物質を含むのみでなく，新しい合成抗生物質や抗生物質耐性を克服するように設計された新たな抗生物質治療の新規かつ独自のモデルを提供するだろう．さらにいえば，マガイニン類，ダーマセプチン類，その他の両生類の抗生ペプチド類は研究上，極めて重要である．なぜなら，微生物の膜を対象とし，それゆえに顕著な抗生物質耐性を発揮しない．細菌類は，細胞膜の表面や内部にあるタンパク質の重要な通常機能に干渉することになるため，自身の細胞膜を変えることはできない（註66）．対照的に，多くの市販の抗生物質，たとえばペニシリンや，その誘導体のメチシリンは細胞壁を破壊するため（細菌類は細胞膜と細胞壁の両方を持つ），バクテリアには抗生物質に対抗するような突然変異が起こる．

カエル類は複数の抗生ペプチド類を同時に放出しているように見受けられるが，そこから推定されるのは，このような治療対策の組み合わせは，広い地理的範囲に生息する両生類が広大な範囲の病原微生物に対抗するおそらくもっとも完全な防御であり，そしてそのような放出は，抗生物質耐性の発達を防ぐために効果的な戦略としておそらく進化してきた（註60，67）．とくに重要なのは，各々のカエルは，近縁種でさえも，種固有のペプチド類を産出し，各々のペプチドが特定の範囲の抗生物活性を持っているという，驚くべ観察である．このカエルのペプチドの「カクテル類」が意味しているのは，膨大な量の潜在的な抗生物質ライブラリーである．我々は両生類の持つこれらのペプチド類と他に類を見ない抗生物質による防御を研究したいと熱望している．（第5章とp.212の抗菌性ペプチド類に関する論議も参照のこと．）

その他の生理活性ペプチド類

抗菌性ペプチド類以外にも，両生類は膨大な数のその他の生理活性ペプチド類を皮膚の顆粒腺から分泌し，捕食者から身を守ると考えられている．そのうちの数百は構造によってファミリーに所属が決められて，ボンベシン類，タチキニン類，セルレイン類，そしてブラジキニン類に分類されている（註68）．

これらのうち，ブラジキニン類と類縁物質は大きな興味を呼んでいる．これらの中のマキシマキニンとキネスタチンはオオスズガエル *Bombina maxima* から，フィロキリンがネコメガエル属 *Phyllomedusa* spp. から，Leu8-ブラジキニンがカワカマスガエル *Rana palustris* から，トリプトフィリン-1がフトアマガエル *Pachymedusa dacnicolor* から，そちてブラジキニンとその構造異性体のThr6-ブラジキニンがチョウセンスズカエル *Bombina orientalis* から得られている．

ブラジキニン類は複数の役割を果たす．それらは哺乳類の腸と子宮を含む様々な平滑筋の収縮を誘発する．ブラジキニン類があると細胞が負傷したときに痛み受容体がより敏感になる．しかし，少なくとも人類の医療に関係してもっとも重要なこととして，ブラジキニン類は血管の拡張とそれに伴う血圧の低下を引き起こす．マキシマキニンのようなある種のカエルのペプチドは，哺乳類の動脈の平滑筋にあるブラジキニン受容体との結合がブラジキニンの50倍の強さである．その他のものは，キネスタチンのような非常に強力なブラジキニン受容体の拮抗剤で，ブラジキニンよりも強力であるのみならず，フィロキニンのように，血管拡張と血圧低下を長引かせる．さらに他のものは，PdT-1と呼ばれるフトアマガエル *Pachymedusa dacnicolor* から得られたトリプトフィリンのように，動脈を拡張するが，ブラジキニンレセプターに働いているのかその他に働いているのかわからず，受容体がわからないままである．これらの成分すべては高血圧の重要な新治療へとつながる（註69）．

その他の新物質

オーストラリアガエル *Notaden bennetti* は地下の乾燥した泥の中で１年のうちほとんど９カ月を過ごし，豪雨のときだけ外に出てくる．地表に現れると，このカエルはかみついてくる昆虫など，様々な捕食者の攻撃に遭うが，ねばねばのタンパク質主体の物質を皮膚の腺から分泌し，感圧接着剤とすることで身を守る．この「カエルニカワ」は数秒で固まり，湿っていてもくっつく（註70）．ヒト（およびその他の動物）の器官を補修するには，強力で柔軟性のある多孔性の接着剤が必要である．合成ニカワ類，たとえばシアノアクリレート類（瞬間接着剤の主成分）は，このような補修の際に十分な強度を発揮するが，一般に毒性があり，弾力性に欠ける．さらにはこのような人工接着剤は不浸透性のバリアを作る傾向にあり，気体，液体，栄養分，電解質，さらには細胞の侵入を妨げてしまうが，それらはすべて治癒を進めるのに必要なものである．その一方でほとんどの生物学的な接着剤，たとえばフィブリン（血中にある粘性のあるタンパク質）やアルブミン（血中で普通に見られるタンパク質）を主体としたものは，組織を補修するには強度不足で，人間の膝の半月板軟骨の断裂の後に存在するような，強い剪断力には耐えられない．半月板損傷はスキーやフットボールといったスポーツの障害によく見られ，充分に修復するのが難しい．

オーストラリアガエルの皮膚からとれる「カエルニカワ」は，ヒツジの裂けた半月板軟骨での実験で，軟骨の主成分のコラーゲンにより傷が癒えるまで裂け目の接着を続けることができた（註71）．この初期の実験の成功によって，人間の外科的修復に「カエルニカワ」が使える可能性の追求に，大きな興味が持たれている．

生医学研究における両生類

生医学研究で両生類ほど豊富な歴史を持つ生物はいない．17世紀と18世紀には，電気が神経系でどう働くかを理解するモデルとなった．19世紀にはごく初期の段階から生物がどのように発生していくかを明らかにする手助けとなった．20世紀と今日の21世紀初頭には，再生の過程を研究する主要な材料となった．

神経系の電気的状態

1791年，ボローニャ大学の栄誉教授のルイージ・ガルバーニ（Luigi Galvani）は，*De Viribus Electricitatis in Motu Musculari Commentarius*（筋肉運動における電気の力について）を出版し，過去10年間に彼がカエルの筋肉で行った一連の研究について描写した．彼は死んだ蛙の脚の神経に電流を流すと脚がぴくぴくと動くことを示した．現代の観点では，そのような結果はまったく予想可能であるが，当時はすぐにセンセーションを巻き起こし，ガルバーニが見たものを人々も見るためだけに無数のカエルの収集が行われた．

ガルバーニの独創的な実験は，彼の同国人に引き継がれた．アレッサンドロ・ボルタ，レオポルド・ノビリ，そしてカルロ・マテウッチなどで，彼らにより神経系を通じて電気刺激がどのように筋肉を反応させるのかがよく理解されるようになった．彼らの研究はまた心電図の発展に関する重要なステップであった．心電図は心臓の電気的な活性を計る機械であり，ボルタにちなんでボルトメーターとも呼ばれている電圧機とも関連がある．

カエルの皮膚と分子科学

中米と南米の人々は長い間ヤドクガエル（p.225 参照）と共に暮らし，何世紀もの間それらのカエルが皮膚に致死性の毒を生産することを知っていた．1960年代に，ジョン・ダリー（John Daly）はそれらの化学物質を用いた研究を始めた．彼の初期の発見の１つは，西コロンビア産の *Phyllobates aurotaenia* の皮膚からもっとも強力な毒を単離したことである．彼はその毒をバトラコトキシンと名付けた．

バトラコトキシンは地球上でもっとも強力な毒の１つであり，１μm の20分の１（おおよそ塩の３粒程度）で人間が死に至る．わずか数種のカエルのみがバトラコトキシンを持つが（そのほかにいずれもパプアニューギニア産の４種の鳥（*Ifrita kowaldi* と３種の *Pithoui* 属の１種）と *Choresine* 属の甲虫もこの毒を持つことが明らかになった），モウドクフキヤガエル（*Phyllobates terribilis*）の毒が最強である（註72）．この小さな生き物は，５cm にも満たないが，致命的な凶器を持っていて，人間なら100人以上，マウスなら２万匹ほどを殺す能力のあるバトラコトキシンを持つ．

バトラコトキシンは細胞膜でナトリウムイオンのやり取りを可能とするイオンチャンネルに働く（図6.32と p.260 のイオンチャンネルに関する論議を参照）．細胞にはナトリウムその他のイオンの動きを制御する働きがあり，生命を保っている．バトラコトキシンは神経細胞のナトリウムチャンネルを無能力として，心筋を含む筋肉の収縮をできなくすることで，動物を殺す．

バトラコトキシンがなぜそれほど毒性が高いのかという理由の１つが，イオンチャンネルとの特筆すべき強固な接合である．エンベラ族とチョコ族が吹き矢に塗っている毒を，科学者はナトリウムチャンネルの構造と機能を調べるために用いていて（註73, 74），また，神経系や，心筋を含む筋肉系がどのように働くのかを調べるのに用いている．バトラコトキシン由来の薬品は現在は研究されていないが，その成分は様々な麻酔薬，抗不整脈剤，そしてイオンチャンネルに働く抗痙攣薬としての活性をテストされてきており，安全でより効果的な医療につながっている（註75）．

再生

両生類の有尾目はイモリやサンショウウオを含み，他のほとんどの脊椎動物とは異なって，成体の組織再生が可能で，心筋や脊髄神経，さらには完全な肋骨やあご，しっぽなどの器官の再生が可能である（第５章で示したようにゼブラフィッシュや実験室で作られた系統の MRL マウスも例外的にこの能力を持つ）（註76, 77）．

有尾目の再生に関する最初のまじめな研究はイタリアの司祭にして科学者であるラザロ・スパランツァーニが行い，『動物の再生に関する小論』を1768年に出版し．肋骨，尾，および顎が水棲のサンショウウオ類で再生するという実験結果を示した．スパランツァーニの初期の研究の後に，非常に多くのことがわかってきた．有尾類の肋骨を切り除くと，肋骨の基部の細胞に通常とは非常に異なる現象が起きる．肋骨の基部の細胞は特化した細胞からより一般的な細胞である脱分化細胞へと逆戻りし，その細胞は肋骨を再生できる（第５章の「再生の研究」を参照）．有尾類では，肋骨が失われると，元の肋骨とほとんど識別が不可能なまったく新しい肋骨が約３カ月で再生される．脊髄の損傷はそれよりも早く治癒する．ブチイモリ *Notaphthalmus viridescens* の研究では，脊髄の構造と接続の完全な再生にはおそらく2年はかかるが，遊泳が可能となる再生は4週間以内でできる（註78）．
　この過程をコントロールする多くの遺伝子が特定された．たとえば，ゼブラフィッシュで特定されたのと同じ*fgf20*と*hsp60*として知られる遺伝子は人間にもあるが（註79），これがどう役立つかはわかっていない．これらの発見で明らかとなったのは，再生は進化的には原始的な過程であり，生物種が異なればその起こり方も違うということである（註77）．再生機能を持つ生物の中で，MRLマウスを除いては，有尾両生類が我々にもっとも近縁であり，人類は失われた細胞や組織やおそらく器官の再生機能が隠されているがそれをどう表していくのかという理解のために最適な存在であろう（註80，81）．

初期胚発生

　両生類は19世紀の初頭以来，動物発生のごく初期の段階の研究の中心的な役割を果たしている．1820年代にはイタリアの科学者マウロ・ルコニーとドイツの科学者カール・エルンスト・フォン・ベアーが様々なカエルの胚を使用し，その中にはヨーロッパアカガエル*Rana temporaria*とヨーロッパトノサマガエル*Rana esculenta*がおり，これらの動物が（そして，すべての動物に当てはまることがわかったが）1つの細胞から，中心部に空間のあるボール状の細胞の塊，胞胚になるのを研究した．19世紀の終わりまでには，少なくとも十数種のその他の両生類，とくにヨーロッパスズガエル*Bombina bombina*が使われて，胚期の初期ステージの間の複雑な発生過程を明らかにし，また，どうやって胞胚から様々な組織が発生して集まり，完全な個体になるのかの洞察を与えた．
　20世紀の初頭には，両生類は実験発生学の分野でなし遂げられたほとんどすべての主要な進歩に貢献した．伝説的な実験の組，ハンス・シュペーマンとヒルデ・マンゴルトは2種のイモリのなかま*Triton taeniatus*と*Triton cristatus*の胞胚を使って，どのように細胞分化が起こるか，たとえば，隣接する細胞からの信号で刺激されてニューロンができることなどを示した．この発見ができたのは，彼らは胞胚の一部を他の胞胚の上に移植できて，そのハイブリッドを生かしておくことができたからである．2種のイモリの胞胚細胞は，非常に都合が良いことに色が違っていて，発生に従ってどの細胞が移動していくのかがはっきり確認できた．オランダの科学者ピーター・ニーウコープは彼らの発見を拡張し，ヒョウガエル*Rana pipiens*とトラフサンショウウオ属の*Ambystoma punctatum*を用いた．彼の研究には胞胚への思い切った操作も含まれていて，たとえば半分に分割し，一方を180°回転させて，両者をもう一度接合している．胞胚へのこのような変換は，初期の細胞分化の仕組みを理解するのに役だったが，他の生物では不可能だった．
　今日でも，我々は依然として両生類を初期発生の研究に用いている．アフリカツメガエル*Xenopus laevis*は世界の研究者の間で優れたモデル生物となったが，その理由は（上記の両生類と同様に）比較的大きく操作が容易な胚が得られ，治癒力が高く，生体外で操作できるからである．アフリカツメガエルを使うときに優れていたのは，生理学的研究で用いられていた他のほとんどの両生類が繁殖期があるのとは異なって，1年中繁殖が可能なことである．アフリカツメガエルを用いた研究は動物の初期発生がどう進むのかに対する理解を深めてくれている．いわゆる「運命地図」がアフリカツメガエルで開発されて，発生時期を通じて細胞がどこに移動するかが追跡されている．この地図が，こういった基本的な発生過程のより完璧な認識を体型（たとえば，左と右，上と下など）の発達へと当てはめることへとつながった（註82）．

冷凍ガエル

数百年間，人々は冷凍されて未来に解凍されることを夢想してきた．ある人は，科学者たちがいつか自分たちをよみがえらせてくれる方法を見つけることを望みながら，死後に高いお金を払ってでも冷凍されてきている．カエルは乾燥すると復活しないが，冷凍は別で，少なくとも5種のカエル，カナダアカガエル *Rana sylvatica*，ハイイロアマガエル *Hyla versicolor*，トリゴエアマガエル *Pseudacris crucifer*，コーラスガエル *Pseudacris triseriata*，コープハイイロアマガエル *Hyla chrysoscelis* はかちかちに凍っても生き返る．カナダガエルの場合，秋に最初に氷にさらされると，SF小説に出てくるような劇的な変化が起きて休眠状態となり，心臓は最高で数週間止まり，細胞周辺の水分は氷結する．最初に氷にさらされることで変形的な急性ストレス反応（急激なストレスに対応する体反応で，心拍数上昇，瞳孔拡散，蓄積されたエネルギーの動員などを含む）であり，血中のブドウ糖の濃度が急上昇し（4500 mg/dl 程度が記録されている．人間では真性糖尿病の数値の10倍以上で，致死的でさえある．），他の物質も加わって，総体として抗凍結状態になる．これらの物質はカナダガエルの細胞にとり込まれ，同時に血中にタンパク質が放出されて氷結を促進する．その結果，細胞は保護される――もし氷の結晶が細胞の外側ではなく内側で形成された場合，それら（細胞）は引き裂かれてしまう．春になると，カナダガエルでこれらの反対の過程が，内部から外側へであるが，起きる．ある種の考えがたい出来事として，外部のほうが暖かいにもかかわらず，カエルは脳と心臓を最初に解凍する（註83）．カエルの冷凍状態で生きていられる能力は多くの興味を惹き，それらの中には器官の移植の分野もあり，カエルの能力を適応することで最終的な移植に至るまでの器官の生存期間を長くできないかと模索している．

クマ類

ヒトによるクマの危機

2006年のIUCNレッドリストカテゴリーには9種のクマが掲載されていて，その中にはホッキョクグマ *Ursus maritimus*（p.36 第6章の扉，図6.6），ジャイアントパンダ *Alluropoda melanoleuca* およびツキノワグマ *Ursus thibetanus* が含まれている．2005年にはIUCNのホッキョクグマ・スペシャリストグループが本種の保全状況のレビューを行い，地球温暖化による急激な生息地の消失により，従来の軽度懸念種から危急種に認定した．2008年には合衆国魚類野生生物局によりホッキョクグマは絶滅の危機に瀕する種の保存に関する法律（ESA）のもとに保護を行うべきであると決定した．この決定に影響したのは2007年に示されたアメリカ地質調査所（USGS）の調査結果で，北極海の地球温暖化に伴う夏氷の融解により世界のホッキョクグマの3分の2は2050年には死滅する，というものであろう．この予想は温暖化の中程度の進行に基づいて予測されている（註84）．

両生類と同様に，クマ類も様々な人類活動の結果，生存を脅かされている．クマが生息数を減らしている地域に人間が移住することで生活環境の変容と破壊による危険にさらされ，森林消失など，エコシステムが変容し，適応の限界を越えてしまった．クマはまた体の各部位を狙われて大量に殺されている．ツキノワグマは韓国，日本，タイ，台湾，中国などの市場で高値が付くが，様々な病気に対する伝統医薬として使われている．クマの胆嚢は同じ重量の金よりも高額な場合がある（註85）．2002年，CITES はクマの体の部分の取引と，中国，韓国，ベトナムに存在する非人間的な行いを報告した．それらの国の事例では，クマは狭い檻に飼われて胆嚢から胆汁を絞り出されており，しかもそれは開いた傷口から行われているという．

ホッキョクグマは様々な生態環境の危機に直面して多大な危機にある．この地上最大の肉食哺乳類はオスでは鼻先から尻尾までで2.5 m，立ち上がって後ろ足も含めると3.4 m にもなり，体重は600 kg にも達する．しかし，ある科学者たちの予想では21世紀の終わりには野生状態では絶滅し，おそらく，北極海の氷の消失で絶滅はもっと早まるだろう（註86）．他のクマと同様に，ホッキョクグマも生息域の消失により危機に面している．ホッキョクグマもまた狩猟の対象で，肉（食用および犬の餌用），敷物と服に使われ，また，トロフィー・ハンターはホッキョクグマの射撃の機会を得るのに２万ドル（200〜250万円）以上の金を払う．そういった狩猟は米国やカナダで厳しく規制されているが（ノルウェーでは禁猟），ある地域では狩猟のしすぎでホッキョクグマの集団が危機に瀕しているかもしれないと懸念されていて，たとえば，バッフィン湾（カナダとグリーンランドの間），チュクチ海（ベーリング海峡の北，シベリアとアラスカの間）の一部，ロシアの一部などである（註87）．ホッキョクグマがとくに脅かされているのは地球温暖化により組織内に高濃度の汚染物質が蓄積されているからである．さらに，原油や天然ガスの開発と輸送が北極圏で増加しているため，海洋環境に漏れ出した原油船舶輸送の増加に伴う環境の改変に合っているだろう．

汚染物質

有機ハロゲン化合物，たとえば PCB，ポリ臭化ジフェニルエーテル類（PBDEs として知られる難燃性付与剤で，ほとんどが米国産），ペルフルオロアルキル化合物（ペルフルオロオクタン酸 PFOA やペルフルオロオクタンスルホン酸 PFOS，耐燃性泡剤，染料脱色剤や潤滑油，テフロン成品），およびいくつかの殺虫剤は，海洋生物の脂肪組織に蓄積し，食物連鎖の過程で次第に濃縮されていく（註88）．これらの物質は北極圏でだんだん高い濃度で発見されていて，海流や北に向かう風で多くが北米やヨーロッパから運ばれていると考えられていて．また，いくぶんかはフルマカモメ *Fulmarus glacialis*（北半球の海洋に生息するカモメのような鳥）などの排泄物でも運ばれているだろう（註89）．ホッキョクグマは海洋の食物連鎖の頂点にいるため，非常に高濃度の汚染物質にさらされる傾向にある．たとえば，PBDE153は，PBDE の同族体の１つだが（PBDE には209の同族体，あるいは分子型がある），ホッキョクグマでは主要な餌生物のワモンアザラシの71倍の濃度に濃縮していて，PCB の同族体の PCB194の生物濃縮と同程度である（註90）．有機ハロゲン類のホッキョクグマでの持続性には変位があり，あるものはクマの肝臓で代謝されて無害な物質となり，あるものは，穴ごもりの間の長期間の断食により重要臓器で高濃度に達する．

カラ海沿岸とその近くのホッキョクグマではとくに高濃度の汚染物質が見られる．カラ海の流入河川のいくつかは西シベリアの産業汚染物質を運び込んでいる（註91）．最近の研究ではPCB（およびその他の汚染物質）曝露はすでに生物学的に顕著な影響を，下記の３例のごとく示している．（1）カナダおよびスバールバル諸島のホッキョクグマでは抗体の量が減っていて免疫系に悪影響を及ぼしている（スバールバル諸島はグリーンランド東部からカラ海のすぐ西まで拡がり，北極圏の中にある）（註92）．（2）東グリーンランドのホッキョクグマ個体群で骨の無機質の形成阻害が有機ハロゲン類の高い血中濃度から起きている（註93）．スバールバル諸島のホッキョクグマのホルモン系に影響があり，コーチゾル，黄体ホルモン，エストロゲン，テストステロン，および甲状腺ホルモンの濃度が有毒化学物質への曝露に伴って変化している（註94〜96）．室内実験の結果では，これらのホルモン濃度の変化は成長様式を変え，繁殖を失敗させ，免疫系を弱らせ，クマが病気にかかりやすく死にやすくなってしまう．PBDEsのような汚染物質は，スバールバル諸島のホッキョクグマに見られるような雌雄同体現象の増加原因となる（註90）．

地球の気候変動

とはいえ，ホッキョクグマの生存を脅かす危機の中で，地球温暖化が最悪であろう．ここ30年で，温暖化の結果として北極海の氷の厚さはおよそ15〜20％減少し，いくつかの地域では40％以上薄くなってしまった．予想では今後この氷の融解現象は加速し，北極の温度は４〜７℃以上上昇するが，この温度差は2100年までの地球全体の温度上昇の予想値の約２倍である（註97）．シベリアとアラスカでは，ここ50年ですでに気温が２〜３℃上昇し，永久凍土は溶けてその地域の野生生物，住民，そして生態系に大きな脅威となっている．北極の氷が溶けることでホッキョクグマは餌となるワモンアザラシ *Phoca hispida*（図6.7）やアゴヒゲアザラシ *Erignathus barbatus* に近づきにくくなり，以前より簡単に逃げられてしまうようになる．息継ぎをできる海面が増えるからである（註84）．こういった状況はすでにカナダの西ハドソン個体群など南方に棲むホッキョクグマ個体群の栄養状態を悪化させ，とくに幼体の死亡率が上昇し，メスの繁殖成功率を低下させている．この地域での個体数は1987年から2004年に22％減少し，このような現象はかつてなかった（註98）．さらには，腹を空かせたクマは他の獲物を追い求め，人間の被害が増加し，クマが駆除されることにつながった．ホッキョクグマは長距離を泳ぐことができ，それによってアザラシを捕獲し氷床を移動できるが，北極の急激な氷域の消失で，おそらく溺れ死んだホッキョクグマの観察例が増加している（註99）．

その他の動物，たとえばワモンアザラシ *Phoca hispida* は，餌を探したり出産したり仔アザラシを育てる場として無傷の氷床を利用しており（第２章の気候変動に関する章を参照），ある種の渡り鳥の個体群も同様に北極の氷の融解で危険にさらされると考えられている．また，温暖化によりワモンアザラシの子どもの雪巣の屋根が壊れやすくなって捕食圧は高くなるだろう．ワモンアザラシがいなくなれば，ホッキョクグマは主要な餌生物がいなくなるので，生存のためにさらなる妥協が必要となろう（註100）．

ホッキョクグマの消失は，他の巣ごもりをするクマの消失と同様に，これらのすばらしい生き物が失われるだけでなく，多くの人間が苦しみ多数の死をもたらす，骨粗鬆症，腎不全，および１型と２型の糖尿病といったいくつかの人類の病気の理解と治療の主要な生医学的研究モデルをも失うだろう．

ウルソデオキシコール酸：クマからの医薬品

ウルソデオキシコール酸の起源は数百年前の漢方薬に遡り，クマの胆汁（胆汁は肝臓から分泌されて胆嚢に蓄積し，腸管に放出され，脂肪の消化を助ける）が粉末に加工されたユウタン（熊の胆）が，肝臓と胆嚢の病気に使われたことによる．20世紀になり，多くの研究の結果，ユウタンの有効成分がウルソデオキシコール酸であると知られるようになった．

1901年，グリーンランドのツンドラの調査が行われ，ホッキョクグマの胆嚢の標本がスウェーデンのウプサラ大学の生化学者オルロフ・ハンマルステンのもとに届けられた．1901年，彼は現在ウルソデオキシコール酸（UDCA）としてしられる物質をホッキョクグマの胆嚢から単離した論文を出版した．25年後，UDCAは結晶化され（このときの資料はアメリカクロクマ *Ursus americanus*（図6.8）の胆汁），化学構造が解明された．UDCAは人体や他の脊椎動物の体の中で，典型的には胆汁酸全体の５％未満で，量的にはクマの体内と同様に働くには不十分な量である．クマでは休眠期間中に十分な脂肪の蓄えができているように脂っこい食物の消化吸収を最大限に助けている．同時に，UDCAは休眠中のクマの体内に胆石ができるのを防いでいる．

UDCAは現在，いくつかのヒトの疾患に使われていて，その中には妊娠期間中の胆汁の濃縮（註101），や同様の濃縮が静脈から栄養を受けている未熟児で起きるのを防止する場合が含まれている．また，ある種の胆石を溶かすのにも使われている．しかし，もっとも重要な用途は原発性胆汁性肝硬変（PBC）の治療で，この病気では胆嚢の炎症から肝臓が崩壊する可能性がある．UDCAはこの疾患に伴う皮膚の強烈なかゆみを緩和するだけでなく，PBC患者の生存期間を延ばすことができる唯一の薬品である（註102）．PBCは通常30歳から60歳の女性に起こり，治療しなければ予後はよくない．この症状が出た患者は，肝臓移植を行わなければ，平均して７年半程度しか生きられない．

巣ごもり熊と生医学的研究（図6.8）

食療の少ない時期，北半球の温帯域では冬，北極では夏，クマは３～５カ月以上代謝を落とし巣ごもり状態となり，不活発なり，眠りがちとなり，飲み食いせず，排尿・排便もしない．ある種の齧歯類，たとえばウッドチャックは，冬の間は真の冬眠状態となり（たとえば，代謝と体温が劇的に落ちて刺激に無反応となる）とは異なり，巣ごもり熊は基本的には通常の体温を保ち，機敏に反応して反応ができる（註103）．

クマが巣ごもり中の極端な欠乏を生き延びることを可能にしている生理学的過程は，他の動物には見ることができない．この過程を理解することは，すべての体内廃棄物の再利用と，それらを仲介する物質を特定することにつながり，人類の多数の疾患の治療法に対する新たな洞察を導くだろう．

骨粗鬆症

人類を含むクマ以外のあらゆる哺乳類は飢餓状態や不活発な状態，重いものを長期間動かさなかったときに骨の量が減るが，それらとは異なり巣ごもり熊は数カ月後にも骨の量が減らない（註104）．対照的にヒトが５カ月間寝たきりになると骨の量の４分の１から３

分の１が失われる危険があり，そのような状態を「多孔性骨」と呼ぶ．妊娠したクマでさえ，５匹前後の小熊を生み育てたあとに（体内のカルシュウムの蓄積に大きな負担となるが），巣ごもり中に通常の骨の量を保っている（註105）．妊娠したホッキョクグマは９カ月ほどを巣ごもりして過ごす．この生物学的に不可能に見えることをクマができる理由は，骨から失われたカルシュウムを回収して再利用できるからである（註104）．

ラルフ・ネルソンと彼のカルレ財団病院・イリノイ大学アーバナ・シャーペン校医学部の研究室は，巣ごもり熊から破骨細胞の活性を阻害する物質を抽出した．破骨細胞は生体内の通常の働きの一環として骨を破壊するとともに骨芽細胞を刺激して新しい骨を作り，線維芽細胞を刺激して軟骨を更新する．この抽出物はまた，閉経後の女性から想定した卵巣を除去したラットの骨量減少を回復させた．

骨粗鬆症は世界的に重要な公衆衛生上の問題で，とくに閉経後の女性，不活発な高齢者，麻痺患者や寝たきりの患者で問題となっている．カルシュウムとビタミンＤのサプリメント，規則的な運動で骨量減少は軽減され，またいくつかの薬物は骨破壊を抑制し骨形成を刺激するが，米国だけで骨粗鬆症が１億人以上をなやませ，さらに3400万人が骨量が減少しており，骨減少症と呼ばれて病気となる危険性があるとされる．骨粗鬆症は毎年150万人の骨折と７万人の死亡を引き起こし，年間の米国経済に与えるコストは180億ドル（2002年）（註106），直接的な医療費と生産性の低下により世界経済に与える損害は年間1300億円を超える（註107）．世界的に見ると，1990年のデータで毎年股関節の骨折で74万人が死亡し，そのほとんどは骨粗鬆症で，この症状により2050年までには毎年，全世界で600万人を超える股関節の骨折が起きるようになると予想される（註108，109）．巣ごもり熊はなぜ，危険要因をたくさん持つにもかかわらず骨粗鬆症にかからないのかを知ることで，この病気の新たな治療と予防に結び付くだろう（註110）．

歯科疾患

巣ごもり熊は５カ月以上排尿しないが，尿で排出する毒物の蓄積の影響を受けない．ヒトではほんの数日間排尿できないだけで死んでしまう．腎不全の患者は食事中のタンパク質を制限することで，尿中に排出される主要な老廃物である尿素の血中濃度を部分的に下げることができる．尿素はタンパク質の分解物だからである．しかし，最終的にはほとんどの場合末期性腎疾患（ESRD）となり，唯一の治療法は人工透析（血中の尿素を濾過する機械で外部の腎臓として働く），あるいは腎臓移植を受けるしかない．米国では，年間８万人がESRDで死亡しており，治療費と生産性の低下が公的・私的支出の両者に与える損失は270億ドルだった（2003年）（註111）．腎不全もまた世界的な公衆衛生の問題だが，2001年には150万人がESRDの治療を受けたと推定され（註112），中間的な予想値では2030年までにはその数は700万から1400万人まで増大するだろう（註113）．

巣ごもり熊でも尿はできるが，膀胱で完全に再収集されて毛血流に戻され（註114），尿素は再利用されてアミノ酸となり，新たなタンパク質が合成される（註115，116）．ラルフ・ネルソンと彼の研究チームは巣ごもり熊の血液からある物質を単離し，それを巣ごもりではないクマとモルモットに注入して，尿酸の再利用を促進させた．

クマの研究結果で得られた洞察と薬品を利用して人体の尿素再利用を増大することができれば，ESRDの治療法を発見できるだけではなく，尿素のタンパク質への再循環を促進することで，世界中の多くの飢えた人々のタンパク質の浪費を減らして，助けることができるようになるだろう．

タイプ１，タイプ２の糖尿病と肥満

巣ごもり熊の脂肪と炭水化物に対する独特の栄養代謝は，糖尿病１型と糖尿病２型，また肥満の効果的な治療の可能性を持っているかもしれない．

巣ごもり中のクロクマ類は糖尿病１型（小児糖尿病）患者と同様に血中のインスリン濃度が低い．このタイプの糖尿病患者は十分なインスリンを作れず血糖値をコントロールできない（註117）．しかし１型糖尿病患者とは異なって，巣ごもりクロクマ類は不十分なインシュリン量による影響を受けず，高血圧や脱水，ケトアシドーシスと呼ばれる症状を起こさない（註118）．ケトアシドーシスとは，脂肪の代謝産物であるケトンの血中濃度が高い毒性状態である．研究によると，巣ごもりクロクマ類はインシュリン量が十分でないにもかかわらず，血糖値は正常で，その理由は細胞のインシュリン効果に対する感受性が高いためである（註119）．また，ケトアシドーシスの起きない他の理由として，遊離脂肪酸はケトンに代謝されず，トリグリセリドに再利用されているからである（註118）．巣ごもりクロクマ類のこれらの複雑な代謝経路の中に，１型糖尿病の治療に結び付く道が発見されるだろう．

広い範囲を行動する野生のホッキョクグマでは，対照的にインシュリンに対抗性があり，太ったクマ（たとえば巣ごもりの準備ができたクマ）は，やせたクマと比較してインシュリンの血中濃度が高くかつインシュリン対抗性も高い（註120）．ヒトでは，インスリン対抗性は肥満に相関する．最近の調査では，とくに米国のような国では2004年の調査で成人のおよそ３分の１が肥満だが（註121），インシュリンの分泌障害の有無に関連しない，インシュリン抵抗性を特徴とする２型糖尿病が多く見られる．

２型糖尿病は米国で1570万人の患者がいると予想されるが，それは人口のほぼ６％であり，毎年80万人ほどの患者が診断される．2002年には22万4000人で直接間接の死亡原因となった（註111，112）．米国糖尿病学会の見積もりでは１型と２型の糖尿病が2001年に米国経済に与えた損害はおよそ910億ドルである．世界では，2002年のデータで，世界保健機関によれば１億5000万人の２型糖尿病患者がおり，他の推定，たとえば国際糖尿病財団では，2005年に１億9400万人の患者がいた．先進国と発展途上国のどちらでも，ほとんどの糖尿病の症例は２型糖尿病である．

通常状態のヒトでは，脂肪と炭水化物はエネルギー代謝源として競合し，その比率は一義的には炭水化物の利用可能量とインシュリンの血中濃度で決まる．炭水化物の豊富な食事の後は，インシュリンの濃度が上昇し，炭水化物の貯蔵と代謝が促進され，体内に蓄積された脂肪分子の放出と，放出された脂肪の代謝の両者は制限される．対照的に，食事中に炭水化物がほとんどあるいはまったくないとインシュリン濃度は低下し，脂肪のエネルギーとしての利用は促進され，その一方で炭水化物の利用は抑制される．２型糖尿病だとこの規則が乱れ，インスリン濃度が上がっても脂肪の放出と代謝が抑制されなくなり，細胞は炭水化物の取り込みを抑制するインスリンの効果に鈍くなってしまう．結果として，２型糖尿病では血中脂肪量が増加し，同時に血糖値も上がり，アテローム性動脈硬化症（動脈の内壁にコレステロールを含むプラークがこびりつく），心臓発作，脳卒中の危険性

が高くなる．

インシュリン抵抗性と肥満にもかかわらず，ホッキョクグマはエネルギー代謝の変化の兆候をまったく示さず，エネルギー生産のための体脂肪の放出と代謝を厳密に規制し続け，２型糖尿病にはならない（註120）．ホッキョクグマのエネルギー代謝で起きている仕組みを解明すること，とくに脂質の移動と使用を明らかにすることで，２型糖尿病の発症機序とより効果的な治療法について深い洞察が得られるだろう．

可能性のある治療法の１つに，巣ごもり熊の血中物質の使用があり，その物質は巣ごもり前の３カ月間の旺盛な食欲からの移行の引き金となる．食欲が旺盛な期間にはクマは通常の１日当たりの何倍ものカロリーを摂取し，巣ごもり直前の絶食期間までそれは続き，そしてクマはもう空腹ではなくなり食べるのをやめる．絶食状態で，クマの体内では尿の再利用と脂肪組織の喪失が始まるが，除脂肪体重は維持される（註103，115）．こういった薬品は肥満とそれに伴う２型糖尿病の治療に有効であろう．

その他の医療条件

人間の健康に影響を及ぼすかもしれないさらなる巣ごもり熊の代謝の驚異は，長期間の絶食にもかかわらず必須脂肪酸が不足しないことである．これらの脂肪酸は，リノール酸とアルファリノール酸だが，人体中では合成されず（クマの体内でも合成されないと考えられている），食物から摂取する必要がある．巣ごもり熊は，妊娠中や授乳中であってもこれらの脂肪酸を貯留脂肪から代謝に必要な量だけ持ってくることができると考えられている（註120）．巣ごもり熊がどのようにこれを行っているのかがわかれば，慢性的な栄養失調時に見られるような必須脂肪酸の欠乏状態を，解決に向けてより深く理解できるようになるだろう．

霊長類

霊長類の絶滅の危機

地球上のすべての絶滅危惧種のグループの中で，霊長類（霊長目）ほど人類が心配し心を痛めるものはない．霊長目には人類も含まれ，現在の絶滅の危機を止めなければ，失うものはより大きく悲惨となるだろう．

霊長目はさらに２つのグループ，亜目に分けられる．１つは曲鼻猿亜目 Strepsirhines で，原猿亜目 Prosimians とも呼ばれ，最初に進化した霊長類であり，キツネザル類（図6.9），ロリス類とメガネザル類が含まれる（メガネザル類の一部は独立した亜目を形成という説もある）．もう１つの亜目は直鼻猿亜目 Haplorhines で，真猿亜目 Anthropoids とも呼ばれる．直鼻猿亜目は３つのグループに分けられる．その１は新世界ザル類で，中米，南米の熱帯林で見られ，真性樹上生活者で，リスザル類やクモザル類，オマキザル類（図6.10），マーモセット類，およびタマリン類が含まれる．その２の旧世界ザルは主にアフリカや南・東アジアに見られ，ヒヒ類，マンドリル類，コロブス類，マカク類（アカゲザルなど）（図6.11）が含まれる．そしてその３がヒト上科 Homonoidea で，テナガザル類すなわち小型類人猿と大型類人猿に大別される．大型類人猿にはオランウータン類，ゴリラ類，チンパンジー，ボノボおよびヒトが含まれる．合計358種（この数は新種発見で増加傾向にあるが，論議の対象であり，233種から374種までの幅がある（註123））の霊長類のうち，ほぼ３分の１の114種が危機にあり，その半分以上がIUCN レッドリストカテゴリーの絶滅寸前種である．（1990年以来，ブラジルだけで10種の新種の猿が見いだされた（註124）．近年，さらに数種が発見された（註125）．2004年にはマカク類の新種アルナチャルマカク *Macaca munzala* が発見されたが，インド東北部のアルナチャル州の辺境の山地に棲んでいる（註126）．そして2005年には２つの研究チームがマンガベイの１新種を発見しハイランドマンガベイ *Lophocebus kipunji* と名付けたが，本種はタンザニア南部の高地および山地に分布する（そして，直後に絶滅寸前種と考えられることが示された）（註127）．悲劇的にも，すべての霊長目のグループは絶滅の危険性のカテゴリーの代表種である．これが今後の霊長目の絶滅の大きな波の始まりに過ぎないということは，霊長類研究者たちの合意事項である．

小型霊長類

◆テナガザル類

ヒト上科は，ヒト *Homo sapiens* 自身を除いては人類の活動によって危機にさらされている．テナガザル類12種のうちの７種はIUCN の絶滅のおそれのある野生動物に該当しており，類人猿の中ではもっとも種数が多いが，研究はもっとも少ない（註128）．テナガザル類は，とくにジャワでは森林の90％以上が伐採されていることで，森林の喪失のためにまず脅かされている（註129）．ワウワウテナガザル *Hylobates moloch*（図6.12）とクロテナガザル *Nomascus concolor* の２種は絶滅寸前種に掲載されている．

アジアの大型霊長類：オランウータン

２種のオランウータン，ボルネオオランウータン *Pongo pygmaeus*（図6.13）とスマトラオランウータン *Pongo abelli* もまた危険な状態にあり，スマトラオランウータンは絶滅寸前種に分類されている．樹木の伐採（多くは違法），金の採掘，大規模農場や村の建設，農業，産業の発達，そして道路の建設が，オランウータンの生存に必要な森林を破壊し，奪い，断片化してしまっている（註130）．さらに，森林火災は意図的に土地を整理するために引き起こされ（しばしばアブラヤシ農場の建設のため），オランウータンの生存を脅かしている．1997年と1998年に，そのような火災が，深刻な干ばつによって（おそらく世界的な気候変動によりその間に例外的に強いエルニーニョが起きたことによる），インドネシアの森林に急速に広がり，大量のオランウータンが死んだ．あるものは炎と煙の直接の影響から．あるものは生息地と果物供給地の森林が燃え尽きて飢え死に．そしてあるものは燃えさかる森林から逃げ出してたどり着いた農場で，おびえた村人や農場労働者たちに撃ち殺されて死んだ．これらの火災の結果，ボルネオ島のオランウータンの生息頭数は1996年の２万3000頭から1998年の１万5400頭まで落ち込んだ（註130）．そして最後に，オランウータンは狩猟もペットとしての飼育も違法である．密猟は依然としてよく見られ，親はしばしば殺されて，幼体は愛らしく，ヒトをまったく疑わない遊び好きな動物で，子どものいない夫婦の子ども代わりとしてしばしばペットにされる．約１万年前には，ボルネオオランウータンは42万頭ほど，スマトラオランウータンは38万頭ほど地球上に棲んでいたと考えられている．現在，その数はそれぞれ１万5000頭と１万2000頭である（註131）．

アフリカの大型霊長類

動物界で我々にもっとも近縁な存在，ゴリラ類，チンパンジー，ボノボの生き残りもまた問題となっている（註130）．その存在と行動で我々自身ともっとも近いこれら生物の喪失は，我々自身の存在にも大きく関わってくる．

科学者たちの推定では，現在のアフリカの大型霊長類の推定個体数は28万から40万頭ちょっとの間である（註132）．１世紀前には数百万頭を超えていた．最近のプリンストン大学のピーター・ウォルシュとそのチームの調査では，ガボンの原生林においてさえゴリラ類とチンパンジーの個体数は過去20年間で50％を超える減少が起きたと推定されている．これらの比率から，広い領域の研究所と保護団体を代表する23人の調査チームは推定を行い，今後30年でゴリラ類とチンパンジーの集団はさらに80％の個体数減少で壊滅するので，これらの霊長類の取り扱いを直ちに現在の絶滅器具から，絶滅寸前に帰るべきであると提言した（註133）．

> 我々がある種，過激な行動をしなければ，ゴリラ類とチンパンジーは西アフリカの熱帯地域から今後 10 年たたないうちに絶滅してしまう……人々は 10～20 年いうだろう．彼らは知っているにもかかわらず，何もしない．
>
> ピーター・ウォルシュ

◆ゴリラ類

ゴリラの種や亜種がいくついるのかはいまだに科学者たちが論議を続けているが，多くのものは明瞭な２種を認め，１つは動物園でもっともよく見るニシゴリラ *Gorilla gorilla* で，もう一方はヒガシゴリラ *Gorilla beringei* である．ニシゴリラは西アフリカ熱帯域の定置の森林に棲み，さらに２亜種，ニシローランドゴリラ *Gorilla gorilla gorilla* とクロスリバーゴリラ *Gorilla gorilla diehli* に細分される．ヒガシゴリラ *Gorilla beringei* は中央アフリカ東部に棲み，１つの亜種ヒガシローランドゴリラ *Gorilla beringei graueri* は低地に棲み，もう１つの亜種マウンテンゴリラ *Gorilla beringei beringei* は山地に棲む．ゴリラ集団の個体数の入手は難しいが，最良最新の推定ではニシゴリラは９万5000頭前後，ヒガシゴリラは１万7500頭前後で，ヒガシゴリラの亜種マウンテンゴリラ *Gorilla beringei beringei*（図6.14）の個体数はたったの600～700頭である（この推定には，霊長類学者によっては独立の亜種とされたりされなかったりするヒガシローランドゴリラも含まれている）（註132）．これらの頭数推定からは少し年月がたったが，過大推定と思われ，少なくともヒガシローランドゴリラ *G. beringei graueri* では，近年の観察によると明らかに個体数が減っている．しかしマウンテンゴリラの状況は良好に思われ，個体数が順調に増えている．この個体数増加は，マウンテンゴリラのように十分な管理を行えば，保護対策はうまくいくという希望を与えてくれる．

ゴリラの個体群はいくつかの人類活動の重い負担により減少をしている．それらのうち第一は森林生息地の破壊で，原因は商業伐採，と森林転換率の増加で，森林は耕作地，家畜の牧草地，鉱物や石油の採掘場へと姿を変えている．それらのすべてが，森林の完全性をさらに損なう新たな道路の建設を伴っている．営利企業は多数の労働者を外部から呼び寄せ，現地の食糧供給を圧迫し，その結果，ゴリラを含む霊長類の肉の需要が増す．第2章に示したように（p.95参照），ゴリラその他のブッシュミートの狩猟は何千年も続いている（図6.15）．現代ではこの量がゴリラの生存を脅かしている原因の1つは，現代の猟師の武器が洗練されているためである．しかし，この問題でもっとも重要なのは，かつては入り込むことができなかった森林の区画に，道路ができたおかげで入れるようになったということである．これがとくに中央アフリカの大都市のブッシュミート商業の急増につながった．それらの市場では霊長類の肉（およびゾウなどの通常ではない動物の肉）が高値を呼び，消費者は食用として，あるいは伝統薬品として購入するが，あるものは通常以上の力や性的能力，魔力を与えるとされている．さらに西アフリカ沿岸の魚類が，多額の補助金にまかなわれた欧州連合の漁船団の過剰漁獲で枯渇したことで，西アフリカの人々は，タンパク源としてより陸上動物の狩猟に依存せねばならなくなり，その中に食料としての霊長類が含まれてしまう，と考えられている（註135）．

戦争と紛争もまたゴリラやその他の霊長類を危機にさらす可能性がある．たとえば，1994年のルワンダ虐殺は，（ツチ族，フツ族両者を合わせて）数十万人の難民をもたらしたが，彼らはゴリラの棲む森に流れ込み，燃料として木を切り倒し，その途中でゴリラその他の野生動物を密猟した（註136）．彼らはまた何千もの地雷を設置し，野生動物や人間を危険にさらした．最近のコンゴ共和国（DRC）の紛争では重装備の兵士が食料を求めてゴリラのいる森林地帯に入り，彼らを狩猟した．これらの危機にもかかわらず，コンゴ共和国のあるローランドゴリラの地域集団は安定化し（註137），大いに増大しつつあるとさえ信じられており，それはカフジ・ビエガ国立公園の保護官の活躍によるもので，彼らは反乱軍と密猟者の駆逐に成功した．さらにビルンガ火山公園のマウンテンゴリラはルワンダ市内戦を無事乗り切ったようである（註134，138）．

最後のゴリラ（とチンパンジー）の危機はエボラウィルスによる．このウィルスによる疾患，エボラ出血熱の動態は，依然として完全には理解されていない．3種のコウモリで症状の出ないエボラ感染が発見された．それらコウモリとはオオコウモリ科のウマヅラコウモリ *Hypsignathus monstrosus*，フランケオナシケンショウコウモリ *Epomops franqueti*，およびコクビワフルーツコウモリ *Myonycteris torquata* でその分布値は大型類人猿と人類でエボラ出血熱が大流行した地域と重なりがあり，自然下ではこれらコウモリやその他の動物種がエボラウィルスの宿主であると考えられている（註139）．エボラウィルスはサルから類人猿へ，大型類人猿どうしで，そして類人猿からヒトへ広がる可能性がある（註140）．最近のある研究では，2002～2003年のゴリラ類の個体数の50％減少の原因は明らかにエボラ出血熱で，また同時期にコンゴ共和国のある地域でチンパンジーの個体数がほとんど90％減少した理由もエボラ出血熱であり（註141），この地域での類人猿の危機の主原因として狩猟とその地位を争っている．

◆チンパンジー類とボノボ

チンパンジー類には2種いて，それらはよく知られるチンパンジー *Pan troglodytes*（図6.16）と，以前はピグミーチンパンジーとかグレイシールチンパンジーとも呼ばれたボノボ *Pan paniscus*（図6.17）である．この章では，*Pan troglodytes* をチンパンジーと呼び，*Pan paniscus* をボノボと呼んでいく．ゴリラ類と同様に，チンパンジーとボノボの個体数の推定は難しいとされているが，ここ数十年で著しく減少したことは衆人一致するところであり，両種ともに大きな危機に直面している．IUCN の両種に対する評価は絶滅危惧種（EN）だが，過分に楽観的である．

チンパンジーには４亜種がおそらくおり，西アフリカ，中央アフリカ，東アフリカで総個体数は15万〜25万頭ほどである．ボノボは亜種に分けられておらず，個体数は２万から５万頭である（註132）．ゴリラ類の生存を脅かしているのと同様の力がチンパンジーにも働いている．森林の消失，ブッシュミートの狩猟，エボラのような伝染性の感染症である．さらに，2001年末から2002年初めにかけて，コートジボワールのタイ国立公園でチンパンジーの亜種 *Pan troglodytes versus* の６頭が炭疽病に感染して死亡したという報告がある（註142）．これらのチンパンジーがどのように感染したかは明かでないが，炭疽病を引き起こす炭疽菌 *Bacillus anthracis* は，エボラや HIV を引き起こすウィルス（第７章参照）と同様に，ブッシュミートのために狩猟された類人猿その他の霊長類の感染体との接触から，人類へと感染が起きうる．ボノボは，コンゴ共和国にのみ見られるが，とくに狩猟に弱く，ボノボの唯一の保護区のサロンガ公園においてさえである．ここには重装備で空腹の反乱軍が移住してきた．チンパンジーは狩猟，生息地の消失，そして伝染病により非常な危機に直面しているが，ほとんどの霊長類学者はどの大型類人猿も21世紀を野生で生き延びるように最大の機会を与えている（註132）．

霊長類と生医学研究

霊長類と人類の生物学的類似性は驚くべきものである．たとえば，我々の DNA はチンパンジーとほとんど同じで，その差は1.3％に過ぎない（人類と旧世界ザルの差は８％，新世界ザルとの差は15％である）（ヒトとチンパンジーの DNA 配列を比べるなら Silver Project のウェブサイトを参照されたい．sayer.lab.nig.ac.jp/~silver/ たとえば神経細胞のある種のレセプターをコードする *CHRM2* 遺伝子を見てみよう．配列は何百個も，また何百個も比べてみても，同じである）．この近縁さは，解剖学，生理学，および行動の特徴にまで拡がり，時にはある生医学研究上のモデルとして置き換えのできない状況にある．また，研究対象としてのこの動物について，論議はますます対立しているが，その中心的な話題となっている．ヒト以外の霊長類（あるいはあらゆる動物）を実験に用いるときの倫理的な検討で訪ねなければならない中心的な質問は，病気あるいは症状でヒト以外の霊長類を研究用にどうしても用いなければならない，他の実験動物では代用がきかないような，他の動物では起きないか，起きたとしても人間とは異なりすぎていて有用ではないものはあるのか，である（第５章の Box. 5.3参照．動物の研究利用に対する懸念に言及している）．

この節では，３つのヒトの医学の研究分野でヒト以外の霊長類が不可欠であるかを検討している．伝染病とそのワクチン開発，神経系の障害，および精神障害である．他のものについても，ここで論ずることはできたが，しない．たとえば，生殖障害と体外受精，避妊薬の開発．老化，鎌形赤血球貧血症と（この衰弱性疾患の唯一知られている予防法の）ヒドロキシ尿素療法の開発，（石けん状の潤滑剤で肺の拡張を容易にする）界面活性剤による未熟児の呼吸窮迫症候群の予防，そして様々ながん，たとえば前立腺がん，結腸がん，白血病である．しかし，以下に示す３つの分野は，この広く重要な生医学研究の分野の有益な概要を提示する.

伝染病とワクチンの開発

伝染病とそのワクチンの開発は初期のヒト以外の霊長類の研究対象で，1800年代後半のパスツールの狂犬病に関する研究やその他による天然痘の研究により始まった．その約20年後，カール・ランドシュタイナーとアーウィン・ポパーは急性灰白髄炎で死亡したアカゲザル，ヒヒ，チンパンジー類からポリオウィルスを単離し，ノーベル賞を獲得した．ヒト以外の霊長類はその後の数十年間，ポリオに対抗するワクチンの開発に広く用いられた．ジョナス・サルクはサルの腎臓の組織培養を用いてポリオワクチンを開発し，アルバート・セイビンは天然に存在する弱毒株の探索に使用し，それはやがて非常に効果的なポリオの経口ワクチンへと結び付いた．ポリオに加えて，黄熱病，麻疹，風疹（三日ばしか）など他のヒトの伝染病についても，理解と予防の進展はすべて霊長類研究に依存してきた.

◆C 型肝炎

米国とヨーロッパで合わせて約900万人，全世界では2億人がC型肝炎ウィルスに感染している．麻薬の注射針を共有すると感染の危険性は最大となる．1990年代に血液中の抗体を直接検出するスクリーニング試験が発達してからは，C型肝炎が輸血により拡散することはほとんどなくなった．しかしながら，一部の発展途上国では汚染した医療器具の再利用や輸血ドナーのスクリーニングの不十分さからC型肝炎ウィルスの感染率は高い（註143）.

最初に感染した人の4分の1はウィルスを取り除けるが，ほとんどの人は慢性的な感染症となり，そのうちの10～20％程度が数十年以内に肝硬変（損傷や疾患の後の瘢痕化による正常な肝臓組織からの置換）となり，その一部が肝臓がんや肝不全へと進行する（註144）．現在の医薬品は高価で，顕著な副作用があり，そしてC型肝炎は治癒できない．C型肝炎ウィルスには膨大な数の系統，11の遺伝子型と100の遺伝子亜型があり，さらに容易に突然変異を起こす能力があることから，ワクチン開発が阻まれてきた（註143）．その結果，C型肝炎は世界中の肝臓移植の必要性の主要な原因として残っている.

チンパンジーは人間以外でC型肝炎ウィルスに感染することが知られている唯一の生物なので，C型肝炎に関する分子生物学的知見と免疫反応に関する研究にはチンパンジーが使われる（註145）．チンパンジーを用いたいくつかの有望なワクチンの予備的な研究があるが（註146, 147），しかし今のところ，有効なワクチンは得られていない.

◆B 型肝炎

B型肝炎ウィルスの感染経路はC型肝炎ウィルスと同じで，感染者の血液や体液に触れることで起こる．感染者の約10％の身が慢性肝炎を発症するが，彼らは肝臓がんや肝硬変になる危険性がある（註148）．B型肝炎ウィルスの感染は世界の公衆衛生上の大問題で，慢性肝炎となった患者は4億人，毎年の死者は50万人ほどである（註149）.

B型肝炎のワクチンがヒト以外の霊長類を用いて開発されており（クチヒゲタマリン *Saguinus mystax*，サバンナモンキー *Cercopithecus aethiops*，そしてチンパンジーが使われる），手に入るようになってから20年以上がたつが，とくに発展途上国では十分には使われておらず，また成人の10％ほどはワクチンが効かない．B型肝炎ウィルスは様々な哺乳類や鳥類に見られるが，我々の知る限り，チンパンジーとアカゲザルのみがヒトが感染するのと同じ型のＢ型肝炎ウィルスに感染する（註148）．さらに，チンパンジーはＢ型肝炎に感染した後に，人間と同じように肝臓がダメージを受け，抗体を循環させ細胞の免疫系が反応することが証明されている（註150）．新たなワクチン類がチンパンジーでテストされている．チンパンジーはまた，免疫系が肝臓の細胞を傷付けることなく感染を克服していく方法を理解する上で，重要であることが示されている（註151）．

◆マラリア

世界保健機関WHOによると，世界で毎年３～５億人がマラリアにかかり，１～300万人が死ぬがそのほとんどは子どもである．マラリアが致死的な感染症として世界に広く残っていることを考えると，この病気が蚊で媒介されること防ぐために有毒な殺虫剤を使うことの公衆衛生と環境に及ぼす影響への懸念，そしてマラリアの予防や治療のために用いてきた殺虫剤や治療薬に対する媒介生物とマラリア病原虫自体の抵抗性が増大しているという事実から，マラリアワクチンの開発の必要性は世界の公衆衛生上の優先課題として残っている．

感染因子は原生動物のマラリア病原虫 *Plasmodium* で，広く様々な脊椎動物に感染して病因となるが，その中には齧歯類，鳥類，そして霊長類も含まれる．しかしながら，100種以上のマラリア病原虫のうち，４種のみがヒトに感染する．三日熱マラリア原虫 *P. vivax*，熱帯熱マラリア原虫 *P. falciparum*，卵形マラリア原虫 *P. ovale*，そして四日熱マラリア原虫 *P. malariae* である．そして三日熱マラリア原虫と熱帯熱マラリア原虫がほとんどのマラリアの病因なので，ヒト以外の霊長類が最良の研究対象となる．

ワクチン開発の努力はもっとも致死的なマラリア原虫の熱帯熱マラリア原虫 *P. falciparum* に焦点が当てられてきた．熱帯熱マラリア原虫のゲノムの塩基配列決定は2002年に成功したことでこの探求は大きく進み，ワクチンが開発されてマラリアの出現と拡がりを両方とも防いで，また感染した人々の病状を和らげて死亡率も下げる，という望みが高まった．マラリアワクチンの研究には酵母，鳥類，マウス，ウサギなどの生物はすべて必須だが，マウスとウサギはワクチンを最初に試験する動物で，ヒト以外の霊長類のヨザル類 *Aotus* spp.，リスザル類 *Saimiri* spp.，そしてアカゲザル *Macaca mulatta* は，ワクチンの効果を確認するための極めて重要な研究モデルである．熱帯熱マラリアでもっとも見込みのあるワクチンはRTS,S/AS02Aとして知られ，アフリカの一部で第二相臨床テストが行われており，そのワクチン効果を証明する20年に及ぶ発展史にはアカゲザルがずっと関わっていた（註152～154）．

◆エボラ出血熱およびマールブルグ熱

人間の想像力の中でエボラウィルスを超える恐怖のイメージを持つ病原体はないだろう．これは部分的には，人気のある文学や映画でのエボラに関する架空の記述によるもので，そこにはエボラの伝説的な症状が宣伝されていて，たとえば（実際にはないが）内部器官が液化するなどである．しかしエボラウィルスとその近縁のマールブルグウィルスが恐怖を引き起こす主な理由は，（1）これらのウィルスによる疾患はどこからともなく起こり突然消え，後でまた現れる（2）生活環がほとんど不明で，最近３種類のコウモリがおそらく中間宿主とわかったのみ（p.289 参照）（3）治療法がない，そして（4）疾患が急激かつ破滅的で，致死率は90％近い，である．

マールブルグ熱の流行は1967年にドイツとユーゴスラビアで記録されたのが最初で，それからアフリカの様々な地域で起こり，たとえば1975年には南アフリカで，そして1980年と1987年にはケニヤで起きた．世界保健機関 WHO によると，最近の致命的なマールブルグ熱の流行が2004～2005年にアンゴラであり，患者数（未確認と確認の合計）は374人で，そのうち死亡者は329人だった（死亡率はほぼ88％である）（註155）．知られている限り，エボラ出血熱は1972年にスーダンとコンゴ共和国（DRC）の熱帯雨林に出現した．最近では，ウガンダ（2000～2002年），ガボン（2001～2003年），コンゴ共和国（同じく2001～2003年）に散発的に流行が起きている．全世界のエボラ患者は累計1850人だが，世界保健機関 WHO によると累積死亡率は65％である（註156）．

1994年，ヒト以外の霊長類で初めて報告されたエボラの流行で，８頭のチンパンジーが死んだ．これらのチンパンジーの内部器官に見られた病変は，エボラに実験的に感染させたサルのそれに似ており，実験室の検査で死亡したチンパンジーからエボラウィルスの亜型が確認された（註157）．同じ亜型は研究者からも検出され，彼女は短期間の発症で高熱，嘔吐と下痢，発疹，一時的な混乱と記憶喪失の症状を現しており，おそらく病死したチンパンジーの病理解剖（動物剖検）を行っているときに感染したと思われた（註158）．この症例は，ウィルスがチンパンジーからヒトへ感染する能力を持つことを示したと考えられている．2001年末と2002年初めに，ガボンで50人のエボラ死亡者が出たが，そこは上記のごとくチンパンジーとゴリラ類で広範囲にエボラ出血熱が発生していた地域だった（註159）．

エボラウィルスについては，アカゲザルで多くの研究がされてきたが，ヒト以外の霊長類も同様に用いられてきた．それらの研究はウィルスがいくつかの経路で感染しうることを示している．感染個体の皮膚への直接的接触によって．感染個体の（高濃度のウィルスが含まれる）体液への曝露．くしゃみや咳の飛沫によって．そして感染した肉を食べることによってである（註160, 161）．他の重要な情報はエボラウィルスの亜型に関する情報とエボラの霊長目内での自由な感染能力で，サルから類人猿へ，類人猿からサルへと伝染する．今のところ，ヒトからヒト以外の霊長類へエボラやマールブルグが感染したという証拠はない．

エボラやマールブルグの感染症は急速に進行し．体内の免疫応答ができる時間がほとんどなく，抗ウィルスの効果的な治療法はないため，エボラとマールブルグのワクチンの積極的な調査が進められている．この調査は見込みのある結果が出てきていて，2005年には２つのワクチンが開発され，１つはエボラ用，もう１つはマールブルグ用であり，両者ともカニクイザル *Macaca fascicularis* でウィルスに曝露した後の100の効果が示されている（註162）．

エボラは地球上でもっとも死亡率の高い伝染病であり，ヒト以外の霊長類のいくつかの種を絶滅の危機にさらし，アフリカの数カ国の村を壊滅させた．ヒト以外の霊長類は，この病気の出現と拡散を理解するのに不可欠であり，またヒトにとってもヒト以外の霊長類にとっても，安全で効果的なワクチンを作るために不可欠でな事例である．

◆ロタウィルス

全世界で，ロタウィルスは毎年１億3800万人の胃腸炎（下痢や腹痛を引き起こす消化管の感染症）患者を発生させるが，ほとんどの場合患者は５歳未満の幼児で，毎年60万人（１分に１人）がこの病気の症状の脱水症状で死んでいる（註163）．インドだけでも，毎年10万人の子どもがロタウィルス感染症で死んでいる（註164）．ロタウィルスは他のどの感染伝よりも子どもの胃腸炎の原因となっていて，90％以上の子どもが3歳までにこのウィルスに接触している（註165）．

ヒト以外の霊長類も同様に感染するように見える．米国のジョージア州アトランタのヤーキース国立霊長類研究所では，チンパンジー，旧世界ザルのたとえばマンガベイ類 *Cercocebus* spp.，ブタオザル *Macaca nemestrina*，の大部分はロタウィルスと同様の感染症を起こすノロウィルスの抗体を持っている．研究者たちは，これは野生状態でも同様だと考えている（註166）．ヒト以外の霊長類の感染から，どうやったらロタウィルスは症状を現すかや，ロタウィルスワクチンの開発には何が必要なのかについて，豊富な知識を得てきた．たとえば，2つのロタウィルス，RRVとSA11は，元来，サルから得られたが，実験室で使う主要な系統となり，新たなロタウィルス経口ワクチンが，ヒト以外の類人猿で安全性と効果を確かめられた後，2006年初期にアメリカで使用が承認された（註167）．このワクチンはロタウィルス感染による生命を脅かす嘔吐と下痢を防止することが示されていて，世界の幼児死亡の主原因となっているこの病気を押さえる可能性がある．

◆HIV／AIDS

ヒト以外の霊長類の研究モデルとしての必要性をよく現す事例は，ヒト免疫不全ウィルス，すなわちHIVである．HIVの流行が1981年に初めて確認されて以来，世界で6500万人以上の感染者が発生し，およそ2500万人が死んだ（註168）．毎年およそ500万人の新しい患者が発生しおよそ300万人が死ぬ．HIV感染者の3分の2がサハラより南のアフリカに住み，そこには同様に世界の4分の3の女性患者が住む．サハラ以南のボツワナのような特定の地域のHIV感染率は40％近くある（註169）．このような高い感染率からアフリカには数百万人の孤児世代が出現し，彼らの両親はHIV／AIDSで亡くなっている．HIVは母子感染し，それは妊娠期間中に，出生時に（もっとも多い事例），または授乳期間に起こり，多数の妊娠女性が感染しているので，無数の児童が，少なくとも発展途上国では同様に感染している（註168）．こういった母子感染は先進国では顕著に少ない．

十分な医学的治療のない場合，HIVウィルスの主要な2つの型（HIV-1とHIV-2）のどちらかあるいは両方への感染者は，やがて後天性免疫不全症候群，すなわちAIDSを発症する．この症候群はHIVが我々の免疫系で中心的な役割を果たす細胞に感染し，破壊するために起きる．とくに，「ヘルパーT」細胞がやられてしまう．これらの細胞の主な役割は他の免疫系の細胞を選択的に活性化させ，遭遇した病原体をもっとも効果的に根絶することにある．HIVがヘルパーT細胞の集団に広がっていくと，免疫系は通常の感染症にも適切に応答できなくなり，患者は通常の免疫システムならば容易に克服できるような生物に感染してしまういわゆる日和見感染にかかりやすくなる．免疫不全症はまたいくつかのがんを引き起こす．その中にはリンパ腫とカポジ肉腫がある．カポジ肉腫はヘルペスウィルスが引き起こす皮膚がんの1種である．

ここまで示した感染症と同様に，HIV／AIDSのより良い治療と予防への期待は，ヒト以外の霊長類での感染を研究できるかに大きく依存している．ヒト以外の霊長類は，研究室内のみならず，HIV／AIDSの生物学に関する多くの疑問を研究する際にも必要である．そういった研究をまとめると，次のようになる．

HIV-1は，HIV／AIDSの世界的流行に関連する系統だが，チンパンジーの亜種 *Pan troglodytes troglodytes* の持つ近縁のウィルスのSIVcpzに由来し，中西部アフリカから来たという強い証拠がある（詳細は第7章の「種の搾取とブッシュミートの消費」を参照）．HIV-1に感染した人間は，治療をしないと死んでしまうが，一方でSICcpf1ウィルスを持つチンパンジーは特段の感染の兆候を示さないことから，野生のチンパンジーが自然感染して病状を現さない点については，極めて重要な研究モデルとなる（註170, 171）．

ヒヒ類*Papio* spp.，マカク類*Macaca* spp.，ヨザル類*Aotus* spp.，そしてマンガビー類*Cercocebus* spp.などの様々な旧世界・新世界ザルの実験室での研究から明らかになったことは，ヒト以外の霊長類の一部はレトロウィルスの感染を防御する仕組みが組み込まれているということである（レトロウィルスは自分の持つRNAゲノムの情報を宿主のDNAゲノムに転写して組み込むことができ，HIVがその1例である）．1つの研究例がハーバード大学のダナ－ファーバーがん研究所から得られた．そこの研究者たちは，TRIM5-alphaと呼ばれる細胞内タンパクがこれらの動物でHIV-1感染を防ぐことを発見した（ヒトにも固有のTRIM5-alphaがあるが，不幸にもHIV感染を防がない）．さらなる研究によって，このタンパク質はウィルスが細胞に入ったあとにゲノムを複製するのを妨げることがわかった．TRIM5-alphaタンパクがヒト以外の類人猿のいくつかで働く仕組みがわかれば，人類のHIVをどう治療やさらには予防するかの新たな展望が生まれるだろう（註172）．

おそらくヒトは類人猿や猿が持つサル免疫不全症ウィルス類（SIVs）に何千年も接してきた．なぜ，HIV／AIDSの世界的流行が20世紀の後半に起きたのだろうか？　この疑問に答えるには，ヒト以外の類人猿からヒトへのSIVの伝染の仕組みをよく理解し，どのような要因がこの伝染を実際に起こしたかが関連する．またこの解答は，ますます数を増やす野生生物から人間に移行してきたウィルス性感染疾，たとえば重症急性呼吸器症候群SARSやニパウィルス症の患者数を減らすのに役立つかもしれない．

◆HIV／AIDSの治療法とワクチンの開発

最初のHIVの有効な薬，AZT（ジドブジン）は，その安全性と効果を確かめるためにカニクイザルやアカゲザルを含むいくつかの霊長類で広く研究されてきた．そしてSIVに感染したブタオザルは，ヒトの出産時のウィルス感染を防ぐためのAZT使用の安全性の確立の研究に不可欠だった（AZTは母子感染を67％減少させる）（註173）．霊長類はまたHIV治療の主流である，治療薬を組み合わせた療法の開発に不可欠であり，また，ウィルスが抗レトロウィルス薬にどのように対抗性を得るのかを研究するのに欠かせない（註174）．

ここ20年で，HIV／AIDSのワクチン開発競争が，研究の大きな中心となっている．様々な戦略で効果的なワクチンが作られようとしているが，霊長類のモデル，とくにアカゲザルはワクチンの候補の検証に不可欠となっている（註175）．

神経系の異常

我々の体内器官のうち，ヒトの脳は，我々のなかまである霊長類を除いては，動物界で比較するともっとも独特な器官である．我々は脳の研究を様々な動物モデルを用いて行っており，たとえば視覚系にはネコを使い，神経変性症はトランスジェニック・マウス再現され，また，ヒトの遺伝子についてはショウジョウバエの研究に集約されさえするが，究極的には我々が人類の脳の複雑さをより理解し，また人類の脳がどのように動くかを知るためには，ヒト以外の霊長類を使わざるを得ない．その理由は，ヒト以外の霊長類は細胞と分子レベルでヒトと同様の解剖学的特徴とと複雑な組織を共有しているため，脳内の回路や異なる領域の機能などに最適な研究モデルとなるからである．そういったものには，人間の感覚および運動能力，人間の知覚・認知・記憶・推論・言語の発達，そしてヒトの神経障害が含まれる（註176）．この節では，本書の他の節における異なる観点からカバーされている2つの主要な疾患，パーキンソン病およびアルツハイマー病，に焦点を当て，神経学的障害についてのみ検討を行う．

◆パーキンソン病

1980年代にMPTPとして知られる不純物を含むヘロインを使用した患者がパーキンソン病と区別できない症状を示すことが発見され，そしてMTPTがアカゲザルとマーモセット，ヒヒにパーキンソン病と類似した病気を引き起こすことが示され，以来MPTP投与のヒト以外の霊長類はこの病気の研究の主要なモデルとなった（註177）．マウス，イヌ，ネコ，ヒツジ，ラット，ウサギ，そして金魚も他の種と一緒にMPTPが用いられてパーキンソン病のモデルとして適しているかを確認されたが，これらの動物ではいずれも，生化学的欠陥および神経病理学的病変（黒質と呼ばれる脳の領域におけるドーパミン含有細胞の喪失）または人間の疾患の特徴である運動および行動異常（安静時の低頻度の震顫を含む）を再現しなかった．しかしヒト以外の霊長類ではこれが起こったのである（註148）．

ヒト以外の霊長類はまた，新しい治療法の被験者ともなっている．第5章で述べたように，Lドパの長期使用は，だんだんと症状を抑えられなくなり，また，自発的・制御不能なジスキネジアと呼ばれる運動が発達する．MPTP投与のヒト以外の霊長類をLドパも与えると，同じジスキネジアを発症し，その結果，どのようにしてそのような動きが起こるのかの研究や，どうやってそれを防ぐか，そしてどうやってそれが起きたときに治療するかの研究に使われている（註148）．ヒト以外の霊長類はまたパーキンソン病の認知的，行動的，そして感情的な欠落に関する洞察を与え，そしてこの病気の治療が見込まれる幹細胞の移植を含む新たな治療法の評価に不可欠である．

◆アルツハイマー病

アルツハイマー症は認知症を引き起こすヒトの脳の進行性の疾患である．米国に約450万人の認知症患者がおり（この数字は2015年には1000万人に跳ね上がる），そして世界には2800万人の患者がいる．2005年のアルツハイマー協会の試算によると，認知症による損失額は1560億ドルである．アルツハイマー病は一様に致命的であり，最初の診断からおよそ5年少ししか生存できない．2003年の米国では，およそ63000人がアルツハイマー病で死に，それに関連する損失は年間500億ドルである（註178）．

アルツハイマー病に酷似した動物モデルは無いが，老齢のアカゲザル（20代後半，アカゲザルは35歳ほど生きる）は認知と記憶の障害を見せ始め，脳の神経細胞を消失し，脳の病変を見せるが，すべてアルツハイマーに似るが，それほど深刻ではない（註179）．アルツハイマー患者の脳に特徴的な脳の病変はプラークと呼ばれる．プラークにはβアミロイドと呼ばれるタンパク質があり，アカゲザルでもアミノ酸配列はヒトと同様である（註148）．

アルツハイマー病は脳細胞の破壊と関連し，その細胞はアセチルコリンを介して伝達を行っていて，この物質は神経伝達物質で記憶の定着および回復に関与している（多くの他の役割もある）．現在使用されているアルツハイマー患者の薬物は脳におけるこの神経伝達物質のレベルの上昇をもたらすが，一部の患者では最低限の利益を示すようである．老齢のアカゲザルは，そういった新薬の安全性と有効性を試験するための最良のモデルを提供する（註180）．アカゲザルその他のヒト以外の霊長類はβアミロイド蓄積を防ぐワクチンの開発にも使われていて，ある研究者たちはこの蓄積がアルツハイマー病の隠された原因であると考えている（註181，182）．

行動の異常症

霊長類の大きく複雑な脳は我々のものに似ており，行動はどの動物よりも人類と似ているので，我々の行動と感情，社会的，生理学的，そして解剖学的土台に重要な窓口を提供する．研究領域には霊長類の社会システムと，それらと人類の社会システムとの関係性が含まれる．侵略．飢え，渇き，性的興奮，習慣性ドライブなどの動機付けの状態．行動に対するホルモンの影響．行動における遺伝子と環境の相互作用．そして霊長類の持つ人間と同等の精神状態，たとえばうつ病や不安なについての研究である（註176）．人間の発達にとって極めて大事な分野が母と子の相互作用である．ハリー・ハローは，1950年代後半と1960年代にこの分野の研究を開拓し，アカゲザル（倫理的な懸念から多大な論争を招いた）で実験を行った．彼の示したのは母親の剥奪と分離が心理的，社会的に障害のある子をどのように作り出し，人間のうつ病によく似た症状を示すかであり，母親の身体的接触が正常な発達に不可欠なことを実証した（註183）．

行動研究は，自然生息地で，また動物園などのより管理された環境で，そして実験室で行われてきた．この節では，自然環境で行われた非常に重要な仕事について極めて簡単に説明し，野生の霊長類を失ったときの私たちの損失の深さの１つの側面を説明したい．

野生下でのヒト以外の霊長類の系統的観察の初期のいくつかは，1930年代にC. R. カーペンターと彼の同僚がテナガザル類について行った．カーペンターと並んで，米国のシャーウッド・ウォッシュバーンと日本の今西錦司は，人間の行動の起源を理解するために，野生化のヒト以外の霊長類の行動研究に広く関心を寄せ，そのような学際的な研究を現代人類学研究の中心とした．イルベン・デヴォル（註184）とスチュアート・アルトマン（註185）がヒヒについて行ったのを始めとする主要なカギとなる比較研究が続いた．もっと最近の研究には，ダイアン・フォッシーのゴリラに関する研究（註186）とビルテ・マリー・グラディカスのオランウータンに関する研究（註187）が含まれている．ゴリラで研究されてきたことは，なぜマウンテンゴリラ（*Gorilla beringei beringei*）が，異なるグループがお互いに出会ったときにオスとオスの相互作用が積極的で，時には暴力的な行動を示すのか，その一方で近縁種のニシゴリラ（*Gorilla gorilla*）ではそのようなグループが接触したときに，平和的に相互作用するのか，などである．地域社会における人間の侵略と暴力の巨大な問題を考え，またテロリズムと大量破壊兵器で満たされた世界での暴力的な衝動がどのように危険にさらされているかを思えば，この行動の起源の一部を理解することには大きな価値があるかもしれない．

同じことがオランウータンにも当てはまるが，絶滅のおそれが大いにある．2003年に行われた研究によると，就寝時間の儀式や性的慣習などの行動は，グループごとに異なっていた．おそらくこれらの行動を各グループのメンバーから学んでいるのだろう（註188）．これらの違いが文化的学習といえるかどうかに議論があり，「文化」は明確に人間の特性であると考える人もいるが（編集者注を参照），観察された差異がいまだ発見されていな

Box 6.1　編集者注

人類は長い間，我々だけが理由を知る能力を持ち，他の動物は「分化」と呼べるような，遺伝的に得られるような行動のパターンや環境への適応では無く，他の社会グループから学ぶようなものは持たない，と，信じてきた．我らはそのような信念のもとに，我らは進化の中心にあり，地球上の他の存在から優れて別していると考えてきた．しかし，他の動物を学べば学ぶほどに，そのような区別は客観的な事実では無く，人間の発明の産物であると明らかになってくる．

い環境の違いで説明可能かの判断には，明らかに野生下でよりさらなる研究が必要である．オランウータンの個体群は非常に急速に消えつつあるので，この研究はすぐに不可能になるかもしれない．

実施された霊長類のすべての現地調査の中で，おそらくジェーン・グッドールとチンパンジーの例ほど重要で広範に魅力魅力を現したものは無いだろう．この研究がとくに大事なのは，分子系統と比較解剖の結果から人類にもっとも近いのはチンパンジーとボノボであるとされていて，その分岐の年代はおよそ500～700万年だからである．グッドール博士の研究は，チンパンジーには非常に複雑な社会があることを明らかにした．かれらは深く人間的な感情を経験し，道具を使用し，そして 戦争を行う．これらは人間の行動や人間の社会システムについて多くのことを教えてくれた．それはまた，人類の活動から生まれたチンパンジーと他のすべての霊長類の窮状に，注意を喚起した（註189）．

裸子植物

絶滅危惧種の裸子植物

すべての人は裸子植物を見たことがあるはずだ．裸子植物には現生のとても一般的なマツやトウヒといった種を含んでいるからである．全部で980種ほどの裸子植物は熱帯圏から極域まで見られ，生態圏では山頂から北極圏の端まで分布する．裸子植物では種子に果実のような覆いがなく，むき出しになっている．裸子植物の学名のGymnospermは，ギリシャ語のgymno（裸）とsperm（種子）に由来する．裸子植物はまた他の形質も共有しているが，その進化の起源は現存の植物の中で最古の部類である．裸子植物は3億5000万年前に進化した種子を持つ最初の植物である．彼らの進化の途中でいとこのように，被子植物，別名顕花植物が生まれ，現在では種子を持つ植物の中でもっとも多くの種がおり，約25万種が知られる．

裸子植物門はいくつかの群で構成される．グネツム類にはマオウ類 *Ephedra* spp. が含まれ，これらはいくつかの薬剤の原料となっていて，広く使われている充血除去剤のプソイドエフェドリンを含んでいて（マオウ類からの薬品については，後述の項目を参照），ソテツ類は最古の植物群で，絶滅の危機にある裸子植物で（全種がCITES掲載種で，その半数はIUCNレッドリストの掲載種でもある），神経変性症を誘発する神経毒を産出する．

イチョウ類は，イチョウ *Ginkgo biloba*（図6.18）が所属する．

イチョウ *Ginkgo biloba* は最初に現れた２億年前からまったくといってよいほど変わらず，現存する最古の起源を持つ木である（註190）．イチョウは2000年以上生きるが，その歴史の中で何度か絶滅の危険をくぐり抜けてきた．その中には6500万年前の白亜紀の大絶滅もあった．日本と中国の僧侶や，欧米の植物学者が栽培をしてこなければ，この樹木は絶滅していただろう．自然界にはすでに存在していない．努力はされてきたものの，イチョウの木はIUCNレッドリストの絶滅危惧種とされている．千数百年前よりイチョウの木は中国で医薬品の原料とされてきたが，以下に示すように，ここ数十年ほどで世界中で用いられるようになった．

裸子植物には他にも針葉樹が含まれていて，その中にはマツ，トウヒ，スギ，ヒノキなどが含まれている．針葉樹が人類に非常に重要となるのは，材木として建築材料に使われ，あるいは紙の原料のパルプとして使われるのみならず，いくつかの種からは医薬品に発展する成分がとれるためである．１つの典型的な例がタイヘイヨウイチイ *Taxus brevifolia* で，タクソール（パクリタクセル）が本種に由来し，詳細は以後に述べられている．針葉樹の中には，年を経たり，巨大になるものがある．最高齢ではブリッスルコーンパイン *Pinus longaeva* で，カリフォルニアのホワイト山地の過酷で乾燥した標高3000 m 以上の場所に生える（１個体の標本は4700歳以上とされている）．もっとも高い木はセコイア *Sequoia sempervivens* で，2006年にカリフォルニアのレッドウッド国立公園で発見された１本は高さは115.5 m だった．

２～３の小さな島を除いて，針葉樹は人の住むあらゆる場所に生えている．針葉樹はまた，北半球の北アメリカ，ヨーロッパ，そしてアジアの大寒帯林の主要種であり，それらの森林が世界の森林の３分の１をしめる．この豊富さにもかかわらず，針葉樹の４種に１種が絶滅の危機に瀕している．

針葉樹の最大の脅威は，持続的でない伐採である．森林は木材の供給や紙の生産のため，あるいは人間の移植や農業のために伐採される．しかし多くの種に，個別の危機があり，その中には樹木をおそう害虫や，とくに北方種には，地球温暖化もある．たとえば北米の北極圏では，すでにこの50年で気温は平均２℃（約４°F）上昇し，2100年までには３～6.5℃（約５～12°F）上昇すると予想されている（註191）．第２章に述べたように，この温度上昇は種の生存限界を北極点に近づける．たとえば，次の世紀には寒帯林は北方に100 km 以上移動し，針葉樹を含む多くの生物が絶滅の危機に瀕する（註191，192）．

たとえば，アメリカのトウヒを例にとる．キクイムシのなかまの甲虫 *Dendroctonus rufipennis* の大発生により，1987年から2000年にかけてアラスカ中南部のケナイ半島からコッパー川までの1300 km^2 でシロトウヒ *Picea glauca* とルッツスプルース（シロトウヒとシトカスプルース *Picea sitchensis* のハイブリッド）の90％が消滅した（十分な宿主となる生きた木の消滅によってのみ，大発生は終焉した）（図6.19）．これは北米で記録された単一害虫種による最大の被害例である（註193，194）．この甲虫は大発生地域にもとからいた種である．どうして十分に育った健康なトウヒが被害に遭ったのだろう？　研究者たちは，その理由は気候の温暖化だと信じている．アラスカは他の北方域と同様に，ここ数十年でかつて無い平均気温の上昇を見ている．1972年から1978年には，夏期（５月から８月）のケナイ半島南岸のホーマー空港での平均気温は9.68℃だったが，1992年から1998年にかけては10.92℃だった（註195）．冬が暖かくなれば，甲虫の生き残り数が多くなり，春と夏が暖かくなれば，通常，２～３年に１度の繁殖が毎年可能となる．甲虫の大発生は，例年より乾燥した気候により樹液の産出が減少し，甲虫への防御力が低下したため（樹液は甲虫の幼虫が木部に潜り込むのを防ぎ，また，甲虫が持つ真菌性の病気にも対抗する），ケナイ半島でのトウヒ類の大量死につながったと考えられた（註196）．

温暖化はまた虫害による他の針葉樹への被害を起こすかもしれない．アメリカシロゴヨウ *Pinus albicaulis* は，アメリカ北西岸からカナダにかけての山地にかけて見られるが，IUCN レッドリストによると絶滅に瀕している．真菌による五葉松類発疹サビ病 *Cronartium ribicola* は，1910年頃にヨーロッパから輸入されたストローブマツ *Pinus strobus* の苗から移入したが，グレイシャー国立公園と隣接するモンタナ州北西部のボブ・マーシャル複合原生地域のアメリカシロゴヨウのおよそ半分が死滅した（生き残りの80％は感染していた）（註197-199）．しかし甲虫のアメリカマツノキクイムシ *Dendroctonus ponderosae* もまたこのマツを脅かす主要な要因の１つである．イエローストーンとテントン国立公園全体とその周辺の4000 km^2の地域で，この甲虫は16％のマツについている（註200）．この地域内ではあるが，歴史的にアメリカシロゴヨウの木は生えていて，その理由は高い標高により気温が甲虫の生存に適しないほど低いためである．温暖化により，アメリカマツノキクイムシはアメリカシロゴヨウを食害するようになった（註201）．

アメリカシロゴヨウは，他の多くの樹木，鳥類，哺乳動物の支えてなっているため，キーストーン種と考えることができる．アメリカシロゴヨウの生える場所には，それほどは豊富で無い針葉樹のミヤマバルサム *Abies lasiocarpa* やエンゲルマントウヒ *Picea engelmannii* がアメリカシロゴヨウが生え無い場所に生えている．アメリカシロゴヨウが成長する地域では，アメリカシロゴヨウが支配的な場所では種数が多く，そうでない場所では少ない（註202）．絶滅危惧種のハイイログマ *Ursus arctos horribilis* のようないくつかの種は，アメリカシロゴヨウの種子に頼って生存している．ハイイロホシガラス *Nucifraga columbiana* もアメリカシロゴヨウの種子を食用としているが，アメリカシロゴヨウは種子の分散をほとんどハイイロホシガラスに頼っており，両者の生存は相互に強く依存し合っている（註201，203）．

ツガ類（そしてマツやモミなども）は，人類の活動によって脅かされてきた長い歴史を持つ．たとえば，19世紀には，皮なめし産業に供給するタンニンのために，アディロンダック山脈のすべてのツガ類の３分の２が皮をはがれた．いま，ツガ類には新たな危機が訪れている．米国東部に生息するツガ類は，1950年代に日本から移入した害虫のツガカサアブラムシ *Adelges tsugae* に侵されている（註204）．ツガカサアブラムシとキクイムシ類の *Dendroctonus rufipennis* の間には，ある種の平行現象が見られる．たとえば，両種とも，温暖化により破壊的になった．冬期の低温はこれら害虫の生息地の範囲を制限し，集団サイズを減少させるので（註205），気温が上昇すると，これら昆虫が新しい地域に広がり，その数が増加する可能性がある．

ツガ類が天蓋となることで独特の条件が生まれる．周囲よりも影になり，涼しく，湿っていて，広範囲の生物が好む生息環境となる．地衣類やシダ類，鳴鳥類，サンショウウオ類，ヒキガエル類など，数十種以上の種が暖かい季節にツガ類に依存している（註206）．冬期には，密集したツガ類の枝は，様々な生物を大雪から保護する覆いとなる．

ツガ類はまた，生態系を維持する中で，栄養分，とくに窒素の循環を形成する上で重要な役割を持っている．ツガ類がなくなることで，科学者は深刻な生態学的変化を観察したが，これは驚くべきことではない．アメリカミズメ *Betula lenta*，アカガシワ *Quercus rubra*，アメリカハナノキ *Acer rubrum* などの新たな硬木類がツガ類のなくなったニッチに進出し，それに伴って新たな低木類や鳥類が出現する．魚でさえ，ツガ類の隣を流れる川に生息していれば，おそらく水温が上がって影が減ることに影響されるだろう（註207）．このような生態系の変化は，ツガ類に大きく依存種を絶滅させるだけでなく，人間の感染症に影響を与える可能性があり，たとえば，米国の中央大西洋とニューイングランド州の森林で脊椎動物の多様性を減少させることで，これらの地域の人々がライム病になるリスクを潜在的に高めてしまう．この話題と他のいくつかの生態系の変化とヒトの感染症の広がりとの関係の説明は，第7章で探究されている．

裸子植物由来の医薬品

エフェドリン

このアミン（アミンはアンモニアから得られる窒素を含む成分である）は1887年に日本で初めて単離され，後に1923年に再度，マオウ *Ephedra sinica*（漢方で言う麻黄）から単離された．マオウの漢方で使われてきた歴史は長い．マオウ属 *Ephedra* は約40種の低木からなる植物で，北半球の乾燥地あるいは半乾燥地に分布する．これらはグネツム綱 Gnetophyta に属している．グネツム綱は固有の生殖および血管構造を持つ植物で構成され，一部の植物学者は初期のグネツム綱の種が被子植物に進化したと信じている．エフェドリンは，β-アドレナリン作動性アゴニストの合成の基礎となる．これらの化合物のいくつかは，呼吸器を拡張して呼吸を容易にするため，今日，喘息の治療に（たとえば，アルブテロールやサルメテロールとして）広く使用されている．イソプロテレノールなどの他の薬物は，心臓ブロックの患者または心拍数が危険なほど遅い患者の心拍数を刺激するために使用される（註208）．

イチョウ

イチョウ *Ginkgo biloba*（図6.18）は数百万年を生き延びてきた種である．この長寿の一部は，この木が作る保護分子の驚異的な多様性によるかもしれない．それらの分子は紫外線照射を遮り葉の損傷を防ぎ，微生物の感染を防ぎ，昆虫を防除する．とくに，この期は季節変化に応じてこれらの防御物質のどれを出すかを変える能力を持っているように進化しているように見受けられる．そういった季節変化を，1年のどの時期にどのような危険が最大に起こりうるかの指標としている（註209）．

数百年来，中国ではイチョウの木を喘息，下痢，皮膚発信，がん，結核などの治療に用いてきた．イチョウ葉の抽出液の使用（初期には種子を用いていた）の最初の文献は明代の1436年に出された滇南本草（てんなんほんぞう）（雲南地方の薬用植物書，著者：蘭茂）である．現在ヨーロッパおよび北米の数百万人の人々がイチョウの葉のエキスを用いている．イチョウの化学成分のすべてが穏健なものというわけではない．イチョウの種子（ギンナン）に見られる4'-O-メチルピリドキシン（ギンコトキシン，MPN）は，ギンナン中毒を起こすことがあり，それが起きるととくに子どもの場合は死ぬこともある（註210）．

今日，イチョウエキスの錠剤を飲む場合，しばしばイチョウ葉に由来するEGb 761として知られる標準化された混合物質を含んでいる．これらの分子のいくつかは有力な抗酸化物質であり，細胞，とくにニューロンを有害なフリーラジカルから保護することが，試験管実験および動物モデルの両方で示されている（フリーラジカルは反応性の高い原子または分子で，組織に損傷を与え，老化過程といくつかのがんの発達を促進する）．他のイチョウ化合物は，齧歯類の脳に細胞がグルコースと酸素を使用する効率を改善することを示している．血管壁を弛緩させ，循環を改善し，β-アミロイド（アルツハイマー病に関連するタンパク質）の出現とその毒性を防いでいる．これらの有望な特性の発見により，イチョウの抽出物が高山病や耳鳴り（耳の中の持続的な鳴り声）から喘息，うつ病，インポテンスの治療に至るまで，様々な状態を改善できるかどうかという関心を集めている．しかし今のところ，イチョウがこれらの症状を治療できるといういかなる科学的に明瞭な証拠は無い（註211）．

しかし，認知症の人には，イチョウの抽出物はいくつかの利点をもたらす可能性があり，記憶の低下，反応時間の遅延，および注意力の減少などの症状を6カ月ほども遅延させるかもしれない．この治療効果は，認知症の処方薬で得られる期間と同様であるが，副作用がより少ない可能性がある（註212）．

イチョウの調剤は医薬品に限られない．中国や日本では何世紀にもわたってイチョウ葉を昆虫忌避剤として使用してきた．日本ではイチョウの葉の1枚がしおりとして使われてきたが，製本や紙にダメージを与えるチャタテムシやシミを抑えると信じられてきたからである．イチョウの殺虫能力に関する重要な研究の1つが韓国のソウル大学で行われ，それによると特定の葉の抽出物が，非常に低濃度で，稲の主要な害虫であるトビイロウンカを殺すことができることを示している（註213）（トビイロウンカについては第8章p.316のインドネシアの米生産についての記述を参照.）

パクリタクセル（タクソール）

おそらく，米国国立がん研究所の天然産物局を通じて発見され，開発されたもっとも重要な薬剤は，1969年にモンロー・ウォール博士（第4章に記載されている，抗生物質のアミノグリコシド群の発見者，セルマン・ウォークマンの学生）がタイヘイヨウイチイ *Taxus brevifolia*（図6.20）の樹皮から発見したパクリタクセル（図6.21）であったが，この発見は広範な植物スクリーニングプログラムの一環としてであった．この木は，この発見以前は，産業的価値がないと考えられていたため，米国太平洋北西部の原生林の伐採作業中に日常的に廃棄されていた．現在，パクリタクセルの売上高は15億ドルを超え，1件の治療費は1万米ドルを超えている（註214, 215）．

1989年の初期の臨床試験では，パクリタクセルは，進行した卵巣がんという，一般に他の化学療法にはほとんど反応しなかったがんの場合に寛解誘導に有効であることが判明した（註216）．それ以来，いくつかの他の進行悪性腫瘍についても，大きな治療上の利点が示され，それら対象には肺がんおよび前立腺がん，悪性黒色腫，リンパ腫，および転移性乳がんが含まれている（註217）．パクリタクセルは，細胞タンパク質のチューブリンを安定化することでがん細胞の増殖を阻害する．有糸分裂紡錘体（細胞分裂の間に現れるチューブリンからなる細胞の足場で，染色体が分裂してそれらの新しい娘細胞に移動することを可能にする）の分割を妨げ，細胞分裂を阻止するのである．がん化学療法剤の中でも独特なこの作用機序の発見は，新世代の関連する薬剤の開発に扉を開いた（註218）．

第４章で述べたように，パクリタクセルは動脈壁（内皮細胞と呼ばれる）を覆う平滑筋細胞の増殖を抑制し，冠状動脈ステント（冠状動脈は心臓に血液を供給する）のコーティングとしてうまく活用され，内皮細胞がステントの上および内部で増殖するのを防止し，それにより動脈を通る血流を開放する（註219）．しかしパクリタクセルでコーティングしたステントの成功は完全ではない．ある種の患者の動脈では，そのようなステントの配置にもかかわらず，最終的に再び閉塞されることが示唆され，そして患者のごく一部では，ステントの挿入後に数カ月あるいは１年後，またはずっと後に新しい血栓の形成を引き起こす可能性がある．薬物コーティングしたステントの長期間の安全性にはいくつかの疑問が残るが，この問題に関する最新かつ最良の研究では，形成する血栓が心臓発作や死を引き起こす可能性は低い（註220）．

もともとタイヘイヨウイチイの本数が限られているため供給不足の危機にあったが，いまやパクリタクセルやその他のタキソイドは前駆体化合物の半合成転換によって生産されている．前駆体化合物はイチイ類の針葉からとられ，タイヘイヨウイチイ *Taxus brevifolia* とそれ以外のイチイ類から世界の多くの地域でプランテーションで持続的に収穫されている．さらに，パクリタクセル分子を産生しているのはおそらくタイヘイヨウイチイと共生している真菌であることが発見され，イチイの木に頼らずにいつかタキソイドが産生される可能性が高まっている．

パクリタクセルの話は天然資源の保全の重要性を示している．なぜならこの非常に有効な治療剤は３万5000個の植物サンプルのランダムスクリーニングからのみ発見されたからである．また，パクリタクセルのような非常に複雑で天然に存在する生物活性分子が（図6.21），コンビナトリアルケミストリだけでは発見されにくいことも示している．なぜなら，１つの分子の可能な構造は膨大で（211通りの可能性がある），そのためひとたび自然界で単離されると，それらは，元の天然産物と同じくらい効果的であるかまたはそれ以上である合成治療剤のモデルとして役立ち得る．2005年の終わりまでに，パクリタクセルとその誘導体で200以上の臨床試験または前臨床試験が進行中で，パクリタクセルは米国でもっとも人気のある抗がん剤の１つだった．

裸子植物と生医学研究

イチョウの木は数十もの生物学的に活性のある物質を生産するが，科学的研究の焦点となるのはそのうちの十程度である．それらの中には５つの分子が含まれ，それらギンコリドは，ビロバライドとしても知られる成分である．

ビロバライドおよびその拡張のギンコリドは，中枢神経系における阻害性神経伝達物質受容体の機能を妨害し得る（すなわち，ニューロンの間でシグナルを伝達する能力を低下させる）．結果として，それらは，そのような受容体がどのようにしてアルツハイマー病，てんかんおよびうつ病において機能するかを理解するための貴重な研究ツールとなる潜在的可能性があり，またそれらのすべてが阻害性神経伝達物質活性を持つ（註221）．

ギンコリドにはさらなる生医学上の価値がある．それらのうちのいくつか，とくにギンコリドＢは，末梢性ベンゾジアゼピン受容体（PBR）として知られているミトコンドリアの外壁に見いだされる受容体の産生を減少させることができる.（ベンゾジアゼピン類，たとえばヴァリウムは，筋弛緩薬，抗けいれん薬，不安緩和剤，および鎮静および睡眠を誘発する薬剤として使用される.）PBR は，ミトコンドリアの外側の膜を横切るコレステロールの輸送を助け，ミトコンドリア内の様々なステロイドの製造に利用できるようにする.これらのステロイドには，グルココルチコイドとして知られている一群が含まれ，正常レベルよりも高い海馬ニューロンにこれらのニューロンを弱めるか，またはそれらに死をもたらすこともある．ギンコライドは PBR の産生を減少させることができる唯一の既知の薬理学的因子であり，この能力はいつか記憶を改善するのを助けるのに活用されるだろう.さらに，PBR の過剰活性は，いくつかの形態の乳がんを含む攻撃的ながんの拡散に影響する．ギンコライドを用いた PBR 過剰発現に伴う腫瘍の治療は研究が進行中である（註222, 223).

イモガイ類

絶滅危惧種のイモガイ類

イモガイ類は海産の軟体動物のイモガイ属 *Conus* の巻き貝で，約700種がいる（図6.22).2004年だけでも新たに 7 種が同定された（註224)．よく知られているイモガイ類は，浅海の20 m 以浅に棲み，熱帯のサンゴ礁やマングローブなどの砂泥底に見られる．しかしそうでは無い種もたくさんいて，同定されず，深い海に棲む．数百年にわたり，そういったイモガイ類は収集家が集めていたが，貝殻の極めて美しく多様な模様に多大な価値を見いだしていた（第 4 章の始まりの写真を参照)．これから述べるのは，イモガイ類はまた新薬原料や生医学研究の材料としても大きな価値があるということである.

イモガイ類で IUCN レッドリストの絶滅寸前種に掲載されているものはない．アンゴラ沖原産の 4 種のみが IUCN 基準の危急種に掲載され，限られた範囲に生息していてそれゆえに人類の破壊や天然災害で絶滅の危機に瀕してしまう．しかし，IUCN の危機的状況にあるイモガイ類に関する系統的な調査は10年以上，まったく行われていない．そのため，現在のリスト掲載はこれらの生物の危機的状況の度合いを正確には示していない.

イモガイ類の多くの種が危機的状況にあるだろう．理由の 1 つは，彼らの本来の生息地であるサンゴ礁とマングローブが世界中で急速に環境悪化と破壊に見舞われているからである．域内にわずかしかない生息地に多くのイモガイ類が棲んでいる．たとえば，1 つの研究では，386種のイモガイ類のほぼ70％がその地理的範囲の半分以上であるサンゴ礁が破壊されるおそれのある地域で占められていた（註225)．世界のサンゴ礁の推定20％が傷付いているといわれており，回復しそうもなく，さらに50％が崩壊の危険にさらされている（註226)（第 2 章の p.89 参照)．世界のマングローブにとって，状況はさらに悪く，推定50％は木材，開発，水産養殖のために伐採されている（註227)．東南アジアでは世界のイモガイ類の種の半分以上が分布するが，サンゴ礁の約90％が人類の活動によって危機にあり，さらに50％近くが高度の危機にあり，またフィリピンでは少なくとも 8 種のイモガイ類がどこにも見られなくなり，97％のサンゴ礁が危機にあり（註228)，60％のマングローブが破壊された（註227）．さらに，イモガイ類の分布域は狭い地理的範囲に集中する傾向にあり，絶滅の危機を非常に高くしている．2004年12月26日の津波はマングローブを荒廃させてサンゴ礁にダメージを与えたが，波の力と陸上からの浮遊物で破壊を行い，汚染物と泥で覆いつくしたが，南アジアのイモガイ類の生息地をさらに損なう可能性がある．

直接的な開発もイモガイ類を危険にさらす．何世紀にもわたって続いてきたように，イモガイ類の殻は今日も世界中の何千もの骨董品店や市場で広く販売されている．正確な数字はないが，経験的推測では，世界中の需要に応えるために，毎年数百万のイモガイ類が犠牲になっていることが示唆される．イモガイ類の毒素に関する研究の指数関数的増加は，一部の集団での減少にさらに拍車をかける可能性があるが，大部分のイモガイ類研究者は野生集団が脅かされないように注意を払っている（註229）．

化石燃料の燃焼による二酸化炭素の放出は，地球温暖化の主な原因だが，２つの方法でサンゴ礁に損害を与えている．１つ目は，大気中の二酸化炭素の直接的な影響で，海水に溶け酸性化し，サンゴの骨格の石灰化を阻害する（第２章の海洋の酸性化を参照，p.118）．石灰化の減少は成長率を低下させ，サンゴの構造的完全性を弱め，生存率を損なう．２つ目は大気の温暖化のサンゴに与える影響である．下層大気が暖まると，海洋が温暖化し，海面温度が地熱最大温度を１℃（約２℉）程度，数日以上下回ると，サンゴ礁組織に生息する共生藻類が去ったり死んだりし，これらの藻類から栄養分をえる必要があるサンゴは，あたかも漂白されたかのように見える（図6.23）．この白化だけでもサンゴは死ぬが，それにより致死的な細菌・真菌性感染症への感受性を高める可能性もある（図6.24）（註230）．いくつかのサンゴは，他のサンゴよりも回復力があり，白化で生き残り，機能を回復できるが，より敏感なサンゴとどのような違いがあるのかははっきりしない．近年，サンゴの白化は，サンゴの広範な死亡と深刻なサンゴ礁の劣化を引き起こしている．イモガイ類や他のサンゴ礁の生物を保護するには，サンゴ礁に対する最大の脅威である地球温暖化に対処する必要がある．

サンゴを保護するためのさらなる行動が必要であり，同様に海洋保護地域の設立，沿岸開発と汚染の管理の設定，マングローブや他のサンゴ礁関連の生息地の破壊からの保護，そしてダイナマイトなどの爆発やシアン化合物などの毒物を用いた破壊的な漁業の禁止が必要である．イモガイ類の取引は監視と管理が必要で，集団が崩壊するのを防ぐためにおそらくCITESを使用し，かつてある種のサンゴで行われたような取引を防止する必要がある（註288）．イモガイ類の収集と貿易の管理が行われているのは，オーストラリアのようなわずかな国に限られている．もっともイモガイ類が発見される東南アジアの国々には，そのような規制はない．そして，このような規制は，多くの国の人々がイモガイ類を食べたり，その貝殻を売ったりすることを止めるわけではないが，絶滅の危機に瀕しているイモガイ類についてそういった行為を減らし，種を保護するのに役立つ．

イモガイ類からの医薬品

イモガイ類は身を守り，餌生物を麻痺させる．蠕虫類，魚，そして他の貝類に毒性ペプチド（小分子のタンパク質）の混合物を，中空の銛状の歯を用いて注入する（図6.25～6.28，6.33）．

推定700種のそれぞれが，100～200個の固有のペプチドを作ると考えられているので，

７万～14万個ものペプチド毒素が存在する可能性がある（註231）．こから展望を見ると，モルヒネ，ビンクリスチン，ピロカルピンなどもっとも有用な医薬品を含む植物アルカロイドは，約１万種類しか同定されていない．さらに，クサリヘビ類，クモ類，サソリ類，イソギンチャク類などの有毒動物の他の生物群もまたペプチド毒素を産生するが，これらの動物のそれぞれがわずかな種類のものを作るに過ぎない．イモガイ類のペプチドの進化的な爆発は約5000万年前ではあるが，ヘビ類（約１億2500万年前），クモ・サソリ類（４億年前），またはイソギンチャク類（約５億年前）に比べてかなり早い．

イモガイ類の毒素は，これらの他の毒性動物の毒素よりも桁違いに多く，さらに受容体結合部位（異なる細胞プロセスを活性化する細胞の表面上の分子構造）もより多様で，また知られている受容体群では，選択性が比較的大きい傾向にある．このような非常に多様な部位にはイオンチャンネルの複数のサブタイプが含まれ（図6.32），細胞膜を横断するナトリウム，カリウム，カルシウムの流れを調節し，ならびに他の多くの受容体が含まれていて，神経伝達物質（神経細胞どうしを伝達する化学物質）として機能する化合物に結合する受容体，たとえばアセチルコリン，セロトニン，およびノルエピネフリンが含まれる（註232）．イモガイ類の毒素を作る結合部位の絶妙な選択性と特異な多様性の組み合わせは，この毒素を生物医学研究や新薬開発のためにもっとも必要とされる天然化合物としている（註233）．これら毒素に関する3400以上の論文が，1980年からだけで科学文献に公表されている（註234）．

推定７万～14万のイモガイ類のペプチドのうち，約100個のみが特徴が示されていて，約700種のイモガイ類のうち，わずか６種のみ――アンボイナガイ *Conus geographus*，ヤキイモ *C. magus*（図6.29），ミカドミナシ *C. imperialis*，アヤメイモ *C. purpurascens*，クリイロイモ *C. radiatus*，およびナガイモ *C. striatus* ――が詳細に研究されている．しかし，予想されるコノペプチドの総数の１％未満しか調査されていないにもかかわらず，いくつかの可能性のある新薬がすでに同定されている．これらの最重要のペプチドは，鎮痛剤に使える可能性がある．

痛みの治療

重度の慢性疼痛の標準治療には，モルヒネなどのアヘン剤が使用される．アヘン剤は，投与の初期には非常に効果的だが，継続的に使用すると，しばしば中毒になり，また耐性ができ，そうなると同じ効果を得るためにどんどん高用量を与える必要が出る．最後にはアヘン剤が有効でなくなるか，鎮痛に必要な用量が危険なレベルを上回る可能性がある．

ユタ大学のバルドメロ・オリベラの研究グループはヤキイモ *C. magus* からコノペプチド１つを単離したが，これは脳への痛みの衝動を運ぶ神経細胞に見られる特定のタイプのカルシウムチャネルを遮断した．その合成された商品，ジコノチドは，生物学的および化学的に天然物と同一であり，動物モデルにおいて安全かつ効果的であることが示されており，慎重に制御された研究では，疼痛にアヘン剤に反応しなかった進行がんおよびAIDS患者の50％以上の痛みを軽減した（註235）．ジコノイチドはモルヒネの1000倍の効力を持つという証拠がある（註236）．さらに，ジコノイチドには中毒も耐性も生じない．2004年にFDAは，疼痛がもはやアヘン剤に反応しない患者に，ジコノチド（エラン社によりPrialtとして市販されている）の使用を承認した．

イモガイ類のペプチドに由来する3種の他の鎮痛薬——アラレイモ *Conus catus* 由来のAMM336，アンボイナ *C. geographus* 由来のCGX1160，そしてビクトリアジョオウイモ *C. victoriae* 由来のACV1——は，ジコノチドとして痛みを治療する同等あるいはそれ以上に効力を示し，さらに，より大きな治療指数（すなわち，疼痛緩和をもたらす薬物用量と重大な副作用の原因となる薬物用量の差）を有するように見える．これらの潜在的な新薬ならびに少なくとも4つの他のコノペプチド鎮痛剤は，現在，臨床試験中である（註237）．疼痛治療のためのコノペプチドの使用は，何世紀にもわたってアヘン剤ベースの医薬品に集中してきた疼痛管理の歴史を塗り替えるものである．

その他の症状への治療薬

コノペプチド類はまた他の症例にも有効な可能性がある．たとえば，N-メチル-d-アスパラギン酸またはNMDA受容体として知られている特定のタイプの神経伝達物質受容体をブロックする1つのコノペプチドは，頭部損傷や脳卒中により不適切な循環がある場合に細胞死からニューロンを保護することが示されている（註238）．コノペプチド類はさらに，筋萎縮性側索硬化症（ルーゲーリック病），アルツハイマー病およびパーキンソン病などのいくつかの神経変性疾患において，神経細胞死を防止することができるだろう（註239）．またコノペプチド類は抗テンカン剤の新たな素材となるかもしれない．たとえばチャガスリイモ *C. lynceus* 由来のコナントキン-Lと呼ばれるNMDA受容体拮抗コノペプチドは，マウスにおいて強力な抗けいれん活性を示したが（註240），Cognetix社の開発は毒性のため終了した．世界中で50万人のてんかん患者の約20%が適切な治療にもかかわらず発作を続けているため，新しい抗てんかん剤，とくに新しいメカニズムによって作用する，コナントキン-Lのような薬剤を発見することの重要性が強調される．

さらに，コノペプチドは，ランバート・イートン筋萎縮症候群（LEMS）の診断におそらく有用である．この症候群は筋肉の衰弱，疲労および口の乾燥および発汗の減少などの症状を特徴とする自己免疫性神経疾患である．これらの症状は機能不全にさせる循環抗体によって引き起こされ，それら抗体は肺の小細胞がんなど特定のがんに応答して形成され，神経細胞を攻撃する．LEMSと他の神経障害とを区別できることで，しばしば検出が困難で治療が困難なこれらのがんに対して，コノペプチドは早期の警告を提供できるだろう（註241）．

コノペプチドはまた，脊髄損傷，臨床的うつ病，尿失禁，および心臓不整脈に続発する痙性の治療に有効であろうし，また，喉頭を検査する際の喉頭痙攣（喉頭の反射的な収縮）の防止にも有効であろう．また，脳神経外科的に生成されるであろう脳病変を模倣した機能的で可逆性の脳病変を作製し，手術の効果を試験するのにも有効であろう（註234）．地球上の生物のすべての科の中で，イモガイ科Conidaeは自然界で最大数かつもっとも臨床的に重要な薬種を含んでいるだろう．（イモガイ類のペプチドの発展についてさらに知りたい人は次を参照．grimwade.biochem.unimelb. edu.au/cone/main.html）

しかし，イモガイ科Conidaeに近縁な（イモガイ超科Coneaceaに属している）の有毒の巻き貝類があり，クダマキガイ科Turridae（図6.30）とタケノコガイ科Terebridae（図6.31）で，これらはおそらくイモガイ類の医学用の競合相手であり，またおそらくイモガイ類を超えるような，人類の医学にとって有用な貝もいるだろう．クダマキガイ科は海産の腹足綱（軟体動物の綱，カタツムリ，ナメクジ，バイ類など）のなかで最大の科で，おそらく4000種以上を含む．イモガイ類のように，毒のある銛を持ち，餌となる，通常は体の柔らかい無脊椎動物を，麻痺させて捕食する．巻き貝類のペプチドについて我々の知識は乏しく，１％未満しか構造がわからず，クダマキガイ科やタケノコガイ科のペプチドについては何も知らないに等しい（註242）．タケノコガイ科はおよそ300種で構成される暖水性の，砂に潜る巻き貝類である．タケノコガイ科もまた毒のある銛を持っていて，体の柔らかい無脊椎動物を毒性のペプチドで麻痺させて喰らう．もしこれらの巻き貝類を乱獲や生息地のサンゴ礁やマングローブのその他の環境の破壊で失えば，我々は比べようのない愚かな自己破壊行為をしたことになろう．

イモガイ類と生医学研究

心臓がどのように拍動するか，また神経がどのように感覚を伝達するかを理解するには，細胞がどのように膜の内外の液体の組成を制御できるかを理解する必要がある．細胞は，たとえば，ナトリウム，カリウム，カルシウム，または塩化物などのイオン（電化を持つ原始または分子）で一杯である．細胞内外の液中のこれらの濃度の変化は，細胞の挙動に深刻な影響を与える可能性がある．従って，膜を横切るイオンの流れを調節する細胞の能力はもっとも重要である．膵島細胞がインスリンを放出するか，神経細胞が神経伝達物質を放出するか，または免疫細胞が細菌を殺すことができる物質を放出するかどうか．これらの，我々を生かしている他の何千もの細胞プロセスに加え，すべては細胞膜の特定のイオンに対する選択的な透過性に依存している．

イオンチャネルの各タイプは，特定のイオンの通過を制御可能な独特の分子構造を有する．科学者は，それらに結合する分子，いわゆる分子プローブを用いてその機能を増強または阻害し，これらのチャネルを研究する．イモガイ類の毒素は，そのイオンチャネル標的の驚異的な多様性，その結合能力における顕著な効力，および特異性のために，現在，他の生物群によって作製された分子よりもイオンチャネル研究にとっておそらく重要だろう．

コノペプチドは，もっとも基本的な多くの生命プロセスに関する我々の知識を向上させるために使用されてきた．それらに含まれるのは，骨格筋収縮，インスリン分泌と血糖コントロール，網膜の働き，血圧調節，そして免疫と腎臓細胞機能で，いくつかは命名された．しかし，コノペプチドは人間の神経系を理解する上でもっとも大きな影響を与えている．

アセチルコリン分子に結合するニコチン性アセチルコリン（nACh）受容体（ニコチン分子が結合する部位でもあるため「ニコチン性」と命名されている）の例を挙げる．これらの受容体はイオンチャンネルを活性化して，骨格筋の収縮，自律神経系の末梢神経終末（血圧，心拍数，および汗腺を調節する）の活動を制御し，また脳のいくつかの神経細胞間の電気インパルスの伝達を制御する．各々の nACh 受容体は５つのサブユニットから構成され，これらの５つのサブユニットの１つひとつは，十数個の分子のプールから引き出され，ニコチン性アセチルコリン受容体の利用可能な組成物の総数を数十程度にする．最近，イモガイ類のナツメイモ *Conus bullatus* から発見されたペプチドは，異なる nACh 受容体を区別するためのコノペプチドの優れた能力を示している．このペプチドは，わずか13アミノ酸長で，nACh 受容体のある形態（α-6/α-3/β-2）とは，ほぼ同じ組成（α-4/β-2）を有するものよりも4万倍に結合しやすい（註243）．コノペプチドが脳における nACh 活性化イオンチャネルの研究に使用されるまで，研究者は様々な nACh 受容体サブタイプを容易に区別できなかった（註244）．しかし，コノペプチドは現在，脳内の15の異なる nACh 受容体の同定を可能にし，これらの受容体がパーキンソン病，アルツハイマー病，てんかんおよびアルコール依存症において果たし得る役割についての洞察をもたらしている（註245～247）．

コノペプチドはまた，ナトリウム，カリウム，およびカルシウムチャネルならびに神経伝達物質セロトニンおよびグルタミン酸によって制御されるイオンチャネルに結合することが示されている．さらに他のコノペプチドは，ニューロテンシン，バソプレシン，エピネフリン，およびノルエピネフリンの細胞表面レセプターに非常に特異的に結合し，これらのすべてが刺激により複雑な細胞応答を調整する（註248）．毎月，新しいコノペプチドが科学文献に記載されていて，それぞれに独自の特徴がある．推定される合計7万～14万のコノペプチドうち，100個程度の研究だけで非常に貴重な生物医学的情報が得られたという事実は，これらの天然化合物が私たちの体が健康や病気でどのように機能するかについてのもっとも基本的な側面を示す潜在的に広範で潜在的に未知の可能性を示している．

サメ類

乱獲によるサメ個体群の危機

サメ類と，その近縁群のエイ類（正確には板鰓類）は，初期に発生した脊椎動物で，4億年～4億5000万年前の太古の海洋で進化した．およそ400種が知られるが，海洋全体の調査の困難さから，科学者たちは正確に何種いるのか把握していない．ここ数十年で，サメ類の利用は劇的に増加し，年間7300万匹をくだらない量が漁獲されている（註249）．そのため，多くの種が現在絶滅の危機に瀕している．漁獲記録を用いた近年の研究によると，北西大西洋の大型沿岸性，あるいは外洋性（表層性）のサメ類は急速に数を減らしており，その中にはアカシュモクザメ *Sphyrna lewini*，ホホジロザメ *Carcharodon carcharias*，マオナガ *Alopias vulpinus* などがいて，ここ15年で75％以上の減少を見せている．この研究を行った科学者によると，「記録にあるアオザメ類を除くすべてのサメはここ8～15年で50％を超える減少を示している」（註250）．これは他のエリアでも当てはまる，たとえば，メキシコ湾では，外洋性のサメ類はここ数十年で急激に減少しており，そこにはヨゴレ *Carcharhinus longimanus* が含まれていて，1950年代にはもっとも普通に見られるサメだったが，個体数が99％も減少した（註251）．IUCN は23種のサメ・エイ類を絶滅危惧種に，そして9種を絶滅寸前種に指定した．

サメ類は他の魚類と比較してより絶滅の危機に脆弱である．多くの種では，漁獲圧が減少してから回復まで数十年かかる．ここの脆弱さと回復の遅さの由来は，サメ類の性成熟には長い年月がかかること，妊娠期間が長いこと，比較的少数個体の子どもしか産まないことによる（註252）．たとえば，ニシアブラツノザメ *Squalus acanthias*（図6.36）は10歳から20歳になるまで繁殖できず，妊娠期間は2年程度で，1回の妊娠で平均6個体の子どもしか生まない（註253）．それに比べて，メカジキは1回に100万個の卵を産む．脊椎動物でもっとも性成熟が遅いのはドタブカ *Carcharhinus obscurus* で，繁殖可能年齢は20から25歳である（註254）．

最近まで，サメ類の保護に関心を持つ人は少なかった．非常に長い間，サメ類は世界的に恐ろしく有害な危険な殺し屋で，人を襲い，毎年たくさんの人が殺されていると思われてきた．最近，多くのサメはおとなしく滅多に人を襲わないことが知られてきた．たとえば2種の巨大なサメ，ジンベエザメとウバザメ（図6.35）は，無害なプランクトン食者である．一般に，人間を襲うサメはおそらく通常の摂餌対象と人間を間違えたのであろう．2004年には，挑発をしないでサメに襲われた報告は全世界で61件あったが，そのうちの死亡例は7件である．すべてのサメに殺された人間がこれだけの数なのに，およそ1000万のサメが人間に殺されている．サメ襲撃事件の半数は北アメリカの水域で起こり，そのほとんどはフロリダで起きている（註255）．サメの襲撃で死ぬ確率は，蜂に刺されて死ぬ確率より遙かに低く（毎年90～100人が米国で刺されて死んでいる）（註256），また，落雷で死ぬ確率と比べても同様である（1959～2003年にかけて，全米で年間平均84人が死んでいる）（註257）．

近年，人々はいくつかの理由からサメ漁業を行っている．第一に，他の伝統的な漁業対象種の集団が崩壊したため，食糧としてサメ肉がますます求められてきた．サメは，英国のような場所では，ステーキや「フィッシュ&チップス」（ニシアブラツノザメの肉が広く使われている）の両方で食べられている．第二に，サメ類はカジキやマグロの漁業の際にしばしば偶発的に漁獲されている（混獲と呼ばれる）．第三に，サメ類は歯や顎を取るために殺されている．歯や顎は記念品として高額で，ホホジロザメの顎1つで，最近の南アフリカの例では5万ドルで売れる（註258）．しかし最近のサメの過剰漁獲の2つの主な原因はサメの鰭と軟骨の需要である．

> ジョーズを今，書くことはできない．私たちはサメのことをあまりにもよく知っている．それと同じくらい重要なのは，単一の無邪気で，貪欲な，何でも食べる生命の破壊者としての人類の地位についてである．魚を悪魔のようにするという考えは正気の沙汰では無い．
>
> ピーター・ベンチレイ（小説『ジョーズ』の作者）

2000年以上にわたって，アジアの国々ではフカヒレを取引してきた（図6.34）．しかし，近年のみ，アジアの一部，とくに中国での中流階級の発展に伴い，多くのサメの種を脅かすほどのサメの鰭への需要が高まっている．たとえば香港では，1995年に取引業者が600万kg（6000トン，1320万ポンド）を超えるフカヒレを輸入した（註259）．サメの鰭は海産物の中でももっとも価値が高い部類に入る．フカヒレスープ（ある人は珍味かつ薬効と媚薬の特性を持つと考えている）は，1杯200ドル相当の価格で販売することができる（また，その価格を支払う余裕を誇示したい人もいる）．そして最高品質のフカヒレのキロ単価は約7万円（700ドル）以上となる（註260）．その結果，何千もの漁船が，台湾や日本その他の多くの国々から熱心にサメ漁業を行うことになる．船の限られた冷凍スペースをもっとも効率的に利用するために，サメの漁師は貴重なヒレを刈り取って残りは海に戻し，サメはゆっくりと無残な死を迎える．この非人道的慣習は，大西洋まぐろ類保存国際委員会（ICCAT）の63カ国で（訳注，日本を含む），最終的に禁止されている．たとえば，2004年に米国，カナダ，および他のいくつかの国は法律を採択し，魚体から切り離されたフカヒレのみの水揚げを禁止した（註261）．この制限は近年は東太平洋にまで広がったが，他の場所では虐殺は絶え間なく続いており，監視と法の施行はしばしば望まれている．

軟骨のためにサメを殺すこともサメ個体の大量殺戮に寄与している．この取引は，サメ軟骨を食べることでがんや他の病気を治すことができると信じられているために，米国やヨーロッパでサメ軟骨エキスを含む薬の市場が活発化したために起こっている．

サメ個体群の崩壊は深刻な潜在的結果をもたらす．外洋のトップ，あるいは「頂点」の捕食者であるサメは，他の頂点捕食者と同様に，海洋生態系の機能や海洋食物網の多様性と構造を維持し，間引くのに役立つと考えられている．たとえば，ニシアブラツノザメの場合，タイセイヨウニシン *Clupea harengus* やタイセイヨウサバ *Scomber scombrus* などの獲物集団の中から生物を捕獲する（註250，262）．北西大西洋沿岸海域で，11種の大型サメ類すべてが急激に減少している（時には99％以上）場合があり，それらサメ類はエイ・カスベ類や小さなサメ類のような他の板鰓類を捕食している．これらの大型サメ類の急減は米国の東部海岸の一部に沿ったアメリカイタヤガイ *Argopecten irradians* の漁業の破壊につながっていると考えられている．これらの小型板鰓類の捕食者の数が遥かに少ないため，一部は爆発的に増えた．その結果，たとえば増えたクロガネウシバナトビエイ *Rhinoptera bonasus* によって，ノースカロライナで１世紀続いていたアメリカイタヤガイ漁場は消滅した（註263）．これは，大きなサメ個体数の急激な減少による「栄養カスケード」の多くの一例に過ぎないかもしれない．これらの頂点捕食者の喪失は海洋生態系や海産食品生産に大きな影響を及ぼす．

サメ類からの薬品となる可能性のある物質

医学的に価値のあるサメの成分は２つのカテゴリーに分類される．１つはサメ軟骨の抽出物であり，もう１つはスクアラミンのような，アミノステロール類で，一種のステロイドである．

サメ軟骨

サメ軟骨の科学的研究は1980年代初期にロバート・ランガーと彼の同僚たちがマサチューセッツ工科大学で抗血管新生能力（つまり新たな血管の成長を妨げる能力）を持つ物質を含んでいないか確かめたことに始まる．ランガーとジュダ・フォルクマン他の同僚たちは，最初は牛の軟骨でそのような物質を発見し，その物質はウサギとマウスに移植された固形がんの増殖を止めた．彼らはそれから対象をサメに変えた．サメは牛よりもずっと大きな軟骨の供給源である．サメ類の骨格は，哺乳類などとは異なって，すべてが軟骨でできている．ランガーは材料にウバザメを用いた．ウバザメ *Cetorhinus maximus*（図6.35）は，ジンベエザメ *Rhincodon typus* に次ぐ世界で二番目に大きな魚である．12 m 以上になるにもかかわらず，無害で，人を襲う危険はない．長年にわたる利用の結果，ウバザメは現在，稀になってしまった．ウバザメの軟骨の抽出物は，ウシと同様に，強力な抗血管新生物質で，ウサギに移植されたがんに対して顕著な成長阻害作用があった（註264）．

この実験結果が示されると，いくつもの研究室でサメ類の軟骨の抗血管新生作用とがんの成長阻害作用が調べられ，動物実験系で確実な結果が得られた．結果として，多くの企業が誕生し，サメ軟骨の錠剤を販売している．そういった企業のいくつかは，サメはがんにかからず，サメの軟骨ががんを防いでいる，と述べている．そのような主張をしていた２社は，米国連邦取引委員会からそのような宣伝をやめるように勧告され，そのうちの１社は虚偽の宣伝のかどで100万ドルの罰金を科された（註265）．サメ軟骨が有効な薬品となる証拠があるか，確認をしていく．

サメ類と，エイ類は，実際にはいくつかのタイプのがんにかかるが，どの程度がんにかかるか，あるいはそれらのがんのタイプが他の動物のがんと似ているどうかの信頼できるデータは極めて少ない（註266）．しかし，板鰓類にがんが少ないことがわかっても，抗がん物質を産出しているかどうかとは，ほとんど，あるいはまったく関係がないかもしれない．むしろ，サメ類は多くが外洋性で，開けた海洋に棲んでいるため，内陸や沿岸水域でほとんどの時間を過ごすよりも，低濃度の発がん物質にさらされていることの結果であるのかもしれない．たとえば，浮遊性の硬骨魚の腫瘍は，底棲性の汚染された経路で餌を採る底魚よりも一般に稀である（註266）．

サメ軟骨を人のがん患者に用いた研究論文の査読付雑誌への掲載は極めて稀である（2006年２月の段階で５編のみ）．（米国立がん研究所のウェブサイトを参照，www.nci.nih.gov/cancertopics/pdq/cam/cartilage/HealthProfessional/page5）これらのうち，もっとも大規模かつ注意深く抑制された研究では，無作為にサメ軟骨と偽薬を投与された，不治性乳がん患者と同じく結腸がん患者では，両群の生存や生活の質に優位な差は見られなかった（註267）．別の研究ではサメ軟骨エキスのAE-941（別名ネオバスタット，ケベック州のエテルナ・ラボラトリーズ社製）を使用したが，腎細胞がん患者の第II相臨床試験で，AE-941の投与量が多かった患者のほうが少なかった患者よりも生存率が高かった．しかし，この研究は無作為試験ではなく，もともとこの抽出物を与え続けられていた患者の大部分を分析から除外している（註268）．

AE-941の（化学療法および放射線療法に追加する）２つの無作為化第III相臨床試験がFDAの承認を受けたが，その１つは非小細胞がん患者に，もう１つは転移性腎細胞がん患者に対してであった．腎細胞がん患者の臨床試験は終了したが，査読付雑誌に論文は報告されていないので，患者にAE-941を利用する利益はなかったと推定される．

さらには，ハーバード大学医学部の消費者情報のウェブサイトには，サメ軟骨が乾癬，黄斑変性症，疼痛，変形性関節症，その他多くの状態に効果的であるという反論が寄せられたが，「いかなる症状に対してもそれ（サメ軟骨）の利用が効果があるという科学的証拠はない」（註269）．サメ軟骨製剤は栄養補助食品として売られており，それゆえに，厳密に濃度や純度，あるいは安全性は規制されておらず，消費者が摂取する活性物質の質と量は様々であるか，あるいはまったくない場合がある．サメ軟骨エキスの有効成分（AE-941を含む）はおそらく糖タンパク（つまりは糖が結合したタンパク質）なのだが，出版された報告書では糖タンパクもその他の成分も特定されておらず，どんな物質がどんな濃度で与えられているのかが不明である．さらに付け加えると，反論ではサメ軟骨エキスの有効成分は消化管から吸収されて血中に入るとされているが，胃を通過するのかもわからないし，もしそうであれば，どうやって十分な量が人間の消化管から吸収されるのかも明かでない．

他の天然から抽出された治療剤と同様に，これらの化合物の同定および合成の動きは，早期かつ積極的でなければならない．それらが得られた種またはその種が属する科の生物が過剰収穫され，とくに種の存在が脅かされている場合にはそれが当てはまる．ほとんどの場合，これを達成することができる．このような活動はサメの軟骨会社では起こっていないようである．

4億年以上もほとんど変化しなかったサメ個体に対する極端なプレッシャーと，海洋生態系へのこれらの頂点捕食者の重要性を考えると，何十万というサメの屠殺を正当化するためには，サメ軟骨エキスの有効性や，またそれらの中の活性化合物を同定・合成できないということが，非常に説得力のある証拠になるはずだ．このような効能が実証されるまでは，この章の著者は，様々な企業によるサメの軟骨の大規模な収穫は無責任で非倫理的だと考える．そして，ヒトがんおよび他の疾患を治療するためにサメ軟骨を使用する慎重に管理された臨床試験の好結果が査読付科学雑誌で報告されるまでは，これらの抽出物を摂取することを熟慮している消費者にとって最良のアドバイスは買主が自己責任で，である．

スクアラミン

スクアラミンは，ニシアブラツノザメ *Squalus acanthias* において抗菌活性を有する化合物を研究者が探し始めた1993年に初めて分離された（註270）．この検索は，アフリカツメガエル *Xenopus laevis*，ブタ，マウス，ヒトを含む他の生物のようにサメが胃の中で強力な抗菌性ペプチドを産生するかどうかを調べるために行われた．サメは進化的に古代の適応免疫系を補完する先天性免疫の一部として，そのような化合物を保有する可能性が高い，という考えがあった（第5章，p.211の先天免疫に関する論議を参照）．しかしながら，ペプチド類ではなく，一群のアミノステロール類と呼ばれる化合物が発見され，それらは今まで他の動物では見つかっていなかった．これらの中でもっとも豊富なのはスクアラミンで，アブラツノザメのすべての組織に存在していたが，肝臓でもっとも高い濃度で見られた．スクアラミンや他のアミノステロールを用いた最初の実験では，それらをアブラツノザメから直接採取する必要があったが，これらの化合物は最終的に合成され，これによって数行に及ぶリストになるような研究が可能になった．

◆抗菌活性

初期のスクアラミン研究では強力な抗菌作用が様々な細菌に対して見いだされ，また，ある種の真菌類や原生動物にも効力を発した（註270）．スクアラミンの後にパターン化された他の化合物も後に製造され，これらも強力な広範囲に薬効のある抗菌剤および殺真菌剤であった．あるものはメチシリン耐性黄色ブドウ球菌（*Staphylococcus aureus*）とバンコマイシン耐性腸球菌 *Enterococcus faecium*（血流，尿路，皮膚，および腹部感染を引き起こす可能性があり，抗生物質耐性のために致死性の細菌）を殺す能力さえ示した（第4章のバンコマイシンに関する節を参照，p.170）．

スクアラミンは抗生物質して有効な十分な用量で与えられたときに，安全であることを示唆する予備的な研究があるにもかかわらず，抗菌剤としてのスクアラミンとその関連化合物の開発は中断された．その後に実験動物における副作用が発見されたからである．それらに含まれるのは，まずニワトリ胚およびカエルオタマジャクシにおける血管の退行で（註272），これはおそらく抗血管新生効果によるもので，またおよびマウス，ラット，サルおよびイヌにおける摂食の停止があり，これは食欲抑制剤効果である．これらの予期せぬ効果の結果として，これらの化合物を研究している会社である Genaera Pharmaceuticals 社のアミノステロール医薬品開発プログラムは，アミノステロールのこれら他の特性，抗血管形成性，抗腫瘍性，そして食欲抑制剤を利用する医薬品の開発に向けて方針を変えた．

◆抗血管新生効果

成人（または加齢性）黄斑変性（AMD）は，西欧の失明の主要原因であり，世界の2000～2500万人の人々に影響を及ぼしていて，その数は次の30～40年で３倍になると予測されている（註273）．AMD には，一般的ではあるが軽い萎縮型（ドライ型）と，すべての症例の約10～15％しか占めない滲出型（ウェット型）の２種類があり，後者が重度の失明の90％を占めている．滲出型 AMD では，新しい血管の成長が網膜内に，そして出血が黄斑（詳細な構造を見ることができる網膜の小部分）におき，徐々にその変性をもたらす（図6.38，6.39）．

スクアラミンがラット（註274）および霊長類（註275）の眼の血管新生を阻害することを示した研究に基づいて，滲出型 AMD 患者での安全性と有効性について評価した．スクアラミン治療の４カ月後，この薬を受けたほとんどの患者で病気の進行がなく，一部の患者では視力に改善が見られた（註276）．これらの初期の有望な結果に基づいて，2005年に第二相無作為試験が開始され，湿潤 AMD 患者にスクアラミンが単独で処方された場合と，ヴィスディンと併用された場合の両方で評価がされた．この試験の結果は，スクアラミンがこの症状を持つ数百万の人々の視力の改善に役立つかどうかを判断するのに役立つだろう．

◆抗腫瘍活性

血管新生，すなわち新しい血管の成長は，ヒト腫瘍の増殖と転移（すなわち，身体全体の遠隔部位に広がる能力）に必須であることが示されており，スクアラミンの阻害能力がマウスおよびラットにおけるいくつかのタイプの移植腫瘍の成長に示されたのは，その強力な抗血管新生活性の結果であった，と予想された．スクアラミンが単独で，あるいは他の化学療法剤とともに使用される場合，抗腫瘍活性を示すかどうか試験中である．１つは，進行性の非小細胞肺がんを対象とした第Ｉ/IIA 相試験であり，カルボプラチンおよびパクリタキセル（タキソール）の標準レジメン（養生法）に追加した場合，スクアラミンが生存率を改善する可能性があることが示されている（註277）．2001年，FDA は，進行性卵巣がんの治療のためのスクアラミンの「稀少病薬承認」（米国で行われる20万人未満の人々に影響を及ぼす疾患の研究および薬物の開発を促進するための承認）を認可した．他のがんの試験も計画中である．

◆食欲抑制作用

ニシアブラツノザメの肝臓からのスクアラミンの抽出中に，他の構造的に類似したアミノステロールも発見された．これらのうちの１つは，Magainin Pharmaceuticals 計画（現在は Genaera Pharmaceuticals 計画の一部）が MSI-1436と命名し，齧歯類，イヌ，およびサルでの試験の結果，顕著な体重減少をもたらした（註278）．その後の研究では，MSI-

1436をマウスおよびラットに投与すると，食物および飲料摂取量が大幅に減少し，体重が減少するが，脱水や電解質の不均衡はないことが示された．カロリー欠乏で動物が代謝的に減速するのとは異なり，MSI-1436に誘導される食物摂取量の減少では，その基礎代謝率，運動活動の全体レベル，または動物の行動に影響を与えなかった．MSI-1436は，ob/obおよびdb/dbマウス（これらは肥満になり，糖尿病を発症する遺伝子変異を持つマウス）に投与すると体重増加を制御し，脂肪組織の代謝を優先的に高め，高血糖値を正常に戻した（註278）．MSI-1436は，脳の栄養補給回路に，身体が脂肪として多すぎるエネルギーを蓄えているというメッセージを送り，また，これらの貯蔵された予備の栄養を安全に消費できるというメッセージを送っているようである．米国や他の国々で肥満や２型糖尿病の流行があることや（前述のクマの節も参照），糖尿病患者の多くは，食事療法と運動にくわえて食欲を抑えるための薬を必要とすることを考えると，MSI-1436のような薬剤は，これらの状態の治療に革新をもたらす可能性がある（註279）．

サメ類と生医学研究

サメ類は主に２つの分野で重要な研究モデルとなっている．第一は，独自の直腸塩分泌腺を利用して，流体と電解質バランスのモデルに使っている．第二は，免疫系の研究，どの動物よりももっとも進化的に古い適応免疫系を持つためである．

アブラツノザメの塩類分泌腺

ヒトを含むすべての脊椎動物の血漿中の種々の塩の濃度は，海水にそっくりだという観察から，カナダの生化学アーチボルド・マカラムは，脊椎動物は，主に彼らが最初に進化したときに組織が浸かっていた海水の組成を，閉鎖された循環の血中で保持している，と，考えるに至った．この濃度は，海水中や淡水中に棲んでいた動物だけでなく，上陸した動物にも当てはまった（註280）．今日でもこれは当てはまる．これらの様々な環境における中心的な課題は，細胞と器官系が機能するために常に水分と塩分の正しいバランスを維持することであった．このバランスを調整するために腎臓を発達させることに加えて，多くの動物，とくにサメ類，爬虫類，および一部の海洋鳥類は，血中の塩分濃度を管理するために，腎臓以外に特別な設計の特殊な器官を発達させた（註281）．

アブラツノザメの塩類分泌腺（直腸腺，図6.41参照）は，それらの塩分調節器官の働きを理解するための主要なモデルシステムとなっている．過去の45年間に，主にメイン州のマウント・デザート・アイランド生物学研究所で，ニシアブラツノザメの塩分泌腺を用いた研究により，ヒト腎臓がよりよく理解され，またいくつかの利尿薬（腎臓の身体からの水分の移動を促進し，高血圧またはうっ血性心不全の治療に使用される）も得られた．たとえば，うっ血性心不全の治療のためのもっとも重要な利尿薬の１つであるフロセミドの作用機序は，ニシアブラツノザメの塩分泌腺を用いて部分的に研究された（註282）．

塩類腺はまた，どうやって塩化物が膜を横切って輸送されるのかに関する理解を深め，またその理解はヒト疾患の嚢胞性線維症に適用可能だろう（註283）．この壊滅的な疾患は，嚢胞性線維症膜貫通調節因子（CFTR）をコードする遺伝子の変異に起因する．この因子は分泌細胞の表面では塩化物輸送を制御し，他の場所では，気道および膵臓に存在するタンパク質である．これらの塩素イオンチャンネルの機能不全は，両方の臓器において著しく粘度を増した分泌物を生じさせ，それによって管を閉塞させ，その結果，患者の自身の消化酵素で膵臓が破壊され，気道がふさがれて呼吸が困難になり，そのため感染症がはびこる十分な場所が確保されてしまう．欠陥のあるCFTRはまた，呼吸器系を覆う細胞の表面で塩濃度を高めると考えられている（註282）．粘性を増した粘液と高塩分の環境の両方は，嚢胞性線維症患者のある種の致死的な細菌性肺炎への抵抗力を妨害するおそれがあり，おそらく部分的には肺の内面を覆う天然に存在する抗菌ペプチドの活性をブロックするだろう（註284，285）．ニシアブラツノザメの塩類腺における塩化物輸送の調節も，同様にCFTR様遺伝子が制御するので，塩類腺における塩化物輸送を研究すれば，嚢胞性線維症を治療するための重要な洞察が得られるかもしれない（註283，286）．

多発性嚢胞腎（図6.39）もまた遺伝病であり，世界中で600万人もの人々を悩ましている（註287）．嚢胞性線維症と同様に，塩化物輸送に異常を伴うこともある．この状態では，数百の液体で満たされた嚢胞が腎臓に形成され，嚢胞内への塩化物の分泌過程を経て，嚢胞は大型化し，正常な腎臓組織を破壊し，最終的には腎機能を損なう．この病気の患者の大部分は，70歳代で腎不全を発症し，末期腎疾患および透析の必要性に至る主な経過とその終末となっている．

ソマトスタチンは，膵臓，胃腸管，神経系，および甲状腺で作られるホルモンで，膵臓その他の器官で分泌活性を阻害することが知られている．ソマトスタチンがアブラツノザメの直腸腺の神経で発見され，またそこで塩化物分泌を抑制することが示され（註288），またヒト腎臓でソマトスタチン受容体が発見されたとき（註289），研究者らは多発性嚢胞腎症患者にソマトスタチンを試すことを決定した．予備的研究では，オクトレオチドと呼ばれるソマトスタチンの誘導体がこれらの患者に投与されたときに安全であり，また腎臓の肥大を遅らせるように見え，それはおそらく塩化物の分泌および嚢胞の成長を防止することによると考えられた（註290）．

免疫系

サメ類には人類の免疫系の起源と機能を研究する科学者も大きな関心を寄せている．およそ4億～4億5000万年前，サメ類は適応免疫系を発達させた．自然免疫系はいくつかの侵入生物に非常に特異的に応答するが，それとは対照的に，このより特殊化され複雑な免疫は，より広い標的配列を攻撃することができる細胞を産出することができる．たとえば，サメ類は，遺伝子を再編成して無限に見える組み合わせで抗体を作製し，病原体上の多数の標的に認識・結合させられる．これらの遺伝子の再編成は，リコンビナーゼ活性化遺伝子またはRAGとして知られるさらに別の遺伝子の制御下にある．この遺伝子は板鰓類が最初に進化した時点でもともとバクテリアからサメに移されたと考えられる．コモリザメ*Ginglymostoma cirratum*，オオメジロザメ*Carcharhinus leucas*，メジロザメ*Carcharhinus plumbeus*などの生きたサメのこれらの最初のRAGの研究は，RAG遺伝子がどのように機能するかを理解するのに役立っている（註291）．

サメはまた，ある種の著しい遺伝子群を所有する最初の生物で，この遺伝子群は正確には主要組織適合遺伝子複合体（MHC）と総称，サメの後に進化したヒトを含むすべての種に存在する（註292）．細胞が感染すると，MHC分子は侵入している微生物の一部を捕獲し，それらの表面上に提示し，通過する免疫細胞に接近できるようにする．このように，

MHC 分子は，免疫系の特異性に寄与する分子標識を示す．私たちの体内のすべての細胞の表面には多くの異なる MHC タンパク質があるだけでなく，それぞれの個体には特有の MHC レパートリーがある．

MHC 分子の自らのレパートリーを区別する能力，すなわち，他の細胞から自分自身の細胞を同定する能力は，臓器移植に大きな影響がある．移植された細胞も独自の MHC 分子セットを持っているためである．現在，器官移植の成功は，免疫系を抑制する薬物に頼っていて，身体がそれを攻撃して拒絶しないようにしている．サメ類の免疫系の研究を通じて，我々はこの拒絶反応に関与する分子機構について多くのことを学んだので，いつかはそれを封じ込めることができるかもしれない．

サメ類は適応免疫系のすべての要素を持つ最初の生物だったので，それらを鋳型にして，基本的，または通常から逸脱したすべての変異の型が，病気から身を守る能力としてできあがった．実際，サメ類は我々がもはや製造することができない 2 種類の抗体をまだ使用している（註293）．免疫に関する知識をさらに高めるであろう，これらの生物がまだ隠し持っているかもしれないものは，サメ類の大量虐殺と世界中のサメ種の絶滅により急速に枯渇している（註294）．

カブトガニ類

乱獲されたカブトガニたち

本書で解説されている多くの魅力的な生物の中で，4 種のカブトガニはある意味，もっとも変わっている．4 つの眼を持ち（ほかに 6 つの光受容器を持ち，そのうち 1 つは尾にある），脚は 6 対でそして血液は大気に触れると鮮やかなコバルトブルーに色を変える．生活史の中で，各個体は24回以上脱皮し，これは殻に付着する生物を防ぐために便利な適応である．そういった付着生物は12種を超え，ヒラムシのなかま *Bdelloura*，ネコゼフネガイ *Crepidula fornicata*，ヨーロッパイガイ *Mytilus edulis*，そして様々なコケムシ類（群体性生物の 1 種）が見られ，他にも微生物もいる．

カブトガニにも古代の歴史がある．現在の種の祖先は，3 億5000千万～ 4 億年前に初めて出現し，ペルム紀の大絶滅から奇跡的に生き延た．この大絶滅では海産生物の95%が絶滅したと推定され，カブトガニの祖先種の三葉虫も絶滅した．カブトガニの系統を見ると，カニよりもクモやサソリに遥かに近いことがわかる．カブトガニ類 4 種は，昆虫，クモ，および甲殻類を含む節足動物門に属し，その独自性のために，カブトガニ綱 Merostomata（口に付けられた足，を意味する）に分類されている．科学者の説明能力を最大限発揮すると，カブトガニは本質的に何億年も変わっていない（註295）．

カブトガニ類は北アメリカの大西洋沿岸とベンガル湾から日本の南西海に伸びる東南アジアの海岸に生息している．多くの地域ではまだ豊富であるが，その他の多くの地域でまったくいなくなっている．総体では，個体数情報は不足している．しかし，カブトガニ類は成熟に達するまでに約10年かかると知られており，繁殖期ごとに約 9 万個の卵を産卵し，そのうち10ぐらいしか生き残らず，その事はその種を過剰漁獲に脆弱にすることが知られている．また，太平洋での過剰収穫により商業漁業が大西洋の資源を利用することが知られているが，あるデータは，大西洋のいくつかの生息地の浜に課された厳しい漁獲制限にもかかわらず，アメリカカブトガニ *Limulus polyphemus* の集団が急激に減少する可能性を示唆している（訳注：出典不明）．アメリカカブトガニは歴史的に甲殻を粉砕して肥料とするために漁獲されてきた．今日，彼らはうなぎや巻き貝の漁業のための餌として使用されている．

生態学者がアメリカカブトガニの減少をとくに懸念しているのは，海岸に生み付けられる卵が，主な食料源として，近年，個体数が著しく減少した数百万の渡り鳥類に供給されるためである．たとえばカナダのカールトン大学のガイ・モリソンによる研究では，1980年代からコオバシギの北米亜種 *Calidris canutus rufa* の個体数が98%減少したことが示されている．コオバシギ集団の急速な減少は，彼らが南米最南端のティエラ・デル・フエゴから北極圏への毎年の移動経路に沿って多くの場所で絶滅の危機に瀕していて，それはデラウェア湾でカブトガニの卵の不足を反映している可能性が高く，その理由はこれらの鳥は，1万6000 km（約1万マイル）の旅の燃料をそこのカブトガニの卵で供給することに頼っているらしいからである（註296）．

カブトガニは，その渡り鳥の生態系における重要な役割に加えて，以下に示すように，人類の健康にとって特別な価値がある．

カブトガニと新たな医学

50年以上の間，カブトガニの血液は細菌を殺すことができることが知られていたが，研究者が抗菌ペプチドを発見するには数十年かかった．タキスタチン，タキプレシン，およびポリフェムシンを含むいくつかのクラスのペプチドが同定されており，すべて広い範囲のグラム陽性細菌およびグラム陰性細菌を殺すことができる．科学者らはそれらの化合物を研究してその構造と機能を理解し，そしてこれらの研究を抗菌ペプチドの働きやより効果的な抗生物質療法の設計についてのより一般的な理解に適用した（註297〜299）．

これらのペプチドのみが，カブトガニ類が医薬品の開発に唯一，貢献しているのであれば，カブトガニ類はグループとして，ユニークな抗菌性ペプチドを保有する，他の何百もの生物とは区別がされなくなくなる．しかし，そうではない．我々にとって幸運なことに，カブトガニの血液には他にも新規分子がたくさん含まれていて，いくつかの主要な疾患の治療に役立つ可能性がある．たとえばT140と呼ばれる分子は，ポリフェムシンの1つポリフェムシンIIに由来し，HIVウィルスが免疫細胞の接近と侵入を阻止している受容体にロックする．臨床試験はまだT140に始まっていないが，前臨床試験では，HIVウィルスの複製をAZTのレベルに匹敵するレベルで阻害することが示されている（註300）．

T140が結合するレセプターはCXCR4として知られ，極めて重要な分子である．HIVとの関係に加えて，免疫細胞を必要な場所に誘導する．またそれは，他の多くの種類の細胞（血液細胞およびそれらの間のニューロン）に胚発生の間の適切な位置への移動を指示する．T140の実験は予備的であるが，有望であることが示されていて，この分子は白血病，前立腺がん，および乳がんの転移の防止や，また慢性関節リウマチの可能性のある治療となるだろう（註301，302）．

しかし，カブトガニが人間に与えたの最大の贈り物は，医薬品ではない．1950年代後半，マサチューセッツ州ウッズホールの海洋生物研究所で働くフレデリック・バンとジャック・レビンは，カブトガニの血中の変形細胞が，エンドトキシンというグラム陰性菌の細胞壁に存在する物質に遭遇するたびに血塊が凝固することを発見した．この発見により，リムルス変形細胞溶解物試験（Limulus amebocyte lysate test，通称 LAL，ライセートは溶解物で，膜が破裂した細胞の内溶液を指す）が得られ，これは医療機器および注射溶液のグラム陰性細菌の存在を検出するのに広く用いられている（註303）．また LAL はグラム陰性細菌性髄膜炎の疑いのある患者の脳脊髄液など，体液中のグラム陰性細菌を検査にも使われている．この検査でエンドトキシンがわかると，何がよいのだろう？　LAL 検査は極めて鋭敏で，１ピコグラム（１兆分の１g，または0.000000000001 g）の細菌性エンドトキシンを１ミリリットルから検出でき，検査機器会社の Charles River Labs のたとえによれば，オリンピックプール中の１つぶの砂糖を検出可能でさえある．

カブトガニと生医学研究

カブトガニはアクチンを研究するために選択される生物で，この構造タンパク質はミオシンなどの他のタンパク質とともに分子モーターに組み立て，筋肉を収縮させ，細胞の形状を変え，運動させ，精子を卵に受精させる．1970年代に始まったアメリカカブトガニの精液の研究は，精子の卵への侵入を導く出来事に焦点を当てていた．精子は最初に卵に出会うと，アクロソーム反応と呼ばれるものを誘発する．この反応の最初の出来事は精子先端からの酵素の放出で，これが卵を覆うゼリー様物質を消化する．反応の最後には，精子が DNA が卵の核に入る．アメリカカブトガニの精子を調べることで，アクチンの組み立て自体を見ることができ，アクロソーム反応のステップが，他の生物と同じように同時に起こるのではなく，次々と起こるように見え，科学者は卵の受精プロセスとアクチンがそれを可能にする方法をよりよく理解できるようになった（註304）．

世界中の科学者はカブトガニにまた別の方法で依存している．アメリカカブトガニの研究の先駆者であるロバート・バーロウは，この生物がどのように自分の視覚を内部時計の手がかりと適合させ，そしてどのように他の個体を識別するために目を細調整するかを調べ，それらから人間の視覚を説明し，また人間の生物時計はどのように機能するかを調べている（註305）．最後に，その古代の起源のために，カブトガニ類の先天性免疫系は，補体系の進化を決定するために研究されてきた．補体系はカブトガニや人がバクテリアを殺すのに用いている約30の循環タンパク質群である（註306）．

アメリカカブトガニ *Limulus polyphemus* の目は，人間の視覚の研究モデルとしては例外的であることが証明されている．それぞれの個体は10個の目を持つが，２つの側眼（両体側に位置するため）がもっとも注目されている（図6.40）．側眼は複眼であり，それは眼全体は小さな個々の光を感知する構造の複合であり，成体では約500～1000個のものから構成され，全体として眼として機能するを意味する．だが，ほとんどの節足動物は複眼を持つ．アメリカカブトガニの側眼を際立たせるのは，その視神経が個々の繊維に分割することができ，１つの検出器からの入力が他の検出器からの入力とどのように統合されるかを判断することができることである．さらに，アメリカカブトガニの視神経は10 cm にもなり，解剖がやりやすく，また，その神経は甲殻のすぐ下にあるので，探しやすい．

アメリカカブトガニで行われたもっとも有名な発見は，側方抑制と呼ばれる現象で（図

6.41)，この魅力的なメカニズムは目のコントラストを対象物の端に沿って誇張し，カニや人間がこれらの対象物をよりはっきりと見ることを可能にする．図6.41の領域を２つの帯の接合部で見ると，縞模様の残りの部分と比較して，隣接するより暗い帯のすぐ隣の領域で，明るく見えるグレーの帯がさらに薄く見えることに気付くだろう．実際には各帯はまったく同じ色合いだが，私たちの目の回路はそうではないと信じさせている（確認するには，一方のバンドのみが見えるように覆ってみるとよい）．側方制御とは，１つの光検出細胞が近隣の細胞の入力を阻止する能力を指しており，これによって図中の陰影が誇張されて見え，すなわち，より明るい帯を視覚した細胞が隣接するより暗いバンドを視覚した細胞を阻害して，そしてその結果，より明るいバンドがより明るく見えるようにみえる．

ハルダン・ケファー・ハートラインは，1967年にノーベル生理学・医学賞を受賞したが，側方抑制および他の視覚プロセスに関する研究に対してであり，その研究はアメリカカブトガニの側眼を研究することで可能となった（註307）．ハートラインは，自分の学生に，こう言ったとして知られている．「脊椎動物は避けるように．非常に複雑だから．色覚は避けるように．あまりにも非常に複雑だから．それらの組み合わせは避けるように．不可能だから」．彼自身は自分の助言にまったく従わなかったようだ．彼は長年の研究でカブトガニを用いた後に，カブトガニから最初に得た知識に基づいて，カエルを含めた脊椎動物の眼の実験を開始した．

結論

この章で紹介されている生物がそれぞれ独自の価値があるのは，その美しさと，驚くべき遺伝的・分子的・解剖学的・生化学的・生理学的・行動的な複雑さのためである．しかし，彼らがこの章の焦点になったのはこれらの理由からではなく，どのようにして，そしていかに多くの生物が，人類の健康と健全に容易に転用されたか，による．彼らの希少性と，それを引き起こす人類の役割は警戒の対象である．私たちがもっとも目につく，これらのもっともよく知られた生物を守れなければ，人類の生活が完全に依存している他のすべての生物を守ることは困難である．

参考文献およびインターネットのサイト

Amphibian (DK Eyewitness Books), Barry Clarke and Laura Buller. Dorling Kindersley Publishing, New York, 2005.
Amphibian Species of the World, research.amnh.org/herpetology/amphibia/index.php.
Amphibians: The World of Frogs, Toads, Salamanders, and Newts, Robert Hofrichter (editor). Firefly Books, Buffalo, New York, 2000.
Checklist of Amphibian Species and Identifi cation Guide, Northern Prairie Wildlife Research Center, www.npwrc.usgs.gov/ resource/herps/amphibid/index.htm.
Declining Amphibian Populations Task Force, www.open.ac.uk/daptf/index.htm.
FrogLog Index, www.open.ac.uk/daptf/froglog/.
FrogWeb: Amphibian Declines and Malformations, www.frogweb.gov/.

クマ類

Bears: A Year in the Life, Matthias Breiter. Firefl y Books, Buffalo, New York, 2005.

Bears (Wildlife Series), Daniel Wood. Whitecap Books, North Vancouver, British Columbia, 2005.
Black Bear Home Page, www.bear.org/Black/BB_Home.html.
Black Bears: A Natural History, Dave Taylor. Fitzhenry & Whiteside, Markham, Ontario, 2006.
Polar Bear International, www.polarbearsinternational.org/.
The World of the Polar Bear, Norbert Rosing. Firefly Books, Buffalo, New York, 2006.

霊長類

Eating Apes, Dale Peterson. University of California Press, Berkeley, 2003.
Gorillas in the Mist, Dian Fossey. Houghton Miffl in Company, New York, 1983 (2000 edition).
Great Ape Odyssey, Birute Mary Galdikas (photographs by Karl Ammann). Harry N. Abrams, New York, 2005.
James and Other Apes, James Mollison. Chris Boot, London, 2004.
My Life with the Chimpanzees. Jane Goodall. Simon & Schuster, New York, 1996 (2002 paperback edition).
Primate Factsheets, pin.primate.wisc.edu/factsheets/.
Primate Photo Gallery, www.primates.com/.
Primates: Amazing World of Lemurs, Monkeys, and Apes, Barbara Sleeper (photographs by Art Wolfe). Chronicle Books, San Francisco, 1997.
A Primate's Memoir: A Neuroscientist's Unconventional Life among the Baboons, Robert M. Sapolsky. Simon & Schuster, New York, 2001.
Refl ections of Eden: My Years with the Orangutans of Borneo, Birute M.F. Galdikas. Hachette Book Group, Lebanon, Indiana, 1995.
Walker's Primates of the World, Ronald M. Nowak, Russell A. Mittermeier, Anthony B. Rylands, and William R. Konstant. Johns Hopkins University Press, Baltimore, Maryland, 1999.

裸子植物

Ginkgo, nccam.nih.gov/health/ginkgo/.
Gymnosperms, www.biologie.uni-hamburg.de/b-online/library/knee/hcs300/gymno.htm.
Gymnosperms: A Reference Guide to the Gymnosperms of the World, Hubertus Nimsch. Balogh Scientifi c Books, Champaign, Illinois, 1995.
Origin and Evolution of Gymnosperms, Charles B. Beck (editor). Columbia University Press, New York, 1988.

イモガイ類

Cone Snails and Conotoxins Page, grimwade.biochem.unimelb.edu.au/cone/index1.html.

サメ類

Biology of Sharks and Their Relatives, Jeffrey C. Carrier, John A. Musick, and Michael R. Heithaus (editors). CRC Press, Boca Raton, Florida, 2004.
The Encyclopedia of Sharks, Steve Parker and Jane Parker. Firefl y Books, Buffalo, New York, 2005. *A Laboratory by the Sea: The Mount Desert Island Biological Laboratory 1898–1998*, Franklin H. Epstein (editor). River Press, Rhinebeck, New York, 1998.
Mote Marine Laboratory Center for Shark Research, www.mote.org/index.php?src=gendocs&link=S harkResearch&submenu= Research.
NOAA Fisheries: Shark Web Site, www.nmfs.noaa.gov/sfa/hms/sharks.html.
The Shark Almanac: A Fully Illustrated Natural History of Sharks, Skates, and Rays, Thomas B. Allen. Lyons Press, Guilford, Connecticut, 2003.
Sharks, Skates, and Rays: The Biology of Elasmobranch Fishes, William C. Hamlett. Johns Hopkins University Press, Baltimore, Maryland, 1999.

カブトガニ類

The American Horseshoe Crab, Carl N. Shuster, H. Jane Brockmann, and Robert B. Barlow (editors). Harvard University Press, Cambridge, Massachusetts, 2004.
Crab Wars: A Tale of Horseshoe Crabs, Bioterrorism, and Human Health, William Sargent. University

Press of New England, Lebanon, New Hampshire, 2006.
Extraordinary Horseshoe Crabs (Nature Watch), Julie Dunlap. Carolrhoda Books, Minneapolis, Minnesota, 1999.
Horseshoe Crab, www.horseshoecrab.org/.
Smithsonian Marine Station at Fort Pierce, www.sms.si.edu/IRLSpec/Limulu_polyph.htm.

第7章

生態系の攪乱，生物多様性の消失
および人間の感染症

デヴィッド・H・モリヌー，リチャード・S・オスフェルド，アーロン・バーンスタイン，エリック・チヴィアン

人間は自然の一部であるがゆえに，人間の自然に対する戦争は必然的に自分自身との戦いであるのだ.

レイチェル・カーソン

感染症にかかった人は，その病気が他人，言い換えれば他の誰かからその病気をうつされた人間から，その病気を受け取ってしまったものと思い込み，自分を病気にした病原菌がかつて一度も自分自身以外の生物種の中に棲んだことがないものと思い込みがちである.しかし，この思い込みというものは嘘であることが多い．人間の感染症のほとんど――60%程度のもの――に関して言えば，そういった病原体は人間に伝搬する以前に他の生物の中に棲み，増殖している.

このような病原体は，生態系の中における不可欠な部分であり，彼らの発生，伝搬，および拡大を支配する他の生物の複雑なネットワークの一部である．これらのネットワークの中に含まれるものは，たとえば，人間に病原体を伝搬する媒介昆虫，病原体が増殖し，そのような伝搬に利用できるような場所としての役割を持った，病原体保有者や宿主生物種，および病原体，媒介生物，宿主間の相互作用に対して手助けや妨害をする他種生物などである．生物多様性の消失は，これらの生物における個体数と相互関係，そして物理・化学的環境を変えることがあるが，人間の感染症の拡大における重要な意味を持っているということは，驚くことではない.

約175種類のうち132種類，すなわち約75%の新規感染症は，他の生物種と最初に関わった人間に伝搬した（Box 7.1参照）．新規感染症とは，発症率または地理的範囲が増大している病気のことであり，既知の生物の変化に起因する新しいタイプの感染症，新しい地域や集団に拡大する古い感染症および以前は認識されていなかった感染症（一般的に生態学的に攪乱された地域で発見される）も含む．現在の生物多様性の危機を背景として調べた場合，これらの人間の病気のうち，高い割合のものは動物に由来しているという認識は，生物種の消失や生態系への結果的な影響が，すでに劇的に人間の感染症の外観を変えているのかもしれないことを示唆している.

人間の感染性病原体とそれらが引き起こす病気が多様すぎるため，人間の健康に対する生物多様性の消失と生態系の攪乱の影響に関して一般化することが困難となっている．それにもかかわらず，パターンというものは確かに存在するのだから，この章では，すでに確認されている一般的原則のいくつかを示す事例を提供したい.

Box 7.1 感染性因子の種類と伝達様式

この章では感染性因子とも呼ばれる病原体には様々な形がある．ヒトの感染症の原因となるものは，ウイルス，細菌，真菌，マラリアを引き起こす寄生虫などの単細胞原生動物，虫（回虫，扁形動物，および条虫を含む），そして最近発見されたプリオンという感染性タンパク質である．約1415種の病原体がヒトに病気を引き起こすことが知られ，217種のウイルスおよびプリオン，538種の細菌，307種の真菌，66種の原虫，および287種の虫類があるが，新しい病原体が絶えず同定されており，たとえば，突発性急性呼吸器症候群（SARS）のウイルスは，2002年に流行が起きた（註 a）．これは，未発見の特徴付けられていない膨大な量の微生物学的多様性が存在する可能性が高いことを強く示している．これらの1415種のうち，ほぼ３分の２が，人畜感染症の保有動物，と呼ばれるヒト以外の脊椎動物宿主で主に発生する．ほとんどの場合，感染した人は「偶然の」犠牲者である．

ヒトへの攻撃に，感染性因子は２つ以上の伝達様式を使用する．肌から浸透し，あるいは汚染された水や食べ物を摂取したときに体内に入ることができる．彼らはまた，性交中に，または吸入の肺に侵入することができる．皮膚からの浸透には，傷（たとえば，哺乳類に与えられた咬傷や掻き傷），媒介昆虫に刺された場合があり（たとえば，蚊，ダニ，または他の宿主に感染因子を伝達する他の昆虫），また 寄生虫には皮膚を食い破るものがいる（たとえば，住血吸虫および鉤虫幼虫）．また，いくつかの侵入様式がある感染性病原体もいるかもしれない．たとえば，野兎病（「ウサギ熱」）を引き起こす細菌は，ダニ刺傷，吸入，または感染した肉の摂取によって伝染する．

生態系の攪乱と感染症への影響

この章では，人間活動の結果として発生する生態系の組成または機能の変化に言及するために，生態系の攪乱という用語を使用する．自然のプロセスもまた，基本的な方法で生態系を変えることがあるが，この章では人為的攪乱を強調することにする．生態系の攪乱の中には，たとえば農業開発，水資源管理，森林伐採，または鉱業等といった特定の人間活動の直接的・即時的結果として発生する可能性を持つものがある．他に関して言えば，人間活動（たとえば，化石燃料の燃焼）と究極的な影響（たとえば，地球温暖化による干ばつに起因する浸食や森林火災）を経て年月が過ぎてゆく．

生態系攪乱の原因は多様な形で現れるが，地域的な平均気温やその変動の程度の変化，たとえば，降雨の時期，強さ，空間的分布等といった水循環における変化，灌漑やダム建設による地表水の分布と利用の変化，農薬や窒素・リンなどの過度の栄養素を含む汚染に起因する変化，および都市化の影響を含んでいる．しかしながら，生態系攪乱の原因すべての中でも，自然の生息地を作物栽培のため，動物を飼育するため，あるいは人間の居住のための土地へと転換してしまうことによる生息地の破壊と断片化は，人間の感染症にもっとも大きな影響を与えてしまったように思える．

土地利用の変化が感染症の拡大にどのように影響を与えることがあるのかを示すために，1950年代に起こったトウモロコシ単一栽培のための，アルゼンチンのパンパ（パンパとは，南アメリカ南部における30万平方マイル以上（77万7000 km^{2}以上）を覆う肥沃な草原のこと）を農場へと転換してしまったことについて考えてみる．この転換によって，人間の居

表7.1.　この章で紹介する感染症の概要（とくに断りがない限り，すべての統計情報は全世界的なものである）

病気	感染性病原体	病気の伝搬に関わる生物種と伝搬様式	註釈
アルゼンチン出血熱	フニンウイルス	感染したアルゼンチンヨルマウス（*Calomys musculinus*）の糞，尿または唾液との接触．埃中に混じった糞が穀物処理中に空気伝搬したとき，あるいは齧歯類が誤って刈り取り機に巻き込まれたとき．	フニンウイルスはワクチン未接種の人間に重度の症状をもたらす原因となる．消化管と尿路からの出血が起こることがあり，加えて痙攣，てんかん，昏睡などの神経症状も起こる．
バベシア症	感染原虫バベシア属の種類，とくに *B. microti*（北アメリカ）と *B. divirgens*（ヨーロッパ）	感染したマダニ種による咬傷，とくに *Ixodes scapularis*（かつては *I. dammini* として知られていた）および *I. ricinus*	症状は徐々に進行し，発熱，悪寒，筋肉痛，貧血も起こる．
コレラ	コレラ菌	汚染された食物や水の摂取	多量の水様性下痢と嘔吐を引き起こすため，放置すれば，コレラは感染者の25～50%で，致命的な脱水症状を引き起こす可能性がある．1992年には，7回目のコレラ流行が，アジア，アフリカ，南アメリカ全体に存在するコレラ菌（O139）の新しい系統出現によって始まった．細菌は，船舶のビルジ水を介して，あるいは開発途上国と先進国の両方で発生する未処理下水の搬送および投棄によって，新たな沿岸地域に到着していると考えられている．現在はアフリカでもっとも酷く流行しているが，そこでは，約10万～20万もの年間症例のうちの80%は，1995年以降に発生したものである．
クリプトスポリジウム症	主に *Cryptosporidium parvum* と *C. hominis*	クリプトスポリジウムで汚染された食物と水の摂取	*Cryptosporidium parvum* は，宿主の腸内でシストを形成している微視的な原虫寄生虫．これらのシストは，一部の動物，とくに家畜の糞便中に膨大な量で存在し，流域を汚染することがある．症状は下痢と腹部疝痛で，発熱を伴う場合もある．
デング熱	デング熱ウイルス	主に感染したネッタイシマカによる咬傷	「break-bone fever」として知られるデング熱は，かなりの発熱，体の痛み，そして頭痛を伴う衰弱症状を引き起こす．それに続く異なるウイルス系統による感染が，出血熱を引き起こすこともあり，もし放置すれば，死亡率が50%に達する．出血熱は，子どもの場合はとくに危険．デング熱ウイルスは，世界でもっとも蔓延している蚊媒介ウイルスであり，世界中で，毎年5000万から1億もの発症例を持つ．
ハンタウイルス肺症候群	ハンタウイルス	感染したシロアシネズミ（*Peromyscus maniculatus*），またはウイルスを持った他の齧歯類の尿や糞との接触．	この病気はアメリカ各地で発生している．年間に何百例も報告があり，感染者の約1/3が死亡している．アメリカに存在するウイルス型は，肺に感染し，肺を液体で充満させてしまう．
HIV／AIDS	ヒト免疫不全ウイルス	感染した人間の体液との接触．性行為またはウイルスで汚染された注射針を用いた静注薬物の使用により，しばしば感染する．	HIV／AIDS の症例で苦しんでいる地域は，圧倒的にサハラ以南アフリカが多い．その地域には，世界中の HIV 感染者4000万人のうちの70%近くが住む．およそ300万人が毎年，HIV 感染症で死亡している．ウイルスは宿主の免疫系を破壊し，感染者を，正常な免疫系なら簡単に撃退できるような様々な日和見性の感染に対して，無防備にしてしまう．HIV 感染者がある種の日和見感染に遭ったり，あるいは特定の免疫細胞の極端な減少を示している場合，後天性免疫不全症候群または AIDS 保持者と呼ばれる．
インフルエンザ	インフルエンザウイルス	呼吸器飛沫または汚染面との接触	インフルエンザウイルス感染により，発熱，疼痛，前触れ的倦怠感の突然発症．症状は10～14日間続くことがある．例年，300万～500万人がインフルエンザに感染し，25万～50万人がこの症例で死亡している．

表7.1.　続き

病気	感染性病原体	病気の伝搬に関わる生物種と伝搬様式	註釈
日本脳炎	日本脳炎ウイルス	感染したイエカ属 *Culex* の蚊による咬傷	アジアにおいて年間3万～5万症例を持つ脳炎（脳の炎症）の主要因であり，保有宿主であるブタと稲作の生態系に関係している．
キャサヌール森林病	キャサヌール森林病ウイルス	感染した8種類のダニのいずれかによる咬傷，主に *Haemaphysalis spinigera* による．	インドのカルナータカおよびその周辺のみで知られるウイルス性出血熱である．
リーシュマニア症	単細胞寄生原虫リーシュマニア属 *Leishmania* のうち約21種	感染したサシチョウバエによる咬傷．*Lutzomyia* と *Phlebotomus* の2属中30種以上	リーシュマニア症は様々な様式で感染する．主に皮膚（表皮上）および内臓（内部器官内）が多い．皮膚リーシュマニア症は，潰瘍性口内炎という形態で，感染したサシチョウバエによる咬傷部位に現れる．内臓リーシュマニア症においては，寄生原虫は肝臓，脾臓，骨髄に感染し，放置すればたいてい死に至る．米疾病管理予防センターの見積もりによると，毎年150万人が世界中で皮膚リーシュマニア症に感染し，他の50万人が内臓リーシュマニア症に感染していると言われている．症例は88カ国で発生しているが，そのうちの90%はインド，バングラデシュ，ネパール，スーダン，ブラジルで発症している．
レプトスピラ症	レプトスピラ属 *Leptospira* 細菌（スピロヘータ）	血液や尿を介して，あるいは細菌で汚染された水や肉の摂取によって，スピロヘータへの直接的曝露に遭うこと．	ほとんどの場合，細菌が宿主に害を及ぼすことはないが，160種の哺乳類の中には，レプトスピラに感染しているものもある．数百種類の血清型が同定されているが，人間の疾患を引き起こすものはごく少数である．レプトスピラ症には，臨床学的に定義付けられた症例が2つある．1つ目は，無黄疸性（無黄疸性とは，黄疸のないこと，つまり肝臓の病気から生じる皮膚や目の黄変が見られないことを示す）レプトスピラ症として知られており，発熱，頭痛，嘔吐，筋肉痛を伴うインフルエンザによく似たもの．2つ目は，ワイル症候群として知られており，死をもたらす可能性がある．なぜなら，寄生虫が肝臓と腎臓の機能に損傷を与え，内部出血の危険性を高めるためである．
ロア糸状虫症	*Loa loa*（ロア糸状虫）	感染したメクラアブ属 *Chrysops* の種による咬傷	ロア糸状虫症は，西部および中央アフリカの病気であり，皮膚直下でしか生きられない糸状虫成虫（寄生回虫）によって引き起こされるものであり，幼虫は血液中を徘徊する．時折，成虫は目に移行することがあり，重度の刺激や炎症を引き起こす可能性があるだけでなく，皮膚中を移動したときの痕跡として腫れをもたらす．
ライム病	*Borrelia burgdorferi*	感染したマダニからの咬傷．とくに，クロアシマダニ（*Ixodes scapularis*）と Sheep Tick（*I. ricinus*）	スピロヘータ菌によって引き起こされる米国でもっとも一般的な媒介病のライム病は，発熱，頭痛，筋肉痛，関節痛，疲労など，ほとんどの人間において非特異的な症状を作り出す．いくつかのケースでは，髄膜炎およびベル麻痺として知られている顔面の衰弱を含む神経症状が現れることがある．
リンパ管フィラリア症	ほとんどの場合は回虫 *Wuchereria bancrofti* によってもたらされる（90%）．残りの大部分はマレー糸状虫 *Brugia malayi*	ほとんどの都市と副都市地域で感染したイエカ種（とくに *Cx. pipiens*）による咬傷，アフリカや他地域の農村部では *Anopheles* 属の蚊，東南アジアおよび太平洋諸島では *Aedes* と *Mansonia* 属による咬傷．	世界中で，83カ国のうちの1億2000万人以上がリンパ管フィラリア症の寄生虫によって感染している．そして，10億人（世界人口の20%）以上が感染症にかかる危険にさらされていると推定されている．寄生虫がリンパ系に侵入し，流れを妨げ，局所の炎症と腫れをもたらすことがある．放置すれば，象皮病という手足が大きく腫れ上がったり，水瘤（陰嚢の腫れ）が形成されたりする症状をもたらすこともある．

表7.1.　続き

病気	感染性病原体	病気の伝搬に関わる生物種と伝搬様式	註釈
マラリア	*Plasmodium vivax* *P. ovale* *P. malariae* *P. falciparum*	感染したハマダラカ属 *Anopheles* の蚊による咬傷.	マラリアは毎年3億～5億人もの人間に影響を及ぼし，とくに幼児を含む100万～300万人の人を死亡させている．寄生原虫は，高熱，悪寒，嘔吐および貧血をもたらす．*P. falciparum* は，もっとも重篤な症状を引き起こす.
ニパウイルス脳炎	ニパウイルス	感染ブタの糞便や，咳を介してエアロゾル化するブタの口腔および鼻腔粘液との接触.	病気は，発熱，頭痛，眠気を呈し，命に関わるほどの血圧変化と脳炎にまで進行し，脳卒中と昏睡を引き起こす．ニパウイルスは感染者の75%近くに達する高い死亡率を持つ.
オンコセルカ症または河川盲目症	*Onchocerca volvulus* というフィラリア寄生線虫類	ブユとして知られる *Simulium* 属ハエのうち，感染したものによる咬傷．幼虫期は流れの速い河川の近くに棲んでおり，大部分は日中に咬害をもたらす.	成虫が生んだミクロフィラリアの小さな幼虫が皮膚中に棲み，目に侵入して激しいかゆみをもたらし，潜在的に失明をもたらす可能性あり．この病気は依然として27カ国以上で公衆衛生問題となっているが，そのほとんどは，アフリカと中南米の国々である.
サルモネラ症	細菌 *Salmonella enteritidis*	細菌で汚染された食物や水との接触	サルモネラ感染症は，重度の胃腸痙攣や下痢を引き起こす．この病気は毎年100万人以上のアフリカ人に被害を与え，500人の死者を出している.
SARS（重症急性呼吸器症候群）	SARS ウイルス	人間の感染源は完全には明らかにされていない．中国のキクガシラコウモリ属の種（*Rhinolophus* spp.）には，ウイルスを持っているものも存在する．ハクビシン（マングース科ジャコウネコの1種）は SARS に似たウイルスを持っていることが示されているので，保有宿主である可能性がある.	SARS の最初の事例は，2002年11月に中国の広東省で発生した．そこから，世界中に数カ月間で広まり，8000人以上に感染し，ほぼ800人を死亡させた．SARS は発熱，頭痛，およびその他の非特異的な症状から始まる．数日間の後，患者のほとんどは命に関わるような肺炎にまで症状が進行する.
住血吸虫症	寄生虫 *Schistosoma mansoni*, *S. haematobium*, *S. intercalatum*, *S. japonicum* および *S. mekongi*	寄生虫で汚染された水への曝露．*Bulinus* 属，*Oncomelania* 属，*Biomphalaria* 属および *Neotricula* 属の巻貝種が中間宿主となる.	2億人以上が住血吸虫症の被害を受けており，さらに多くの人が病気にかかる危険にさらされている．症状は特定の種によって大幅に異なる．*S. haematobium* から感染する尿路住血吸虫症は，血尿，ときには膀胱がんを引き起こす膀胱感染を伴う．*S. mansoni*，*S. intercalatum* および *S. japonicum* によって引き起こされる腸住血吸虫症は，肝臓と大腸に影響を与え，出血性下痢と肝障害を引き起こすことがある．寄生虫はいったん人体内に置かれると，脳や肺に転移することがある.
トリパノソーマ症	トリパノソーマとして知られる単細胞性原生動物の寄生虫．*Trypanosoma brucei* の亜種はアフリカ睡眠病を引き起こし，*Trypanosoma cruzi* はシャガス病を引き起こす.	アフリカ睡眠病：感染したツェツェバエ属種（*Glossina* spp.）による咬傷. シャガス病：サシガメ類として知られるサシガメ亜科の昆虫のうち，感染したものによる咬傷.	脳に侵入したときに，寄生虫は病気の末期段階で眠気を引き起こすことがあるので，アフリカ睡眠病という適当な名前が付けられたが，この症状は一般的には，無痛性の皮膚のただれ，発熱および頭痛へと続く．この病気はサハラ以南アフリカで流行している．シャガス病は中南米の農村部で最初に発生する．また，大腸，食道，心臓に影響を与え，それぞれ，慢性便秘，嚥下困難，および命に関わる心臓不整脈をもたらす．合計約1600万人がラテンアメリカで感染している.

表7.1.　続き

病気	感染性病原体	病気の伝搬に関わる生物種と伝搬様式	註釈
野兎病	細　菌 *Francisella tularensis*	感染性細菌の吸入あるいは直接的接触．こういった細菌はウサギ類，齧歯類，ノウサギ類を含む動物によって伝搬されることもあるが，感染したダニ類による咬傷でも同様に起こることがある．（例：*Dermacentor andersoni* Rocky Mountain Wood Tick，*D. variabilis* American Dog Tick，*D. occidentalis* Pacific Coast Dog Tick，*Amblyomma americanum* Lone Star Tick）．あるいは感染したウシアブ等のアブ類による咬傷でも同様．	*F. tularensis* の感染は，数種の症状をもたらすことがあるが，その中でもっとも一般的なものは，急性の高熱，頭痛，悪寒，全身の疼痛発症を伴う．咬傷部位では，潰瘍病変が進行して最終的には非治癒性のかさぶたで覆われるが，これは付近のリンパ腺の重度の腫瘍による．
ウエストナイル脳炎	ウエストナイルウイルス	イエカ属蚊の感染種による咬傷，とくに *Cx. pipiens* および *Cx. quinquefasciatus*	一般には軽度の症状だが，ウエストナイルウイルスによる感染は，もしもウイルスが中枢神経系に達した場合は重度になり，脱力感，激しい頭痛，錯乱が生じることもある．野鳥の集団が重要な保有宿主となる．
黄熱病	黄熱病ウイルス	感染したヤブカ属の蚊による咬傷	感染した蚊による咬傷の後，1週間のうちに発熱，頭痛，嘔吐などを含む症状に進行する．感染者の約15%は，症状の発生から1日のうちに，病気の「毒」段階という，腎臓と肝臓が機能しなくなる可能性を持ち，およそ50%しか生残できなくなる段階へと進行する傾向がある．約20万の症例が毎年発生し，約3万人がそのウイルスで死亡しているが，中米およびアフリカの熱帯域が主である．森林性のサル類が保有宿主である．利用可能な効果的ワクチンがある．

住に続いてアルゼンチンヨルマウス（*Calomys musculinus*）の数が増加し，アルゼンチン出血熱（AHF）の発症をもたらした．明らかになったことは，トウモロコシ畑がアルゼンチンヨルマウスに対して理想的な居住地を提供してしまったことであって，それらと競合してパンパ内の *C. musculinus* 集団の制御の一助となっていた他の齧歯類在来種のせいではなかったということだ．アルゼンチンヨルマウスは，AHF を引き起こすフニンウイルスの天然宿主であり，それらの尿，糞，唾液の中に何百万というウイルス粒子を流したのである．この種のネズミ集団の急激な増加を引き起こすことによって，この生態系攪乱がウイルスへの人間の曝露を増加させ，AHF の大流行をもたらした（註 1）．AHF は15～30%の死亡率を持ち，重度の消化管出血だけでなく，てんかん発作や昏睡状態を引き起こすこともある．

生息地の断片化と破壊はまた，被捕食者よりもむしろ捕食者のほうに影響を与えることによって，人間の感染症のリスクを増加させるという結果をもたらすが，被捕食者のほうが病気の保有者または媒介者になりやすい．捕食者は主に２つの理由から，生息地の破壊に対してより敏感であるという傾向がある．第一に，捕食者はほとんどの場合，被捕食者よりも数が少ないので，集団がまばらで，数の豊富な集団よりも生息地から消失してしまいやすいのである．第二に，捕食者の集団は，たいてい食料の需要を満たすために広くて完全な形の土地を必要とする．それゆえに，これらの土地の一部が断片化したり破壊されたりしたときは，捕食者らは急激な減少を被りやすくなる．

捕食者による制御がなくなると，齧歯類のような繁殖率の高いいくつかの被捕食者の種は，もし人間へと感染性病原体を伝播する病気保有者として機能するような場合は，重大な結果を伴いながら，その集団の大きさを拡大させることがある．同様のことが，たとえば何種類かの蚊のような，病気の媒介者となる被捕食者についても事実なのであろうが，このような媒介者集団を制御する上での捕食者の役割というものは，あまりよく理解されていないのである（註２）．

次の項では，生態系攪乱の主な原因 ── 森林伐採，水域管理の実行，農業開発，気候変動など ── が，人間の感染症にどのようにして影響を与えているのかを探ってみる．

森林生態系の変化

世界中の森林は，感染症の伝播に関与する多くの生物種の生息場である．主な媒介生物群の昆虫である *Anopheles*，*Aedes*，*Culex*，*Mansonia* 属の蚊，*Simulium* 属のブユ，ニュージーランドの *Leishmania* 属種の媒介者となっている *Lutzomyia* 属サシチョウバエ種（図7.1），*Loa loa* の媒介者となっている *Chrysops* 属のハエ，およびトリパノソーマを伝搬する *Glossina* 属のツェツェバエ種はすべて，森林生態系と森林性サバンナに依存する種に含まれている．第１章で述べたように，世界中の森林は前例のない変化を遂げている．人間の感染症にとっては，そのような変化の意味合いは大きい．

森林伐採は保有宿主動物と媒介者の集団の成長を促進し，しばしば人々を危険な縁辺部領域に引き付けて居住させるような，縁と境界を新たに作る（図7.2）．いくつかの病気の中でも，リーシュマニア症，黄熱病，トリパノソーマ症（アフリカ睡眠病とシャガス病の両方），およびキャサヌール森林病は，森林と人間の居住地の境界あるいはその付近で人間に咬傷を与える媒介昆虫によって伝搬されるものである．さらに，保有宿主となる動物の中には，その個体数を増やして森林の縁辺部近くに集中し，それらの動物が伝搬する病原体に対する人間の曝露の危険性を上昇させるものもいる．たとえば，北米での研究では，シロアシネズミ（*Peromyscus leucopus*）がライム病とバベシア症を引き起こす病原体の保有者となっており，森林と畑の縁辺部付近で個体数を増やしているということを明らかにしたものもある．

感染症，とくに節足動物媒介性の病気への曝露の付加的リスクというものは，以前に伐採を受けたことのない森林奥地へ赴くことに起因している．このリスクは，森林への移住というものが，ある意味での森林伐採活動という状況の最中で起こるときに増加する．たとえば，皆伐，道路建設，鉱業等といった活動で，それらは森林そのものの内部に新たな縁と境界をもたらし，またその森林の先住民と違って地元の風土病に対してほとんどあるいはまったく免疫を持たない人間たちを巻き込む傾向がある．黄熱病，リーシュマニア症，そしてマラリアの流行は，そのような森林伐採活動に従事する労働者，およびその森林の縁に居住する者たちの間で，媒介生物との接触がそのように増えることが原因で起こる．

森林の生息地破壊はまた，もっとも一般的な媒介生物種をもっと影響力の強い病気媒介生物，たとえばより以前からいた在来蚊種と置き換わるハマダラカ属 *Anopheles*（p.46 第７章の扉，図7.3）の１種のような虫と置き換えてしまう原因となることもある．これは，東南アジアやアマゾンの一部の地域での森林伐採以後，ずっと続いてきたことである（註３）．次のようなメカニズムが関与しているようである．１つは，森林伐採とそれを伴う道路建設が，水の溜まり場が形成されるのを助長するような林床の凹みを引き起こしてしまう．森林伐採に関連する林床の地表性植物と有機堆積物の除去は，いずれも通常は溜まり水を排出するのに役立っているだけに，こういった凹みが一杯になってハマダラカ属の蚊の理想的な繁殖場になる可能性を高める．

また，樹木の除去は水溜まりの酸性度を低下させる傾向があり（樹木の中には，葉を分解させ有機酸を生成する際に，溜まり水を酸性にするものがある），その水溜まりをアルカリ性環境のほうを好むハマダラカ属数種の幼虫にとって，より適した生息場にしてしまう．最終的に，森林伐採は林床における周囲の明るさと温度を上昇させ，蚊の幼虫の主食源となる水中の藻の光合成をさらにもたらしてしまう．水溜まりへの太陽光の透過は，とくにハマダラカ類の繁殖増加と関連性を持ち続けてきた．

森林伐採によって優勢になった媒介生物種の中には，病気の伝搬において在来の媒介生物種よりも効果が薄いものもいる．しかしながら，一般的にはこのようなことは当てはまらない．森林伐採は森林性蚊の全体的な生物多様性の低下をもたらす一方で，生き残った優占種はほとんどの場合，マラリアのより効果的な媒介者となるのだが，その理由は十分にわかっていない．こういったことは，基本的にマラリアが発生している場所すべてにおいて森林伐採の結果として現れてきたことであり，たとえば，東アフリカで米の生産のために森が切り開かれたとき，タイのカンチャナブリ州でサトウキビ栽培のために森が切り開かれたとき，またインドネシアで森が魚の養殖場に転換されたときなどがそうである．そのような現象は，インドでの開拓に関連した森林伐採の際にも続き，米国でさえも，18世紀初頭から19世紀半ばまでにわたり，とくにイリノイ州からずっと北部にかけてのミシシッピ川沿い地域で続いていた．

過去数十年の間に，アマゾンの森林伐採はハマダラカ属の１種 *Anopheles darlingi* の，この地域で人間にマラリアを伝染させるのに高い効果を持ち，森林が伐採される前から存在していた20種程度の他のハマダラカ属種に取って代わってしまった例もある蚊の増殖をもたらしてきた．多分，*An. darlingi* は，森林伐採に関連した上述の水生生息域の変化により，他のハマダラカ属種よりもさらによく適応をしているのだろう．同様のパターンが東南アジアで観察されているが，そこでも蚊の集団の多様性が森林伐採によって減少している一方で，マラリアの効果的な媒介者となっている種は急速に新しい生息域に適応している．

森林伐採は，特定の種類の巻貝類によって伝搬される人間の感染症にも影響を与えることがある．森林は，張り出した木々により覆い隠される小川，河川，湖沼を含んでおり，比較的一定の水位を維持するのに役立っている．これらの条件は，生息域の広範な配置をもたらし，多くの場合，淡水性巻貝類という生物相の多様性をもたらす傾向がある．森林伐採は，森林の水域により多くの太陽光を透過させ，その結果，より多くの植物の成長，水位変化のしやすさ，さらには地表水の完全消失さえももたらしてしまうことがある．これらの変化は必然的に森林内の巻貝類の多様性を変化させる．少数種の在来性巻貝類しかこれらの新しい森林伐採環境に適応することができないのだが，開拓された地域によく適応できる種類は，一般的に，住血吸虫症（以前はビルハルツ住血吸虫症と呼ばれていた）を引き起こす住血吸虫として知られる寄生性扁形動物の中間宿主（寄生生物の未成熟あるいは繁殖性能を持たない形態に手助けをする生物のこと）としてよく機能する種類でもあるのだ．くり返しになるが，森林伐採は自然界の森林の生物多様性を変化させることによって，人間の感染症のリスクを増大させる．

森林伐採がどのようにして人間の集団内に住血吸虫症を広める可能性があるのかに関する説得力ある例は，カメルーンで見られている（註４）．そこでは，森林生態系が，森で覆われる池と緩やかに流れる川によって，主に巻貝類の１種である *Bulinus forskalii* といった，人間に対してはほとんど病気を引き起こさない住血吸虫である *Schistosoma intercalatum* の中間宿主となっている巻貝類の生活を支えている．しかしながら森林伐採後は，太陽に対しての森林水域の露出が起こり，別種の巻貝類である *Bulinus truncatus* にとって好都合となり，その種が巻貝類の中で優位になった．*B. truncatus* は別種の住血吸虫 *S. haematobium* の効果的な中間宿主であり，その住血吸虫は人間に尿路疾患をもたらすので，森林伐採に伴って，尿路住血吸虫症はカメルーンの一部地域で重大な公衆衛生問題となった（セネガルでの *B. truncatus* と住血吸虫症についての以下の論議も参照のこと）．

フィリピンでは，*Oncomelania* 属の巻貝類は日本住血吸虫 *Schistosoma japonicum* の中間宿主として機能し，これらの巻貝類は森林の内部と外部の両方で生育することができる．大規模な森林伐採の開始以前は，日本住血吸虫は主に齧歯類の集団内で見られ，もしあったとしても，人間には稀にしか感染しなかった．しかしながら，後のフィリピンでの大規模な森林伐採後は，その住血吸虫は人間に移行したのだが，これはある意味，以前は森林だった地域がより大きな人間居住地になったこと，および人間と *Oncomelania* 属巻貝類との接触率が増えたことに起因しているのであろう．

新たな森林を作ることによって，結果的にさらに感染症が拡大することもある．再植林の際は在来種でない植物を利用するかもしれない．非在来性の植物は，感染性病原体の伝播を増加させるある種の媒介生物に対して良い環境を提供することもある．たとえば1940年代に，収穫後のカカオに日陰を与えてやることを目的に，ペルーからトリニダードにイモーテルの木（乾燥してもその木の花が，色と形状を維持し続けるためこのような名前が付けられた）を移入したときに，マラリアの流行がもたらされた．その木々（*Erythrina glauca* と *E. microptery* が使われた）はアナナス（パイナップルおよびスパニッシュ・モスを含む多様な植物群）の生息地を作り出した．これらの植物は，次々に自身の葉の間に，水が溜まりやすくて *Anopheles bellator* というマラリアを媒介する蚊の幼生の増殖にふさわしい生育空間を与えてしまった．*An. bellator* 集団の拡大と，カカオ農場労働者の地域人口の拡大という組み合わせが，蚊の集団との接触をもたらし，マラリアの流行を煽ったのだ（註５）．南米におけるリーシュマニア症，タイのマラリアおよびアフリカのトリパノソーマ症はすべて，在来性の植物が外来種に取って代わられたときに発症が増加した．なぜなら，それぞれの場合において，それらの媒介生物が新しい環境によりよく適応できたからである．

水管理

灌漑，ダム，およびマイクロダム（たとえば，魚の養殖場用のもの）によって形成される貯水池のような小規模な水の溜まり場は，感染症の中でもとりわけ蚊と巻貝類によって伝搬されるものに対して，しばしば劇的な影響を与えるような生態系攪乱をもたらす（図7.4）．

大規模な灌漑は，たとえばマラリアに関する深刻な問題をもたらすことがある．1990年代には「灌漑マラリア」が風土病となり，インド農村部の約２億人の人々の集団内に広まった．この公衆衛生上の大惨事は，ある意味で，灌漑の健康への影響およびその影響を緩和するにはどういった方策が必要なのかについての評価が不十分だったことに起因していた．整備不十分なシステムのために，灌漑水が地表水にまで広がるのが助長され，灌漑に関係した不十分な排水および地下水面の上昇を伴い，インドの主なマラリア媒介生物である *Anopheles culicifacies* の繁殖にふさわしい条件を作ってしまった．これらの仕組みはまた，その地域での別な主要マラリア媒介生物 *An. fluviatilis* が好むような，流れの遅い水流の発達をもたらしてしまった．両方の媒介者集団の増加が，インドでのこれらの灌漑地域でのマラリア症例数の著しい増加をもたらした（註６～８）．

過去50年間は，ダム建設が環境悪化と世界の多地域での重大な人間の健康影響の主要因の１つとなってきたが，生物多様性の消失と感染症増加の両方も含まれる．

河川生態系は典型的に，河川の持つ様々な流れのパターンと独特の川底の生息域が支える多様な動植物を含んでいる．ダム建設は多くの場合，これらの生態系をひどく攪乱し，破壊してしまう傾向がある．河川の流れの変化は，河川内部と周辺およびダムの上流と下流の生息域すべてを変えてしまうので，典型的に見て，これらの生態系に棲んでいた在来種のうちでうまく生き残れる種はほとんどいない．しかしながら，かつては稀であった種が個体数を増やしてしまう場合もある．ダム建設後に発達する生息域によりよく適応する傾向を持つ種の中には，人間への病気の伝搬をより促進してしまう種がいるが，その中にはたとえば昆虫・巻貝類のなかまの媒介生物といった住血吸虫症の中間宿主がいる．さらに，下流の放水路（放水路とは，ダムを経由または通過させて過剰な水を運ぶための構造物である）は，*Simulium* 属のブユといったオンコセルカ症（河川盲目症）を引き起こす *Onchocerca volvulus* という原虫の媒介者に対して，理想的な繁殖場を与えることで知られている．これらの放水路は，マラリアとその他の病気の媒介者である蚊に対しても，潜在的に幼生の生息域になるものを作り上げてしまう．なぜなら，放水路はそれに隣接した止水溜まりの形成をもたらすことがあるからである．

セネガルのディアマダムの建設は，上流域で何千人もの人々に影響を及ぼした腸と尿管の住血吸虫症の発生を引き起こし，病気に基本的にかかったことのない人々に深刻な健康問題を引き起こした（Box 7.2参照）．

同様に，エジプトのナイル川下流のアスワンハイダムとスーダンの青ナイル潅漑プロジェクトは，何百万人ものナイルデルタ住民に，住血吸虫症への高く慢性的な曝露リスクをもたらした．アスワンハイダムの場合，ナーサー湖（ダムが建設された湖）の植物プランクトンと他の植物の爆発的な成長が，魚の集団にとっては利益となってきた．８万トンの魚が今ではその湖から毎年獲れている．他地域の漁師の中に *S. haematobium* の保有者がいて，この新しい恩恵を活用しようとしてその地域内に入ってきたが，*B. truncatus* という種の巻貝集団もかなり増えてしまった（湖の水草の数の劇的な増加が原因）ため，尿路住血吸虫症発生の足場ができあがってしまった．ダムの下流域では，灌漑の慣行が季節的なものから一年中に変わり，この変化が上エジプトにおける生息地を *B. truncatus* にとって有利なものに変えてしまっただけでなく，尿路住血吸虫症への感染をさらにもたらしてしまった．その結果，上エジプトと中部エジプトの *S. haematobium* 有病率は，1960年以

Box 7.2　セネガルのダム，灌漑と住血吸虫症

1985年に建設され，セネガル川の河口から40 kmの位置にあるディアマ・ダムは，乾期に塩水が川を遡るのを防ぐために作られた．ダムは塩分を防いだが，地域の生態系を変えもした．ダム建設後に現れて繁栄した動物に巻き貝の *Biomphalaria pfeifferi* がいるが，この貝は消化管に住血吸虫症を引き起こすマンソン住血吸虫 *Schistosoma mansoni* の重要な中間宿主である．この川の周りに *B. pfeifferi* が現れる以前に多くいた *Bulinus globosus* はマンソン住血吸虫の中間宿主とはならない．ディアマ地域で1985年よりも前に走られていなかったマンソン住血吸虫はすばやく現地住民に寄生するようになった．マンソン住血吸虫の卵が最初に発見されたのは1988年の糞便サンプルからで，ダムの上流約130 km（約80マイル）にある町，リチャード・トールに住む一人の人間からえられた．1989年の終わりまでにはほぼ2000人がマンソン住血吸虫に陽性反応を示し，1990年８月までには町の総人口５万人の60%が陽性となった．この期間に，*B. pfeifferi* はリチャード・トールの町周辺にありふれた貝となり，付近で採集された巻き貝の70%が本種だった．また，そのほぼ半数がマンソン住血吸虫に感染していた．

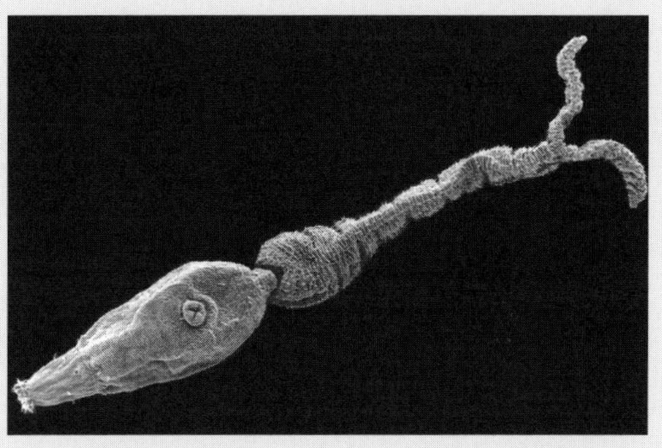

マンソン住血吸虫 *Schistosoma mansoni* の走査電子顕微鏡写真
住血吸虫の幼虫形態はセルカリア（cercaria）として知られ，ヒトの皮膚を貫通して感染を開始する．マンソン住血吸虫は消化管に住血吸虫症を発症させる．（© Jonathan Emerson Kohler, University of Washington）

ダムができる以前は，セネガル川には海水が逆流して塩分を高くしていて，その状態は住血吸虫にもその中間宿主のヒラマキガイ科 Planorbidae の巻き貝も（淡水生で，陸生の祖先を持ち，肺で空気呼吸をする）も阻害する．そのため，人々が信じているところでは，ダム建設で塩分が減少し河川沿いの酸性度が弱まり水位が安定して，ヒラマキガイ科の巻き貝に好適な環境となって在来の巻き貝が駆逐され，住血吸虫に遭遇する機会が増した．

ディアマ・ダムは，また他の理由でこの地域の住血吸虫症の危機に対して責任がある．ダムができて可能となった米栽培のために灌漑設備がかなり増加したが，これはたとえば，巻き貝の *Bulinus senegalensis* に新たな生息地をもたらし，本種はまた別の住血吸虫 *S. haematobium* の中間宿主で，これは泌尿生殖器に住血吸虫症を引き起こす．しかしダム建設によるこの変化ではない他の要因が泌尿器官の住血吸虫症の急増の原因である．この地域で住血吸虫の *S. haematobium* のもっとも一般的で最重要な中間宿主は *B. globosus* だが，この種は顕著な感染を起こさない．おそらく在来系統の吸虫を極めて長い間持っているので，地域住民は長い間に免疫を持っている．ダムの建設後は，泌尿器官の住血吸虫症が爆発的に増えたが，その原因の一部は他の種の巻き貝 *B. truncatus* は在来系統の吸虫 *S. haematobium* の宿主とならないのが，個体数が顕著に増えたからである．さらに，多人数の農民がこの地域に移植し，大規模に広がった灌漑水田耕作の一部に従事した．それら農民のあるものは，アフ

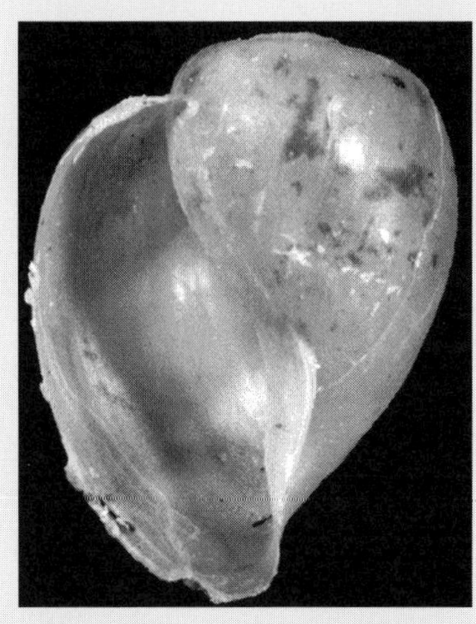

巻き貝の *Bulinus globosus* の殻．本種は吸虫の *S. haematobium* の重要な中間宿主である（写真：Thomas K. Kristensen, Mandahl- Barth Research Center for Biodiversity and Health, Denmark.）

リカの他の地域，マリなどから来たが，他の系統の吸虫 *S. haematobium* が彼らの体に宿っており，巻き貝の *B. truncatus* はその有能な中間宿主となった．もとの地域住民はこの移入系統の吸虫にほとんどあるいはまったく免疫を持たなかったので，結果として，泌尿器官の住血吸虫症が大流行した．

セネガル川流域では腸管型と泌尿器型の２つの吸虫が分布と感染を拡大している．ディアマ・ダム上流のセネガル川流域の住血吸虫症の歴史は，ダム建設がベクター媒介性疾患の広がりに及ぼす潜在的影響についての興味深い話を提供した．そこには相互作用の複雑さや，自然生態系の混乱に続く病原体と宿主の間の相互作用の予測の困難性を示されている．

前には約６％だったものが，1980年代には20％近くに跳ね上がった．下エジプトでは同様のことが腸住血吸虫症で起こったが，さらに高い程度に及んでいた（註９～12）．その地域では，中間宿主は *Biomphalaria* 属の巻貝類であった．

地下水面の上昇と，ハイダム建設に伴うナイルデルタの小さな灌漑用水路における水流の減少が，1970年から1990年の間にリンパ系フィラリア症の蔓延をも助長してきた．なぜなら，これらの影響が *Culex pipiens*（フィラリア症の媒介者である蚊の１種）にとっての有用な繁殖場を増やしたためである（註13）．

農業開発

家畜や狩猟鳥獣は，動物の保有者から人間への病気感染連鎖において重要な結び付きを形成する．家畜がしばしば野生の病原体保有生物と人間の宿主との間で仲介者として機能していることを考えると（後ほど説明），家畜管理の変化は新しい病原体の出現や古いものの再出現を促進することにより，人間の健康に深刻な影響を与えることがある．

サルモネラ菌

1980年代には，*Salmonella enteritidis* が家禽とその卵から発見され，人間の病気の原因となる主要な細菌として世界中に出現した．その拡大に関する研究から，*S. enteritidis* は人間にとって少なくとも病原性でない *Salmonella gallinarum* が従来占めていた大規模養鶏場における生態学的地位を満たした，ということが示唆されている．*S. gallinarum* は養鶏産業にとって，長い間重大な損害をもたらしてきた．なぜなら，その菌は家禽に腸炎を発生させるからである．その結果，米国や英国などといった他の国々では，たくさんの養鶏農場主が病気を制御するための手段「test and slaughter（検査と畜殺）」を採り入れ，そこでは病気陽性と判定された鳥すべてが殺された．この手段は大量の抗生物質使用と結び付くことによって，1970年代の米国および英国の商業用家禽集団から *S. gallinarum* を大幅に除去することができた．1985年には，しかしながら，米国の家禽における *S. enteritidis* 感染症の発生率は，1976年の５倍の水準に跳ね上がった．明らかに，*S. gallinarum* は家禽のコロニーから *S. enteritidis* を競争的に排除していたが，それゆえに，*S. gallinarum* がもはやいなくなると，家禽における *S. enteritidis* 感染が著しく増加したのである（註14）．感染率はその後低下したが，現在の推定では，20万人以上の米国人たちが依然として毎年 *S. enteritidis* で病気にかかり，そのコストは10億米ドル以上であると示唆されている（註15，16）.

S. enteritidis の持つ特徴の中には，*S. gallinarum* に取って代わる能力に結び付く点がある．第一に，*S. gallinarum* は家禽と水鳥以外の保菌者を持たないが，他方で *S. enteritidis* は齧歯類も保菌者で，たとえ感染した家禽が殺されても，細菌はくり返し再感染する．また，*S. enteritidis* は *S. gallinarum* と対照的に，しばしば症状を現さずに家禽に感染し，感染した動物が区別できず，それゆえに処置も受けず殺されもしないため，感染が拡大する．ひとたび家禽が *S. enteritidis* に感染すると，商業用養鶏場の一面が感染拡大に貢献してしまう．高密度の飼育場では何万ないし何十万個体もの動物が１カ所で宿主となり，病気の急速拡大を促進し，施設内から何千キロも離れた出荷先へと拡大する．

家畜の集中飼育，とりわけ家禽とブタの混合飼育は，他の病原体の感染症流行をもたらすための理想的な環境をも作り出す．こういった飼育法は，中国などアジアの一部の国々で普及しているが，世界中で人間の健康にインフルエンザによる深刻な影響を与え，また，そのウイルスの新たな病原型の進化を促進することがある（以下の病原体の多様性の項参照）.

日本脳炎

ブタは，日本脳炎（JE）というアジアの稲作生態系に関連を持つウイルス性疾患の拡大に貢献することもある（脳炎は通常，ウイルスによって引き起こされる脳の炎症）．地域全体では，毎年５万人程度で症例が発生し，感染者の20％がその病気で死亡し，さらに20％が身体障害者となる（註17）．その病気は重大な社会的・経済的被害をもたらす．アジア全域における主要な媒介者のコガタアカイエカ *Culex tritaeniorhynchus* は灌漑された水田でよく繁殖するが，他の重要な媒介者である *Culex vishnui*（インド，タイ，スリランカ，台湾産）も同様である．その他数種のイエカ属 *Culex* は多様な生息地で繁殖するが，その中には灌漑稲作と関連を持つものもいる．日本脳炎の伝搬サイクルは，通常家畜のブタなどの増幅宿主（病原体が急速に増殖して数を増やし，媒介生物によって拡大させられるような宿主のこと）に関係しているが，サギ科の鳥（サギおよびアオサギを含む脚が長く，首の長い渡り鳥）が関係している例もある．

日本脳炎はタイと中国の灌漑水田地域で風土病（外部地域に入れられることなく，特定の地域で継続的に発生するという意味を持つ）となっている．近年，ネパールのテライ地区とスリランカにおいても発症が見られているが，これはブタが飼育されている地域に隣接した新たな灌漑システムの導入に伴うものである．これらの条件は，日本脳炎の出現と流行の可能性に対して有利に働くが，これはその病気の媒介者およびウイルス性病原体の増幅者が一緒に持ち込まれるからである（註17，18）.

ニパウイルス

1998年には，ニパウイルスがまず呼吸器や神経疾患としてマレーシアのブタに現れ，その後は致死的な影響を伴って人間にまで広がった．ニパウイルスは，人間において深刻な脳炎および血管疾患を引き起こすことがあり，マレーシアでの発症では，ニパウイルスに感染した人々の死亡率は約40％で，100人以上が死亡した．基本的に，感染者のすべてが養豚場あるいは屠殺場のいずれかで，ブタと直接接触していた．マレーシア半島全体およびシンガポールに及ぶ養豚場間でのニパウイルスの急速拡大は，初期の発症後，感染したブタが極めて安価に売却されたことに起因していた可能性が高い．この病気の発症を制御するために，何百万頭ものブタが殺され，何百軒もの養豚場が閉鎖され，何万人もの労働者が失業した．ニパウイルスはマレーシア政府に３億5000万ドル以上のコストを強い，無数の人々の生活を破壊したのである（註19）．

ニパウイルスの起源はオオコウモリ属 *Pteropus*（オオコウモリ科 Pteropodidae）に属する次の２種のオオコウモリ，別名「フライングフォックス」の在来種にまで遡るといわれている．ジャワオオコウモリ（*Pteropus vampyrus*, 図7.5）というマレーシア半島，ボルネオ，タイの至る所にいる種と，ヒメオオコウモリ（*P. hypomelanus*）という種である．オオコウモリ科のコウモリは，ニパウイルスに感染しても病気の臨床的症状が発現しないのだが，ヘニパウイルス（ニパウイルスと同属のウイルス）の在来性保有者と考えられており，時間をかけてこれらのウイルスと共進化してきた可能性が極めて高い．彼らの分布域はマダガスカル東部から，東南アジア，オーストラリア，南太平洋諸島に至るまでの旧世界熱帯地域を含んでいる．それらのコウモリは，熱帯雨林性植物の種子分散者および花粉媒介者として機能することによって，熱帯生態系において重要な役割を果たしている．狩猟や森林伐採は，その領域全体における生態学的に重要なこの動物群を脅かす（註20）．

複数の要因が，1998年のニパウイルス流行の勃発と関連性を持っていた可能性がある．第一に，オオコウモリが生息して食料を得ている雨林で広範囲な森林伐採があったが，その目的は木材集めと農業の拡大強化のためであり，後者は主としてゴムノキやアブラヤシの栽培に関連するものであった．第３章（p.147）で説明したように，過去40年間にわたり，その地域においてアブラヤシ農園が大規模に成長している．

第二に，もしかするともっとも重要なことかもしれないが，マレーシアの養豚場は歴史的に見ると小規模な操業をしていた一方で，養豚場の大きさはニパウイルスの流行前の数十年で著しく増加していたのである．オオコウモリが長い間，ニパウイルスが最初に出現した地域をねぐらとしていたことは明らかであり，コウモリからブタへの波及効果が過去に発生していた可能性がある．しかし現在ある証拠によれば，流行を手助けするほどの高密度のブタがいなければ，ウイルスはおそらくブタが病気から回復するか，あるいは病気に負けるかのいずれかの経路を走っていたであろう．人間への感染と豚における他の病気へのニパウイルスの類似性がなかったために，過去に検出されることのない感染をもたらした可能性がある．現在，信じられていることは，1998年におけるニパウイルス流行の引き金として重要な要因であった可能性があるのはブタの密度で（流行が発生した養豚場はその時点で３万頭のブタを所有していた），つまりブタの間での感染を持続させ，ニパウイルスが養豚場労働者に広まること閾値に達してしまったのだろう．

しかし，ニパウイルスはどのようにしてコウモリからブタへ，さらには人間へと飛び移ったのであろうか？　オオコウモリは明らかに過去に養豚場の近くに存在していたが，それらの個体数はそのウイルスの流行時に増えていた可能性がある．マレーシアの天然餌料資源（一般的にイチジクその他の天然果実が餌料とされていた）の利用が困難になるような森林伐採に伴い，商業用果樹園から果物をもっと探し出そうとしていたのかもしれない．たとえばニパウイルスが最初に発生した農場での事例（マンゴーの木がブタのいる囲いに日陰を提供するために植えられていた）のように，これらの果樹園が養豚場内にある場合は，コウモリからブタへとウイルスが広まった可能性がある．ニパウイルスはオオコウモリの唾液，尿，糞便中に存在することが知られているので，感染したオオコウモリ類が，食べかけて落とした果実や彼らの排泄物を介して，ブタに感染した可能性がある．感染したブタは酷い咳を発症し，数多くのブタがニパウイルスに感染する．そしてブタの感染した糞便や，咳を介してエアロゾル化したブタの経口および経鼻粘液の分泌物と接触した人間にウイルスを移す．

野生動物に近接した状態にある高密度の家畜の組み合わせ，野生動物の天然餌料資源の消失，および病気感受性の強い家畜に近接した果樹園の存在は，すべて人間によって作られた環境であり，人間におけるニパウイルス脳炎の発現に貢献した．ニパウイルスはそれ以来，バングラデシュで発生しているが，そこでは2001年から2005年までの間，人々の間で毎年そのウイルスが流行していた．その死亡率は75%と高い値を示している．しかし，バングラデシュ人での流行には家畜は関与していない．そのウイルスの流行はおそらく，オオコウモリ科コウモリから人間への直接伝搬，または場合によってはウイルス汚染された果汁を消費することによって発生している．

コウモリはまた最近になって，他の２つの主な新規感染症ウイルスの宿主であることが明らかになった．重症急性呼吸器症候群（またはSARS）とエボラである．前者の場合は，４種類の異なった昆虫食性のキクガシラコウモリ属 *Rhinolophus* が，SARSウイルスを保有していることが明らかにされている．彼らは野生において，SARSウイルスの保有宿主となっている可能性がある．このウイルスが，病気の最初の発生地である中国広東省の家畜市場のハクビシン（*Paguma larvata*）から初めて発見されて以来，１万頭以上の動物が殺された．しかし，実際はそのジャコウネコのなかまは，キクガシラコウモリの種類からウイルスを受け取った可能性が高い．またこれらの動物は，一般に食品や伝統薬として使用するために同じ市場で販売されている（註21）．

エボラウイルスの野生保有宿主は，アフリカで1976年に最初に流行してから2005年に至るまで，まったく見つかっていない．最初の流行当時は，ウイルスはガボンとコンゴ共和国において，３種類のオオコウモリ，ウマヅラコウモリ *Hypsignathus monstrosus*，フランケンオナシケンショウコウモリ *Epomops franqueti*，およびコクビワフルーツコウモリ *Myonycteris torquata* から検出されている（註22）．SARSとエボラ両方において，ブッシュミート取り引きが人間への病気の伝搬に関与してきた．たとえば，SARSの事例における中国のハクビシンとキクガシラコウモリの例，およびエボラを保有する西部･中部アフリカの霊長類のように．

都市化

世界各国の人々は都市へと移動しつつある．2007年には人類史上初めて，都市人口が農村部人口を上回った．この都市人口増加のほとんどは開発途上国で起こっているが，すでに1500万人を超える人口を持つ世界の10都市のうちの７都市が含まれている．そういった移行の影響が生息地の破壊，その後の生態系の変化，またこの章のいくつかの他の文脈内で示すように，感染症の拡大を引き起こすことに関連している．

都市構築によって，湿地帯やその他の溜まり水が排水されることがあるが，それによって何種類かの蚊の集団の潜在的繁殖場所を排除することになるので，何種類かの感染症の発生率を減らすのに役立つ．しかし，都市化によって他の節足動物媒介性の病気発症率が増加することもある．一例として，都市化によるデング熱の増加がシンガポール，リオデジャネイロ，ジャカルタで起こっているが，それらの国では雨樋，古タイヤ，バケツ，コンクリートの壁に埋め込まれた壊れたビン，缶，ポリスチレン容器，および都市内における他の水溜まり場が，デング熱ウイルス（アフリカでは黄熱病ウイルスとも呼ばれる）の主要媒介者となっているネッタイシマカ *Aedes aegypti*（図7.6）にとって好ましい繁殖場となってしまった．一部の開発途上国における都会周辺の貧困な人々は，自然界の生息地とのより大きな接点を持つため，中心部の人々よりも大きなリスクを抱えてしまうことにさえなる（註23）．

最近の研究では，米国東部における都市部と郊外の無秩序な拡大がどのようにして，人間のライム病曝露へのリスクを増加させたのかが記述説明されているが，それは主に，そのような開発が森林の断片化と，そういった断片に隣接して生活する人々の数を増やすという結果をもたらしたことが原因である（註24）．クロアシマダニ（*Ixodes scapularis*）はライム病の媒介者であると同時に，米国東部における複数の他の病原体の宿主にもなっている．また，この地域におけるライム病の主な保有宿主は，一般的な齧歯類シロアシネズミ（*Peromyscus leucopus*）である．

そのネズミは手付かずの原生林から浸食された植林地帯，庭の小屋，さらには台所に至るまでの，多くの異なる生息地に棲んでいる．なん例かの研究では，シロアシネズミの集団は小さな森の断片部分では極めて高密度となることが実証されているが，おそらくそのネズミを捕食あるいは競合するような他の脊椎動物種がいないことによるものであろう（上述のように森の分断化は，獲物を捕食する生物に対して不釣り合いな影響を与える）．結局のところ，小さな森の断片部分においては，ダニの集団に対して多くのシロアシネズミがいるのだが，食料となるような他の哺乳類宿主はほとんどいないため，感染して人にまで伝染させることができるようなダニの割合を高めてしまうのである．対照的に，もっと広がりを持った森林地帯では，数少ないシロアシネズミと豊富だが保有宿主として機能しない宿主（ライム病菌を，宿主を刺すダニに対して伝搬しないか，あるいはほとんどしない宿主）の組み合わせが，感染したダニ集団の割合を結果的により低くしている．約3ヘクタール（7.4エーカー）を下回る森の断片は，このような病原体－媒介者－宿主の相互関係のために，ライム病にかかるもっともひどいリスクをもたらしてしまうことは決定的である（註24）．都市化が感染症の伝播にどのような影響を与えるかについてのさらなる例は，以下の生物多様性に与える変化の文脈で述べる．

媒介者，病原体，宿主の多様性と人間の感染症

生物多様性とは，第１章で定義付けたように，生物種の地域集団内の遺伝子から，地域共同体を構成する種そのもの，および生態系の生物学的構成要素を作り上げているこれらの共同体に至るまでの，生物学的構成すべての段階における地球上の生命の多様性を示す．感染症に関連する場合は，生物多様性はこれらの段階のいずれにおいても存在する．感染の発生は，病原体，媒介者，および宿主の遺伝的構成，これらのグループ各々における数

多くの生物種，1つの生態系内で有用な生息地の多様性，およびある生物種から他種に至るまでを選んだ農薬の使用に見られるような人的行為の多様性によって影響を受ける可能性がある．

中には，病気発生の増加に関連して生物多様性がより高くなる例も見られる．たとえば，熱帯性地域では病原体の多様性が高く維持されているが，それゆえにそこに住む人々は，生物種の乏しい亜寒帯性地域に住む人々よりも感染リスクが高くなる可能性がある．他の例では，捕食者や競合者の多様な群集が，上述のライム病の例に見られたような齧歯類の保有宿主数を制御する場合のように，高い生物多様性がリスクを緩衝する役目を果たすことがある．

さらに生物多様性の様々な構成要素における変化は，与えられた生態系の中においては，多かれ少なかれ，絶対的な量の生物多様性の中における変化よりも，病気の発生に対してより大きな影響力を持つかもしれない（註25, 26）．たとえばウガンダでは，ウシの集団が以前に在来性有蹄類（ひづめを持つ哺乳類の大きなグループ，たとえばカモシカやウシ）の生息していた地域へと拡大・移動してきたことが，外来性植物ランタナ *Lantana camara* の放棄農地への侵入と結び付き，1980年代にアフリカ睡眠病（ASS）の流行を引き起こしたツェツェバエ（*Glossina*，図7.9）の分布の変化に寄与したものと考えられている（註27, 28）．これらの流行はブソガ（ウガンダ共和国の一地域）で始まった．その原因は，従来のコーヒー・綿花農園が，アミン政権による規則下で生計が成り立たなくなり放棄されたこと，ツェツェバエの抑制計画と衛生サービスが崩壊したこと，農園がその高密度な植生の中でASSの媒介者となっているツェツェバエ（*Glossina fuscipes*）の増殖に都合の良い生息地を作り出し，そこに *Lantana* 属植物が急速に拡大したこと，そしてウシの導入により，ASSを引き起こす寄生虫の亜種ローデシアトリパノソーマ *Trypanosoma brucei rhodesiense* にとっての，極めて有効な保有宿主が提供されてしまったことにあると考えられている．*G. fuscipes* はウシだけでなくあらゆる有効宿主を吸血するもっとも一般的な媒介者である（註29）．ウガンダでのウシの移動は今日も続いており，その国における睡眠病の拡大に影響を与えている（註30）．この事例においては，在来種による生物多様性が，在来性でなく外来性および侵入種と置き換わってしまったことが，絶対的な数量の生物種における変化よりもむしろ，感染症流行の原因となった．

媒介生物の多様性

節足動物によって引き起こされる節足動物媒介性病原体および疾患は主に，熱帯域に集中しており，大部分は熱帯雨林中，および熱帯雨林生態系の端にある森林地帯とサバンナで見られている．熱帯域では，生態系の攪乱がなければ病気媒介生物種の多様性がもっとも高くなる傾向がある．他方で，攪乱された生態系では種の多様性がより低い傾向があるが，攪乱するということが，より広いバリエーションの動物を刺し，広範な地理的分布を持ち，より多様な生息地で繁栄することができるような「万能な」媒介生物の成功に対して，有利に働くように見える．

場合によっては，1つの生態系中のより多くの病気媒介生物が，人間が節足動物媒介性疾患にかかる機会を増やす可能性がある．たとえば，西ナイルのウイルス性脳炎の伝搬は1999年に北アメリカで初めて見られたが，少なくとも2種類の蚊が宿主間でのウイルスの拡大に関与する場合に促進されるのかもしれない．*Culex tarsalis* のような鳥類を吸血するような蚊は，鳥類の間でウエストナイルウイルスを伝搬することに関しては効力を持っているが，これらの蚊は人間を刺すことがほとんどないため，我々人間に対してその病気を伝搬するには，他種の蚊が必要である．そのような蚊の１種であるイエカ *C. pipiens* は，鳥類と人間の両方を刺すので，ウエストナイルウイルスを鳥類から人間へと伝搬することができる．最近の研究で，*C. pipiens* はその病気の感染を人間の間でも伝搬することができることが示されている．しかしながら，イエカ *C. pipiens* は鳥類を刺すことのほうが稀なので，鳥類の集団中でその病気を維持する別の媒介者（たとえば *C. tarsalis* 等）が，人間の感染する機会を増やしている（註31）．

媒介生物種と人間の病気との間における同様の関係は，カリフォルニア州でのライム病の伝搬に関して存在すると考えられる．ダニの１種クロアシマダニ *Ixodes spinipalpis*（図7.7）はライム病菌 *Borrelia burgdorferi* の感染サイクルを，齧歯類の保有宿主内（図7.8）で維持する要因となっているが，そのダニは人間を刺すことはめったにない．一方，別種のマダニ *I. pacificus* がライム病感染を齧歯類宿主から人間へと伝搬する能力を持っている．両種の存在があるために，カリフォルニア州の人々はライム病に感染するリスクが高くなっている．しかしながら，セイブハイイロリス（*Sciurus griseus*）が豊富に存在するカリフォルニア州の地域では，ライム病のリスクは，ダニのほとんどがマダニでクロアシマダニがほとんど存在しない場合でさえも，高くなることがある．セイブハイイロリスはライム病保有宿主としての能力が高く，またマダニは頻繁にリス類と人間の両方を刺す．

多様な媒介生物群集自体が人間へ病気を伝搬する可能性を増やす場合もあるだろうが，ほとんどの状況はさらに複雑である．たとえば，節足動物媒介性感染のいくつかに関して言えば，根本的に重要なのは媒介生物群集の特定の特徴（たとえば感受性，食性，刺す行動など）であり，異なる媒介生物種の数でもなければ，それらの個体数の豊富さでもない．その一例を Box 7.3に示す．

病原体の多様性

媒介生物で見られたように，病原体の多様性が高くなればなるほど，典型的に病原体の人間への伝搬リスクが高くなるという関連性がある．しかしながら，必ずしもそうとは限らない場合もある．たとえば麻疹ウイルスの存在により，百日咳等の他の感染症から守ることができるような免疫応答が生み出されることもある．この場合は，病原体の多様性が高くなるほど，病気の負担が減らされるのである．既存の多様性に加えて，ある病原体の種の中で変異を起こして新たな遺伝的形態を作り出す可能性があるため，自然選択によって急速な進化的変化がもたらされる．容易に変異する能力のあるゲノムを持つ病原体もあり，そのような変異が感染症の流行に対して影響を与えることがあるので，感染症というものは必ずしも病原体間の高い遺伝的多様性の存在によって生じるというわけではなく，病原体自身の持つ遺伝的に多様化する能力に起因して生じることが実証されている．たとえば，ヒト免疫不全ウイルスは自身の持つ高い遺伝的変異率のおかげで，我々の免疫系から逃れる能力が高くなるが，その理由は我々の免疫細胞が認識して，効果的な防御反応を発達させるのに掛かる時間よりも速く，ウイルスが自身の形態を変化させることができるからである．

病原体の持つ急速な遺伝的変化能力の重要性に関するもう1つの例が，インフルエンザウイルスに見られる．これらのウイルスはウマ，種々のブタと鳥類，そしてもちろん人間にも感染する．毎年人間の集団中で循環する季節性インフルエンザは，東アジアで発生するウイルスとは遺伝的にかけ離れた系統であり，世界中を飛び回る．もっともしばしば見られるのは，インフルエンザウイルスゲノムの中で小さな変化しか生じないために，過去に循環したことのあるものと似たようなウイルス，すなわち過去にインフルエンザにかかった人間の免疫系と親和性が高いようなウイルスが作り出される例である．その結果，それらのウイルスは一般に軽度の症状しか起こさない．

野鳥および家禽は鳥インフルエンザウイルスの保有宿主として機能するが，そのウイルス系統のほとんどは，鳥たちに対しては深刻な疾患をもたらさない．アヒルとニワトリがブタの近くで飼育される場合，東アジアでは一般的に見られることだが（図7.10），その鳥たちは自分たちが持つインフルエンザウイルス系統をブタに伝搬することがある．哺乳類と鳥類のインフルエンザウイルス型は両方とも，ブタの体内で十分に複製され，それらの持つ遺伝情報を交換することができるので，その結果，新しくかつ潜在的病原性を持つインフルエンザウイルスの系統が形成されることがある．これらの系統は，新しいものに置き換わったインフルエンザウイルスゲノムを作り出す8系統の遺伝子材料のうちの1つを保有するような，重大な変化を自身のゲノムの中に持つ可能性がある．それゆえに，ブタはインフルエンザウイルスの「攪拌槽」と呼ばれているのである．人間もまた,「攪拌槽」として機能し，鳥と人間のインフルエンザウイルスの遺伝情報を交換し合っていることがある．そのような交換があるために，生きている人間の免疫系が今までに一度も曝露されたことのないウイルスが作られることがあり，深刻で世界的な大流行をもたらす可能性が生じるのだ．

鳥類由来の鳥インフルエンザウイルスが人間に直接伝搬されて，潜在的に壊滅的な結果をもたらすこともある．1997年に香港で，家禽のインフルエンザウイルスのうちの1系統が，ニワトリの屠殺をしている労働者に感染することが明らかになった．

Box 7.3　灌漑と蚊の種組成の変化：スリランカの事例

スリランカのエネルギー需要の増加に対応して，マハウェリ川ダムプロジェクトが計画され，1976年に川に沿って多段式の巨大なダムの建設が始まりまった．約30年後，このプロジェクトは深刻な伝染病のこの地域での流行へと発展した．ダムの建設後，森林は灌漑の整った米農場に転換し，木々に覆われた流れや水溜まりは多数の開けた生息地へと転換し，水田，水路，小さなため池，そして一時的な雨水の溜まりができた．当然，これらの新しい状況に，蚊の種類と数が変化した．3年後，蚊の種類数は20%減り，49種いた森林の蚊が，灌漑の整った農場では39種となり，灌漑開発後にも豊富に見られた種は60%のみであった．しかし同時に，以前はあまりいなかった10種が森林開発後によく見られるようになり，その中には重要な病原媒介種が含まれていた．たとえば，*Anopheles culicifacies* などのマラリア媒介種のハマダラカ属，デング熱を媒介する *Aedes albopictus*，フィラリアを媒介するヌマカ属 *Mansonia*，そして日本脳炎を媒介するイエカ属 *Culex* である．さらに，それら以外のマラリアを媒介するハマダラカ属の *An. subpictus* などの数が増え，マラリアの中間宿主として顕著となった．

それ以来，H5N1として知られるこの高病原性ウイルス系統は，主に渡り鳥を介してアジアからヨーロッパ，アフリカおよびオセアニアへと拡大してしまった．それをきっかけに，２億羽以上の家禽が病気の拡大を食い止めるための目的で殺処分されている．世界保健機関によれば，2007年９月10日の時点で，世界中で328人が感染し，200人がその病気のために死亡している（www.who.int/csr/disease/avian_influenza/country/en/ 参照）とされているが，彼らのほとんど全員が感染した鳥類に直接接触していた．H5N1ウイルスの高い死亡率は，おそらく人間の免疫系がそれに慣れていないという事実に関連した，そのウイルス生来の病原性の産物であると考えられる．H5N1ウイルスが変異して人間から人間への拡大が可能になるはずであろうから，インフルエンザの流行はほぼ確実に引き起こされるであろうし，その流行に関して専門家らは，1918年から1919年にかけて起こった，当時生きていた５人の人々のうちの誰かに感染して，少なくとも2500万人以上の世界中の人々を１年間のうちに死亡させた「スペインインフルエンザ流行」と同じくらい壊滅的なものになるであろう，と予測している（註32）．

ライム病を引き起こす細菌 *B. burgdorferi* の地域集団内では，高い程度の遺伝的多様性がもたらされている．米国東部には，15種類にもなる *B. burgdorferi* の異なる系統が安定した集団の中で共存している地域もある．ライム病患者からは，これらの系統のうちの４種類しか回収されていないので，他の11系統は人間に対して感染性を持たないことが示唆されている．感染性のある４系統はすべて，シロアシネズミから採れたダニから得られた．それらのうちの２系統は，トウブシマリス（*Tamias striatus*）やブラリナトガリネズミ（*Blarina brevicauda*）からも得られる．もしも，人間に病気をもたらさない系統の１つに前もって曝露されることにより，病気を引き起こすこれらの系統に対する個人の免疫応答が増大されるという結果がもたらされるなら，*B. burgdorferi* 系統間の高い細菌多様性の存在は，保護的な役割を果たすであろう．ライム病についてのそのようなシナリオは，もっともらしいのだが不確かな部分も残っている（註33，34）．

細菌集団内の遺伝的多様性は，抗生物質耐性の急速な進化をも助長する．抗生物質というものは，撲滅しようとしている細菌すべてを殺すというものではない．この理由の１つは，任意の細菌集団の中において，一部の細菌が特定の抗生物質の効果に対して耐性を持つ可能性があることである．それゆえに抗生物質の使用自体が，これらの抗生物質に対する耐性細菌の生残を選択してしまうことがある．あまりにも手短すぎる方法あるいは少なすぎる量で抗生物質を使ってしまうと，もっとも感受性の高い系統だけしか排除できず，耐性のある系統が増殖する可能性を与えてしまうのだが，他方で，あまりにも長期的な方法で行ってしまうと，初期のうちは稀でも（後になってから）抗生物質耐性のより高い型の系統が出てくるという，持続的な選択を引き起こす可能性がある．

家畜の大規模飼育は，抗生物質耐性細菌を作り出すための肥沃な場所となっている．米国では，家畜は毎年体重に応じて，人間がするのよりも大体３倍くらいの量の抗生物質を投与されているが，中には2000万ポンド（900万 kg を少し超える量）に及ぶ場合もある（註35）．一部の専門家が90％以上と推定するこの投与量のうちの大半は，治療量以下の用量で，感染予防のためおよびより急速な成長を刺激するために使用されている．米国での家畜に使用される抗生物質の約５分の１は，人間に使用されるものとほとんど同じであるため，一般的に処方される抗生物質に対して耐性のある，人間の感染症を引き起こす細菌の発達のための土台を作ってしまう（註36）．人間の胃腸疾患の原因となる主な3つの細菌，大腸菌 *E. coli*，カンピロバクター *Campylobacter jejuni*，およびサルモネラ菌 *Salmonella enteritidis* の一部の系統に見られる抗生物質耐性は，すでに家畜での抗生物質使用に限られたものになっている（第8章の *Campylobacter* 属における抗生物質耐性に関する項，p.333 参照）．家禽で記録があるように，抗生物質耐性は数週間のうちに現れることもあり，耐性細菌の広範囲にわたる蔓延は，人間の集団の中で新規の抗生物質が導入されてから，数年以内に発生することが実証されている．

宿主の多様性

脊椎動物界における種多様性の高さがあるために，病気が人間に伝搬されるリスクを減らすことができるため，その現象を「希釈効果」と呼んでいる（註37）．多くの病気に関することだが，病原体にとって適切あるいは「有能な」宿主というものは，ほんの数種にすぎない．他方で，「有能でない」宿主と呼ばれているものも病原体にさらされることがあるかもしれないが，病原体の増殖を助けるようなことはしないし（場合によっては，宿主の免疫系が病原体を殺すことがあるため），宿主を食料とするような媒介生物に対して病原体を伝搬することを助長することもない．もっとも「有能な」宿主が病気の保有宿主と考えられ，そのほとんどが個体数が多く，広範囲に生息し，なおかつ弾力性のある生物種であり，ひどく攪乱された生息地でも繁栄できる傾向がある．それらの宿主はまた，病気媒介生物にとっての血液食料の好ましい源であるようにも思える．それは，希少で感受性の高い宿主生物に限定された病原体と媒介生物の場合とは対照的に，自然選択というものが，一般的で広範囲に生息する宿主生物種において繁栄できるような病原体と媒介生物に対して，有利に働くためであろう．常にそうであるとは限らないが，しばしば，これらの一般的で広範囲に生息する宿主動物は，齧歯類であることが多い．

人畜共通病原体を伝搬する媒介生物（たいていは蚊かダニ）の多くは，宿主万能（すなわち，広く多様な脊椎動物を食料とする傾向があるということ）であるため，そういった媒介生物の大部分は，多様性の高い脊椎動物種を含む生物群集の中において，「有能でない宿主」に対して摂食行動を取る可能性がある．その結果，そういった生物群集の中では，病原体はこれらの宿主の間で「希釈」され，媒介生物が感染する可能性が減るため，人間の病気のリスクが減少するのだ．

対照的に，脊椎動物種の少ない生物群集では，媒介生物は自分たちの血液食料を得るための選択肢がさらに少ない．しかしながら，齧歯類のような高度に「有能な」保有宿主は，種の豊富な生物群集だけでなく種の乏しい生物群集の中でも繁栄できる傾向があるため，種の乏しい生物群集における媒介生物たちは，これらの「有能な」保有宿主を摂食する可能性および感染する可能性がより高いので，その結果，人間が感染するリスクがより高くなるのである．

「希釈効果」というものは，ライム病，ウエストナイルウイルス病およびハンタウイルス病で作用することが示されているので，その他の病気にも適用できるであろう．希釈効果が起こるには，次の条件を満たす必要がある．

1．その病気の媒介生物が広く多様な宿主生物種を摂食すること．

2．宿主生物が媒介生物に対して病原体を伝搬する能力に違いを持っていること（感染時にその宿主がどれだけ容易に病気感染するのか，およびその病原体がその宿主体内でどれだけ繁殖するのかということに依存する）．
3．もっとも有能な保有宿主の個体数が多く広範囲に生息し，種多様性の低い劣化した生息地でも生き残ることができること．

これらの条件が発生した場合，高い種多様性を持った脊椎動物群集は，媒介生物の血液食料をもっとも有能な保有宿主からそらすのに役立つような，「有能でない」保有宿主の比率をより多く含んでいるため，媒介生物における感染の蔓延と人間への伝搬のリスクを減らすことができる．より多様な生物群集にはより多くの捕食者と競争相手もいるので，その両者が米国東部森林地帯におけるシロアシネズミのような，有能な保有宿主の数量を減らす傾向が強いため，人間の病気のリスクをさらに減らすことができる（註26）．

「希釈効果」に並行した現象として，「囮効果」として知られる現象もあり，巻貝類と住血吸虫症において見られているが，巻貝類には種多様性があり，その中には住血吸虫症にとって「有能でない」中間宿主もあるので，人間がその病気にさらされるリスクが低くなっている（註38，39）．森林伐採やダム建設などといった攪乱が起こると，巻貝類の多様性が損失し，もっと「有能な」宿主というものがその個体数を増やし，その結果住血吸虫症の流行がもたらされるだろう．

生物的制御

もしかするともっとも重要であるにもかかわらずほとんど理解されていないことの１つであるが，人間の感染症の拡大を制御するということは，媒介生物と中間宿主を捕食したり，感染性病原体を無毒化したりする生物の様式に関わってくることである．一例として，1990年代初頭にマラウイ湖周辺で住血吸虫症が流行したことについて説明しよう．この事例では，その地域の人口が拡大して，カワスズメ科魚類 *Trematocranus placodon*（図7.11）のような主要な巻貝類捕食者である何種類もの魚類の資源量を減らしてしまうほどの，過剰な漁獲が起こった．*T. placodon* の個体数が減り，尿住血吸虫 *Schistosoma haematobium* にとっての有能な中間宿主となっている *Bulinus nyassanus* という巻貝類を含む，湖内の巻貝類が個体数を増やした．湖周辺に住む人間の数が増えていくに従って莫大な個体数となった *B. nyassanus* が，後から起こる尿住血吸虫症流行の土台を築いてしまったようである（註40）．

生物的制御というものはたくさんの様式に関わってくる．たとえば，ある種の細菌はそれ自体が蚊の幼虫を滅ぼすのに効果があるということが証明されている．Bti や *Bacillus sphaericus* として知られている *Bacillus thuringiensis israelensis* という細菌に由来した毒は，とくに蚊の幼虫を標的としたものである（*B. thuringiensis* は，ある種の遺伝子組み換え作物に挿入されている Bt toxin 遺伝子の源となっている細菌と同じものだが［第９章 p.346 参照］，その Bt toxin 遺伝子は蚊の幼虫の毒をコードする遺伝子とは異なっている）．Bti は *Aedes* 属の蚊においてもっとも効力を発揮するが，いくつかの研究では *Ae. aegypti*

（黄熱とデング熱の主要媒介生物）でもっとも効力を発揮することが示されている（註41）．Bti はブユ（*Simulium*）の幼虫をも殺す．*B. sphaericus* が産生する毒は，ウエストナイルウイルスおよびある種のウマ脳炎ウイルスを保有する *Culex* 属の蚊に対してとくに効果がある．*B. sphaericus* の毒は，高濃度の有機物質を含んでいて Bti が効力を発揮しにくいような環境の溜まり水中で，機能を発揮する．ほとんどの化学農薬を上回るこれらの（細菌の）毒の主な利点の１つは，人間に対して毒性を持たないことで，適切な量で使用すれば，標的となる生物にさらに特化したものになり，環境にとってさらに害の少ないものになる（註42）．

何十種類もの真菌種についても同様に，殺虫能力に関して試験がなされている．とくに，２種類の真菌（*Metarhizium anisopliae* と *Beauveria bassiana*）が有望であることが示されている．そのような微生物が単独で蚊の集団を制御することはできないだろうが，そういった微生物は蚊を制御するための戦略における重要な構成部分となりうる（註43）．

細菌はまた，感染症を制御するための他の方法で有用なものとされている．細菌の混合液が，商業的に飼育されている家禽の腸内でのサルモネラ菌病原性系統のコロニー形成を抑制する，ということが示されている．その混合液は，通常ニワトリの腸内に棲み病気を引き起こすことのない29種の異なった細菌で構成されていたが（これらの細菌は片利共生者として知られている――第３章 Box 3.1「微生物の生態系」参照），母親ニワトリの代用物として機能している．母親ニワトリは通常自分の子孫に対して，そのような片利共生生物を渡すものだからだ．商業用生産施設のニワトリはそのような母体に接することなく飼育されるので，彼らには天然の片利共生細菌相の源となるものがない（註44）．

ベトナムにおけるデング熱制御のためのカイアシ類（淡水と塩水の両方に棲む小さな甲殻類）の利用に関する最近の研究で，これらの生き物がこの病気の伝搬を著しく減らすことができることが示されている．カイアシ類の地域属 *Mesocyclops*（図7.12）が *Aedes aegypti* の繁殖地となっている地域に導入された場所では，蚊の集団が２年間のうちに90％以上減少した．デング熱の発生率は，カイアシ類が導入されていた地域で急激に降下し，感染件数が研究初年のうちに，カイアシ類が導入されていない地域に比べて，平均値で75％以上低下した．カイアシ類のいる地域では，その後の２年間はデング熱の発症はまったく起こらなかった（註45）．

より大きな生物が人間の病気の媒介生物を制御する一助となることもあるであろう．たとえば，*Toxorhynchites* 属の蚊（図7.13）は，米国を含む世界中の地域で他種の蚊を捕食することで知られており，成長段階における幼虫期の間に400匹もの蚊の幼虫を食べる．しかしながら，もしそうであるとしても，それら（*Toxorhynchites* 属の蚊）が人間の病気の媒介者となっているような蚊の集団を制御することにおいて，どんな役割を果たしているのかということについては明らかではない（註46）．

何種類かの魚類もまた，稲作農業の環境ではとくに，蚊の幼虫の個体数を減らすことにおいて極めて効果的であることが示されている．蚊を制御する手段としてのそれらの魚類の再発見は，何種類かの蚊の間での殺虫剤耐性の発達によって拍車を掛けられた．顕著な成功例の１つがインドで見られ，稲作農家への魚類の導入により，マラリアによる被害を1998年から2003年の間に何十万件も減らすことに役立っている．インド南部の Puram のような村の中には，グッピー（*Poecilia reticulata*）を井戸と川に導入することにより，マラリア病の排除につながった例もある（註47）．対照的に，それと同時期に，蚊の制御のためにグッピーでなくDDTが使われたインドのある地域では，マラリアの発症例が実際に増加した（註48）．

多くの生態系では，複雑な食物網があるために，媒介生物集団を制御する捕食者の消失の影響を予測することが，不可能ではないのだが困難なものになっている．外来種の導入はしばしば，在来種の安泰性に対してかなりのリスクをもたらす（第2章p.98の移入種問題の節参照）．オーストラリアでは，たとえば，*Gambusia holbrooki*という魚は蚊の集団を制御する能力があると信じられているために，カダヤシ（蚊絶やし）として知られているが，その魚が導入されたことにより，多くの淡水生態系に普及してしまい，多くの在来性魚種と置き換わってしまった．これらの置き換わってしまった魚の中には，Red Finned Blue Eye（*Scaturiginichthys vermeilipinnis*）とEdgbaston Goby（*Chlamydogobius squamigenus*）が含まれるが，これらの魚種は皮肉なことに，*G. holbrooki*よりも蚊を制御する能力がもっと高い可能性がある．*G. holbrooki*とその近縁種*G. affinis*は，米国南部と東部の在来種であるが，あまりにも広範囲に分布し過ぎているために，それらの魚種は世界中でのもっとも普通の淡水性魚種の1つになっていると思われる．

ボブキャット，イタチ，キツネなどといった哺乳類の捕食者は，タカ，フクロウなどといった鳥類の捕食者とともに，寒帯および温帯域の小型齧歯類の個体数を調節する能力を持っている（図7.14，7.15）．これらの捕食者が実験的に排除されると，齧歯類の集団はしばしば増大する．齧歯類はひじょうに多種の人間の感染症の保有宿主であるので，齧歯類捕食者の集団を維持する，あるいは増やすことにより，齧歯類が媒介する病気の発症率を減らすことができるであろう（註2）．

種の搾取とブッシュミートの消費

第2章で論じたように，開発途上国の多くの地域で人口が増加して，食料の需要が激増し，さらには採掘業や材木切り出し業の一環としての道路建設により，以前は近付くことのできなかったような森林地帯にも到達できるようになった．こういった条件が，狩猟およびブッシュミートを食べることが多くなる原因となってしまった．西中部アフリカの森林では，霊長類のブッシュミートを消費することが，HIV／AIDS発症の原因となっている（図7.17）．この病気の歴史について研究してきた研究者らは，流行性HIV-1の原因となっているウイルス系統が，サル免疫不全ウイルスまたはSIVとして知られている近縁ウイルスで，西中部アフリカのチンパンジーの特定亜種*Pan troglodytes troglodytes*に感染するウイルスに起源を持つということで，現在一般的に合意している（註49，50）．遺伝的研究により，1910年から1950年までの間のある時期がこのチンパンジー亜種起源のSIVでSIVcpzと呼ばれているウイルスが，人間のウイルスHIV-1との共通祖先を持っていた最後の時期であるということを示し，SIVcpzがこの時期に*P. troglodytes troglodytes*から人間へ伝染したという強力な根拠を提示した（註51）（第6章p.246の論議も参照）．正確にいつそのウイルスが人間に移行したのかはわからないが，そのウイルスの伝染はおそらく，狩猟者がSIVcpzに感染したチンパンジーの肉を解体処理したときに起こったものと考えられる．

SIVcpz 以外の SIV も存在する．旧世界ザルのスーティーマンガベイ（*Cercocebus atys*, 図7.16）から得られた系統 SIVsm は，遺伝子の配列解析によって，HIV-2 というほとんど西アフリカに限定されている HIV の一系統の起源となっていることが明らかにされている（註52）．スーティーマンガベイにおける SIVsm および人間における HIV-2 疾患（その他，SIV で実験的に感染させたときに致命的な AIDS のような症状に進行するようなマカク属のサル数種においても）について研究することにより，HIV-1 と AIDS のことについてより理解が深まるであろう（註53）．

マルティーヌ・ペーテルス（フランスの Institut de Recherche pour le Développement in Montpellier 出身）およびベアトリス・ハーンらによる，西中部アフリカにおけるペットとして飼われていたあるいは，狩猟者に殺された霊長類から得られた血液に関する最近の研究により，アフリカにいる30種もの人間でない種類の霊長類が，SIV を保有している可能性を持つことを論証している．有病率は野生の生物群集では４％から60％の範囲を示しており，ウイルスと霊長類の種類によってばらついている．13種類あるいはそれ以上の別な SIV 系統が存在する可能性がある．これらの霊長類種は病気の症状を呈することなく SIV を保有していることから，現在アフリカにいる人間以外の霊長類の集団は，古代のサル類における病気の流行から生き残った種なのではないか，と推測している研究者もいる（註54）．

西中部アフリカでは，人間でない霊長類が数多くの他のウイルスを保有しているため，もしかするとアフリカの他地域でもまた，先住民の集団がこれら他のウイルスに曝露されている可能性が現在もあるが，その大部分は霊長類の狩猟によるものであり，一方でペットとして飼われていることによる場合もある（註54）．たとえば，サル泡沫状ウイルス（SFV）に対する抗体は，そのウイルス自体が人間以外の霊長類で発見されたレトロウイルスである（レトロウイルスは，RNA として遺伝子を保存しているウイルスで，自体を DNA へと転写し，宿主細胞ゲノムに結合させることができる）のだが，ネイサン D. ウルフらのグループが UCLA 公衆衛生学研究科において，中部アフリカの森林で得た1100人近くの狩猟者のうちの約１％から発見したものであるため，人間以外の霊長類起源のこれらのウイルスが人間へと伝搬したということが示唆されている．遺伝子配列解析により，２種類の異なる霊長類ブラッザグエノン（*Cercopithecus neglectus*）とマンドリル（*Mandrillus sphinx*）に起源を持つ，地理的に孤立した SFV が３種類存在することが明らかにされた（註55）．HIV／AIDS の流行がそのような伝搬によって始まったということが広く受け入れられているのだから，人間の集団が現在において，ここ数十年の間にその他の世界的流行をももたらすような，人間以外の霊長類ウイルスに曝露されていないかどうかを考える必要がある．

2005年には，ヒト T 細胞白血病ウイルスまたは HTLV と呼ばれる HIV に関連した２種類の未知レトロウイルスが，カメルーンの霊長類狩猟者から発見された．これらのウイルスは HTLV-3 および HTLV-4 と呼ばれていた．HTLV-3 はサル類のウイルス STLV-3 と遺伝的にほぼ同じであるが，STLV-3 は東部，中部および西部アフリカのひじょうに多様な生息地に棲むサル類から発見されているので，狩猟者がこのウイルスを人間以外の霊長類から受け取った可能性があると言える（註56）．HTLV-3 と HTLV-4 は現在のところ，人間の病気とは何の関連性も持たないが，もう一種類の HTLV である HTLV-1 はすでに関連性を持っているのだ．HTLV-1は感染者の約１％で，治療の難しい血液がんや成人Ｔ細胞白血病のみならず，HTLV-1関連脊髄症として知られている衰弱的脱力感の原因となる神経疾患をも引き起こすことがある．世界中で1000万～2000万人と推定される人々がHTLV-1に感染しており，そのうちのおよそ２～５％が疾患を呈するものと予測されている（註57）．感染症の発生率は，世界中のどこでも等しいというわけではない．米国とヨーロッパでは発症率はごく低い（0.05％）が，日本南部とカリブ海の一部を含む流行地域では，静脈注射薬物使用者や輸血を複数回受けているようなリスクの高い人々がいるため，何％もの人々が感染している．HTLVウイルスは，アフリカでは血液銀行によって日常的に防除が行われているわけではないので，そのウイルスが輸血によって拡がるかもしれないという懸念が大きい（註58）．

我々がウイルス感染について研究することで，人間以外の霊長類から受け取ったウイルス感染の動態を理解できること，およびこれらの霊長類の大きく健全な野生集団が維持されているからこそ，我々がそのようにできるということは必然的なことである．また，当然のことながら，人間以外の霊長類の狩猟をすべてやめさせるように，人々に対して教育をするための多大な努力をし，人々が潜在的に致命性を持つウイルス（エボラも含む）に曝露されることのないようにし，また我々が生物たち自身の利益のため，および生物たちから我々が得る極めて重要な情報のために，これらの壮大な生物たちを救えるようにすることが不可欠である．

気候変動と感染症への影響

地球の気候が人間の活動による温室効果ガスの放出によって温暖化しているという根拠はもはや圧倒的なものとなっており，人間の節足動物媒介性感染症の出現および拡大を制御する生物系に与える，地球の気候変動の影響が明らかになりつつある．第２章と第３章で説明したように，気候変動というものは病気媒介生物，宿主および病原体の集団とそれらの相互関係に影響を及ぼすことによって，生態系を混乱させることがある．

一例として，温暖化は多くの経緯を経てこれらの生物たちに影響を与え，生物たちの生息域，摂食，繁殖行動，自己防衛能力，そしてもしも撹乱が起きたときに，人間の病気を引き起こす能力を変化させるような，その他の重要な行動的・生理的過程を変化させる．原虫，細菌，ウイルスのような感染性病原体，そしてそれらの媒介生物である蚊，ダニおよびその他の昆虫類は，自分たちの体温を調整できるような生体機能を持っていないため，周囲温度の変動に対してとりわけ感受性が高い．気候温暖化は，共進化してきた生物たちの様々な生物学的サイクルのタイミングをいろいろと変化させることもあるため，生存するために不可欠な絶妙なタイミングの事象を非干渉化させてしまう．

地球の気候変動はまた，世界中の水循環の加速ももたらしてしまった．この気候変動によって，陸と海からの水の蒸発量がさらに上昇し，雲量と降水量が全体的に増加し，全世界における豪雨，洪水，熱波，干ばつなどの異常気象現象の頻度と被害程度も増大している．干ばつおよび洪水によって追い出された人々の移住によって，感染者の広まりに影響が及ぶことがあり（たとえば，マラリアの発症地域への移入と移出など），また人間の密度の高い難民集落や収容所の劣悪な衛生状態の下で生活する人々の数を増やすこともある．強力な台風もまた，公衆衛生の基盤となる施設を破壊し，病気発症の可能性と結果の両方を増大させてしまう．

病原体に対する気候変動の影響

海岸域の生態系に関する理解が深まりつつあり，人間の特定の病気，とりわけコレラ菌 *Vibrio cholerae* が引き起こすコレラの拡大に与える気候温暖化の役割について，より理解を深めることができた（図7.18）．世界の一部の地域では，コレラ流行の季節性がプランクトンの異常発生の季節性と関連している．たとえばベンガル湾における研究では，海水表面温度，クロロフィル含有性植物プランクトンの発生，およびコレラ発症率に関して実測がなされ，水温が上昇すると植物プランクトンの成長を促進し，コレラの流行を引き起こすことがあるという仮説を支持している．条件によっては，コレラ菌は感染症を引き起こす能力を持たない休止状態を呈することもある．しかしコレラ菌は，高い栄養塩濃度と海水表面温度の上昇があれば，感染性形態に戻ることがある．温度が高く栄養塩の豊富な水は，カイアシ類の食料となる藻類の成長も促進することがあり，そのカイアシ類にコレラ菌が付着し，その場で摂食行動を取るのだ（図7.19参照）．カイアシ類は，今度は甲殻類に捕食されたり，魚類に付着したりすることがある．コレラ菌に関するこういった海の保有宿主は，たとえばバングラデシュのガンジス川とブラマプトラ川の河口域のような特定の地域において，その細菌の長期的な持続を助長し，病気の定期的な大流行を引き起こす原因となる．

海洋の温度は，地球温暖化とより強いエルニーニョが原因で，次の世紀までにかけて上昇することが予測されており，コレラ大流行の件数と被害程度の両方が増大が憂慮されている（註59～61）．

激しい台風による気候変動が引き起こす洪水もまた，陸地から沿岸海域への栄養塩流出の増加と，それが引き金で起こる藻類異常発生によって，コレラの流行の原因となる可能性がある．洪水は陸上において人間の他の感染症拡大に好都合な条件をも作り出す可能性がある．その一例がレプトスピラ症という飲料水媒介性の細菌性疾患である．レプトスピラ症の発生は一般的に，齧歯類を巣穴から追い出し，病気感染した動物の尿で汚染された水の拡散をもたらすような洪水の後に起こる．1998年にニカラグア，ホンジュラス，ガテマラを襲ったハリケーン・ミッチによる激しい洪水の後で起こったレプトスピラ症流行の際に，そのような事例が見られた（マラリア，デング熱，コレラの症例数もその台風の後で急上昇した）．リオデジャネイロなどのブラジルの都市の一部では，レプトスピラ症は通常，感染したネズミ類が高密度に居住しているような低地に対して洪水が影響を及ぼす夏の雨期に起こる（註62）．

降水量と洪水の増加はまた，クリプトスポリジウム症という人間の下痢性疾患で，*Cryptosporidium parvum* という人間，家畜，野生動物および愛玩動物の腸内に棲む寄生原虫によって引き起こされる病気の流行を促進することもある．激しい雨は家畜の排泄物に含まれる寄生虫（オーシストと呼ばれる耐性形態を取っている）を洗い出して，宿主生物に流し込むことがあり，その上，公共の飲料水施設のほとんどは顕微鏡サイズのオーシストを全滅させられるほどの水の濾過能力もなければ処理能力もないため，そのような雨は飲料水中に多数のオーサイトをもたらし，クリプトスポリジウム症の大流行をもたらすことがあるのである．これらの条件は1993年のミルウォーキーとウィスコンシン州での流行の際に見られたが，当時は40万人以上の人々がその病気で倒れ，100人以上が死亡しており，そのすべてが免疫系の衰弱した人たちであった（註63）．

媒介生物に対する気候変動の影響

気候変動はまた，病気の媒介生物に大きな影響を及ぼすこともある．蚊の繁殖と生残は温度に依存しており，蚊の集団に関する研究では，一般的に温度が上昇するにつれて繁殖力が高くなり，咬傷もより頻繁に与えるようになるということが示されている．しかしながら，一定の温度を超えると，蚊の個体数は減少することがある．これらのデータは，気候温暖化に関連した気温上昇が，蚊が標高の高いところおよび高緯度域に生息域を拡大すること，さらに昔からの生息域内の集団サイズを増加させることの原因となることを予測しているモデルの構成要素となっている．もし，温度超過によって蚊の寿命に減少がないという条件が提供されれば，高い温度はマラリア原虫や蚊のウイルスの発達速度を上昇させ，それゆえにそれらの伝搬を増加させる可能性をも持っている．

同様の状況がある種のダニにも適用できるだろう．1980年代半ばから1990年代後半までの間に，中央スウェーデンのストックホルムで，ダニ媒介性脳炎（TBE）の発症率の大幅増加が見られた．この病気はEuropean Tick（*Ixodes ricinus*）というヨーロッパのライム病の主要媒介生物にもなっているダニが保因者となっている．*I. ricinus*の集団は，最低気温が−12℃（10°F程度）を下回る冬季のごくわずかな日数は，生息域を高緯度のほうに変遷させ，また温暖な冬季や長期にわたる春と秋になると，自分たちの従来の生息域においてその個体密度を増やすということが明らかになっている（図7.20参照）．こういったことによる影響が，TBE症例数の増加と関連していたのである（註64，65）．

デング熱の場合は，ホンジュラス，ニカラグア，タイでの研究により，気候における変動が*Aedes aegypti*という蚊の個体数の多様性に関連するということが明らかにされている．天候が暖かくなるほど，蚊の個体数が豊富になり，デング熱の症例が増えていた．マラリアに関しては，1968年から1993年までの期間をカバーしている中央エチオピア高地での研究により，温暖化しつつある気候とマラリア発症率増加との関連性が示されているが，こういったことはケニア高地の町でのマラリア流行に関しても事実であったことである．しかしケニアにおいては，その病気で倒れた人々の免疫の状態や，公衆衛生政策の影響などという他の要因も，実際に観察されたマラリア伝搬の増加に関係していた（註60）．

極端な気象現象もまた，媒介生物に対して影響を持つのだが，洪水と干ばつの影響は両方とも極めて変化が激しく，状況依存的である．場合によっては，極めて激しい雨が媒介生物集団を減少させる可能性がある．なぜなら，激しい雨が繁殖場所から卵と幼生を洗い流してしまうため，病気伝搬の可能性を少なくとも嵐の後の初期のうちは減少させるからである．他方で，洪水は溜まり水となる箇所を多くもたらし，蚊の繁殖場所をより多く提供してしまうことに加え，病気の保有者となっているある種の脊椎動物を追い出して人間たちにより接近させてしまう可能性もあるので，人間の病気を増加させる可能性をもたらす．逆説的に干ばつもまた，病気の主要媒介者となっているある種の蚊の集団の増加を促進する可能性がある．たとえば，都市環境での干ばつは，排水に含まれる高濃度の栄養豊富な水の小さな溜まり場の形成をもたらし，ウエストナイルウイルスの保因者であるネッタイイエカ *C. quinquefasciatus*（図7.21）とイエカ *C. pipiens* を含む *Culex* 属種の繁殖を有利にする．

気候変動のために，今後数十年でより頻繁かつ深刻な干ばつと洪水がもたらされると予測されているので，今後はさらに頻繁で深刻な節足動物媒介性の感染症流行に直面する可能性がひじょうに高くなると考えられる．

保有宿主に対する気候変動の影響

齧歯類はハンタウイルス肺症候群（HPS），アルゼンチン出血熱，ライム病，リーシュマニア症，バベシア症，腺ペストおよび野兎病を引き起こす病原体を含む，多くの病原体の主要保有宿主である．これらの病気およびその他の病気に関して言えば，齧歯類の個体数の増加は一般的に人間の病気のリスク増加に関連している．たとえばハンタウイルスやレプトスピラ菌のような齧歯類の排泄物から直接伝搬される病原体に関して言うと，齧歯類が増えれば増えるほど，病原体の堆積速度が上がり，人間が曝露を受ける可能性がより高くなることを意味する．ライム病（ダニ）あるいはペスト（ノミ）のような，媒介生物によって齧歯類から人間へと伝搬されるような病原体の場合は，齧歯類の保有宿主が高密度で存在すればするほど，媒介生物と保有宿主の接触率が高まり，媒介生物の感染率が高まり，その結果として，人間への伝搬リスクが高くなることがある．気候変動の特徴の1つには，洪水や干ばつなどの異常気象現象の発生率増加だけでなく，より大きな気象変動も挙げられ，もしかすると一部では，気候主導型のより強いエルニーニョ南方振動サイクルと関わっている可能性があるため，そういった場所では干ばつに引き続いて洪水が起こる可能性があるのだ．そのような変動は，1993年の春の終わりと1998年のその時期にも起こった，ニューメキシコ州全領域でのHPS流行時に見られたような，ある種の齧歯類集団の急速な増大をもたらすこともある．1993年の流行時には，シロアシネズミ（*Peromyscus maniculatus*）の集団が，長引く干ばつに続く大量の冬の雪と春の雨に関連して10倍に増大した（註66）．気候変動が主導する同様のパターンが，他の保有宿主，媒介生物および病原体に関する他の多くの環境でも発生するであろう．

結論

生態系を攪乱し，生物多様性の低下をもたらす人間活動が，どのようにして人間の感染症の拡大に影響を与えるのかを予測するのは困難な課題である．攪乱されていない自然生態系における病原体，宿主および媒介生物間の複雑な関係を理解するのも十分に難しいことだ．たとえばマラリア，住血吸虫症，ライム病などといったある種の病気に関して言えば，人間が引き起こした生態系変動の影響についての理解は，比較的よく進んでいる．しかしながら，ほとんどの場合においてはこれらの関連性があまりよく理解されていない．たとえば，両生類のような既知の絶滅危惧種の中で高い割合を占めている媒介生物捕食者がいなくなることが，どのようにして新規の病気の出現あるいは既存の病気の拡大に影響するのかということについては，知識が乏しいのである．北極では十分な調査が行われていないけれども，そういった場所こそが，急速な温暖化に起因した気候変動がある種の感染症伝搬に及ぼす影響を観察するための，標識となる地域かもしれないのだ．また，致死性の病気であるエボラの潜在的保有宿主が発見されたこと，そして宿主，病原体および媒介生物間の遺伝的多様性の影響について調査がされ始めたのは，つい最近になってからのことである．

不確実性が高いにもかかわらず，明確な事例が今や存在しており，明確なパターンというものも現れ始めているため，たとえば森林伐採，農業開発，ダム建設，都市化，そして気候温暖化などの人間活動に起因した節足動物媒介性感染症の増加について証明できるのだ．人間の集団人口が増大して，上記のような活動が激化するにつれて，こういった活動やその他の活動が人間の病気に対してどのような影響を及ぼすのかということについて，ここ数年のうちにとくに多くの注目が集まることは必須である．

参考文献およびインターネットのサイト

Beasts of the Earth: Animals, Humans, and Disease, E.F. Torrey and R.H. Yolken. Rutgers University Press, New Brunswick, New Jersey, 2005.

Climate Change Futures: Health, Ecological and Economic Dimensions, Paul R. Epstein, 2005; see chge.med.harvard.edu/research/ccf/.

The Coming Plague: New Emerging Diseases in a World Out of Balance, Laurie Garrett. Penguin Books, New York, 1995.

"Control of Human Parasitic Diseases." *Advances in Parasitology*, Volume 61, 2005.

Emerging Infectious Diseases, www.cdc.gov/ncidod/EID/ (this Centers for Disease Control and Prevention journal focuses on emerging diseases and includes many articles that discuss the role of ecosystem change in outbreaks of infectious disease).

The Great Infl uenza: The Epic Story of the Deadliest Plague in History, John Barry. Penguin Group, New York, 2004.

Human Frontiers, Environments, and Disease: Past Patterns, Uncertain Futures, Tony McMichael. Cambridge University Press, Cambridge, U.K., 2001.

Rats, Lice and History, Hans Zinsser. Bantam Books, New York, 1965.

SARS: A Case Study in Emerging Infections, Angela R. McLean, Robert M. May, John Pattison, and Robin A. Weiss (editors). Oxford University Press, New York, 2005.

Six Modern Plagues and How We Are Causing Them, Mark Jerome Walters. Island Press, Washington, D.C., 2003.

"Unhealthy Landscapes: Policy Recommendations on Land Use Change and Infectious Disease Emergence," Jonathan A. Patz et al. 2004. *Environmental Health Perspectives*, Vol. 112, Issue 10; see www.ehponline.org/docs/2004/112-10/toc.html.

World Health Organization, www.who.int.

第8章

生物多様性と食料生産

ダニエル・ヒレル，シンシア・ローゼンツヴァイク

地球が豊かであれば，干ばつを克服し，豊富で最高品質の収穫をもたらす．あなたを悩ます昆虫は，植物が弱っているから元気なのであり，痩せた土壌から生まれてくるのだ．

トーマス・ジェファーソン，1793年に娘のマーサ・ランドルフに宛てた手紙の中で

陸上環境を共有する多くの生物を代表する１つの種である人類──もとは母なる自然の子ら──は，徐々に個体数を増やし，活動範囲を拡大し多様化させることによって，世界全体で陸上に加え海洋バイオームまでも支配し，劇的に改変していった（バイオームとは世界にある主だった生物群であり，主要植生によって判別されている．たとえば森林，砂漠や草原など）．その結果，数多の種からその自然の生息地を奪い，彼らを危険にさらし，時に絶滅させてきた．第１章で述べたように，最近の計算によると，種絶滅率は人間が地球を支配する前の100～1000倍程度になっている．いくつかのよく立証されたグループの計算では，絶滅率はさらに高かった．きちんと調査しなければ，増え続ける人口と短期的な利益のために激化する環境の改変は，人間の健康に深刻な結果をもたらす可能性がある．人類は今まで以上に自然──とくに本質的な特徴である生物多様性と相互関係──に依存している．

陸上資源と水産資源がすでに著しく劣化または枯渇している世界で，人口60億人以上の食料の適正な生産と供給を確保することが不可欠である．予測される出生率の低下や，いくつかの集団で死亡リスクの増加が見られるにもかかわらず，世界の人口は2050年までに現在の約65億人から約89億人に増加すると予想されている（89億は国際連合人口基金が2004年に作成した中間報告における“最良の予測”である）（註１）．毎年平均7700万人の増加は，とくに食料を十分に供給するために，人類にとって非常に困難な課題を多く提起している．

世界の現在の平均人口密度は１km^{2}当たり50人（１平方マイル当たり128人をわずかに超える）で，2050年にはこれが１km^{2}当たり70人に増加すると予測されるが，世界の総面積の中で耕作可能な（農業に適している）土地は10％しかないため，耕作単位当たりの人口密度は，実際にはこれらの数字の10倍になるのである（註１，２）．

いくつかの地域で蔓延している貧困と飢饉，そして地球規模の気候変動（正常な状態でも本質的に不安定である）が予測されていることを踏まえると，果たして人類が自然の生態系とその生物多様性に不可逆的な被害を与えずに自らを支え続けることができるのか，また，どうすればできるのか，わかっていない．この件については啓蒙が盛んになっており，陸上と海洋の生産可能な生態系の新たなる保全および管理方法などが発展しているという事実は，難題解決に１つの希望であるといえる．しかし，こうした方法に対する期待

は，これらがもたらしうる問題と危険性を理解した上で制御しなくてはならない．

歴史的背景

ホモ・サピエンスは，その歴史の大半を，小さな集団でこの大地を放浪しており，主に狩猟と採集で生活し，時に死肉をあさった．雑食であることから，様々なものを食料とすることができ，機会と状況次第では，食べられる植物を集め，動物をその肉や皮，骨，角その他の利用可能なもののために狩った．そうするうちに自然を制御する術を学んだ．最初は炎を作り出すことから，自然の制御は始まった．彼らの生活は物理的に厳しいものだったが，彼らは冒険者であり，アフリカ大陸のサバンナから居住可能なすべての大陸に広がるほどに適応していた．創意工夫と道具作りの能力によって，彼らは氷の多い北部ユーラシアから乾燥した中央オーストラリアまで，幅広く変化する環境に適応した．

人間の生活様式における劇的な変化は，地学者が言うところの更新世（約180万～１万1000年前）の終わりから，現在我々がいる地質時代であり更新世に続く完新世に訪れた．この変化は，約１万～１万2000年前，考古学者が新石器時代と呼んでいた時期に，近東でもっとも早く起こったことが明らかにされている．最後の氷河期が終わったとき，温暖化の傾向は地域の動植物を豊かにし，人間の集団には豊富な食料源と，規則的な，そして最終的には定住するために好都合な場所をもたらした．

集団が遊牧型の生活から定住型の生活に移り，定住地を作り始めるとともに，彼らはまた，小麦や大麦などの野生植物の種子を集めて，選択された植物を栽培することを学んだ．こうして，農業が始まった．初めは比較的湿潤な地で降水依存の農業が行われていたが，のちに河川から灌漑して作物に水を供給する谷底での農業が始まった．同時期に，ヒツジ，ヤギやウシなどの群れに基づいた家畜化が起こった．家畜化に関しては，定住型生活とそれとは別に，群れの動物と行動を共にする半遊牧生活があった．

多種多様な食せる植物の中でも，いくつかの種は初期段階でも栽培可能であった．顕著なものは，イネ科（小麦，大麦，からす麦，ライ麦，ソルガム），マメ科（エンドウ豆，レンズ豆，ヒヨコ豆，および数種類の豆），様々な属の野菜，および果物を実らせる多数の木本植物や樹木（オリーブ，ブドウ，アーモンド，ザクロ，イチジク，およびナツメヤシ）であった．動物は，限られた種しか都合良く家畜にはなれなかった．自然交雑に加え，繁殖プログラムは家畜の種を作る上で遺伝子形成と進化にはなくてはならないものだった（註３）．

その結果として人間社会は以前の狩猟採集生活を捨て，定住地で食料の生産者となり，自給農作物や家畜に食料を依存するようになった．農業は現在，地球上でもっとも広く普及している生物の１つである小麦，米，トウモロコシ，ウシ，ブタ，家禽などの植物や動物を作った．これらの生物のおかげで，人類は世界の優占種となった．人間と彼らが家畜化した生物との間には相互依存関係が形成された．しかし，マイケル・ポーランが述べるように，トウモロコシのようないくつかの場合には，どの種からどの種を栽培，または適応させたのかは必ずしも明らかではない（註４）．

近東で最初に起こった定住型や遊牧型の経済への移行は，同じプロセスがいくつかの中心となる場所で独立して現れ，その後もこれらの場所から急速に広がっていった（註５）．これらの中心部には，南アジア，東アジア，中部アフリカ，中米などがあり，それぞれ独自の栽培種や家畜可能な種があった．これらすべての場所において，農業改革は食料供給を安定化させ，人口の高密度化を促した．時間の経過とともに，農業労働者の数はますます増えて，それまで以上に多くの人々に食料を供給することができた．その後，様々な職業（工業，芸術，科学，医学，制度化された宗教など）に従事する人々が都市の中心に集まり，複雑な文明の基礎を作り上げた（註６）．

こうした発展の影響は，人口を支えるための食べ物の種類の減少につながった．家畜・栽培化された生活様式は，人類がこれまでに野生で集めたり狩ったりできる食料の種類や食料源の幅広い選択肢の代わりに，限られた数で方向性のある種類のみを提供していた．食品の種類が減るにつれて，食事の栄養バランスと品質も低下した．考古学的遺物などを調べた結果，約１万年前に発生した狩猟採集型の生活から栽培作物などを栄養源の中心として利用し始めた農業への移行は，人類の健康を低下させていたことがわかった．原因は，歯科疾患，鉄欠乏性貧血，感染症の増加，骨粗鬆症などである（註７）．さらに，限られた場所の限られた動植物の管理に依存した社会は，異常気象，害虫や伝染病などから生じる食料生産の低下に弱くなってしまった．密接な共同体や都市部に住む人々自身も，伝染病の被害を受けやすくなった．

つまり，栽培化・家畜化によるすばらしい利点には，欠点もついてきたのである．しかし，初期の農業業績によって可能となった人口増と高密度化した社会は，以前のような遊牧や狩猟採集の生活様式や経済への復帰を許さなかった．人類は生物学的にも変化した．なぜなら，人工的な環境に暮らすことの選択圧と，食事の変化があったからである（註８）．こうして，農業の変化は非可逆的なものとなっていった．

人間の土地利用と生物資源の開発が小さな飛び地に限定されていれば，それを取り巻く広大な自然生態系はそのまま残り，生物多様性は保たれていただろう．しかし，人間の搾取の範囲と激しさが増すにつれて，人口の増加もあいまって，自然の生息地は減少し，散り散りになった．地球の大陸表面のほぼ半分が人間の直接的な管理下にあり，農耕地と牧草地がそのおよそ80%を占めるまで，人類の侵略行為はここ数百年にわたって続きまた加速している（註９）．似たようなプロセスが，地球の陸水および海洋生態系においても起こっている．たとえ人間が直接介入しなかったとしても，その活動の二次的影響（たとえば，工業生産の化学残留物）は間接的な有害な影響を及ぼしている．

農地そのものも，粗悪な管理のために劣化してきている．耕作と家畜や機械の移動により，表面植物が取り除かれ，土壌（p.52 第８章扉）が粉砕される．土壌は，乾季においては風の浸食を暴風雨時には水の浸食を受けやすくなってしまった（図8.1）．極端な場合，肥沃な表土は完全に洗い流され，不毛な土壌（または痩せた岩盤）がさらされている．土壌の生産性は，様々な生物を支える能力と同様に，大きく損なわれた．

もう１つの土壌劣化プロセスは灌漑地，主に乾燥地域の谷底の川で起こる．伝統的な大量の水を使う湛水灌漑では，それらの水の多くは土壌に浸透する．これは，地下水位を上げ，土壌を過度に飽和させてしまう（ウォーターロギングと呼ばれる現象）．これにより，土壌表面または表層に塩を蓄積する傾向があり（塩類集積と呼ばれるプロセス），土壌の生産性を破壊する．

幸いなことに，これらの問題にもまだ希望は残されている．上述した土壌被害には防止策や緩和策がある．新たな手法と機会は，生物多様性のさらなる劣化を回避させる可能性がある．たとえば，人口増加は減速傾向にある．さらに，

農業はすでに，農業システムの多様性を維持し，さらに強化することを目的とした生物学的管理と保全の実践を結び付けたより良い生産方法を開発し，採用し始めている．これらの手法は，生物多様性は農業にとってなくてはならない存在であるという認識が推進力となっている．

農業

農業の生物多様性への依存

人間が直接的に，または家畜に食べさせせることによって間接的に摂取するすべての植物の祖先は野生であった．すべての家畜もまたそうである．栽培・家畜化された種は望ましい特性を持たせるために厳選し，交配させた．これらの特性は生産者や消費者にとってもっとも好ましい特性であり，作物や家畜種そのものには関係のないものだった．しかし，環境の状況やその圧が変化するにつれて，人間の要求や好みが変わり，一部の家畜が特定の病気や害虫に対して脆弱になったため，新しい品種を繁殖させる必要がくり返し生じた．

伝統的に，農業交配は遺伝的に近い近縁種で行われてきた．これらは，野生の遺伝子型，または関連する生物の家畜化された品種または系統のいずれかである．品種の遺伝的多様性は，未来の作物改良の資源とされてきた．異なる血統には異なる遺伝子が含まれ，ある種の害虫や環境ストレスに抵抗できる遺伝子が含まれることがある．最近，同じ種の系統

表8.1. 生産率におけるもっとも重要な15の作物

品種	作物の種類	世界の生産量（1000メートルトン）
サトウキビ		1,290,345
トウモロコシ（メイズ）	穀類	712,334
米	穀類	629,881
小麦	穀類	625,151
ジャガイモ	根菜類（塊茎）	320,978
大豆	マメ科	214,849
キャッサバ	根菜類（根）	208,559
大麦	穀類	137,553
サツマイモ	根菜類（根）	122,883
ソルガム	穀類	59,154
落花生	マメ科	37,763
キビ	穀類	30,533
エンバク	穀類	23,589
豆，乾燥	マメ科	22,880
ライ麦	穀類	15,200

出典： FAOSTAT, Core Production Data from the U.N. Food and Agricultural Organization, available from faostat.fao.org/（2007年9月14日に引用）

間だけでなく，ある種から別の系統へ形質を伝達する遺伝子操作の新しい可能性が生じている．この技術は，潜在的に農業に利用可能な遺伝子資源の範囲を大幅に拡大するが，同時にこの新技術は新たな危険をはらんでいる（第9章参照）．いずれにせよ，農業目的で動植物を繁殖させることは，自然の豊かな生物形態，すなわち自然の生物多様性に依存していたのである．

すべての多種多様な動植物の中で人間にとって便利な製品は，農業で直接的に使われ始めてからほんの数百年しか立っていない．これらのうち，わずか80種の作物と50種の動物が世界の食料のほとんどを提供している．国際連合食糧農業機関（FAO）によると，たった12種の植物が食料供給の約75％を占めており（註10），たった15種の哺乳類と鳥類が世界の家畜生産の90％以上を占めている（註11）．しかし，一般に認識されていないのは，こうした比較的少数の種が，数十万種の生物の生産性に大きく依存していることである．後者には，作物の花を授粉したり，害虫を食べたりする昆虫や鳥類が含まれている．

多様な植物や動物に棲む微生物種はさらに多く，とくに土壌に豊富である（p.52 第8章扉）．彼らはまた，害虫から守り，残留物（病原体や有毒物質を含む）を分解し，生命の連鎖をつなぐためにそれらを栄養素に変換し，土壌構造を形成し安定させている．農業生産性と持続可能性は，様々な点で微生物から恩恵を受ける．その中には植物の必須栄養素である窒素化合物，可溶性アンモニアや硝酸塩などを大気中の窒素から化合する細菌などがある．窒素固定細菌には，マメ科植物の根に付着するリゾビウム（*Rhizobium*）菌のように共生型のものもいれば，自由生活型のものもいる．もう1つの機能は菌根のカビによって行われているが，これらは作物の根と関連し，リンその他の比較的固定されている栄養素を取り込む役割を果たしている（以下のBox.8.5とBox.8.6で述べている）．

花粉媒介種，および昆虫その他の害虫を捕食し個体数を管理する生物は，自然なものから半自然な生態系に生息するものまである（註12）．これは農場の近隣に（たとえば生け垣のような）損なわれていない自然を残さなければならないことの重要性を強調している．このような生態系を取り除くことで農場や果樹園などを侵食する害虫を防ぐという迷信は，実際は利益よりも損失のほうが大きいこともある．なぜならばこの行為では農場にとって有益な生物も排除してしまうからである（註13）．

目に見えるところでも見えないところでも，農業は生物多様性に依存している．この依存関係は現在だけでなく，将来的な保険としても機能している．野生の集団における遺伝的多様性は，たとえば将来起こりうる害虫，疾病や気候変動から保護してくれる可能性もある．多様性は自然選択や品種改良に必要な遺伝子プールとしての役割があり，それらを組み合わせることによって新しく，より順応し，かつ抵抗力のある生物となる．多様性の縮小は本質的に相互依存している地球上のすべての生物だけでなく，農業そのものを危うくさせている（註14）．

農業における生物多様性の機能

成長条件は，場所によって異なる．その条件には，土壌，水の利用可能性，温度，日光や風への露出，日照時間，病気や害虫の蔓延などの違いなどが挙げられる．また，気候変動のために季節ごとの変化もある．遺伝子的に類似した純群落や本質的に同一の植物が選ばれるのは，ある一定条件における成長のしやすさのためである．そのため，条件が異なってしまうと，遺伝的に多様な群落よりも大きな危険にさらされてしまう．遺伝的に異なる作物のほうが，変動する自然環境においては生き残りやすい．なぜならば，いくつかの個体はある環境には脆弱であるが，他の個体はそうではないからである．確かに多様性のある作物は，好ましい季節や通常の季節では生産性に劣ってしまうが，不利な季節には十分なまたはそれ以上の生産性がある．純群落は遺伝的多様性に欠けているため変化する状況に適応できず，不都合な季節（たとえば異常気象など）では絶望的である（註15）．

疾病制御

遺伝的多様性は，不作のリスクを下げ，生産率を安定させる．この利点は，混合栽培や複数の種類を栽培する自給自足農業などでもよく見られる（図8.2）．単一栽培の疾病への脆弱性は遺伝的多様性の重要性を物語る．宿主植物（や動物）が，兵士の大群のように，遺伝的に単一で個体数が多く密集している場合，病原菌はより早く広まり，疫病はより深刻なものとなる．これは，混合栽培に比べ，病原体が広まるにときに抵抗力に遭遇しないためである．広い範囲で高密度な生育環境では，作物も家畜もくり返し新種の害虫や疾病の蔓延の危機にさらされ続ける．現存する害虫や疫病は，特定の品種や系統の先天的な防衛手段を克服するために進化し続ける種であり，これは農家による化学的な処理にも言えることである．

過去における様々な例から，単一栽培や均一な遺伝形質を持つ高密度な栽培や育成は，短期間では確かに高い生産力が見込まれるが，遅かれ早かれ変化する環境に屈服するリスクを内包していることが示唆している．壊滅的な疫病の発生，昆虫の侵入，異常気象は，過去に多くの作物や家畜の死亡をもたらした．そういったエピソードでは，とくに十分な多様性がない場合には，壊滅的な大流行を免れる品種や系統がない場合，飢餓を引き起こしている．

多くの壊滅的な発生例には次のようなものがある．古代ローマ時代に大流行した黒さび病（図8.3），中世ヨーロッパにおけるライ麦に寄生した麦角菌による集団食中毒，19世紀後期フランスのぶどう園におけるアブラムシの１種ブドウアブラムシ（*Daktulosphaira vitifoliae*）による侵食とそれがもたらしたべと病，そして1840年代と1850年代にアイルランドで大量発生したジャガイモ飢饉．最後の一例は北米から偶然ヨーロッパに持ち込まれたジャガイモ疾病菌（*Phytophthora infestans*）というカビがアイルランド農家を支える遺伝的に均一のジャガイモを攻撃したために起こった．その結果，100万人以上が飢えと発疹チフスや他の飢餓に関連した病で死亡し，飢餓の年だけでも150万人が北米に移住した（註16）．

高密度の農業生産（および食料消費）は，３つの基本的な作物（小麦，米，トウモロコシ）で行われている．これらは世界の作物による栄養エネルギーの半分以上を賄っており，とくに気を付けなければならない．原則として，そのような集中は脆弱性を生む．この脆弱性の例には，最近ミネソタ州とノースダコタ州州とサウスダコタの小麦や大麦で大流行した赤かび病（*Fusarium*）が挙げられる．赤かび病が蔓延した地域では，他の利益の出る代用作物がなかったため，農家は農業を断念せざるを得なかった（註17）．もう１つは，古代ローマ時代に疾病を引き起こした小麦につく黒さび病を引き起こした菌の新株 *Puccinia graminis* である．*P. graminis* は20世紀前半に多大な小麦被害をもたらし，その後1999年ウガンダで再発し，以降4年間にわたり，ケニヤやエチオピアに（胞子が風で飛ばされたり，旅行者の服について）範囲を拡大した（註18）．もし規制戦略が広く，迅速に導入されなければ，この新株（Ug99とも呼ばれる *P. graminis* f. sp. *tritici*）はアフリカ東部を越えて中近東とアジアに広まったとされ，この地域の小麦の生産に大きく影響を及ぼしたであろう（註19）．最終的な結論として，将来的な小麦，米，トウモロコシの凶作に対する最高の保険は，生物多様性の改善，株の遺伝的多様性の向上と妥当な代用作物の発見であると言える．

他の研究では，様々な小麦の種類を一緒に植えることで小麦関係の病気の重症度を下げ，商業規模では大麦の異なる品種（*Hordeum vulgare*）を植えることで大麦のうどんこ病（真菌 *Erysiphe graminis* に起因する）の重症度も下がるとされている（註20，21）．北米の先住民がしているように，多種多様の作物，たとえばトウモロコシや豆を共に植えることで，害虫，疾病や雑草などに対する抵抗力が増し，最終的な収穫高が上がることは周知の事実である（以下参照）（註22）．

害虫

熱帯地域の小規模農家は，作物の多様化によって凶作のリスクを最小限に抑えてきた．凶作の原因には害虫による被害などが挙げられる（註23）．実験の結果，多様な作物と単一作物のシステムにおける害虫の存在度の違いが説明でき，1つには，害虫が宿主植物を効率的に攻撃するのを非宿主植物が妨害することにある．この現象は広義に“特定草食動物”（専草食者）と呼ばれ，特定の作物のみを狙う生物に当てはまる．

昆虫が宿主植物を見つける行動に干渉する多様な機構には，いくつかのメカニズムが関与していると思われる．メカニズムの中には次のようなものがある．カムフラージュ：宿主植物は他の植物により害虫から守られている，作物の背景：特定の害虫は特定の色や質感の背景を好む，マスキング（隠蔽）もしくは惹き付ける刺激の希釈：非宿主植物の存在が宿主植物の誘引物質刺激を隠蔽または希釈し，害虫の摂食や繁殖の崩壊や再指向を招く，防虫刺激物：特定の植物が発する芳香で昆虫の宿主植物探査能力を妨害する．

いくつかのメカニズムは全体的な害虫群に干渉する．物理的な防壁，たとえば随伴作物による草食生物が作物に至るまでの進路妨害などが挙げられる．ほかにも局地的気象の影響もあり，Box 8.1で説明されているイモチ病の研究では，昆虫にとって最適な生育環境を見つけにくく，かつ残留させにくくさせている．

他の現地調査でも，作物の多様性が増えれば害虫の量が減少するという仮説が裏付けられた．たとえば，トウモロコシやソルガムに穴を開ける鱗翅目 Lepidoptera（蝶や蛾）の幼虫は，開発途上国では効率良くトウモロコシやソルガムを生産するための主要制限要因の1つである．混農林業の“露地栽培”の効果として，トウモロコシの列とギンネム（*Leucaena leucocephala*）の低木の生け垣を3m（10フィート）間隔で交互に配置する実験が，ケニア西部で行われた（図8.4）．いくつかの基準では，トウモロコシ――ギンネムの作物区画は，トウモロコシ単体の区画と比べ，穿孔昆虫に対する防壁となった．たとえば，アフリカズイムシ（*Busseola fusca*）の成虫，幼虫，および蛹の数が減少しており，トウモロコシの葉や茎へのダメージは軽減され，穿孔動物の侵入口と脱出口の数が減少していた．そして最大の意義は，トウモロコシの枯死率が下がっていたことである．トウモロコ

Box 8.1　米における遺伝子の多様性と防除

台湾の水田のイネ
中国の雲南省では山がちな地形のため棚田となる（© Corbis Corporation）

100年ほど前に，農家が単一栽培（モノカルチャー）（複数の作物ではなく一種の作物のみを植える）を行う場合，農家らは，たとえば，複数の作物，麦や米などを自分の各農地に植えていた．

やがて，農業はより制限された少数の作物に頼るようになっていった．世界各地で多くの農家は一種類の作物を，たとえばアメリカのファームベルトの広い面積にはトウモロコシだけまたは大豆のみを，植えている．ここ10年においてモノカルチャーは一種のうちのさらに一品種，またはその種の限られた遺伝子を持つ株だけが植えられるようになった．この作物の品種の進行的な減少は感染症の蔓延に対してリスクを上げている．これはつまり１つの植物がある特定の感染因子に影響を受けやすいなら，その感染症は同じ農地内の類似している，または同一の植物に広まってしまう．

そういった感染症，たとえば特定の真菌症，に脆弱な品種を単一栽培している農家の一般的な対処法として，それらの感染症に耐性のある品種を交配によって栽培（または，最近では遺伝子改良）や新しい殺菌剤の開発に頼ってきた．

しかし，ほかの対処法，環境への影響がより少ない可能性のある方法がより多くの場所で使われるようになってきている．アジアや世界のあちらこちらの地域の自給自足農業者は数世紀または数千年単位でこの手法を知っていた．この手法とは複数の作物種を栽培するほうが単一種よりも生産的であるということである（ダーウィンは「種の起源」で，麦の栽培についてこの事に触れている）．ごく最近まで，しかし，なぜ生産性が高くなるのかはよく理解されていなかった．1998年から1999年にかけて中国の雲南省で行われた数千人の農家と3300ヘクタール以上の農地を対象とした影響力のある実験で，Youyong Zhu と共同研究者らが遺伝的に多様性をたされたコメ（*Oryza sativa*）で *Magnaphorthe grisea* という真菌によって引き起こされるイモチ病について研究を行った．雲南省は低温多湿な気候でイモチ病の発生に適している．伝統的にこの疫病を制御する方法として，複数の殺菌剤を稲の葉に散布している．

疫病に耐性のあるハイブリッド米の品種を疫病に感染しやすいもち米の品種（中華料理で主にデザートに用いられる種）の隣に植えた場合，もち米だけの単一栽培を行ったときよりも生産率が89%上昇し，イモチ病の重病度が94%減少した．重病度はハイブリッド米でも，もち米に比べて少なくはあったが，減少した．２年間の実験の末に，イモチ病が非常にうまく制御されていたため，農家は完全に農薬を使うのをやめ，2000年までに数種類の稲の混作農地が４万ヘクタールにまで拡大した．

1999年にある１つの調査現場で，収集した稲の林冠（キャノピー）の微気象データで混作がもたらした劇的な変化を説明できる要因の１つが明らかになった．

イモチ病にかかったイネの品種，ウェルズ・イネ，アーカンソー州，2003
（© Rick Cartwright, University of Arkansas Division of Agriculture.）

これらのデータでは，丈のあるもち米と丈の低いハイブリッド米の高低差が物的障壁などを作り，丈がほぼ均一な単一栽培のキャノピーの微気象に比べ，イモチ病の蔓延に適さない温度と湿度，光度を作り出していた．イモチ病の病原菌の希釈もまたもち米の疫病による被害を減らしたと思われる．これは混作では感染しやすい個体どうしの間に単一栽培に比べて距離があるためだと考えられている．米の混作が成功した理由には他にも免疫付加機能が働いたことにある．たとえばある特定の米の品種，この実験におけるハイブリッド米，が耐性を持っている特定の病原菌の株，この場合はイモチ病，にさらされたとき，普段ならば感染しうる他の遺伝子的に異なる病原菌に対して全身免疫反応を発達させせることがある．その結果，農地内での感染が阻害される．混作では競争によりその特定の作物やその組み合わせに応じた病原菌が進化する可能性がある．何年にもわたって植えていた作物の組み合わせを変えることによって農家はその病原体の適応力の先取り，発症の頻度を下げることができるだろう．

シ――ギンネム区画の害虫の個体数が減ったことにより，ギンネムを植えたためトウモロコシの個体数を25%も下げたにもかかわらず，植物当たりでも全体でも収穫高を上げた（註24）．窒素固定菌を根に持つマメ科植物が，トウモロコシの土壌に肥料を足す働きをして，収穫高向上にも貢献していたことは間違いない．

20世紀の大部分で，世界中の農家は化学農薬に大きく依存していた．しかし，これらの農薬は害虫の自然界における天敵を殺し，殺すべきである害虫の化学農薬への対抗力を誘発させている．天敵の欠如した環境は害虫にとっては個体数を安全に増やすことができ，それだけでも問題であるのに，さらなる化学的な農薬への抵抗力を獲得してしまうかもしれない．このパターンを“農薬トレッドミル”と呼ぶ．中米では一時期，捕食性と寄生性の節足動物の宿主が農業システムから取り除かれ，その喪失の結果，より大きな問題が引き起こされ，グアテマラ，エルサルバドル，ニカラグアの綿産業が大被害を受けた（註12）.

20世後期の数十年においては，化学農薬の限界と欠点についての意識向上がより洗礼された“総合的病害虫管理”（IPM：integrated pest management）という技術開発をもたらした（註25）．このような方法は，必要なときにのみ少量の化学物質を使用するとともに，生け垣や畑に接する他の自然の非農耕地などの生息地を維持することによって直接的に適用されるか（第3章，p.140を参照），または奨励される生物学的コントロールの賢明な組み合わせに基づいている（第9章，p.359を参照）（註26）.

IPMの生物学的制御成分は，順に生態系の生物多様性に依存する．たとえばクモは，生物学的防除剤として最大の可能性を示す種の1つである（註27）．ほかには線虫（図8.5），カリバチ，テントウムシやクサカゲロウといった様々な種が含まれる．他のたとえば，トガリネズミ（モグラと同じく食虫目に含まれる哺乳類），カエルとサンショウウオ，トンボとカワトンボ，カマキリ，コウモリ，鳥は，様々な昆虫（図8.6），ナメクジ，ミミズ，カタツムリその他の作物に被害をもたらす生物を捕食する．彼らもいくつかの農場や庭で害虫防除に役立つかもしれないが，一般的な捕食者であるため，有益な生物も同様に捕食している可能性がある．そのため，彼らのもたらす純益は評価が困難である．自然界の生物学的コントロールに関する知識は未発達であるが，彼らが作物害虫の制御に大きく貢献していることは明白である.

鳥類

肥料や農薬の広範囲使用を伴う農業の集約化と，ヨーロッパの農地に群生する鳥類の個体数との関連性について研究が行われた．その結果，集約農業が行われている国ほど鳥類の個体数が大幅に減少し，生息域も大きく縮小していることがわかった．その影響は大きく，大陸規模でも確認され，鳥類の生物多様性に与える人為的脅威としては，森林伐採や地球規模の気候変動に匹敵する規模である（註28）.

農地の鳥類の個体数と自然のサバンナや草地の鳥類の個体数の比較がセレンゲティで行われたが，同様の傾向が見られている．重要な，そして以前は認められなかった鳥類の生物多様性の低下が農地で発見されたのである．農場で見られた鳥類の種は，自然のサバンナの28％にすぎなかった．昆虫食と穀物食の種，とくに地上食と樹種がもっとも影響を受け，いずれも50％の種が農地ではまったく見られなかった（註29）．農業地帯では昆虫も同時に減少しているが，食虫性の鳥類の減少のほうがケニアの農家が将来害虫の発生を制御する際に影響を与えるだろうと予測されている．また，農場における猛禽類，とくに齧歯類を補食するもの（たとえばカタグロトビ *Elanus caeruleus* やクマタカのなかま *Spizaetus ayrestii*．いずれもセレンゲティのサバンナでは豊富である）の欠如は，農業地帯のマストミス *Mastomys natalensis* で見られるような齧歯類個体数の爆発的増加の頻発化に影響を与えるかもしれない（註30）.

花粉媒介者

地球上には10万種以上の花粉媒介者がいるとされている（図8.7）．その数の減少は，南極を除くすべての大陸で報告されており，場所によっては70％に達している（註31，32）．こうした花粉媒介者の急激な減少が世界の食料供給にもたらす結果は甚大である．世界の主だった主食（小麦，米，トウモロコシ，ジャガイモ，サツマイモ，およびキャッサバ）は風媒や自家受粉または栄養繁殖（たとえば匍匐茎［植物から伸びた茎から新しい根茎や新芽を生じる］または根茎）しているが，ほかの多くの主要な農作物は花粉媒介者に頼っている（註33）．たとえば，EU で作物として栽培されている264種の80％以上が昆虫の授粉に依存している（註34，35）．ほかにも，トマト，ヒマワリ，オリーブ，ブドウ，大豆――すべて主要作物――の収穫高は，定期的な授粉によって最高に達する（註33）．果樹や豆類などはとくに集中的に植えられているため，花粉媒介者の喪失により大きな打撃を受ける可能性がある（第３章扉の写真を参照．野生ミツバチが絶滅したネパールの地域におけるリンゴ果樹園への影響を示している）．

2006年後半に米国では，テネシー州，カリフォルニア州，その他の州だけでなく，東海岸でもミツバチが大量に死に始めた．計24州が影響を受け，最大70％のハチの巣の損失が報告された．この疾病は蜂群崩壊症候群（CCD：colony collapse disorder）と呼ばれ，養蜂家やミツバチの授粉に大きく依存するアルファルファ，アーモンド，リンゴ，オレンジ，モモ，ブルーベリー，クランベリーなどの作物を栽培する農家の間で大きな騒ぎを引き起こしている．数十億米ドルの農業損失が予想されている．2007年初頭時点で CCD の原因は特定されておらず（註36，37），複数の研究者の見解では特定の農薬，たとえば神経毒イミダクロプリドなどがミツバチの死亡の原因になっていた可能性があったため，フランスでは禁止された（註38）．Science 誌に掲載された研究では，イスラエル急性麻痺病ウイルス（IAPV）と CCD との間には強い相関が示されている．IAPV はイスラエルで最初に発見された．感染したハチは麻痺し，ハチの巣の外で死亡する（CCD の特徴である）．ウイルスは，感染したハチによってオーストラリアから米国に持ち込まれ，CCD の流行を引き起こした可能性がある．しかし，IAPV が単独で，または他の要因と結び付いて CCD の原因となるかどうかは依然として明らかではない（註39）．

風媒または幅広い生物によって授粉される植物と比べ，イチジクコバチのみに授粉されるイチジクのように特定の動物によって授粉される植物は，輸送中に花粉が消費される危険性はもっとも低い．しかし，同じ植物が，花粉媒介者が失われることで，受粉障害のもっとも高いリスクにさらされるのである（註40）．このため，生物多様性の低下は種の存続にカスケード効果をもたらす可能性がある．なぜならこれらの密接な結び付き，すなわちひじょうに効率的な共進化した関係を混乱させる可能性があるからである．花粉媒介者の多様性が植物の多様性を高めるのに役立つように，植物の多様性はより多くの花粉媒介者を支えている．たとえばイギリスとオランダの最近の研究では，ここ数十年の間に両国のハチの種と，その種に繁殖を依存している植物種には顕著な並行低下が示されている（註41）．

農業地域において，作物は繁殖に必要な花粉媒介者の生息地から隔離されている場合がある．種が豊富な牧草地から様々な距離で単離した“島”で行われたカブとマスタード植物の実験では，隔離性が上がると１時間当たりのハチの訪問頻度が下がり，また訪問者の多様性を減少させる結果となった．加えて，果物や種子の成長もまた草原からの隔離性が上昇するとともに低下していった（註42）．別の研究では，生け垣の増加は，農地全体の昆虫の科の多様性（図8.4参照；第３章，図3-11も参照のこと）と正の相関を示した（註43）．

Box 8.2 インドネシアにおける益虫と米栽培

インドネシア，世界一人口密度の高い国，は，その長い農業史の中で主に水田と呼ばれる冠水された畑の稲作を中心としてきた（農地は雑草を防ぐために冠水されている）.

過去には，稲は他の作物と混在しており，このような多様な地形はこの国の農業地帯ではごくごくありふれた光景であった．しかし，1960年代に，高収量性の米の品種とそれとともにそれが必要とする殺虫剤や除草剤，化学肥料も導入され多毛作が単作へと変えられてしまった．この変化をたどった場所には西ジャヴァの北部，この国屈指の米作地帯も含まれている．同時に殺虫剤の使用量も劇的に増加した．しばらくの間は米の収量も増加したが，これは複数の地域での爆発的な害虫の増加と引き換えであった．その対抗手段として，より多くの殺虫剤が散布されたが，害虫による被害を減らすことはできなかった．そして1974年に以前は些細な害虫であったトビイロウンカ（英名 Brown Plant Hopper；BPH, ラテン名 *Niaparvata lugens*）がインドネシアのコメ生産を脅かす存在となった.

これらの被害に対抗するために，インドネシアとフィリピンにある国際稲研究所（国際農業研究協議グループの研究所の１つ）の科学者等が BPH に耐性のある品種を開発したにもかかわらず，農家は殺虫剤を使い続けた．これは残念な対策であった．なぜならば BPH は農薬の使用によって再帰した害虫であったため，短期間で BPH がまた主要害虫になってしまった．農薬の乱用が，じつは耐性のある品種に対しての適応力を加速させたのではないかと信じられている．その理由として，自然界の天敵から開放されてしまったことが挙げられる．有益な捕食昆虫や寄生虫は多くの場合において，害虫そのものよりも農薬に敏感で，そのため耐性のある品種に対して強い因子を持つ害虫の個体が群の中で優先的に生き残ってしまった.

インドネシア政府は自国の農薬の方針がうまくいってなかったため，1986年に同政府は国連の食料農業機関の支援のもと，水田に益虫の存在を促す営農方法を農家に実行させるような国家計画を始めた. 57種類の農薬の稲への使用が禁止された．ここで発見されたのは，農薬が未使用の水田では有機性堆積物やプランクトンを食べる虫が大量発生し，そしてこれらでさらに多種多様なゼネラリストな捕食者や寄生虫を短時間で繁殖させた．作物が充分に育ち，草食昆虫に攻撃される頃には，それらを制御することができるくらいの益虫が存在していた．この自然なシステムに回帰することで，何人ものインドネシアの農家が多種に渡る害虫 ── ハマキガやニカメイガ，ヨコバイやその他 ── を制御することに成功した.

これらの益虫の識別と生活環を理解することがインドネシアの多くの農科者や農家の間では重要事項となっており，この分野が大きく発展した．把握されたゼネラリストな捕食昆虫のうち，かなり重要なものは，*Harmonia octomaculata* のようなテントウムシ（BPH を含む害虫の卵や幼虫，成虫を捕食）や *Ophionea nigrofasciata* のようなオサムシ科（１日当たり最大５匹のハマキガや BPH を食べる），*Paederus fuscipes* のようなハネカクシ（水田ではよく見られる一般的な虫でニカメイガの幼虫や卵，ハマキガを捕食する），把握された重要な寄生虫は他種類の害虫の卵や幼虫，蛹に卵を産み付けるカリバチ，*Tetrastichus schoenobii*（ニカメイガの卵や蛹を攻撃する）や *Telenomus rowani*（ニカメイガの卵を食べる），*Cotesia angustibasis*（無農薬の水田でよく見られ，主な捕食寄生種はハマキガ）である.

農薬を使わないことで（この工程でかなりの出費を抑えることができる），自然の有益な昆虫や寄生虫の存在を促し，いくつかの地域で（たとえばジャヴァの中部や東部）多毛作と混作に回帰することで，インドネシアのいくつかの農家は多収量性の品種を用いた従来の農法と同等，場合によってはそれを越える収量を出すことができた．それらを従来法に比べより低コストかつ少ない環境負荷ですることができた．生物的な防除を使っての米の生産はインドネシアを越え，より広い地域で適応することができる.

Box 8.3　害虫種を食料として収獲

食用の昆虫
野外市場に売られる様々な昆虫．カンボジア，プノンペン（Photo by Rhymer Rigby, www.rhymer.net.）

農薬の代替案として，いくつかの地域では害虫を食用として収獲した．主に直翅目のハネナガイナゴ *Oxya volox* は，水田の主要害虫で，韓国ではよく食されていた料理，メトゥギの一般的な材料であったが，1960年代と1970年代の農薬の使用とともに次第に食材として使われなくなった．1982年，いくつかの農薬散布の減少に伴ってイナゴの個体数が増えると食材として売られるようになった．年配の韓国人にとって，メトゥギはノスタルジーを感じさせ，昔の味の復活を意味した．これは農薬の低減は復活したメトゥギへの関心を促進させ，それと無農薬米に対する一部の重要な高まりから，韓国の複数の地域での無農薬農業の発展へとつながった．有機農業への移行は，農薬を散布した場合と比べ収穫量が同等でありながら，価格は高いという理由から大変魅力的であった．

害虫の収獲は他国でも成功している．バッタはフィリピンの多くの地域で好まれる食材であり，その結果，それらが捕獲される畑では大体の場合は農薬を散布していない．このバッタたちは放牧されている鶏（牛や魚）の餌として使われ，それらはより高値で売買される．1983年にタイの地方自治体職員は村人に10トンの害虫バッタを採取するように薦めた．これは農薬による害虫制御が失敗したためである．そして1992年にはタイの村人は半エーカー（2023 m^2）の畑ごとのバッタ収穫量から最高120米ドルを得ることができ，これは穀類による収益の倍ほどである．

栽培植物と野生の近縁種

野生の自然の近くに農地を作ることには明確な利点があるが，そこには潜在的な欠点がないわけではない．しばしば問題を起こし注目を集めるのは，作物が野生の近縁種と交配してしまったときである．フランスのテンサイ（*Beta vulgaris* L.）の栽培がその一例である．リオン湾（スペイン・カタロニアとの国境からフランス・トゥーロンにかけて伸びる地中海の区域）付近のテンサイの種子の栽培場所は，水辺に群生する野生のシービート（*Beta vulgaris maritima*）から数キロメートル，内陸の谷で成長するものからは少なくとも1km の距離がある．それにもかかわらず，シービートは栽培されたテンサイに授粉することができた．その結果，1970年代半ばまでにこれらのテンサイ畑は，開花時期が早いか，またはシービートの特徴である“とうが立った”個体が混在していた．その後の調査によって，とうが立ったテンサイは野生の近縁種からの授粉でできてしまったことが判明した（註44）.

この問題は逆方向でも同様に起こってしまう．野生の近縁種の遺伝子が栽培作物にまぎれこんでしまうように，栽培作物の遺伝子が野生の群れに入ってしまうこともある．単一栽培植物の多様性は，一般的に，野生の近縁種の個体群の多様性よりも少ない（註45）. 1つの栽培品種（栽培品種とは種子または移植によって信頼のおける栽培が可能な品種）から野生の個体群へ継続的かつ相当量の遺伝子流動が起こると，進化的結果として，野生個体群の遺伝的多様性が減少してしまう．野生種の中には不稔性が現れ，作物種との同化のために個体数が減少し，絶滅する可能性もある．最近の文献調査では，綿密に行われた28の研究で，作物と野生の近縁種の交雑によりできた新たな植物が農業生態系の雑草となったり，自然界で侵入種となったりしていることが裏付けられた（註46）．そして，特定の作物と少なくとも1つの野生の近縁種との間の自発的な交雑が，偶然ではなくむしろ必然であることがわかっている．25種類のもっとも重要な食用作物のうち，3種類以外のすべての品種は1種類以上の野生の近縁種との交雑が確認されており，幅広い影響を及ぼしている（註44）.

たとえば，栽培種との自然交雑は，台湾固有の野生イネ *Oryza rufipogon formosana* を絶滅寸前まで追い込んだ（註47）．前世紀におけるこの野生イネとの交雑で，栽培種の特徴と繁殖力の低下が見られた．アジア全体では，*O. rufipogen* の亜種と野生種の *O. nivara* の典型的な標本は，栽培種との交配が進みすぎたため，めったに見られなくなった（註48）．また，栽培トウモロコシとの交雑は，栽培種の祖先であった野生トウモロコシのいくつかの集団の絶滅に関係あるのではないかと考えられている（註49）.

植物を自然の生態系の近隣で育てるのはいくつかの利点があるが，遺伝子流動の危険性を考慮しなければならない．農場を麻などの植物で囲うことにより，花粉の散布を抑え，それによって農場の外からの汚染を防ぐなどが，1つの対策であろう．同様に，“トラップ作物”や森との境界に作る生け垣は，遺伝子流動の防止にとどまらず，害虫管理などの生物多様性の他の利点ももたらすので有益かもしれない（註50）.

農作物の遺伝的基盤

1つの作物における野生の祖先や近縁種，ならびその栽培品種や系統などの中で，それぞれの作物種の遺伝子的多様性は，農業において明瞭で即時的な重要性がある．遺伝的に異なる菌株の選択および交配（交雑）に基づく伝統的な植物育種方法は，依然としてもっとも一般的に使用されている．たとえば，作物の真菌病や害虫による被害，ほかにも日照りや塩分濃度過多のような環境要因がもたらすストレスに対する耐性を持たせることなどが挙げられる．こういった手法は過去にも使用されており，これからも使用され続けるだろう．

野生植物の遺伝的多様性の保全は，自然環境では自然の生息地や生態系の中で達成するのが最適であるとされ，栽培品種に関しては指定された農場と温室がもっとも効率良く達成できるとされている．そういった方法による生きた植物の保存が現実的でも十分でもない場合，数多くの種や品種の種子は，特別に組織され，注意深く管理されたコレクションに保存されなければならない．

そうしたコレクションは遺伝子プールの役割を果たし，育種学者もそこから遺伝子を引き出すことによって害虫，疾病，異常気象に対する優れた耐性や抵抗力を持ち合わせた品種を改良することができる．品種改良の必要性は，新たな害虫が現れたり，古い害虫自身が以前の制御モードに対して免疫を獲得したりすることにより，くり返し発生する．

シードバンクと呼ばれる巨大な種保管施設が設立されている．たとえば米農務省の管轄にあるコロラド州の国立植物遺伝資源システムには25万以上の品種が保存されており，アフリカ大陸にあるマラウイの国立遺伝子バンクでは約8000種類の原産の作物や果物が保存されている，イタリア・ローマの国際植物遺伝資源研究所（国際農業研究協議会［CGIAR］の施設の１つ）では世界中の植物遺伝子を監督している（註51～53）．ロンドンのキューガーデンにあるシードバンクも重要な保管庫である．

シードバンクは，土着の栽培品種や作物の野生の近縁種，ならびに現代の作物品種や特別育種品の大規模なコレクションを保持している．それらは，乾燥した氷点下状態で保管することで，本質的に無期限に種を保存することを目的としている．こうした施設を設立，管理することで事態は大きく前進したが，世界各地に点在する様々なシードバンクの施設を拡大し，改良し，連動すれば，遥かに多くのことが実現できる．

１つの例として，ノルウェー政府が資金調達する“終末の日に備える種子貯蔵庫”をノルウェー・北極のスピッツベルゲン島の砂岩山の奥深い永久凍土地帯に建設する計画がある．この保管庫には約300万種の現在知られている世界中のすべての作物が含まれている．この保管庫は，既存のシードバンクでは，核戦争，海面上昇，電力システムの崩壊，地震，小惑星の衝突，またはテロリズムといった致命的な出来事に耐えられないのではないかという懸念に応えて建設されている（註54）．

土壌の生物多様性

我々が毎日その上を踏んだり歩いたりしているにもかかわらず，土壌は地球でもっとも情報の少ない生息地である．残念なことに，それを当然とするのはあまりに簡単であるが，土壌は地球上でもっとも種が豊富な生息地の１つかもしれないという証拠が揃ってきている（註55, 56）．地上で知られているほぼすべての門は土壌にも存在し，それぞれの門が種の多様性に富んでいる．しかし，同定され，記述された種は全体のおよそ10％未満であると推定されている（註57）．

土壌生物は，広範で必要不可欠な土壌生態系サービスに貢献している（註58）．土壌生物（本章冒頭の図を参照）には以下のようなものが含まれる．脊椎動物（プレーリードッグ，ホリネズミ，モグラ，トカゲ，モリネズミ），大型動物相（アリ，シロアリ，ヤスデ，クモ，ムカデ，ミミズ，ヒメミミズのような最大約数センチ程度までの大型無脊椎動物，ワラジムシなどの等脚類，およびカタツムリ），微小動物相と中型動物相（クマムシのような緩歩動物，ワムシ，線形動物，ダニ，トビムシ目（図8.8）のなかまなど１～数ミリ程度のもの），および微生物（藻類，地衣類，原生動物，真菌，細菌，古細菌およびウイルス）（註55, 59）．記述されている微小植物と微生物相の種のほとんど（90～95％）は，珍しいものと思われている（註60）．土壌生物の豊かさは本当に驚異的である．１m^3の草原の土壌には何百億もの生物がひしめいているとされる――1000万の線形動物，４万5000のミミズやヒメミミズ，４万8000のダニとトビムシ，数十万の原生動物と藻類と真菌，数十億の細菌（註61）――そしてその大部分がまだ同定されていない．

個々の土壌生物の種の分布，豊富さ，力学，相互作用，および生態系の機能に与える影響などの基準情報は一般に，局地的なスケールでも世界的なスケールでも不十分である（註62）．さらに，短期的にも長期的にも，土壌生態系機能のためにどのような主要種が必要かについての情報も不足している．土壌攪乱のモニタリングを始める場合は，土壌生物多様性の基準情報の測定が不可欠である．

土壌生物相の役割

表8.2は異なる種類の土壌生物相とそれぞれの土壌生態系サービスの役割を列挙したものである．土壌の生物は人口を維持するのに必要な生態系サービスに直接関与している（註58）．腐生性生物は，死んで分解を始めている植物や動物から栄養を得るものである．放線菌は，真菌のような菌糸状に分岐する糸を生成する能力を持つ細菌である．根圏は植物の根を囲む領域である．表8.2に記されている生物は，以下の生態系サービスをこなす（註58）．

- 有機物を分解し，窒素や炭素などの栄養素を再利用して土壌の肥沃度を維持する
- 土壌粒子を凝集させることによって，土壌構造や水の貯蔵・流出の力学を変更する（水分保持に役立つ）
- 土壌全体に有機物と微生物を混ぜることで，栄養の再分配に役立つ
- 土壌中の炭素貯蔵量や微量ガスの流れに影響をもたらす
- 汚染物質を分解することによって，空気と水の浄化に貢献する
- 植物の栄養素吸収の量と効率を上昇させる
- 関係性の数により植物集団の多様性や植物の適応に影響を与えている

これらの関係性は，両生物が互いに利益を得る相利共生，または一種が他方の種を犠牲にして利益を得る寄生関係でありうる．これらの様々な関連性を通じ，土壌生物相は生態系機能に不可欠かつ密接な関係を有する．これは，陸水や海洋の堆積物を含む土壌そのものだけでなく，地表や水面の生態系においても同様である（註58, 60, 62）．

土壌で機能する生態系への特定の種の寄与は，種間の相互作用の複雑さを考えると，単体で論じるのは難しい．しかし，形態，生理，食物源だけでなく，生物をその機能に基づいてグループ化することによって，土壌食物網における生物群の役割を理解し始めることができる．たとえば，同じような口器を持つすべてのダニの種は真菌を食べる役割を持つグループであるが，一方でシロアリ，ミミズ，アリは土壌中にトンネルを作ることで通気性や透水性を改善する機能を持つグループに属している．ほとんどの生物は複数の機能を

表8.2. 土壌生物相の様々な生物による土壌生態系サービス

機能	関連する生物
土壌構造の維持	ミミズ，節足動物，土壌真菌，菌根，植物根，およびその他の微生物
土壌の水文学的プロセスの管理	主にミミズや節足動物のような無脊椎動物，および植物の根
ガス交換と炭素隔離	主に微生物と植物根，炭素の一部は圧縮された無脊椎動物の塊に保管されている
土壌の解毒作用	主に微生物
有機物の分解	種々の腐生性および落葉食性の無脊椎動物（腐食生物），菌類，細菌，放線菌，その他の微生物
害虫，寄生虫，疾病防止	菌根およびその他の真菌，線虫，細菌その他の様々な微生物，トビムシ，ミミズ，および様々な捕食者
食料と薬の源	植物根，様々な昆虫（スズムシ，甲虫の幼虫，アリ，シロアリ），ミミズ，脊椎動物，微生物，およびそれらの副産物
植物や植物根との共生および非共生関係	根粒菌と菌根，放線菌，窒素固定菌，およびその他の様々な根圏微生物
植物の生長制御（プラスとマイナス）	直接的な影響：植物根，根粒菌，菌根，放射菌，病原菌，植物寄生線虫，根圏に棲む昆虫，微生物植物の成長を促す根圏に棲まう微生物，生物防除剤

出典：Brown, G.G., Bennack, D.E., Montanez, A., Braun, A., and Bunning, S. 2001. What is soil biodiversity and what are its functions? U.N. Food and Agriculture Organization Soil Biodiversity Portal. For further information, please visit www.fao.org/ag/AGL/agll/soilbiod/default.htm.

持っている．たとえば，ミミズは有機物変換者（有機物を飲み込み，ペレットの形で排便する），同時に土壌通気者でもある．

土壌生物相がいかに土壌肥沃度を支え，栄養素の再利用に寄与し，植物の成長に貢献しているかを理解するためには，土壌生物の集団内および集団間の遺伝的変異，土壌種の豊富さと組成，および機能グループの多様性などを理解しなければならない．しかし，一部の例外を除いて，数千種類の土壌タイプの土壌生物多様性の世界的分布については，ほとんど解明されていない．土壌食物網内の生物多様性は，農業，林業，放牧地／牧草地など，経済的価値が高く集中的に管理された生態系では，管理されていない生態系よりも理解が進んでいる．

土壌生息地の撹乱

自然生態系における土壌生息地への撹乱は，透水性，塩分濃度，浸食，炭素・窒素・酸素含有量その他の土壌特性へのカスケード効果を介して，直接的および間接的に土壌の生物多様性に影響を及ぼす．これらはすべて，順繰りに，土壌の生物多様性の減少から起こっている可能性がある（註63）．こういった撹乱はまた，生態系の機能にも影響を及ぼす可能性がある．土地利用の変化，外来種，酸性雨や大気からの窒素化合物の堆積，下水・余剰肥料・有害な化学物質による汚染はすべて，土壌共同体とそれが支えている植物を変え，植物の適応度と組成に影響をもたらす（註64）．

土地利用の変化は，土壌に影響を及ぼす大きな要因である．変化は，自然環境を耕作地に帰ることが挙げられ，植物種の多様性だけでなく，土壌微生物，菌根，線虫，シロアリ，甲虫，アリなども変化させる（註65～70）．たとえば，アマゾンの熱帯雨林を牧草地に変えた後，一部の土壌に何が起こったか．外来種のミミズ（*Pontoscolex corethrurus*）がその新しい牧草地における無脊椎動物の優勢種となり，現在のバイオマスの90％を占めている

Box 8.4　落ち葉が分解されるまで

葉が地面に落ちたとき，その分解には多くの生物が関わっている．ワラジムシなどの大型無脊椎動物は葉を食べ，その課程でその葉を裂き，細切りにする．同時に細菌や腐生の菌類などの微生物が腐敗を初め，葉の一部を消化する．それらは線虫などの小型の無脊椎動物に食われ，それはダニに消化されるといった土壌食物連鎖の一部である．数えきれないほど土中の種が関わっている．それらすべての行動により，葉はゆっくりとより小さなパーツに分解され，最終的には変異され，それらを食する者たちもまた死に，窒素や炭素，他の化合物に分解され，土壌に還元され，土の豊かさを支え続けている．

ワラジムシ亜科（オカダンゴムシ）
世界には約3000種のワラジムシ亜科が存在している．これらは甲殻類であり，昆虫ではなく，カニやイセエビのなかまである，彼らはこの亜門で，生活環の過程で一度も水に戻る必要のない陸上に進出した唯一の種であるが，冷暗湿潤な場所に制限されている．生息域は葉のリッターや腐敗した樹皮などの湿潤な環境を好み，エラを使って呼吸する．有機物の分解と循環，たとえばものを腐らせたり，必須栄養素を土壌に戻したりなどを含む，において非常に重要な生物である．ワラジムシについてさらに詳細を知りたい場合は，ウィキペディアを参照（© Woody Thrower, www. snark.com/~woody/wordpress/）

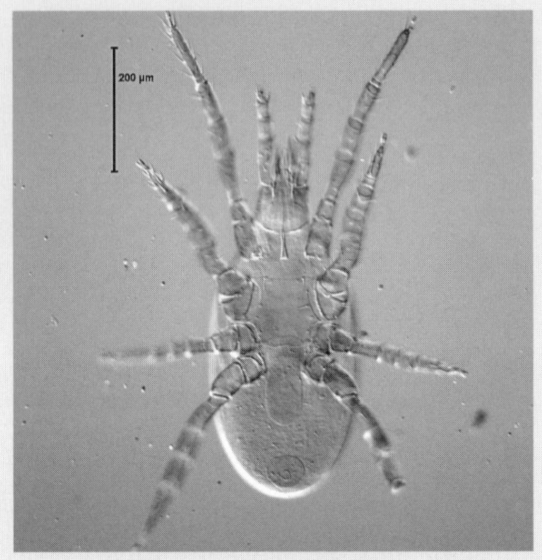

ホソトゲダニ属の１種 *Hypoaspis similisetae*
中気門亜目のこのダニは他の微小節足類や線虫の捕食者である（コロラド州立大学自然資源生態研究所の Mark St. John 氏のご厚意による提供）

（註71）．

こういった変化は，土壌の圧密を増加させ，テクスチャーを変化させ，特定の土壌タイプに依存するいくつかの脊椎動物と大型無脊椎動物に多様性と豊富性をもたらす（註72）．

土壌改善のための生物多様性の利用

一般的に，土壌を復元するよりも，維持して劣化を防ぐほうが簡単である．火事の後や，農業・林業における集中的な化学物質使用による攪乱の後に大規模な開墾を行う際は，肥沃度を高めるために土壌に十分な量の有機物を落葉や動物の糞などの形で供給し，土壌の保水能力を向上させることに重点を置く．ミミズの投下も生産性の向上につながる（註73）．このような状況では，自然土壌に原生していた種の多様性を再現するのではなく，土壌共同体の機能を回復させて植生の成長を促すことが目的となる．

耕起を一切行わない不耕起栽培や最小限にとどめる浅耕栽培（図8.9），または作付から収穫まで土壌を攪乱させない手法は，より多くの植物性有機物を土壌に残す．こういった

Box 8.5　菌根

菌根と知られる菌類は19世紀後期のドイツ森林学者，アルバート・ベルンハード・フランクによって発見され，彼はヨーロッパの珍味，トリュフの人工栽培について研究していた．フランクと他の科学者はトリュフや他の菌根は広範囲のネットワークを土中に形成し，糖類や他の分子を得るのと引き換えに，必須栄養素や他のサービスを供給するといった共生関係を植物と築いていることを発見した．菌根はすべての表土のある陸上生態系 —— 寒帯，温帯，高山，熱帯 —— で発見されている．全維管束植物の90%近くは菌根と関係がある．菌根について知ればしるほど，彼らの現在の役割が明らかになり，もしかしたら植物が初めて陸に定着した40億年前から，植物とそのコミュニティーの健康と生存に重要な役割を果たしていたのではないかと推察された．

約10万種の菌類が識別され，命名されたが，これらは予想された全菌類の総数150万種のたった6～7%にすぎない．菌根類の総数の推測はとくに難しく，とくに問題なのはその特定菌類が本当に菌根なのか，それとも死亡した有機物を分解する腐生菌なのかが区別しづらいところにある．

菌根は2つの大きな種類に分別される．よく知られているのが外生菌根で共生関係にある木に隣接する表土に子実体をキノコとして作る．これらの菌類は木を覆い，根の外側細胞の間に網を張る．特定の地域の同種のキノコはすべて同一個体である場合が多く，土中に広範囲なネットを張り巡らせている．

もう1つがアーバスキュラ菌根で知られ，生涯を地中で過ごす．両種は菌糸と呼ばれるネットワークで木の根の先端部分の細胞を覆う，またはアーバスキュラ菌根の場合は貫通させる．菌糸は根の先端部分の60分の1ほどの太さでその結果，根も突くことができない狭い空間（間隙）を貫通することができる．

構築されたネットワークは膨大で1立法ヤード（0.765 m^3）の土壌内の菌を1本ずつ伸ばしてつなげれば数千マイル（1マイル＝1.6 km）におよぶといわれ，菌根から得られるリンは根だけで得られ

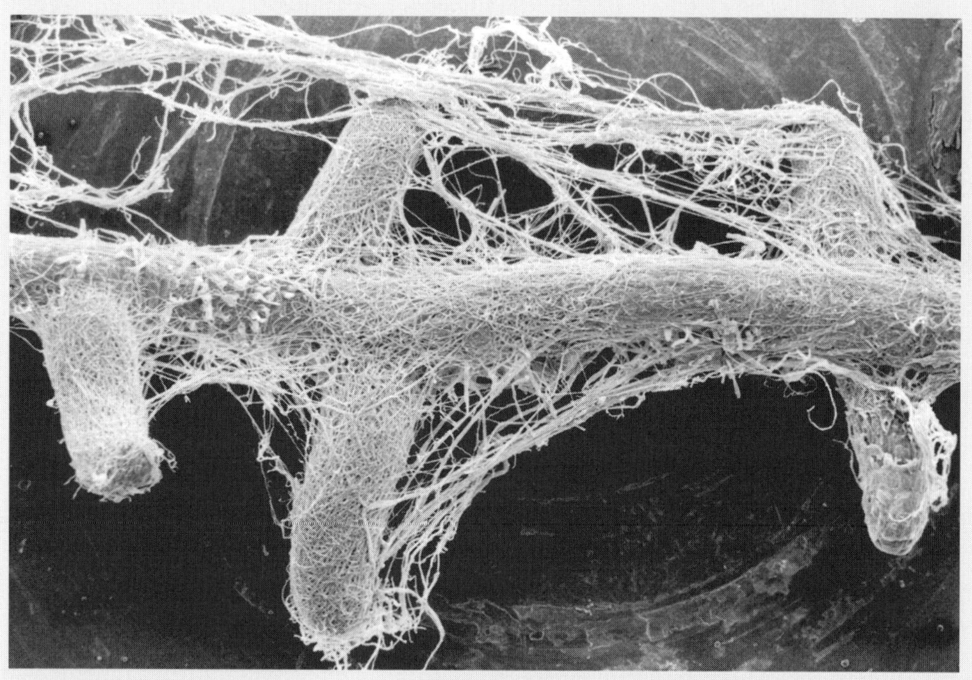

カバノキ属のキハダカンバ（*Betula alleghaniensis*）の根の小片に群集を作る菌類ヒダハタケ（*Paxillus involutus*）の走査電子顕微鏡写真
（Photo provided by R. Larry Peterson, University of Guelph, Canada.）

る量の数倍（数百，数千倍に登ると予想するものもいる）であり，水や窒素，その他栄養素にも同様のことが言える（菌根による栄養の運搬，移動については www.biology.duke.edu/bio265/jlp13/myco.php?t=nutrient を参照）．菌根がそれだけの大量の栄養を運べるのにはその膨大な表面積だけのためではない．菌糸はそれに加え，リンがごく薄い濃度である場合でも能動的に吸収し，根に利用しやすくしていると考えられている．そのかわりに植物は菌に糖類や澱粉，タンパク質，脂肪など生存に不可欠なものを提供している．

菌類は植物の生存を他の方法でも手助けしている．彼らの入り組んだ網は土壌中の栄養素や水分を堅持し，侵食を防いだり植物を干ばつから守ったりする．いくつかの菌類はカドミウムなどの有害金属と結合し，植物が吸収できないようにしている（空中に舞うこともできなくしているかもしれない）．その傍ら，他の菌類は植物（*Pteris vittae* モエジマシダ）のヒ素などの有害物質の吸収量を上げたりする．いくつかの菌は特定の病気から植物を守っているとも言われている．観察された一例ではアーバスキュラ菌根は植物の根に付く病原菌から根を守っていた．また，それらの広範囲なネットワークは隣接する植物どうしをつなぎ，栄養素や糖分を共有できるようにしている．こういった菌糸が張り巡らされた場所での糖分共有は低照度な場所で新芽が育つのに一役買っているかもしれない．菌糸のために，いくつか

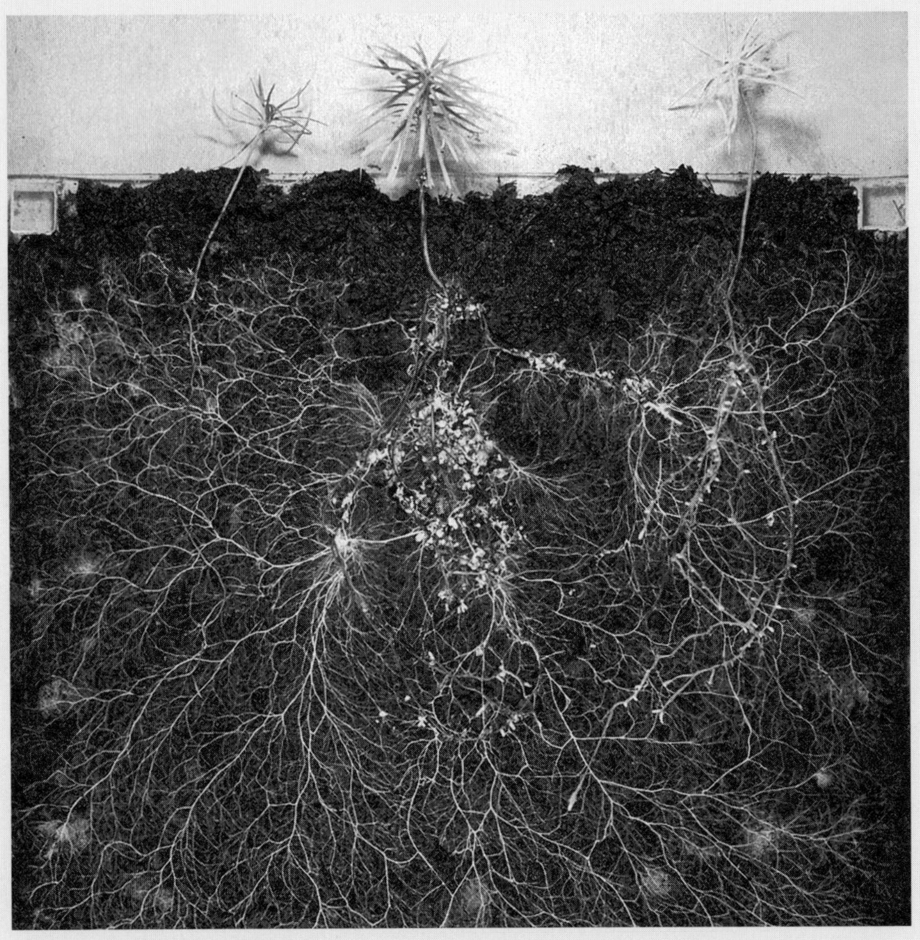

菌根のあるカラマツ
先端にある細かい糸状の菌糸体は白色で，やや太いカラマツの根は赤～褐色である
（Photo by R. Finlay; © PlantWorks Ltd. U.K., www.plantworkuk.co.uk.）

の植物，とくに複数の蘭は光合成を行うこと事態をやめて，菌糸から得られる栄養素を拝借して生きている．

文献ではアーバスキュラ菌糸の豊富度は植物種の豊かさと植物が捕獲できる栄養素の多さ，総合的な生態系による生産力に変換することができる，と報告されている．この報告では，陸上植物コミュニティーにおいて土壌と土中の生物は親密につながっていることを如実に表している．

化学肥料や酸性雨などの土壌への窒素供給やCO_2が増加した大気，オゾン汚染の影響などを含む人的活動は菌根コミュニティーの多様性や豊富度，機能に悪影響をおよぼす．菌根は植物コミュティーの健康や多様性，生産力の中核であるという認識の広がっており，彼らの機能をより深く理解し，それらを可能な限り保存することが非常に重要である．

Box 8.6　窒素固定菌

19世紀末にドイツの科学者らが窒素固定という現象を発見した．多数の作物が必要とする肥料の量を調査しているときに，ヘルマン・ヘーゲルとヘルマン・ヴィルファースは数種類のマメ科ーマメとソラマメ，アルファアルファ，ルピナス（ハウチワマメ），ベチーは貧窒素な土壌でもよく育つことを発見した．しかし，土を除菌してしまうと育つことができず，特定の土壌菌，のちに1888年にオランダの微生物学者マルティムス・ビエルジャニックによって単離された細菌の *Rhizobium* 属，が，窒素を供給していたと予想された．上記したマメ類は根粒菌と結び付いて生活している．根粒菌とはマメ科の植物と共生関係にある．これらの菌は窒素固定菌で根の細胞から発達する根粒に棲み着く．この生物は菌根と同様に地球上でもっとも大切な生物であることが現在では明確になった．

12属，53種の根菌が識別され，他にも100から200種の窒素固定菌が自由生活しており，これらの自由生活窒素固定菌は土壌中ではシロアリや木材穿孔性の軟体動物，フナクイムシの体内に棲む菌や，水生態系で淡水と海水の食物網の基礎である主要第一次生産者も含まれている．多くの窒素固定菌はシアノバクテリアに属しており，これらのなかまは太古から自給自足ができる生命で，二酸化炭素を光合成できると同時に，植物では吸収できない窒素ガス１分子を，植物が吸収できる２つのアンモニア分子に変換することができる．

マメ科と窒素固定菌の複雑な関係は理解され始めてきている．たとえば，植物と菌の共生関係を誘発させる両者の遺伝的，分子的なシグナルや植物が他の土壌微生物に対しての防衛機能のかい潜り方，ニトロゲナーゼという窒素をアンモニアを変換するときに触媒となる酵素の働き，ニトロゲナーゼを破壊しうる酸化から守るために植物と菌の協働防衛方法などが挙げられる．

いくつかの窒素固定菌は特定のマメ科の種とのみ共生するが，幅広く共生している菌もいる．NGR234という窒素固定菌 RHIZOBIUM の種は112種のマメ科と共生できる．

様々な環境変化が植物とその根圏に影響を与えているかもしれない．たとえば，土壌が酸性雨のせいで過剰に酸性になってしまうと，根に定着しているいくつかの窒素固定菌が阻害されてしまう．しかし，土壌の酸性化の影響は大きくばらつき，数種の窒素固定菌では酸に耐性がある．農薬によってはマメ科の根圏システムの根粒の形成や植物の成長を阻害し，その影響は成長段階や使用された農薬の種類，植物の種類によって異なる．高気温や干ばつ（いくつかの地域では気候変動の影響で頻発化すると予想されている現象）も根圏の生存に打撃を与えるかもしれない．たとえば，西オーストラリアでは土壌の表面温度が50～60℃に達すると根圏の死亡が観測された．その結果，この地域では異常気象に耐性のある菌株の実験が行われている．

手法はまた，菌根のネットワークを保持させ，高い栄養素の吸収と運搬用のシステムを維持させる．いずれ，攪乱されていない土壌の食物網は自然界に存在する機能を模倣するようになる（註66, 74）．不耕起畑や浅耕畑では，集中的に耕起されている農場に比べ，ミミズの密度が高く，一般的に透水性が向上し，植物根が土壌に貫通しやすいような穴ができる（ただし，増加した栄養素の流出も生じてしまう）．さらに，含水比が改善され，炭素貯蔵量が上がり，土壌の質と構造が改善される（註75, 76）．

種の豊富度と存在度の変化が食物網や植物生育に影響を及ぼすという知見に基づき，土壌生物相を土壌の質の指針として用いる場面が増えている（註77, 78）．現在では，大気中の二酸化炭素濃度を低下させ，世界の炭素栄養サイクルに利益をもたらすために，土壌に貯蔵されている炭素量（植物性有機物中の炭素量）を管理することに多くの注目が集まっている（註79）．

家畜の生産

動物由来の食料需要の増加

ここ30年かそこらで，アジア大陸のインド，中国，台湾，韓国，香港，シンガポール，マレーシア，インドネシア，南アメリカのチリ，ブラジルなど，数多くの国で中産階級が劇的に増加してきた．今日，ポスト産業時代には，世界経済の発展は数千万人の人々の購買意欲を高め続け，動物由来の食料の世界的需要を増加させている．

世界中の肉，魚，乳製品と卵の全体的な需要は，著しく増加している．1977年から2003年にかけて，世界の肉生産量は年間１億1700万トンから２億5300万トンまで増加した．すなわち，１人当たり27.6 kg（約61ポンド）から40.3 kg（約89ポンド）になったことになる．開発途上国における牛乳の消費は，2020年まで年間3.3％の割合で成長し，1993年の１億8500万トンと比較して，４億3100万トンの総消費に達すると予測されている．同様に，2020年までの牛肉と豚肉の消費量の増加率は，毎年2.8％になると予測されている（註２，80）．

とくにアジアでは，経済発展により食肉消費が大幅に増加している国もある．たとえば，中国の１人当たりの肉消費量は1977年には10.3 kg だったが，2002年には52.4 kg に達し，500％の増加となった（註２）．中国は12億5000万の人口をかかえる国家であり，主に豚肉や鶏肉などの肉の需要の増加は，今後数年間，持続可能な方法で家畜の生産量を増加させて需要を満たせるかということが問題視されている．今日まで，この問題に対する世界の対応は，主に先進工業国で集中的な畜産業を増加させ，この手法を一部の開発途上国に導入することだった．

畜産の強化は次のようなものと関連している．抗生物質，成長促進ホルモン，その他家畜に投与される化学物質の使用増加；再生不能な資源，とくに化石燃料の使用の増加；密閉された動物の大集団における急速な疾病伝播のリスク増加（こうした環境から生じる動物福祉に関する懸念）；大量の畜産排水が土壌や地下水を汚染した場合の環境への悪影響．一部の科学者は，家畜が地球温暖化に伴う温室効果ガスの蓄積に寄与するのではないかということについても懸念を表明している（註81）.

さらに，集中的な家畜業においては飼料として使う穀物も増加しているが，その穀物は人間が直接消費できるものでもある．上述したように，世界で利用可能な農耕地の面積は本質的に決まっているため，人口増加に伴う食糧需要を満たすこと，とくに適切な穀物供給を維持することは深刻な課題である．開発途上国が飼料として使う穀物の需要は，現在から2020年までの間に倍になると予想されている（註80）.

現代の集中的な動物生産の方法は，健全な動物由来の食品を妥当な価格で提供することに大いに成功しているが，市場価格は現代の家畜生産の方法が環境的コストや社会的コストを反映していないとの批判もある.

貧困層への家畜の重要性

グローバルな経済発展は，書類上は実績を挙げているが，その恩恵は世界中の人々に均等に分配されているわけではない.

世界でもっとも豊かな５分の１の人々の収入は，同じくもっとも貧しい人々の収入の74倍であり，富裕層は世界の国内総生産（GDP）の86％を占めるのに対し，貧困層は１％である（註82）．このような経済格差は食料にありつく手段の格差に反映される．東アジアの新興国では，経済成長に対応して食料の輸入が増加し，多様で豊富な食料の需要が上がるが，景気のさほどよくない国，たとえばサハラ以南のアフリカなどでは，人口の拡大と国内食料生産能力の低下により食料輸入が増加している．後者の場合，基本穀物の１人当たりの生産量は実際に減少している．1990年から2020年の間に，サハラ砂漠以南のアフリカの穀類の生産と需要のギャップは，100万トンから2700万トンに拡大する可能性が高いと推定されている（註83）.

12億の人々が１日１ドル未満の貧困の中で暮らしており，８億4000万人が栄養失調にあると推定されている（註84）．世界の貧困層や栄養失調の人々のほとんどが，開発途上国の農村部，とくにアジアやアフリカで暮らしている．農村部の貧困層の多くは，日々の生活において，家畜に部分的または完全に依存している．牧畜農家と土地のない農民は放牧することで食料と収入を得ているが，自給農家は畑を耕作し，井戸から水を灌漑し，堆肥を土壌肥料や料理用の燃料とし，作物を市場に運ぶために家畜を必要としている．加えて，家畜は，肉，卵，または乳製品を通じた多様な食生活を提供している.

とくに北アフリカ，中東，南アジア，中央アジアの半乾燥地域に広がる大地では，雨量不足のために，牧草地での家畜の放牧が唯一の生産的農業利用である．多くの遊牧民や放牧民の文化は放牧活動に根づいている．牧畜は人間の食料供給に大きく貢献する土地を生み出す一方で，環境問題，とくに半乾燥地帯の砂漠化（もともと生産性の高い土地が砂漠になってしまう過程），および家畜放牧のための森林伐採と関連している可能性がある（以下でより詳細に議論する）．伝統的な家畜放牧法は，地域の生態系と調和して行われていることが多いが，人口増加，都市拡大，伝統的放牧権の喪失，家畜製品の適切な流通経路の開発と促進の失敗などの圧力が高まっているため，過剰在庫と過放牧がより一般的な状況になってしまうまでに追い込まれている．しかしながら，家畜生産を伝統的な農業システムにより良い形で取り込む機会は残っている．その手法を使えば，動物が農業生態系を攪乱するのではなく，補充と持続に貢献するようになるだろう.

家畜生産システム

大規模な家畜生産，すなわち牧畜業は，自然の草原や水源を動物生産のインプットに使う一方で，様々な形の集中的な家畜生産は何らかの形で作物生産につながっている．伝統的に，これらは補完関係にあり，動物は作物生産活動に密接に組み込まれていた．家畜は畑を耕す力を提供する．茎，殻，葉など人間が直接食べることができない作物副産物は，家畜に与えられ，牛乳，肉，卵に変えることができる．動物の糞は畑の肥料となり，翌年の豊作を促す．作物を栽培しない牧畜経営家もいるが，作物農家と合意して，土壌を豊かにする動物の糞と引き換えに，家畜を刈田で放牧させることもある．そういった伝統的なシステムは，外部入力がほとんど必要とされない資源の循環システムであり，肥料や作物副産物などシステム内で利用可能な資源は再利用されている．そのようなシステムでは，栽培された穀物は主に農家に供給され，動物には生産ではなく維持のために主に作物の残留物が餌として与えられる．

肉牛の肥育やブロイラーの生産など，近代の集中的な家畜生産システムはより工業的になり，しばしば，伝統的な畜産と作物農業のつながりを混乱させてしまう．多くの商業畜産システムは，高い生産性を維持するために，大量の外部入力を必要とするオープンループなシステムである．家畜は大規模な施設に納められ，多くの場合，耕作地から遠く離れた場所にあるため，動物のために飼料を運ばなければならない．また，家畜の納屋は堆肥を使用をするには不適当な土地に囲まれ，廃棄物処理問題を引き起こす可能性がある．米国農務省は1997年に，米国の食肉業界の動物が合計14億トンの廃棄物を出したと推定したが，これは米国の全人口が１年間に出す廃棄物の約130倍である（註85）．肥料，ディーゼル燃料，熱および電気の形で，化石燃料も大量に利用されている．現代の畜産システムで生産される牛肉については，1 kcal の牛肉を生産するために，35 kcal の化石燃料が投与されている（米国では，すべての化石燃料の17％が食料生産で使われている）（註85）．現代の選択的に飼育された家畜が高いレベルの生産を支えるためには，家畜に大量の穀物を供給しなければならない場合が多い．このため，世界の限られた農耕地で生産される穀物をめぐって，人間と家畜が直接競合する問題が発生する．

家畜製品への需要が高まるのに対し耕作地は依然として限られており，そのため需要を満たすことは困難である．

家畜と環境

新石器時代から様々なことが起こり，家畜，それを維持してきた環境，そしてそれらを管理する人間の間に存在していた調和も過去のものとなった．時間の経過とともに人間や動物の個体数が増加すると，古代の放牧地や農地の環境収容力を超え，土地そのものが劣化した（註86）．人類とその家畜は新たなる地域で新たなる大地を探し求めた．しかし，多くの場合，彼らのふるさとほど居心地の良い場所ではなかった．たとえば，ヨーロッパに北上していった人々は，年間を通して放牧できない気候に対処するために，越冬するための家や餌が必要であり，エネルギーと資源の両方で支出が増加していった．

いくつかの場所では，家畜動物の群れが野生動物の群れに代わり，自然生息地が広範囲の家畜生産を支援する土地に変えられた．たとえば，ごく最近では19世紀の米国グレートプレーンズでは，開拓者が野生の水牛や生物多様性に富んだ草地を家畜の牛と穀類に変え，水牛と草原の在来種を絶滅寸前にまで追い込んだ．同様のプロセスは，ラテンアメリカや南米でも進行中である．牛の放牧地（主に大豆の栽培のための農地）を大規模に生み出す森林伐採が行われており，多くの場合，森林の巨大な生物多様性を犠牲にしている（図8.10）（註87）．

家畜の生産は，歴史の中でも，環境破壊と大きく関連し始めている．広範な放牧と牧畜は，砂漠化と森林破壊その他の土地劣化と生物多様性の喪失につながっている．加えて，過度の自然資源の消費と化学薬品と動物廃棄物による土壌や地下水の汚染（米環境保護庁EPAは，米国の河川に見られる汚染の70％は農業由来のものと推定している），集中的な家畜生産による湖，川，河口，沿岸域の富栄養化（栄養素を含む水系の過度な濃縮），海洋の“デッドゾーン”の形成（以下の「生物多様性に影響を与える家畜生産」，および第２章，p.103のデッドゾーンに関する考察を参照），そして，クリプトスポリジウム症やサルモネラ症などの疾病の発生と蔓延などに関与している（第７章，p.277における関連トピックの議論を参照）（註85）．

畜産業は往々にして環境にマイナスの影響を与えるが，家畜は環境にプラスの効果を及ぼすことができる．混合農業において家畜は，土壌改良に適切な堆肥を適度に提供し，作物のための化学肥料の必要性と使用を削減する．１トンの牛糞は，窒素約８kg，リン４kg，カリウム16 kgを含んでいる．いずれも土壌の通気性，透水性と保持力，侵食防止，栄養保持と栄養再循環に欠かせないものであり，これらの必須栄養素を作物生産に提供することに加え，商業化学肥料とは異なり，土壌中の有機物を補充し，土壌の生物多様性を高めるのに役立つ．

動物の堆肥は，木材や化石燃料に代わる家庭の調理または暖房のエネルギー源として，世界中で広く使われている．これにより，再生不能な資源の使用が減少し，森林に与える影響も緩和される．堆肥は乾いた固形状，あるいはバイオダイジェスターを使ってメタンガスなどの可燃性ガスに変換させて燃やすことができる．中国の農村部では，家庭用メタンを製造する約500万のバイオガスチェンバーが調理や照明に使われていると推定されている（図8.11）（註88）．

動物はまた，化石燃料を燃やして空気を汚染するトラクターその他の乗り物に代わって，農作業や輸送の手段としても使われる．たとえばいくつかの険しい地形やもろい土壌では，栽培その他の農作業のためには農業用機器ではなく動物の使用が不可欠である．動物は，そのような条件下での農作業を可能にし，土壌侵食のリスクと発生率を低減させる．機械を導入して農業を近代化することが一般的傾向であったが，世界的に見ると，動物の力を利用して小規模農業の生産性と効率を改善する機会はまだまだある．たとえばウガンダでは，農業の約90％は道具を使い人力で行われており，８％が動物（主に雄牛とロバ）を利用し，残りの２％がトラクターを使っている（註89）．トラクターの購入，保守，運転は，ほとんどのアフリカの小規模農家にとっては法外な金額であるが，動物を動力とするならば農業の範囲を妥当な金額で拡大することができ，農業と環境の両方に大きな利益をもたらすだろう．

家畜種の遺伝的基盤

生物多様性の豊かさは，特定の生態学的ニッチをうまく利用するための生物の適応力の広大さを証明している．家畜もまた，そのような遺伝的多様性と適応力の豊かさを反映する．世界ではヤギ，ヒツジ，水牛，ヤク，ブタ，ウマ，ウサギ，ニワトリ，七面鳥，アヒル，ガチョウなどの家畜として，7600品種の存在が推定されている（図8.12，8.13）．これらの品種は，表現型，生理学的適応，免疫学的防御，および行動パターンの顕著な多様性を示し，様々な面で異なっているが，極めて特異的な環境，目的および生産システムに適している．悲惨なことに，家畜の多くが利用できる遺伝的多様性のプールは急速に縮小しており，約190種が過去150年間に（うち60種は過去５年間で）絶滅し，さらに1500種が絶滅の危機に瀕している（註90）．

系統の異なる動物が身体および行動の形質として遺伝的変異を発現できる幅は，人間社会が作り上げた多種多様な犬種，チワワからセントバーナードに至るすべての犬種が *Canis Familiaris* という単一の種であることから例示されている．家畜種においても同じことが言え，たとえば，カシミア繊維生産（カシミアヤギ），モヘア繊維生産（アンゴラヤギ），高乳生産（トッゲンブルグヤギ），肉生産（ボアヤギ），または乾燥気候への適応（クロベドウィンヤギ），これらの品種のすべてがヤギ種 *Capra hircus* の異なる変異である．

動物の遺伝的多様性は，植物と同様に，変化する自然条件への適応を可能にする集団内の変異である．家畜化によって，この多様性の多くは失われ，人間の目的のために望ましいいくつかの形質（たとえば，ミルク生産量，赤身の肉，１日当たりの体重増加や生殖能力）を重点的に選択飼育してきたが，目に見えないほかの形質も選択されている．自然条件下では，このような均一な集団は生き残ることが難しいだろうが，家畜は野生で生き残る必要はなく，水，食料，避難所，捕食者や疾病からの保護は人間に大きく依存している．すなわち，条件が一定に保たれる限り，この多様性の喪失は問題ではない．しかし，これらの条件が変化すれば，たとえば，厳しい熱波が発生した場合（地球温暖化に伴い，その頻度と強度は増すと予測されている），あるいは特定の，遺伝的に類似したまたは同一の家畜群を襲う新しい細菌性やウイルス性や真菌性疾患が発生した場合，均一な集団全体が危険にさらされる．これは，耐性を持つ動物がいくつか存在する可能性が高い遺伝的に多様な集団とは対照的である．

こういった脆弱性への懸念から，様々な家畜の品種やその遺伝的多様性を保全しようとする人々もいる．そして，この脆弱性は多くの憂慮を引き起こす．人間の活動がもたらす不安定な気候と，新しい感染症の可能性が高まっている世界では，昨今の家畜動物の単品種化はあまり賢明なこととは言えない．

過去には，農家は小規模自給農場で，様々な品種の牛や鶏などの家畜がいた．今日では，その多様性はほとんど見られない．たとえば米国では現在，ホルスタインが乳牛の90％以上を占め，白色レグホンは白い卵のほとんどを生産している（註91）．これは世界のほかの場所でもあまり変わらない．

土着の家畜品種は，困難な環境で持続可能な農業を促進させるのに適した特性を持っていることが多い．そのような形質は，より特性化し，遺伝的伝達をよく理解しなければならない．さらに，その形質を保有する集団を特定し，絶滅から保護する必要がある．それらの遺伝的潜在力はそのまま保全しつつ，生産性の向上と適応性と耐性を兼ね備えた新しい品種を生み出すために，選択的育種と交配によってより完全に利用することができる．

家畜の品種の保全，保護，促進において，組織的努力が向上しており，関心が高まっている．国連食糧農業機関（FAO）は，家畜の遺伝資源の管理のためのグローバルプログラムを創設し，家畜品種の保全を優先事項にしている．このプログラムは，持続可能な農業における土着の品種の使用，ならびに保全と研究のための遺伝物質の収集，保管，および保存の努力を支援している．FAO はまた，家畜動物多様性情報システム（DAD-IS：www.fao.org/dad-is/ でアクセス可能）を管理しており，家畜種のすべての土着の在来種とその現存する個体数の現状についての情報を提供している．

地球規模の環境変化による家畜生産への脅威

家畜は生物多様性の喪失を含む環境劣化に寄与する場合もあるが，家畜自身もその結果から逃れられない．たとえば地球温暖化は，家畜の健康と生産性を様々な形で損なう可能性がある．アフリカのサヘルなどの乾燥地帯や半乾燥地帯では，気温が上昇すると，土壌水分が全体的に減少し，植生が減少することがある．草の被覆度と水資源は牛を放牧の制限要因である．そのため，とくに小規模な混合群を持つ多くの放牧者は，牛を飼育する機会が著しく制限されるだろう．乾燥状態に適応したラクダやヤギは，乾燥地域において家畜で生計を立てる者にはひじょうに重要な家畜になる．伝統的な牧畜文化と，地域経済へのマイナスの影響は，おそらく深刻なものになるだろう．

地球温暖化では，気温が高い季節が長くなるため，温帯，とくにより北緯に位置する場所では，放牧の機会が増える可能性がある（註92）．また，大気中の二酸化炭素濃度の増加は，葉の拡大を促し，穀物よりも葉を持つ作物と牧草が優先的に育つ環境になるかもしれない．さらに，標高の高いところにある牧草地や牧草地は，場合によってはより緑豊かになるだろう（註93）．

しかし，極端な異常気象（集中豪雨と洪水，および長期的な干ばつの両方），害虫や疾病のライフサイクルの変化など，温帯の家畜に対する地球温暖化による悪影響もある（註94）．たとえば，長い放牧期は，飼料としての草を多く取り入れるため，放牧期の早い段階でのマグネシウム欠乏や，地球温暖化によって延期された放牧期後のコバルトやセレンの欠乏など，予期せぬ栄養障害につながる可能性がある（註95）．さらに，冬が温暖なため，土中の線虫の卵や幼虫が数多く越冬することができ，早く訪れる春には急激に感染段階まで成長する．そのため，胃腸の寄生虫のパターンが大きく変わる可能性がある（註95，96）．このような季節的変化は，牧草からの栄養不足や寄生虫感染の発生を避けるために，様々な放牧家畜の育成と繁殖のスケジュール変更を必要とする可能性がある．ダニ媒介性疾患は，より温暖な気温と湿度により媒介節足動物の活動範囲が拡大するにつれて，より広範に蔓延する可能性がある（第 7 章，p.302 の「媒介生物に対する気候変動の影響」を参照）．温度がより穏やかになると，新しいベクター媒介性疾患が導入される可能性がある．反芻動物の青舌病のウイルスを運ぶユスリカのような媒介生物は，いままで越冬できなかった場所で無事冬を越せるようになる（註97）．結核のように野生生物も菌を保有する家畜の疾病は，温暖な気温や植生の増加が野生生物の冬の生存率を上げ，病気を維持できる野生生物集団の拡大を可能にするため，制御が難しくなる可能性がある（註95）．

Box 8.7　中国の家畜・家禽の遺伝資源

中国は豊かな家畜・家禽の遺伝資源である．たとえば，1989年の統計によると596種の家畜種が中国国内にあった．中国の様々な品種のヤクやヤギ，ニワトリが遺伝的な豊かさを物語っている．

- ヤク：もともと青海チベット高原原産，標高3000 m 以上，ヤク（家畜化されているすべてのヤクは *Bos grunneins* から派生した）からは肉や高脂肪のミルク，高質な繊維が取れる．移動手段としても用いられている．UNFAO によると，中国には12品種の異なったヤクがいる．肉と繊維を作る手段として，地域の放牧者の重要家畜である．
- ヤギ：中国の有名なヤギとして寧夏回族自治区の中衛（チュウエイ）ヤギや遼寧省のカシミアヤギ，済寧省の永祥ヤギ，成都市の麻羊などがいる．チュウエイヤギは高品質な白い毛皮，カシミアヤギは量の多い長いカシミア繊維を，永祥ヤギ（多産性で１年に２度出産する）は黒と白の毛を作る．成都市の麻羊はヨーロッパの品種の倍近い，高脂肪ミルク（6.5%）を作る．
- ニワトリ：中国のニワトリには２つの目的（用途），肉と卵の生産，がある．ホータンニワトリ（すべてのニワトリは *Gallus domesticus* に属する）はブロイラーであり，皮膚が薄く，骨は細く，肉質は柔らかく旨味があるなどの特徴がある．北京アヒル（南米のバリケンを除くすべてのアヒルは *Anas domesticus* の改良品種であり，野生のマガモに由来する）は世界でも有名なアヒルのロースト（ペキン・ダック）の原料となっている．高郵アヒルは塩焼きと２つ黄身の卵で有名である．仙居鶏は年間200個の卵を産み，その１つひとつの重さは平均40 g である．小翁アヒルは年間280から300個の卵を産み，各卵の重さは60 g から65 g である．カエンガチョウ（中国のほとんどの家畜化されたカエンガチョウをふくむガチョウはサカツラガン *Anser cygnoides* の改良品種である）は年間150個しか卵を産まないが，卵の平均重量は128 g である．

中国の豊かな家畜・家禽の遺伝子資源は地域種の軽視により危機に瀕している．1970年から1980年代の調査によると，10品種が消滅，９品種が絶滅寸前，20品種は個体数が減少していた．この傾向は集中的な家畜産業の開発とともに続いている．中国政府はこの傾向を反転させ，貴重な遺伝子資源を保護しようとしている．

畜産が生物多様性に与える影響

森林破壊，土地劣化，砂漠化などの地勢変化は，家畜が関与している生物多様性の損失の原因としてよく知られている．放牧目的の森林整備は，一般的に，森林生態系に関わる動物の生息地を破壊する．牛の飼育は，中南米，とくにコスタリカとブラジルで，地域的な森林減少の主な原因となっている（註98）．

草地では，放牧牛の過剰飼育，過放牧，および不適切な管理は，植物の生物多様性の損失，圧密や侵食による土壌劣化，草原植物の通常の再生サイクルの妨害をもたらす．家畜が川に沿って放牧されると，流域の植生が失われ，水生生態系に悪影響を及ぼし，川岸に深刻な侵食を招く可能性がある．このような変化は，動物種に直接的および間接的に悪影響を与えることがある．たとえばオーストラリアでは，自然保護活動家は，沿岸地帯を牛の牧草地にすることによって大量のシルトが生成され，シルトがグレートバリアリーフの

Box 8.8　畜産業における抗生物質の使用

抗生物質は畜産で後半に投与され，養殖でも大規模につかわれている．これは感染症が不在なときにも適応されている（これに関する説明は第７章 p.292 を参照）．そういった予防的な使用は異常なまでに混み合った囲われた空間内の感染症蔓延を防止するのに必要ではあるが，畜産業における抗生物質は他にも成長促進剤として使われている．感染症は予防されているものの常習的な抗生物質による治療は，その治療後に生き残った菌に，用いられた抗生物質に対する耐性が備わってしまう可能性が高く，かつ場合によってはその抗生物質と似た化学物質にも耐性を持ってしまう．それと同様の状況はエンロフラキシン，畜産にのみ使われているフロキノローソズというグループに属する抗生物質，が1990年代中期に多くの鶏への使用が認可された．数年のうちに *Campylobacter jejuni* の菌株，鶏に巣食い，加えて食物媒介による下痢の原因としてはもっとも多い菌，にアメリカ合衆国で人間が使用するエンロフロキアシンに抗体を持つ個体が出現した．抗体を持つ菌は人間にも広がり，2001年には米国の食品医薬局は１万1000件以上の感染症による人間の下痢被害が報告されたが，もともとニワトリの中で進化し，抗体を持つ *C. jejuni* によって引き起こされている．これだけでも心配の種ではあるが，さらに問題なのはこれらの菌はエンロフロキアシンだけではなく人に使用されている類似した抗生物質フロロキノロソシプロフロキアソンにも抗体がある．そういった交差耐性の出現について，感染症の専門家の指摘では畜産業における軽率な抗生物質の乱用はより多くの抗生物質に耐性のある菌を増殖し続けさせる可能性があり，これはすでに制限されている使用できる抗生物質の種類をさらに減らしてしまう．世界保健機関はこれらの事情の踏まえ，畜産への抗生物質の習慣的な使用を禁止した．

海に洗い流され，サンゴの死に関与しているのではないかと懸念している（註99，100）．しかし，厳選された場所で適切に管理されるならば，家畜は堆肥によって土壌を豊かにし，消化管を通過したり，被毛や蹄に付着したりした植物種子を散布することによって，草原生態系の健康と多様性に貢献することができる．

土地の劣化が観察され，ヤギが存在する場合，ヤギはしばしば土地劣化の主犯とされる．しかし，厳しい条件下で生存する能力について言及されるヤギは，元凶である人間その他の動物が劣化した土地を放棄した後，その環境にとどまる可能性があることを認識しなければならない．シナリオの後半に登場する行きずりの観察者は，ヤギが原因であったと結論付けることができる．ヤギは適切に管理されなければ，実際に土地の劣化を進めるのは確かだが，そうではない場合も多い．地中海東部または古代レヴァント地方では重要な例が見られる．数世紀にわたる森林伐採と土壌の十分な改善を行わない連作の後，土地があまりにも劣化したため，ほとんどの栽培や放牧が不可能になった．農村の人々はヤギの放牧を始めた．なぜなら，ヤギ放牧は劣化した土地において行える数少ない産業だからである．

集中的な生産システムでは，肥料由来の過度の栄養分沈着に伴う湖沼，池，河川，河口の富栄養化（第２章，p.102 参照）は，藻類ブルームを発生させ，酸素を奪って生息する生物を殺すことにより，陸水生態系に悪影響を及ぼす．時には海洋生息地でも，大型養豚場や養鶏場などの動物廃棄物が，渦鞭毛藻類 *Pfiesteria piscicida*（図8.14，8.15）などの有害物質を生産する藻類ブルームに関与することがある．この生物は1990年代に，ノースカロライナ州とメリーランド州の海岸で大量の魚類を殺し，暴露された人々に様々な神経障害をもたらした（註101，102）．河川，河口，沿岸の海洋環境に侵入する畜産廃棄物の一部に起因する別の有害な藻類ブルーム（HAB）は，貝を汚染し，それを摂取した人々に有毒物による麻痺と記憶喪失を引き起こした（註103, 104）．水産養殖産業もまた，危険な藻類の成長を促す役割を果たすかもしれない． 過去に，米国では限られた地域でしかHABの影響はなかった．現在，米国のほぼすべての州の沿岸で，深刻な流行が報告されている．この流行は，沿岸の資源やコミュニティに直接的な影響をもたらし，過去20年間に10億ドル以上の損失を与えた可能性がある（註105）．

感染症の伝播は，家畜が生物多様性に影響を与える可能性があるもう１つの方法である．野生動物に蔓延した汎発性家畜流行病で，それなりの詳細が残されている最初の事例は牛疫であり，1890年代に，感染したウシをサハラ以南アフリカに導入した後，野生のアフリカ系有蹄類（アンテロープやラマのように蹄のある哺乳類）で発生した（牛疫は急速で伝染性のウイルス性疾患であり，死亡率が高く，主にウシで認められ，動物の消化管の潰瘍形成を特徴とする［註106，107］．汎発性家畜流行病［panzootic］はパンデミックの動物版であり，広範囲の動物種に影響を与える感染症である）．生計を牛に依存していた牧畜家たちは，この大流行で家畜を失い，大打撃を受けた．しかし，野生生物個体群への影響も甚大であった．ケニアのアフリカスイギュウ（*Syncerus caffer*）集団の90％が流行で失われたと推定されている．いくつかの地域では，ローンアンテロープ（*Hippotragus equinus*），クーズー（*Tragelaphus strepsiceros*），ボンゴ（*Tragelaphus eurycerus*）などの特定の種の個体群は，回復できないほどに減少した．いくつかの証拠から，野生の反芻動物の死亡率があまりに高かったため，一部の地域で，体液を吸うのに適した宿主を失ったツェツェバエが絶滅したことが明らかになった（註108）．南アフリカに牛疫が広がるのを防ぐために，大規模な防御柵が建てられ，食物や水を探して長距離を定期的に移動していた野生有蹄動物の移動パターンを妨害した．今ではほぼ制御下にあるが，牛疫はいまだに野生動物をむしばんでいる．1994年と1995年にケニアのツァボ国立公園で発生したこの病気は，アフリカスイギュウを60％，レッサークーズー（*Tragelaphus imberbis*）を60％減少させた（註109）．

野生のイヌ科に対する狂犬病とジステンパーの蔓延は，リカオン（*Lycaon pictus*），オオミミギツネ（*Otocyon megalotis*），ジャッカル（様々なイヌ属*Canis*の種），ブチハイエナ（*Crocuta crocuta*）のみならず，ライオン（*Panthera leo*）およびおそらくアフリカの他の野生のネコ科の動物にとっても，野生動物と家畜の犬との密接な接触に関係がある．このような接触が増えたのは，自然保護公園や自然動物保護区の周辺に人間が集落を構えるようになり，放牧地と家畜と牧羊犬が増えたためである（註110）．

2001年には，イギリス，アイルランド，オランダ，フランスで口蹄疫が発生し，野生の反芻動物に重大な脅威がもたらされた．その中には動物園に収容された絶滅危惧種も含まれていた．口蹄疫の流行は，動物園，公園，保護区の絶滅危惧種への予防接種に関する政策論争を新たにした．2001年の大流行で，欧州連合（EU）は，動物園にいる絶滅危惧種への口蹄疫への予防接種を可能にすることを決議したが，それは疫病の発生が動物園の25 km圏内で発見された場合に限り適用される（註111）．

水生態系からの食料

海洋食物網

海洋生態系から生まれる数ある物品やサービスの１つに海産物の生産がある．人間社会はかなり早い時期，たとえば紅海では数十万年前の中期旧石器時代の頃からこのような恩恵を受けることができた（註112）．当初は比較的少ない種が少量収穫されるだけで，海洋資源や生物多様性への影響はごくわずかだっただろう．しかし，人口が増え，漁業技術が向上するにつれて，海洋種は持続できないレベルで漁獲され始めた．乱獲は現代の現象だけではない．たとえば，ケイマン諸島のアオウミガメは，18世紀に地元の消費と貿易のために乱獲されすぎて，1800年頃にはこの地域には１体も見ることができなくなった（註113）．同じ18世紀には，ステラーカイギュウも乱獲によって絶滅した．

過去100年の間に，海洋資源はこれまでになく搾取され，すべての海洋で生物多様性を脅かしている．この項では，海洋生物を危険にさらし，海洋生態系を破壊する上で海産物の収穫が果たす役割について検討する（海産物の乱獲に関する議論は，第２章，p.96も参照のこと）．

海産種の生物多様性

魚は世界の漁獲に関して言うと海洋食物網の主要グループである．しかし，世界で約２万種の同定された魚種のうち，大量に収穫されるのはわずか40種である．ほかの多くの種は，熱帯の複数種漁業で漁獲されている．国連食糧農業機関（FAO）によると，2002年に海洋で捕獲された上位10種は，アンチョベータ（*Engraulis ringens*），スケトウダラ（*Theragra chalcogramma*），カツオ（*Katsuwonus pelamis*），カラフトシシャモ（*Mallotus villosus*），タイセイヨウニシン（*Clupea harengus*），カタクチイワシ（*Engraulis japonicus*），チリマアジ（*Trachurus murphyi*），プタスダラ（*Micromesistius poutassou*），マサバ（*Scomber japonicus*）およびタチウオ（*Trichiurus lepturus*）であった．2002年の世界の総漁獲量は約8400万トン（約9300万米トン）（図8.16）で，上述した種の合計は約2700万トン（約3000万米トン）である．海洋では，陸地と同様，食物として使用される総量のかなりの割合を比較的少数の種が占めている（註114）．ただし，12種の植物種が“世界の食糧貯蔵庫”の75%を占め（註115），小麦，米，トウモロコシ，およびジャガイモの４つの作物のみが，他のすべての作物生産の合計を遥かに上回っている（サトウキビは，それ自体が食品作物ではないためここには含まれないが，ショ糖やグラニュー糖を製造し，糖蜜のように他の製品に加えて使用する）陸の状況とは対照的に，海洋でもっとも収穫された10種は全体の約３分の１しか占めていない．

漁獲された海産物がどの程度生態系の生物多様性に依存しているかは，重要ではあるが，理解の難しい問題である．科学者たちは，海洋生態系の異なる種が同じ機能的役割を果たしているかどうかについては限られた把握しかできていないため，多くの場合，どのような種の喪失が特定の形で生態系機能を妨害するかを判断できない．また，“キーストーン捕食者”もしくは栄養段階全体の損失（または追加）が海洋食物網をどのように崩壊させるのかもよくわかっていない（たとえばラッコなどのキーストーン捕食者は，ウニのような餌生物種を制御する上で重要な役割を果たしている．ウニの場合，個体数が制御されないまま急速に拡大すると，生物多様性が劣化してしまう．ウニは主要種であり，多くの種の生物が生息地として使う海藻を食べ過ぎてしまうからだ．栄養段階とは，海洋食物網における位置に応じて，摂食方法によって階層的に編成された異なる種のグループである．肉食動物は草食動物よりも高く，草食動物は分解者よりも高い栄養段階にある）．魚貝類の繁殖地や養殖場（たとえば，河口，沿岸湿地，マングローブ，アマモ場，サンゴ礁など）の一部の海洋生態系の喪失が，魚貝類の生産にとってどのような意味を持つのかもわかっていない．ここまでの話その他の疑問は海洋食物網の複雑な相互関係に関係があり，より注目しなくてはならない．

海洋漁業

魚その他の海洋生物は，人間の食事にとても重要な貢献をしており，人間のタンパク質摂取の大きな割合を占めている．これは，海岸に面している発展途上国ではとくに顕著である．海産物のタンパク質は，消化しやすく，高品質の必須アミノ酸混合物を含んでいる（アミノ酸はタンパク質の構成要素であるが，その一部［必須アミノ酸］は体内で合成できないため，食事によって供給されなければならない）．何世紀にもわたって，海産食品は漁業から得られた漁獲物に依存してきた．これらの漁業は，釣り針や釣り糸，銛，地引き（岸から網を引く浅瀬網）といった単純な技術を使用していた．ここ数十年で，効率の良いトロール船，ナビゲーション機器，超音波発信器やソナーなどの先端技術は，漁業を運まかせの食料収集活動から，予測可能な収穫業に変えている（図8.17）．

その結果，1940年代に約4000万トン（約4400万米トン）であった年間漁獲高は，最近では倍以上になった．この上昇は，いくつかの漁業の崩壊と，ジョージバンク（ニューイングランドとノバスコシアの海岸）やベーリング海（ベーリング海では，海洋哺乳類などのいくつかの種は減少しているが，他の種は増加している）のような世界の多くの漁場が危機にさらされている（註116）．魚類個体群の動態に関する研究は，複数の水産国と漁場を割り当てるための国際条約を制定させるに至った．これらの条約は一般的に漁獲量を減らすためのものだったが，特定の魚種にはほとんど効果はなく，ミナミマグロ（*Thunnus maccoyii*）とタイセイヨウマダラ（*Gadus morhua*）はいずれも絶滅の危機に瀕している．過去15年間で，世界の海産漁業の年間漁獲高は約8500万トンと安定して保たれている．

魚の中で人間の食物として直接使用されているのは，漁獲高の約75％にすぎない．残りの部分は魚粉と魚油を生産して，鶏，ブタ，その他の家畜，養殖のための肥料と食品添加物の両方で広く使用されている（註117）．人間の食料として直接使用される捕獲魚は年間6000万トン程度で，この値は膨大であるが，2010年に予測される世界の海産物の需要1200万トンと比較すれば，ごくわずかである（註118）．漁業の生産性が低下すると，野生の漁獲量だけで世界的な需要が満たされる可能性はほとんどないように思われる．

世界中の海産物の直接摂取は，人間が消費する全タンパク質の約６％，動物性タンパク質の15％を提供する（註119）．60億人以上の世界人口のうち，アフリカと東南アジアを中心とする推定10億人が，魚貝類を主要タンパク源にしている．たとえば，バングラデシュとインドネシアでは毎日の平均タンパク質摂取量の約50％が魚に由来しており，シエラレオネとガーナでは60％以上に上昇する（註120）．さらに，人間のタンパク質消費の５％は，魚粉を給餌された家畜から間接的に得られる．

年間漁獲量の75％以上は海から来ており，その約95％は沿岸漁業によるものである．沿岸部は海洋のもっとも生産的な部分であり，チリやペルー沿岸のように，河口，マングローブ，湿地，海草藻場，サンゴ礁など，栄養豊富な海水が湧き出る水域を含んでいる．これらの“食品工場”は海岸から370 km（200海里）以内，つまり排他的経済水域（EEZ：Exclusive economic zones）が設定されている水域であり，海洋法の下では，特定の国がすべての海洋資源の権利を有している．これらの狭い海岸帯は，海洋環境の中で最大のストレスをかけられている（註121）．

国連食糧農業機関（FAO）は，商業漁業の約70％は持続不能な形で行われており，漁業は危機的な域に達していると推定している（註114）．乱獲は海洋の生物多様性へどのような影響を与えているのか？　１つは，乱獲の結果として漁業種の資源量が減少しており，最近の研究で示されているように，広く分布している種でさえ，多くの種が脅かされている（註122）．目立たない間接的な影響もある．たとえばイルカやウミガメなどとの混獲による非標的種の死亡率の増加，錨によって傷付いたサンゴ礁や底引き網で削がれた海底など，生息地への物理的損傷に続くいくつかの種の喪失，さらに，“海洋食物網の下降”と呼ばれる現象が，海洋生物への影響として挙げられる．“海洋食物網の下降”とは，より高い栄養段階（前述の説明を参照）の魚を乱獲することにより，魚がより低い段階で捕らえられ，食物網全体を不安定にさせてしまうことである（註123）．漁業種は乱獲その他の環境ストレス，たとえば下水や農業による栄養素の排出，残留性有機物や重金属の汚染などによって重要なライフサイクル段階が破壊されると，深刻な問題に直面する．産卵域や生育場などではとくに深刻である（註124）．

それに加えて，近代的な漁業は，生物的にも社会的にも，さらに広範な影響をもたらす可能性がある．たとえば，漁業そのものは，対象種の性成熟に達する年齢を変えることで，進化の仲介者としての役割を果たすことができる．これは生殖状態に影響を及ぼし，より小さな魚の生存に有利に働く（註125）．そして，世界規模で長期にわたる経済的，社会的変化をもたらす．乱獲による下流効果の影響の複雑さがもたらす生物多様性と人間の健康への影響は，西部〜中央アフリカ沖で，主にEUの船団がその地域の人々に与えた事例に見ることができる．このケースでは，カメルーン，ガーナ，および周辺の沿岸諸国の住民は食料にする海産魚を奪われたため，森林の野生動物の狩猟が増え，いくつかの土着の野生種が脅かされた（註126）．人々もまた危険にさらされている．たとえば，霊長類を殺して食べるときに，深刻な病気を引き起こす様々な霊長類のウイルスに感染してしまう可能性がある（第７章，p.298を参照）（註127，128）．

淡水漁業

淡水漁業は世界の食料魚の約４分の１を生産しており，2001年には3100万トン（約3400万米トン）以上の漁獲量がある（同年の世界の全漁獲量は約12900万トンだった）（註114）．淡水漁業の合計には，捕獲された魚と養殖によって育った魚の両方が含まれる．しかし，漁獲量のほとんどが少数の国々の工業化された船によって水揚げされている海洋漁業とは対照的に，淡水漁業は開発途上国の農村部で小規模に操業し，統計を集めている機関の観測外となっている．結果として，淡水漁業の総計は著しく過小評価されている可能性が高い．

河川，湖沼，小川とその流域の荒廃（森林伐採など）の増加と淡水システムの汚染濃度の上昇は，淡水の生物多様性を危険にさらし，水産資源からの食料不足の増大を引き起こしている． 世界の淡水魚の約20％が脅かされている（第２章「淡水域における生息環境の消滅」を参照）（註129）．調査された世界のいくつかの地域，たとえば地中海地域では，既知の固有淡水魚の50％以上が脅かされているなど，状況はさらに深刻である（註130）．さらに，ナイル川，中国の黄河，中央アジアのアムダリヤ川とシルダリヤ川，米国とメキシコのコロラド川を含む多くの河川で，平均的な年の定常流では十分な流量が河口の三角州まで到達しなくなっている．これは沿岸の貧栄養化，固有漁業の魚の生息地の喪失，鳥類の個体数の急激な減少，海岸線の浸食，そして多くの地域社会への悪影響をもたらす（註131，132）．

養殖

養殖とは管理された条件下で水生生物を飼育することで，数千年前に中国で始まったとされ，漁業よりも畜産と類似している．生物は餌を与え，囲いの中で飼育し，病気の予防や治療が必要であり，廃棄物を処分しなければならない．養殖は，淡水生物でも海洋生物でも行われる．後者は一般に海洋牧場と呼ばれている．魚の需要増加と世界的な供給不足に呼応して，過去20年間，とくに世界の養殖生産量の３分の２以上を占める中国を中心に，養殖の急激な成長が見られた（図8.18）（註133）．

養殖施設では，ストライプドバス（*Morone saxatilis*）やマス，ナマズ，淡水エビ，ザリガニなど多くの淡水種が育成されている． しかし，しかし淡水生物の中でもっとも多く，とくに中国で一般的に養殖されているのは，ティラピアと様々な種のコイである．ナマズ，ティラピア，およびコイは草食動物であり，主にトウモロコシ，小麦，綿の実，ピーナッツまたは大豆由来の高タンパク質で植物性の餌が与えられる．マスとストライプドバスの飼料には，魚粉と魚油が多く使われているが，いずれも徐々に植物由来の成分に置き換えられている．

海洋生物の養殖

海洋牧場では，海水中の海洋生物を囲いに入れて飼育している．干ばつや水不足によって農業食料生産が制限される可能性のあるいくつかの乾燥地や半乾燥地帯では，地元住民への食料供給はとくに重要である．過去数十年で研究開発が進歩した結果，海洋生物の養殖は年平均６～10％の割合で成長している（註117）．国連食糧農業機関（FAO）の報告では，1990年に約500万トン（約550万米トン）だった生産量が1997年には1100万トン以上に増加している．同時期に，淡水魚の養殖は年間約800万トン（約880万米トン）から1700万トン以上まで上昇した．FAO によると，陸水，海水を含めた2003年の世界の水産養殖は約3550万トン，すなわち全魚消費量の約４分の１であった（註133）．毎年800万トン以上の海藻が養殖されており，中国が最大の生産国である．

現在の海洋生物の養殖は，筏で吊り下げたフローティングネットケージ（浮沈式網生け簀）に，陸上で孵化させた，または野生から得た稚魚（若い小魚）を入れる形で実施されている．アサリ，カキ，ムール貝などの養殖貝は，筏や浮きから吊り下げた網や長い縄にくっついて成長する．魚は市場に出るまで，市販されているペレット状の餌が与えられる．マグロのような一部の肉食魚には魚が一尾まるごと与えられる．檻を使う養殖にはフィヨルドや湾など比較的安全な地形が必要であり，通常は給餌や飼育が容易に行えるように海岸近くに位置している．しかし，ここ10年ほどで，環境への関心の高まりや檻や係留技術の向上により，養殖場は海岸線から遠くに移動していることが多く，比較的外洋で行われるようになった．そのような養殖場は，一般に，大量に飼育できる能力があり，給餌機を備え，独自のエネルギー供給システムを完備している．

養殖と環境

養殖には爆発的に増加している世界の人口を養っていく上で大きな可能性があるが，陸水生態系と海洋生態系の両方で水生生物多様性に重大なリスクをはらんでいる．世界中の養殖施設はこのリスクの重要性を痛感しており，生産者も科学者も同様に積極的に対処しようとしている．これらのリスクについて検討する．

◆汚染

養殖魚貝類に与えられる抗生物質は，海洋の野生生物には有害であり（註134, 135），人間に感染する可能性のある抗生物質耐性菌の発生にもつながる（第7章，p.294の抗生物質耐性の議論も参照のこと）（註136, 137）．餌の残滓，魚の死体および糞便を含む流出物は，高濃度の栄養汚染を伴って周囲の領域を汚染することがある．これは，浅瀬や干潮がほとんどない水域の檻にとってはとくに問題である．このような状態は，水質の低下を招き，富栄養化や酸素濃度の低下をもたらし，地域の動植物を危険にさらす可能性がある（註138, 139）．養分汚染は，管理の行き届いていない淡水養殖施設でも問題になっている．

◆疾病

大量の魚貝類を狭く閉ざされた檻で育てると，感染病が発生するリスクがある．養殖業者はそのような状態を避けるために多大な努力をしているにもかかわらず，感染症は起きてしまっている．たとえば，白点病とイエローヘッド病のウイルス感染は，アジアのエビ養殖場で発生し，時には流行と言える規模で蔓延することがある（註140）．これらの病原体はいずれも，米国では野生エビと養殖エビの集団に現れている（註141）．大腸菌（*Escherichia coli*），赤痢菌（*Shigella*），およびコレラ菌（*Vibrio cholerae*）などの細菌による感染も報告されているが，これらの発生は稀であり，主に管理不備が原因である．サケジラミ（*Lepeophtheirus salmonis*，図8.19）もサケなどの養殖魚によく見られる問題であり，感染した野生のサケも死亡する可能性が高い（註142, 143）．

◆脱走

隔離技術の向上にもかかわらず，養殖生物の脱走の問題はいまだに多く存在している．たとえば，英国の世界自然保護基金（WWF）によると，毎年50万尾もの養殖魚がノルウェー沖に逃げており，スコットランドでは2005年1月だけで63万尾の養殖魚が脱走した（註144）．脱走魚は疾病や寄生虫を保有し，野生の群れに感染させる．しかし，脱走でもっとも危険なのは，野生の個体群と交配する能力である．野生魚は自然界で成功できる進化を遂げたが，脱走魚と交雑した子孫は遺伝子が希釈され，その結果自身の存在を危うくさせる（註145）．養殖魚と野生魚の交雑の可能性は，タイセイヨウサケとタイセイヨウマダラでとくに懸念されており，いずれもすでに野生では絶滅の危機に瀕している（北大西洋では，捕獲されたタイセイヨウサケの40%が養殖場由来であることが判明したケースもある）（註146）．遺伝子改変されたサケその他の魚が養殖され始めると，脱出や交雑の問題はさらに深刻化するだろう（註147）．

◆生息地の破壊

エビとサバヒー（*Chanos chanos*：通常外洋に生息するが，広く食料のために養殖されている）の養殖池を作るために，数百ないし数千万エーカーに及ぶマングローブと沿岸湿地が破壊された．この行為はとくに東南アジアで広く行われており，沿岸生態系に大きな被害をもたらしている（図8.20を参照）（註148）．近年，タイのみで6万5000ヘクタール（およそ16万エーカー）のマングローブがエビの養殖池に変えられている（註149）．マングローブ林は，生物学的に極めて豊かであるだけでなく，野生の魚貝類の繁殖地や生育場でもあり，その破壊は野生の個体数を大幅に減少させ，沿岸の海洋生物多様性に多大な影響を及ぼす．たとえば，東南アジアで毎年捕獲される魚類の3分の1（混獲を除く）は，マングローブに依存している．さらにマングローブは，海洋生物多様性の最大の宝庫であるサンゴ礁と海草藻場の健全化に不可欠である（註150）．そして最後に，マングローブとサンゴ礁は，自然の緩衝地を形成することで，沿岸陸地とそこに住む人々を守っている（註151，152）．

◆野生個体群の枯渇

開発途上国では，サバヒー，ボラ，ハタやコイ科のなかまなどいくつかの種を扱う養殖事業は，陸上孵化場で育てられたものではなく，野生の幼魚に大きく依存している．この手法は，野生の個体群を枯渇させる危険性がある．さらに重要なのは，すべての国で肉食魚を養殖するために必要な魚粉と魚油の需要が急速に増加しており，野生群のさらなる枯渇を招いていることだ．1986～1997年の，漁獲量上位20種のうち8種――アンチョベータ（*Engraulis ringens*），チリマアジ（*Trachurus murphyi*），タイセイヨウニシン（*Clupea harengus*），マサバ（*Scomber japonicus*），カタクチイワシ（*Engraulis japonicus*），サッパ（*Sardinella aurita*），タイセイヨウサバ（*Scomber scombrus*），ヨーロッパカタクチイワシ（*Engraulis encrasicolus*）――は，養殖，家畜生産（養鶏業と養豚業は魚粉の世界最大の消費者であることを指摘しておく），およびペットフード用の魚粉や魚油を製造するために使われた（註148）．1 kgの養殖魚を生産するには，通常2～5 kgの野生魚が必要であり，もしこれが続けば，すでに強調されているように，海洋生態系を攪乱し，多くの海洋生物の生存を危うくするだろう．そのうちのいくつかは，すでに漁獲過剰または枯渇に分類されている（註153）．

カタクチイワシ，サバ，ニシン，イワシなどは，世界中の多数の人々，とくに一部の開発途上国の人々にとって重要なタンパク質源である（図8.21）．それらの魚類は豊富で，繁殖が速く，食物網を破壊することなく持続可能な収穫を望める．また，食物網の下位にあり，水銀などの汚染物質やおそらくはPCBその他の有機塩素化合物によって汚染されていない可能性が高く（バルト海などの一部の地域ではニシンがPCB汚染されていることが判明していたが，ここ25年で濃度が低下している），高レベルのオメガ3脂肪酸（循環器系の健康に関連があり，とくに心臓発作に有効である）を含んでいるからである．これらの小型海洋魚は，開発途上国，先進国を問わず，より多くの量が直接消費されるべきであり，動物の餌として扱うものではない．

持続可能な養殖の予測

もし水産養殖が持続可能でなければならないとすれば――世界的な魚需要とその需要を満たす捕獲漁業能力との間の急速な赤字を考えると，持続可能でなければならない――その持続的な成長は，健全な陸水生態系と沿岸生態系の保全を考慮に入れなければならない．いくつかの手法は，保全を確実にするとともに，養殖の生産性を上げることもできる．

- 養殖草食魚類の消費増加を促す：世界の水産養殖のおよそ80％は草食魚――コイ，ティラピア，サバヒー，軟体動物，およびナマズである．これらの生物の養殖の増加は，とくに先進工業国において強く促されるべきで，ティラピアやコイなどの一部の魚に魚粉を与える飼育方法は野生魚類資源を枯渇させるため，避けなければならない．
- 肉食魚のための植物由来の餌の開発：肉食性の養殖魚では，魚粉や魚油に代わる植物由来の食物が使われており，良い結果を出している（註154）．タイセイヨウサケ（*Salmo salar*）の養殖では，給餌サイクルの一部で魚油を代替するアマニ油および菜種油などの植物油が用いられている．これはPCB含量を大幅に削減し，オメガ3濃度をわずかに減少させたが，魚の成長率や健康には影響を与えなかった（註155）．植物由来のタンパク質は，満足のいく成長率を得るためには特定アミノ酸を添加する必要があり，高タンパク質の餌を開発しなければならない．
- 栄養汚染，養殖魚の脱走，マングローブや湿地などの沿岸生息地の破壊を減らすための陸上養殖施設の開発：いくつかの新しい陸上養殖施設は，循環式淡水養殖のために開発された技術に基づいて設計されている．1つのアプローチは，魚やエビなどの陸上の池で海産物によって生産された排水を微細藻類や大型藻類の生産のための栄養素として役立てることができる統合されたプール技術の開発だった．これらは，カキ，ハマグリ，アワビ，ウニの餌となる．結果として，主要な3つの食物――魚やエビ，藻類，貝類やウニ――を生産することができる．一例として，1ヘクタール（2.5エーカー）の陸上施設の総合システムにより，年間25トンの魚類，50トンの貝類，30トンの藻類が生産された（註156）．これらのシステムからの最終廃液は貧栄養であり，再利用することもできるし，海に戻すこともできる．このような技術は，中国やアジア諸国で関心が高まっており，いずれ環境の影響の少ない魚や海産食品の大量生産の方法として取り入れられるかもしれない．

ほかの有望な技術として，以下のものが挙げられる．

- 高濃度で環境にやさしい循環型養殖（RASとも呼ばれる）で，排水は生物学的な硝化と脱窒菌プロセスで処理される（註157）．このシステムは，陸上と海水資源の利用，および魚生産において極めて効率的である．また，外部環境から絶縁されているため，季節を問わず生産を継続できる．
- 主に中国で行われている手法で，4種のコイ類――ハクレン（*Hypophthalmichthys molitrix*），ソウギョ（*Ctenopharyngodon idellus*），コイ（*Cyprinus carpio*），コクレン（*Aristichthys nobilis*）――を同じ池で生産する．これらのコイは食習慣が異なり，互

いに補完するため，池の生物相を効率良く使える（註158）．中国には他のモデルもあり，たとえばアオウオ（*Mylopharyngodon piceus*）とダントウボウ（*Megalobrama amblycephala*）という異なる2つの魚種を4種のコイシステムに足すことで，新しくより安定して生産性の高いシステムを作ることができた（註159）．

- チリのサケ養殖では，*Gracilaria chilensis* という紅藻類を使って，養殖網から流れる大量の溶存窒素やリンを除去し，残りの廃水で他海藻作物を育てている（註160）．
- たとえば，トマトの栽培に廃水を使用するなど，養殖と陸上の作物生産を統合する可能性も示唆されている．こうした方法は，水が不足しがちな半乾燥地域ではとくに重宝される（註161）．

養殖は，増加する人口を養うのに大きく貢献することができるが，頼りになる陸水および海洋生態系を維持する持続可能な技術は，長期的な可能性を実現する上で中心的な役割を果たす．

結論

広範囲で行われている方法，すなわち生態系との関係性を顧みずに作物や家畜を育てる方法とは違って，新しい農業生態系の手法は食料生産をより大きな環境領域に統合し，地域の動植物相の評価と保全を行うよう努力している．より包括的なアプローチをとった農業と生態学の統合は，栄養の循環，害虫と病気に対する生物学的管理，授粉，土壌の品質維持，水利用の効率化，および炭素隔離の改善につながるだろう．また，予想される地球規模の気候変動による影響（干ばつ，洪水，熱波）への耐性を高めてくれる．

海洋資源に関しては，保護区域その他の保全努力を奨励し，強化しなければならない．湿地，マングローブ，サンゴ礁は，生物多様性を保つための重要な養魚場として機能するので，保全されなければならない．環境の持続可能性に関する認識は水産養殖政策の中心的課題になり，養殖産業も，より環境にやさしい技術の採用に取り組んでいる．

温室効果の活性化は，今世紀の間に著しい地球温暖化をもたらすと予想される．気候変動と気候の不安定化が生物多様性に与える影響は，より完全に認識し，理解しなければならない．これは自然と農業の両方の観点から行うべきである．

最後に，食料生産システムにおける農業生産系パラダイムの広範な採用，ひいては生物多様性の保全を奨励するために，国内および国際的な政策が必要である．これにより，成長を続ける世界人口を養う栄養価の高い食糧が確保され，農薬にさらされる危険性が最小限に抑えられ，人類と生態系双方の健康が促進されるのである．

参考文献およびインターネットのサイト

Agri-Culture: Reconnecting People, Land and Nature, Jules Pretty. Earthscan, London, 2002.
Climate Change and the Global Harvest: Potential Impacts of the Greenhouse Effect on Agriculture, Cynthia Rosenzweig and Daniel Hillel. Oxford University Press, New York, 1998.
Climate Variability and the Global Harvest: Impacts of EI Niño and Other Oscillations on Agroecosystems, Cynthia Rosenzweig and Daniel Hill. Oxford University Press, New York, 2008.
Consultative Group on International Agricultural Research (CGIAR), www.cgiar.org/.

Food and Agricultural Organization, www.fao.org.
The Forgotten Pollinators, Stephen L. Buchmann and Gary Paul Nabhan. Island Press, Washington, D.C., 1996.
Guns, Germs, and Steel: The Fates of Human Societies, Jared M. Diamond. W.W. Norton & Company, New York, 1999.
Life in the Soil: A Guide for Naturalists and Gardeners, James B. Nardi, University of Chicago Press, 2007.
Managing the Livestock Revolution: Policy and Technology to Address the Negative Impacts of a Fast-Growing Sector. Agriculture and Rural Development Department, World Bank, Washington, D.C., 2005.
The Omnivore's Dilemma: A Natural History of Four Meals, Michael Pollan. Penguin Press, New York, 2006.
Out of the Earth: Civilization and the Life of the Soil, Daniel Hillel. Free Press, New York, 1991.
Seafood Lover's Almanac, 2nd edition, Mercedes Lee, with Suzanne Iudicello and Carl Safi na. National Audubon Society and Blue Ocean Institute, Cold Spring Harbor, New York, 2001.
State of the World's Fisheries 2004, U.N. Food and Agricultural Organization, www.fao.org/docrep/007/y5600e/y5600e00.htm.
Tending Animals in the Global Village: A Guide to International Veterinary Medicine, David M. Sherman. Blackwell Publishing, Ames, Iowa, 2002.

第9章

遺伝子組み換え作物(GM作物)と有機農業

エリック・チヴィアン，アーロン・バーンスタイン

土地を破壊する国家は自滅する.

フランクリン・デラノ・ルーズヴェルト

生物多様性と食料に関する議論は，遺伝子組み換え（GM）食品と有機農業に関する検討を抜きにしては終われない．いずれの栽培方法も生物多様性と食料生産に密接な関係があり，それゆえに人の健康とも深く関わっている．そして，これらのリスクと利益に関する論争は，長年世界中の政策立案者たちと世間の注目の的となっている．増加する人口を養わなければならないにもかかわらず，耕作地は減少し，漁業資源も枯渇している傾向にあるからである．第８章で詳述した通り，この問題は今世紀最大の課題の１つである．遺伝子組み換え作物と有機栽培は世間でも科学界でも同様に幅広く，時に熱く議論されているテーマであり，問題の両面に強い支持者がいることを，我々は理解している．以下では，これらの農業技術の根拠について紙幅が許す限り完全に見直しているが，この複雑なテーマをより深く掘り下げて調べたい方には，提供されている参考文献を参照して自分自身の意見をまとめるようにお勧めする．我々が近い将来，どのようにして人類の健康と自然環境を維持しながら食料を育てていくかという決断は，政治や既得権益，または流布されているが往々にして熟考が不十分な仮説ではなく，客観的な科学的根拠に基づいたものでなくてはならない．

遺伝子組み換え食品

水産養殖と同様，GM 食品（遺伝子改変食品もしくはトランスジェニック食品とも言う）は，増加していく世界の人口を養える可能性を秘めた技術である（註１）．しかし，養殖と同じように（第８章を参照），潜在的に大規模でかつ十分明らかになっていない GM 技術は，環境全体，とくに生物多様性や生態系の機能に影響を与えるリスクがある．このひじょうに重要なテーマに関する包括的な議論は本書の範囲を越えているが，この章では，GM 作物の潜在的な利益とリスクのいくつかについて検討する．これらの完璧な理解は現時点ではあまり重要ではない．ただし，(1) 2005年，認可された GM 作物は21カ国850万人の農家によって２億2200万エーカー（約9000万ヘクタール）で栽培されたが，米国における栽培面積はこの半分以上を占めている（約１億2300万エーカー，カリフォルニア州の面積より広い）（註２），(2) これらの作物に捧げられる作付面積は世界的に見ても急激に増加している（近年は２桁の増加率であり，2005年には11％だった），そして (3) 米国で

栽培された作物のうち，2001年にはトウモロコシの26％と綿花の69％（註３），2005年には大豆の80％以上がGM作物であった（註４）．業界団体である国際アグリバイオ事業団（ISAAA）によって報告された2006年の新たな数値は，13％増の２億2500万エーカー（１億200万ヘクタール）だった（註５）．

作物の遺伝子操作の大きな成功例としては，特定の害虫に対して耐性をつけるためにトウモロコシ（図9.1），ジャガイモ，綿にBt因子（*Bacillus thuringiensis*の菌株から抽出した遺伝子で，昆虫病原菌を生成する）を挿入したこと（註６），および特定の除草剤にさらされても作物の繁殖が可能になる除草剤耐性遺伝子を挿入したこと（註７）が挙げられる．イネもまた遺伝子操作されている．あるケースではベータカロチン（ニンジンその他の黄色とオレンジの野菜に見られる抗酸化化合物で，我々は体内でビタミンAに変換することができる）を生成し（註８），また別のケースではグルテリン（酒づくりに望ましくないタンパク質）の濃度を低下させている．

しかし，これらおよび他の遺伝子操作の成功の背後には，予想外の影響や潜在的な落とし穴が潜んでいる．イネのグルテリン濃度の低下は，たとえばプロラミンと呼ばれる化合物の濃度の増加と関連があった（註９）．これは，イネの栄養価に影響を及ぼし，アレルギー反応を引き起こす可能性を高める（註10）．遺伝子操作された生物は，温室や畑や養殖場から自然の生態系へと逃げ出し，生物多様性を破壊する可能性もある．我々はすでに養殖においてこうした可能性を見てきた．養殖されたタイセイヨウサケ（遺伝子組み換えはされていない）が脱出し，野生のタイセイヨウサケを脅かしている（以下の議論および第８章「水生系からの食料」を参照）．

遺伝子組み換え技術の作物への応用は，とくに重要な問題を提起している．この技術は生物多様性の損失を緩和することができるのか？　それとも逆に悪化させる危険性があるのか？　新技術の支持者は，良好な土地での生産を強化することで，農業的に限界のある土地とその自然生態系への圧力を緩和し，それ以上の悪化を防ぐことができると主張する．また，GM作物は耕作の必要性を減らし，農薬などの様々な化学物質の必要性を減らすので，それによって生物多様性を高めることができるとも言っている．

同技術の反対者は，たとえば，GM作物に関連する特定の農薬の使用を促進することや，外来種や外来遺伝子が新しい環境に導入されることで生物多様性が損なわれることをおそれている．さらに別の人々は，食料生産の問題は一般に生物が原因なのではなく，市場への流通不足や開発途上国の借金による重責，食料加工技術や運搬施設の貧弱さが招いているのであって，いずれもGM技術では対応できないと言う（註11）．加えて，遺伝子操作を施さなくても，ほとんどの作物では品種改良の可能性をまだ完全に引き出せていないと考えられており（註12），GM技術はこうした品種改良のインセンティブを低下させてしまうという懸念がある．ほかの反対意見としては，技術の排他的な商業上の占有と搾取に関連したものがある．これらは，常に科学の特徴であった情報やアイデアの自由な交換を妨げる可能性があり，とくに貧しい国にとっては大きな損害となる．

以下では，これらの議論を賛否ともども検討する．

背景

GM技術の出現以前に，伝統的な植物育種法は作物の大規模な改変をもたらしていた．

作物として使用される植物のゲノムは，作物の形質を改善する過程で多くの，場合によっては無視できないほどの改変を経験している．たとえば，異なる作物であるブロッコリーと芽キャベツ，およびキャベツはすべて，マスタードの１種である *Brassica oleracea* に由来している．異なる作物品種（同じ種の変異体）を交雑させる古典的な育種技術は，ゲノム全体にわたって分布する複数の遺伝子（いわゆる多遺伝子形質）に依存する形質を扱うのにもっとも効果的なアプローチである（註13）．一方，遺伝子工学は１つまたは少数の遺伝子に依存する形質を操作するには好ましいかもしれない．しかし現在では，代謝経路に関与するような多遺伝子形質を設計する研究が大量に行われている．

栽培または家畜化の過程で，作物と家畜は“自然”であることをやめた．すなわち，大自然を自らの力で生き残る能力を失い，水や肥料や食料，害虫や病気および捕食者からの保護を人間に頼らざるをえなくなった．実際，栽培や家畜化によって達成された遺伝的改変は徹底的だった．しかし，DNA 組み換え技術――ある種から別の種へ遺伝子を移す方法――は，これらの改変にまったく新しい次元を加えた．細菌遺伝子をトウモロコシに挿入するといった，伝統的な育種法では到底あり得ないような可能性を広げたのだ．

食物の遺伝子改変は，その生物学的側面を改変するために，意図的かつ特異的に操作された生物のゲノムを必要とする．たとえば，生長速度，栄養組成，害虫や除草剤に対する耐性，生長に不利な条件に対する耐性，および食用製品の耐久度などである．いくつかの点で，この人為的な遺伝子への介入は，自然界で起こる突然変異の過程と，農業者による伝統的な異種交配における試行錯誤の両方に相当する．３つの方法はすべて偶然の要素をはらんでいる．遺伝的変化がゲノム内のどこで起こるかによって，宿主ゲノム内の他の既存の遺伝子の機能が変化する可能性があるからだ（註14）．

しかし，GM 技術は３つの点で異なっている．まず，遺伝的変化は特異的で，計画的で，意図的なもので，数世代にまたがる育種とは対照的に，遺伝子を即時的で直接的に挿入することである．第二に，新しく加えられる遺伝子は植物，動物または微生物のいずれの種のものでもよい．つまりこのプロセスはトランスジェニック（遺伝子導入）である．この側面が，社会的な関心の的であり，科学的に不確実ではないかと特定される原因となっている．たとえば，リンゴの木（*Malus domestica* としても広く知られているセイヨウリンゴ *Malus pumila*）の花粉がラズベリー植物（ヨーロッパキイチゴ *Rubus idaeus* L.）の花に運ばれても，ラズベリー植物はリンゴとは異なる種であるため，たとえ両者が同じバラ科に属しているとしても，リンゴの花粉はラズベリーの卵を授精させることができない．トランスジェニック技術は，このような近縁の種間だけでなく，バクテリア *Bacillus thuringiensis* とトウモロコシのような遠縁種間の自然の障壁をも越えており，変化した宿主ゲノムの機能に驚くべき変化をもたらす可能性がある．第三に，この技術は，指標遺伝子が無事に挿入されたことを確認するためにマーカー遺伝子の使用を必要とする．これらのマーカー遺伝子には抗生物質耐性を持つものがあり，重大な問題を引き起こす可能性のある特性を持ってしまうかもしれない．

より高い収穫と環境にやさしい持続可能な農業の構築は，今後も農業の最大の課題であり続けるだろう．2025年には，世界の人口約80億人が，平均して１ヘクタール当たり約４トン（約1.75トン／エーカー）の穀物収量を必要とする．そして，現在のように既存の農法に依存したままであれば，必要とされる30億トンの穀物を生産するためには，現在使われている化学肥料の量をおよそ2倍にする必要がある（註15）．世界の人口の増加に伴い，農業用地はここ数十年で着実に減少している．1960年代に1人当たり約0.5ヘクタール（約1.2エーカー）あったものが，現在はその半分以下になり，2050年までには1人当たり0.14ヘクタール（1エーカーの3分の1以上）になると予測されている（註16）．従って，世界規模で主要作物すべての面積当たりの収量を増やす必要があるが，現行の方法では不可能かもしれない．さらに増える人口を養う目的を達成するためのもう1つの可能性のある方法は，残りの自然の生息地を侵略して破壊することだが（その多くはすでに農業にとって限界がある），これは選択肢には入らない．

既存の農業はあまりにも多くの地域で環境，とくに生物多様性に非常に有害であった．このマイナスの影響は，世界の人口増加に呼応している．現代の栽培種は，特定の植物種や交雑種であり，繁殖後もいくつかの特性を残すことから選択されてきたものである．現代の小麦やトウモロコシによる大量生産は，30年前と比べてより少ない土地，エネルギー，農薬で栽培できるようになったが，同時期に世界の総人口が倍増したことで，これらの技術的進歩が相殺されてしまった．

主要な穀物の収量は過去数十年安定的に増加してきているが，徐々に横ばいになっているようである．過去の穀物の生産量から30年間後の生産量を推定しても，ヨーロッパや北米を除く世界のすべての主要地域で穀物不足となる可能性が示唆されている（註15）．

GM作物の潜在的利益

低農薬および環境にやさしい農薬の使用

害虫抵抗性および除草剤耐性のGM作物は，農薬および除草剤の使用量を下げ，結果として環境への影響がより少なくなるはずである．たとえば，作物中のBt毒素の存在によってすでに効果的に処理されている害虫のために農薬を散布する必要はなく，いくつかのGM作物に用いられているものは非常に効果的であることから，理論的には今までより少ない除草剤ですむはずである．実際，一部のGM作物については，1997年から1998年にかけて（グリホサート耐性大豆を除く）GM作物の作付面積の増加に伴い，農薬の使用量が全体的に減少している（註17）．アリゾナ州の81の商業畑を含むここ2年間の農場規模の評価でも，遺伝子操作されていない綿と比較してBt綿の殺虫剤使用量が同様に減少していた（註18）．

中国では最近の研究により，Bt綿（註19）と米害虫を攻撃するように工夫された2種類のGMイネ（註20）の両方について，GM作物の植え付け時の農薬使用の減少が示されている．これらの両方のケースで非常に重要なのは，参加した中国の農民の間で農薬に関連した病気の発生率の減少が観察されたことである．Bt綿を栽培している南アフリカ・マカティニ地区の小規模農家約5000人について行った最近の別の調査でも，殺虫剤の使用量が減り，農薬中毒が減少しており，中国と同じ現象が見られた．この研究では，より高い綿収穫も報告されている（註21）．

また，GM作物で広く使用されているグリホサート系（ラウンドアップ農薬の有効成分）の除草剤は半減期が短く（註22），哺乳類，鳥類，および魚類への毒性が低いと言われているため，ほかの除草剤よりも環境にやさしいとの主張もある（註23）．しかし，いくつかの環境下では，グリホサートとその代謝産物は，現在知られているよりも分解されにくい可能性がある（註22）．とくに大量に撒布されている場合に顕著であり，米国のGM大豆畑でそのようなケースが増えている．また，グリホサートは陸水系を汚染する可能性があり（註24），すでに北米の両生類では（そしておそらく世界の他の地域の両生類でも）死亡を引き起こすと指摘した報告もある．両生類の多くはすでに絶滅の危機に瀕しているため，特筆すべき問題である（註25，26）（第6章，両生類の減少に関する議論を参照）．さらに，ボウムギ（*Lolium rigidum*）などのいくつかの雑草はグリホサート耐性をつけ始めているため，より多くのグリホサートまたはより毒性の高い除草剤の使用が必要となる場合がある（註17）．

農薬やBt作物に関しては，一部の農家は従来の作物と比較して最初に農薬を使用することは少なくなるかもしれないが，数年後にはこれまで以上に多くの農薬を使用している可能性があることが判明した．これは中国でBt綿を栽培している農家で起こった．過去には問題になっていなかった新しい綿の害虫（カスミカメムシ）がBt綿畑に現れ，その防御のために新しい追加の農薬が必要になった．従来の殺虫剤とヤガの幼虫（Bt毒素のためにいなくなった）が，カスミカメムシの個体数を下げる役割を果たしていたという仮説が立てられている（註27，28）．Bt綿の種子が従来の種子の2～3倍のコストを要することを考えると，余分な農薬の費用がかかることで，Bt綿の経済的なメリットはなくなってしまっている．

多数の昆虫種によるBt毒素に対する耐性の発達が報告されており（註29），Bt作物に対する害虫の抵抗性が増すとともに，大量の農薬が必要になってくる可能性がある．従って，従来作物と比較してGM作物の農薬使用が少なくなるか，またGM作物に使用される化学物質が従来の作物に使用される化学物質より環境にやさしいかどうかを判断するのは時期尚早かもしれない（以下の議論を参照）．

土壌保全

除草剤耐性遺伝子組み換え（GMHT：Genetically modified herbicide-tolerant）作物を使うことによって農家は，発芽前除草剤（たとえばグリホサート）と呼ばれるものを使用できる．これは，作物が植えられたときに土壌と混ぜるのではなく，成長過程の後期で使うものだ．そのため，低耕起もしくは不耕起栽培を促進し，土壌有機物を増やし，土壌炭素隔離能力を高め，土壌侵食や栄養の流出，水分喪失を減らすなどの効果が期待され，これらはすべて環境に有益である（註30）．

生産量の増加

GM作物の開発を正当化する主な理由の1つは，生産量の増加であった．GM作物はそもそも収穫を上げるために，害虫による攻撃に耐え，不利な条件下でもうまく生育できるように設計されている．たとえば，ジャガイモにとってもっとも壊滅的なジャガイモ疾病を引き起こす菌*Phytophthora infestans*による攻撃に抵抗性が高いGMジャガイモが開発された（註31）．さらに，極端な気候変動や地球温暖化に伴う海面上昇が予想される地域では，干ばつや塩分に耐えるように加工された米や（註32），塩分の多い土壌で繁殖することができるトマトのように（註33），干ばつや塩分増加の条件下で良好に生育するように工夫された作物は，これらの変化に対して脆弱な従来の作物よりも大きな利点を提供する．

米国では，GM 作物がより高い生産量をもたらしていることが示唆されている（註18，34）．しかし，GM 作物と非 GM 作物の生産量の違いが他の無関係な要因の結果であるかどうかは，定かでないことが多い（註17）．この極めて重要な問題に取り組むために，さらなる研究が必要である．

GM 生物によるその他の潜在的利益

GM 植物を利用して他の目的を達成できるかどうかも試されている．たとえば，有機化合物，重金属，および他の汚染物質を環境から除去するために使用できるいくつかの遺伝子操作植物が開発されている（註35）．ほかにも，ワクチンを含む生物医薬品を開発する工場としても使われている（註36）．

遺伝子操作の研究は，食料生産や人間の健康を含む多くの分野で有望とされている．1つの例では，*Caenorhabditis elegans*（第 5 章，p.199 の *C. elegans* に関する議論を参照）というセンチュウの遺伝子（*fat*-1）を持つように作られたマウスが挙げられる．この遺伝子は豊富に存在するオメガ 6 脂肪酸をオメガ 3 に変換することができる．オメガ 3 脂肪酸は主に魚油に含まれる脂肪酸で，心臓血管の健康ならびに他の潜在的な健康上の利益を促進することが示されている（註37）（第 4 章，p.181 参照）．この技術は，肉や牛乳，卵などの動物製品からオメガ 3 脂肪酸を得ることができるように，ウシやニワトリに適応できる可能性がある（ただし，飼料を与えられた肥育牛とは対照的に，放牧牛は肉にオメガ 3 脂肪酸をかなり蓄積する可能性があるため，これはあまり必要ではない）（註38）．昨今の別の研究では，藻類やキノコの遺伝子をシロイヌナズナ（*Arabidopsis thaliana*）に組み込むことにより，オメガ 3 脂肪酸とオメガ 6 脂肪酸の両方を作ることができるようになる．これにより，他の遺伝子組み換え作物の開発への道が切り開かれるかもしれない（註39）．遺伝子疾患である抗トロンビン欠乏症の治療に使われる抗凝固タンパク質（ヒト抗トロンビン）を乳中に作るヤギなど，医薬品を産生するトランスジェニック動物も開発されている（註40）．

起こりうるリスク

侵食のリスク

GM 食品は，ほかにも大きなリスクを含んでいる．たとえば，自然生息地の侵食である．世界でもっとも重要な13の食品作物のうち12種類――小麦，イネ，トウモロコシ，大豆など――が野生の近縁種と交雑し，うち 7 種類――小麦，イネ，大豆，ソルガム，キビ，豆，およびヒマワリ――については，その異種交配が新たな雑草種の発生を招いている（註41）．そのため，GM 作物とその野生種の交雑や（註42），導入遺伝子（生物のゲノムに人工的に挿入された遺伝子）が雑草に入ってしまうことで，より侵略的な雑草ができてしまう可能性について科学者が懸念するのは驚くべきことではない（註43）．一部の科学者は，このような遺伝子の転移が起こるには多くの壁があると考えている．たとえば，穀物の花粉はある程度の距離を移動し，適切で成熟した受容者を見つけ，授粉し，かつ発芽が可能な種子を実らせることができる繁殖可能な植物に生長しなくてはならず，さらにその子孫も生長し，繁殖できなくてはならないのである．また，すでに数百万エーカーの GM 作物が植えられているにもかかわらず，導入遺伝子が本来の種に移されたという報告はまだない

Box 9.1　遺伝子改良サーモン

数ある現存するトランスジェニック個体が用いられている養殖されている種の中で，自然界での分散と生存という問題がもっとも懸念されているのは魚である．遺伝子改良サーモンは成長率が加速されるように品種改良を施され，自然のものよりも早く成長するため，自然にいる同種の個体を捕食，またはそれらに取って代わってしまう．とくに懸念されているのは「トロイの遺伝子」効果と呼ばれるもので，これがは自然には必ずしも適応できると限らない遺伝子改良サーモンが，それにもかかわらず野生のサーモンよりも配偶優位（多くの場合は体長と相関している）であり，野生の個体と交配することによって，その種の野生種を絶滅させ，遺伝的多様性を危うくし，子孫の適応度を下げてしまう（註 a）．成長促進遺伝子改良ギンザケ *Oncorhynchus kisutch* は，実際に野生ギンザケに対して求愛行動と放卵・放精を行い，成長が可能な交配個体が孵化した（註 b）．

ことから，安全であると言う者もいる．たとえば，遺伝子組み換えのセイヨウアブラナ，ジャガイモ，トウモロコシ，サトウダイコンを対象とした10年にわたる徹底的な唯一の野外実験では，トランスジェニック作物が従来のものよりも野生でより侵襲的または永続的であるという証拠はなかった（註44）．

しかし，外来種の導入からその蔓延の証拠が出てくるまでには，長い時間がかかることが多い．たとえばオジギソウの１種（*Mimosa pigra*）は，導入されてから約100年かけてオーストラリアで広く蔓延し，ほかの植物を広範囲にわたって脅かしている（註45）．ほかにも懸念材料となっているのは，1990年代にカナダに導入されたGM セイヨウアブラナ（カナダの「キャノーラ」という低酸油を作る *Brassica napus*）の例である．除草剤耐性を有する GM アブラナの栽培を始めてからたった２期で，GM アブラナが栽培されていないカナダ西部の多くのアブラナ畑で，抗除草剤遺伝子を持つアブラナが発見された（註46）．似たような出来事は，2001年のメキシコでも起こっている．GM トウモロコシが，オアハカ州を囲むシエラノルテ地方の高い渓谷にある野生種のトウモロコシ畑に広がっていたのである（註47）．トウモロコシはメキシコ原産の野生草“テオシント（ブタモロコシ）”にその起源を持ち，メキシコはトウモロコシの生物多様性にとって世界の中心である（註48）．野生トウモロコシと GM トウモロコシの混在は，結果として，メキシコの貴重な宝である野生トウモロコシの遺伝資源が GM トウモロコシ遺伝子によって汚染される可能性について大きく警鐘を鳴らした．

GM 生物自体が脱走して野生の個体群を脅かす可能性もある．サケの養殖に現在存在するすでに深刻な問題は，遺伝子組み換えされていない養殖サケが逃げ出して野生のサケの集団を危険にさらしていることである．たとえば，同じことが GM サケで起こる可能性もある．

非標的種への影響

GM 作物中の Bt 毒素は，特異的に標的とする生物だけでなく，非標的生物にも影響を及ぼすかもしれない．影響を受ける生物の中には，重要な自然の花粉媒介剤（たとえば，ハナバチ，コウチュウ，チョウとガ），あるいは作物害虫の重要な捕食者（たとえば，クサカゲロウ，テントウムシ，および寄生バチ）などの益虫も含まれている．ほかにも，微生物などの土壌生物や，地域の生物多様性を支えるその他の種が含まれる可能性がある（註30）．Bt 毒素には様々なタイプがある．たとえば，バクテリアのクルスタキ変種 *Bacillus thuringiensis* var. *kurstaki*（Btk）から調製されたあるグループは，鱗翅目（Lepidoptera）――チョウとガ――に対して有効であり，ヨーロッパアワノメイガ（*Ostrinia nubilalis*）を攻撃するために使用されるが，作物の花粉媒介者である他の鱗翅類にも有毒であり得る．別のグループである Bti は，蚊とブユを含む双翅目 Diptera に対して有毒である．３番目のグループ Btsd（*Bacillus thuringiensis* var. *san diego*）から生成されるものは，コロラドハムシ（*Leptinotarsa decemlineata*）などの甲虫類を標的としているが，アブラムシやその他の作物害虫の主要な捕食者であるテントウムシまで全滅させてしまう可能性がある．実際，いくつかの研究では，アブラムシのような柔らかい体を持つ作物害虫の貪欲な野生の捕食者であるミドリクサカゲロウ（*Chrysoperia carnea*）などの益虫に対して，Bt 毒素はマイナスの影響を示している（註49）．

Bt 毒素はまた，GM 作物の根を介して土壌に放出されることがある．通常は微生物活性によってすばやく分解されるが，とくに粘土含量が高く酸性の土壌では土壌粒子に結合し（註50），極めて長い期間，時には230日以上にわたって殺虫剤の特性を維持してしまう（註51）．土壌中の Bt 毒素が土壌生物や土壌生態系機能にどのような影響を及ぼすのかは明らかではない．

Bt トウモロコシは，植物組織に強度と柔軟性を与えるセルロースとともに，自然界のセメントとして働くポリマーである化合物リグニンの含有量が高いことも示されている（註52）．リグニンはほとんどの微生物による攻撃に抵抗性を持ち，嫌気性プロセスで分解されることはない．遺伝子工学の予想外の結果であり，増加したリグニン濃度の環境への影響もまだ解明されてはいない．

Box 9.2　オオカバマダラと Bt コーン

オオカバマダラ *Danaus plexippus* は，アメリカ各地（アメリカ以外でもニュージーランドやスペイン，ポルトガルにも存在する），トウワタ属の植物（*Asclepias* spp. トウワタの属名は同種が民間療法で広くつかわれていたことからリンネがギリシャ神話の治療の神，アスクレピオスから取った）の葉に卵を産み付け，幼虫に食べさせる．

Bt コーンが植えてある畑では，その畑に隣接したトウワタの葉が風で運ばれたコーンの花粉で覆われ，モナークが Bt コーン毒素にさらされてしまう．Bt コーンがモナークとの死亡率を誘発させてしまうという初期見解は，Bt コーン栽培の意図されていない結果と他の非標的動物の可能性が深刻に懸念された（註 a）．アメリカとカナダの複数の科学者によって行われた２年間の追跡調査で，Bt コーンがモナークに与えうる影響は無視できるであろうと判明した（註 b）．しかし，米国生態学会2005年の制作方針書は，これらの調査は Bt コーンの非標的動物への影響に関する疑問を，充分には討議しておらず，また，農業生態系への影響も評価していないと明らかにした．

多くの非標的動物の研究は研究室内や小規模といった限られた調査種の存在と繁殖の変化を測ることに頼っており，大規模導入後のコミュニティーや生態系レベルへの影響を考慮していない．

間接的な影響

GM作物は，農業生態系にカスケード効果を及ぼすかもしれない．たとえば，Bt毒素によって制御される害虫を捕食する種を脅かしたり，またはGM除草剤によって制御される雑草に依存する種の生物多様性を減少させたりすることなどが挙げられる．

イギリス政府が英国とスコットランド全体の200カ所以上で実施した「農場規模評価」と呼ばれる3年間の集中的な調査では，生態系への影響の複雑さが実証されている．この研究は，遺伝子組み換え除草剤耐性（GMHT：たとえば様々な除草剤によって害されないように改変された作物，この場合の除草剤の有効成分はグリホサートとグリホシネートアンモニウム）のサトウダイコン，トウモロコシ，およびセイヨウアブラナの畑における生物多様性のレベルを，同じ作物の在来種の隣接する畑と比較したものである．一般に，GMHT畑は，従来のものよりも生物多様性が低いことが発見された．おそらく除草剤によって雑草バイオマスが減少したためだろう．具体的には，雑草バイオマスはGMBTのサトウダイコンとアブラナ畑で従来のものより減少しており，それに伴って（農場の鳥類が食物として依存している）種子，草食動物，花粉媒介者（ハチやチョウ），および害虫の天敵の数も減少していた．GMHTトウモロコシと従来のトウモロコシの比較では逆の結果が出た．しかし研究者は，従来のトウモロコシに使用されていた除草剤が強力で永続的な，ヨーロッパでは使用が禁止されているアトラジンであったことから（第6章，p.222の「アトラジン」，第2章，p.102の「環境汚染」の項を参照），トウモロコシの場合は比較に欠陥があったとしている（註53，54）．

さらに他の潜在的な間接的影響には，Bt毒素に対する耐性を発達させる昆虫が及ぼす影響がある（たとえばコナガ *Plutella xylostella* は野外でBt毒素への耐性を発達させ，ほかのガ，甲虫，およびハエのいくつかの種も実験室で同様の結果が出た）（註55）．また，ボウムギや大豆畑に存在する3種の雑草――ヒメムカシヨモギ（*Conyza Canadensis*，耐性を持つヒメムカシヨモギは12以上の州に存在する），ヒユモドキ（*Amaranthus rudis* または *A. tuberculatus*），ブタクサ（*Ambrosia artemisiifolia*）――に生じたグリホサート耐性からの影響もある（註56，57）．

人間の健康への影響

従来の農作物とGM作物を比べたとき，後者が人間の健康にもたらしうる潜在的な利点はいくつかあるが，同様の比較は，GMと有機農法などの他の農業方法との間でも行われるべきである．農薬がとくに乳児や子どもの間で病気を引き起こす可能性があることを考えれば，GM作物の栽培によって毒性のある農薬の使用が減ったり，毒性の低い農薬に切り替えたりできることは有益だろう（註58）．GM技術を利用して作物の生産量を著しく増加させることができれば，気候変動に伴う二次的な気象事態によって凶作の危険性が次世紀にはさらに増す開発途上国ではとくに，公衆衛生上の利益は莫大なものとなる．たとえば，（世界中で約4億人を苦しめている）ビタミンAの欠乏を緩和するためにイネにベータカロチン遺伝子を添加することはすでに行われているが，同じように食品の栄養品質を改善することができれば，人類の苦悩をやわらげる大きな進歩が起こるだろう（註59）．

しかし，これにはリスクも伴う．1つは，作物による医薬品製造から起こる可能性がある．いわゆる“製薬作物”は，食料供給の汚染を防ぐために設計された厳しい手順に従って栽培される．たとえば，ラクトフェリン（人間の初乳――最初の母乳分泌物――に高濃度で存在する抗菌性の鉄結合タンパク質）のような薬物を生産するように遺伝子操作されたトウモロコシは，他のトウモロコシ畑から少なくとも1マイル（約1.6 km）離れたところで作ることが米国農務省によって定められている．収穫後，そういった“製薬”トウモロコシはラベルを付けて注意深く追跡する義務があり，人間や家畜が直接消費するトウモロコシとの混入を防いでいる．しかし，GM作物を扱う際の最近の人的ミスの多くは，“製薬作物”による食品の汚染が起こりやすいことを示唆している（註60）．

GM作物におけるマーカーとして抗生物質耐性遺伝子を使用していることも疑問視されている．なぜなら，ウシその他の家畜の腸や人間の消化管に生息する細菌に抗生物質耐性遺伝子が転移し，抗生物質による治療が困難になりうるからである．そのような遺伝子移入の可能性はほとんどないと結論付けた科学的論評もいくつかある（註61）．しかし本書の編者は，とくに抗生物質耐性の危機に直面しているときに，転移の可能性が限りなくゼロに等しくても，重大な人間の健康リスクを伴う可能性のある遺伝子マーカーの使用は強く推奨されるべきではないと考えている．同様の意見は，英国王立協会からも上がっている．同協会は，「GM食品からの抗生物質耐性マーカーの転移に起因する抗生物質耐性微生物数のさらなる増加は避けるべきである」と表明し（註62），英国医学研究評議会の専門グループも，GM食品から抗生物質耐性遺伝子を除去することを推奨している（註63）．

人間の健康に対する別の検討事項としては，導入遺伝子を介して毒素やアレルゲンが生成されるリスクや，遺伝子スイッチや遺伝子プロモーターを挿入したり，寄主生物の遺伝子を変異させたりすることで偶発的に危険な化合物が合成されてしまうリスクもある（註64，65）．ただ，GM食物アレルゲンの可能性は懸念事項ではあるが，現時点では，既知のアレルゲンを持つ遺伝子や，とくにアレルギーを誘発する種からの遺伝子の挿入は禁止されているため，あまり現実味はない．

また，GM作物に広く用いられているグリホサートと，同化合物をより広範囲で商業的に作っているラウンドアップに使用されている化学物質の1つが内分泌撹乱物質として作用する可能性もある．最近の研究では，グリホサートが，GM作物の推奨使用濃度の100分の1の濃度で，ヒト胎盤細胞でエストロゲンの合成を担う酵素アロマターゼの遺伝子発現と活性を崩壊させることが示された（註66）．ラウンドアップに界面活性剤（液体の拡散を容易にするために使用される湿潤剤）を加えると，毒性が上がる．おそらくこれらの化学物質がグリホサートの細胞内への侵入を促進するためだろう．農業で使用されている濃度よりも低かったとしても，グリホサートの胎盤細胞への毒性は，人間の生殖機能に問題を引き起こす可能性がある．

米国では毎年4400万トン以上のグリホサートが使用されており（1999年数値）（註67），おおざっぱに言えば世界ではその倍（米国と世界のGM作付面積で比較）のグリホサートが使われ，数百万の農民が被爆している．グリホサートは土壌中に残存して淡水生態系を汚染し（註68），それによって水源と食物連鎖に入り込む可能性がある．そのため，人間の健康に与える影響よりも，もっと掘り下げた深い理解が必要である．

社会経済的側面と倫理的次元

もう1つの懸念事項は，特許法および知的財産権の保護下において，大企業がGM作物の恩恵を独占してしまうことである．多くの人々は，数世代の科学者たちがオープンでかつ共同で行った研究や報告書の成果が，一部の企業のみの財産となり，利益を生むために認可を出したり，差し押さえたりできるようになっているのは不当だと考えている．この取り決めが提起する一般的な倫理問題は別にしても，商業法人と支援がもっとも必要とされる開発途上国の人々の間には，ある種の利害対立がある．

企業が作物の遺伝子改変への投資から利益を得ることを目指すのは当たり前だが，関連技術料金を払うことができない途上国への新技術の利点を制限したり拒否したりすべきではない．商業力の濫用は，貧困国の植物相（または動物相）から最初に抽出された重要な遺伝資源が，それ自体で直接利用される場合にはとくに厄介である．特許は研究投資を保護する一般的な方法である．しかし，重要な科学知識の集中と少数の企業の利益への独占的な適用は防止する必要がある．

有機農業

営農法に関する科学文献の議論のほとんど，大部分が石油由来の合成肥料や様々な合成殺虫剤および除草剤が広く適用されている従来の農業に焦点を当てている．ここまでは，この章も例外ではない．たとえば，農薬散布量や収穫量などの分野で非 GM 作物と GM を比較する場合，従来栽培されていた作物のみを検討した．世界の人口を養うための長期計画についても，まるでそれが唯一の選択肢であるかのように，伝統的な農法と GM を比較している．しかし，一般的に見過ごされているが，考慮すべきもう 1 つの選択肢があるかもしれない．

それは有機農業（または“統合農業”または“統合された害虫管理農業”として知られている有機農法と従来の農業の混合物 —— 以下を参照）であり，第 8 章で解説した農業生態系を内包したものである（p.62 第 9 章扉）．以下に簡単に説明する．

有機（生態学的または生物有機的とも呼ばれる）農業は，1990年代初頭以来，米国および世界の他の地域でもっとも急成長している農業部門の 1 つで，年間20～25％増加している（註69）．2006年には，有機農業の作付面積は世界中に3100万ヘクタール（7600万エーカー）以上であり，その 3 分の 1 以上はオーストラリアにあった．スイスやオーストリアなど一部の国では，農地の10％以上が有機的に管理されている．有機農業は，中国（現在は約300万ヘクタールが有機認定されている），ブラジル，アルゼンチン，アラブ首長国連邦を含む中東のいくつかの国でも急速に成長している．2004年の世界の有機製品の時価総額は278億米ドルだった（註70）．有機製品の基準は国によって異なる場合もあるが，有機認証（有機農産物は通常，高額で販売されるので，大きな財政的報酬を伴う）を決定するために使用される基準は，一般に以下の 3 つの原則に基づいている．

- 有機物質由来の肥料 —— 窒素固定作物や植物および動物の残滓 —— を厳格に使用する
- 害虫や疫病制御には合成化学農薬の代わりに生物学的方法と天然化合物を利用し，合成化学除草剤の代わりに機械その他の方法を用いる
- 有機農場内および周囲の生け垣などの自然生態系を保全する

ここでは有機農法について3つの主要な問題を議論する．(1) 有機食品は人間の健康に良いのだろうか？（ここでは，環境への影響による人間の健康への影響ではなく，食物からの直接的な影響について言及する）(2) 有機食品は環境にやさしいのだろうか？ (3) 有機農法は世界の食糧問題を解決することができるのだろうか？

有機食品のほうが健康にいいか？

有機食品の栄養価を従来の食品と比較した研究では，一般的に炭水化物，タンパク質，アミノ酸，ビタミンなどの栄養素の含有量に大きな違いは見られなかった（註71）．しかし，栽培システム以前に，栄養素の差が大きい品種を比較するなど方法論的な問題もあったが，いくつかの重要な相違も浮かび上がった．たとえば，ビタミンCと鉄分については，いくつかの有機栽培作物のほうが高いようだ（註72）．先進工業国の場合，濃度の増加は重要ではないかもしれないが，開発途上国の人々は鉄分摂取量が少ない可能性がある．さらに，有機栽培の果実や野菜は，捕食者，寄生虫および病気から身を守るために植物が作り，植物ホルモンなどの機能も果たすフェノールと呼ばれる二次代謝産物の濃度が高かった（註73, 74）．植物の二次代謝物はわかっているだけで1万以上もあり，レスベラトロールやフラボノイドなど一部の二次代謝物は抗酸化作用を持つため，循環器疾患（註75）やおそらく特定のがん（註76）を予防するのに役立つと考えられている（第4章，p.181参照）．しかし，植物が生き残るために進化した結果であることを考えると，他の二次代謝物は人間の健康に影響を及ぼさないかもしれないし，毒になる可能性さえある．人間の健康に有益であることがわかっている特定の化合物が有機農作物に多く含まれていることを学術的に証明できない限り，報告されている二次代謝物の相違は重要であるとは言えない．

伝統的な栽培方法では，ほかにも農薬の問題がある．従来の作物におけるこれらの化学物質の残留物が少なく，様々な政府規制によって安全であるとされる範囲内にあることを示す研究はたくさんある．しかし，有機食品とは対照的に従来の作物を食べる人々は，し

Box 9.3　ウェルギリウス，「農耕詩」第1章

マメ科作物の肥料効果と不耕起栽培への関心は2000年以上前のローマの詩人，ウェルギルスにも認められていた．

ウェルギリウスの詩（紀元前70〜19年）

黄金の小麦を蒔いてください
あの場所に
揺れ動く豆を育てた
さやの中に，小さな巣の中に
細い茎，さらさら動く下生えに
苦い羽うちわ豆の……
大地の作物を換えて休ませましょう
耕されていない大地は貴方に感謝を示すでしょう．

ばしば日常的に幅広い範囲の合成化学物質に暴露されている．これらの化合物の多くについて，慢性の低濃度の暴露，とくに複合的な被爆による人間の健康への影響を調べたデータはじつに少ないか，またはまったく存在していない（註77）．米国ワシントン州シアトルで行われた最近の研究では，たとえば，就学前の児童（2～5歳）を2グループに分け，1つのグループには主に有機栽培作物を与え，もう1つのグループには主に伝統的な栽培方法の作物を与えて比較したものがある．後者のグループの子どもの尿中には高濃度（最高6倍以上）の有機リン化合物が発見され，おそらく農薬残留物の摂取から生じたものとされた（註78）．一般に，標準的な暴露規制に幼児と子どもは含まれておらず（註79），尿中に高濃度の農薬が見られたことは深刻な問題である．複数の農薬に慢性的に暴露されることによって人間の健康が損なわれる可能性が増しているという証拠が増えていることから（註80～83），この問題だけでも有機栽培に対する世界的な支持が高まっている．

有機的に育ったニワトリ，ウシ，ヒツジ，ヤギ，ブタなどの卵，乳，チーズ，肉を食べている限り，従来の畜産で使用されている成長ホルモンや抗生物質などの化学物質を避けることができるのは明らかである．

有機農法はより環境にやさしいか？

2つの大規模調査──1つ目はヨーロッパ，カナダ，ニュージーランド，米国で発表された論文のレビュー，2つ目は英国の農場に関する5年間の調査──が，有機農場と従来の農場の生物多様性を比較している．最初の調査で概説した76件の研究の多くで（註84），鳥類，哺乳類，無脊椎動物，農地などの広範囲の生物について，有機農場では個体数や多様性が高い傾向にあることが示された．重要なのは，ヒバリ（*Alauda arvensis*），タゲリ（*Vanellus vanellus*）などの数種類の鳥類，2種類のコウモリ（キクガシラコウモリ *Rhinolophus ferrumeouinum* とヒメキクガシラコウモリ *Rhinolophus hipposideros*），キンポウゲ属の *Ranunculus arvensis*，そしてチシマオドリコソウ属の *Galeopsis ladanum* が有機農場でより豊富だったが，これらはすべて農業の集約化によりヨーロッパで減少したことが知られている種であることだ．この研究では，生物多様性の維持にはとくに3つの農業方法が重要であるとしている．農薬や化学肥料の使用禁止または低減，野生生物にやさしい非農耕地や生け垣などの野外境界の管理，耕作地と畜産を営むための土地の並置である．もっとも大規模なイギリスの有機農場調査でも同様の結果が得られた．この調査では，有機農場では，伝統的な農場に比べ，平均して植物種が85%，コウモリが33%，クモが17%，鳥類が5%多くなっている（註85）．ほかにも，スイスの有機農業研究機関が行った有機農場と伝統的な農場の土壌生物の多様性を比較した21年にわたる研究では，菌根菌の根への定着，ミミズの多様性とバイオマスの増加，クモやオサムシのような重要な地上節足動物の捕食者の高密度化，より多様な雑草植物相と，土壌の微生物多様性の大幅な増加が見られた（註86）．有機農場の土壌中のアーバスキュラー菌根菌（AMF）の豊富さと多様性は，AMFが土壌構造の良質化，植物栄養の改善，土壌害虫や疾病への耐性向上，干ばつおよび重金属に対する耐性に果たす役割を持つために，とくに注目されている（第8章，Box 8.5「菌根」を参照）．そして，複数の研究において，有機農場は，従来の作物よりもAMFの豊富さと多様性，作物群生，栄養素摂取の増加を示していた（註87，88）．

さらに，単位面積と単位収量によるエネルギー効率も，作物残渣とマメ科作物に起因する土壌の炭素隔離も，有機農場は従来の農場より大きく，温室効果ガスの排出を削減していた（註89）．伝統的な農法で使用されていたこれらの肥料の濃度が非常に高いことを考えると，硝酸塩と燐酸塩が飲料水と有機農場の水生生態系に流出する可能性は低いと予測できるが，詳細な研究は行われていない．

科学者たちはワシントン州のリンゴ園で６年間にわたって，有機栽培，伝統栽培，そして“混合栽培”（有機的方法と従来の方法の混合）の持続可能性を測定した．３つの栽培方法は，リンゴ収量，樹木成長，葉と果物の栄養素含量が同等であることがわかった．しかし，有機栽培と混合栽培は土壌の品質が高く，有機栽培は他の２つの栽培法と比較すると，より甘く柔らかいリンゴが生産され，利益が増え，エネルギー効率が（伝統的な栽培法と比べて７％も）向上していた．持続可能性で評価すると，有機栽培がもっとも高く，ついて混合栽培，伝統的な栽培法がもっとも低かった（註90）．

有機栽培は世界の食糧危機の解決さくとなりえるか？

一般的に，有機農法は環境にやさしく，人間の健康にも良いとされているが，伝統的な農業に取って代わることはできず，増え続ける人口を養うことはできないと言われている．主な理由は，伝統的な方法には一貫してより高い収穫があり，有機栽培は単に競争相手にならないということである（註91）．ほかによく聞かれるのは，有機栽培の肥料として使用する有機窒素が足りないということだ（註92）．この項では，こうした議論を検討する．

前述の21年にわたる調査でも，有機農場は平均して伝統的な農場の収量のわずか80％しか生産していないことがわかった（註86）．ほかの複数の研究でも似たような結果が出ている．たとえば，世界でもっとも長く実施されているイギリスのローサムステッド農業試験場（耕地作物研究所としても知られている）の有機栽培試験では，有機肥料を使用した区画の小麦生産量は，化学肥料を用いた区画のものと本質的に同じだった（註93）．ペンシルバニア州のロデール研究所の研究者らは，有機農業を促進するために20年以上の実験を行い，隣接した区画で栽培された有機栽培と伝統栽培のトウモロコシと大豆の生産量はほぼ同等であると結論付けた．しかし，ロデールの試験の非常に重要な発見は，干ばつの年に，有機栽培区画の生産量は伝統栽培の区画よりも20～40％（場合によっては100％）高かったことである（註94）．世界の多くの地域，とくにいくつかの開発途上国で，地球温暖化の二次災害として水不足や干ばつが頻発する可能性があることを考えると，非常に重要な知見である（註94）．エセックス大学の研究者ジュール・プリティとレイチェル・ハインは，開発途上国の約900万の農場と200以上の農業プロジェクト，合計約3000万ヘクタール（約7400万エーカー）を調査した結果，伝統栽培から有機栽培に変えることで，生産率が平均で90％以上増加することを発見した．綿，小麦，唐辛子，大豆を有機栽培するインド中部マイカール地区の3200ヘクタール，1000世帯の農家を対象とした調査の１つでは，有機栽培は隣接する伝統栽培の農場より平均して20％生産率が高かった（註95）．最後に，ミシガン大学の研究では，有機的方法と非有機的方法によって飼育された293の食品（栽培と畜産）の生産量を比較すると，有機生産量は全世界では平均して30％高く，先進国では８％下回り，開発途上国では80％も高かった（註96）．

有機農業に対する批判は，常に世界を養うのに必要な有機肥料が足りないという問題に帰結する．批判は，有機農場の生産量が低いことに起因している（前述の通り，これは多くの作物に当てはまるものではない）．しかし，この理屈では，作物を有機的に育てるための肥料を畜産由来もので考えており，そのためには放牧させる土地が必要で，その過程で森林やその他の自然生息地を破壊してしまう．前述のミシガン大学の研究では，温帯地域と熱帯地域の77本の文献において，世界の主要農業地域における窒素固定作物の利用が，現在合成して生産されている世界の窒素生産量の5800万メートルトン（約6400万トン）を上回る可能性があるとしている（註96）．窒素固定作物による窒素固定量は，有機／伝統栽培の比較ではあまり考慮されていない，もしくは農家がマメ科植物を畑に植える余裕がないという議論により割り引かれている．

もう1つの議論は，有機栽培は家庭菜園や小規模農業ではうまくいくかもしれないが，大規模な人口を養うのに必要な規模では競争できないということである．2件の事例研究で，この議論には意味がないことが実証されている．キューバの有機農業実験と，フレッド・キルシェンマンとその家族がノースダコタ州に所有する3700エーカー（約1500ヘクタール）の有機農場である（Box 9.4と Box 9.5を参照）．

複合農業

複合農業は，主に有機農業に基づいているが，化学肥料や農薬を使うこともある（註97）．ヨーロッパで広く行われている複合農業は，伝統栽培と有機栽培の両方の手法を利用して，環境品質と経済的利益の両方における最適化を試みている．複合農業はほとんどの場合，緑肥作物と堆肥を使って土壌を作るが，必要に応じて合成肥料も加える．複合農業では，輪作と混作を活用し，捕食性昆虫や土壌線虫のような生物防除や，フェロモンの誘引性を利用した物理的な罠などを使うことで，害虫や雑草を制御しようとする（フェロモンとは，人間を含む生物が様々なメッセージを伝えるため環境に放出する化学物質である．農業分野では，種特異的な誘引物質をまねた合成フェロモンが作られ，様々な害虫を誘引するために使用されている）．農薬は最後の手段として，最大限の効果をもたらすように，害虫のライフサイクルに沿って，最小限の量で，注意深く使用される．農薬は一般的にもっとも生物分解しやすく，もっとも毒性の低いものが選ばれる．こうした害虫駆除は総合的病害虫管理（IPM：Integrated Pest Management）と呼ばれ，開発途上国や（註98），先進国でも増加している（註99）．

Box 9.4　キューバの有機農業実験

1989～1990年のソビエト連邦の瓦解により，キューバは以前と比べ農薬が60%，輸入肥料が77%減少し，農業に使える化石燃料が50%まで低下した．食料の輸入もまた，50%以上低下した．キューバの農業は大規模資本集約型単一栽培システムで，合成された農薬と肥料（石油から生成される）と石油そのものにひどく頼っていた．それによって起こってしまう迫り来る食料飢饉への対策として，キューバ政府は国の近代的既存の農業からインプットが少なく実質的には自給可能な有機農業へと転換させるための国家的努力を開始した．殺虫剤や除草剤はバイオ農薬や植物由来の農薬（NEEMなど）を用いた害虫や病原菌，雑草制御法に変えられた．キューバ人が開発した細菌性や真菌性の病原体，（複数の寄生虫や捕食昆虫などの）天敵の利用，混作と輪作の導入，家畜による雑草の駆除，化学肥料は有機肥料（マメ科には根粒菌の接種や自由窒素固定菌，菌根菌を含む），ミミズ，堆肥，動物性と植物性の堆肥，放牧家畜との複合利用などがある．トラクターから動物性による牽引への回帰も見られた．これは燃料やタイヤ，予備のパーツの入手が容易ではなくなったからである．農地を囲う森林も奨励され，これらは森林由来の収穫物（木材やマキ，果物，木の実，蜂蜜など）だけではなく，虫を捕食したり，送粉や受粉を行う鳥や虫，コウモリの住処となった．農地は大規模の単一栽培でなくとも少数の作物に特化した企業から，果物や野菜，穀物，家畜，魚を扱う混合農業へと変質していった．その結果がもたらした多様性に富んだモザイク状の土地利用は異常気象と家畜・作物の疫病の両方に対する緩衝帯として働いた．

1993年にキューバは国営農業基盤を減らし，農業を労働者が保有する事業生活協同組合へと転換させ，都市部の人々を積極的に農村部に戻るように奨励した．農家の市場も再開された．1995年の中頃には食糧難を乗り越え，1996～1997年の作物成長期には主要作物13種のうち10種で，キューバ史上最高収穫量を叩き出した．収穫量は主に小規模農家からきており，卵や豚肉に関しては流行した庭で作られた．生鮮食品を生産する都市農家の広まりはキューバの食料供給に極めて重要で，都市の面積の3000ヘクタールが農業に用いられて，300万トンの生鮮野菜が1100万人のために生産されている．ハバナ市だけでも，1990年代後半には毎年５万トンの食料が生産されていた．

Box 9.5　米国の大規模有機農業

キルシェンマン（Kirschenmann）家の農場，ジェイムズタウンに近いノースダコタ州中南部にある3700エーカー（1497ヘクタール）の農場は，1976年より商業規模で有機作物を育てていた．この農場はいまだに，アイオワ大学のアルドレパードセンターを指揮するために2000年の７月に日々の運営から手を引いたフレッド・キルシェンマンという学者兼農家によって，遠方から管理されている．この農場の換金作物は硬質赤色春小麦（hard red spring wheat）とデュラムコムギ（*Triticum durum*），冬ライ麦（*Secale cereale*），一般的な亜麻（*Linum usitatissimum* L.），ヒマワリ（*Helianthus annuus*），キビ，オオムギ（*Fagopyrum esculentum*）である．アルファルファ（*Medicago sativa*），スイートクローバー（*Melilotus officinalis* や *Melilotus alba*）が豆科の被覆作物として植えられ，これらはまた家畜，アンガスの血統を組んだ126体の雌牛と４体の雄牛の飼料として使われ，これらの牛も有機牧草地に放牧されている．

この農場の成功の秘訣はその輪作体制にある．まず，雑草の抑制のために温暖な季節と寒冷な季節の作物を交互に植える．これにより，雑草が充分に育つことができなくなる．２つ目に広葉作物と草のような作物，これらの作物は別々の害虫や疫病の対象となるための輪作で害虫・疫病の抑制を行う．３つ目は根の深い作物と根の浅い作物の輪作で，これらの作物は違う深さから栄養を吸収するため，作物の輪作のサイクルを延すことができる．マメ科は窒素を固定するためと土壌に有機物を付加させるために，すべてのサイクルで植えられている．典型的なサイクルの例は，スイートクローバー（マメ科），硬質赤色春小麦またはデュラムコムギ（寒冷・草），ソバ（温暖・広葉），ライムギ（寒冷・草），ヒマワリ（温暖・根が深く広葉），そしてスイートクローバーに戻る．防除は輪作と自然の生息地を管理，たとえば畑を区切るためのいけがきを作ることによって天敵を奨励，することによって達成された．益虫などの生物防除はこのシステムに意図的に加えられることはなかった．

その農場にあった輪作案を決めるのは非常に複雑な課題である．農家がどの作物を植えるべきかは様々な要因に左右される．それぞれの土壌の種類によってどの作物をどの程度生産できるかが分かれる．気象条件はその特定の耕地にどの作物を植えることができるのかを特定してしまう．作物を出荷するために使用可能な市場のインフラ，輪作に用いる作物，また作物を栽培し，管理し，出荷するための機材も制限をかけてしまうかもしれない．公共政策で特定の作物が他のものより有利に働くこともあり，これらも農家の選択肢を狭めてしまう．たとえある作物がどんなに輪作において有益であっても，利益を上げることができなければ農家はそれを植えることはできないのである．

多様化された作物・家畜システムは有機農家にすべての廃棄物を別の行程の栄養として用いることができるという自然界に似た閉じた栄養循環を農場内に形成させることができた．家畜にはマメ科の被覆植物のアルファルファとスイートクローバーが与えられる．その家畜の排出物に藁や木材チップ，植物残渣が混ぜられ，堆肥に変えられ，肥料として農地に巻かれる．刈り取りで生じた他の廃棄物も利用することができる．人間の食料としての基準を満たさなかったトウモロコシ殻粒は散荷積穀類から家畜の飼料へとかえることができる．カブやテンサイの葉の部分も豚に栄養を与えることができる．

キルシェンマン農場では周辺の伝統的農業と比較する数多くの研究が行われた．時間が経過するとともに，有機農場の１エーカーごとの生産率が伝統農業のそれと同等であることがわかり，理想的な生育条件下では伝統農業のほうがわずかに生産率が高かったが，キルシェンマン農場の生産率は悪条件，たとえば干ばつのときなど，のときは伝統的農業を上回った．キルシェンマン農場では平均的に４年のうち１年はマメ科の被覆作物と堆肥散布に使われる．その年の換金作物を犠牲にしているかもしれないが，同時に農薬（殺虫剤や除草剤）や化学肥料に費用を割いていないため，２つの営農方法における経済的利益はじつは同等である．しかし興味深いのはキルシェンマン農場におけるエネルギー消費量は伝統的農場よりも有意に低く，最高70%以下であった（註 a）．これはノースダコタの３つ目の生態地域のそれぞれにある有機農場でも同じであった（註 a）．

これらにより，米国内において商業規模の有機農業は生産率と経済面において，最低でも北部の大草原地帯（グレートプレーンズ）で，コムギ，ライムギ，エンバク（オートムギ）などを栽培し低エネルギーと悪条件科下の収穫率で他の農家よりも有利になることを考慮すれば，伝統農業と競合できるように見える．将来的に農業を営むためのエネルギーコストが利益に割り込むようになり，石油や天然ガスから生成された肥料や農薬も言わずもなが，加えて気象変動の影響で頻発化されるであろう熱波や干ばつを含む異常気象を考慮すれば，有機農業の長所は商業規模においても，現在よりも顕著になるであろう．

Box 9.6　古野隆雄の米 - 鴨 - ドジョウ農法

他のアプローチとして，日本人の米農家，古野隆雄が創意工夫を凝らし考案した農法で，魚の養殖が他の食料生産システムに導入できることを示した．古野氏はドジョウ（ユーラシア各地でみられる，池底に棲む，雑食性の淡水魚）を合鴨と米の複合農業に加え，この過程により，コストと科学性の散布の低減化での米収益の増加を達成した．この農法は集中的養殖の高収穫率を達成することはできないが，このような複合農業がいくつかの発展途上国の自作農高生産的かつ持続可能な代替法になりうることを示したことに他ならない．

古野隆雄氏は，九州の福岡県桂川町のコメ農家で自身の典型的な工業化された農業に古い伝統的なものを加え，かつ同時に使用可能な最良の近代科学も取り入れることを1987年に決断した．日本の過去の農業では水田でカモを育てていたことを知り，その地域で効率良く放し飼いできるカモ，アイガモ，

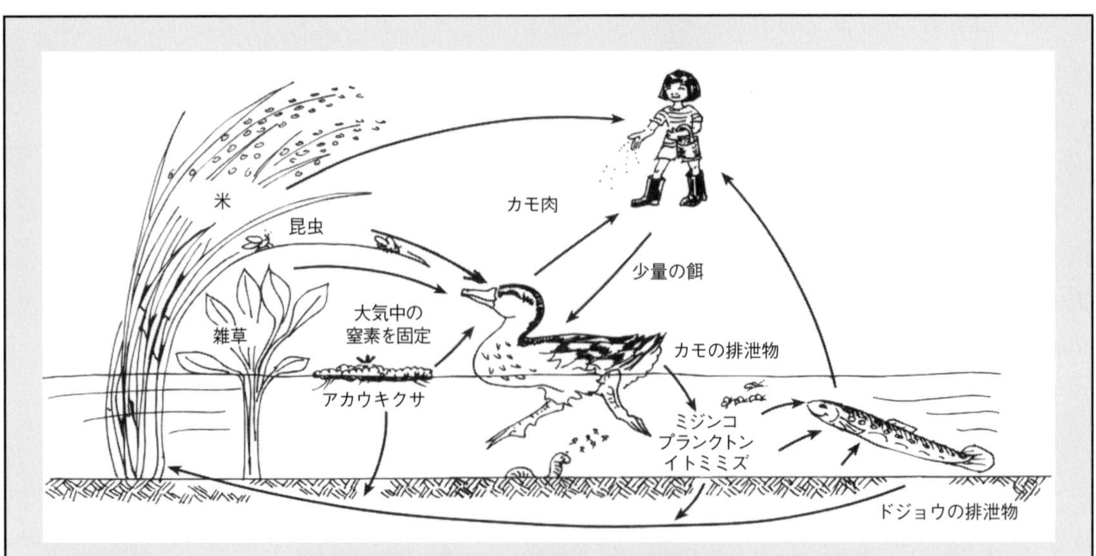

古野隆雄氏の米－カモ－ドジョウ農業（生産）システム．古野隆雄，Tagari Publications（www.tagari.com）提供．
フレッド・キルシェンマン氏とレオポルド持続的農業センターの許可により構成．

すなわちアヒルと野生マガモの交配種を自身の水田に導入することを決めた．導入後，1ヘクタールごとの200羽のカモが稲についてる虫をあまりにも効率良く捕食したため，殺虫剤を散布する必要がなくなった．古野氏は他にもカモが成長するに伴い，潜って稲の音を食べるスクミリンゴガイも捕食することを発見した．彼は他にも過去の農家が加えていた土壌も加え，カモと土壌が同じ水田で共生できることも見つけた．

濁った水田の水のおかげで魚がカモに食べられるのを予防した．他にも水性シダ植物のアカウキクサ（複数の種類が存在する）が水田の表面に増殖し水稲を窒息させてしまうため，除草剤を使わなければ駆除できなった雑草は，稲の収穫を阻害しなくなるほどの量をアイガモとドジョウが食べた．その結果，古野隆雄氏は除草剤を一切散布しなくなった．

食べ残されたアカウキクサは葉の先端にあるゼリー状の嫌気的なポケットに巣食う窒素固定シアノバクテリアとの関連で稲を肥やすために使われ，すでにアイガモや魚の排出物でこやされたシステムにさらに栄養を付加させる．

これらの伝統的な手法を採用するにより，収穫率が50%増加し，殺虫剤と除草剤を購入しなくなったことから経費が消滅された．最後にイチジクの木を水田の周囲に植えることで，米のみを収穫するコメ農家ではなく，米とカモ，肉，ドジョウ，イチジクを生産し化学物質を必要としない高生産的で持続可能な複合農業を組み合わせ，2.4ヘクタールの農場を最大限活用した．このシステムの原理は彼の著書，『The Power of Duck』（註 a）に記されている．

作物・畜産の混合農業

耕作地で栽培されたマメ科作物を家畜に与え，家畜の糞を肥料として農場に再利用する有機農場は，別のタイプの複合システムを実践している．作物栽培と家畜飼育を単一の農業システムの構成要素とするこれらの農業方法は，作物・畜産混合農業，または混合農業と呼ばれている．混合農業には，作物や環境条件によって，様々な可能性がある．日本の珍しい例では，栽培と水産養殖を混合させており，複合農業の幅広い可能性を示唆し，多様な食品を生産的で効率良く生産する方法であることを示している．これらの手法は，中国でも広く実践されている（註100）．

結論

遺伝子組み換え生物（GMO）は近々，栄養価と生産率が高く，農業が必ず直面すると思われる複数の環境ストレス，たとえば強烈で頻発する熱波や干ばつのような異常気象や土壌の高塩分化に対抗できるように開発されるだろう．また，世界中の農家に深刻な被害をもたらしたいもち病，ジャガイモ疫病，黒さび病などへの耐性を持つように作ることもできる．そして，上記の特性を持ちつつ，既存の栽培方法よりも，環境や人間の健康に与える影響を少なくすることができるかもしれない．改善された作物はまた，種をまたぐ遺伝子の移入に頼ることなく，交雑や変異株の生成によっても開発されるが，これらの技術が必要とする研究や開発が十分にされていないことは明らかである．

GMOが世界の人々を養う上で大きな可能性を秘めていることは間違いない．生物医学の分野ですでに実証された驚異的な有用性に匹敵するかもしれない．しかし，この章で指摘しているように，GM作物技術，たとえばBtや除草剤耐性を与えたものが，人間の健康や，とくに自然環境にどのような影響を及ぼすかについてはまだわかっていない．現時点で，とくに長期的な影響が完全に把握できていない段階でこうしたGM作物を急激に世界中に広げることは，地球規模で環境実験を行っているに等しい．この本の編集者にとって，この行いは賢明とは言えない．

有機農業や様々な複合農業は，世界の食料安全保障に関する政策的議論の場ではほとんど無視されてきた．このような議論では一般的に，GM作物と伝統農業の比較しかされていない．しかし，多くの研究によって実証されているように，有機農業や複合農業，混合農業は，とくに干ばつのときには，伝統農業の生産量に近づいたり，あるいは上回ったりすることもある．そして，大規模かつ低燃費で行うことができる．先進工業国では有機農業が急速に拡大しており，消費者は農薬その他の化学物質を含まない食品を購入することにますます関心を示している．しかしこの活用は，化石燃料やそれに由来する肥料や農薬の価格が増加し続け，干ばつがますます一般的になって灌漑用水が貴重になっている開発途上国にとっては，とくに価値がある．有機農法と複合農法について，生物多様性人間の健康への悪影響が疑問視されることはあまりない．キャサリン・バッジェリーとイヴェット・パーフェクトが編集した『有機農業は世界を養えるか？』で，農業上の原則に基づいた世界的な食糧システムが可能であり，この方向に進むべき緊急の理由があると述べた通り，有機農業は世界の食料安全保障に対処する計画の主要な部分でなければならないと，我々は考える（註101）．

科学文献では，GM食品と有機農業について，それぞれの技術の利点とリスクの両方を慎重に研究して，健全な議論が続いている．この問題のどちら側にも，すばらしく誠実な科学者がいる．しかし，あまりにも急速に成長しているGM食品への関与に疑問を投げかけたり，あるいは有機農業や複合農業の普及を支援したりする科学者は，知識不足で素朴な人間だと評価される．タバコの場合と同様，そこには強力な既得権益が関与しており，財政的に大きな利害関係がある．残念ながら，タバコ同様，こうした攻撃とその背後にある研究は，利益の結果であったりもする．しかし，今後何十年にもわたり世界の人口を養い，もっとも多くの人々が，自分たちにとっても環境にとっても，もっとも健全な食品を保証されるための決断を下すとき，その決断を支える科学は慎重でかつ客観的でなければならない．そしてそれは，人々が百パーセント事実にアクセスできるように，完全に公表されなければならない．この章は，それを試みたものである．

参考文献およびインターネットのサイト

Biotechnology (GM foods), World Health Organization, www.who.int/foodsafety/biotech/en/.

"Can Organic Farming Feed Us All?" B. Halweil. *World Watch Magazine*, May/June 2006.

The Earthscan Reader in Sustainable Agriculture (Earthscan Readers Series), Jules Pretty (editor). Earthscan, London, 2005.

Genetically Engineered Food: Changing the Nature of Nature, Martin Teitel and Kimberly A. Wilson. Park Street Press, Rochester, Vermont, 2001.

Genetically Modified Foods and Organisms, www.ornl.gov/sci/techresources/Human_Genome/elsi/gmfood.shtml (Human Genome Project information)

International Federation of Organic Agricultural Movements (IFOAM), www.ifoam.org/.

International Society of Organic Agriculture Research, www.isofar.org/.

Organic Agriculture at FAO, www.fao.org/ORGANICAG/.

Organic Center, www.organic-center.org/.

Organic Farming, Food Quality and Human Health: A Review of the Evidence, Shane Heaton. Soil Association, Bristol, U.K., 2001; see www.soilassociation.org/.

Organic Farming Research Foundation, ofrf.org/.

"Our Food, Our Future," Donella H. Meadows. *Organic Gardening*, September/October 2000.

Rodale Institute, www.rodaleinstitute.org/.

Rothamsted Archive, www.rothamsted.ac.uk/resources/TheRothamstedArchive.html.

Sustainable Agriculture and Resistance: Transforming Food Production in Cuba, F. Funes, L. García, M. Bourque, N. Pérez, and P. Rosset (editors). Food First Books, Milford, Connecticut, 2002.

第10章

生物多様性の維持のために一人ひとりが何を為すべきか

ジェフリー・A・マクニーリー，エレノア・スターリング，カルマニ・ジョー・ムロンゴイ

あなた自身が変わらないと真の世界は見えてこない

マハトマ・ガンジー

自分たちの地球に何をしているのか？

「ミレニアム・エコシステム・アセスメント」の名のもとに行われた地球資源の包括的なインベントリー調査の結果，すでに2005年の時点で，地球環境に対する人類の「エコロジカル・フットプリント（生態系に及ぼす影響）」(図10.1）がこれまでになく大きいものになってきていることが示唆された．人口増加とそれに伴う資源の消費は，前例のない規模で生態系を疲弊させ，破壊している（註１）．過去わずか50年間の人類の活動が，その時点までの人類の歴史の全過程よりも大きく自然生態系を破壊した，というのが調査報告書の結論だ．たとえば，すべての大陸において広範な地域が農地に転換され，木材の確保あるいは牧草や作物を栽培するために森林が伐採された．そして海は，魚類をはじめ多くの海産物資源を「搾取する場」と化している．

「エコロジカル・フットプリント」の概念が導き出す指数は，地球上において人類の生存を維持すること，つまり「サステイニング・ライフ」の必要性を皆に理解させることに役立っている．つまり，個人のレベルでも，あるいは市町村，県，国といった共同体レベルでも，ある規模の人間の集団がそこで資源を消費し生産を行い，その廃棄物を処理するためにどれだけの面積の生物学的生産能力を持った土地が必要か，ということを計算することができるのである（註２）．

「グローバル・フットプリント・ネットワーク」によると，現在の人類の「エコロジカル・フットプリント」は，この惑星が一度に賄い得る実質的な質量よりも20％以上大きく，私たちの消費がすでに過剰であることを示している．つまり私たちは，生きるために実際より1.2倍の大きさの地球を必要としているのである．別の捉え方をすると，フットプリントを人類が消費した自然を地球が再生産するために必要な時間に換算することもできる．このコンセプトに従えば，私たちが１年間に使い切る製品や供給されるエネルギー資源などを地球が再び生産するためには14カ月かかるということになる．最近の推定値によると，１人当たりのフットプリントは，北米で９ヘクタール以上，西ヨーロッパでは約５ヘクタール，そしてアジア太平洋地域やアフリカでは１ヘクタールであった（図10.1）．つまり，

北米のフットプリントはアフリカの平均値よりも10倍，また，人が人間としての活動を持続させていくために必要なフットプリントの4.5倍の値を示している．

地球の人口のうち17億人以上が「消費者」の階層で，そのほぼ半数が発展している先進国に住んでいる（註３）．彼らが消費する物の多くはじつは生存に必須ではない嗜好品である．たとえば，米国では運転免許を持った人の数よりも多くの自家用車が走っている（2003年の統計）．世界の最貧層の人々のために必要な食糧や水，あるいは彼らが教育を受けるために必要な費用は，香水や高価な衣料品，豪華なクルージングあるいは美容整形手術などに費やす費用に比べたら微々たるものだ．美容形成外科学会によると，アメリカ合衆国だけで2003年に180万件の美容施術（ボトックス注射など640万件の非外科的処置を除く）が行われているが，アフリカでは数百万の人々が，一度も健康管理あるいは医術を受けなかった（註４〜６）．

第１章で述べたように，空気中や土壌，海や河川への汚染物質の放出，成層圏のオゾン層の破壊，侵略的な外来種，地球規模の気候変動，そして魚類や陸上野生生物などの天然資源の乱獲によってもたらされた陸上や水系における生物の生息環境の消失は，自然生態系や放牧地や耕作地における生態系の健全な機能を奪い，結果として多くの種の生存を脅かしている．こうした地球環境の変化は人間の意思や行動の結果であることは明白だが，人間の行動が地球環境を傷付けた，ということは，逆に私たちはそれを復元し，保全することもできるはずである．多くの人は環境問題に対して自分は何もできないと思い込んでいる．なぜかというと，そうした問題は，大きすぎ，また複雑すぎて，手に余るように見える．あるいは，世の中ですでに議論し尽くされているようにも見えるからだ．しかし，本章の執筆者も本書の編者の誰もがそのようには思っていない．一人の人間は，じつは地球環境を守るために計り知れないほど重要な貢献ができるはずで，それを行うことは今でも決して遅くはないと信じている．この章では，私たち一人ひとりがどのようなことをすることが可能なのか詳しく述べたい．

なぜ浪費が止まらないのか？

すべての人が自分自身のために，そして子どもたちのために質の良い暮らしをしたいと願う．問題は「良い生活」の定義と，それを手に入れる方法にある．正しいと思って行ったある瞬間の判断が，長い目で見ると，じつはほかの人々（もちろん自分たちの子どもたちもそこに含まれる）には最良の策ではないということがあるかもしれない．一般に，ほとんどすべての人間の行動が，直接的，あるいは間接的に地球環境に作用する．具体的にいうと，その作用が生物多様性に影響を与える，ということを私たちはそろそろ自覚すべきである．とくに先進工業国の都市部に住んでいる人には，自分の周囲が人間の生存を持続させる生態系からどんどんかけ離れていっていることを理解するのが難しい．「ミレニアム・エコシステム・アセスメント」が強調しているように，国連が試算した世界の人口は21世紀半ばまでに90億人に到達するといわれており（註７），それに伴って加速度的に増加する環境への影響はそのまま推移すれば破局的であることは論を待たないのである．

消費すること自体は悪いことではない．人間が生きるためには消費を必要とする．世界には1日当たり2米ドル以下で生活している人が28億人もいる．彼らの所得を今より上げることは急務だが，一方で，資源を枯渇させるほど過度な消費は問題である．とくに，化石燃料のように，生活に欠かすことができないが再生不可能な資源の場合は深刻である．人間の社会には，本当に必要とされている量以上に消費が進行する仕組みが隠れている．文化水準や社会心理は，人並みのドレスアップや，マイカーの所有，そして一般的な住宅に住むことを強いる．精製された安価なエネルギーと技術の進歩は，消費者があらゆる種類の商品を過剰に購入することを可能にしている．たとえば，発達した輸送手段によって，アメリカのボストンに居ながら，ニュージーランド産のリンゴやチリ産のアボカド，コートジボワールで生産されたカカオ，そしてマレーシアで作られた衣類，さらに中国製の電子機器などあらゆる国の商品が消費者の手元に届く．こうしたいわゆる贅沢品に保証された豪華さや素材の良さは，快適さや楽しみを追求する私たちの本能的な欲求をくすぐり，それに抵抗するのはなかなか難しい（註3，5）．

環境問題の議論は，人間の活動が地球に及ぼす影響をほとんど考慮していない現在の経済システムに対する反省から始めなければならないだろう．人類が環境を根本的に変える力は，我々の祖先が火をおそれずに使い，狩猟の道具を使いこなしたときに初めて備わったものだが，すでに人類が農業に目覚めた約1万年前にその力は著しく増大した．しかし，なんといっても1760年頃に始まり1800年代の後期にピークを迎えた産業革命が，地球の資源を消費し膨大な量の廃棄物を生むことになる人間の力を飛躍的に増大させたといえる（註8）．

産業革命以来，各国の経済も人々の生活も「役に立たない物」の製造，消費，そしてその貿易や取引が必要な社会へと舵を切ったのである．その結果，資源は無限でゴミ箱も無限に大きいと勘違いし，私たちが地球環境から欲しいだけ物を手に入れ，消費して残ったものをすべてゴミとして捨てることを続けてきたことはもはや疑いようがない．

私たちは，その物の本当の価値を考えずに商品を買うことに慣らされている．市民としての社会的責任を果たすために，私たちはもっと物の本当の価値を認識する必要がある．経済学者は，国民の生活水準を，国民総生産あるいは外貨準備高や貿易収支などの統計的な数値で示す．そして企業家は，多くの場合，短期的な消費者需要と企業の収益性の高さから良し悪しを判断する．こうした現在の経済システム下では，商品がどこからもたらされているのか，ということと，使用し終わった商品はその後どうなるのか，という2つの当たり前な，しかしひじょうに重要な問題が見過ごされている．つまり現在の商品の価格には，天然資源が枯渇する可能性に対する憂慮やその生産，廃棄，再生を通して生まれる「生態系サービス（生態系の働き）」などの目に見えない価値がまったく含まれていないのである（註9）．

世界銀行や一部の経済学者たちは，生態系サービスの価値に対するより正確な数値を割り出す方法を開発し始めている（註10）．ひょっとすると「生態系および種の保存に関する指標」や，ブータンの「国民総幸福度」（良い統治を促進するため，公平で持続可能な社会経済の発展だけでなく，文化財の保護や文化の活性化，自然環境の保全など精神面の豊かさも尺度とする指標）などのような新しい国民的な指標が策定されるかもしれない．でも，その道のりは遠いようだ（註11）．これまで，私たちが身の回りの自然界の危機を見過ごしてきたことを歴史が物語っている．過去，幾多の文明が天然資源の乱獲によって崩壊したことか（註８）．その経験に，私たちは大いに学ぶ必要がある．

生物多様性を保全する方法

ほとんどの人は，政府や大企業による大規模な開発に比べて，環境破壊に対する個人の影響力は小さいと思っているだろう．しかしながら，ジョンソン＆ジョンソン，JPモルガン・チェース，スイス再保険，BPや3Mを含む約180社の国際企業のほうが，じつは「持続可能な開発のための世界経済人会議」（www.wbcsd.org）の方針に従って，環境に対する「フットプリント」をできるだけ縮小することで持続可能な環境保全を目指す活動を率先して行っている．ところが，全体として見ると，より小規模な企業活動や各個人のレベルでは環境の保護やその啓蒙活動に対する考え方にかなりの相違がある（註４，12）．彼らは，絶対に自分自身の生活の質を犠牲にすることはしないのである．仙人や修道士のように物質社会から隔絶することなく，どのようにして良い暮らしや健康を保ちながら「エコロジカル・フットプリント」の縮小を実現できるのだろうか？　それには以下のような３つの可能性がある．

- 私たちは，「エコロジカル・フットプリント」を最小限にしたライフスタイルに適応できる．
- 私たちは，家庭，職場，学校，あるいは宗教の場やいろいろな地域の活動の場で，各人の日常の行動が町やその周辺環境の生物多様性にどのように影響するか，またそれがさらに何千キロも離れた地域に棲む生物の種に及ぶか，について常に議論することで環境に対する意識を高めることができる．
- 私たちは，生物多様性の保全に取り組んでいる団体をサポートすることができる．そして，選挙において，アジェンダ（検討課題）の第一番目に環境問題を掲げている候補者に投票することによって，環境に配慮した政策を推進する政治家を選ぶことができる．

こうした可能性を実現するための一定のクリティカル・マス（市民の支持）を得ることによって文化を変える社会的な圧力が生まれる．たとえば，アムステルダムにおける自転車優先の街づくりをその例に挙げることができるだろう．

生物多様性保全のためのライフスタイルの選択

私たちの誰もが，日常の行動を世界の生物多様性の維持のために決定でき，結局それが自分への「見返り」となる．なによりも大切なのはRRR（節約 reduce，再利用 reuse，再生 recycle）の原則だ．これは，すべての面でエネルギーや資源の消費を抑える効果がある．新アメリカン・ドリーム・センター www.newdream.org，ワールドウォッチ研究所 www.worldwatch.org/features/consumption，アメリカ自然史博物館・生物多様性保全センター research.amnh. org/biodiversity，英国グリーンリンクス www. green-links.co.uk，Towards Sustainability www.towards-sustainability.co.uk，インド科学環境センター www.cseindia.org,

香港地球之友 www.foe.org.hk/welcome/geten.asp，南アフリカ共和国・環境の国 www.ngo.grida.no/soesa/nsoer/index.htm，スワジランド・Yonge Nawe 環境行動グループ www.yongenawe.com/02programmes/IEC/iec.html，など多くの組織が，この原則に沿った活動的で，豊かで快適な生活への道案内を提案している．そこでは，消費者保護や環境行政に携わる人や，経済学者，政策立案者などが，たとえば，なるべく自分で車を運転せず，バスなどの公共交通機関を利用する，とか，本を買って読んだ後に捨てることより公共図書館を利用すべき，など，公共機関によって提供，保証された商品やサービスを選び，またなるべく再生された材料でできている商品を選ぶことなどのアドバイスをしてくれる．何よりも，本当に必要なものだけを使い，なるべく物を捨てない心がけが重要なのである．

日々の生活の中で私たちが選択していることで，環境を破壊し生物多様性にダメージを与え得る主要な要素がわかってきた．それは，「食と食品」，家での「生活習慣」そして「移動手段」の３つだ．より良い選択をすることは，環境を良くし生物多様性の損失速度を緩めることができるのである．

私たちが食べている食品の選択

食糧生産が地球の広大な部分を改変している．そこはかつて自然の生態系が支配する場所だった．自然の改変の速度とその結果生じた陸上野生生物の生息環境の減少は50年前から急に加速している．そして，アフリカ，アジア，そして南米大陸の一部では，鳥類からゴリラに至るまであらゆる野生動物がしばしば密猟の対象となり，種の存続が維持できないレベルにまで，その影響が及んでいる（註13）．目線を広げると，海洋の水面下では，私たちが直接目にし，感知できないところで，野生生物種の個体群にとってもっとも大きい直接的な改変が起こっている可能性がある．

◆水界生態系から得ている食物

世界の魚の消費量は過去30年間で倍増している．30年前，ほとんどの人は魚を食べなかったが，1980年代から天然魚の漁獲量が減少し始め，今では漁業資源のストックはほとんどなくなった．逆に，海産魚，淡水魚双方とも養殖魚の消費量が急増している．1997年，天然魚の割合は全消費量の約70％であったが，今日ではずっと少なくなっている．

第２章および第８章で強調されているように，見境のない大規模漁業が世界の海洋資源を奪っている．とくに，タイセイヨウクロマグロ（*Thunnus thynnus*），ヒウチダイ科の１種オレンジラフィ（*Hoplostethus atlanticus*），タイセイヨウマダラ（*Gadus morhua*）あるいは多くの種類のサメなど大型で資源の復元力が遅い種は絶滅危惧が増大しているかあるいは絶滅の危機に瀕している．マグロやサメは食物連鎖の頂点にいる上位捕食者である．彼らを生態系から排除することの影響について実際にはわかっていないが，よく研究されているオオカミやワシ・タカ類の場合と同じようなスケールであることは間違いない（註１）．上記の各種の需要は高く，結果として繁殖個体群が急激に減少している．世界最大の漁場と思われる米国のニューイングランド地方とカナダ東部沖に広がるグランドバンクス（大陸棚）に生息しているタイセイヨウマダラのような魚は，乱獲されるともとの個体群に戻すことは不可能であると考えられる．近代的な漁業は，海洋の底生生物の生息環境にもダメージを与え，広く海洋生物全体の多様性に影響を及ぼす．そして，本来漁業の対象ではないクジラやイルカ，ウミガメ，海鳥のほか，多くの知られていない魚種にも多大な犠牲を強いることになるのである．

米国やカナダのWWF（世界自然保護基金）などの主要な自然保護団体は，現在ではドルフィン・フレンドリー（イルカに安全マーク付き）のツナ缶市場への支持を撤回している（訳者註：合衆国法律集16編1385条「イルカ保護と消費者情報に関する法」等参照）．確かに，イルカ安全マーク付きツナ缶の消費者はイルカなどクジラ目 Cetacea（80種の海生哺乳類を含む）に属する動物を救うための漁法の改革を指導しているが，実際には，現在行われているマグロ漁の漁法（長い幹縄に釣り針がついたはえ縄）は，ウミガメや海鳥などほかのたくさんの種類の動物を殺しているのである．

養殖された魚を食べることはより良い選択のように見えるが，魚の養殖もときに海洋生物の多様性に有害な影響を与えることがある（第8章の養殖の項，p.338 を参照）．多くの養殖魚は，魚肉や魚油を加工した餌で育つので，さらなる海洋の野生種の減少に結び付く．たとえばサケなど1ポンド（0.45 kg）の肉食魚の養殖には2～5倍の重さの野生魚の餌が必要になる．また，以前は感染症の治療にのみ使用された抗生物質を，今では日常的に養殖場で病気の蔓延を予防するために使用するが，それによる海洋環境汚染も深刻である．養殖される魚の系統は人為的に選択されていることが多いが，養魚場から逃げ出した個体が自然の遺伝的なバランスをくずし，野生種の生殖能力に脅威を与えることもある．さらに，養殖施設からの魚の糞や食べ残しの餌から生じる有機物の過剰な放出が，有害な藻類を異常発生させ，海洋生物（および人）に害を与えるばかりでなく，ウオジラミ（甲殻類）やアニサキスなどの寄生虫が増えて周辺に生息している野生の魚類にも感染する．アメリカ合衆国だけでなく世界中の養魚場は，将来，こうした問題をより深刻に受け止めて対処せざるを得なくなると思われるが，従来の養殖漁業の範疇ではおそらく解決できないだろう．

東アジアでは，現在，淡水による養殖漁業が盛んに行われている．一見害のない非在来魚がしばしば侵略的外来種に変貌することがあるので，養魚場の魚が周囲の自然環境へ逃げ出すことを完全に防ぐことができるのなら，養殖という漁法は生物多様性の観点からより環境に優しいということができる．このような閉鎖的な系では，肉食性でない草食性のティラピア，ナマズ，コイなどの品種改良された淡水魚を利用することで，天然魚資源の減少を防ぐことができるからだ．中国では，家畜の糞尿による肥料を養魚池や水田に撒く．それが多様な藻類を発生させ，そこに同時に生息する4～5種類のコイ科の魚の餌になる．なぜそのように多くの種が共存できるかというと，それらの魚の食餌習性はそれぞれ異なっていて，生態系の食物連鎖の中でそれぞれ別の階層に適応しているためお互いに干渉しないからである．このような漁業におけるポリカルチャー（複数種の同時養殖）はインドでも広く採用されている．

甲殻類の漁法でも同様だ．野生のエビ漁は，もっとも無駄が多い．たとえば，1ポンド（約450 g）のエビを収穫する際に，ほとんどの場合，その2倍の量のほかの動物が巻き込まれる．ときには10倍以上の海産動物が犠牲になることもあり，その中にはウミガメなどの絶滅危惧種が含まれていることもある（註14）．魚網による漁業の対象となるエビ類は海の深層に生息するため，こうした漁法は海底の生態系を破壊する危険性が高い．肉食魚の養殖の場合と同じように，熱帯の国々で行われている海産の小型あるいは中型のエビ類の養殖にも，野生の漁業資源を枯渇させ，養魚場を作るためにマングローブ林を破壊するなど，環境に対する影響をもたらす可能性が潜んでいる．マングローブ林の衰退は，2004年12月インド洋沿岸を襲った津波による被害の１つの原因になったといわれている（第３章，p.138 参照）．

私たち一人ひとりの以下のような行動が，海洋および淡水の生物多様性の維持に役立つ．

- アラスカ産のサケの１種やシマスズキ（*Morone saxatilis*），海洋での食物連鎖の下層に位置するイワシ類，タイセイヨウサバ（*Scomber scombrus*）やタイセイヨウニシン（*Clupea harengus*）などのような個体数の多い持続可能な漁業資源を探し出さなければならない．とくにタイセイヨウニシンは地球上でもっとも豊富な魚種の１つだろう．イワシやサバやニシンは健康増進効果のあるドコサヘキサエン酸を含み，また水銀などの汚染物質を含有する率が低いなどの利点がある．ただし，PCB や農薬に含まれる有機塩素系物質の残留についての研究は進んでいないので，それらの魚がそうした汚染物質を含んでいるかどうかについては断言できない．実際，バルト海から得られたニシンから高いレベルの PCB が検出されているという（註16）．
- 養殖された草食性の魚介類を食べよう．たとえば，ナマズ，コイ，アサリ，ムール貝，カキ，ホタテガイなど．
- シーフードのうち，どの種類が脅威にさらされているか，そしてどの種類を購入したりレストランで食べたりしてはいけないか，を学ぼう．世界各地で以下のような団体がそうした情報を提供している．

北米地域

- ブルーオーシャン研究所（blueocean.org/seafood）
- エンヴァイロンメンタル・ディフェンス Environmental Defense（www.environmentaldefense.org/tool.cfm?tool= seafood）
- モントレーベイ水族館（www.mbayaq.org/cr/seafoodwatch.asp）

ヨーロッパ

- 世界自然保護基金（WWF）スイスおよびインターナショナル（www.panda.org/downloads/marine/fishguideeng.pdf）
- MCS 海洋保全協会 Marine Conservation Society（www.fishonline.org/information/MCSPocket_Good_Fish_Guide.pdf）

アジア太平洋地域

- 王立森林鳥類保護協会（ニュージーランド）（www.forestandbird.org.nz）
- オーストラリア海洋保護協会（www.amcs.org.au）
- 世界自然保護基金（WWF）香港（www.wwf.org.hk/eng/conservation/wl_trade/reef_fish/online_guide）
- そのほか，数多くの有害な漁業を続ける政府に対して乱獲を制限するように働きかけている各種団体が存在する．

◆大地がもたらす食料

地球上の陸地の4分の1が耕地である．家畜の生産のための牧草地を加えると，作物を生産するために，それ以上の面積の地表の自然構造が人間によって改変されている．

農業におけるもっとも重要な生態系サービスはもちろん食料と食の安全の提供である．しかし，それだけでなく，栄養素の回帰（生態学的リサイクル），病害虫の制御，人工授粉，地域の野生動物の管理，河川流域の保全，洪水の防止，二酸化炭素の制御や気候変動の調節など，生物多様性に関わる様々な現象への農業の影響が考えられる．農業生態系が着実に拡大する一方で，農業の現場では生物多様性が脅威にさらされている．世界では，作物品種の90％以上が過去1世紀の間に失われ，家畜の品種は毎年5％ずつ減少しているという．農薬を使用した集約的な農業や，単一作物の栽培，耕作地周辺の自然環境の消失は，農地だけでなく，そこに棲む野生動物の多様性，土壌性の微生物および無脊椎動物の多様性，そして授粉を行う動物や害虫の天敵の多様性にも大きい影響を与えている（註1）．たとえば牛のフィードロット経営（肥育会社）や大規模な養鶏，養豚のような集約的な家畜生産は，家畜の飲水や廃棄物の洗浄などに大量の水を消費し，また河川を汚染することで直接的に野生生物の多様性に影響を与える．遺伝子工学などの新しいテクノロジーは，多少はこれらの問題に対処することができるかもしれないが，一方で生物多様性に対する新たな脅威を生むことがある．そのため新しい農業技術を駆使する際には予防的なアプローチが不可欠である．

食べ物の選択が，エコロジカル・フットプリントに，別の意味で影響を与える．たとえば食肉の生産は，野菜の生産よりも遥かに多くの資源を必要とする．アメリカ合衆国の面積の40％に当たる8億エーカー（約3.24億ヘクタール）が牛を飼養するために使われているが，さらに牧草を栽培するために6000万エーカー（約2400万ヘクタール）が必要であると推定されている．また，食料の農場から食卓への移送距離（フード・マイル）は毎年大きくなっている．スーパーマーケットの棚に並ぶ果物や野菜は，ときに季節に関係なく，

Box 10.1　地球の維持（サステイナビリティー）はだれの責任か？

この章では，いわゆる先進国に住む人たちのライフスタイル（生活様式）を問題にした．実際に注目したのはアメリカ合衆国の事例である．ここで強調したいのは，私たちは，生活のあらゆる場面で，環境にダメージを与える可能性がある物の消費や移動方法を避け，短期的には少し高価であっても環境に配慮した選択をしなければならない，ということだ．

このような視点はほかの章にも盛り込まれているが，どうしても本章を加えたい理由がある．編者や執筆者はみな，この本を開発途上国でも多くの人に読んでもらいたいと願ってはいるのだが，たぶんほとんどの読者は，私たちと同じように，工業化された先進国の都会に住む，比較的豊かな人たちだろうと思う．じつは私たちこそ環境破壊の元凶なのだ．結局，私たちの生活が化石燃料を過剰に燃焼させて地球環境に大きい損傷を与え，地球が本来持っている資源の容量を超えた消費を行い，再生処理のできない廃棄物を蓄積している．

でも，もしも今，私たちのライフスタイルを変えることができれば，生物多様性および地球の生態系が維持，保全される可能性が生まれる．とくに，ここに提案した，再生可能な自然の恵みだけを使って環境に与える影響を最小限にとどめる選択法についてぜひ学んで欲しいと思う．

しばしば地球を半周してやってくる．有機農産物の認証を行っている英国土壌協会が，主婦が有機食料品店で購入した1カゴ26種類の食材の出所を追跡し，それらが移動した距離を合計したところ，24万1000マイル（約38万8000 km）にもなった（註17）．しかもそのうちの6品目は世界を一周していた．このように食品の輸送はときに馬鹿げたレベルに達する．たとえば，水道水の水質は極めて良く，また湧き水などどこででも得られるのだが，フィジー島の湧き水をわざわざボストンに運ぶというようなことが行われている．言うまでもなく，ある食品が私たちの食卓に届くまでに，大気中に何トンもの温室効果ガスを放出することで地球温暖化を助長し，世界中の多くの種類の生物を危険にさらしているとすれば，有機食品を追求する行為などまったく無意味である（第2章，p.113を参照）．

食料品の消費者である私たちは農業生態系の主要な当事者である．つまり私たちが何を食べるかという選択は，生物多様性を高める持続可能な農業生産システムの促進に貢献するのである（註18）．

以下は，私たちが生物多様性の保全するために何ができるか，ということを念頭に置いた食品の選択肢の実例である．

- 地元で収穫された果物や野菜，乳製品，卵，肉，穀類を簡易な包装で提供する，ローカルな市場を探そう（www.localharvest.org/）．
- 地元産品を提供する，地方自治体が後援する生協（会費制）に参加しよう（www.csacenter.org）．
- 食品が遠い国から長距離輸送されてこないように，常に旬の地元の食品を購入し，年間を通じてそれを保存する方法を考えよう．
- 有機的に生産されたことが認定された肉，乳製品，卵，穀物，果物，そして野菜を購入しよう（www.ams.usda.gov/nop/indexIE.htm; www.organicconsumers.org）（第9章の有機農業の項を参照）．
- 日陰栽培のオーガニック・コーヒーやオーガニック・バナナを購入しよう．そして，それらのパッケージに熱帯雨林の保護に貢献する「レインフォレスト・アライアンス」の認証ラベルが付いているかを確かめよう（スミソニアン渡り鳥センター The Smithsonian Migratory Bird Center では，有機コーヒーに植物の多様性を維持する生産を意味する独自の「バードフレンドリー（鳥に優しい）」指定を行っている）．
- パーム油（ヤシ油）を成分に含むマーガリンや多くの銘柄のクラッカー，クッキーを買うのを避けよう．マレーシアやインドネシアなどではヤシ油の工業生産のためにギニアアブラヤシ（*Elaeis guineensis*）のプランテーションが盛んに行われているが，一部に絶滅危惧種となっているオラウータンやそのほかの保護すべき動物が生息している地域を含む．このような大規模な森林開発はときに蚊や陸貝によって媒介されるニパウイルス感染症やベクター媒介性疾患（訳者註：マラリアやデング熱など）によって人間の生存にも危害を及ぼすことがある．アブラヤシの類は原産地のアフリカの多くの地域で持続的に保全することができる．また，パーム油は飽和脂肪酸の割合が高く，心臓・血管系疾患のリスクを高める．私たち自身の健康のために，そしてその地域の生物多様性の維持のために，パーム油の使用を止め，代わりにオリーブ油，大豆油，あるいはキャノーラ油（菜種油の1種）を使用すべきである．

- 庭や畑で果物や野菜を自家栽培しよう．
- いろいろな種類の穀類やジャガイモなど，多様性に富んだ食品を食べよう．それが多様な品種の栽培につながり，結果として単一品種の大規模栽培を防ぐ．
- 肉を控え，穀物（シリアル）や果物，野菜など，食物連鎖の下層に位置する生物をより多く摂取することで，農業生産に要する土地の範囲を少しでも狭めよう（www.foodalliance.org）．

生物多様性の維持のために私たちが家庭でできること

気温の上昇，降雨地域の変化，異常気象の増加など，地球規模の気候変動は，近い将来，生物多様性にとって最大の脅威になる可能性がある．最近の研究では，世界で10万種もの生物が危機にさらされているという（註19）．地球温暖化の影響が生物圏全体に及んでいる兆候はすでに現れている（第２章，p.113 参照）．たとえば，アメリカ園芸協会（The American Horticultural Society）は86°F（＝30℃）以上の真夏日の日数で示す高温地域図（Heat Zone map of the United States）を修正しなければならなかった．北極海では，解氷が著しくホッキョクグマが餓死し始めている．かつてホッキョクグマはブローホール（クジラやアザラシなどが呼吸するために上がってくる氷中の穴）で獲物のアザラシを待ち伏せることができたが，今では海面に多くの空間ができたのでアザラシが分散しホッキョクグマに捕まることが少なくなった．環境変化の良い指標になる鳥類も影響を受けている．南極半島の西側では，海表の氷が後退し，アデリーペンギン（*Pygoscelis adeliae*）が子どもを育てる場所が奪われたため，繁殖ペアの数は過去30年間で大幅に減少している．英国では，海水温の変化がイカナゴの分布域を変え，それを主な餌としている数種の海鳥が沿岸で繁殖できなくなっている．オランダでの研究によると，アオガラ（*Parus caeruleus*）やシジュウカラ（*Parus major*）などの食虫性の鳥類は通常，春季に２羽のヒナを育てるが，近年はうまく繁殖ができていないという．原因は，春季の気温の上昇によって餌となる昆虫の幼虫の成長が早く，ヒナが多量の餌を必要とする時期とかみ合わなくなっていることである．

石油などの化石燃料を燃やすことによって起こる地球規模の気候変動は，高温によるヒートストレスの増大，都市における大気汚染，深刻な干ばつや洪水，世界各地の住環境を襲う暴風雨などによって，私たち人間の健康や幸福に直接，影響を与えることになる．さらに，水や食品に起因する疾患や昆虫が媒介する感染症の発生の増加を示す科学的なデータが次々報告されている（註20）．

じつは，私たちの家庭におけるエネルギーの選択が，化石燃料の消費とそれによって起こる温室効果ガスの放出や地球規模の気候変動に対して決定的な役割を演じている．アメリカ合衆国では，2001年度の家庭のエネルギー消費量が，国全体のエネルギー消費量の約22％をも占めていて（註21），暖房，温水，エアコン，家電製品（オーブン，冷蔵庫，乾燥機），そして照明のために使われるエネルギーが，温室効果ガスの放出に直接関与していることがわかる（地域や国，そして世界のエネルギー使用に関するいくつかの有用な図表を以下のサイトで見ることができる．chemistry.beloit.edu/Warming/pages/emissions.html）．

一人の人間として，私たちは家庭やオフィスで使用されるエネルギーの量を減らすことで，気候変動を少しでも弱めることに貢献できる．温帯では，通気を抑え効果的に断熱することで，熱の無駄な拡散を飛躍的に抑えることができる．また，わずか1°F（=0.6℃）エアコンのサーモスタットの設定温度を下げるだけで，年間の暖房費を約8%も軽減させることができるのである．一方，熱帯の国では，むしろ空調設備を必要とする現代的な家より，伝統的な家の形態を採用したほうが良い．昔からある建築様式は見た目も魅力的でしかも省エネ型であることが多い．コンピュータやテレビ，オーディオ機器などの電源を不使用時にこまめに切るようなことは誰にでもできる単純な行動だ．国際エネルギー機関（International Energy Agency）の2001年の統計では，そのような機器の「待機」モードで使用されるエネルギー量の国の総エネルギー使用量に対する割合は，もっとも少ないスイスの3%からオーストラリアの13%まで大きい開きがあった（註21）．2000年夏，カリフォルニア州で起きたエネルギー危機では，家計における1カ月の電気代が通常の130%にもなり，エネルギーの節約を訴える世論の強い圧力がかかったが，住民は生活水準をとくに下げることなく電気代を12%減らすことに成功した（註22）．

エネルギー以外でも，衣服，家具や建材などに対する家庭での選択が生物多様性に対する影響力を持っている．

以下のようなことを私たちは家庭で行うことができる．

- 建て売りの家屋を買うかあるいは新築する場合は，より小さい，エネルギー効率の良い家を選ぼう．たとえば，北部の地域では防風用の外付けドアや，二重窓（雨戸）で室内の熱が逃げるのを防ぎ，また南部の地域では光を反射する明色の屋根を取り付ける（そうすることで，空調にかかるエネルギーを20%以上削減できる）．あるいは，太陽光発電パネル，太陽熱温水器，地盤熱源ヒートポンプ床暖房などの設備を取り付けよう．そのほか，家庭や地域社会にとって有益なエネルギー効率の高い商品について，米国グリーンビルディング協会（U. S. Green Building Counsil）のウェブサイトwww.usgbc.org. が参考になる．
- 電化製品（冷蔵庫，オーブン，洗濯機など）や暖房器具はエネルギー効率の良いものを選ぼう．それぞれの製品がどのくらいのエネルギーを消費するかについては以下のサイトが参考になる．
  www.eere.energy.gov/consumer/ または www.energystar.gov
  効率の良い電化製品や暖房器具を使うと，耐用期間の数年にわたり，それらが使用するエネルギーの費用を節約することができるが，そのことは生物多様性を衰退させる気候変動を弱める働きがある．
- 太陽光によるローテクな衣類乾燥のために投資しよう．2本の支柱，数メートルのワイヤーかロープ，そして洗濯バサミ数個，しめて25ドル．これだけで，乾燥器を動かす電気代やガス料金を節約できるし，機械で乾燥させるより衣類の匂いも肌触りもずっと良いはずだ．
- 部屋を出るときはこまめに照明を消す．また家を出るときには，暖房器具やエアコンのスイッチを切るか，低めの温度に設定しよう．
- エジソンの時代からの旧式の電球を，消費電力の少ない電球型の蛍光灯に変えよう．15ワットの蛍光灯は60ワットの白熱電球と同じくらいの光量がある（訳註：LEDならばさらに効果的であろう）．

- 冬は，室内でもセーターを着用し，寝るときには暖かい毛布や羽毛布団を掛けるなどして，暖房器具の設定温度を下げよう．
- 夏は，冷房の設定温度を上げるか，窓を開けて冷房を切ろう．
- 建物の周りに木を植えよう．樹木は家庭のエネルギー消費を最大25%も抑えることができる．
- 風力発電，波力発電または太陽光発電など再生可能エネルギー由来の電力を供給する会社に切り替えよう．あるいは，グリーンエネルギー証書（Green Energy Certificate）を購入しよう（www.eere.energy.gov）（訳者註：通常の電気料金に上乗せして環境保全付加価値を支払うことで，再生可能エネルギーによる発電を行う事業者を助成する）．
- 紙，空き缶，ガラスびん，ペットボトルを地域のシステムに従ってリサイクルしよう．
- 保温性の高いフリース（リサイクル繊維素材）で作られた防寒服を購入しよう．
- 古着を再販する慈善団体に寄付しよう．
- 電子機器をリサイクルしよう（携帯電話のリサイクルプログラム：www. eiae.org/whatsnew/news.cfm?ID=100；コンピュータの再利用：www. epa.gov/e-Cycling/donate.htm）．
- オーガニック・コットン製の衣類，シーツ，タオルを買おう．通常の綿の栽培は，多量の農薬を使用する作物の１つで，鳥類などの動物に害を与える可能性がある．
- 家を建てるときは，再生木材を購入するか，一般的な竹や合成木材を使おう．
- リサイクル繊維素材で織られた絨毯を買おう．そうすれば，野生生物の多様性に影響する綿，羊毛，または石油化学製品の需要を減らすことができる．
- チークやマホガニーなどの熱帯の天然材でできた家具，あるいは森林管理にもっとも厳格な森林管理協議会（Forest Stewardship Council）の認証やレインフォレスト・アライアンス（Rainforest Alliance）が発行するスマートウッド・ラベル（Smart Wood Label）の付いていない材木を使った家具を買わないようにしよう．これらのお墨付きは，その材木が，伐採による生物多様性への悪影響を最小限にとどめる持続性のある管理をされている森林に由来することを示している．
- 金製の新商品を購入しない．金の採掘は，河川や湖沼などの陸水をシアン化合物や水銀で汚染し，あらゆる鉱工業の中で環境に対してもっとも破壊的な事業の１つである．
- 可能な限りリサイクルされた家庭用品を買おう．たとえば再生紙でできたペーパータオル，トイレットペーパー，ライティング・ペーパーは森林を保存し，ゴミ処理の容量を節約する．
- 水を大切にしよう．アメリカ合衆国の平均的な家庭では，毎日74ガロン（約280リットル）の水が使用されているが，その３分の１はトイレの水洗のために使われている（註11）．節水型の便器に入れ替え，シャワーの時間を短くして，歯を磨いている間は蛇口を閉めて水を流しっ放しにしないようにしよう．また，庭では，芝生の代わりに自生する草を利用しよう．ニューイングランド州では水の使用料の30%が芝生への散水に利用されている．節約された水は湖や河川を潤し，野生生物の種の保存に結び付く．
- 宛名リストからあなたの住所を削除してもらって無駄なダイレクトメールを減らそう．ダイレクトマーケティング協会（Direct Marketing Association）の郵便選考サービス

（Mail Preference Service, PO Box 9008, Farmingdale, NY 11735）へ手紙を出して，通販会社にカタログ送付量の削減を要求する．アメリカ合衆国では，結果的に34万台ものゴミ運搬車によって収集される運命の分厚い通販カタログの発行のために毎年9000万本の木が切られている計算だ（註23）．

交通システムや移動手段における選択肢

アメリカ合衆国では乗用車，ミニバン，スポーツ用多目的車（SUV）および小型トラックを使用することで，世帯当たり年間平均3.7トンの温室効果ガスを放出している．それは，合計すると全国のエネルギー消費量の28％（2003年度）にもなる．毎年，各世帯で2.7人が自動車によって２万1000マイル（３万4800 km），さらに飛行機で3150マイル（約5070 km）を移動している計算になる．

確かに最近の乗用車は以前のものより遥かに少ない燃費ですみ，平均して１ガロン28.5マイル（１リットル当たり約12 km）で走っている．しかし残念ながら，最近では低燃費車より車体の重い四輪駆動車やミニバン，SUV，小型トラックに人気があり，その燃費の悪さがせっかくの炭酸ガス排出の抑制効果より上回っている．大型乗用車は平均して１ガロン20.5マイル（１リットル8.7 km）しか走らないので，その温室効果ガスの排出量は全米の輸送にかかるエネルギー消費量の約26％にもなってしまうのである（註24）．スーパーマーケットに買い物に行くために，オフロード・コンディションの走行に適した設計の車が本当に必要なのか？

輸送関連のエネルギー消費量を減らすために，私たちは以下のようなことができる．

- 自動車の使用をなるべく控えるよう具体的な目標を決めよう．たとえば，週に何回か行くスーパーマーケットへの買い物を１回だけにし，仕事に行くときは何人かで相乗りをする．
- 歩行者や自転車に優しい街づくり，可能な限り徒歩・自転車通勤の奨励を地元の自治体へ請願しよう．この施策はすでにオランダ，デンマーク，中国など多くの国で採用されている．
- 地元の自治体に電車やバスなどの公共交通サービスを改善するよう仕向けよう．
- 車がよく整備されていること，タイヤの空気圧が正常なことを確認しよう．アクセルはゆっくり踏み，過度のスピードを出さない．高速道路では時速55マイル（時速88 km）で走行することが，もっともガソリンを節約する．それぞれの人のこうしたことの実践によって，燃料の消費量全体に大きな差が生まれる．
- より小型でより低燃費の環境をあまり汚染しない車，あるいはハイブリッド車の購入を検討しよう．

そのほか，私たちが生物多様性の維持のためにできること

◆家のまわりの緑

家の周りにある緑地を整備することは，生物多様性の保全のために私たち誰もができることである．小さい裏庭やアパートのバルコニーも，野生生物のためのちょっとした休憩所になる．以下に庭でできることのヒントを掲げる．

- 本質に逆らうガーデニングを止め，その地方の土壌の性質や気候に合った作物を植えよう．また，たくさんの肥料や水を必要とする植物を避けよう．以下のサイトを参照：
www.biodiversityproject.org/5%20Ways%20Campaign/5waysbackyardpress.html
- その地方原産の樹木や，低木，草花を探そう．参考になるサイト：
Increase Backyard Diversity (Audubon): www.audubon.org/bird/at_home/wildlife.html
Designing for Wildlife (Plant Native): plantnative.com/how_wildlife.htm
- 植物を購入する際には注意が必要．その植物が侵略的でないこと，そして自然環境から採取された野生のものでないことを確認しよう．ソテツや木生シダなどの希少種は許可を得た業者のみが扱えることになっている．以下のサイトを参照：
www.ucsusa.org/inva-sive_species/what-you-can-do-to-prevent-species-invasion.html
www.invasivespeciesinfo.gov/community/whatyou.shtml
- 二重咲き（＜八重咲き）の花の品種の購入は避けよう．訪花性の昆虫の口器がそのような花の形態に適応していないので，蜜を吸うことができない．
- 大規模な庭園の場合は，少なくとも一部に自然状態の場所を設けよう．たとえば，樹木の材に穿孔する甲虫類のために，地面に朽ち木や枯れ枝を山積みする，キツツキ類が巣を作れるように立ち枯れの樹木をそのままにしておく，イラクサなどチョウ類の幼虫の食草からなる草むらを残すことなど．
- フジウツギ属（*Buddleja* spp.）の植物などのようにチョウを引き付ける野生種を混ぜよう．ただし，フジウツギの類には侵略的な種があるので，鳥が食べて種子を拡散させる前に，種を取ってしまう必要がある．
- 多少の余地がある場合は，小さな池を作ることを検討しよう．すぐに昆虫や両生類，鳥類などが集まってくる．
- 農薬の使用を避けよう．害虫（その多くはその地に野生のもの）に対して自然耐性のある植物を選択し，生物学的防除剤のほかセンチュウやテントウムシのような天敵を利用する．以下のサイトを参照：
"Pesticides: Health and Safety" [EPA], www.epa.gov/pesticides/health/human.htm
"Pesticides: Controlling Pests" [EPA], www.epa.gov/pesticides/controlling/garden.htm
"Beyond Pesticides: Least Toxic Control of Pests in the Home and Garden," www.beyondpesticides.org/alternatives/factsheets
- 家畜の糞尿や台所の生ごみから作られたコンポストなどの有機肥料や堆肥を使おう．
- いろいろな種類の植物からなる「自然の芝生」や野生の花に満ちた草原，小湿原を作ってみよう．野生の草本は水撒きを必要としないし，草刈りも頻繁でなくてすむ．また，なにより，サッカー場の人が植えた芝のような単純な芝生より遥かに魅力的な景観が広がるとともに，豊かな生物多様性を育む．
- 小規模な草むらでは，電動式や燃料式のパワフルな芝刈り機でなく，昔ながらの手押し・リール式の芝刈り機を使おう．これは，化石燃料を消費することなく，自分の身体を動かしてカロリーを減らすことができるすばらしい運動になる．
- 鳥類のために，巣箱をかけ，水場を作り，冬には餌を与え，猫や犬が近づけないようにしよう．
- 生物多様性の価値を知ってもらうために，子どもたちにも少しの面積を任せて花や野菜を育てさせよう．

- ゴルフをする人は，所属するゴルフ場やクラブに，なるべく自然環境を残し，生物多様性を維持するため農薬や肥料の使用や水撒きを最小限にとどめるよう進言しよう．
- バグ・ザッパー（マイクロ波駆虫装置）の使用を止めよう．この装置は，有用な昆虫も駆除し昆虫の多様性維持にとって破壊的であるだけでなく，むしろ駆除したい蚊やその他の吸血性の昆虫をあまり誘引しない．プロパンガスなどの燃料を大量に燃やし二酸化炭素を発生させて蚊を誘引することは地球温暖化の原因になっている．

◆自然保護区の保全

国立公園や自然保護区などの自然が保護されている地域は現在，地球の陸地の表面積の約12％に当たる2000万 km^2（約770万平方マイル）である．そのうち，面積の大きい保護地域は，生態系全体および植物相，動物相の保全にとって重要だ．とくに，ゾウやライオンあるいはオオカミなどのように人間と共存することが困難な種の個体群の保護にはそうした広大な保護区はかけがえのない存在である．さらに，それらの保護地域どうしを結ぶ「回廊」を作ることは，野生動物が保護区間を自由に移動し，地球温暖化に対応して分布域を変えることを可能にする．たとえば，イエローストーン・ユーコン保全イニシアティブ（Yellowstone to Yukon Conservation Initiative）（訳者註：温暖化に対応して北へ逃げる動植物の移動の障壁をなくすため，アメリカ合衆国・カナダ合同の慈善団体が提唱するイエローストーン国立公園からカナダのユーコン州に至る広大な地域にまたがる保護区）は，合衆国西部とカナダにまたがる2000マイル（3200 km）に及ぶロッキー山脈（北はワイオミング州から北極圏に至る）およびメソアメリカ地方の面積の27％に当たる20万8000 km^2（約８万平方マイル）の広さの「メソアメリカ生物回廊（Mesoamerican Biological Corridor）」を含んでいる［メソアメリカ（Mesoamerica）は，メキシコ中央部とコスタリカ北西部の国境の間の地域で，3000年にわたって中南米先住民による高度な農耕文化（Pre-Columbian Civilizations）が繁栄した］．このような生物回廊は小規模の保護区を包含し，多くの種を絶滅の危険から救う（註25）．

しかし残念なことに，貧しい国々には名ばかりの保護区（しばしば「ペーパー・パーク」と呼ばれる）も多い．そうした国では，市民の政治不信が強く法による統治もなされていないので，政府に自然を管理するための財源も手段もない．それを考えると，正式に国立公園などの指定は受けていないが生物多様性保全に貢献している地域があることを考慮に入れても，本当に自然が保護されている地域の面積は実際にはそれほど広くないのだろう．湖沼や海洋などの水圏でも将来は明るくない．自然を回復させないと多くの海洋生物が危機に瀕する可能性があるが，過剰な漁獲を黙認している海洋保護区が多い．そうした確固たる証拠があるにもかかわらず，海洋保護区の指定は浅い沿岸海域に限られていて，世界の水域の半分にも満たない（www.worldwildlife.org/oceans/pdfs/fishery_effects.pdf を参照）．

保護区の大きさはまちまちで管理のされ方も多様だ．アメリカ合衆国政府指定の自然保護区のように，多くの保護区は自然生態系に則した自然を維持するよう管理されている．イエローストーン国立公園やタンザニアのセレンゲティ国立公園などでは，車両を使った野生動物の研究やアニマル・ウオッチングなどの人間の活動もある程度許容されている．

そうした事業を長期にわたって行う場合，来訪者の面倒など地元住民に負担がかかる．しかし，いまだに多くの保護区では保護の範囲を広く捉え，自然を大きくは改変しない近代的な開発行為やいろいろなレベルで動植物を収穫し自然を抽出すること（たとえば狩猟や漁業あるいは持続可能な木材生産など）を自然の生態系の中に含ませている．

多くの保護区では，生物多様性の保全以外に造園業務や伝統的な暮らしや文化を守るために働く人々が居住している．たとえば，イギリスのウェールズ北部にあるスノードニア国立公園，ニューヨーク州のアディロンダック公園，ハンガリーのホルトバージ国立公園，合衆国北東部とカナダの国境にまたがるシャンプレーン湖～リシュリュー川渓谷などには，近代的な集約農業を行うと希少となり，絶滅が危惧される野生種も多く生息しているので，生物多様性保全に適合した伝統的な農法が採用されている．また，自然保護の専門家は，保護地域と農地や居住地がモザイク状に配置され総合的に保護管理されることが，比較的人口密度の高い地方で生物多様性を保全するためにもっとも現実的なやり方であり，熱帯の国々でも温帯の工業国においても大きな可能性を秘めている，と考えている（註26）．

もちろん広大な保護地域は種の多様性や在来種の個体群を保護するために必要であるが，生物多様性の維持にはもっと小さい保全地域の存在価値を過小評価すべきではない．じつは面積が数ヘクタールしかない小さい保護区は数え切れないほどある．私たちの身近にも，小さな湿地や，町の周囲に形成された緑地帯や，斑状に残存した森や木立などの小保護区が存在する．そこは，時に小型の脊椎動物や多くの無脊椎動物，そして植物のための貴重な生息場所になる．英国のもっとも小さい自然保護区の１つがサフォークにある，長さわずか70 m（230フィート）の道路沿いの木立だ．そこで保護されているのは絶滅の危機に瀕しているコウボウフデ科のキノコの１種（*Battarrea phalloides*）である．また，６エーカー（2.4ヘクタール）しかないペリカン島（フロリダ州）は，アメリカでいちばん小さい自然保護地域である．

このような地域的な保護区は，ボランティア団体や地元の自治体によって管理されていることが多いが，個人所有や自然保護団体によって管理されているものもある．アメリカ合衆国では，500万エーカー（約200万ヘクタール）以上の面積の土地が，その地域あるいは州の「保全に関する制限」を定めた条例によって保全されており，土地所有者とその土地を管轄する政府機関との間の協定によって開発行為が制限されている．そのほか合衆国では，700万エーカーの土地が自然保護協会（The Nature Conservancy）などの政府系でない非営利団体によって保護されている．ヨーロッパ最大の環境保護団体である英国の王立鳥類保護連盟（www.rspb.org.uk）は100万人以上の会員を擁し，あわせると32万エーカー（12万9000ヘクタール）にも及ぶ180カ所の自然保護区を管理している．

私たちの周りの地域の自然を守るために以下のことを実践しよう．

- 地域の自然保護団体や国の機関と一緒に小保護区を設定し存続させよう．
- 市当局にもっと緑地を増やし，それを地域の生物多様性保護のための「自然公園」として管理するよう陳情しよう．地元に固有な自然環境や野生生物の生息地を整備すること（たとえば在来の樹木や草本植物を増やすこと）は，市民にレクリエーションの場を提供するだけでなく，コミュニティにおける環境教育の機会も提供することができる．

• 地域の自然を継続的に保全できるよう，自分たちが所有する資産の一部を自然保護のために開発が制限された土地に指定しよう．

みんな目を覚まそう

多くの人が自然に無関心で，自分が自然界に依存しているということを自覚していないのは悲しい事実である．とくに都市に住んでいる人たちにはその傾向が顕著で，子どもたちにはなおさらそれが当てはまる．10種類以上の鳥や樹木や花の名を言える人は稀である．ましてや実物を見てそれを言い当てることができる人はあまりいないだろう．そういう人は，自分が食べている食品や飲み水がどこから来ているのか，そして自分が出すゴミがどこへ行くのかを知らない．彼らは，生態系が，じつは農業や治水さらに廃棄物の分解・再生にどれほど大きい役割を演じているか，そして私たちが健康で生き生きとしているためには，生態系が損なわれずに正しく機能することが必要だということをまったく理解しようとしない．このままで行くと，人とほかの動植物の種との相互関係を認識することができなくなり人間の健康や生存が脅かされるだけでなく，自然界と接する驚きや畏敬の念を奪い，精神の荒廃をも招くだろう．

環境教育をカリキュラムに取り入れている学校もある．しかし，せいぜい１～２年の間旧式の生物学を履修する中で，生物多様性の概念を学ぶくらいだろう．子どもたちに自然について教える際にはもっと総合的な視点に立つことが必要である．たとえば生態学の基本的な原則から始めることで，地球上の生物間に特有な法則性を学び，なぜ私たちが自然に対して責任があるのかを理解してもらうことができるだろう．たとえばカエルは，新薬の開発や医学の研究のための実験動物として重要であるばかりでなく，自然界では，ボウフラ（蚊の幼虫）のような昆虫の幼虫やほかの無脊椎動物を食べる主要な捕食者として，生物の個体数をコントロールする役割を担っている．ヒトだけでなくあらゆる種の生物は，このような絶滅が危惧される生物にあらゆる面で依存していること，そして彼らは数千万年あるいは数億年もの長い間，地球上で起こった大きい絶滅の危機を乗り越えてきた希少な生物であるということを教えることで，ようやく，人間とほかの生物の共存や相互関係の重要性を若い人たちに理解してもらうことができる．

このように，子どもたちに人間と自然との関わりを教えることは，学校で教わるもっとも大切な事柄の１つであるが，学校教育に組み入れられた理論だけではいけない．子どもたちに幼い頃から自分の周りにある生物多様性や生態学の基本的なルールを理解させる必要がある．

人々の意識を高めるには以下のような方法がある．

• 家庭内で「エコロジカル・フットプリント」を削減しその理由を説明することで，家族，とくに子どもたちに模範を示そう．
• 教育委員会や学校の関係者に環境問題をカリキュラム（教科課程）に組み込むよう嘆願しよう．
• 授業の一環（生物学の野外実習の場）として，学校に生徒のための農園を作り，一人ひとりに区画を与えて花や有機野菜を栽培させよう．
• 学校の先生や生徒と一緒に校庭の緑化を推進しよう（www.iisd.org/educate 参照）．

• 職場でも，生物多様性に影響するフットプリント削減の方法を見つけよう．

生物多様性維持のために何ができるか，そしてなぜそれが大切か，について，私たちは，家族や友人や隣人とだけでなく，職場や教会で，あるいは私たちが所属しているいろいろな団体において，多くの人に伝えることができる．もしも，あなたの知り合いの誰もが，この章で提案されている事柄のいくつかに賛成しそれを実行したとしたら，ものすごい影響力になるだろう．

生物多様性維持を支持する団体や選挙に立候補する政治家を応援しよう

私たちの意見をアピールするもう1つの方法は，環境保護団体に参加してボランティアで働いたり，寄付をしたりすることである．それらの組織の形態や規模は，小さいものは「町の緑化」や「地域の湖沼の自然を守る」などのローカル・アジェンダ（地方議会における協議）を掲げる団体から，生態系全体の保全や種の保護などを標榜する国家規模，あるいは国際間の非政府組織（そのうちいくつかは本書末尾に追録した）などのように大規模なものまで様々である．それらの組織は連携して，政策決定にしばしば大きい圧力（ロビイング・パワー）を持っている．そのほかでも，その活動が信頼に足る組織であれば，どんどん参加すべきである．

人口の少ない市町村に住んでいる人は，たとえば環境保全委員会に協力するなどの方法で，直接自治体に政治的に関わることができる．そして国内のすべての規模の選挙において，環境問題に責任を持って取り組む政治家を選び，生物多様性に関する事柄を彼らのアジェンダの上位に置くように促すことができる．そうした地方や州や国の代議士の環境問題への姿勢を知ることは，逆に，私たちが彼らを支持するかしないかということに対する彼らの判断を促すことにもつながる．私たちはもっと情報を得る必要がある．そしてねばり強く，賛同者を増やしていかなければならない．

多くの都市が，すでにこの取り組みを先導している．たとえば，国際環境自治体協議会（ICLEI；www.iclei.org）は，エネルギー消費量および二酸化炭素の排出量削減のための地域戦略を策定するため，アトランタ，シカゴ，ロサンゼルスほか全米の多くの都市をはじめ，バンコク，バルセロナ，ベルリン，ケープタウン，カンパラ，メキシコシティ，サンパウロなど，世界68カ国の724の市・町・郡やその連合体と協議している．こうした先導的な取り組みをもっと推し進めよう．

生物多様性の損失に対処する国を応援しよう

「ミレニアム・エコシステム・アセスメント」は，国連が統括する4つの国際条約，即ち生物多様性条約（The Convention on Biological Diversity），ラムサール条約（The Ramsar Convention on Wetlands of International Importance），国連砂漠化対処条約（The U.N. Convention to Combat Desertification）そして，移動性野生動物種の保全に関する条約（通称ボン条約；The Convention on Migratory Species）の成立に多くの情報を提供した（付録Bを参照）．

しかし，この4つの国際協定だけが生物多様性に的を絞っているわけではなく，部分的に扱っているものを含め10以上の地球規模のあるいは地域的な協定が，生態系の保全や種の保護について規定している．それらには，たとえば，アホウドリおよびウミツバメの保護に関する協定（The Agreement on the Conservation of Albatrosses and Petrels）のように特定の動物群について規定しているものと，国連海洋法条約（The U.N. Convention on the Law of the Sea）の条項の一部のように生息地や生態系に焦点を合わせたものがある．さらにワシントン条約（The Convention on Trade in Endangered Species of Wild Fauna and Flora；CITES）のように野生生物の取引に関する条約もある．生物多様性を保護するための国際協議のきっかけはほぼ100年前に遡る．もっとも初期の協定の１つは，渡り鳥保護条約（The Convention for the Protection of Migratory Birds）で，米国とカナダの間の渡り鳥の狩猟を規制するため，1916年に施行された．その後，アフリカの野生動物の保護協定（1933）や国際捕鯨規制条約（1946）などの国際協定が成立した．しかし，生態系全体と生物多様性の包括的な保護に関係する多くの国際条約は過去50年の間に発効したものである．

多国間の国際条約は政策手段としては扱いにくく，実現または執行不能となり，協定に署名しても責任を持って実行しない政府もある，と考えられがちだが，そう悲観すべきものではない．民主主義の下では，私たちは，少なくとも政府の公約を認め守る義務がある．国際条約を批准し，エコロジカル・フットプリントを減らそうとする政府の活動は，私たち国民一人ひとりがその効果に貢献することで初めて価値を持つからだ．

多くの声が当局を動かした実例

- 2001年，合衆国森林局は，160万通の市民の声を聞き，5800万エーカー（約23.5万ヘクタール）の原生林を開発せずに次世代へ引き継ぐことを決めた．政治的な状況が変化してもこの遺産を守ることができるかが課題だ．
- 2004年，50万人以上の反対署名を受け，英国政府は，サギなどの渉水性の鳥類やほかの水鳥の重要な生息地であったテムズ川河口に近い湿地帯に新空港を建設する計画を断念した．
- 森林管理協議会（The Forest Stewardship Council；FSC）は，責任ある森林管理を促進するための国際基準を定めた森林の保有制度である．この制度では，サステイナブルに管理された森林の樹木を使用した木材や家具あるいは紙の利用が推奨される．過去10年間で，世界で5000万ヘクタール（およそ１億2400万エーカー）以上がFSC規格として認定されている．そのうち1000万ヘクタールが合衆国内のものである．

すばらしい業績を残した個人活動家

ワンガリ・マータイ（Professor Wangari Maathai）

ケニア・ニエリ（Nyeri）生まれ．グリーンベルト運動（The Green Belt Movement）を創設し，30年間にわたって，ケニアの環境保全とコミュニティ作りに取り組んでいる．全国で3000万本もの木を植え，多くの貧しい女性に植林作業を通じて現金の助成を行った．

彼女は，環境保護だけでなく，とくに女性の人権擁護の面でもすばらしい人材である．他のいくつかの国が，彼女のグリーンベルト運動を模範とし，そうした運動は，アフリカだけでなく世界各地で問題となっている森林伐採や森林の損失，砂漠化などとの戦いに重要な影響を与えている．2004年，持続可能な経済発展，民主主義そして平和への貢献に対してノーベル平和賞が授与されたが，マータイ教授はノーベル平和賞を受けた最初のアフリカ女性となった．グリーンベルト運動だけでなく，彼女はケニアの環境副大臣として，またアフリカ連合（AU）の助言機関である経済・社会・文化委員会（ECOSOCC）の議長やコンゴ川流域の熱帯雨林生態系保全の親善大使としても活躍している．

ピシット・チャルンスノー（Pisit Charnsnoh）

タイ南部，トラン県（Trang Province）沿岸の村々での生活水準の改善に長年にわたって取り組む．1985年，彼は妻と一緒に，ヤドフォン協会（Yadfon Association）を設立し，30のコミュニティでマングローブ林と沿岸の零細漁民を保護する活動を行っている．「yadfon」はタイ語で「雨滴」のことで，再生・回復を意味し，多くの面で氏の仕事の象徴である．仏教徒である彼は，イスラム教徒の沿岸村人の信頼を得るために何年もの時間を費やしたが，その結果，ついに村人たちはヤドフォンに参加して以下のような意思決定に大きい役割を演じることとなった．住民たちは，商業エビ養殖場の数の制限，トロール漁業との境界の設定のほか，藻場を復元して，絶滅の危機に瀕していたマナティー（ジュゴン目）の生息場所を確保することなどを通じて，沿岸の漁業資源の整備に貢献した．もっとも重要なのは，村人が連帯して240エーカー（＝97ヘクタール）のマングローブ林を復元し，コミュニティが管理する最初のマングローブ林を作ったことだろう．マングローブ林の回復によって地元の漁獲量が40％も増加し，その収益がさらに地域社会の活性化のために投資された．こうした功績により，2002年，彼は海洋保全に対する「ゴールドマン賞」（The Goldman Prize in Marine Conservation）を受賞した．

オスカー・リバスとエリアス・ディアス・ペーニャ（Oscar Rivas and Elias Diaz Pena）

オスカー・リバスとエリアス・ディアス・ペーニャは，1991年からパラグアイのヤシレタ・ダム開発計画の影響を受ける地域とともに働いた．その開発事業によって５万人の住む家が水没し，回遊魚が遡上できなくなり，地域の地下水系を改変することになる．リバス氏とペーニャ氏は，それらの地域の住民による「Sobrevivencia」と呼ばれる組織を立ち上げ，「Hidrovia ナビゲーション・プロジェクト」という3400 km（約2112マイル）に及ぶパラグアイ大運河プロジェクト（パラグアイ川〜パラナン川）の影響評価に集結させた．このプロジェクトは，パラグアイ，アルゼンチン，ボリビア，ブラジル，ウルグアイの地域社会に悪影響を及ぼし，世界最大級の熱帯性湿地であるパンタナル自然保護地域（訳者註：世界自然遺産）の生態系が危機に瀕する可能性があった．「Sobrevivencia」はそうした住民のほか，影響を受ける地域や環境関連の学術団体など300もの組織の連合体を主導し，プロジェクトの影響について移動キャンペーンを展開し，世界銀行や米州開発銀行に「Hidrovia」プロジェクトの環境および移住政策における違反行為を追及することを提起した．この活動は，開発計画の評価の新しいモデルの創出につながり，2000年，リバスとペーニャ両氏に，河川およびダムに関する「ゴールドマン賞」（The Goldman Prize in Rivers and Dams）が授与された．

生物多様性の維持に貢献——私たちができる10の事柄

1．少なくとも1週間に1回は，公共交通機関，自転車，徒歩，あるいは相乗りを利用しよう．自家用車の場合は，経済的な余裕がある限り，もっともエネルギー効率の高い車種を選ぼう．
2．少なくとも週1回は，有機食品（野菜，果物，乳製品，卵，肉など）を生産者から直接買おう．
3．ナマズ，ティラピア，貝類など，持続可能な漁獲あるいは養殖によってもたらされる海産物を食べよう．養殖物でもサケやエビなどの肉食性の動物を食べることは避けよう．
4．少なくとも家に1個は蛍光電球を取り付けよう．それによって毎年40ドル分の電気代と替えの電球代を節約でき，さらに700ポンド（約318 kg）の炭素排出量を削減できる．
5．誰もいない部屋の照明を切ろう．
6．冬季，少なくとも1℉（0.6℃）暖房機器の設定温度を下げよう．
7．庭園や花壇で除草剤や農薬の使用を止めよう．
8．あなたの地域を代表している政治家の環境政策に対する取り組みを知ろう．そして環境問題に対してもっとも良い論説を書き，演説をしている人を選ぼう．
9．家庭で，学校で，教会や職場で，あなたが生物多様性の維持のためにしていることを伝え，一緒に議論しよう．
10．なによりも，物をむやみに捨てないようにしよう．浪費を慎み，本当に必要なものだけを購入し，できる限り再生品やリサイクル品を使おう．

思慮深く社会的意識を持った少数派が世界を変えられる，ということを疑ってはいけない．これまで世の中を変えてきたのは，そういう人たちだけだからである．

マーガレット・ミード（訳者註：アメリカの文化人類学者；1901-1978）

参考文献およびインターネットのサイト

Collapse: How Societies Choose to Fail or Succeed, Jared Diamond. Penguin Group, New York, 2005.

The Consumer's Guide to Effective Environmental Choices: Practical Advice from the Union of Concerned Scientists, Michael Brower and Warren Leon. Three Rivers Press, New York, 1999.

Contested Terrain: A New History of Nature and People in the Adirondacks, P.G. Terrie. Syracuse University Press, Syracuse, New York, 1997.

Ecosystems and Human Well-being: Synthesis, Millennium Ecosystem Assessment. Island Press, Washington, D.C., 2005.

The End of Poverty: Economic Possibilities for Our Time, Jeffrey D. Sachs. Penguin Press, New York, 2005.

The Last Child in the Woods: Saving Our Children from Nature-Deficit Disorder, Richard Louv.

Algonquin Books, Chapel Hill, North Carolina, 2005.
The New Consumers: The Influence of Affluence on the Environment, Norman Myers and Jennifer Kent. Island Press, Washington, D.C., and Covelo Press, London, 2004.
One with Nineveh: Politics, Consumption and the Human Future, Paul and Anne Ehrlich. Island Press, Washington D.C., 2004.
Plan B: Rescuing a Planet under Stress and a Civilization in Trouble, Lester Brown. W.W. Norton & Company, New York, 2003.
Red Sky at Morning: America and the Crisis of the Global Environment, James Gustave Speth. Yale University Press, New Haven, Connecticut, 2004.
State of the World 2004: Special Focus: The Consumer Society, Worldwatch Institute. W.W. Norton & Company, New York, 2004.

APPENDIX A

本書「サステイニング・ライフ：人類の健康はいかに生物多様性に頼っているか」の共催者

4つの世界的な生物多様性保護を行う機関，そのうち3つが国際連合の一部，1つは国，政府機関，非政府機関の集合体が本書を共催しており，以下に示す．

生物多様性条約事務局：CBD 事務局
www.biodiv.org/programmes/default/
国連開発計画：UNDP
www.undp.org/biodiversity/programmes.html
国連環境計画：UNEP
www.uunep.org/themes/biodiversity
国際自然保護連合：IUCN
www.iucn.org/themes/pbia/themes/biodiversity/whatwedo.htm

Appendix B

生物多様性保全のための条約，協定，政府間機関

国連の条約

移動性野生動物種の保全に関する条約：CMS

www.cms.int/about/index.html

絶滅のおそれのある野生動植物種の国際取引に関する条約（ワシントン条約）：CITES

www.cites.org

国際植物防疫条約：IPPC

www.ippc.org

ラムサール条約

www.ramsar.org

砂漠化対処条約：UNCCD

www.unccd.int

生物多様性条約（本書の Appendix A 参照）

気候変動枠組条約：UNFCCC

Unfccc.int

世界遺産条約：WHC

Whc.unesco.org/

国連の専門機関

国連食糧農業機関：FAO

www.fao.org

地球環境ファシリティ：Gef

www.gefweb.org/

国連開発計画：UNDP（Appendix A 参照）

国連教育科学文化機関：UNESCO

www.unesco.org または portal.unesco.org/en/

国連環境計画　UNEP（Appendix A 参照）

世界銀行

www.worldbank.org/

世界観光機関：UNWTO

www.world-tourism.org/

政府間機関

国際農業研究協議グループ：CGIAR
www.cgiar.org/
地球規模生物多様性情報気候：GBIF
www.gbif.org/
国際総合山岳開発センター：ICIMOD
www.icimod/org
国際昆虫生理生態学センター：ICPE
www.icpe.org/
国際熱帯木材機関：ITTO
www.itto.or.jp/
国際自然保護連合：IUCN（Appendix A 参照）
汎ヨーロッパ生物・ランドスケープ多様性戦略：PEBLDS
www.stratedyguide.org/
太平洋地球環境計画事務局（旧南太平洋地域環境プログラム）：SPREP
www.sprep.org/

その他の政府間機関

- 国際森林・林業研究センター：CIFOR（www.cifor.cgiar.org/）
- 国際熱帯農業研究センター：CIAT（www.ciatbo.org/）
- 北極圏植物相・動物相保存作業部会：CAFF（www.caff.is/）
- 大型類人猿保全計画：GRASP（www.unep.org/grasp/）
- 狩猟動物及び野生生物保全国際評議会：CIC（www.cic-wildlife.org/）
- 国際生物多様性センター（www.biodiversityinternational.org）
- 植物新品種保護国際同盟：UPOV（www.upov.int）
- 国際アグロフォレストリー研究センター：ICRAF（www.worldforestry.org/）
- 国際獣疫事務局：OIE（www.oie.int/）

APPENDIX C

生物多様性保全のために働く非政府組織（NGO）

世界で，市民自ら，本書で論議されているような対策を支持する非政府組織を組織している．ここに紹介するのは保護，持続的利用，消費の削減に関する国際 NGO と，さらにはさまざまな発展途上国からの NGO である．

国際 NGO

バードライフ・インターナショナル
  www.birdlife.org/
  http://tokyo.birdlife.org/
植物園自然保護国際機構 BGCI
  www.bcgi.org.uk
  https://www.bgci.org/japan_jp/home_bgci/
コンサベーション・インターナショナル：CI
  www.conservation.org/
  http://www.conservation.org/global/japan/Pages/partnerlanding.aspx
アースウォッチ・インスティテュート
  www.earthwatch.org/
  www.earthwatch.jp/
ファウナ＆フローラ・インターナショナル：FI
  www.fauna-flora.org/
地球の友：FoE
  www.foei.org/
  www.foejapan.org/
グローバル・フットプリント・ネットワーク：GFN
  www.footprintnetwork.org/
グリンピース・インターナショナル
  www.greenpeace.org/international/
  www.greenpeace.org/japan/ja/
国際環境開発研究所：IIED
  www.iied.org/
ザ・ネイチャー・コンサーバンシー：TNC
  www.nature.org/
トラフィック：TRAFFIC
  www.traffic.org/
  www.trafficj.org/

国際湿地保全連合

www.wetlands.org/

japan.wetlands.org/

世界資源研究所　WRI

www.wri.org/

世界自然保護基金

Wwf.panda.org/

https://www.wwf.or.jp/

各国の非政府組織：アフリカ

Conservation Through Public Health（Uganda; www.ctph.org/）

Nigerian Conservation Foundation（www.africanconservation.org/ncftemp/）

South African National Biodiversity Institute（www.nbi.ac.za）

Wildlife Clubs of Kenya（www.wildlifeclubsofkenya.org）

各国の非政府組織：中南米

ARCAS/Association for the Rescue and Conservation of Wildlife（Guatemala; www.arcasguatemala.com）

CONABIO/National Commission for the Knowledge and Use of Biodiversity（Mexico; www.conabio.gob.mx/）

FVA/Vitoria Amazonica Foundation（Brazil; www.fva.org.br ）

FARN/Environment and Natural Resources Foundation（Argentina; www.farn.org.ar）

Fundación Pro-Sierra Nevada de Santa Marta/Foundation for the Sierra Nevada of Santa Marta（Colombia; www.prosierra.org）

Instituto Nacional de Biodiversidad/National Institute for Biodiversity（Costa Rica; www.inbio.ac.cr）

ProNaturaleza — Fundación Peruana para la Conservación de la Naturaleza/Peruvian Foundation for the Conservation of Nature（www.pronaturaleza.org/english/index.htm）

各国の非政府組織：北米およびカリブ海諸国

Canadian Wildlife Federation（www.cwf-fcf.org/）

Environmental Foundation of Jamaica（www.efj.org.jm/）

National Wildlife Federation（United States; www.nwf.org/）

Sierra Club（United States and Canada; www.sierraclub.org/）

各国の非政府組織：アジア，中東

Bombay Natural History Society（India; www.bnhs.org/）
Centre for Biodiversity and Indigenous Knowledge（China; cbik.org/）
Haribon Foundation for the Conservation of Natural Resources（Philippines; www.haribon.org.ph）
King Mahendra Trust for Nature Conservation（Nepal; www.kmtnc.org.np）
Royal Society for the Conservation of Nature（Jordan; www.rscn.org.jo）
Sungi Development Foundation（Pakistan; www.sungi.org/）

国別非政府組織：オセアニア

Australian Conservation Foundation（www.acfonline.org.au/）
Royal Forest and Bird Protection Society of New Zealand（www.forestandbird.org.nz/）

国別非政府組織：ヨーロッパ

Ecologistas en Acción/Ecologists in Action（Spain; www.ecologistasenaccion.org）
Naturschutzbund Deutschland（Germany; www.nabu.de）
Royal Society for Protection of Birds（United Kingdom; www.rspb.org.uk/）
Stichting Natuur en Milieu/The Netherlands Society for Nature and Environment（www.snm.nl/）
The Wildlife Foundation of Khabarovsk（Russia; www.wf.ru/）

その他の重要な非政府組織

- BioNET International（www.bionet-intl.org）
- CAB International（www.cabi.org）
- The Center for International Environmental Law（www.ciel.org）
- Climate, Community and Biodiversity Alliance（www.celb.org/）
- Community Biodiversity Development and Conservation Programme（www.cbdcprogram.org）
- David Suzuki Foundation（www.davidsuzuki.org）
- Defenders of Wildlife（www.defenders.org）
- Edmonds Institute（www.edmonds-institute.org）
- Environment Liaison Centre International（www.elci.org）
- European Centre for Nature Conservation（www.ecnc.nl）

- Foundation for International Environmental Law and Development (www.field.org.uk)
- Global Invasive Species Programme (www.gisp.org)
- Indigenous Peoples' Secretariat on the U.N. Convention on Biological Diversity (Canada; www.cbin.ec.gc.ca/index.cfm?lang=e)
- International Centre for Trade and Sustainable Development (www.ictsd.org)
- International Coral Reef Action Network (www.icran.org)
- International Indigenous Forum on Biodiversity (www.iifb.net)
- International Institute for Environment and Development (www.iied.org)
- International Institute for Sustainable Development (www.iisd.org)
- International Scientific Council for Islands Development (www.insula.org)
- International Seed Trade Federation/International Association of Plant Breeders (www.worldseed.org)
- International Service for the Acquisition of Agri-biotech Applications (www.isaaa.org)
- SWAN International (www.swan.org.tw/eng/index.htm)
- Syzygy (www.syzygy.nl/)
- Tebtebba Foundation (www.tebtebba.org)
- Theme on Indigenous and Local Communities, Equity, and Protected Areas (World Commission on Protected Areas and Commission on Environmental, Economic, and Social Policy of the International Union for Conservation of Nature and Natural Resources; www.tilcepa.org)
- Wildlife Conservation Society (www.wcs.org)
- World Fish Center (www.worldfishcenter.org)

引用文献（本文中は註番号で示す）

第1章

1. Whittaker, R.H., New concepts of kingdoms or organisms. Evolutionary relations are better represented by new classifications than by the traditional two kingdoms. *Science*, 1969;163(863):150–160.

2. Horner-Devine, M.C., K.M. Carney, and B.J.M. Bohannan, An ecological perspective on bacterial biodiversity. *Proceedings of the Royal Society of London Series B—Biological Sciences*, 2004;271(1535):113–122.

3. Kashefi, K., and D. Lovely, Extending the upper temperature limit for life. *Science*, 2003;301(5635):904.

4. Pimm, S.L., *The World According to Pimm: A Scientist Audits the Earth*. McGraw Hill, New York, 2001.

5. Pimm, S., et al., Human impacts on the rates of recent, present, and future bird extinctions. *Proceedings of the National Academy of Sciences of the USA*, 2006;103(29):10941–10946.

6. Millenium Ecosystem Assessment, *Ecosystems and Human Well-being: Synthesis Report*. Island Press, Washington, DC, 2005.

7. May, R.M., Biological diversity—differences between land and sea. *Philosophical Transactions of the Royal Society of London Series B—Biological Sciences*, 1994;343(1303):6.

8. Winston, J., Systematics and marine conservation, in *Systematics, Ecology and the Biodiversity Crisis*, N. Eldredge (editor). Columbia University Press, New York, 1992, 144–168.

9. Sogin, M.L., et al., Microbial diversity in the deep sea and the underexplored "rare biosphere." *Proceedings of the National Academy of Sciences of the USA*, 2006;103(32):12115–12120.

10. Venter, J.C., et al., Environmental genome shotgun sequencing of the Sargasso Sea. *Science*, 2004;304(5667):66–74.

11. Reaka-Kudla, M., The global biodiversity of coral reefs: A comparison with rain forests, in *Biodiversity II: Understanding and Protecting Our Biological Resources*, M. Reaka-Kudla, D. Wilson, and E. Wilson (editors). Joseph Henry Press, Washington DC, 1997, 83–108.

12. Snelgrove, P.V.R., Getting to the bottom of marine biodiversity: Sedimentary habitats—ocean bottoms are the most widespread habitat on Earth and support high biodiversity and key ecosystem services. *Bioscience*, 1999;49(2):9.

13. Grassle, J.F., and N.J. Maciolek, Deep-sea species richness—regional and local diversity estimates from quantitative bottom samples. *American Naturalist*, 1992;139(2):313–341.

14. van Dam, J., et al., Long-period astronomical forcing of mammal turnover. *Nature*, 2006;443:4.

15. Pimm, S.L., and P. Raven, Biodiversity—extinction by numbers. *Nature*, 2000;403(6772):843–845.

16. Thomas, C.D., et al., Extinction risk from climate change. *Nature*, 2004;427(6970):145–148.

17. Hughes, J.B., G.C. Daily, and P.R. Ehrlich, Population diversity: Its extent and extinction. *Science*, 1997;278(5338):689–692.

18. Hughes, J.B., G.C. Daily, and P.R. Ehrlich, The loss of population diversity and why it matters, in *Nature and Human Society*, P.H. Raven (editor). National Academies Press, Washington, DC, 1998, 71–83.

19. Olson, D.M., and E. Dinerstein, The global 200: A representation approach to conserving the earth's most biologically valuable ecoregions. *Conservation Biology*, 1998;12(3):502–515.

20. Loya, Y., et al., Coral bleaching: The winners and the losers. *Ecology Letters*, 2001;4(2):122–131.

21. Peacock, L., and S. Herrick, Responses of the willow beetle Phratora vulgatissima to genetically and spatially diverse Salix spp. plantations. *Journal of Applied Ecology*, 2000;37(5):10.

22. Hilborn, R., et al., Biocomplexity and fisheries sustainability. *Proceedings of the National Academy of Sciences of the USA*, 2003;100(11):4.

23. Jones, J.C., et al., Honey bee nest thermoregulation: Diversity promotes stability. *Science*, 2004;305(5682):402–404.

24. Nystrom, M., Redundancy and response diversity of functional groups: Implications for the resilience of coral reefs. *Ambio*, 2006;35(1):5.

Box 1.3

a. Häring, M., et al., Independent virus development outside a host. *Nature*, 2005;436:1101–1102.

参考文献

Brook, B.W., N.S. Sodhi, and P.K.L. Ng, Catastrophic extinctions follow deforestation in Singapore. *Nature*, 2003;424(6947):420–423.

Eckburg, P.B., et al., Diversity of the human intestinal microbial flora. *Science*, 2005;308(5728):1635–1638.

Hebert, P.D.N., et al., Ten species in one: DNA barcoding reveals cryptic species in the neotropical skipper butterfly Astraptes fulgerator. *Proceedings of the National Academy of Sciences of the USA*, 2004;101(41):14812–14817.

Levin-Zaidman, S., et al., Ringlike structure of the deinococcus radiodurans genome: A key to radioresistance? *Science*, 2003;299(5604):254–256.

Norse, E., *Global Marine Biological Diversity: A Strategy for Building Conservation into Decision Making*. Island Press, Washington DC, 1993.

Norse, E.A., and J.T. Carlton, World Wide Web buzz about biodiversity. *Conservation Biology*, 2003;17(6):1475–1476.

Pimm, S.L., et al., Bird extinctions in the central Pacific. *Philosophical Transactions of the Royal Society of London Series B—Biological Sciences*, 1994;344(1307):27–33.

Pimm, S.L., et al., The future of biodiversity. *Science*, 1995;269(5222):347–350.

Raven, P.H., and T. Williams (editors), *Nature and Human Society: The Quest for a Sustainable World*. National Academy Press, Washington, DC, 1997.

Roberts, F.A., and R.P. Darveau, Beneficial bacteria of the periodontium. *Periodontology 2000*, 2002;30:40–50.

Rothschild, L.J., and R.L. Mancinelli, Life in extreme environments. *Nature*, 2001;409(6823):1092–1101.

Whitman, W.B., D.C. Coleman, and W.J. Wiebe, Prokaryotes: The unseen majority. *Proceedings of the National Academy of Sciences of the USA*, 1998;95(12):6578–6583.

Woese, C.R., O. Kandler, and M.L. Wheelis, Towards a natural system of organisms—proposal for the domains Archaea, Bacteria, and Eucarya. *Proceedings of the National Academy of Sciences of the USA*, 1990;87(12):4576–4579.

Wu, W.M., et al., Pilot-scale in situ bioremedation of uranium in a highly contaminated aquifer. 2. Reduction of U(VI) and geochemical control of U(VI) bioavailability. *Environmental Science and Technology*, 2006;40(12):3986–3995.

第2章

1. Pounds, J.A., et al., Widespread amphibian extinctions from epidemic disease driven by global warming. *Nature*, 2006;439(7073):161–167.

2. Schindler, D.W., et al., Consequences of climate warming and lake acidification for UV-B penetration in North American boreal lakes. *Nature*, 1996;379(6567):705–708.

3. Schindler, D.W., The cumulative effects of climate warming and other human stresses on Canadian freshwaters in the new millennium. *Canadian Journal of Fisheries and Aquatic Sciences*, 2001;58(1):18–29.

4. Kohler, J., et al., Effects of UV on carbon assimilation of phytoplankton in a mixed water column. *Aquatic Sciences*, 2001;63(3):294–309.

5. Tank, S.E., D.W. Schindler, and M.T. Arts, Direct and indirect effects of UV radiation on benthic communities: Epilithic food quality and invertebrate growth in four montane lakes. *Oikos*, 2003;103(3):651–667.

6. U.N. Environment Programme, *Global Environmental Outlook—3*. Earthscan, London, 2002.

7. Pimm, S.L., *The World According to Pimm: A Scientist Audits the Earth*. McGraw Hill, New York, 2001.

8. Heinrich, B., *The Trees in My Forest*. HarperCollins, New York, 1997.

9. UN Population Division, *World Population Prospects: The 2005 Revision*. United Nations, New York, 2005.

10. Pimm, S.L., et al., The future of biodiversity. *Science*, 1995;269(5222):347–350.

11. Pimm, S.L., and P. Raven, Biodiversity—extinction by numbers. *Nature*, 2000;403(6772):843–845.

12. Small, C., and R.J. Nicholls, A global analysis of human settlement in coastal zones. *Journal of Coastal Research*, 2003;19(3):584–599.

13. Pauly, D., and V. Christensen, Primary production required to sustain global fisheries. *Nature*, 1995;374(6519):255–257.

14. Ray, G., et al., Effects of global warming on the biodiversity of coastal-marine zones, in *Global Warming and Biological Diversity*, R. Peters and T. Lovevoy (editors). Yale University, New Haven, CT, 1992, 91–104.

15. Roberts, C.M., et al., Marine biodiversity hotspots and conservation priorities for tropical reefs. *Science*, 2002;295(5558):1280–1284.

16. Birkeland, C., *Life and Death of Coral Reefs*. Springer, New York, 1997, 536.

17. Wilkinson, C. (editor), *Status of Coral Reefs of the World: 2004*, Vol. 1. Australian Institute of Marine Science, Townsville, Queensland, Australia, 2004.

18. Watling, L., and E.A. Norse, Disturbance of the seabed by mobile fishing gear: A comparison to forest clearcutting. *Conservation Biology*, 1998;12(6):1180–1197.

19. Roberts, C.M., Deep impact: The rising toll of fishing in the deep sea. *Trends in Ecology and Evolution*, 2002;17(5):242–245.

20. Roberts, J.M., A.J. Wheeler, and A. Freiwald, Reefs of the deep: The biology and geology of cold-water coral ecosystems. *Science*, 2006;312(5773):543–547.

21. Stein, B.A., L.S. Kutner, and J.S. Adams (editors), *Precious Heritage: The Status of Biodiversity in the United States*. Oxford University Press, New York, 2000.

22. Loh, J., et al., The Living Planet Index: Using species population time series to track trends in biodiversity. *Philosophical Transactions of the Royal Society of London Series B—Biological Sciences*, 2005;360(1454):289–295.

23. Stiassny, M.L., The medium is the message: Freshwater biodiversity in peril, in *The Living Planet in Crisis: Biodiversity Science and Policy*, J. Cracraft and F.T. Grifo (editors). Columbia University Press, New York, 1999, 53–71.

24. Chao, B.F., Anthropogenic impact on global geodynamics due to reservoir water impoundment. *Geophysical Research Letters*, 1995;22(24):3529–3532.

25. Office of Surface Mining, *Report on October 2000 Breakthrough at the Big Branch Slurry Impoundment*, Department of the Interior, 2000.

26. Mitchell, J.G., When mountains move. *National Geographic*, 2006;209(3):104–123.

27. Purcell, R.W., *Swift as a Shadow: Extinct and Endangered Animals*. New York: Houghton Mifflin, 2001.

28. Stewart, K.M., The African cherry (Prunus africana): Can lessons be learned from an over-exploited medicinal tree? *Journal of Ethnopharmacology*, 2003;89(1):3–13.

29. Reuters, Global Illegal Wildlife Trade Worth $10 Billion. 2006; available from www.reuters.com [cited August 2, 2006].

30. Eves, H.E., et al., *BCTF Factsheet: The Bushmeat Crisis in West and Central Africa*. Bushmeat Crisis Task Force, Washington, DC, 2002, 2.

31. Christian, M.D., et al., Severe acute respiratory syndrome. *Clinical Infectious Diseases*, 2004;38(10):1420–1427.

32. Lau, S.K.P., et al., Severe acute respiratory syndrome coronavirus-like virus in Chinese horseshoe bats. *Proceedings of the National Academy of Sciences of the USA*, 2005;102(39):14040–14045.

33. Burke, L., L. Selig, and M. Spalding, *Reefs at Risk in South-East Asia*. U.N. Environment Programme–World Conservation Monitoring Center, Cambridge, UK, 2002.

34. Morris, A.V., C.M. Roberts, and J.P. Hawkins, The threatened status of groupers (*Epinephelinae*). *Biodiversity and Conservation*, 2000;9(7):919–942.

35. Jackson, J.B.C., et al., Historical overfishing and the recent collapse of coastal ecosystems. *Science*, 2001;293(5530):629–638.

36. Roberts, C.M., Our shifting perspectives on the oceans. *Oryx*, 2003;37(2):166–177.

37. U.N. Environment Programme, Dugong: Status Report and Action Plans for Countries and Territories. 1999; available from www.unep.org/dewa/reports/dugongreport.asp [cited August 20, 2006].

38. Canadian Department of Fisheries and Oceans, Statistical Services: Commercial Landings. 2006; available from www.dfo-mpo.gc.ca/communic/Statistics/commercial/landings/index_e.htm [cited July 25, 2006].

39. Olsen, E.M., et al., Maturation trends indicative of rapid evolution preceded the collapse of northern cod. *Nature*, 2004;428(6986):932–935.

40. Lewison, R.L., S.A. Freeman, and L.B. Crowder, Quantifying the effects of fisheries on threatened species: The impact of pelagic longlines on loggerhead and leatherback sea turtles. *Ecology Letters*, 2004;7(3):221–231.

41. Myers, R.A., and B. Worm, Rapid worldwide depletion of predatory fish communities. *Nature*, 2003;423(6937):280–283.

42. Pauly, D., et al., Fishing down marine food webs. *Science*, 1998;279(5352):860–863.

43. UN Food and Agriculture Organization, *The State of World Fisheries and Agriculture*. FAO, Rome, 2004.

44. Hobbs, R.J., and L.F. Huenneke, Disturbance, diversity, and invasion—implications for conservations. *Conservation Biology*, 1992;6(3):324–337.

45. Mooney, H., et al. (editors), *Invasive Alien Species: A New Synthesis*. Island Press, Washington, DC, 2005.

46. Suarez, A.V., D.T. Bolger, and T.J. Case, Effects of fragmentation and invasion on native ant communities in coastal southern California. *Ecology*, 1998;79(6):2041–2056.

47. Isard, S.A., et al., Principles of the atmospheric pathway for invasive species applied to soybean rust. *Bioscience*, 2005;55(10):851–861.

48. Garrison, V.H., et al., African and Asian dust: From desert soils to coral reefs. *Bioscience*, 2003;53(5):469–480.

49. Emanuel, K., Increasing destructiveness of tropical cyclones over the past 30 years. *Nature*, 2005;436(7051):686–688.

50. Coote, T., and E. Loeve, From 61 species to five: Endemic tree snails of the Society Islands fall prey to an ill-judged biological control programme. *Oryx*, 2003;37(1):91–96.

51. Forseth, I.N., and A.F. Innis, Kudzu (Pueraria montana): History, physiology, and ecology combine to make a major ecosystem threat. *Critical Reviews In Plant Sciences*, 2004;23(5):401–413.

52. Wiles, G.J., et al., Impacts of the brown tree snake: Patterns of decline and species persistence in Guam's avifauna. *Conservation Biology*, 2003;17(5):1350–1360.

53. Roberts, L., Zebra mussel invasion threatens United-States waters. *Science*, 1990;249(4975):1370–1372.

54. Ludyanskiy, M.L., D. McDonald, and D. Macneill, Impact of the zebra mussel, a bivalve invader—Dreissena-polymorpha is rapidly colonizing hard surfaces throughout waterways of the United-States and Canada. *Bioscience*, 1993;43(8):533–544.

55. Stone, R., Science in Iran—attack of the killer jellies. *Science*, 2005;309(5742):1805–1806.

56. Global Ballast Water Management Programme, The Problem. 2006; available from globallast.imo.org [cited 24 July, 2006].

57. Barel, C.D.N., et al., Destruction of fisheries in Africa's Lakes. *Nature*, 1985;315(6014):19–20.

58. Albright, T.P., T.G. Moorhouse,, and J. McNabb, The rise and fall of water hyacinth in Lake Victoria and the Kagera River Basin, 1989–2001. *Journal of Aquatic Plant Management*, 2004;42:73.

59. Finley, J., S. Camazine, and M. Frazier, The epidemic of honey bee colony losses during the 1995–1996 season. *American Bee Journal*, 1996;136(11):805.

60. Anagnostakis, S.L., Chestnut blight—the classical problem of an introduced pathogen. *Mycologia*, 1987;79(1):23.

61. Kennedy, S., Morbillivirus infections in aquatic mammals. *Journal of Comparative Pathology*, 1998;119(3):201.

62. Harvell, D., et al., The rising tide of ocean diseases: Unsolved problems and research priorities. *Frontiers in Ecology and the Environment*, 2004;2(7):375–382.

63. U.N. Environment Programme, *GEO Yearbook 2003*. UNEP, Nairobi, 2003.

64. Bushaw-Newton, K.L., and K.G. Sellner, Harmful algal blooms, in *NOAA's State of the Coast Report*. National Ocean and Atmospheric Administration, Silver Spring, MD, 1999.

65. Sharpley, A.N., et al., *Agricultural Phosphorus and Eutrophication*, 2nd ed. U.S. Department of Agriculture, Agricultural Research Division, Washington, DC, 2003, 44.

66. Skaare, J.U., et al., Organochlorines in top predators at Svalbard—occurrence, levels and effects. *Toxicology Letters*, 2000;112:103.

67. Hamilton, G., Beluga corpses may hold ugly secrets of the river. *The Gazette* [Montreal], June 13, 1994, A1.

68. Guillette, L.J., et al., Developmental abnormalities of the gonad and abnormal sex-hormone concentrations in juvenile alligators from contaminated and control lakes in Florida. *Environmental Health Perspectives*, 1994;102(8):680.

69. Guillette, L.J., et al., Serum concentrations of various environmental contaminants and their relationship to sex steroid concentrations and phallus size in

juvenile American alligators. *Archives of Environmental Contamination and Toxicology*, 1999;36(4):447.

70. Oaks, J.L., et al., Diclofenac residues as the cause of vulture population decline in Pakistan. *Nature*, 2004;427(6975):630.

71. Green, R.E., et al., Diclofenac poisoning as a cause of vulture population declines across the Indian subcontinent. *Journal of Applied Ecology*, 2004;41(5):793.

72. Swan, G., et al., Removing the threat of diclofenac to critically endangered Asian vultures. *PLoS Biology*, 2006;4(3):395.

73. National Research Council, ed. *The Use of Drugs in Food Animals: Benefits and Risks.* National Research Council, Washington, DC, 1999, 253.

74. Kolpin, D.W., et al., Pharmaceuticals, hormones, and other organic wastewater contaminants in US streams, 1999–2000: A national reconnaissance. *Environmental Science and Technology*, 2002;36(6):1202.

75. Schultz, I.R., et al., Short-term exposure to 17 alpha-ethynylestradiol decreases the fertility of sexually maturing male rainbow trout (Oncorhynchus mykiss). *Environmental Toxicology and Chemistry*, 2003;22(6):1272.

76. Vajda, A.M., et al., Reproductive disruption and intersex in white suckers (Catostomus commersoni) downstream of an estrogen-containing municipal wastewater effluent. *Journal of Experimental Zoology Part A—Comparative Experimental Biology*, 2006;305A(2):188.

77. Fahrenthold, D.A., Male bass in Potomac producing eggs: Pollution suspected cause of anomaly in river's south branch. *Washington Post*, October 15, 2004, A01.

78. Henry, T.B., et al., Acute and chronic toxicity of five selective serotonin reuptake inhibitors in Ceriodaphnia dubia. *Environmental Toxicology and Chemistry*, 2004;23(9):2229–2233.

79. Caldeira, K., and M.E. Wickett, Anthropogenic carbon and ocean pH. *Nature*, 2003;425(6956):365.

80. Driscoll, C.T., et al., Acidic deposition in the northeastern United States: Sources and inputs, ecosystem effects, and management strategies. *Bioscience*, 2001;51(3):180.

81. European Commission: Working Group on Mercury, Ambient Air Pollution by Mercury (Hg) Position Paper. Office for Official Publications of the European Communities, Luxembourg, 2001.

82. Kiely, T., D. Donaldson, and A. Grube, *Pesticides Industry Sales and Usage: 2000 and 2001 Market Estimates.* U.S. Environmental Protection Agency, Washington, DC, 2004.

83. Goldstein, M.I., et al., Monitoring and assessment of Swainson's hawks in Argentina following restrictions on monocrotophos use, 1996–97. *Ecotoxicology*, 1999;8(3):215.

84. Hayes, T., et al., Herbicides: Feminization of male frogs in the wild. *Nature*, 2002;419(6910):895.

85. American Plastic Council, 2005 Sales and Production Data. 2005; available from www.americanplasticscouncil.org/s_apc/sec.asp?CID=296&DID=895 [cited July 30, 2006].

86. Derraik, J.G.B., The pollution of the marine environment by plastic debris: A review. *Marine Pollution Bulletin*, 2002;44(9):842.

87. U.S. Commission on Ocean Policy, An Ocean Blueprint for the 21st Century. 2004; available from oceancommission.gov [cited 30 July, 2006].

88. U.N. Environment Programme, *2004 World Environment Day Global Activity Report.* UNEP, Geneva, 2004.

89. Auman, H.J., et al., Plastic ingestion by laysan albatross chicks on Sand Island, Midway Atoll, in 1994 and 1995, in *Albatross Biology and Conservation*, Graham Robertson and R. Gales (editors). Surrey, Beatty & Sons, Chipping Norton, 1998, 239–244.

90. Thompson, R.C., et al., Lost at sea: Where is all the plastic? *Science*, 2004;304(5672):838.

91. Rex, M., et al., Arctic ozone loss and climate change. *Geophysical Research Letters*, 2004;31(4).

92. Whittle, C.A., and M.O. Johnston, Male-biased transmission of deleterious mutations to the progeny in Arabidopsis thaliana. *Proceedings of the National Academy of Sciences of the USA*, 2003;100(7):4055.

93. de Gruijl, F.R., et al., Health effects from stratospheric ozone depletion and interactions with climate change. *Photochemical and Photobiological Sciences*, 2003;2(1):16.

94. Dudley, J.P., et al., Effects of war and civil strife on wildlife and wildlife habitats. *Conservation Biology*, 2002;16(2):319–329.

95. Westing, A.H., Explosive remnants of war in the human environment. *Environmental Conservation*, 1996;23(4):283–285.

96. Westing, A., Herbicides in war: Past and present, in *Herbicides in War: The Long-Term Ecological and Human Consequences*, A. Westing (editor). Taylor & Francis, London, 1984, 1–24.

97. Dang, H., et al., Long-term changes in the mammalian fauna following herbicidal attack, in *Herbicides in War: The Long-Term Ecological and Human Consequences*, A. Westing (editor). Taylor & Francis, London, 1984, 49–51.

98. Brown, V.J., Battle scars—global conflicts and environmental health. *Environmental Health Perspectives*, 2004;112(17):A994–A1003.

99. Yablokova, O., Oil fires threaten migrating birds. *Moscow Times*, March 28, 2003, 1.

100. Richardson, C.J., and N.A. Hussain, Restoring the Garden of Eden: An ecological assessment of the marshes of Iraq. *Bioscience*, 2006;56(6):477–489.

101. Evans, M., The ecosystem, in *The Iraqi Marshlands: A Human and Environmental Study*, E. Nicholson and P. Clark (editors). Politico's, London, 2002, 201–219.

102. Plumptre, A., The impact of civil war on the conservation of protected areas in Rwanda. 2001; available from www.bsponline.org [cited September 2, 2006].

103. Hart, T., and R. Mwinjihali, Armed conflict and biodiversity in Sub-Saharan Africa: The case of the Democratic Republic of Congo. 2001; available from www.bpsonline.org [cited September 2, 2006].

104. Plumptre, A., et al., Support for Congolese conservationists. *Science*, 2000;288(5466):617.

105. Shambaugh, J., J. Oglethorpe, and R. Ham, Trampled Grass: Mitigating the Impacts of Armed Conflict on the Environment. 2001; available from www.bpsonline.com [cited September 2, 2006].

106. Baldwin, P., *The Endangered Species Act (ESA), Migratory Bird Treaty Act (MBTA), and Department of Defense (DOD) Readiness Activities: Background and Current Law*. Congressional Research Center, Washington DC, 2004.

107. U.S. Congress, HR. 1588 National Defense Authorization Act. 2004.

108. Intergovernmental Panel on Climate Change, Climate Change 2007: Synthesis Report. 2007; available from www.ipcc.ch/ [cited June 30, 2007].

109. Trenberth, K.E., and T.J. Hoar, El Nino and climate change. *Geophysical Research Letters*, 1997;24(23):3057–3060.

110. Trenberth, K.E., et al., Evolution of El Nino-Southern Oscillation and global atmospheric surface temperatures. *Journal of Geophysical Research Atmospheres*, 2002;107(D7–8).

111. Jones, P.D., and M.E. Mann, Climate over past millennia. *Reviews of Geophysics*, 2004;42(2).

112. Thomas, C.D., et al., Extinction risk from climate change. *Nature*, 2004;427(6970):145.

113. Parmesan, C., and G. Yohe, A globally coherent fingerprint of climate change impacts across natural systems. *Nature*, 2003;421(6918):37–42.

114. Root, T.L., et al., Human-modified temperatures induce species changes: Joint attribution. *Proceedings of the National Academy of Sciences of the USA*, 2005;102(21):7465–7469.

115. Parmesan, C., Climate and species' range. *Nature*, 1996;382(6594):765–766.

116. Grabherr, G., M. Gottfried, and H. Pauli, Climate effects on mountain plants. *Nature*, 1994;369(6480):448.

117. Perry, A.L., et al., Climate change and distribution shifts in marine fishes. *Science*, 2005;308(5730):1912–1915.

118. Huisman, J., et al., Reduced mixing generates oscillations and chaos in the oceanic deep chlorophyll maximum. *Nature*, 2006;439(7074):322–325.

119. Behrenfeld, M.J., et al., Climate-driven trends in contemporary ocean productivity. *Nature*, 2006;444(7120):752–755.

120. Doney, S.C., Oceanography: Plankton in a warmer world. *Nature*, 2006;444(7120):695–696.

121. Atkinson, A., et al., Long-term decline in krill stock and increase in salps within the Southern Ocean. *Nature*, 2004;432(7013):100–103.

122. Gross, L., As the Antarctic ice pack recedes, a fragile ecosystem hangs in the balance. *PLoS Biology*, 2005;3(6):1147–1147.

123. Parish, J.K., Dead birds don't lie, but what are they really indicating? Paper presented at the Pacific Seabird Group annual meeting, Girdwood, AK, 2006.

124. Tarling, G.A., and M.L. Johnson, Satiation gives krill that sinking feeling. *Current Biology*, 2006;16(3):R83–R84.

125. Ferguson, S.H., I. Stirling, and P. McLoughlin, Climate change and ringed seal (Phoca hispida) recruitment in western Hudson Bay. *Marine Mammal Science*, 2005;21(1):121–135.

126. Barbraud, C., and H. Weimerskirch, Emperor penguins and climate change. *Nature*, 2001;411(6834):183–186.

127. Sabine, C., et al., Current status and past trends of the global carbon cycle, in *The Global Carbon Cycle: Integrating Humans, Climate, and the Natural World*, C. Field and M. Raupach (editors). Island Press, Washington, DC, 2004, 17–44.

128. Doney, S., The dangers of ocean acidification. *Scientific American*, 2006;294(3):58–65.

129. Visser, M.E., L.J.M. Holleman, and P. Gienapp, Shifts in caterpillar biomass phenology due to climate change and its impact on the breeding biology of an insectivorous bird. *Oecologia*, 2006;147(1):164–172.

130. Bradshaw, W.E., and C.M. Holzapfel, Genetic shift in photoperiodic response correlated with global warming. *Proceedings of the National Academy of Sciences of the USA*, 2001;98(25):14509–14511.

131. Reale, D., et al., Genetic and plastic responses of a northern mammal to climate change. *Proceedings of the Royal Society of London Series B—Biological Sciences*, 2003;270(1515):591–596.

132. Berteaux, D., et al., Keeping pace with fast climate change: Can arctic life count on evolution? *Integrative and Comparative Biology*, 2004;44(2):140–151.

133. Blaustein, A.R., and A. Dobson, Extinctions: A message from the frogs. *Nature*, 2006;439(7073):143–144.

134. Berg, E.E., et al., Spruce beetle outbreaks on the Kenai Peninsula, Alaska, and Kluane National Park and Reserve, Yukon Territory: Relationship to summer temperatures and regional differences in disturbance regimes. *Forest Ecology and Management*, 2006;227(3):219–232.

135. Silliman, B.R., et al., Drought, snails, and large-scale die-off of southern US salt marshes. *Science*, 2005;310(5755):1803–1806.

参考文献

Brashares, J.S., et al., Bushmeat hunting, wildlife declines, and fish supply in West Africa. *Science*, 2004;306(5699):1180–1183.

David D. Doniger, testimony for the Hearing on the Status of Methyl Bromide Under the Clean Air Act and the Montreal Protocol, in *Subcommittee on Energy and Air Quality Committee on Energy and Commerce House of Representatives*. Washington, DC, 2003.

Dudgeon, D., et al., Freshwater biodiversity: Importance, threats, status and conservation challenges. *Biological Reviews*, 2006;81(2):163–182.

Freiwald, A., et al., *Cold Water Coral Reefs: Out of Sight—No Longer Out of Mind*, Cambridge, UK, U.N. Environment Programme–World Conservation Monitoring Center, 2004.

Geiser, D.M., et al., Cause of sea fan death in the West Indies. *Nature*, 1998;394(6689):137–138.

Grossman, D., Spring forward. *Scientific American*, 2004;290(1):84–91.

Gunderson, M.P., G.A. LeBlanc, and L.J. Guillette, Alterations in sexually dimorphic biotransformation of testosterone in juvenile American alligators (*Alligator mississippiensis*) from contaminated lakes. *Environmental Health Perspectives*, 2001;109(12):1257.

Marshall Jones, deputy director, U.S. Fish and Wildlife Service, testimony on the importation of exotic species and the impact on public health and safety, in *The Senate Committee on Environment and Public Works*. Washington, DC, 2003.

Kanyamibwa, S., Impact of war on conservation: Rwandan environment and wildlife in agony. *Biodiversity and Conservation*, 1998;7(11):1399–1406.

Martineau, D., et al., Levels of organochlorine chemicals in tissues of beluga whales (*Delphinapterus-Leucas*) from the St-Lawrence Estuary, Quebec, Canada. *Archives of Environmental Contamination and Toxicology*, 1987;16(2):137.

Martineau, D., et al., Pathology and toxicology of beluga whales from the St-Lawrence Estuary, Quebec, Canada—past, present and future. *Science of the Total Environment*, 1994;154(2–3):201.

Newman, D.J., G.M. Cragg, and K.M. Snader, The influence of natural products upon drug discovery. *Natural Product Reports*, 2000;17(3):215–234.

Orr, J.C., et al., Anthropogenic ocean acidification over the twenty-first century and its impact on calcifying organisms. *Nature*, 2005;437(7059):681.

Pauly, D., et al., Towards sustainability in world fisheries. *Nature*, 2002;418(6898):689–695.

Postel, S.L., G.C. Daily, and P.R. Ehrlich, Human appropriation of renewable fresh water. *Science*, 1996;271(5250):785–788.

Roberts, C.M., and J.P. Hawkins, Extinction risk in the sea. *Trends in Ecology and Evolution*, 1999;14(6):241–246.

Robinson, J.G., K.H. Redford, and E.L. Bennett, Conservation—wildlife harvest in logged tropical forests. *Science*, 1999;284(5414):595–596.

Sammataro, D., U. Gerson, and G. Needham, Parasitic mites of honey bees: Life history, implications, and impact. *Annual Review of Entomology*, 2000;45:519.

Schneider, S.H., and T.L. Root, Ecological implications of climate change will include surprises. *Biodiversity and Conservation*, 1996;5(9):1109–1119.

Siccama, T.G., M. Bliss, and H.W. Vogelmann, Decline of red spruce in the green mountains of Vermont. *Bulletin of the Torrey Botanical Club*, 1982;109(2):162.

Smith, V.H., G.D. Tilman, and J.C. Nekola, Eutrophication: Impacts of excess nutrient inputs on freshwater, marine, and terrestrial ecosystems. *Environmental Pollution*, 1999;100(1–3):179.

Socioeconomic Applications and Data Center, Gridded map of the world. 2005; available from sedac.ciesin.columbia.edu/gpw/index.jsp [cited July 20, 2006].

Van Loveren, H., et al., Contaminant-induced immunosuppression and mass mortalities among harbor seals. *Toxicology Letters*, 2000;112:319.

Visser, M.E., C. Both, and M.M. Lambrechts, Global climate change leads to mistimed avian reproduction, in *Birds and Climate Change,* Moller, M.P., W. Fiedler, and P. Berthold (editors). San Diego, Academic Press, 2004, 89–110.

Vorosmarty, C.J., et al., The storage and aging of continental runoff in large reservoir systems of the world. *Ambio*, 1997;26(4):210–219.

第3章

1. Hassan, R., *Millennium Ecosystem Assessment*, Vol. 1, *Ecosystems and Human Well-being: Current State and Trends*, Washington, DC: Island Press, 2005.

2. U.N. Food and Agriculture Organization, The State of World Fisheries and Aquaculture (SOFIA) 2002. FAO, 2002; available from www.fao.org/docrep/005/y7300e/y7300e00.HTM [cited September 20, 2006].

3. U.N. Oceans, UN Atlas of the Oceans. USES: Fisheries and Aquaculture: Fisheries Statistics and Information: Trends: Consumption. 2006; available from www.oceansatlas.org [cited October 2, 2006].

4. Environmental Systems Research Institute, *World Countries 1995*. ESRI, Redlands, CA, 1996.

5. International Energy Agency, *Energy Statistics and Balances of Non-OECD Countries, 1994–95*. IEA, Paris, 1996.

6. Beckett, K.P., P.H. Freer-Smith, and G. Taylor, Urban woodlands: Their role in reducing the effects of particulate pollution. *Environmental Pollution*, 1998;99(3):347–360.

7. Wellburn, A.R., Atmospheric nitrogenous compounds and ozone—is NOx fixation by plants a possible solution? *New Phytologist*, 1998;139(1):5–9.

8. Pawlowska, M., and W. Stepniewski, Biochemical reduction of methane emission from landfills. *Environmental Engineering Science*, 2006;23(4):666–672.

9. Howarth, R., and D. Rielinger, Nitrogen from the atmosphere: Understanding and reducing a major cause of degradation of our coastal waters, in *Science and Policy Bulletin*, No. 8. Waquoit Bay National Estuarine Research Reserve, National Oceanic and Atmospheric Administration, Waquoit, Massachusetts, 2003.

10. Richardson, C., and N. Hussain, Restoring the Garden of Eden: An ecological assessment of the marshes of Iraq. *Bioscience*, 2006;56(6):477–489.

11. Kadlec, R., and D. Hey, Constructed wetlands for river water-quality improvement. *Water Science and Technology*, 1994;29(4):158–167.

12. Yoon, J., D. Oliver, and J. Shanks, Plant transformation pathways of energetic materials (RDX, TNT, DNTs), in *NABC Report 17: Agricultural Biotechnology: Beyond Food and Energy to Health and the Environment*. National Agricultural Biotechnology Council, Ithaca, NY, 2005.

13. Newell, R., Ecological changes in Chesapeake Bay: Are they the result of overharvesting the eastern oyster (Crassostrea virginica)? in *Understanding the Estuary: Advances*

in Chesapeake Bay Research, M. Lyncy and E. Krome (editors). Chesapeake Research Consortium, Edgewater, MD, 1988, 536–546.

14. Kemp, W., W.R. Boynton, J.E. Adolf, et al., Eutrophication of Chesapeake Bay: Historical trends and ecological interactions. *Marine Ecology Progress Series*, 2005;303:28.

15. Abramovitz, J., *Imperiled Waters, Impoverished Future: The Decline of Freshwater Ecosystems*. Worldwatch Institute, Washington, DC, 1996, 21.

16. Intergovernmental Panel on Climate Change, Climate Change 2007: Synthesis Report. 2007; available from www.ipcc.ch/ [cited June 30, 2007].

17. Theiling, C., The flood of 1993, in *Ecological Status and Trends of the Upper Mississippi River System*, R. Delaney and K. Lubinski (editors). U.S. Geological Survey Upper Midwest Environmental Sciences Center, La Crosse, WI, 1999.

18. Hey, D.L., and N.S. Philippi, Flood reduction through wetland restoration—the upper Mississippi River basin as a case-history. *Restoration Ecology*, 1995;3(1):4–17.

19. U.S. Geological Survey, National water summary on wetland resources, in *United States Geological Survey Water Supply Paper 2425*. USGS, Reston, VA, 1999.

20. Stokstad, E., After Katrina: Louisiana's wetlands struggle for survival. *Science*, 2005;310(5752):1264–1266.

21. Harrison, P., and F. Pearce, Part II: Ecosystems: Mountains, in *AAAS Atlas of Population and Environment*. American Association for the Advancement of Science, Washington, DC, 2001.

22. National Climatic Data Center, Mitch: The Deadliest Atlantic Hurricane since 1780. 2006; available from www.ncdc.noaa.gov/oa/reports/mitch/mitch.html#INFO [cited October 4, 2006].

23. Thompson, G., Guatemalan Village Overwhelmed by Task of Digging Out Hundreds of Dead from Mud. *New York Times*, October 10, 2005, A13.

24. Raven, P., and J. McNeely, Biological extinction: Its scope and meaning for us, in *Protection of Global Biodiversity: Converging Strategies*, L. Guruswamy and J. McNeely (editors). Duke University Press, Durham, NC, 1998.

25. Alongi, D.M., Present state and future of the world's mangrove forests. *Environmental Conservation*, 2002;29(3):331–349.

26. Harrison, P., and F. Pearce, Part II: Ecosystems: Mangroves, in *AAAS Atlas of Population and Environment*. American Association for the Advancement of Science, Washington, DC, 2001.

27. Arthur, E.L., et al., Phytoremediation—an overview. *Critical Reviews in Plant Sciences*, 2005;24(2):109–122.

28. Singh, O.V., et al., Phytoremediation: An overview of metallic ion decontamination from soil. *Applied Microbiology and Biotechnology*, 2003;61(5–6):405–412.

29. Soudek, P., R. Tykva, and T. Vanek, Laboratory analyses of Cs-137 uptake by sunflower, reed and poplar. *Chemosphere*, 2004;55(7):1081–1087.

30. Connell, S., and S. Al-Hamdani, Selected physiological responses of kudzu to different chromium concentrations. *Canadian Journal of Plant Science*, 2001;81(1):53–58.

31. Purvis, O., et al., Uranium biosorption by the lichen Trapelia involuta at a uranium mine. *Geomicrobiology Journal*, 2004;21(3):159–167.

32. Jellison, J., et al., The role of cations in the biodegradation of wood by the brown rot fungi. *International Biodeterioration and Biodegradation*, 1997;39(2–3):165–179.

33. Paszczynski, A., and R.L. Crawford, Potential for bioremediation of xenobiotic compounds by the white-rot fungus phanerochaete-chrysosporium. *Biotechnology Progress*, 1995;11(4):368–379.

34. Al Rmalli, S.W., et al., A biomaterial based approach for arsenic removal from water. *Journal of Environmental Monitoring*, 2005;7(4):279–282.

35. Rahman, M.M., et al., Chronic arsenic toxicity in Bangladesh and West Bengal, India—a review and commentary. *Journal of Toxicology—Clinical Toxicology*, 2001;39(7):683–700.

36. Adler, T., Botanical cleanup crews: Using plants to tackle polluted water and soil. *Science News*, 1996;150(3):42.

37. Revkin, A., New pollution tool: Toxic avengers with leaves. *New York Times*, March 6, 2001, F1.

38. de Lorenzo, V., Blueprint of an oil-eating bacterium. *Nature Biotechnology*, 2006;24(8):952–954.

39. He, J.Z., et al., Detoxification of vinyl chloride to ethene coupled to growth of an anaerobic bacterium. *Nature*, 2003;424(6944):62–65.

40. Haugland, R.A., et al., Degradation of the chlorinated phenoxyacetate herbicides 2,4-dichlorophenoxyacetic acid and 2,4,5-trichlorophenoxyacetic acid by pure and mixed bacterial cultures. *Applied and Environmental Microbiology*, 1990;56(5):1357–1362.

41. Mitra, J., et al., Bioremediation of DDT in soil by genetically improved strains of soil fungus Fusarium solani. *Biodegradation*, 2001;12(4):235–245.

42. Ralebitso, T.K., E. Senior, and H.W. van Verseveld, Microbial aspects of atrazine degradation in natural environments. *Biodegradation*, 2002;13(1):11–19.

43. Zhang, J.L., et al., Bioremediation of organophosphorus pesticides by surface-expressed carboxylesterase from mosquito on Escherichia coli. *Biotechnology Progress*, 2004;20(5):1567–1571.

44. Lloyd, J.R., and J.C. Renshaw, Bioremediation of radioactive waste: Radionuclide-microbe interactions in laboratory and field-scale studies. *Current Opinion in Biotechnology*, 2005;16(3):254–260.

45. Pimentel, D., Climate changes and food supply. *Forum for Applied Research and Public Policy*, 1993;8(4):54–60.

46. Baskin, Y., *The Work of Nature: How the Diversity of Life Sustains Us*. Island Press, Washington, DC, 1997.

47. Weeden, C.R., A. M. Shelton, and M. P. Hoffman, *Rodolia cardinalis* (Coleoptera: Coccinellidae) Vedalia Beetle, in *Biological Control: A Guide to Natural Enemies in North America*. Cornell University, Ithaca, NY, 2006; available from www.nysaes.cornell.edu/ent/biocontrol/predators/rodolia_cardinalis.html [cited September 12, 2007].

48. Nobre, C.A., P.J. Sellers, and J. Shukla, Amazonian deforestation and regional climate change. *Journal of Climate*, 1991;4(10):957–988.

49. Webb, T.J., et al., Forest cover-rainfall relationships in a biodiversity hotspot: The Atlantic forest of Brazil. *Ecological Applications*, 2005;15(6):1968–1983.

50. Werth, D., and R. Avissar, The regional evapotranspiration of the Amazon. *Journal of Hydrometeorology*, 2004;5(1):100–109.

51. Lavelle, P., et al., Nutrient cycling, in *Ecosystems and Human Well-being*. Island Press, Washington, DC, 2006.

52. Korner, C., Biosphere responses to CO_2 enrichment. *Ecological Applications*, 2000;10(6):1590–1619.

53. Cordell, H.K., et al., Outdoor Recreation Participation Trends, in *Outdoor Recreation in American Life: A National Assessment of Demand and Supply Trends*, K. Cordell (editor). Sagamore, Champaign, IL, 1999, 219–321.

54. Driver, B., Management of public outdoor recreation and related amenity resources for the benefits they provide, in *Outdoor Recreation in American Life: A National Assessment of Demand and Supply Trends*, K. Cordell (editor). Sagamore, Champaign, IL, 1999, 2–15.

55. Wilson, E., and S. Kellert (editors), *The Biophilia Hypothesis*. Island Press, Washington, DC, 1993.

56. Vitousek, P.M., et al., Human appropriation of the products of photosynthesis. *Bioscience*, 1986;36(6):368–373.

57. Imhoff, M.L., et al., Global patterns in human consumption of net primary production. *Nature*, 2004;429(6994):870–873.

58. Vitousek, P.M., et al., Human domination of Earth's ecosystems. *Science*, 1997;277(5325):494–499.

59. Petanidou, T., Sugars in Mediterranean floral nectars: An ecological and evolutionary approach. *Journal of Chemical Ecology*, 2005;31(5):23.

60. Raven, P., S.E. Eichhorn, and R.F. Every, *The Biology of Plants*. W.H. Freeman & Co., New York, 1998.

61. Janzen, D.H., and P.S. Martin, Neotropical anachronisms—the fruits the gomphotheres ate. *Science*, 1982;215(4528):19–27.

62. Daily, G.C., *Nature's Services*. Island Press, Washington, DC, 1997.

63. Pires, M., Watershed protection for a world city: The case of New York. *Land Use Policy*, 2004;21(2):161–175.

64. Postel, S., and B. Thompson, Watershed protection: Capturing the benefits of nature's water supply services. *Natural Resources Forum*, 2005;29(2):98–108.

65. Ricketts, T.H., et al., Economic value of tropical forest to coffee production. *Proceedings of the National Academy of Sciences of the USA*, 2004;101(34):12579–12582.

66. Ricketts, T.H., Tropical forest fragments enhance pollinator activity in nearby coffee crops. *Conservation Biology*, 2004;18(5):1262–1271.

67. Greathead, D.J. The multi-million dollar weevil that pollinates oil palm. *Antenna*, 1983;7:105–107.

68. Intergovernmental Panel on Climate Change, Climate Change 2007: The Physical Science Basis. Summary for Policymakers. 2007; available from www.ipcc.ch/SPM2feb07.pdf [cited March 20, 2007].

69. Cowling, S.A., et al., Contrasting simulated past and future responses of the Amazonian forest to atmospheric change. *Philosophical Transactions of the Royal Society of London Series B—Biological Sciences*, 2004;359(1443):539–547.

70. Wilkinson, C., ed. *Status of Coral Reefs of the World: 2004*, Vol. 1. Australian Institute of Marine Science, Townsville, Queensland, Australia, 2004.

71. Likens, G.E., et al., Recovery of a deforested ecosystem. *Science*, 1978;199(4328):492–496.

72. U.N. Food and Agriculture Organization, Global Forest Resources Assessment 2000; Main Report (Forestry Paper 140). FAO, Rome, 2001.

73. Dregne, H., Land degradation in the drylands. *Arid Land Research and Management*, 2002;16(2):92–125.

74. Erdelen, W., and M.H. Falougi, Preface, in *Combating Desertification: Freshwater Resources and the Rehabilitation of Degraded Areas in the Drylands*. U.N. Educational, Scientific and Cultural Organization (UNESCO), N'Djamena, Chad, 2000.

75. Tucker, C.J., and J.R.G. Townshend, Strategies for monitoring tropical deforestation using satellite data. *International Journal of Remote Sensing*, 2000;21(6–7):1461–1471.

76. *World Urbanization Prospects: The 2001 Revision*. U.N. Population Division, New York, 2001.

77. Lee, S., et al., Impact of urbanization on coastal wetland structure and function. *Austral Ecology*, 2006;31(2):149–163.

78. McNeill, J., *Something New under the sun: An Environmental History of the Twentieth Century*. Penguin, London, 2000, 421.

79. Dahl, T., *Wetlands—Losses in the United States, 1780's to 1980's*. U.S. Fish and Wildlife Service, Washington, DC, 1990, 13.

80. Dahl, T., and G. Allord, Technical Aspects of Wetlands: History of Wetlands in the Conterminous United States. 1997; available from water.usgs.gov/nwsum/WSP2425/history.html [cited October 15, 2006].

81. Aunan, K., T.K. Berntsen, and H.M. Seip, Surface ozone in China and its possible impact on agricultural crop yields. *Ambio*, 2000;29(6):294–301.

82. Paerl, H., Coastal eutrophication in relation to atmospheric nitrogen deposition—current perspectives. *Ophelia*, 1995;41:237–259.

83. Nriagu, J.O., et al., Saturation of ecosystems with toxic metals in Sudbury basin, Ontario, Canada. *Science of the Total Environment*, 1998;223(2–3):99–117.

84. Schoups, G., et al., Sustainability of irrigated agriculture in the San Joaquin Valley, California. *Proceedings of the National Academy of Sciences of the USA*, 2005;102(43):15352–15356.

85. Ghassemi, F., A.J. Jackman, and H.A. Nix, *Salinization of Land and Water Resources*. CAB International, Wallingford, UK, 1995.

86. Kolar, C., and D. Lodge, Freshwater non-indigenous species: Interactions with other global changes, in *Invasive Species in a Changing World*, H.A. Mooney and R. Hobbs (editors). Island Press, Washington, DC, 2000, 3–30.

Box 3.1

a. Horner-Devine, M.C., K.M. Carney, and B.J.M. Bohannan, An ecological perspective on bacterial biodiversity. *Proceedings of the Royal Society of London Series B—Biological Sciences*, 2004;271(1535):113–122.

b. Woese, C.R., Endosymbionts and mitochondrial origins. *Journal of Molecular Evolution*, 1977;10(2):93–96.

c. Zablen, L.B., et al., Phylogenetic origin of chloroplast and prokaryotic nature of its ribosomal-RNA. *Proceedings of the National Academy of Sciences of the USA*, 1975. 72(6):2418–2422.

d. Sagan, L., On the origin of mitosing cells. *Journal of Theoretical Biology*, 1967;14(3):255–274.

e. Alberts, B., et al., *Molecular Biology of the Cell*, 4th ed. Garland Science, Oxford, UK, 2002.

f. Kuroiwa, T., et al., Structure, function and evolution of the mitochondrial division apparatus. *Biochimica et Biophysica Acta—Molecular Cell Research*, 2006;1763(5–6):510–521.

g. Behar, D., et al., The matrilineal ancestry of Ashkenazi Jewry: Portrait of a recent founder event. *American Journal of Human Genetics*, 2006;78(3):487–497.

h. Hooper, L.V., and J.I. Gordon, Commensal host-bacterial relationships in the gut. *Science*, 2001;292(5519):1115–1118.

i. Nakajima, H., et al., Spatial distribution of bacterial phylotypes in the gut of the termite Reticulitermes speratus and the bacterial community colonizing the gut epithelium. *FEMS Microbiology Ecology*, 2005;54(2):247–255.

j. Furla, P., et al., The symbiotic anthozoan: A physiological chimera between alga and animal. *Integrative and Comparative Biology*, 2005;45(4):595–604.

k. Arnold, A., et al., Fungal endophytes limit pathogen damage in a tropical tree. *Proceedings of the National Academy of Sciences of the USA*, 2003;100(26):15649–15654.

l. Fredricks, D.N., Microbial ecology of human skin in health and disease. *Journal of Investigative Dermatology Symposium Proceedings*, 2001;6(3):167–169.

m. Gao, Z., et al., Molecular analysis of human forearm superficial skin bacterial biota. *Proceedings of the National Academy of Sciences of the USA*, 2007;104:2927–2932.

n. Roth, R.R., and W.D. James, Microbial ecology of the skin. *Annual Review of Microbiology*, 1988;42:441–464.

o. Aas, J.A., et al., Defining the normal bacterial flora of the oral cavity. *Journal of Clinical Microbiology*, 2005;43(11):5721–5732.

p. Centers for Disease Control and Prevention, *Third National Health and Nutrition Examination Survey (NHANES III)*. CDC, Atlanta, GA, 1994.

q. Behle, J., and P. Papapanou, Periodontal infections and atherosclerotic vascular disease: An update. *International Dental Journal*, 2006;56(4):256–262.

r. Pangsomboon, K., et al., Antibacterial activity of a bacteriocin from Lactobacillus paracasei HL32 against Porphyromonas gingivalis. *Archives of Oral Biology*, 2006;51(9):784–793.

s. Balakrishnan, M., R. Simmonds, and J. Tagg, Diverse activity spectra of bacteriocin-like inhibitory substances having activity against mutans streptococci. *Caries Research*, 2001;35(1):75–80.

t. Krisanaprakornkit, S., et al., Inducible expression of human b-defensin 2 by Fusobacterium nucleatum in oral epithelial cells: Multiple signaling pathways and role of commensal bacteria in innate immunity and the epithelial barrier. *Infection and Immunity*, 2000;68(5):2907–2915.

u. Kumar, P.S., et al., New bacterial species associated with chronic periodontitis. *Journal of Dental Research*, 2003;82(5):338–344.

v. Lepp, P.W., et al., Methanogenic archaea and human periodontal disease. *Proceedings of the National Academy of Sciences of the USA*, 2004;101(16):6176–6181.

w. Mager, D.L., et al., The salivary microbiota as a diagnostic indicator of oral cancer: A descriptive, non-randomized study of cancer-free and oral squamous cell carcinoma subjects. *Journal of Translational Medicine*, 2005;3:27; available from www.translational-medicine.com/content/3/1/27

x. Backhed, F., et al., Host-bacterial mutualism in the human intestine. *Science*, 2005;307(5717):1915–1920.

y. Breitbart, M., et al., Metagenomic analyses of an uncultured viral community from human feces. *Journal of Bacteriology*, 2003;185(20):6220–6223.

z. Eckburg, P.B., et al., Diversity of the human intestinal microbial flora. *Science*, 2005;308(5728):1635–1638.

aa. Hill, M., Intestinal flora and endogenous vitamin synthesis. *European Journal of Cancer Prevention*, 1997;6(Supplement 1):S43–S45.

bb. Travis, J., Gut check. *Science News*, 2003;163:344.

cc. Comstock, L., and M. Coyne, Bacteroides thetaiotaomicron: A dynamic, niche-adapted human symbiont. *Bioessays*, 2003;25(10):926–929.

dd. Xu, J., and J.I. Gordon, Honor thy symbionts. *Proceedings of the National Academy of Sciences of the USA*, 2003;100(18):10452–10459.

ee. Howell, S., et al., Antimicrobial polypeptides of the human colonic epithelium. *Peptides*, 2003;24:1763–1766.

ff. Stappenbeck, T., L. Hooper, and J. Gordon, Developmental regulation of intestinal angiogenesis by indigenous microbes via Paneth cells. *Proceedings of the National Academy of Sciences of the USA*, 2002;99(24):15451–15455.

Box 3.2

a. U.N. Environment Programme, After the Tsunami: Rapid Environmental Assessment. Protection of People and Property by Healthy Coastal Ecosystems Following the Earthquake and Tsunami of December 26, 2004. 2004; available from www.unep.org/tsunami/ [cited September 10, 2006].

b. Marris, E., Tsunami damage was enhanced by coral theft. *Nature*, 2005;436(7054):1071.

c. Papadopoulos, G.A., et al., The large tsunami of 26 December 2004: Field observations and eyewitnesses accounts from Sri Lanka, Maldives Is. and Thailand. *Earth Planets and Space*, 2006;58(2):233–241.

d. Kunkel, C.M., R.W. Hallberg, and M. Oppenheimer, Coral reefs reduce tsunami impact in model simulations. *Geophysical Research Letters*, 2006;33(23).

e. Wells, S., and V. Kapos, Coral reefs and mangroves: Implications from the tsunami one year on. *Oryx*, 2006;40(2):123–124.

Box 3.4

a. Pantzaris, T., Palm oil uses. *Oleagineux*, 1989;44(6):303–310.

b. Dennis, R., and C. Colfer, Impacts of land use and fire on the loss and degradation of lowland forest in 1983–2000 in East Kutai District, East Kalimantan, Indonesia. *Singapore Journal of Tropical Geography*, 2006;27(1):30–48.

c. Brown, E., and M. Jacobson, *Cruel Oil: How Palm Oil Harms Health, Rainforest and Wildlife*. Center for Science in the Public Interest, Washington, DC, 2005.

d. Rosenthal, E., Once a dream fuel, palm oil may be an eco-nightmare. *New York Times*, January 31, 2007, C1.

e. Hooijer, A., et al., Peat-CO_2, Assessment of CO_2 Emissions from Drained Peatlands in SE Asia. Report Q3943, WL/Delft Hydraulics, Delft, The Netherlands, 2006.

f. Grande, F., J.T. Anderson, and A. Keys, Comparison of effects of palmitic and stearic acids in diet on serum cholesterol in man. *American Journal of Clinical Nutrition*, 1970;23(9):1184–1193.

g. Clarke, R., et al., Dietary lipids and blood cholesterol: Quantitative meta-analysis of metabolic ward studies. *British Medical Journal*, 1997;314(7074):112–117.

h. Shang, J., and H. Kesteloot, Differences in all-cause, cardiovascular and cancer mortality between Hong Kong and Singapore: Role of Nutrition. *European Journal of Epidemiology*, 2001;17(5):469–477.

i. Uusitalo, U., et al., Fall in total cholesterol concentration over five years in association with changes in fatty acid composition of cooking oil in Mauritius: Cross sectional survey. *British Medical Journal*, 1996;313(7064):1044–1046.

j. Vega-Lopez, S., et al., Palm and partially hydrogenated soybean oils adversely alter lipoprotein profiles compared with soybean and canola oils in moderately hyperlipidemic subjects. *American Journal of Clinical Nutrition*, 2006;84(1):54–62.

Box 3.5

a. Costanza, R., et al., The value of the world's ecosystem services and natural capital. *Nature*, 1997;387(6630):253–260.

b. Daily, G.C., et al., Ecology—the value of nature and the nature of value. *Science*, 2000;289(5478):395–396.

c. Gatto, M., and G.A. De Leo, Pricing biodiversity and ecosystem services: The never-ending story. *Bioscience*, 2000;50(4):347–355.

d. Ludwig, D., Limitations of economic valuation of ecosystems. *Ecosystems*, 2000;3(1):31–35.

e. Cohen, J.E., and D. Tilman, Ecology—biosphere 2 and biodiversity: The lessons so far. *Science*, 1996;274(5290):1150–1151.

参考文献

Chigbo, F.E., R.W. Smith, and F.L. Shore, Uptake of arsenic, cadmium, lead and mercury from polluted waters by the water hyacinth Eichornia-Crassipes. *Environmental Pollution Series A—Ecological and Biological*, 1982;27(1):31–36.

Nriagu, J.O., H.K.T. Wong, and R.D. Coker, Deposition and chemistry of pollutant metals in lakes around the smelters at Sudbury, Ontario. *Environmental Science and Technology*, 1982;16(9):551–560.

Pimentel, D., et al., Conserving biological diversity in agricultural forestry systems—most biological diversity exists in human-managed ecosystems. *Bioscience*, 1992;42(5):354–362.

Rhodes, J., A. Kandiah, and A. Mashall, The Use of Saline Waters for Crop Production (FAO Irrigation and Drainage Paper 48). U.N. Food and Agriculture Organization, Rome, 1992.

U.S. Geological Survey, National Water Summary on Wetland Resources (USGS Water Supply Paper 2425). USGS, Reston, VA, 1999.

Swaminathan, M.S., Bio-diversity: An effective safety net against environmental pollution. *Environmental Pollution*, 2003;126(3):287–291.

U.N. Oceans, UN Atlas of the Oceans. USES: Fisheries and Aquaculture: Fisheries Statistics and Information: Trends: Consumption. 2006; available from www.oceansatlas.org [cited October 2, 2006].

World Heritage Committee, IUCN Evaluation of Nominations of Natural and Mixed Properties to the World Heritage List: Report to the World Heritage Committee. IUCN, Cairns, Australia, 2000.

第4章

1. Grifo, F., et al., The origin of prescription drugs, in *Biodiversity and Human Health*, F. Grifo and J. Rosenthal (editors). Island Press, Washington, DC, 1997.

2. Newman, D.J., G.M. Cragg, and K.M. Snader, Natural products as sources of new drugs over the period 1981–2002. *Journal of Natural Products*, 2003;66(7):1022–1037.

3. Newman, D.J., G.M. Cragg, and K.M. Snader, The influence of natural products upon drug discovery. *Natural Product Reports*, 2000;17(3):215–234.

4. Efferth, T., Molecular pharmacology and pharmacogenomics of artemisinin and its derivatives in cancer cells. *Current Drug Targets*, 2006;7(4):407–421.

5. Lai, H., T. Sasaki, and N.P. Singh, Targeted treatment of cancer with artemisinin and artemisinin-tagged iron-carrying compounds. *Expert Opinion on Therapeutic Targets*, 2005;9(5):995–1007.

6. Martin, V.J., et al., Engineering a mevalonate pathway in Escherichia coli for production of terpenoids. *Nature Biotechnology*, 2003;21(7):796–802.

7. Ro, D.K., et al., Production of the antimalarial drug precursor artemisinic acid in engineered yeast. *Nature*, 2006;440(7086):940–943.

8. Farnsworth, N., Screening plants for new medicines, in *Biodiversity*, E. Wilson (editor). National Academy Press, Washington, DC, 1988.

9. Farnsworth, N.R., et al., Medicinal plants in therapy. *Bulletin of the World Health Organization*, 1985;63(6):965–981.

10. Jack, D.B., One hundred years of aspirin. *Lancet*, 1997;350(9075):437–439.

11. Huerta-Reyes, M., et al., HIV-1 inhibitory compounds from Calophyllum brasiliense leaves. *Biological and Pharmaceutical Bulletin*, 2004;27(9):1471–1475.

12. Link, K.P., Discovery of dicumarol and its sequels. *Circulation*, 1959;19(1):97–107.

13. Markwardt, F., Hirudin as alternative anticoagulant—a historical review. *Seminars in Thrombosis and Hemostasis*, 2002;28(5):405–413.

14. Whitaker, I.S., et al., Historical article: Hirudo medicinalis: Ancient origins of, and trends in the use of medicinal, leeches throughout history. *British Journal of Oral and Maxillofacial Surgery*, 2004;42(2):133–137.

15. Lee, A.Y.Y., and G.P. Vlasuk, Recombinant nematode anticoagulant protein c2 and other inhibitors targeting blood coagulation factor VIIa/tissue factor. *Journal of Internal Medicine*, 2003;254(4):313–321.

16. Geisbert, T.W., et al., Treatment of Ebola virus infection with a recombinant inhibitor of factor VIIa/tissue factor: A study in rhesus monkeys. *Lancet*, 2003;362(9400):1953–1958.

17. Hayashi, M.A.F., and A.C.M. Camargo, The bradykinin-potentiating peptides from venom gland and brain of Bothrops jararaca contain highly site specific inhibitors of the somatic angiotensin-converting enzyme. *Toxicon*, 2005;45(8):1163–1170.

18. Ondetti, M.A., From peptides to peptidases—a chronicle of drug discovery. *Annual Review of Pharmacology and Toxicology*, 1994;34:1–16.

19. Whitman, W.B., D.C. Coleman, and W.J. Wiebe, Prokaryotes: The unseen majority. *Proceedings of the National Academy of Sciences of the USA*, 1998;95(12):6578–6583.

20. Sogin, M.L., et al., Microbial diversity in the deep sea and the underexplored "rare biosphere." *Proceedings of the National Academy of Sciences of the USA*, 2006;103(32):12115–12120.

21. Bo, G., Giuseppe Brotzu and the discovery of cephalosporins. *Clinical Microbiology and Infection*, 2000;6:6–9.

22. Daniel, T.M., Selman Abraham Waksman and the discovery of streptomycin. *International Journal of Tuberculosis and Lung Disease*, 2005;9(2):120–122.

23. Boothe, J.H., et al., Tetracycline. *Journal of the American Chemical Society*, 1953;75(18):4621–4621.

24. Dimarco, A., M. Gaetani, and B. Scarpinato, Adriamycin (Nsc-123127)—a new antibiotic with antitumor activity. *Cancer Chemotherapy Reports Part 1*, 1969;53(1):33–37.

25. Brown, M.S., and J.L. Goldstein, A tribute to Akira Endo, discoverer of a "penicillin" for cholesterol. *Atherosclerosis Supplements*, 2004;5(3):13–16.

26. Endo, A., The discovery and development of HMG-CoA reductase inhibitors. *Journal of Lipid Research*, 1992;33(11):1569–1582.

27. Tobert, J.A., Lovastatin and beyond: The history of the HMG-CoA reductase inhibitors. *Nature Reviews Drug Discovery*, 2003;2(7):517–526.

28. Vaughan, C.J., Prevention of stroke and dementia with statins: Effects beyond lipid lowering. *American Journal of Cardiology*, 2003;91(4A):23B–29B.

29. Webster, A.C., et al., Target of rapamycin inhibitors (sirolimus and everolimus) for primary immunosuppression of kidney transplant recipients: A systematic review and meta-analysis of randomized trials. *Transplantation*, 2006;81(9):1234–1248.

30. Faivre, S., G. Kroemer, and E. Raymond, Current development of mTOR inhibitors as anticancer agents. *Nature Reviews Drug Discovery*, 2006;5(8):671–688.

31. Lebbe, C., et al., Sirolimus conversion for patients with posttransplant Kaposi's sarcoma. *American Journal of Transplantation*, 2006;6(9):2164–2168.

32. Sehgal, S.N., Sirolimus: Its discovery, biological properties, and mechanism of action. *Transplantation Proceedings*, 2003;35(3A):7S–14S.

33. Kastrati, A., et al., Sirolimus-eluting stents vs paclitaxel-eluting stents in patients with coronary artery disease—meta-analysis of randomized trials. *JAMA*, 2005;294(7):819–825.

34. Morice, M.C., et al., Sirolimus- vs paclitaxel-eluting stents in de novo coronary artery lesions: The REALITY trial: A randomized controlled trial. *JAMA*, 2006;295(8):895–904.

35. Windecker, S., et al., Sirolimus-eluting and paclitaxel-eluting stents for coronary revascularization. *New England Journal of Medicine*, 2005;353(7):653–662.

36. Iakovou, I., T. Schmidt, et al., Predictors, and outcome of thrombosis after successful implantation of drug-eluting stents. *JAMA*, 2005;293(17):2126–2130.

37. Challis, G.L., and D.A. Hopwood, Synergy and contingency as driving forces for the evolution of multiple secondary metabolite production by Streptomyces species. *Proceedings of the National Academy of Sciences of the USA*, 2003;100:14555–14561.

38. Engel, S., et al., Antimicrobial activities of extracts from tropical Atlantic marine plants against marine pathogens and saprophytes. *Marine Biology*, 2006;149(5):991–1002.

39. Hamann, M.T., et al., Kahalalides: Bioactive peptide from a marine mollusk Elysia rufescens and its algal diet Bryopsis sp. *Journal of Organic Chemistry*, 1996;61(19):6594–6600.

40. Smit, A.J., Medicinal and pharmaceutical uses of seaweed natural products: A review. *Journal of Applied Phycology*, 2004;16(4):245–262.

41. Population Council, *Carraguard: A Microbicide in Development*. Population Council, New York, 2004.

42. Kuznetsova, T.A., et al., Anticoagulant activity of fucoidan from brown algae Fucus evanescens of the Okhotsk Sea. *Bulletin of Experimental Biology and Medicine*, 2003;136(5):471–473.

43. Haneji, K., et al., Fucoidan extracted from Cladosiphon okamuranus tokida induces apoptosis of human T-cell leukemia virus type 1-infected T-cell lines and primary adult T-cell leukemia cells. *Nutrition and Cancer*, 2005;52(2):189–201.

44. Schaeffer, D.J., and V.S. Krylov, Anti-HIV activity of extracts and compounds from algae and cyanobacteria. *Ecotoxicology and Environmental Safety*, 2000;45(3):208–227.

45. Zeitlin, L., et al., Tests of vaginal microbicides in the mouse genital herpes model. *Contraception*, 1997;56(5):329–335.

46. Newman, D.J., and G.M. Cragg, Marine natural products and related compounds in clinical and advanced preclinical trials. *Journal of Natural Products*, 2004;67(8):1216–1238.

47. Kortmansky, J., and G.K. Schwartz, Bryostatin-1: A novel PKC inhibitor in clinical development. *Cancer Investigation*, 2003;21(6):924–936.

48. Fayette, J., et al., ET-743: A novel agent with activity in soft tissue sarcomas. *Oncologist*, 2005;10(10):827–832.

49. van Kesteren, C., et al., Yondelis (R) (trabectedin, ET-743): The development of an anticancer agent of marine origin. *Anti-cancer Drugs*, 2003;14(7):487–502.

50. Zelek, L., et al., A phase II study of Yondelis (R) (trabectedin, ET-743) as a 24-h continuous intravenous infusion in pretreated advanced breast cancer. *British Journal of Cancer*, 2006;94(11):1610–1614.

51. Honore, S., et al., Suppression of microtubule dynamics by discodermolide by a novel mechanism is associated with mitotic arrest and inhibition of tumor cell proliferation. *Molecular Cancer Therapeutics*, 2003;2(12):1303–1311.

52. Soriente, A., et al., Manoalide. *Current Medicinal Chemistry*, 1999;6(5):415–431.

53. Paulick, L.M., et al., Pseudopterosins: A potent natural anti-inflammatory agent extracted from Pseudopterogorgia elisabethae a soft coral. *Abstracts of Papers of the American Chemical Society*, 2000;219:U54–U54.

54. Lindquist, N., et al., Isolation and structure determination of diazonamide-A and diazonamide-B, unusual cytotoxic metabolites from the marine ascidian Diazona-chinensis. *Journal of the American Chemical Society*, 1991;113(6):2303–2304.

55. Gerwick, W.H., et al., Structure of curacin-A, a novel antimitotic, antiproliferative, and brine shrimp toxic natural product from the marine cyanobacterium Lyngbya-majuscula. *Journal of Organic Chemistry*, 1994;59(6):1243–1245.

56. Cragg, G.M., and D.J. Newman, Biodiversity: A continuing source of novel drug leads. *Pure and Applied Chemistry*, 2005;77(1):7–24.

57. Ireland, C., et al., Biomedical potential of marine natural products, in *Marine Biotechnology*, D. Attaway and O. Zaborsky (editors). Plenum Press, New York, 1993, 77–99.

58. Fenical, W., et al., New anticancer drugs from cultured and collected marine organisms. *Pharmaceutical Biology*, 2003;41:6–14.

59. Rusch, D.B., et al., The Sorcerer II global ocean sampling expedition: Northwest Atlantic through eastern tropical Pacific. *PLoS Biology*, 2007;5(3):e77.

60. Feling, R.H., et al., Salinosporamide A: A highly cytotoxic proteasome inhibitor from a novel microbial source, a marine bacterium of the new genus Salinospora. *Angewandte Chemie—International Edition*, 2003;42(3):355–357.

61. Piel, J., Bacterial symbionts: Prospects for the sustainable production of invertebrate-derived pharmaceuticals. *Current Medicinal Chemistry*, 2006;13(1):39–50.

62. Barrett, B., Medicinal properties of Echinacea: A critical review. *Phytomedicine*, 2003;10(1):66–86.

63. Flannery, M.A., From Rudbeckia to Echinacea: The emergence of the purple cone flower in modern therapeutics. *Pharmacy in History*, 1999;41(2):52–59.

64. Turner, R.B., et al., An evaluation of Echinacea angustifolia in experimental rhinovirus infections. *New England Journal of Medicine*, 2005;353(4):341–348.

65. Lawvere, S., and M.C. Mahoney, St. John's wort. *American Family Physician*, 2005;72(11):2249–2254.

66. Upton, R. *St. Johns Wort: Hypericum perforatum*. Botannical Booklet Series. 2005; available from www.herbalgram.org/default.asp?c=st_johns_wort [cited September 4, 2006].

67. Marks, L.S., and V.E. Tyler, Saw palmetto extract: Newest (and oldest) treatment alternative for men with symptomatic benign prostatic hyperplasia. *Urology*, 1999;53(3):457–461.

68. Gordon, A.E., and A.E. Shaughnessy, Saw palmetto for prostate disorders. *American Family Physician*, 2003;67(6):1281–1283.

69. Jang, M.S., et al., Cancer chemopreventive activity of resveratrol, a natural product derived from grapes. *Science*, 1997;275(5297):218–220.

70. Kris-Etherton, P.M., et al., Bioactive compounds in foods: Their role in the prevention of cardiovascular disease and cancer. *American Journal of Medicine*, 2002;113(Suppl 9B):71S–88S.

71. Howe, P., et al., Dietary intake of long-chain omega-3 polyunsaturated fatty acids: Contribution of meat sources. *Nutrition*, 2006;22(1):47–53.

72. Ponnampalam, E.N., N.J. Mann, and A.J. Sinclair, Effect of feeding systems on omega-3 fatty acids, conjugated linoleic acid and trans fatty acids in Australian beef cuts: Potential impact on human health. *Asia Pacific Journal of Clinical Nutrition*, 2006;15(1):21–29.

73. Breslow, J.L., n-3 fatty acids and cardiovascular disease. *American Journal of Clinical Nutrition*, 2006;83(6 Suppl):1477S–1482S.

74. Johnson, E.J., and E.J. Schaefer, Potential role of dietary n-3 fatty acids in the prevention of dementia and macular degeneration. *American Journal of Clinical Nutrition*, 2006;83(6 Suppl):1494S–1498S.

75. Furmidge, C., G. Brooks, and D. Gammon, *The Pyrethroid Insecticides: A Scientific Advance for Human Welfare?* Elsevier Press, New York, 1989.

76. Ware, G., and D. Whitacare, *An Introduction to Insecticides*, E. Radcliffe and W. Hutchinson (editors). University of Minnesota, St. Paul, 2004.

77. Bartlett, D.W., et al., The strobilurin fungicides. *Pest Management Science*, 2002;58(7):647–662.

参考文献

American Water Works Association, *Stats on Tap*. 2006; available from www.awwa.org/Advocacy/pressroom/STATS.cfm [cited August 24, 2006].

Buchmann, S., and B. Nabhan, *The Forgotten Pollinators*. Washington, DC, Island Press, 1997.

Center for a New American Dream, *Just the Facts: Junk Mail Facts and Figures*. 2003; available from www.newdream.org/junkmail/facts.php [cited August 24, 2006].

Cragg, G.M., and D.J. Newman, International collaboration in drug discovery and development from natural sources. *Pure and Applied Chemistry*, 2005;77(11):1923–1942.

Cragg, G., and D. Newman, Nature's bounty. *Chemistry in Britain*, 2001;37(1):22–26.

Cragg, G.M., and D.J. Newman, Plants as a source of anti-cancer agents. *Journal of Ethnopharmacology*, 2005;100(1–2):72–79.

Cragg, G.M., and D.J. Newman, Plants as a source of anti-cancer and anti-HIV agents. *Annals of Applied Biology*, 2003;143(2):127–133.

Dernain, A.L., From natural products discovery to commercialization: A success story. *Journal of Industrial Microbiology and Biotechnology*, 2006;33(7):486–495.

Energy Information Administration, *Annual Energy Review: Energy Overview, 1949–2005*. 2006; available from www.eia.doe.gov/emeu/aer/overview.html [cited August 23, 2006].

Goombridge, B., and M. Jenkins (editors), *Ecoagriculture: Strategies for Feeding the World and Conserving Wild Biodiversity*. World Conservation Monitoring Center, Cambridge, UK, 2000.

Hampton, T., Collaboration hopes microbe factories can supply key antimalaria drug. *JAMA*, 2005;293(7):785–787.

International Energy Agency, *Things That Go Blip in the Night: Standby Power and How to Limit It*. International Energy Agency, Paris, 2001.

International Union for the Conservation of Nature and Natural Resources, *Guidelines for Protected Area Management Categories*. IUCN, Gland, Switzerland, 1994.

International Union for the Conservation of Nature and Natural Resources, *Vision for Water and Nature: A World Strategy for Conservation and Sustainable Management of Water Resources in the 21st century*. IUCN, Gland, Switzerland, 2000.

Jensen, P.R., et al., Marine actinomycete diversity and natural product discovery. *Antonie Van Leeuwenhoek International Journal of General and Molecular Microbiology*, 2005;87(1):43–48.

Kashman, Y., et al., HIV inhibitory natural-products. 7. The calanolides, a novel HIV-inhibitory class of coumarin derivatives from the tropical rain-forest tree, Calophyllum-lanigerum. *Journal of Medicinal Chemistry*, 1992;35(15):2735–2743.

Kinsley-Scott, T.R., and S.A. Norton, Useful plants of dermatology. VII: Cinchona and antimalarials. *Journal of the American Academy of Dermatology*, 2003;49(3):499–502.

Mueller, R.L., and S. Scheidt, History of drugs for thrombotic disease—discovery, development, and directions for the future. *Circulation*, 1994;89(1):432–449.

Murphy, D., Challenges to biological diversity in urban areas, in *Biodiversity*, E. Wilson (editor). National Academy of Sciences, Washington, DC, 71–76.

Newman, D.J., and R.T. Hill, New drugs from marine microbes: The tide is turning. *Journal of Industrial Microbiology and Biotechnology*, 2006;33(7):539–544.

Prescott-Allen, R., *The Well-being of Nations*. Island Press, Washington, DC, 2001.

Schwartsmann, G., et al., Anticancer drug discovery and development throughout the world. *Journal of Clinical Oncology*, 2002;20(18):47S–59S.

Tran, T.H., et al., A controlled trial of artemether or quinine in Vietnamese adults with severe falciparum malaria. *New England Journal of Medicine*, 1996;335(2):76–83.

Tran, T.H., et al., Dihydroartemisinin-piperaquine against multidrug-resistant Plasmodium falciparum malaria in Vietnam: Randomised clinical trial. *Lancet*, 2004;363(9402):18–22.

U.N. Environment Programme, *Global Environmental Outlook—3*. Earthscan, London, 2002.

Wyler, D.J., The ascent and decline of chloroquine. *JAMA*, 1984;251(18):2420–2422.

Yang, S.S., et al., Natural product-based anti-HIV drug discovery and development facilitated by the NCI developmental therapeutics program. *Journal of Natural Products*, 2001;64(2):265–277.

第5章

1. Alberts, B., et al., *Molecular Biology of the Cell*, 4th ed. Garland Science, London, 2002.

2. Maehle, A., and U. Trohler, Animal experimentation from antiquity to the end of the eighteenth century, in *Vivisection in Historical Perspective*, N. Rupke (editor). Routledge, New York, 1990.

3. Nomura, K., et al., A bacterial virulence protein suppresses host innate immunity to cause plant disease. *Science*, 2006;313(5784):220–223.

4. Lolle, S.J., et al., Genome-wide non-mendelian inheritance of extra-genomic information in Arabidopsis. *Nature*, 2005;434(7032):505–509.

5. Piperno, D., and K. Flannery, The earliest archaeological maize (Zea mays L.) from highland Mexico: New accelerator mass spectrometry dates and their implications. *Proceedings of the National Academy of Sciences of the USA*, 2001;98(4):2101–2103.

6. Lorentz, C.P., et al., Primer on medical genomics part I: History of genetics and sequencing of the human genome. *Mayo Clinic Proceedings*, 2002;77(8):773–782.

7. Howard Hughes Medical Institute, *The Genes We Share*. 2006; available from www.hhmi.org/genesweshare [cited September 20, 2006].

8. Waterston, R.H., et al., Initial sequencing and comparative analysis of the mouse genome. *Nature*, 2002;420(6915):520–562.

9. Paigen, K., One hundred years of mouse genetics: An intellectual history. I. The classical period (1902–1980). *Genetics*, 2003;163(1):1–7.

10. Paigen, K., One hundred years of mouse genetics: An intellectual history. II. The molecular revolution (1981–2002) (reprinted from *New Yorker*, 2003). *Genetics*, 2003;163(4):1227–1235.

11. Macario, A.J.L., Heat-shock proteins and molecular chaperones—implications for pathogenesis, diagnostics, and therapeutics. *International Journal of Clinical and Laboratory Research*, 1995;25(2):59–70.

12. Bucciantini, M., et al., Inherent toxicity of aggregates implies a common mechanism for protein misfolding diseases. *Nature*, 2002;416(6880):507–511.

13. van Brabant, A.J., R. Stan, and N.A. Ellis, DNA helicases, genomic instability, and human genetic disease. *Annual Review of Genomics and Human Genetics*, 2000;1:409–459.

14. Brock, T.D., The value of basic research: Discovery of Thermus aquaticus and other extreme thermophiles. *Genetics*, 1997;146(4):1207–10.

15. Karow, J., The "other" genomes. *Scientific American*, 2000;283(1):53.

16. Wood, V., et al., The genome sequence of Schizosaccharomyces pombe. *Nature*, 2002;415(6874):871–880.

17. Holley, R.W., et al., Structure of a ribonucleic acid. *Science*, 1965;147(3664):1462–1465.

18. Hartwell, L.H., Yeast and cancer. *Bioscience Reports*, 2004;24(4–5):523–544.

19. Ankeny, R.A., The natural history of Caenorhabditis elegans research. *Nature Reviews: Genetics*, 2001;2(6):474–479.

20. Kimura, K.D., et al., Daf-2, an insulin receptor-like gene that regulates longevity and diapause in Caenorhabditis elegans. *Science*, 1997;277(5328):942–946.

21. Taub, J., et al., A cytosolic catalase is needed to extend adult lifespan in C-elegans daf-C and clk-1 mutants. *Nature*, 1999;399(6732):162–166.

22. Ingram, D.K., et al., Calorie restriction mimetics: An emerging research field. *Aging Cell*, 2006;5(2):97–108.

23. Dykxhoorn, D.M., and J. Lieberman, The silent revolution: RNA interference as basic biology, research tool, and therapeutic. *Annual Review of Medicine*, 2005;56:401–423.

24. Check, E., A crucial test. *Nature Medicine*, 2005;11(3):243–244.

25. Adams, M.D., et al., The genome sequence of *Drosophila melanogaster. Science*, 2000;287(5461):2185–2195.

26. Rubin, G.M., and E.B. Lewis, A brief history of *Drosophila*'s contributions to genome research. *Science*, 2000;287(5461):2216–2218.

27. Janeway, C.A., et al., *Immunobiology: The Immune System in Health and Disease*, 6th ed. Garland Science, London, 2004.

28. Kornberg, T.B., and M.A. Krasnow, The *Drosophila* genome sequence: Implications for biology and medicine. *Science*, 2000;287(5461):2218–2220.

29. Song, Y.H., *Drosophila* melanogaster: A model for the study of DNA damage checkpoint response. *Molecules and Cells*, 2005;19(2):167–179.

30. Driever, W., and M.C. Fishman, The zebrafish: Heritable disorders in transparent embryos. *Journal of Clinical Investigation*, 1996;97(8):1788–1794.

31. Raya, A., et al., The zebrafish as a model of heart regeneration. *Cloning Stem Cells*, 2004;6(4):345–351.

32. Fujisawa, T., Hydra regeneration and epitheliopeptides. *Developmental Dynamics*, 2003;226(2):182–189.

33. Holstein, T.W., E. Hobmayer, and U. Technau, Cnidarians: An evolutionarily conserved model system for regeneration? *Developmental Dynamics*, 2003;226(2):257–267.

34. Newmark, P.A., and A.S. Alvarado, Not your father's planarian: A classic model enters the era of functional genomics. *Nature Reviews Genetics*, 2002;3(3):210–219.

35. Orii, H., et al., The planarian HOM HOX homeobox genes (Plox) expressed along the anteroposterior axis. *Developmental Biology*, 1999;210(2):456–468.

36. Slack, J.M., Regeneration research today. *Developmental Dynamics*, 2003;226(2):162–166.

37. Poss, K.D., M.T. Keating, and A. Nechiporuk, Tales of regeneration in zebrafish. *Developmental Dynamics*, 2003;226(2):202–210.

38. Akimenko, M.A., et al., Old questions, new tools, and some answers to the mystery of fin regeneration. *Developmental Dynamics*, 2003;226(2):190–201.

39. Whitehead, G., S. Makino, C.-L. Lien, and M.T. Keating, Fgf20 is essential for initiating zebrafish fin regeneration. *Science*, 2005(310):1957–1960.

40. Poss, K.D., L.G. Wilson, and M.T. Keating, Heart regeneration in zebrafish. *Science*, 2002;298(5601):2188–2190.

41. Goss, R., *Deer Antlers. Regeneration, Function and Evolution*. Academic Press, New York, 1983.

42. Borgens, R.B., Mice regrow the tips of their foretoes. *Science*, 1982;217(4561):747–750.

43. Illingworth, C., Trapped fingers and amputated finger tips in children. *Journal of Pediatric Surgery*, 1974;9(6):853–858.

44. Heber-Katz, E., et al., The scarless heart and the MRL mouse. *Philosophical Transactions of the Royal Society of London Series B—Biological Sciences*, 2004;359(1445):785–793.

45. Harty, M., et al., Regeneration or scarring: An immunologic perspective. *Developmental Dynamics*, 2003;226(2):268–279.

46. Li, L.H., and T. Xie, Stem cell niche: Structure and function. *Annual Review of Cell and Developmental Biology*, 2005;21:605–631.

47. Parkinson's Disease Foundation, Ten Frequently-Asked Questions about Parkinson's Disease. 2005; available from www.pdf.org/Publications/factsheets/PDF_Fact_Sheet_1.0_Final.pdf [cited September 9, 2006].

48. Sayles, M., M. Jain, and R.A. Barker, The cellular repair of the brain in Parkinson's disease—past, present and future. *Transplant Immunology*, 2004;12(3–4):321–342.

49. Correia, A.S., et al., Stem cell-based therapy for Parkinson's disease. *Annals of Medicine*, 2005;37(7):487–498.

50. Bjorklund, A., et al., Neural transplantation for the treatment of Parkinson's disease. *Lancet Neurology*, 2003;2(7):437–45.

51. Steindler, D., Neural stem cells, scaffolds, and chaperones. *Nature Biotechnology*, 2002;20:1093–1095.

52. Ourednik, J., et al., Neural stem cells display an inherent mechanism for rescuing dysfunctional neurons. *Nature Biotechnology*, 2002;20(11):1103–1110.

53. Teng, Y.D., et al., Functional recovery following traumatic spinal cord injury mediated by a unique polymer scaffold seeded with neural stem cells. *Proceedings of the National Academy of Sciences of the USA*, 2002;99(5):3024–3029.

54. Kim, J.H., et al., Dopamine neurons derived from embryonic stem cells function in an animal model of Parkinson's disease. *Nature*, 2002;418(6893):50–56.

55. Takagi, Y., et al., Dopaminergic neurons generated from monkey embryonic stem cells function in a Parkinson primate model. *Journal of Clinical Investigation*, 2005;115(1):102–109.

56. Dufayet de la Tour, D., et al., {beta}-Cell differentiation from a human pancreatic cell line in vitro and in vivo. *Molecular Endocrinology*, 2001;15(3):476–483.

57. Assady, S., et al., Insulin production by human embryonic stem cells. *Diabetes*, 2001;50(8):1691–1697.

58. Zalzman, M., et al., Reversal of hyperglycemia in mice by using human expandable insulin-producing cells differentiated from fetal liver progenitor cells. *Proceedings of the National Academy of Sciences of the USA*, 2003;100(12):7253–7258.

59. International Diabetes Federation, *Diabetes Atlas*, 2nd ed. International Diabetes Federation, Brussels, 2003.

60. Nottebohm, F., Neuronal replacement in adult brain. *Brain Research Bulletin*, 2002;57(6):737–749.

61. Nottebohm, F., The road we travelled: Discovery, choreography, and significance of brain replaceable neurons. *Annals of the New York Academy of Sciences*, 2004;1016:628–658.

62. Gould, E., et al., Neurogenesis in the neocortex of adult primates. *Science*, 1999;286(5439):548–552.

63. Gould, E., et al., Adult-generated hippocampal and neocortical neurons in macaques have a transient existence. *Proceedings of the National Academy of Sciences of the USA*, 2001;98(19):10910–10917.

64. Eriksson, P.S., et al., Neurogenesis in the adult human hippocampus. *Nature Medicine*, 1998;4(11):1313–1317.

65. Gould, E., Stress, deprivation and adult neurogenesis, in *The Cognitive Neurosciences III*, M. Gazzaniga (editor). MIT Press, Cambridge, MA, 2004.

66. Hoffmann, J.A., et al., Phylogenetic perspectives in innate immunity. *Science*, 1999;284(5418):1313–1318.

67. Beutler, B., Inferences, questions and possibilities in toll-like receptor signalling. *Nature*, 2004;430(6996):257–263.

68. Dempsey, P.W., S.A. Vaidya, and G. Cheng, The art of war: Innate and adaptive immune responses. *Cellular and Molecular Life Sciences*, 2003;60(12):2604–2621.

69. Gura, T., Innate immunity: Ancient system gets new respect. *Science*, 2001;291(5511):2068–2071.

70. Steiner, H., et al., Sequence and specificity of two antibacterial proteins involved in insect immunity. *Nature*, 1981;292(5820):246–248.

71. Raj, P.A., and A.R. Dentino, Current status of defensins and their role in innate and adaptive immunity. *FEMS Microbiology Letters*, 2002;206(1):9–18.

72. Bulet, P., R. Stocklin, and L. Menin, Anti-microbial peptides: From invertebrates to vertebrates. *Immunological Reviews*, 2004;198:169–184.

73. Hancock, R.E.W., and M.G. Scott, The role of antimicrobial peptides in animal defenses. *Proceedings of the National Academy of Sciences of the USA*, 2000;97(16):8856–8861.

74. Zasloff, M., Antimicrobial peptides of multicellular organisms. *Nature*, 2002;415(6870):389–395.

75. Uzzell, T., et al., Hagfish intestinal antimicrobial peptides are ancient cathelicidins. *Peptides*, 2003;24(11):1655–1667.

76. Fudge, D.S., and J.M. Gosline, Molecular design of the alpha-keratin composite: Insights from a matrix-free model, hagfish slime threads. *Proceedings of the Royal Society of London Series B—Biological Sciences*, 2004;271(1536):291–299.

77. Powell, M., S. Kavanaugh, and S. Sower, Current knowledge of hagfish reproduction: Implications for fisheries management. *Integrative and Comparative Biology*, 2005;45(1):158–165.

78. Jorgensen, J.M., et al., *The Biology of Hagfishes*, 1st ed. Chapman & Hall, New York, 1998.

79. Pancer, Z., et al., Somatic diversification of variable lymphocyte receptors in the agnathan sea lamprey. *Nature*, 2004;430(6996):174–180.

Box 5.1

a. International Institute of Islamic Medicine, History of Islamic Medicine. 1998; available from www.iiim.org/iiimim.html [cited September 20, 2006].

b. Karolinska Institutet, Classical Islamic Medicine. 2006; available from www.mic.ki.se/Arab.html [cited September 20, 2006].

c. Margotta, R., *The Story of Medicine*. Golden Press, New York, 1968.

d. Menocal, M.R., *The Ornament of the World*. Little Brown & Company, Boston, 2002.

e. Nuland, S., *Maimonides*. Schocken Books, New York, 2005.

Box 5.3

a. Barnard, N.D., and S.R. Kaufman, Animal research is wasteful and misleading. *Scientific American*, 1997;276(2):80–82.

b. Robbins, F., The use of animals in biomedical research, in *Biomedical Research Involving Animals: Proposed International Guiding Principles*, Z. Bankowski and N. Howard-Jones (editors). Council for International Organizations of Medical Sciences, Geneva, 1984.

参考文献

Akira, S., S. Uematsu, and O. Takeuchi, Pathogen recognition and innate immunity. *Cell*, 2006;124(4):783–801.

Brockes, J.P., and A. Kumar, Appendage regeneration in adult vertebrates and implications for regenerative medicine. *Science*, 2005;310(5756):1919–1923.

Marchalonis, J.J., et al., Natural recognition repertoire and the evolutionary emergence of the combinatorial immune system. *FASEB J*, 2002;16(8):842–848.

Nielsen, C., *Animal Evolution: Interrelationships of the Living Phyla*. Oxford University Press, New York, 2001.

Sanchez Alvarado, A., Regeneration in the metazoans: Why does it happen? *Bioessays*, 2000;22(6):578–590.

Steindler, D.A., and D.W. Pincus, Stem cells and neuropoiesis in the adult human brain. *Lancet*, 2002;359(9311):1047–1054.

Yu, B.P., and H.Y. Chung, Adaptive mechanisms to oxidative stress during aging. *Mechanisms of Ageing and Development*, 2006;127(5):436–443.

第6章

1. International Union for Conservation of Nature and Natural Resources, 2006 IUCN Red List of Threatened Species. 2006; available from www.redlist.org [cited August 1, 2006].

2. Mendelson, J.R., et al., Biodiversity—confronting amphibian declines and extinctions. *Science*, 2006;313(5783):48.

3. Stuart, S.N., et al., Status and trends of amphibian declines and extinctions worldwide. *Science*, 2004;306(5702):1783–1786.

4. Kiesecker, J., and A. Blaustein, Influences of egg laying behavior on pathogenic infection of amphibian eggs. *Conservation Biology*, 1997;11(1):6.

5. Señaris, J.C., C. DoNascimiento, and O. Villarreal, A new species of the genus Oreophrynella (Anura; Bufonidae) from the Guiana highlands. *Papéis Avulsos de Zoologia (São Paulo)*, 2005;45(6):61–67.

6. Dupuis, L.A., J.N.M. Smith, and F. Bunnell, Relation of terrestrial-breeding amphibian abundance to tree-stand age. *Conservation Biology*, 1995;9(3):645–653.

7. Petranka, J.W., M.E. Eldridge, and K.E. Haley, Effects of timber harvesting on southern Appalachian salamanders. *Conservation Biology*, 1993;7(2):363–377.

8. Bazilescu, I., Frog trade. TED Case Studies: An Online Journal, 1996; available from www.american.edu/TED/frogs/htm [cited October 7, 2006].

9. Knapp, R.A., and K.R. Matthews, Non-native fish introductions and the decline of the mountain yellow-legged frog from within protected areas. *Conservation Biology*, 2000;14(2):428–438.

10. Vredenburg, V.T., Reversing introduced species effects: Experimental removal of introduced fish leads to rapid recovery of a declining frog. *Proceedings of the National Academy of Sciences of the USA*, 2004;101(20):7646–7650.

11. Beebee, T.J.C., Amphibian breeding and climate. *Nature*, 1995;374(6519):219–220.

12. Blaustein, A.R., et al., Ultraviolet radiation, toxic chemicals and amphibian population declines. *Diversity and Distributions*, 2003;9(2):123–140.

13. Kiesecker, J.M., A.R. Blaustein, and L.K. Belden, Complex causes of amphibian population declines. *Nature*, 2001;410(6829):681–684.

14. Kiesecker, J., and A. Blaustein, Synergism between UV-B radiation and a pathogen magnifies amphibian embryo mortality in nature. *Proceedings of the National Academy of Sciences of the USA*, 1995;92:3.

15. Blaustein, A.R., et al., UV repair and resistance to solar UV-B in amphibian eggs—a link to population declines. *Proceedings of the National Academy of Sciences of the USA*, 1994;91(5):1791–1795.

16. Pierce, B., The effects of acid precipitation on amphibians. *Ecotoxicology*, 1993;2:65–77.

17. Bank, M.S., C.S. Loftin, and R.E. Jung, Mercury bioaccumulation in northern two-lined salamanders from streams in the northeastern United States. *Ecotoxicology*, 2005;14(1–2):181–191.

18. Reeder, A.L., et al., Intersexuality and the cricket frog decline: Historic and geographic trends. *Environmental Health Perspectives*, 2005;113(3):261–265.

19. Johnson, P.T.J., et al., Parasite (Ribeiroia ondatrae) infection linked to amphibian malformations in the western United States. *Ecological Monographs*, 2002;72(2):151–168.

20. Kiely, T., D. Donaldson, and A. Grube, *Pesticides Industry Sales and Usage: 2000 and 2001 Market Estimates*. U.S. Environmental Protection Agency, Washington, DC, 2004.

21. Relyea, R.A., The lethal impact of roundup on aquatic and terrestrial amphibians. *Ecological Applications*, 2005;15(4):1118–1124.

22. Hayes, T.B., et al., Hermaphroditic, demasculinized frogs after exposure to the herbicide atrazine at low ecologically relevant doses. *Proceedings of the National Academy of Sciences of the USA*, 2002;99(8):5476–5480.

23. Hayes, T., et al., Atrazine-induced hermaphroditism at 0.1 ppb in American leopard frogs (Rana pipiens): Laboratory and field evidence. *Environmental Health Perspectives*, 2003;111(4):568–575.

24. U.S. EPA, *Edition of Drinking Water Standards and Health Advisories* (EPA 822-R-02-038). U.S. EPA, Washington, DC, 2002.

25. Rohr, J.R., et al., Exposure, postexposure, and density-mediated effects of atrazine on amphibians: Breaking down net effects into their parts. *Environmental Health Perspectives*, 2006;114(1):46–50.

26. Hayes, T.B., et al., Pesticide mixtures, endocrine disruption, and amphibian declines: Are we underestimating the impact? *Environmental Health Perspectives*, 2006;114(Suppl 1):40–50.

27. Agency for Toxic Substances and Disease Registry, ToxFAQs for Atrazine. 2003; available from www.atsdr.cdc.gov/tfacts153.html [cited October 7, 2006].

28. Trenberth, K.E., et al., The changing character of precipitation. *Bulletin of the American Meteorological Society*, 2003;84(9):1205–1217.

29. Watson, R., and the Core Writing Team (editors), *Climate Change 2001: Synthesis Report*. Intergovernmental Panel on Climate Change, Geneva, 2001, 184.

30. Pounds, J.A., Climate and amphibian declines. *Nature*, 2001;410(6829):639–640.

31. Pounds, J.A., et al., Widespread amphibian extinctions from epidemic disease driven by global warming. *Nature*, 2006;439(7073):161–167.

32. Pounds, J.A., M.P.L. Fogden, and J.H. Campbell, Biological response to climate change on a tropical mountain. *Nature*, 1999;398(6728):611–615.

33. Barrio-Ameros, C., Atelopus mucubajiensis still survives in the Andes of Venezuela. *Froglog*, 2004;66:2–3.

34. Garcia-Perez, J., Survival of an undescribed Atelopus from the Venezuelan Andes. *Froglog*, 2005;68:2–3.

35. La Marca, E., et al., Catastrophic population declines and extinctions in neotropical harlequin frogs (Bufonidae: Atelopus). *Biotropica*, 2005;37(2):190–201.

36. Berger, L., et al., Chytridiomycosis causes amphibian mortality associated with population declines in the rain forests of Australia and Central America. *Proceedings of the National Academy of Sciences of the USA*, 1998;95(15):9031–9036.

37. Daszak, P., A.A. Cunningham, and A.D. Hyatt, Infectious disease and amphibian population declines. *Diversity and Distributions*, 2003;9(2):141–150.

38. Lips, K.R., et al., Emerging infectious disease and the loss of biodiversity in a neotropical amphibian community. *Proceedings of the National Academy of Sciences of the USA*, 2006;103(9):3165–3170.

39. Weldon, C., et al., Origin of the amphibian chytrid fungus. *Emerging Infectious Diseases*, 2004;10(12):2100–2105.

40. Garner, T., et al., The emerging amphibian pathogen Batrachochytrium dendrobatidis globally infects introduced populations of the North American bullfrog, Rana catesbeiana. *Biology Letters*, 2006;2:455–459.

41. Rollins-Smith, L.A., et al., Antimicrobial peptide defenses against pathogens associated with global amphibian declines. *Developmental and Comparative Immunology*, 2002;26(1):63–72.

42. Retallick, R.W.R., H. McCallum, and R. Speare, Endemic infection of the amphibian chytrid fungus in a frog community post-decline. *PLoS Biology*, 2004;2(11):1965–1971.

43. Ouellet, M., et al., Historical evidence of widespread chytrid infection in North American amphibian populations. *Conservation Biology*, 2005;19(5):1431–1440.

44. Harpole, D.N., and C.A. Haas, Effects of seven silvicultural treatments on terrestrial salamanders. *Forest Ecology and Management*, 1999;114(2–3):349–356.

45. Demaynadier, P.G., and M.L. Hunter, Effects of silvicultural edges on the distribution and abundance of amphibians in Maine. *Conservation Biology*, 1998;12(2):340–352.

46. Renda, T.G., Vittorio Erspamer: A true pioneer in the field of bioactive peptides. *Peptides*, 2000;21(11):1585–1586.

47. Daly, J.W., T.F. Spande, and H.M. Garraffo, Alkaloids from amphibian skin: A tabulation of over eight-hundred compounds. *Journal of Natural Products*, 2005;68(10):1556–1575.

48. Saporito, R.A., et al., Formicine ants: An arthropod source for the pumiliotoxin alkaloids of dendrobatid poison frogs. *Proceedings of the National Academy of Sciences of the USA*, 2004;101(21):8045–8050.

49. Dumbacher, J.P., et al., Melyrid beetles (Choresine): A putative source for the batrachotoxin alkaloids found in poison-dart frogs and toxic passerine birds. *Proceedings of the National Academy of Sciences of the USA*, 2004;101(45):15857–15860.

50. Daly, J.W., et al., Evidence for an enantioselective pumiliotoxin 7-hydroxylase in dendrobatid poison frogs of the genus Dendrobates. *Proceedings of the National Academy of Sciences of the USA*, 2003;100(19):11092–11097.

51. Yotsu-Yamashita, M., et al., The structure of zetekitoxin AB, a saxitoxin analog from the Panamanian golden frog Atelopus zeteki: A potent sodium-channel blocker. *Proceedings of the National Academy of Sciences of the USA*, 2004;101(13):4346–4351.

52. Daly, J., et al., A new class of cardiotonic agents: Structure-activity correlations for natural and synthetic analogues of the alkaloid pumiliotoxin B (8-hydroxy-8-methyl-6-alkylidene-1-azabicyclo [4.3.0] nonanes). *Journal of Medical Chemistry*, 1985;28:482–486.

53. Daly, J.W., Thirty years of discovering arthropod alkaloids in amphibian skin. *Journal of Natural Products*, 1998;61(1):162–172.

54. Fitch, R.W., et al., Bioassay-guided isolation of epiquinamide, a novel quinolizidine alkaloid and nicotinic agonist from an Ecuadoran poison frog, Epipedobates tricolor. *Journal of Natural Products*, 2003;66(10):1345–1350.

55. Conlon, J.M., The therapeutic potential of antimicrobial peptides from frog skin. *Reviews in Medical Microbiology*, 2004;15(1):17–25.

56. Jacob, L., and M. Zasloff, Potential therapeutic applications of magainins and other antimicrobial agents of animal origin. *Ciba Foundation Symposium*, 1994;186:197–216.

57. Nelson, E.A., et al., Systematic review of antimicrobial treatments for diabetic foot ulcers. *Diabetic Medicine*, 2006;23(4):348–359.

58. Giacometti, A., et al., In vitro activity of MSI-78 alone and in combination with antibiotics against bacteria responsible for bloodstream infections in neutropenic patients. *International Journal of Antimicrobial Agents*, 2005;26(3):235–240.

59. Erspamer, V., et al., Phyllomedusa skin—a huge factory and store-house of a variety of active peptides. *Peptides*, 1985;6:7–12.

60. Chen, T.B., L.J. Tang, and C. Shaw, Identification of three novel Phyllomedusa sauvagei dermaseptins (sVI-sVIII) by cloning from a skin secretion-derived cDNA library. *Regulatory Peptides*, 2003;116(1–3):139–146.

61. Mor, A., K. Hani, and P. Nicolas, The vertebrate peptide antibiotics dermaseptins have overlapping structural features but target specific microorganisms. *Journal of Biological Chemistry*, 1994;269(50):31635–31641.

62. Amiche, M., et al., Isolation of dermatoxin from frog skin, an antibacterial peptide encoded by a novel member of the dermaseptin genes family. *European Journal of Biochemistry*, 2000;267(14):4583–4592.

63. Pierre, T.N., et al., Phylloxin, a novel peptide antibiotic of the dermaseptin family of antimicrobial/opioid peptide precursors. *European Journal of Biochemistry*, 2000;267(2):370–378.

64. Altman, L., Doctors warn of powerful and resistant tuberculosis strain. *New York Times*, August 8, 2006, A4.

65. Gandhi, N.R., et al., Extensively drug-resistant tuberculosis as a cause of death in patients co-infected with tuberculosis and HIV in a rural area of South Africa. *Lancet*, 2006;368(9547):1575–1580.

66. Zasloff, M., Antimicrobial peptides of multicellular organisms. *Nature*, 2002;415(6870):389–395.

67. Chen, T.B., et al., Dermatoxin and phylloxin from the waxy monkey frog, Phyllomedusa sauvagei: Cloning of precursor cDNAs and structural characterization from lyophilized skin secretion. *Regulatory Peptides*, 2005;129(1–3):103–108.

68. Lazarus, L.H., and M. Attila, The toad, ugly and venomous, wears yet a precious jewel in his skin. *Progress in Neurobiology*, 1993;41(4):473–507.

69. Chen, T.B., et al., Bradykinins and their precursor cDNAs from the skin of the fire-bellied toad (Bombina orientalis). *Peptides*, 2002;23(9):1547–1555.

70. Graham, L.D., et al., Characterization of a protein-based adhesive elastomer secreted by the Australian frog Notaden bennetti. *Biomacromolecules*, 2005;6(6):3300–3312.

71. Nowak, R., Frog glue repairs damaged cartilage. New Scientist, 2004; available from www.newscientist.com/article/dn6492.html [cited August 1, 2006].

72. Myers, C., J. Daly, and B. Malkin, A dangerously toxic new frog (Phyllobates) used by Emberá Indians of western Colombia, with discussion of blowgun fabrication and dart poisoning. *Bulletin of the American Museum of Natural History*, 1978;161(2):307–366.

73. Albuquerque, E., J.W. Daly, and B. Witkop, Batrachotoxin—chemistry and pharmacology. *Science*, 1971;172(3987):995–1002.

74. Wang, S.Y., and G.K. Wang, Voltage-gated sodium channels as primary targets of diverse lipid-soluble neurotoxins. *Cellular Signalling*, 2003;15(2):151–159.

75. Anger, T., et al., Medicinal chemistry of neuronal voltage-gated sodium channel blockers. *Journal of Medicinal Chemistry*, 2001;44(2):115–137.

76. Thouveny, Y., and R. Tassava, Regeneration through phylogenesis, in *Cellular and Molecular Basis of Regeneration: From Invertebrates to Humans*, P. Ferretti and J. Geraudie (editors). John Wiley & Sons, Chichester, UK, 1997, 9–44.

77. Brockes, J.P., A. Kumar, and C.P. Velloso, Regeneration as an Evolutionary Variable. *Journal of Anatomy*, 2001;199(Pt 1–2):3–11.

78. Davis, B.M., et al., Time course of salamander spinal-cord regeneration and recovery of swimming—HRP retrograde pathway tracing and kinematic analysis. *Experimental Neurology*, 1990;108(3):198–213.

79. Whitehead, G.G., et al., Fgf20 is essential for initiating zebrafish fin regeneration. *Science*, 2005;310(5756):1957–1960.

80. Brockes, J.R., and A. Kumar, Plasticity and reprogramming of differentiated cells in amphibian regeneration. *Nature Reviews Molecular Cell Biology*, 2002;3(8):566–574.

81. Nye, H.L.D., et al., Regeneration of the urodele limb: A review. *Developmental Dynamics*, 2003;226(2):280–294.

82. Land, M., and M. Sheets, Heading in a new direction: Implications of the revised fate map for understanding Xenopus laevis development. *Developmental Biology*, 2006;296(1):16.

83. Layne, J.R., and M.C. First, Resumption of physiological functions in the wood frog (Rana-sylvatica) after freezing. *American Journal of Physiology*, 1991;261(1):R134–R137.

84. Future retreat of Arctic Sea ice will lower polar bear populations and limit their distribution. U.S. Geological Survey, Reston, VA, 2007; available from www.usgs.gov/newsroom/special/polar%5Fbears [cited September 12, 2007].

85. Wu, T.-L., D. DiLuciano, and B. Walsh, Bear parts trade. *TED Case Studies*, No. 5, 1997; available from www.american.edu/TED/bear.htm [cited October 7, 2006].

86. Derocher, A.E., N.J. Lunn, and I. Stirling, Polar bears in a warming climate. *Integrative and Comparative Biology*, 2004;44(2):163–176.

87. Krauss, C., Debate on global warming has polar bear hunting in its sights *New York Times*, May 27, 2006, 1.

88. Braune, B.M., et al., Persistent organic pollutants and mercury in marine biota of the Canadian Arctic: An overview of spatial and temporal trends. *Science of the Total Environment*, 2005;351:4–56.

89. Blais, J.M., et al., Arctic seabirds transport marine-derived contaminants. *Science*, 2005;309(5733):445.

90. Muir, D.C.G., et al., Brominated flame retardants in polar bears (Ursus maritimus) from Alaska, the Canadian Arctic, East Greenland, and Svalbard. *Environmental Science and Technology*, 2006;40(2):449–455.

91. Willerroider, M., Roaming polar bears reveal Arctic role of pollutants. *Nature*, 2003;426(6962):5.

92. Lie, E., et al., Does high organochlorine (OC) exposure impair the resistance to infection in polar bears (Ursus maritimus)? Part 1: Effect of OCs on the humoral immunity. *Journal of Toxicology and Environmental Health Part A—Current Issues*, 2004;67(7):555–582.

93. Sonne, C., et al., Is bone mineral composition disrupted by organochlorines in East Greenland polar bears (Ursus maritimus)? *Environmental Health Perspectives*, 2004;112(17):1711–1716.

94. Haave, M., et al., Polychlorinated biphenyls and reproductive hormones in female polar bears at Svalbard. *Environmental Health Perspectives*, 2003;111(4):431–436.

95. Oskam, I.C., et al., Organochlorines affect the major androgenic hormone, testosterone, in male polar bears (Ursus maritimus) at Svalbard. *Journal of Toxicology and Environmental Health Part A—Current Issues*, 2003;66(22):2119–2139.

96. Oskam, I.C., et al., Organochlorines affect the steroid hormone cortisol in free-ranging polar bears (Ursus maritimus) at Svalbard, Norway. *Journal of Toxicology and Environmental Health Part A—Current Issues*, 2004;67(12):959–977.

97. *Arctic Climate Impact Assessment: Impacts of a Warming Arctic*. Cambridge University Press, Cambridge, UK, 2004.

98. Regehr, E., et al., Population decline of polar bears in western Hudson Bay in relation to climatic warming, in *16th Biennial Conference on the Biology of Marine Mammals*. Society for Marine Mammology, San Diego, 2005.

99. Monnett, C., and J.S. Gleason, Observations of mortality associated with extended open-water swimming by polar bears in the Alaskan Beaufort Sea. *Polar Biology*, 2006;29(8):681–687.

100. Ferguson, S.H., I. Stirling, and P. McLoughlin, Climate change and ringed seal (Phoca hispida) recruitment in western Hudson Bay. *Marine Mammal Science*, 2005;21(1):121–135.

101. Beuers, U., Drug insight: Mechanisms and sites of action of ursodeoxycholic acid in cholestasis. *Nature Clinical Practice Gastroenterology and Hepatology*, 2006;3(6):318–328.

102. Shi, J., et al., Long-term effects of mid-dose ursodeoxycholic acid in primary biliary cirrhosis: A meta-analysis of randomized controlled trials. *American Journal of Gastroenterology*, 2006;101(7):1529–1538.

103. Nelson, R.A., Black bears and polar bears—still metabolic marvels. *Mayo Clinic Proceedings*, 1987;62(9):850–853.

104. Floyd, T., R.A. Nelson, and G.F. Wynne, Calcium and bone metabolic homeostasis in active and denning black bears (Ursus-americanus). *Clinical Orthopaedics and Related Research*, 1990(255):301–309.

105. Donahue, S.W., et al., Bone formation is not impaired by hibernation (disuse) in black bears Ursus americanus. *Journal of Experimental Biology*, 2003;206(23):4233–4239.

106. National Osteoporosis Foundation, Fast facts. 2006; available from www.nof.org/osteoporosis/diseasefacts.htm [cited October 8, 2006].

107. Sambrook, P., and C. Cooper, Osteoporosis. *Lancet*, 2006;367(9527):2010–2018.

108. Dennison, E., Z. Cole, and C. Cooper, Diagnosis and epidemiology of osteoporosis. *Current Opinion in Rheumatology*, 2005;17(4):456–461.

109. Johnell, O., and J.A. Kanis, An estimate of the worldwide prevalence, mortality and disability associated with hip fracture. *Osteoporosis International*, 2004;15(11):897–902.

110. Donahue, S.W., et al., Hibernating bears as a model for preventing disuse osteoporosis. *Journal of Biomechanics*, 2006;39(8):1480–1488.

111. National Kidney and Urologic Diseases Information Clearinghouse, Kidney and Urologic Diseases Statistics for the U.S. 2006; available from kidney.niddk.nih.gov/kudiseases/pubs/kustats/index.htm, [cited October 8, 2006].

112. Moeller, S., S. Gioberge, and G. Brown, ESRD patients in 2001: Overview of patients, treatment modalities and development trends. *Nephrology, Dialysis, Transplantation*, 2002;17(12):2071–2076.

113. Meichelboeck, W. ESRD 2005—a worldwide overview. Facts, figures, and trends, in *4th International Congress of the Vascular Access Society*. Karger, Berlin, 2005.

114. Nelson, R.A., et al., Nitrogen-metabolism in bears—urea metabolism in summer starvation and in winter sleep and role of urinary-bladder in water and nitrogen conservation. *Mayo Clinic Proceedings*, 1975;50(3):141–146.

115. Nelson, R.A., et al., Metabolism of bears before, during, and after winter sleep. *American Journal of Physiology*, 1973;224(2):491–496.

116. Nelson, R.A., Urea metabolism in hibernating black bear. *Kidney International*, 1978:S177–S179.

117. Palumbo, P., D.L. Wellik, N.A. Bagley, and R.A. Nelson, Insulin and glucagon responses in the hibernating black bear. *International Conference on Bear Research and Management*, 1983;5:291–296.

118. Ahlquist, D.A., et al., Glycerol metabolism in the hibernating black bear. *Journal of Comparative Physiology B—Biochemical Systemic and Environmental Physiology*, 1984;155(1):75–79.

119. Unterman, T., et al., Insulin-like growth factor-I (Igf-I) and binding-proteins (Igfbps) in the denning black bear (Ursus-americanus). *Clinical Research*, 1992;40(3):A712–A712.

120. Cattet, M., *Biochemical and Physiological Aspects of Obesity, High Fat Diet, and Prolonged Fasting in Free-Ranging Polar Bears*. University of Saskatchewan, Saskatoon, 2000.

121. Ogden, C.L., et al., Prevalence of overweight and obesity in the United States, 1999–2004. *JAMA*, 2006;295(13):1549–1555.

122. Allgot, B., et al., *Diabetes Atlas*. International Diabetes Federation, Brussels, 2003.

123. Groves, C., *Primate Taxonomy*. Smithsonian Institute Press, Washington, DC, 2001.

124. Pontes, A.R.M., A. Malta, and P.H. Asfora, A new species of capuchin monkey, genus Cebus Erxleben (Cebidae, Primates): Found at the very brink of extinction in the Pernambuco Endemism Centre. *Zootaxa*, 2006;(1200):1–12.

125. Thalmann, U. and T. Geissmann, New species of woolly lemur Avahi (Primates: Lemuriformes) in Bemaraha (central western Madagascar). *American Journal of Primatology*, 2005;67(3):371–376.

126. Sinha, A., et al., Macaca munzala: A new species from western Arunachal Pradesh, northeastern India. *International Journal of Primatology*, 2005;26(4):977–989.

127. Ehardt, C.L., T.M. Butynski, and T.R.B. Davenport, New species of monkey discovered in Tanzania: The critically endangered highland mangabey Lophocebus kipunji. *Oryx*, 2005;39(4):370–371.

128. Geissmann, T., Fact Sheet: What Are the gibbons? 2006; available from www.gibbons.de/main2/08teachtext/factgibbons/gibbonfact.html [cited October 8, 2006].

129. MacKinnon, K., Conservation status of Indonesian primates. *Primate Eye*, 1986;29:30–35.

130. U.N. Environment Programme, The Great Apes—The Road Ahead. GLOBIO (Global Methodology for Mapping Human Impacts on the Biosphere), 2002; available from www.globio.info/region/asia/ [cited October 10, 2006].

131. Rijksen, H.D., and E. Meijaard, *Our Vanishing Relative: The Status of Wild Orangutans at the Close of the Twentieth Century*. Kluwer Academic Publishers, Dordrecht, 1999.

132. Butynski, T.M., Africa's great apes, in *Great Apes and Humans: The Ethics of Coexistence*, B. Beck, et al. (editors). Smithsonian Institute Press, Washington, DC, 2001, 3–56.

133. Walsh, P.D., et al., Catastrophic ape decline in western equatorial Africa. *Nature*, 2003;422(6932):611–614.

134. Kalpers, J., et al., Gorillas in the crossfire: Population dynamics of the Virunga mountain gorillas over the past three decades. *Oryx*, 2003;37(3):326–337.

135. Brashares, J.S., et al., Bushmeat hunting, wildlife declines, and fish supply in West Africa. *Science*, 2004;306(5699):1180–1183.

136. Plumptre, A.J., et al., The effects of the Rwandan civil war on poaching of ungulates in the Parc National des Volcans. *Oryx*, 1997;31(4):265–273.

137. Inogwabini, B.I., et al., Status of large mammals in the mountain sector of Kahuzi-Biega National Park, Democratic Republic of Congo, in 1996. *African Journal of Ecology*, 2000;38(4):269–276.

138. Vogel, G., Conservation: Conflict in Congo threatens bonobos and rare gorillas. *Science*, 2000;287(5462):2386–2387.

139. Leroy, E.M., et al., Fruit bats as reservoirs of Ebola virus. *Nature*, 2005;438(7068):575–576.

140. Pourrut, X., et al., The natural history of Ebola virus in Africa. *Microbes and Infection*, 2005;7(7–8):1005–1014.

141. Leroy, E.M., et al., Multiple Ebola virus transmission events and rapid decline of central African wildlife. *Science*, 2004;303(5656):387–390.

142. Leendertz, F.H., et al., Anthrax kills wild chimpanzees in a tropical rainforest. *Nature*, 2004;430(6998):451–452.

143. Koff, R.S., Hepatitis vaccines: Recent advances. *International Journal for Parasitology*, 2003;33(5–6):517–523.

144. Cohen, J., The scientific challenge of hepatitis C. *Science*, 1999;285(5424):26–30.

145. Bukh, J., et al., Studies of hepatitis C virus in chimpanzees and their importance for vaccine development. *Intervirology*, 2001;44(2–3):132–142.

146. Abrignani, S., M. Houghton, and H.H. Hsu, Perspectives for a vaccine against hepatitis C virus. *Journal of Hepatology*, 1999;31:259–263.

147. Esumi, M., et al., Experimental vaccine activities of recombinant E1 and E2 glycoproteins and hypervariable region 1 peptides of hepatitis C virus in chimpanzees. *Archives of Virology*, 1999;144(5):973–980.

148. Sibal, L.R., and K.J. Samson, Nonhuman primates: A critical role in current disease research. *Ilar Journal*, 2001;42(2):74–84.

149. Aggarwal, R., and P. Ranjan, Preventing and treating hepatitis B infection. *BMJ*, 2004;329(7474):1080–1086.

150. Bertoni, R., et al., Human class I supertypes and CTL repertoires extend to chimpanzees. *Journal of Immunology*, 1998;161(8):4447–4455.

151. Guidotti, L.G., et al., Viral clearance without destruction of infected cells during acute HBV infection. *Science*, 1999;284(5415):825–829.

152. Alonso, P.L., et al., Efficacy of the RTS,S/AS02A vaccine against Plasmodium falciparum infection and disease in young African children: Randomised controlled trial. *Lancet*, 2004;364(9443):1411–1420.

153. Heppner, D.G., et al., Towards an RTS,S-based, multi-stage, multi-antigen falciparum malaria: Progress at the Walter Reed Army Institute of Research. *Vaccine*, 2005;23(17–18):2243–2250.

154. Walsh, D.S., et al., Heterologous prime-boost immunization in rhesus macaques by two, optimally spaced particle-mediated epidermal deliveries of Plasmodium falciparum circumsporozoite protein-encoding DNA, followed by intramuscular RTS,S/AS02A. *Vaccine*, 2006;24(19):4167–4178.

155. World Health Organization, Marburg haemorrhagic fever in Angola—update 25. Epidemic and Alert and Response 2005; available from www.who.int/csr/don/2005_08_24/en/index.html [cited October 10, 2006].

156. World Health Organization, Ebola haemorrhagic fever. Fact sheet no. 103. 2004; available from www.who.int/mediacentre/factsheets/fs103/en/index.html [cited August 28, 2007].

157. Formenty, P., et al., Ebola virus outbreak among wild chimpanzees living in a rain forest of Cote d'Ivoire. *Journal of Infectious Diseases*, 1999;179:S120–S126.

158. Formenty, P., et al., Human infection due to Ebola virus, subtype Cote d'Ivoire: Clinical and biologic presentation. *Journal of Infectious Diseases*, 1999;179:S48–S53.

159. Rouquet, P., et al., Wild animal mortality monitoring and human Ebola outbreaks, Gabon and Republic of Congo, 2001–2003. *Emerging Infectious Diseases*, 2005;11(2):283–290.

160. Jaax, N.K., et al., Lethal experimental infection of rhesus monkeys with Ebola-Zaire (Mayinga) virus by the oral and conjunctival route of exposure. *Archives of Pathology and Laboratory Medicine*, 1996;120(2):140–155.

161. Johnson, E., et al., Lethal experimental infections of rhesus monkeys by aerosolized Ebola virus. *International Journal of Experimental Pathology*, 1995;76(4):227–236.

162. Jones, S.M., et al., Live attenuated recombinant vaccine protects nonhuman primates against Ebola and Marburg viruses. *Nature Medicine*, 2005;11(7):786–790.

163. Hopes and fears for rotavirus vaccines. *Lancet*, 2004;365(9455):190.

164. Glass, R.I., et al., Rotavirus vaccines: Current prospects and future challenges. *Lancet*, 2006;368(9532):323–332.

165. Kapikian, A., and R. Canock, Rotaviruses, in *Fields Virology*, B. Fields, D. Knipe, and P. Howley (editors). Lippincott-Raven, Philadelphia, 1996, 1657–1708.

166. Jiang, B.M., et al., Prevalence of rotavirus and norovirus antibodies in non-human primates. *Journal of Medical Primatology*, 2004;33(1):30–33.

167. Dennehy, P.H., Rotavirus vaccines: An update. *Pediatric Infectious Disease Journal*, 2006;25(9):839–840.

168. Joint U.N. Programme on HIV/AIDS, *2006 Report on the Global AIDS Epidemic: May 2006*. UNAIDS, Geneva, Switzerland, 2006.

169. Masupu, K., et al (editors), *Botswana 2003 Second Generation HIV/AIDS Surveillance*. National AIDS Coordinating Agency, Gaborone, Botswana, 2003.

170. Rambaut, A., et al., Human immunodeficiency virus—phylogeny and the origin of HIV-1. *Nature*, 2001;410(6832):1047–1048.

171. Keele, B.F., et al., Chimpanzee reservoirs of pandemic and nonpandemic HIV-1. *Science*, 2006;313(5786):523–526.

172. Stremlau, M., et al., The cytoplasmic body component TRIM5 alpha restricts HIV-1 infection in old world monkeys. *Nature*, 2004;427(6977):848–853.

173. Connor, E.M., et al., Reduction of maternal-infant transmission of human-immunodeficiency-virus type-1 with zidovudine treatment. *New England Journal of Medicine*, 1994;331(18):1173–1180.

174. Van Rompay, K.K.A., Antiretroviral drug studies in nonhuman primates: A valid animal model for innovative drug efficacy and pathogenesis experiments. *AIDS Reviews*, 2005;7(2):67–83.

175. McMichael, A.J., HIV vaccines. *Annual Review of Immunology*, 2006;24:227–255.

176. King, F.A., et al., Primates. *Science*, 1988;240(4858):1475–1482.

177. Burns, R.S., et al., A primate model of parkinsonism—selective destruction of dopaminergic-neurons in the pars compacta of the substantia nigra by N-methyl-4-phenyl-1,2,3,6-tetrahydropyridine. *Proceedings of the National Academy of Sciences of the USA*, 1983;80(14):4546–4550.

178. Alzheimer's Association, Statistics about Alzheimer's Disease. 2006; available from search.alz.org/AboutAD/statistics.asp [cited August 5, 2006].

179. Price, D.L., and S.S. Sisodia, Cellular and molecular-biology of Alzheimers-disease and animal-models. *Annual Review of Medicine*, 1994;45:435–446.

180. Buccafusco, J.J., et al., Differential improvement in memory-related task performance with nicotine by aged male and female rhesus monkeys. *Behavioural Pharmacology*, 1999;10(6–7):681–690.

181. Gandy, S., et al., Alzheimer's A beta vaccination of rhesus monkeys (Macaca mulatta). *Mechanisms of Ageing and Development*, 2004;125(2):149–151.

182. Lemere, C.A., et al., Alzheimer's disease A beta vaccine reduces central nervous system A beta levels in a non-human primate, the Caribbean vervet. *American Journal of Pathology*, 2004;165(1):283–297.

183. Harlow, H.F., The nature of love. *American Psychologist*, 1958;13(12):673–685.

184. Washburn, S.L., and I. Devore, Social life of baboons—a study of troops of baboons in their natural environment in East Africa has revealed patterns of interdependence that may shed light on early evolution of human species. *Scientific American*, 1961;204(6):62–72.

185. Hausfater, G., J. Altmann, and S. Altmann, Long-term consistency of dominance relations among female baboons (Papio-cynocephalus). *Science*, 1982;217(4561):752–755.

186. Fossey, D., *Gorillas in the Mist*. Houghton Mifflin & Company, Boston, 1983.

187. Galdikas, B., *Orangutan Odyssey*. Harry N. Abrams, New York, 1999.

188. van Schaik, C.P., et al., Orangutan cultures and the evolution of material culture. *Science*, 2003;299(5603):102–105.

189. Goodall, J., *My Life with the Chimpanzees*. Simon & Schuster, New York, 1988.

190. Zhou, Z., and S. Zheng, Palaeobiology: The missing link in Ginkgo evolution—the modern maidenhair tree has barely changed since the days of the dinosaurs. *Nature*, 2003;423(6942):3.

191. National Assessment Synthesis Team, U.S. Global Change Research Program. Climate Change Impacts on the United States. The Potential Consequences of Climate Variability and Change. Overview: Alaska. U.S. National Assessment of the Potential Consequences of Climate Variability and Change, 2000; available from www.usgcrp.gov/usgcrp/Library/nationalassessment/overviewalaska.htm [cited October 10, 2006].

192. Malcolm, J., et al., Migration of vegetation types in a greenhouse world, in *Climate Change and Biodiversity*, T. Lovejoy and L. Hannah (editors). Yale University Press, New Haven, CT, 2005.

193. Holsten, E., et al., The Spruce Beetle. 1999; available from www.na.fs.fed.us/spfo/pubs/fidls/sprucebeetle/sprucebeetle.htm [cited August 4, 2006].

194. Egan, T., On hot trail of tiny killer in Alaska. *New York Times*, June 25, 2002, F1.

195. Western Regional Climate Center, Alaska Climate Summaries. 2006; available from www.wrcc.dri.edu/summary/climsmak.html [cited October 10, 2006].

196. Berg, E.E., et al., Spruce beetle outbreaks on the Kenai Peninsula, Alaska, and Kluane National Park and Reserve, Yukon Territory: Relationship to summer temperatures and regional differences in disturbance regimes. *Forest Ecology and Management*, 2006;227(3):219–232.

197. McDonald, G., and R. Hoff, Blister rust: An introduced plague, in *Whitebark Pine Communities: Ecology and Restoration*, D. Tomback, S. Amo, and R. Keane (editors). Island Press, Washington, DC, 2001, 193–220.

198. Kendall, K., and R. Keane, Whitebark pine decline: Infection, mortality, and population trends, in *Whitebark Pine Communities: Ecology and Restoration*, D. Tomback, S. Amo, and R. Keane (editors). Island Press, Washington, DC, 2001, 221–242.

199. Keane, R.E., P. Morgan, and J.P. Menakis, Landscape assessment of the decline of whitebark-pine (Pinus-albicaulis) in the Bob Marshall Wilderness Complex, Montana, USA. *Northwest Science*, 1994;68(3):213–229.

200. Gibson, K., Mountain pine beetle conditions in whitebark pine stands in the greater Yellowstone ecosystem, in *Forest Health Protection*. USDA Forest Service, Missoula, MN, 2006.

201. Powell, J., and J. Logan, Ghost Forests, global warming and the mountain pine beetle. *American Entomologist*, 2001;47(3):160–172.

202. Tomback, D., and K. Kendall, Biodiversity loses: The downward spiral, in *Whitebark Pine Communities: Ecology and Restoration*, D. Tomback, S. Amo, and R. Keane (editors). Island Press, Washington, DC, 2001, 243–262.

203. Petit, C., In the Rockies, pines die and bears feel it. *New York Times*, January 30, 2007, F1.

204. Kizlinski, M.L., et al., Direct and indirect ecosystem consequences of an invasive pest on forests dominated by eastern hemlock. *Journal of Biogeography*, 2002;29(10–11):1489–1503.

205. Shiels, K., and C. Cheah, Winter mortality in Adelges tsugae populations in 2003 and 2004, in *Third Symposium on Hemlock Woolly Adelgid in the Eastern United States*. Forest Health Technology Enterprise Team, USDA, Asheville, NC, 2005.

206. Stevens, W., Ladybugs coming to the rescue of threatened hemlocks. *New York Times*, February 17, 1998, F3.

207. Snyder, C.D., et al., Influence of eastern hemlock (Tsuga canadensis) forests on aquatic invertebrate assemblages in headwater streams. *Canadian Journal of Fisheries and Aquatic Sciences*, 2002;59(2):262–275.

208. Newman, D.J., G.M. Cragg, and K.M. Snader, The influence of natural products upon drug discovery. *Natural Product Reports*, 2000;17(3):215–234.

209. Del Tredici, P., The evolution, ecology, and cultivation of Ginkgo biloba, in *Ginkgo Biloba*, T.A. van Beek (editor). Harwood Academic Publishers, Amsterdam, 2000, 7–23.

210. Hori, T., *Ginkgo biloba, a Global Treasure: From Biology to Medicine*. Springer, New York, 1997, xvii.

211. Sierpina, V.S., B. Wollschlaeger, and M. Blumenthal, Ginkgo biloba. *American Family Physician*, 2003;68(5):923–926.

212. LeBars, P.L., et al., A placebo-controlled, double-blind, randomized trial of an extract of Ginkgo biloba for dementia. *JAMA*, 1997;278(16):1327–1332.

213. Ahn, Y.J., et al., Potent insecticidal activity of Ginkgo biloba derived trilactone terpenes against Nilaparvata lugens, in *Phytochemicals for Pest Control*, P.A. Hedin (editor). American Chemical Society, Washington, DC, 1997, 90–105.

214. Goodman, J., and V. Walsh, *The Story of Taxol: Nature and Politics in the Pursuit of an Anti-cancer Drug*. Cambridge University Press, New York, 2001, xiii.

215. Oberlies, N.H., and D.J. Kroll, Camptothecin and taxol: Historic achievements in natural products research. *Journal of Natural Products*, 2004;67(2):129–135.

216. McGuire, W.P., et al., Taxol—a unique antineoplastic agent with significant activity in advanced ovarian epithelial neoplasms. *Annals of Internal Medicine*, 1989;111(4):273–279.

217. Crown, J., and M. O'Leary, The taxanes: An update. *Lancet*, 2000;355(9210):1176–1178.

218. Kavallaris, M., Discovering novel strategies for antimicrotubule cytotoxic therapy. *EJC Supplements*, 2006;4(7):3–9.

219. Stone, G.W., et al., A polymer-based, paclitaxel-eluting stent in patients with coronary artery disease. *New England Journal of Medicine*, 2004;350(3):221–231.

220. Stone, G.W., et al., Safety and efficacy of sirolimus- and paclitaxel-eluting coronary stents. *New England Journal of Medicine*, 2007;356(10):998–1008.

221. Stromgaard, K., and K. Nakanishi, Chemistry and biology of terpene trilactones from Ginkgo biloba. *Angewandte Chemie-International Edition*, 2004;43(13):1640–1658.

222. Amri, H., K. Drieu, and V. Papadopoulos, Transcriptional suppression of the adrenal cortical peripheral-type benzodiazepine receptor gene and inhibition of steroid synthesis by ginkgolide B. *Biochemical Pharmacology*, 2003;65(5):717–729.

223. Papadopoulos, V., et al., Drug-induced inhibition of the peripheral-type benzodiazepine receptor expression and cell proliferation in human breast cancer cells. *Anticancer Research*, 2000;20(5A):2835–2847.

224. Livett, B.G., What's New in 2004. 2004; available from grimwade.biochem.unimelb.edu.au/cone/new2004.html [cited October 11, 2006].

225. Roberts, C.M., et al., Marine biodiversity hotspots and conservation priorities for tropical reefs. *Science*, 2002;295(5558):1280–1284.

226. Wilkinson, C., ed. *Status of Coral Reefs of the World: 2004*, Vol. 1. Australian Institute of Marine Science, Townsville, Queensland, Australia, 2004.

227. Spalding, M., F. Blasco, and C. Field, *World Mangrove Atlas*. International Society for Mangrove Ecosystems, Okinawa, Japan, 1997.

228. Burke, L., L. Selig, and M. Spalding, *Reefs at Risk in South-East Asia*. U.N. Environment Programme World Conservation Monitoring Centre, Cambridge, UK, 2002.

229. Chivian, E., C.M. Roberts, and A.S. Bernstein, The threat to cone snails. *Science*, 2003;302(5644):391.

230. Weil, E., G. Smith, and D.L. Gil-Agudelo, Status and progress in coral reef disease research. *Diseases of Aquatic Organisms*, 2006;69(1):1–7.

231. Olivera, B.M., Conus peptides: Biodiversity-based discovery and exogenomics. *Journal of Biological Chemistry*, 2006;281(42):31173–31177.

232. Olivera, B.M., et al., Diversity of Conus Neuropeptides. *Science*, 1990;249(4966):257–263.

233. Olivera, B., and L. Cruz, Conotoxins, in retrospect. *Toxicon*, 2001;39:7.

234. McIntosh, J.M., and R.M. Jones, Cone venom—from accidental stings to deliberate injection. *Toxicon*, 2001;39(10):1447–1451.

235. Staats, P.S., et al., Intrathecal ziconotide in the treatment of refractory pain in patients with cancer or AIDS—a randomized controlled trial. *JAMA*, 2004;291(1):63–70.

236. Bowersox, S.S., et al., Selective N-type neuronal voltage-sensitive calcium channel blocker, SNX-111, produces spinal antinociception in rat models of acute, persistent and neuropathic pain. *Journal of Pharmacology and Experimental Therapeutics*, 1996;279(3):1243–1249.

237. Mari, F., and G.B. Fields, Conopeptides: Unique pharmacological agents that challenge current peptide methodologies. *Chimica Oggi—Chemistry Today*, 2003;21(6):43–48.

238. Williams, A.J., et al., Neuroprotective efficacy and therapeutic window of the high-affinity N-methyl-D-aspartate antagonist conantokin-G: In vitro (primary cerebellar neurons) and in vivo (rat model of transient focal brain ischemia) studies. *Journal of Pharmacology and Experimental Therapeutics*, 2000;294(1):378–386.

239. Rajendra, W., A. Armugam, and K. Jeyaseelan, Neuroprotection and peptide toxins. *Brain Research Reviews*, 2004;45(2):125–141.

240. Jimenez, E.C., et al., Conantokin-L, a new NMDA receptor antagonist: Determinants for anticonvulsant potency. *Epilepsy Research*, 2002;51(1–2):73–80.

241. Pinto, A., et al., The action of Lambert-Eaton myasthenic syndrome immunoglobulin G on cloned human voltage-gated calcium channels. *Muscle and Nerve*, 2002;25(5):715–724.

242. Watkins, M., D.R. Hillyard, and B.M. Olivera, Genes expressed in a turrid venom duct: Divergence and similarity to conotoxins. *Journal of Molecular Evolution*, 2006;62(3):247–256.

243. Azam, L., et al., Alpha-conotoxin BuIA, a novel peptide from Conus bullatus, distinguishes among neuronal nicotinic acetylcholine receptors. *Journal of Biological Chemistry*, 2005;280(1):80–87.

244. Nicke, A., S. Wonnacott, and R.J. Lewis, Alpha-conotoxins as tools for the elucidation of structure and function of neuronal nicotinic acetylcholine receptor subtypes. *European Journal of Biochemistry*, 2004;271(12):2305–2319.

245. Janes, R.W., Alpha-conotoxins as selective probes for nicotinic acetylcholine receptor subclasses. *Current Opinion In Pharmacology*, 2005;5(3):280–292.

246. McIntosh, J.M., A.D. Santos, and B.M. Olivera, Conus peptides targeted to specific nicotinic acetylcholine receptor subtypes. *Annual Review of Biochemistry*, 1999;68:59–88.

247. Quik, M., and J.M. McIntosh, Striatal alpha 6* nicotinic acetylcholine receptors: Potential targets for Parkinson's disease therapy. *Journal of Pharmacology and Experimental Therapeutics*, 2006;316(2):481–489.

248. Terlau, H., and B.M. Olivera, Conus venoms: A rich source of novel ion channel-targeted peptides. *Physiological Reviews*, 2004;84(1):41–68.

249. Clarke, S.C., et al., Global estimates of shark catches using trade records from commercial markets. *Ecology Letters*, 2006;9(10):1115–1126.

250. Baum, J.K., et al., Collapse and conservation of shark populations in the northwest Atlantic. *Science*, 2003;299(5605):389–392.

251. Baum, J.K., and R.A. Myers, Shifting baselines and the decline of pelagic sharks in the Gulf of Mexico. *Ecology Letters*, 2004;7(2):135–145.

252. Musick, J.A., et al., Management of sharks and their relatives (Elasmobranchii). *Fisheries*, 2000;25(3):9–13.

253. Ritter, E., Fact sheet: Spiny dogfish, in *Shark Info Research News and Background Information on the Protection, Ecology, Biology and Behavior of Sharks*. 1999; available from www.sharkinfo.ch/SI2_99e/sacanthias.html [cited August 30, 2007].

254. Raloff, J., Clipping the fin. *Science News*, 2002;162(15):232.

255. Burgess, G., ISAF 2004 Worldwide Shark Attack Summary. 2004; available from www.flmnh.ufl.edu/FISH/Sharks/statistics/2004attacksummary.htm [cited October 11, 2006].

256. Lyon, W., Bee and Wasp Stings. 2000; available from ohioline.osu.edu/hyg-fact/2000/2076.html [cited October 11, 2006].

257. Roach, J., Key to lightning deaths: Location, location, location. *National Geographic News*, June 22, 2004; available from news.nationalgeographic.com/news/2003/05/0522_030522_lightning.html [cited August 30, 2007].

258. Environmental News Service, Great white shark protected. *Newswire*, 2004; available from www.ens-newswire.com/ens/oct2004/2004-10-12-03.asp [cited August 30, 2007].

259. Cunningham-Day, R., *Sharks in Danger: Global Shark Conservation Status with Reference to Management Plans and Legislation*. Universal Publishers, Parkland, Florida, 2001.

260. Forero, J., Hidden cost of shark fin soup: Its source may vanish. *New York Times*, January 5, 2006, A4.

261. National Oceanic and Atmospheric Administration, International Commission Adopts U.S. Proposal for Shark Finning Ban. 2004; available from www.publicaffairs.noaa.gov/releases2004/nov04/noaa04-115.html [cited October 11, 2006].

262. Essington, T., et al., Alternative fisheries and the predation rate of yellowfin tuna in the eastern Pacific Ocean. *Ecological Applications*, 2002;12(3):10.

263. Myers, R.A., et al., Cascading effects of the loss of apex predatory sharks from a coastal ocean. *Science*, 2007;315(5820):1846–1850.

264. Lee, A., and R. Langer, Shark cartilage contains inhibitors of tumor angiogenesis. *Science*, 1983;221(4616):1185–1187.

265. Gugliotta, G., FTC Tells Firms to End Shark Cartilage Anti-cancer Claims. *Washington Post*, June 30, 2000, A19.

266. Ostrander, G.K., et al., Shark cartilage, cancer and the growing threat of pseudoscience. *Cancer Research*, 2004;64(23):8485–8491.

267. Loprinzi, C.L., et al., Evaluation of shark cartilage in patients with advanced cancer—a north central cancer treatment group trial. *Cancer*, 2005;104(1):176–182.

268. Batist, G., et al., Neovastat (AE-941) in refractory renal cell carcinoma patients: Report of a phase II trial with two dose levels. *Annals of Oncology*, 2002;13(8):1259–1263.

269. Harvard Medical School, Consumer Health Information. Complementary and Alternative Medicine. Shark Cartilage. 2005; available from www.intelihealth.com/IH/ihtIH/WSIHWOOO/8513/31402/346293.html?d=dmtContent [cited October 11, 2006].

270. Moore, K.S., et al., Squalamine—an aminosterol antibiotic from the shark. *Proceedings of the National Academy of Sciences of the USA*, 1993;90(4):1354–1358.

271. Kikuchi, K., et al., Antimicrobial activities of squalamine mimics. *Antimicrobial Agents and Chemotherapy*, 1997;41(7):1433–1438.

272. Sills, A.K., et al., Squalamine inhibits angiogenesis and solid tumor growth in vivo and perturbs embryonic vasculature. *Cancer Research*, 1998;58(13):2784–2792.

273. Chopdar, A., U. Chakravarthy, and D. Verma, Age related macular degeneration. *British Medical Journal*, 2003;326(7387):485–488.

274. Ciulla, T.A., et al., Squalamine lactate reduces choroidal neovascularization in a laser-injury model in the rat. *Retina—the Journal of Retinal and Vitreous Diseases*, 2003;23(6):808–814.

275. Genaidy, M., et al., Effect of squalamine on iris neovascularization in monkeys. *Retina—the Journal of Retinal and Vitreous Diseases*, 2002;22(6):772–778.

276. Garcia, C.A., et al., A phase 2 multi-dose pharmacokinetic study of MSI-1256F (squalamine lactate) for the treatment of subfoveal choroidal neovascularization associated with age-related macular degeneration (AMD). *Investigative Ophthalmology and Visual Science*, 2005;46(Supplement S).

277. Herbst, R.S., et al., A phase I/IIA trial of continuous five-day infusion of squalamine lactate (MSI-1256F) plus carboplatin and paclitaxel in patients with advanced non-small cell lung cancer. *Clinical Cancer Research*, 2003;9(11):4108–4115.

278. Zasloff, M., et al., A spermine-coupled cholesterol metabolite from the shark with potent appetite suppressant and antidiabetic properties. *International Journal of Obesity*, 2001;25(5):689–697.

279. Ahima, R.S., et al., Appetite suppression and weight reduction by a centrally active aminosterol. *Diabetes*, 2002;51(7):2099–2104.

280. MacCallum, A., The paleochemistry of the body fluids and tissues. *Physiological Reviews*, 1926;6:316–357.

281. Epstein, F.H., The sea within us. *Journal of Experimental Zoology*, 1999;284(1):50–54.

282. Epstein, F.H., The salt gland of the shark, in *A Laboratory by the Sea: The Mount Desert Island Biological Laboratory 1989–1998*, F.H. Epstein (editor). River Press, Rhinebeck, New York, 1998.

283. Silva, P., R.J. Solomon, and F.H. Epstein, The rectal gland of Squalus acanthias: A model for the transport of chloride. *Kidney International*, 1996;49(6):1552–1556.

284. Goldman, M., et al., Human b-defensin-1 is a salt-sensitive antibiotic in lung that is inactivated in cystic fibrosis. *Cell*, 1997;88:7.

285. Smith, J., et al., Cystic fibrosis airway epithelia fail to kill bacteria because of abnormal airway surface fluid. *Cell*, 1996;85:7.

286. Aller, S.G., et al., Cloning, characterization, and functional expression of a CNP receptor regulating CFTR in the shark rectal gland. *American Journal of Physiology—Cell Physiology*, 1999;276(2):C442–C449.

287. Badani, K.K., A.K. Hemal, and M. Menon, Autosomal dominant polycystic kidney disease and pain—a review of the disease from aetiology, evaluation, past surgical treatment options to current practice. *Journal of Postgraduate Medicine*, 2004;50(3):222–226.

288. Silva, P., et al., Mode of action of somatostatin to inhibit secretion by shark rectal gland. *American Journal of Physiology*, 1985;249(3):R329–R334.

289. Reubi, J.C., et al., Human kidney as target for somatostatin—high-affinity receptors in tubules and vasa-recta. *Journal of Clinical Endocrinology and Metabolism*, 1993;77(5):1323–1328.

290. Ruggenenti, P., et al., Safety and efficacy of long-acting somatostatin treatment in autosomal-dominant polycystic kidney disease. *Kidney International*, 2005;68(1):206–216.

291. Schluter, S.F., and J.J. Marchalonis, Cloning of shark RAG2 and characterization of the RAG1/RAG2 gene locus. *FASEB Journal*, 2003;17(1)470–472.

292. Kasahara, M., et al., The evolutionary origin of the major histocompatibility complex—polymorphism of class-II alpha-chain genes in the cartilaginous fish. *European Journal of Immunology*, 1993;23(9):2160–2165.

293. Flajnik, M.F., Comparative analyses of immunoglobulin genes: Surprises and portents. *Nature Reviews Immunology*, 2002;2(9):688–698.

294. Marchalonis, J.J., et al., Natural recognition repertoire and the evolutionary emergence of the combinatorial immune system. *FASEB Journal*, 2002;16(8)842–848.

295. Tanacredi, J.T., *Limulus in the Limelight: A Species 350 Million Years in the Making and in Peril?* Kluwer Academic/Plenum Publishers, New York, 2001, xvi.

296. Morrison, R.I.G., R.K. Ross, and L.J. Niles, Declines in wintering populations of red knots in southern South America. *Condor*, 2004;106(1):60–70.

297. Osaki, T., et al., Horseshoe crab hemocyte-derived antimicrobial polypeptides, tachystatins, with sequence similarity to spider neurotoxins. *Journal of Biological Chemistry*, 1999;274(37):26172–26178.

298. Ozaki, A., S. Ariki, and S. Kawabata, An antimicrobial peptide tachyplesin acts as a secondary secretagogue and amplifies lipopolysaccharide-induced hemocyte exocytosis. *FEBS Journal*, 2005;272(15):3863–3871.

299. Powers, J.P.S., et al., The antimicrobial peptide polyphemusin localizes to the cytoplasm of Escherichia coli following treatment. *Antimicrobial Agents and Chemotherapy*, 2006;50(4):1522–1524.

300. Tamamura, H., et al., A low-molecular-weight inhibitor against the chemokine receptor CXCR4: A strong anti-HIV peptide T140. *Biochemical and Biophysical Research Communications*, 1998;253(3):877–882.

301. Tamamura, H., et al., T140 analogs as CXCR4 antagonists identified as anti-metastatic agents in the treatment of breast cancer. *FEBS Letters*, 2003;550(1–3):79–83.

302. Tamamura, H., et al., Identification of a CXCR4 antagonist, a T140 analog, as an anti-rheumatoid arthritis agent. *FEBS Letters*, 2004;569(1–3):99–104.

303. Levin, J., P.A. Tomasulo, and R.S. Oser, Detection of Endotoxin in Human Blood and Demonstration of an Inhibitor. *Journal of Laboratory and Clinical Medicine*, 1970;75(6):903–911.

304. Schmid, M.F., et al., Structure of the acrosomal bundle. *Nature*, 2004;431(7004):104–107.

305. Barlow, R.B., J.M. Hitt, and F.A. Dodge, Limulus vision in the marine environment. *Biological Bulletin*, 2001;200(2):169–176.

306. Zhu, Y., et al., The ancient origin of the complement system. *EMBO Journal*, 2005;24(2):382–394.

307. Graham, N., F. Ratliff, and H.K. Hartline, Facilitation of inhibition in compound lateral eye of Limulus. *Proceedings of the National Academy of Sciences of the USA*, 1973;70(3):894–898.

参考文献

Andersen, M., et al., Geographic variation of PCB congeners in polar bears (Ursus maritimus) from Svalbard east to the Chukchi Sea. *Polar Biology*, 2001;24(4):231–238.

Beck, B.B., Disney Institute, and American Zoo and Aquarium Association, *Great Apes and Humans: The Ethics of Coexistence*. Zoo and Aquarium Biology and Conservation Series. Smithsonian Institution Press, Washington, DC, 2001, xxiv.

Beebee, T.J.C., and R.A. Griffiths, The amphibian decline crisis: A watershed for conservation biology? *Biological Conservation*, 2005;125(3):271–285.

Beetschen, J.C., Amphibian gastrulation: History and evolution of a 125 year-old concept. *International Journal of Developmental Biology*, 2001;45(7):771–795.

Blaustein, A.R., and L.K. Belden, Amphibian defenses against ultraviolet-B radiation. *Evolution and Development*, 2003;5(1):89–97.

Blaustein, A.R., et al., Amphibian breeding and climate change. *Conservation Biology*, 2001;15(6):1804–1809.

Brunel, J.M., et al., Squalamine: A polyvalent drug of the future? *Current Cancer Drug Targets*, 2005;5(4):267–272.

Burger, M., et al., Small peptide inhibitors of the CXCR4 chemokine receptor (CD184) antagonize the activation, migration, and antiapoptotic responses of CXCL12 in chronic lymphocytic leukemia B cells. *Blood*, 2005;106(5):1824–1830.

Cragg, G.M., and D.J. Newman, Biodiversity: A continuing source of novel drug leads. *Pure and Applied Chemistry*, 2005;77(1):7–24.

Crown, J., M. O'Leary, and W.S. Ooi, Docetaxel and paclitaxel in the treatment of breast cancer: A review of clinical experience. *Oncologist*, 2004;9:24–32.

Derocher, A., et al., Effects of fasting and feeding on serum urea and serum creatinine levels in polar bears. *Marine Mammal Science*, 1990;6(3):196–203.

Foster, S., and the North American Botanical Council, *Ginkgo: Ginkgo biloba*, rev. ed. American Botanical Council, Austin, TX, 1991.

Gardner, M.B., Simian AIDS: An historical perspective. *Journal of Medical Primatology*, 2003;32(4–5):180–186.

Gorman, J., Gorillas and chimps in peril, report says. *New York Times*, April 7, 2003, 8.

Ha, J.C., et al., Fetal toxicity of zidovudine (azidothymidine) in Macaca nemestrina—preliminary observations. *Journal of Acquired Immune Deficiency Syndromes and Human Retrovirology*, 1994;7(2):154–157.

Hagey, L.R., et al., Ursodeoxycholic acid in the Ursidae—biliary bile-acids of bears, pandas, and related carnivores. *Journal of Lipid Research*, 1993;34(11):1911–1917.

Johnson, P.T.J., Amphibian diversity: Decimation by disease. *Proceedings of the National Academy of Sciences of the USA*, 2006;103(9):3011–3012.

Kalish, M.L., et al., Central African hunters exposed to simian immunodeficiency virus. *Emerging Infectious Diseases*, 2005;11(12):1928–1930.

Laird, D.J., et al., 50 million years of chordate evolution: Seeking the origins of adaptive immunity. *Proceedings of the National Academy of Sciences of the USA*, 2000;97(13):6924–6926.

Lameire, N., et al., Chronic kidney disease: A European perspective. *Kidney International*, 2005;68(S99):S30.

Langer, R., et al., Isolation of a cartilage factor that inhibits tumor neovascularization. *Science*, 1976;193(4247):70–72.

Lehrich, R.W., et al., Vasoactive intestinal peptide, forskolin, and genistein increase apical CFTR trafficking in the rectal gland of the spiny dogfish, Squalus acanthias—acute regulation of CFTR trafficking in an intact epithelium. *Journal of Clinical Investigation*, 1998;101(4):737–745.

Lie, E., et al., Does high organochlorine (OC) exposure impair the resistance to infection in polar bears (Ursus maritimus)? Part II: Possible effect of OCs on mitogen- and antigen-induced lymphocyte proliferation. *Journal of Toxicology and Environmental Health, Part A—Current Issues*, 2005;68(6):457–484.

Lie, E., et al., Geographical distribution of organochlorine pesticides (OCPs) in polar bears (Ursus maritimus) in the Norwegian and Russian Arctic. *Science of the Total Environment*, 2003;306(1–3):159–170.

Livett, B.G., K.R. Gayler, and Z. Khalil, Drugs from the sea: Conopeptides as potential therapeutics. *Current Medicinal Chemistry*, 2004;11(13):1715–1723.

Lundgren, B., et al., Antiviral effects of 3'-fluorothymidine and 3'-azidothymidine in cynomolgus monkeys infected with simian immunodeficiency virus. *Journal of Acquired Immune Deficiency Syndromes and Human Retrovirology*, 1991;4(5):489–498.

Malacinski, G.M., T. Ariizumi, and M. Asashima, Work in progress: The renaissance in amphibian embryology. *Comparative Biochemistry and Physiology B—Biochemistry and Molecular Biology*, 2000;126(2):179–187.

McGuire, W.P., and M. Markman, Primary ovarian cancer chemotherapy: Current standards of care. *British Journal of Cancer*, 2003;89:S3–S8.

Mittermeier, R.A., et al., *Primates in Peril: The World's 25 Most Endangered Primates 2004–2006*. Species Survival Commission, International Primatological Society, Conservation International, 2006.

Mor, A., et al., Isolation, amino-acid-sequence, and synthesis of dermaseptin, a novel antimicrobial peptide of amphibian skin. *Biochemistry*, 1991;30(36):8824–8830.

Nakamura, T., et al., Tachyplesin, a class of antimicrobial peptide from the hemocytes of the horseshoe-crab (Tachypleus-tridentatus)—isolation and chemical-structure. *Journal of Biological Chemistry*, 1988;263(32):16709–16713.

Norstrom, R.J., et al., Chlorinated hydrocarbon contaminants in polar bears from eastern Russia, North America, Greenland, and Svalbard: Biomonitoring of Arctic pollution. *Archives of Environmental Contamination and Toxicology*, 1998;35(2):354–367.

Papadopoulos, V., et al., Peripheral benzodiazepine receptor in cholesterol transport and steroidogenesis. *Steroids*, 1997;62(1):21–28.

Passaglia, C., et al., Deciphering a neural code for vision. *Proceedings of the National Academy of Sciences of the USA*, 1997;94(23):12649–12654.

Piccolino, M., Animal electricity and the birth of electrophysiology: The legacy of Luigi Galvani. *Brain Research Bulletin*, 1998;46(5):381–407.

Pough, F.H., Acid precipitation and embryonic mortality of spotted salamanders, Ambystoma-maculatum. *Science*, 1976;192(4234):68–70.

Reginster, J.Y., and N. Burlet, Osteoporosis: A still increasing prevalence. *Bone*, 2006;38(2, Supplement 1):S4–S9.

Riley, S.P.D., et al., Hybridization between a rare, native tiger salamander (Ambystoma californiense) and its introduced congener. *Ecological Applications*, 2003;13(5):1263–1275.

Rollins-Smith, L.A., and J.M. Conlon, Antimicrobial peptide defenses against chytridiomycosis, an emerging infectious disease of amphibian populations. *Developmental and Comparative Immunology*, 2005;29(7):589–598.

Santiago, M.L., et al., SIVcpz in wild chimpanzees. *Science*, 2002;295(5554):465–465.

Schulze, W., and D. Djuniadl, Introduction of integrated pest management in rice cultivation in Indonesia. *Pflanzenschutz-Nachrichten Bayer*, 1998;51(1):97–104.

Shiels, K., and C. Cheah, Winter mortality in Adelges tsugae populations in 2003 and 2004, in *Third Symposium on Hemlock Woolly Adelgid in the Eastern United States*. U.S. Department of Agriculture and U.S. Forest Service, Asheville, NC, 2005.

Sullivan, N.J., et al., Accelerated vaccination for Ebola virus haemorrhagic fever in non-human primates. *Nature*, 2003;424(6949):681–684.

Tarasick, D.W., et al., Climatology and trends of surface UV radiation. *Atmosphere-Ocean*, 2003;41(2):121–138.

Tavera-Mendoza, L., et al., Response of the amphibian tadpole (Xenopus laevis) to atrazine during sexual differentiation of the testis. *Environmental Toxicology and Chemistry*, 2002;21(3):527–531.

Tilney, L.G., J.G. Clain, and M.S. Tilney, Membrane events in the acrosomal reaction of limulus sperm—membrane-fusion, filament-membrane particle attachment, and the source and formation of new membrane-surface. *Journal of Cell Biology*, 1979;81(1):229–253.

Turtle, S.L., Embryonic survivorship of the spotted salamander (Ambystoma maculatum) in roadside and woodland vernal pools in southeastern New Hampshire. *Journal of Herpetology*, 2000;34(1):60–67.

United States Renal Data System, Annual Data Report. 2005; available from www.usrds.org/atlas.htm [cited August 2, 2006].

Vanrompay, K.K.A., et al., Simian immunodeficiency virus (SIV) infection of infant rhesus macaques as a model to test antiretroviral drug prophylaxis and therapy—oral 3'-azido-3'-deoxythymidine prevents SIV infection. *Antimicrobial Agents and Chemotherapy*, 1992;36(11):2381–2386.

Wolbarsht, M., and S.S. Yeandle, Visual processes in limulus eye. *Annual Review of Physiology*, 1967;29:513–542.

Wolfe, R.R., et al., Urea nitrogen reutilization in hibernating bears. *Federation Proceedings*, 1982;41(5):1623.

World Health Organization, Ebola Hemorrhagic Fever (Fact Sheet No. 103). 2004; available from www.who.int/mediacentre/factsheets/fs103/en/ [cited October 10, 2006].

Xue, J.L., et al., Forecast of the number of patients with end-stage renal disease in the United States to the year 2010. *Journal of the American Society of Nephrology*, 2001;12(12):2753–2758.

Zasloff, M., Magainins, A class of antimicrobial peptides from Xenopus skin—isolation, characterization of 2 active forms, and partial cDNA sequence of a precursor. *Proceedings of the National Academy of Sciences of the USA*, 1987;84(15):5449–5453.

第7章

1. Mills, J.N., and J.E. Childs, Ecologic studies of rodent reservoirs: Their relevance for human health. *Emerging Infectious Diseases*, 1998;4(4):529–537.

2. Ostfeld, R.S., and R.D. Holt, Are predators good for your health? Evaluating evidence for top-down regulation of zoonotic disease reservoirs. *Frontiers in Ecology and the Environment*, 2004;2(1):13–20.

3. Walsh, J.F., D.H. Molyneux, and M.H. Birley, Deforestation—effects on vector-borne disease. *Parasitology*, 1993;106:S55–S75.

4. Southgate, V., H. Wijk, and C. Wright, Schistosomiasis in Loum, Cameroun: Schistosoma haematobium, S. intercalatum, and their natural hybrid. *Zeitschrift fur Parasitenkund*, 1976;49:149–159.

5. Downs, W.G., and C.S. Pittendrigh, Bromeliad Malaria in Trinidad, British West Indies. *American Journal of Tropical Medicine*, 1946;26(1):47–66.

6. Keiser, J., et al., Effect of irrigation and large dams on the burden of malaria on a global and regional scale. *American Journal of Tropical Medicine and Hygiene*, 2005;72(4):392–406.

7. Tyagi, B.K., and R.C. Chaudhary, Outbreak of falciparum malaria in the Thar Desert (India), with particular emphasis on physiographic changes brought about by extensive canalization and their impact on vector density and dissemination. *Journal of Arid Environments*, 1997;36(3):541–555.

8. Singh, N., R.K. Mehra, and V.P. Sharma, Malaria and the Narmada-river development in India: A case study of the Bargi dam. *Annals of Tropical Medicine and Parasitology*, 1999;93(5):477–488.

9. Abdelwahab, M.F., et al., Changing pattern of schistosomiasis in Egypt 1935–79. *Lancet*, 1979;2(8136):242–244.

10. Cline, B.L., et al., 1983 Nile Delta schistosomiasis survey—48 years after Scott. *American Journal of Tropical Medicine and Hygiene*, 1989;41(1):56–62.

11. Malek, E.A., Effect of Aswan High Dam on prevalence of schistosomiasis in Egypt. *Tropical and Geographical Medicine*, 1975;27(4):359–364.

12. Michelson, M.K., et al., Recent trends in the prevalence and distribution of schistosomiasis in the Nile Delta region. *American Journal of Tropical Medicine and Hygiene*, 1993;49(1):76–87.

13. Harb, M., et al., The resurgence of lymphatic filariasis in the Nile delta. *Bulletin of the World Health Organization*, 1993;71(1):49–54.

14. Rabsch, W., et al., Competitive exclusion of Salmonella enteritidis by Salmonella gallinarum in poultry. *Emerging Infectious Diseases*, 2000;6(5):443–448.

15. Schroeder, C.M., et al., Estimate of illnesses from Salmonella enteritidis in eggs, United States, 2000. *Emerging Infectious Diseases*, 2005;11(1):113–115.

16. Economic Research Service, USDA, Economics of foodborne disease: Salmonella. 2003; available from www.ers.usda.gov/data/foodborneillness/salm_intro.asp [cited August 12, 2006].

17. Hoke, C., and J. Gingrich, Japanese encephalitis, in *Handbook of Zoonoses*, G. Beran (editor). CRC Press, Boca Raton, FL, 1994, 59–70.

18. Peiris, J.S.M., et al., Japanese encephalitis in Sri-Lanka—comparison of vector and virus ecology in different agroclimatic areas. *Transactions of the Royal Society of Tropical Medicine and Hygiene*, 1993;87(5):541–548.

19. Chua, K.B., Nipah virus outbreak in Malaysia. *Journal of Clinical Virology*, 2003;26(3):265–275.

20. Epstein, J.H., et al., Nipah virus: Impact, origins, and causes of emergence. *Current Infectious Disease Reports*, 2006;8(1):59–65.

21. Li, W.D., et al., Bats are natural reservoirs of SARS-like coronaviruses. *Science*, 2005;310(5748):676–679.

22. Leroy, E.M., et al., Fruit bats as reservoirs of Ebola virus. *Nature*, 2005;438(7068):575–576.

23. Gubler, D.J., Epidemic dengue/dengue hemorrhagic fever as a public health, social and economic problem in the 21st century. *Trends in Microbiology*, 2002;10(2):100–103.

24. Allan, B.F., F. Keesing, and R.S. Ostfeld, Effect of forest fragmentation on Lyme disease risk. *Conservation Biology*, 2003;17(1):267–272.

25. Keesing, F., R.D. Holt, and R.S. Ostfeld, Effects of species diversity on disease risk. *Ecology Letters*, 2006;9(4):485–498.

26. Dobson, A., et al., Sacred cows and sympathetic squirrels: The importance of biological diversity to human health. *PLoS Medicine*, 2006;3(6):e231.

27. Abaru, D.E., Sleeping sickness in Busoga, Uganda, 1976–1983. *Tropical Medicine and Parasitology*, 1985;36(2):72–76.

28. Leak, S., *Tsetse Biology and Ecology: Their Role in the Epidemiology and Control of Trypanosomosis*. CABI, Nairobi, 1998.

29. Fevre, E.M., et al., The origins of a new Trypanosoma brucei rhodesiense sleeping sickness outbreak in eastern Uganda. *Lancet*, 2001;358(9282):625–628.

30. Fevre, E.M., et al., A burgeoning epidemic of sleeping sickness in Uganda. *Lancet*, 2005;366(9487):745–747.

31. Kilpatrick, A.M., et al., West Nile virus epidemics in North America are driven by shifts in mosquito feeding behavior. *PLoS Biology*, 2006;4(4):606–610.

32. WHO, Avian Influenza. 2006; available from www.who.int/csr/disease/avian_influenza/en/ [cited August 16, 2006].

33. Brisson, D., and D.E. Dykhuizen, ospC diversity in Borrelia burgdorferi: Different hosts are different niches. *Genetics*, 2004;168(2):713–722.

34. Seinost, G., et al., Four clones of Borrelia burgdorferi sensu stricto cause invasive infection in humans. *Infection and Immunity*, 1999;67(7):3518–3524.

35. Animal Health Institute, Antibiotic Use in Animals Rises in 2004. 2004; available from www.ahi.org/mediaCenter/documents/Antibioticuse2004.pdf [cited September 4, 2007].

36. Mellon, M., and S. Fondriest, Hogging it: Estimates of antimicrobial use in livestock. Union of Concerned Scientists, Cambridge, MA, 2001; available from www.ucsusa.org/assets/documents/food_and_environment/hog_front.pdf[cited September 3, 2007].

37. Ostfeld, R., and F. Keesing, The function of biodiversity in the ecology of vector-borne zoonotic diseases. *Canadian Journal of Zoology—Revue Canadienne de Zoologie*, 2000;78(12):2061–2078.

38. Combes, C., and H. Mone, Possible mechanisms of the decoy effect in Schistosoma-mansoni transmission. *International Journal for Parasitology*, 1987;17(4):971–975.

39. Yousif, F., M.E. Eman, and K.E. Sayed, Impact of two non-target snails on location and infection of Biomphalaria alexandrina with Schistosoma mansoni miracidia under simulated natural conditions. *Journal of Egyptian German Society of Zoology*, 1999;28(D):35–46.

40. Stauffer, J.R., et al., Controlling vectors and hosts of parasitic diseases using fishes—a case history of schistosomiasis in Lake Malawi. *Bioscience*, 1997;47(1):41–49.

41. Vilarinhos, P.T.R., and R. Monnerat, Larvicidal persistence of formulations of Bacillus thuringiensis var. israelensis to control larval Aedes aegypti. *Journal of the American Mosquito Control Association*, 2004;20(3):311–314.

42. Lacey, L.A., et al., Insect pathogens as biological control agents: Do they have a future? *Biological Control*, 2001;21(3):230–248.

43. Scholte, E.J., et al., Entomopathogenic fungi for mosquito control: A review. *Journal of Insect Science*, 2004;4(19):1–24.

44. Nisbet, D., Defined competitive exclusion cultures in the prevention of enteropathogen colonisation in poultry and swine. *Antonie Van Leeuwenhoek International Journal of General and Molecular Microbiology*, 2002;81(1–4):481–486.

45. Nam, V.S., et al., Elimination of dengue by community programs using Mesocyclops (Copepoda) against Aedes aegypti in central Vietnam. *American Journal of Tropical Medicine and Hygiene*, 2005;72(1):67–73.

46. Collins, L., and A. Blackwell, The biology of Toxorhynchites mosquitoes and their potential as biocontrol agents. *Biocontrol*, 2000;21(4):105N–116N.

47. Ghosh, S.K., et al., Larvivorous fish in wells target the malaria vector sibling species of the Anopheles culicifacies complex in villages in Karnataka, India. *Transactions of the Royal Society of Tropical Medicine and Hygiene*, 2005;99(2):101–105.

48. Kumar, A., et al., Field trials of biolarvicide Bacillus thuringiensis var. israelensis strain 164 and the larvivorous fish Aplocheilus blocki against Anopheles stephensi for malaria control in Goa, India. *Journal of the American Mosquito Control Association*, 1998;14(4):457–462.

49. Hahn, B., et al., AIDS as a zoonosis: Scientific and public health implications. *Science*, 2000;287:8.

50. Keele, B.F., et al., Chimpanzee reservoirs of pandemic and nonpandemic HIV-1. *Science*, 2006;313(5786):523–526.

51. Korber, B., et al., Timing the ancestor of the HIV-1 pandemic strains. *Science*, 2000;288(5472):1789–1796.

52. Lemey, P., et al., Tracing the origin and history of the HIV-2 epidemic. *Proceedings of the National Academy of Sciences of the USA*, 2003;100(11):6588–6592.

53. Hahn, B.H., et al., AIDS—AIDS as a zoonosis: Scientific and public health implications. *Science*, 2000;287(5453):607–614.

54. Peeters, M., et al., Risk to human health from a plethora of Simian immunodeficiency viruses in primate bushmeat. *Emerging Infectious Diseases*, 2002;8(5):451–457.

55. Wolfe, N.D., et al., Naturally acquired simian retrovirus infections in central African hunters. *Lancet*, 2004;363(9413):932–937.

56. Wolfe, N.D., et al., Emergence of unique primate T-lymphotropic viruses among central African bushmeat hunters. *Proceedings of the National Academy of Sciences of the USA*, 2005;102(22):7994–7999.

57. Vrielink, H., and H.W. Reesink, HTLV-I/II prevalence in different geographic locations. *Transfusion Medicine Reviews*, 2004;18(1):46–57.

58. Matsuoka, M., and K.T. Jeang, Human T-cell leukemia virus type I at age 25: A progress report. *Cancer Research*, 2005;65(11):4467–4470.

59. Lobitz, B., et al., Climate and infectious disease: Use of remote sensing for detection of Vibrio cholerae by indirect measurement. *Proceedings of the National Academy of Sciences of the USA*, 2000;97(4):1438–1443.

60. Patz, J.A., et al., Impact of regional climate change on human health. *Nature*, 2005;438(7066):310–317.

61. Rodo, X., et al., ENSO and cholera: A nonstationary link related to climate change? *Proceedings of the National Academy of Sciences of the USA*, 2002;99(20):12901–12906.

62. Ko, A.I., et al., Urban epidemic of severe leptospirosis in Brazil. *Lancet*, 1999;354(9181):820–825.

63. Mackenzie, W.R., et al., A massive outbreak in Milwaukee of Cryptosporidium infection transmitted through the public water-supply. *New England Journal of Medicine*, 1994;331(3):161–167.

64. Bennet, L., A. Halling, and J. Berglund, Increased incidence of Lyme borreliosis in southern Sweden following mild winters and during warm, humid summers. *European Journal of Clinical Microbiology and Infectious Diseases*, 2006;25(7):426–432.

65. Lindgren, E., and R. Gustafson, Tick-borne encephalitis in Sweden and climate change. *Lancet*, 2001;358(9275):16–18.

66. Hjelle, B., and G.E. Glass, Outbreak of hantavirus infection in the four corners region of the United States in the wake of the 1997–1998 El Nino-southern oscillation. *Journal of Infectious Diseases*, 2000;181(5):1569–1573.

Box 7.1

a. Taylor, L.H., S.M. Latham, and M.E.J. Woolhouse, Risk factors for human disease emergence. *Philosophical Transactions of the Royal Society of London Series B—Biological Sciences*, 2001;356(1411):983–989.

Box 7.2

Picquet, M., et al., The epidemiology of human schistosomiasis in the Senegal River Basin. *Transactions of the Royal Society of Tropical Medicine and Hygiene*, 1996;90(4):340–346.

Southgate, V.R., Schistosomiasis in the Senegal River Basin: Before and after the construction of the dams at Diama, Senegal and Manantali, Mali and future prospects. *Journal of Helminthology*, 1997;71(2):125–132.

Talla, I., et al., Outbreak of intestinal schistosomiasis in the Senegal River Basin. *Annales de la Societe Belge de Medecine Tropicale*, 1990;70(3):173–180.

Box 7.3

Amerasinghe, F.P., et al., Anopheline ecology and malaria infection during the irrigation development of an area of the Mahaweli project, Sri-Lanka. *American Journal of Tropical Medicine and Hygiene*, 1991;45(2):226–235.

Amerasinghe, F.P., and N.G. Indrajith, Postirrigation breeding patterns of surface-water mosquitos in the Mahaweli Project, Sri-Lanka, and comparisons with preceding developmental phases. *Journal of Medical Entomology*, 1994;31(4):516–523.

参考文献

Akiba, T., et al., Analysis of Japanese encephalitis epidemic in western Nepal in 1997. *Epidemiology and Infection*, 2001;126(1):81–88.

Ashford, R.W., The leishmaniases as emerging and reemerging zoonoses. *International Journal for Parasitology*, 2000;30(12–13):1269–1281.

Chua, K.B., et al., Nipah virus: A recently emergent deadly paramyxovirus. *Science*, 2000;288(5470):1432–1435.

Daszak, P., A.A. Cunningham, and A.D. Hyatt, Anthropogenic environmental change and the emergence of infectious diseases in wildlife. *Acta Tropica*, 2001;78(2):103–116.

Daszak, P., A.A. Cunningham, and A.D. Hyatt, Wildlife ecology—emerging infectious diseases of wildlife—threats to biodiversity and human health. *Science*, 2000;287(5452):443–449.

Endy, T.P., and A. Nisalak, Japanese encephalitis virus: Ecology and epidemiology, in *Japanese Encephalitis and West Nile Viruses*. New York, Springer Verlag, 2002, 11–48.

Enria, D.A., A.M. Briggiler, and M.R. Feuillade, An overview of the epidemiological, ecological and preventive hallmarks of Argentine haemorrhagic fever (Junin virus). *Bulletin de l'Institut Pasteur*, 1998;96(2):103–114.

Gratz, N., The impact of rice production on vector-borne disease problems in developing countries, in *Vector-Borne Disease Control in Humans Through Rice Agroecosystem Management*. International Rice Research Institute, Los Banos, Philippines, 1988, 7–12.

Harvell, C.D., et al., Ecology—climate warming and disease risks for terrestrial and marine biota. *Science*, 2002;296(5576):2158–2162.

LoGiudice, K., et al., The ecology of infectious disease: Effects of host diversity and community composition on Lyme disease risk. *Proceedings of the National Academy of Sciences of the USA*, 2003;100(2):567–571.

Mackenzie, J.S., D.J. Gubler, and L.R. Petersen, Emerging flaviviruses: The spread and resurgence of Japanese encephalitis, West Nile and dengue viruses. *Nature Medicine*, 2004;10(12):S98–S109.

McMichael, A.J., The urban environment and health in a world of increasing globalization: Issues for developing countries. *Bulletin of the World Health Organization*, 2000;78(9):1117–1126.

Mead, P.S., et al., Food-related illness and death in the United States. *Emerging Infectious Diseases*, 1999;5(5):607–625.

Molyneux, D.H., Common themes in changing vector-borne disease scenarios. *Transactions of the Royal Society of Tropical Medicine and Hygiene*, 2003;97(2):129–132.

Molyneux, D.H., Patterns of change in vector-borne diseases. *Annals of Tropical Medicine and Parasitology*, 1997;91(7):827–839.

Molyneux, D.H., Vector-borne infections in the tropics and health policy issues in the twenty-first century. *Transactions of the Royal Society of Tropical Medicine and Hygiene*, 2001;95(3):233–238.

Murcia, C., Edge effects in fragmented forests—implications for conservation. *Trends in Ecology and Evolution*, 1995;10(2):58–62.

Murua, R., et al., Hantavirus pulmonary syndrome: Current situation among rodent reservoirs and human population in the Xth Region, Chile. *Revista Medica de Chile*, 2003;131(2):169–176.

Ngonseu, E., G.J. Greer, and R. Mimpfoundi, Population-dynamics and infestation of Bulinus-truncatus and Bulinus-forskalii by schistosome larvae in the Sudan-Sahelian zone of Cameroon. *Annales de la Societe Belge de Medecine Tropicale*, 1992;72(4):311–320.

Nijera, J., Malaria and rice: Strategies for control, in *Vector-Borne Disease Control in Humans Through Rice Agroecosystem Management*. International Rice Research Institute, Los Banos, Philippines, 1988, 122–132.

Nupp, T.E., and R.K. Swihart, Effects of forest fragmentation on population attributes of white-footed mice and eastern chipmunks. *Journal of Mammalogy*, 1998;79(4):1234–1243.

Ostfeld, R.S., and F. Keesing, Biodiversity and disease risk: The case of lyme disease. *Conservation Biology*, 2000;14(3):722–728.

Patz, J.A., et al., Effects of environmental change on emerging parasitic diseases. *International Journal for Parasitology*, 2000;30(12–13):1395–1405.

Poon, L.L.M., et al., The aetiology, origins, and diagnosis of severe acute respiratory syndrome. *Lancet Infectious Diseases*, 2004;4(11):663–671.

Ramasamy, R., et al., Malaria transmission at a new irrigation project in Sri-Lanka—the emergence of Anopheles-annularis as a major vector. *American Journal of Tropical Medicine and Hygiene*, 1992;47(5):547–553.

Schmid, K.A., and R.S. Ostfeld, Biodiversity and the dilution effect in disease ecology. *Ecology*, 2001;82(3):609–619.

Southgate, V.R., et al., Observations on the compatibility between Bulinus spp. and Schistosoma haematobium in the Senegal River basin. *Annals of Tropical Medicine and Parasitology*, 2000;94(2):157–164.

Southgate, V.R., et al., Studies on the biology of schistosomiasis with emphasis on the Senegal river basin. *Memorias do Instituto Oswaldo Cruz*, 2001;96:75–78.

Vercruysse, J., V.R. Southgate, and D. Rollinson, The epidemiology of human and animal schistosomiasis in the Senegal River basin. *Acta Tropica*, 1985;42(3):249–259.

Wager, R., Elizabeth Springs goby and Edgbaston goby: Distribution and status, in *Endangered Species Unit Project Number 417*. Australian Nature Conservation Agency, Canberra, 1995.

Wager, R., Final Report Part B: The distribution of two endangered fish in Queensland. The distribution and status of the red-finned blue eye, in *Endangered Species Project Number 276*. Australian Nature Conservation Agency, Canberra, 1994, 32, 65A.

WHO, Hurricane Mitch—Update 5. 1998; available from www.who.int/csr/don/1998_11_24/en/index.html [cited August 17, 2006].

Wolfe, N.D., et al., Exposure to nonhuman primates in rural Cameron. *Emerging Infectious Diseases*, 2004;10(12):2094–2099.

第8章

1. Cohen, J.E., Human population: The next half century. *Science*, 2003;302(5648):1172–1175.

2. World Resources Institute, EarthTrends. 2006; available from earthtrends.wri.org/ [cited September 26, 2006].

3. Arnold, M.L., Natural hybridization and the evolution of domesticated, pest and disease organisms. *Molecular Ecology*, 2004;13(5):997–1007.

4. Pollan, M., *The Omnivore's Dilemma: A Natural History of Four Meals*. Penguin Press, New York, 2006.

5. Smith, B., *The Emergence of Agriculture*. Scientific American Library, New York, 1995.

6. Diamond, J., *Guns, Germs, and Steel: The Fates of Human Societies.* W.W. Norton & Company, New York, 1999.

7. Larsen, C.S., Animal source foods and human health during evolution. *Journal of Nutrition*, 2003;133(11):3893S–3897S.

8. Leach, H.M., Human domestication reconsidered. *Current Anthropology*, 2003;44(3):349–368.

9. Foley, J.A., et al., Global consequences of land use. *Science*, 2005;309(5734):570–574.

10. U.N. Food and Agriculture Organization, Biological Diversity in Food and Agriculture: Crops. FAO, 2004; available from www.fao.org/biodiversity/crops_en.asp [cited October 12, 2006].

11. U.N. Food and Agriculture Organization, Biological Diversity in Food and Agriculture: Domestic Animal Genetic Diversity. FAO, 2004; available from www.fao.org/biodiversity/Domestic_en.asp [cited October 12, 2006].

12. Vandermeer, J., Biodiversity loss in and around agroecosystems, in *Biodiversity and Human Health*, F. Grifo and J. Rosenthal (editors). Island Press, Washington, DC, 1997.

13. Pollard, K.A., and J.M. Holland, Arthropods within the woody element of hedgerows and their distribution pattern. *Agricultural and Forest Entomology*, 2006;8(3):203–211.

14. Lande, R., Genetics and demography in biological conservation. *Science*, 1988;241(4872):1455–1460.

15. Di Falco, S., and J.P. Chavas, Crop genetic diversity, farm productivity and the management of environmental risk in rainfed agriculture. *European Review of Agricultural Economics*, 2006;33(3):289–314.

16. Mokyr, J., Irish Potato Famine. Encyclopedia Britannica Online, 2006; available from www.search.eb.com/eb/article-9003032 [cited October 12, 2006].

17. McMullen, M., R. Jones, and D. Gallenberg, Scab of wheat and barley: A re-emerging disease of devastating impact. *Plant Disease*, 1997;81(12):1340–1348.

18. Wanyera, R., et al., The spread of stem rust caused by Puccinia graminis f. sp tritici, with virulence on Sr31 in wheat in Eastern Africa. *Plant Disease*, 2006;90(1):113.

19. Expert Panel on the Stem Rust Outbreak in Eastern Africa, *Sounding the Alarm on Global Stem Rust: An Assessment of Race Ug99 in Kenya and Ethiopia and the potential for Impact in Neighboring Regions and Beyond.* International Maize and Wheat Improvement Center (CIMMYT), El Batan, Mexico, 2005.

20. Wolfe, M.S., Crop strength through diversity. *Nature*, 2000;406(6797):681–682.

21. Wolfe, M., Barley diseases: Maintaining the value of our varieties, in *Barley Genetics*, L. Munck (editor). Munksgaard International, Copenhagen, 1992, 1055–1067.

22. Jackson, L. (editor), *Ecology in Agriculture.* Elsevier Academic Press, San Diego, 1997.

23. Tonhasca, A., and D.N. Byrne, The effects of crop diversification on herbivorous insects—a metaanalysis approach. *Ecological Entomology*, 1994;19(3):239–244.

24. Ogol, C., J.R. Spence, and A. Keddie, Maize stem borer colonization, establishment and crop damage levels in a maize-leucaena agroforestry system in Kenya. *Agriculture Ecosystems and Environment*, 1999;76(1):1–15.

25. Ehler, L.E., Integrated pest management (IPM): Definition, historical development and implementation, and the other IPM. *Pest Management Science*, 2006;62(9):787–789.

26. Bianchi, F., C.J.H. Booij, and T. Tscharntke, Sustainable pest regulation in agricultural landscapes: A review on landscape composition, biodiversity and natural pest control. *Proceedings of the Royal Society of London Series B—Biological Sciences*, 2006;273(1595):1715–1727.

27. Nyffeler, M., and K.D. Sunderland, Composition, abundance and pest control potential of spider communities in agroecosystems: A comparison of European and US studies. *Agriculture Ecosystems and Environment*, 2003;95(2–3):579–612.

28. Donald, P.F., R.E. Green, and M.F. Heath, Agricultural intensification and the collapse of Europe's farmland bird populations. *Proceedings of the Royal Society of London Series B—Biological Sciences*, 2001;268(1462):25–29.

29. Sinclair, A.R.E., S.A.R. Mduma, and P. Arcese, Protected areas as biodiversity benchmarks for human impact: Agriculture and the Serengeti avifauna. *Proceedings of the Royal Society of London Series B—Biological Sciences*, 2002;269(1508):2401–2405.

30. Vibe-Petersen, S., H. Leirs, and L. De Bruyn, Effects of predation and dispersal on *Mastomys natalensis* population dynamics in Tanzanian maize fields. *Journal of Animal Ecology*, 2006;75(1):213–220.

31. Kearns, C.A., D.W. Inouye, and N.M. Waser, Endangered mutualisms: The conservation of plant-pollinator interactions. *Annual Review of Ecology and Systematics*, 1998;29:83–112.

32. Reddi, E., Under pollination a major constraint on cashewnut production. *Proceedings of the Indian Academy of Sciences*, 1987;B53:249–252.

33. Richards, A.J., Does low biodiversity resulting from modern agricultural practice affect crop pollination and yield? *Annals of Botany*, 2001;88(2):165–172.

34. Williams, I.H., Aspects of bee diversity and crop pollination in the European Union, in *The Conservation of Bees*, S. Buchmann, et al. (editors). Academic Press, London, 1996.

35. Corbet, S.A., I.H. Williams, and J.L. Osborne, Bees and the pollination of crops and wild flowers in the European Community. *Bee World*, 1991;72(2):47–59.

36. Barrioneuvo, A., Honeybees, gone with the wind, leave crops and keepers in peril. *New York Times*, February 27, 2007, A1.

37. vanEngelsdorp, D., et al., "Fall-Dwindle Disease": Investigations into the Causes of Sudden and Alarming Colony Losses Experienced by Beekeepers in the Fall of 2006. 2006; available from www.ento.psu.edu/MAAREC/pressReleases/ColonyCollapseDisorderWG.html [cited March 11, 2007].

38. Halm, M.P., et al., New risk assessment approach for systemic insecticides: The case of honey bees and imidacloprid (Gaucho). *Environmental Science and Technology*, 2006;40(7):2448–2454.

39. Cox-Foster, D.L., et al., A metagenomic survey of microbes in honey bee colony collapse disorder. *Sciencexpress* (epublication ahead of print), 2007; available from www.sciencemag.org [cited September 13, 2007].

40. Wilcock, C., and R. Neiland, Pollination failure in plants: Why it happens and when it matters. *Trends in Plant Science*, 2002;7(6):270–277.

41. Biesmeijer, J.C., et al., Parallel declines in pollinators and insect-pollinated plants in Britain and the Netherlands. *Science*, 2006;313(5785):351–354.

42. Steffan-Dewenter, I., and T. Tscharntke, Effects of habitat isolation on pollinator communities and seed set. *Oecologia*, 1999;121(3):432–440.

43. Mänd, M., R. Mänd, and I.H. Williams, Bumblebees in the agricultural landscape of Estonia. *Agriculture Ecosystems and Environment*, 2002;89(1–2):69–76.

44. Ellstrand, N., *Dangerous Liaisons? When Cultivated Plants Mate with Their Wild Relatives*. Johns Hopkins University Press, Baltimore, MD, 2003.

45. Ladizinsky, G., Founder effect in crop-plant evolution. *Economic Botany*, 1985;39(2):191–199.

46. Ellstrand, N.C., and K.A. Schierenbeck, Hybridization as a stimulus for the evolution of invasiveness in plants? *Proceedings of the National Academy of Sciences of the USA*, 2000;97(13):7043–7050.

47. Oka, H., Ecology of Wild-Rice Planted in Taiwan. 2. Comparison of 2 Populations with Different Genotypes. *Botanical Bulletin of Academia Sinica*, 1992;33(1):75–84.

48. Chang, T., Rice, in *Evolution of Crop Plants*, J. Smartt and N. Simmonds (editors). Longman, Harlow, UK, 1995, 147–155.

49. Small, E., Hybridization in the domesticated-weed-wild complex, in *Plant Biosystematics*, W. Grant (editor). Academic Press, Toronto, 1984, 195–210.

50. Saeglitz, C., M. Pohl, and D. Bartsch, Monitoring gene flow from transgenic sugar beet using cytoplasmic male-sterile bait plants. *Molecular Ecology*, 2000;9(12):20352040.

51. U.S. Department of Agriculture, Plant Breeding Genetics and Genomics: National Plant Germplasm System. 2006; available from www.csrees.usda.gov/nea/plants/in_focus/pbgg_if_npgs.html [cited October 12, 2006].

52. Malawi Government, *Malawi: Country Report to the FAO International Technical Conference on Plant Genetic Resource*. Food and Agriculture Organization of the United Nations, Li Longwe, Malawi, 1996.

53. International Plant Genetic Resources Institute, Home page. 2006; available from www.bioversityinternational.org/ [cited October 12, 2006].

54. Pearce, F., Doomsday vault to avert world famine. *New Scientist*, 2006;189(2534):12.

55. Brussaard, L., et al., Biodiversity and ecosystem functioning in soil. *Ambio*, 1997;26(8):563–570.

56. Wall, D.H., and R.A. Virginia, The world beneath our feet: Soil biodiversity and ecosystem functioning, in *Nature and Human Society: The Quest for a Sustainable World*, P. Raven and T. Williams (editors). National Academy of Sciences and National Research Council, Washington, DC, 2000, 225–241.

57. Groombridge, B. (editor), *Global Biodiversity: Status of the Earth's Living Resources*. World Conservation Monitoring Center. 1992, Chapman and Hall: London.

58. Wall, D.H. (editor), *Sustaining Biodiversity and Ecosystem Services in Soils and Sediments*. Island Press, Washington, DC, 2004.

59. Coleman, D.C., D.A. Crossley, and P.F. Hendrix (editors), *Fundamentals of Soil Ecology*, 2nd ed. Elsevier Press, San Diego, 2004.

60. Wall-Freckman, D.W., et al., Linking biodiversity and ecosystem functioning of soils and sediments. *Ambio*, 1997;26(8):556–562.

61. Overgaard-Nielsen, C., Studies on Enchytraeidae 2: Field studies. *Natura Jutlandica* 1955;4:5–58.

62. Bardgett, R.D., et al., The influence of soil biodiversity on hydrological pathways and the transfer of materials between terrestrial and aquatic ecosystems. *Ecosystems*, 2001;4(5):421–429.

63. Wardle, D.A., *Communities and Ecosystems: Linking the Aboveground and Belowground Components*. Princeton University Press, Princeton, NJ, 2002.

64. Wall, D.H., P. Snelgrove, and A. Covich, Conservation priorities for soil and sediment invertebrates, in *Conservation Biology: Research Priorities for the next Decade*, M. Soulé and G. Orians (editors). Island Press, Washington, DC, 2001.

65. Eggleton, P., et al., The species richness and composition of termites (Isoptera) in primary and regenerating lowland dipterocarp forest in Sabah, East Malaysia. *Ecotropica*, 1997;3:119–128.

66. Freckman, D.W., and C.H. Ettema, Assessing nematode communities in agroecosystems of varying human intervention. *Agriculture Ecosystems and Environment*, 1993;45(3–4):239–261.

67. Nestel, D., F. Dickschen, and M.A. Altieri, Diversity patterns of soil macro-coleoptera in Mexican shaded and unshaded coffee agroecosystems—an indication of habitat perturbation. *Biodiversity and Conservation*, 1993;2(1):70–78.

68. Perfecto, I., and R. Snelling, Biodiversity and the transformation of a tropical agroecosystem—ants in coffee plantations. *Ecological Applications*, 1995;5(4):1084–1097.

69. Thompson, J., Decline of vesicular-arbuscular mycorrhizas in long fallow disorder of field crops and its expression in phosphorus deficiency of sunflower. *Australian Journal of Agricultural Research* 1987;38:847–867.

70. Wasilewska, L., The relationship between the diversity of soil nematode communities and the plant species richness of meadows. *Ekologia Polska*, 1997;45:719–732.

71. Chauvel, A., et al., Pasture damage by an Amazonian earthworm. *Nature*, 1999;398(6722):32–33.

72. Anderson, D., Below-ground herbivory in natural communities: A review emphasizing fossorial animals. *Quarterly Review of Biology*, 1987;62:261–286.

73. Fragoso, C., et al., Agricultural intensification, soil biodiversity and agroecosystem function in the tropics: The role of earthworms. *Applied Soil Ecology*, 1997;6(1):17–35.

74. Hendrix, P.F., et al., Detritus food webs in conventional and no-tillage agroecosystems. *Bioscience*, 1986;36(6):374–380.

75. Edwards, C.A., and J.R. Lofty, Effects of earthworm inoculation upon the root-growth of direct drilled cereals. *Journal of Applied Ecology*, 1980;17(3):533–543.

76. Rovira, A., The effect of farming practices on the soil biota, in *Soil Biota Management in Sustainable Farming Systems*, C.E. Pankhurst, et al. (editors). CSIRO, East Melbourne, Victoria, Australia, 1994, 81–87.

77. Pankhurst, C., and J. Lynch, The role of the soil biota in sustainable agriculture, in *Soil Biota Management in Sustainable Farming Systems*, C.E. Pankhurst, et al. (editors). CSIRO, East Melbourne, Victoria, Australia, 1994, 3–9.

78. Blair, J., P. Bohlen, and D. Freckman, Soil invertebrates as indicators of soil quality, in *Methods for Assessing Soil Quality*. Soil Science Society of America, Madison, WI, 1996, 273–291.

79. Lal, R., Soil carbon sequestration impacts on global climate change and food security. *Science*, 2004;304(5677):1623–1627.

80. Delgado, C., et al., Livestock to 2020: The Next Food Revolution (Food, Agriculture and the Environment Paper 28). International Food Policy Research Institute, Washington, DC, 1999.

81. Moss, A.R., J.P. Jouany, and J. Newbold, Methane production by ruminants: Its contribution to global warming. *Annales De Zootechnie*, 2000;49(3):231–253.

82. UNDP, *Globalization with a Human Face. Human Development Report 1999*. U.N. Development Programme, New York, 1999.

83. Pinstrup-Andersen, P., R. Pandya-Lorch, and M.W. Rosengrant, The world food situation: Recent developments, emerging issues, and long-term prospects, in *Food Policy Report*. International Food Policy Research Institute, Washington, DC, 1997.

84. U.N. Population Fund, *State of the World Population 2002: People, Poverty, and Possibilities*. U.N. Population Fund, New York, 2002.

85. Horrigan, L., R.S. Lawrence, and P. Walker, How sustainable agriculture can address the environmental and human health harms of industrial agriculture. *Environmental Health Perspectives*, 2002;110(5):445–456.

86. Ponting, C., *A Green History of the World. The Environment and the Collapse of Great Civilizations*. Penguin Books, New York, 1991.

87. Simon, M.F., and F.L. Garagorry, The expansion of agriculture in the Brazilian Amazon. *Environmental Conservation*, 2005;32(3):203–212.

88. Henderson, J.P., Anaerobic Digestion in Rural China. 2006; available from www.epa.gov/agstar/resources/biocycle2.html [cited September 30, 2006].

89. Mukiibi, J. Opening remarks, in *Modernizing Agriculture: Visions and Technologies for Animal Traction and Conservation Agriculture*. Uganda Network for Animal Traction and Conservation Agriculture, Jinja, Uganda, 2002.

90. U.N. Food and Agriculture Organization, *Protecting Animal Genetic Diversity for Food and Agriculture*. FAO, Rome, 2006.

91. U.S. EPA, Ag 101: Dairy Production Systems. 2006; available from www.epa.gov/agriculture/ag101/dairysystems.html [cited September 24, 2006].

92. Easterling, W., and M. Apps, Assessing the consequences of climate change for food and forest resources: A view from the IPCC. *Climatic Change*, 2005;70(1–2):165–189.

93. Tews, J., et al., Linking a population model with an ecosystem model: Assessing the impact of land use and climate change on savanna shrub cover dynamics. *Ecological Modelling*, 2006;195(3–4):219–228.

94. Rosensweig, C., et al., *Climate Change and U.S. Agriculture: The Impacts of Warming and Extreme Weather Events on Productivity, Plant Diseases, and Pests.* Center for Health and the Global Environment, Harvard Medical School, Boston, MA, 2000.

95. Aitken, I., Environmental change and animal disease, in *The Advancement of Veterinary Science: The Bicentenary Symposium Series. Veterinary Medicine Beyond 2000*, A. Michell (editor). CAB International, Wallingford, UK, 1993, 179–193.

96. Jenkins, E.J., et al., Climate change and the epidemiology of protostrongylid nematodes 86 northern ecosystems: Parelaphostrongylus adocoilei and Protostrongylus stilesi in Dall's sheep (Ovis d. dalli). *Parasitology*, 2006;132:387–401.

97. Purse, B.V., et al., Climate change and the recent emergence of bluetongue in Europe. *Nature Reviews Microbiology*, 2005;3(2):171–181.

98. de Haan, C.S.H, and H. Blackburn, *Livestock and the Environment: Finding the Balance.* WRENmedia, Suffolk, UK, 1997.

99. Hughes, T.P., et al., Climate change, human impacts, and the resilience of coral reefs. *Science*, 2003;301(5635):929–933.

100. Hutchings, P., M. Peyrot-Clausade, and A. Osnorno, Influence of land runoff on rates and agents of bioerosion of coral substrates. *Marine Pollution Bulletin*, 2005;51(1–4):438–447.

101. Mallin, M.A., et al., Comparative effects of poultry and swine waste lagoon spills on the quality of receiving streamwaters. *Journal of Environmental Quality*, 1997;26(6):1622–1631.

102. Pinckney, J.L., et al., Responses of phytoplankton and Pfiesteria-like dinoflagellate zoospores to nutrient enrichment in the Neuse River Estuary, North Carolina, USA. *Marine Ecology Progress Series*, 2000;192:65–78.

103. Batoreu, M.C.C., et al., Risk of human exposure to paralytic toxins of algal origin. *Environmental Toxicology and Pharmacology*, 2005;19(3):401–406.

104. Friedman, M.A., and B.E. Levin, Neurobehavioral effects of harmful algal bloom (HAB) toxins: A critical review. *Journal of the International Neuropsychological Society*, 2005;11(3):331–338.

105. National Oceanic and Atmospheric Administration, Harmful Algal Blooms. 2006; available from www.cop.noaa.gov/stressors/extremeevents/hab/ [cited September 30, 2006].

106. Phoofolo, P., Face to face with famine: The BaSotho and the rinderpest, 1897–1899. *Journal of Southern African Studies*, 2003;29(2):503–527.

107. Plowright, W., Rinderpest in the world today—control and possible eradication by vaccination. *Annales de Medecine Veterinaire*, 1985;129(1):9–32.

108. Plowright, W., Effects of rinderpest and rinderpest control on wildlife in Africa. *Symposium of the Zoological Society of London*, 1982;50:1–27.

109. Roeder, P., Infectious diseases: Preparing for the future. A case study of Rinderpest in Africa, in *Foresight*. Office of Science and Innovation, London, 2006.

110. Roelke-Parker, M.E., et al., A canine distemper virus epidemic in Serengeti lions (Panthera leo). *Nature*, 1996;379(6564):441–445.

111. Schaftenaar, W., Use of vaccination against foot and mouth disease in zoo animals, endangered species and exceptionally valuable animals. *Revue Scientifique et Technique de l'Office International des Epizooties*, 2002;21(3):613–623.

112. Horton, M., The human-settlement of the Red Sea, in *Key Environments: Red Sea*, A. Edwards and A. Head (editors). Pergamon Press, Oxford, 1987, 339–362.

113. Jackson, J.B.C., Reefs since Columbus. *Coral Reefs*, 1997;16:S23–S32.

114. U.N. Food and Agriculture Organization, The State of World Fisheries and Aquaculture (SOFIA) 2002. FAO, 2002; available from www.fao.org/docrep/005/y7300e/y7300e00.htm [cited October 12, 2006].

115. U.N. Food and Agriculture Organization, *World Watch List for Domestic Animal Diversity*, 3rd ed. FAO, Rome, 2000.

116. Trites, A., et al., Ecosystem change and the decline of marine mammals in the Eastern Bering Sea: Testing the ecosystem shift and commercial whaling hypotheses. *Fisheries Centre Research Reports*, 1999;7(1):1–107.

117. New, M., Aquaculture and the capture fisheries—Balancing the scales. *World Aquaculture*, 1997;28(2):11–30.

118. Westlund, L. Apparent historical consumption and future demand for fish and fishery products—exploratory calculations, in *International Conference on the Sustainable Contribution of Fisheries to Food Security*. Kyoto Declaration and Plan of Action, Kyoto, Japan, 2000.

119. U.N. Food and Agriculture Organization, Strategies for increasing the sustainable contribution of small-scale fisheries to food security and poverty alleviation, in *Committee on Fisheries*. FAO, Rome, 2003.

120. Thorpe, A., Mainstreaming Fisheries into National Development and Poverty Reduction Strategies: Current Situation and Opportunities (FAO Fisheries Circular No. 997). FAO, Rome, 2005.

121. Price, A., et al., *Coasts: Environment and Development Briefs*. UNESCO, Paris, 1993, 16.

122. Morris, A.V., C.M. Roberts, and J.P. Hawkins, The threatened status of groupers (Epinephelinae). *Biodiversity and Conservation*, 2000;9(7):919–942.

123. Pauly, D., et al., Fishing down marine food webs. *Science*, 1998;279(5352):860–863.

124. Barnes, R., and R. Hughes, *An Introduction to Marine Ecology*. Oxford, Blackwell Scientific Publications, 1982.

125. de Roos, A.M., D.S. Boukal, and L. Persson, Evolutionary regime shifts in age and size at maturation of exploited fish stocks. *Proceedings of the Royal Society of London Series B—Biological Sciences*, 2006;273(1596):1873–1880.

126. Brashares, J.S., et al., Bushmeat hunting, wildlife declines, and fish supply in West Africa. *Science*, 2004;306(5699):1180–1183.

127. Peeters, M., et al., Risk to human health from a plethora of Simian immunodeficiency viruses in primate bushmeat. *Emerging Infectious Diseases*, 2002;8(5):451–457.

128. Wolfe, N.D., et al., Emergence of unique primate T-lymphotropic viruses among central African bushmeat hunters. *Proceedings of the National Academy of Sciences of the USA*, 2005;102(22):7994–7999.

129. Leidy, R., and P. Moyle, Conservation of the world's freshwater fish fauna: An overview, in *Conservation Biology: For the Coming Decade*, P. Fiedler and P. Karieva (editors). Chapman & Hall, New York, 1997.

130. International Union for Conservation of Nature and Natural Resources, Red List of Threatened Species. 2006; available from www.iucnredlist.org/ [cited October 20, 2006].

131. Meybeck, M., Global analysis of river systems: From Earth system controls to Anthropocene syndromes. *Philosophical Transactions of the Royal Society of London Series B—Biological Sciences*, 2003;358(1440):1935–1955.

132. Ormerod, S.J., Current issues with fish and fisheries: Editor's overview and introduction. *Journal of Applied Ecology*, 2003;40(2):204–213.

133. U.N. Food and Agriculture Organization, The State of World Fisheries and Aquaculture (SOFIA) 2004. FAO, 2004; available from www.fao.org/DOCREP/007/y5600e/y5600e00.htm [cited October 12, 2006].

134. Cabello, F.C., Heavy use of prophylactic antibiotics in aquaculture: A growing problem for human and animal health and for the environment. *Environmental Microbiology*, 2006;8(7):1137–1144.

135. Christensen, A.M., F. Ingerslev, and A. Baun, Ecotoxicity of mixtures of antibiotics used in aquacultures. *Environmental Toxicology and Chemistry*, 2006;25(8):2208–2215.

136. Akinbowale, O.L., H. Peng, and M.D. Barton, Antimicrobial resistance in bacteria isolated from aquaculture sources in Australia. *Journal of Applied Microbiology*, 2006;100(5):1103–1113.

137. Le, T.X., Y. Munekage, and S. Kato, Antibiotic resistance in bacteria from shrimp farming in mangrove areas. *Science of the Total Environment*, 2005;349(1–3):95–105.

138. Costanzo, S.D., M.J. O'Donohue, and W.C. Dennison, Assessing the influence and distribution of shrimp pond effluent in a tidal mangrove creek in north-east Australia. *Marine Pollution Bulletin*, 2004;48(5–6):514–525.

139. Sorokin, Y.I., P.Y. Sorokin, and G. Ravagnan, Hypereutrophication events in the Ca'Pisani lagoons associated with intensive aquaculture. *Hydrobiologia*, 2006;571:1–15.

140. Lotz, J.M., and M.A. Soto, Model of white spot syndrome virus (WSSV) epidemics in Litopenaeus vannamei. *Diseases of Aquatic Organisms*, 2002;50(3):199–209.

141. Nadala, E.C.B., and P.C. Loh, A comparative study of three different isolates of white spot virus. *Diseases of Aquatic Organisms*, 1998;33(3):231–234.

142. Hilborn, R., Salmon-farming impacts on wild salmon. *Proceedings of the National Academy of Sciences of the USA*, 2006;103(42):15277.

143. Krkosek, M., et al., Epizootics of wild fish induced by farm fish. *Proceedings of the National Academy of Sciences of the USA*, 2006;103(42):15506–15510.

144. Porter, G., *Protecting Wild Atlantic Salmon from Impacts of Salmon Aquaculture*. World Wildlife Fund and Atlantic Salmon Federation, Washington, DC, 2005.

145. Gross, M.R., One species with two biologies: Atlantic salmon (Salmo salar) in the wild and in aquaculture. *Canadian Journal of Fisheries and Aquatic Sciences*, 1998;55:131–144.

146. Hansen, P., J. Jacobsen, and R. Und, High numbers of farmed Atlantic salmon, Salmo salar, observed in oceanic waters north of the Faroe Islands. *Aquaculture Fisheries Management*, 1993;24:777–781.

147. Naylor, R.L., J. Eagle, and W.L. Smith, Salmon aquaculture in the Pacific Northwest—a global industry. *Environment*, 2003;45(8):18–39.

148. Naylor, R.L., et al., Effect of aquaculture on world fish supplies. *Nature*, 2000;405(6790):1017–1024.

149. Mukerjee, M., Pink gold—the trials and tribulations of shrimp farming. *Scientific American*, 1996;275(1):24–26.

150. Naylor, R.L., et al., Ecology—nature's subsidies to shrimp and salmon farming. *Science*, 1998;282(5390):883–884.

151. Barbier, E.B., Natural barriers to natural disasters: Replanting mangroves after the tsunami. *Frontiers in Ecology and the Environment*, 2006;4(3):124–131.

152. Thampanya, U., et al., Coastal erosion and mangrove progradation of Southern Thailand. *Estuarine Coastal and Shelf Science*, 2006;68(1–2):75–85.

153. Tacon, A., Feeding tomorrow's fish. *Aquaculture*, 1996;27:20–32.

154. Martins, D.A., et al., Growth, digestibility and nutrient utilization of rainbow trout (Oncorhynchus mykiss) and European sea bass (Dicentrarchus labrax) juveniles fed different dietary soybean oil levels. *Aquaculture International*, 2006;14(3):285–295.

155. Bell, J.G., et al., Dioxin and dioxin-like polychlorinated biphenyls (PCBS) in Scottish farmed salmon (Salmo salar): Effects of replacement of dietary marine fish oil vegetable oils. *Aquaculture*, 2005;243(1–4):305–314.

156. Neori, A., et al., Integrated aquaculture: Rationale, evolution and state of the art emphasizing seaweed biofiltration in modem mariculture. *Aquaculture*, 2004;231(1–4):361–391.

157. Liu, F., and W.Y. Han, Reuse strategy of wastewater in prawn nursery by microbial remediation. *Aquaculture*, 2004;230(1–4):281–296.

158. Tacon, A.G.J., and S.S. DeSilva, Feed preparation and feed management strategies within semi-intensive fish farming systems in the tropics. *Aquaculture*, 1997;151(1–4):379–404.

159. Hagiwara, H., and W.J. Mitsch, Ecosystem modeling of a multispecies integrated aquaculture pond in South China. *Ecological Modelling*, 1994;72(1–2):41–73.

160. Troell, M., et al., Integrated marine cultivation of Gracilaria chilensis (Gracilariales, Rhodophyta) and salmon cages for reduced environmental impact and increased economic output. *Aquaculture*, 1997;156(1–2):45–61.

161. Castro, R.S., C. Azevedo, and F. Bezerra-Neto, Increasing cherry tomato yield using fish effluent as irrigation water in Northeast Brazil. *Scientia Horticulturae*, 2006;110(1):44–50.

Box 8.1

a. Wolfe, M.S., Crop strength through diversity. *Nature*, 2000;406(6797):681–682.

b. Zhu, Y.Y., et al., Genetic diversity and disease control in rice. *Nature*, 2000;406(6797):718–722.

Box 8.2

a. Buchori, D., and S. Manuwoto, The role of crop protection in agricultural development in Indonesia, in *AP31 GIFAP (International Group of National Associations of Manufacturers of Agrochemical Products) Asian Working Group*. Jakarta, Indonesia, 1995.

b. Rubia, E., et al., Stemborer damage and grain yield of flooded rice. *Journal of Plant Protection in the Tropics*, 1989;6:205–211.

c. Mochida, O., Brown planthopper "hama wereng" problems on rice in Indonesia, in *Cooperative CRIA-IRRI Program, Sukamandi, West Java. Indonesia*. International Rice Research Institute, Los Banos, Phillipines, 1978.

d. Settle, W.H., et al., Managing tropical rice pests through conservation of generalist natural enemies and alternative prey. *Ecology*, 1996;77(7):1975–1988.

e. Gallagher, K., *Effects of Host Plant Resistance on the Microevolution of Rice Brown Planthopper, Nilaparvata lugens (Stahl)*. University of California, Berkeley, 1988.

f. Shepard, B., A. Barrion, and J. Litsinger, *Helpful Insects, Spiders and Pathogens*. International Rice Research Institute, Los Banos, Phillipines, 1994.

g. Buchori, D., and H. Triwidodo, Conserving diversity and sustainability in tropical agriculture: On farm experiences with Karawang rice farmers, in *The South East Asia Regional Workshop on Sustainable Agriculture: Toward a Sustainable Food Supply for All*. Third World Network, Konphalindo (National Consortium for Forest and Nature Conservation in Indonesia), Mojokerto, East Java, Indonesia, 1997.

h. Way, M.J., and K.L. Heong, The role of biodiversity in the dynamics and management of insect pests of tropical irrigated rice—a review. *Bulletin of Entomological Research*, 1994;84(4):567–587.

Box 8.3

a. DeFoliart, G.R., An overview of the role of edible insects in preserving biodiversity. *Ecology of Food and Nutrition*, 1997;36(2–4):109–132.

b. Pemberton, R.W., The revival of rice-field grasshoppers as human food in South-Korea. *Pan-Pacific Entomologist*, 1994;70(4):323–327.

c. Gorton, P., Villagers turn "foe" into food. *Agricultural Information Development Bulletin*, May 1988, 19–20.

d. Litton, E., Letters. *The food insects newsletter*, 1993;6(1):3.

Box 8.5

a. Taylor, T.N., and M. Krings, Fossil microorganisms and land plants: Associations and interactions. *Symbiosis*, 2005;40(3):119–135.

b. Pirozynski, K.A., Interactions between fungi and plants through the ages. *Canadian Journal of Botany—Revue Canadienne De Botanique*, 1981;59(10):1824–1827.

c. Hawksworth, D.L., The magnitude of fungal diversity: The 1.5 million species estimate revisited. *Mycological Research*, 2001;105:1422–1432.

d. Pennisi, E., The secret life of fungi. *Science*, 2004;304(5677):1620–1622.

e. Jones, M.D., D.M. Durall, and P.B. Tinker, Comparison of arbuscular and ectomycorrhizal Eucalyptus coccifera: Growth response, phosphorus uptake efficiency and external hyphal production. *New Phytologist*, 1998;140(1):125–134.

f. Heinrich, B., *The Trees in My Forest*. Harper Collins, New York, 1998.

g. Smith, S., and D. Read, *Mycorrhizal Symbiosis*, 2nd ed. Academic Press, London, 1997.

h. Mohammad, M.J., W.L. Pan, and A.C. Kennedy, Chemical alteration of the rhizosphere of the mycorrhizal-colonized wheat root. *Mycorrhiza*, 2005;15(4):259–266.

i. Al Agely, A., D.M. Sylvia, and L.Q. Ma, Mycorrhizae increase arsenic uptake by the hyperaccumulator Chinese brake fern (Pteris vittata L.). *Journal of Environmental Quality*, 2005;34(6):2181–2186.

j. Borowicz, V.A., Do arbuscular mycorrhizal fungi alter plant-pathogen relations? *Ecology*, 2001;82(11):3057–3068.

k. Selosse, M.A., E. Baudoin, and P. Vandenkoornhuyse, Symbiotic microorganisms, a key for ecological success and protection of plants. *Comptes Rendus Biologies*, 2004;327(7):639–648.

l. van der Heijden, M.G.A., et al., Mycorrhizal fungal diversity determines plant biodiversity, ecosystem variability and productivity. *Nature*, 1998;396(6706):69–72.

m. Kernaghan, G., Mycorrhizal diversity: Cause and effect? *Pedobiologia*, 2005;49(6):511–520.

n. Wardle, D.A., et al., Ecological linkages between aboveground and belowground biota. *Science*, 2004;304(5677):1629–1633.

o. Egerton-Warburton, L.M., et al., Reconstruction of the historical changes in mycorrhizal fungal communities under anthropogenic nitrogen deposition. *Proceedings of the Royal Society of London Series B—Biological Sciences*, 2001;268(1484):2479–2484.

p. Lilleskov, E.A., et al., Belowground ectomycorrhizal fungal community change over a nitrogen deposition gradient in Alaska. *Ecology*, 2002;83(1):104–115.

q. Johnson, N.C., et al., Nitrogen enrichment alters mycorrhizal allocation at five mesic to semiarid grasslands. *Ecology*, 2003;84(7):1895–1908.

r. Chung, H.G., D.R. Zak, and E.A. Lilleskov, Fungal community composition and metabolism under elevated CO2 and O-3. *Oecologia*, 2006;147(1):143–154.

Box 8.6

a. Mulder, L., et al., Integration of signalling pathways in the establishment of the legume-rhizobia symbiosis. *Physiologia Plantarum*, 2005;123(2):207–218.

b. Karr, D.B., N.W. Oehrle, and D.W. Emerich, Recovery of nitrogenase from aerobically isolated soybean nodule bacteroids. *Plant and Soil*, 2003;257(1):27–33.

c. Angelini, J., S. Castro, and A. Fabra, Alterations in root colonization and nodC gene induction in the peanut-rhizobia interaction under acidic conditions. *Plant Physiology and Biochemistry*, 2003;41(3):289–294.

d. Ponsone, L., A. Fabra, and S. Castro, Interactive effects of acidity and aluminium on the growth, lipopolysaccharide and glutathione contents in two nodulating peanut rhizobia. *Symbiosis*, 2004;36(2):193–204.

e. Abd-Alla, M.H., S.A. Omar, and S. Karanxha, The impact of pesticides on arbuscular mycorrhizal and nitrogen-fixing symbioses in legumes. *Applied Soil Ecology*, 2000;14(3):191–200.

f. McInnes, A., and R.A. Date, Improving the survival of rhizobia on Desmanthus and Stylosanthes seed at high temperature. *Australian Journal of Experimental Agriculture*, 2005;45(2–3):171–182.

Box 8.7

a. National CBD and Biosafety Office, *Biodiversity Clearing-House Mechanism of China*. 2006; available from english.biodiv.gov.cn/ [cited September 26, 2006].

Box 8.8

a. Bren, L., Antibiotic resistance from down on the chicken farm. *FDA Consumer Magazine*, 2001;35(1).

b. Ferber, D., Antibiotic resistance: WHO advises kicking the livestock antibiotic habit. *Science*, 2003;301(5636):1027.

参考文献

Alpine, A.E., and J.E. Cloern, Trophic interactions and direct physical effects control phytoplankton biomass and production in an estuary. *Limnology and Oceanography*, 1992;37(5):946–955.

Ampofo, J.K.O., Maize stalk borer (Lepidoptera, Pyralidae) damage and plant-resistance. *Environmental Entomology*, 1986;15(6):1124–1129.

Anderson, J., The soil system, in *Global Biodiversity Assessment*, V. Haywood (editor). Cambridge University Press, Cambridge, UK, 1995.

Baker, B., et al., Signaling in plant-microbe interactions. *Science*, 1997;276(5313):726–733.

Benfey, T., Environmental impacts of genetically modified animals, in *FAO/WHO Expert Consultation of Safety Assessment of Foods Derived from Genetically Modified Animals Including Fish*. Food and Agriculture Organization of the United Nations, Rome, 2003.

Brown, L., *Who Will Feed China: Wake Up Call for a Small Planet*. W.W. Norton & Company, New York, 1995.

Brown, L., M. Renner, and B. Halweil, *Vital Signs 2000*. W.W. Norton & Company, New York, 2000.

Brown, P., et al., Bovine spongiform encephalopathy and variant Creutzfeldt-Jakob disease: Background, evolution, and current concerns. *Emerging Infectious Diseases*, 2001;7(1):6–16.

Buchmann, S., and G. Nabhan, *The Forgotten Pollinators*. Island Press, Washington, DC, 1996.

Caddy, J.F., Fisheries management in the twenty-first century: Will new paradigms apply? *Reviews in Fish Biology and Fisheries*, 1999;9(1):1–43.

Caddy, J.F., and L. Garibaldi, Apparent changes in the trophic composition of world marine harvests: The perspective from the FAO capture database. *Ocean and Coastal Management*, 2000;43(8–9):615–655.

Caldararo, N., Human ecological intervention and the role of forest fires in human ecology. *Science of the Total Environment*, 2002;292(3):141–165.

Clarke, K.R., and R.M. Warwick, Quantifying structural redundancy in ecological communities. *Oecologia*, 1998;113(2):278–289.

Collins, W.W., and C.O. Quaslet (editors), *Biodiversity in Agroecosystems*. Lewis Publishers, New York, 1998.

Daily, G., P. Matson, and P. Vitousek, Ecosystem services supplied by soil, in *Natures Services: Societal Dependence on Natural Ecosystems*, G. Daily (editor). Island Press, Washington, DC, 1997, 113–132.

Des Clers, S., Sustainability of the Falklands Islands Loligo squid fishery, in *Conservation of Biological Resources*, E. Milner-Gulland and R. Mace (editors). Blackwell Science, Oxford, UK, 1998, 225–241.

Dunbar, R., Scapegoat for a thousand deserts. *New Scientist*, 1984;104:30–33.

Dyson, T., World food trends and prospects to 2025. *Proceedings of the National Academy of Sciences of the USA*, 1999;96(11):5929–5936.

Edwards, C.A., et al., The role of agroecology and integrated farming systems in agricultural sustainability. *Agriculture Ecosystems and Environment*, 1993;46(1–4):99–121.

Ellstrand, N.C., and K.A. Schierenbeck, Hybridization as a stimulus for the evolution of invasiveness in plants? *Proceedings of the National Academy of Sciences of the USA*, 2000;97(13):7043–7050.

Ferguson, N.M., C.A. Donnelly, and R.M. Anderson, The foot-and-mouth epidemic in Great Britain: Pattern of spread and impact of interventions. *Science*, 2001;292(5519):1155–1160.

Frey, S.D., E.T. Elliott, and K. Paustian, Bacterial and fungal abundance and biomass in conventional and no-tillage agroecosystems along two climatic gradients. *Soil Biology and Biochemistry*, 1999;31(4):573–585.

Giller, K.E., et al., Agricultural intensification, soil biodiversity and agroecosystem function. *Applied Soil Ecology*, 1997;6(1):3–16.

Gjedrem, T., Selective breeding to improve aquaculture production. *World Aquaculture*, 1997;28(1):33–45.

Goni, R., Fisheries effects on ecosystems, in *Seas at the Millennium*, C. Sheppard (editor). Elsevier Science Ltd., Oxford, 2000, 117–133.

Gupta, A., et al., Antimicrobial resistance among Campylobacter strains, United States, 1997–2001. *Emerging Infectious Diseases*, 2004;10(6):1102–1109.

Hallerman, E., Hazards associated with transgenic methods, in *FAO/WHO Expert Consultation of Safety Assessment of Foods Derived From Genetically Modified Animals Including Fish*. Food and Agriculture Organization of the United Nations, Rome, 2003.

Hammond, K., Animal genetic resources for the twenty-first century. *Acta Agriculturae Scandinavica Section A—Animal Science*, 1998;48:11–18.

Hammond, K. Development of the global strategy for the management of farm animal genetic resources, in *Proceedings of the 6th World Congress on Genetics Applied to Livestock Production*. Animal Genetics and Breeding Unit, Armidale, NSW, Australia, 1998.

Haughton, A.J., et al., Invertebrate responses to the management of genetically modified herbicide-tolerant and conventional spring crops. II. Within-field epigeal and aerial arthropods. *Philosophical Transactions of the Royal Society of London Series B—Biological Sciences*, 2003;358(1439):1863–1877.

Hawes, C., et al., Responses of plants and invertebrate trophic groups to contrasting herbicide regimes in the Farm Scale Evaluations of genetically modified herbicide-tolerant crops. *Philosophical Transactions of the Royal Society of London Series B—Biological Sciences*, 2003;358(1439):1899–1913.

Hellmich, R.L., et al., Monarch larvae sensitivity to Bacillus thuringiensis-purified proteins and pollen. *Proceedings of the National Academy of Sciences of the USA*, 2001;98(21):11925–11930.

Hendrix, P.F., D.A.J. Crossley, J.M. Blair, and D.C. Coleman, Soil biota as components of sustainable agroecosystems, in *Sustainable Agricultural Systems*. Soil and Water Conservation Society, Ankeny, IA, 1990, 637–654.

Hillel, D., *Environmental Soil Physics*. Academic Press, San Diego, 1998.

Hooper, D.U., et al., Interactions between aboveground and belowground biodiversity in terrestrial ecosystems: Patterns, mechanisms, and feedbacks. *Bioscience*, 2000;50(12):1049–1061.

Hunt, H.W., et al., The detrital food web in a shortgrass prairie. *Biology and Fertility of Soils*, 1987;3(1–2):57–68.

Jenkins, M., Prospects for biodiversity. *Science*, 2003;302(5648):1175–1177.

Jennings, S., and M.J. Kaiser, The effects of fishing on marine ecosystems. *Advances in Marine Biology*, 1998;34:201–352.

Johnson, D.G., Sustainable agriculture and resistance: Transforming food production in Cuba. *Economic Development and Cultural Change*, 2003;51(4):1023–1025.

Kang, J.X., et al., Transgenic mice—Fat-1 mice convert n-6 to n-3 fatty acids. *Nature*, 2004;427(6974):504–504.

Kislev, M.E., E. Weiss, and A. Hartmann, Impetus for sowing and the beginning of agriculture: Ground collecting of wild cereals. *Proceedings of the National Academy of Sciences of the USA*, 2004;101(9):2692–2695.

Knibb, W., G. Gorshkova, and S. Gorshkov, Selection for growth in the gilthead seabream, Sparus aurata L. *Israeli Journal of Aquaculture-Bamidgeh*, 1997;49(2):57–66.

Ladizinsky, G., Ecological and genetic considerations in collecting and using wild relatives, in *The Use of Plant Genetic Resources*, A. Brown, et al. (editors). Cambridge University Press, Cambridge, UK, 1989, 297–305.

Lalli, C., and T. Parsons, *Biological Oceanography: An Introduction*. Pergamon Press, Oxford, 1993.

Lauenroth, W.K., and D.G. Milchunas, Short-grass steppe, in *Ecosystems of the World 8A*, R. Coupland (editor). New York, Elsevier, 1993, 183–226.

Losey, J.E., L.S. Rayor, and M.E. Carter, Transgenic pollen harms monarch larvae. *Nature*, 1999;399(6733):214.

Losordo, T., M. Masser, and J. Rakocy, Recirculating aquaculture tank production systems. *World Aquaculture*, 2001;32(1):18–22.

Markowitz, T.M., et al., Dusky dolphin foraging habitat: Overlap with aquaculture in New Zealand. *Aquatic Conservation-Marine and Freshwater Ecosystems*, 2004;14(2):133–149.

McGlade, J., Integrated fisheries management models: Understanding the limits to marine resource exploitation. *American Fisheries Society Symposium*, 1989;6:139–165.

McGlade, J., et al., *Rediscovery Plans for the North Sea Ecosystem, with Special Reference to Cod, Haddock and Plaice*. UK World Wildlife Fund, Godalming, UK, 1997, 33.

Miller, G.T.J., *Living in the Environment*. Wadsworth Publishing Company, Belmont, CA, 1996.

National Oceanic and Atmospheric Administration, Economic Statistics for NOAA. 2006; available from www.publicaffairs.noaa.gov/pdf/economic-statistics-may2006.pdf [cited September 26, 2006].

Nixon, S.W., Replacing the Nile: Are anthropogenic nutrients providing the fertility once brought to the Mediterranean by a great river? *Ambio*, 2003;32(1):30–39.

Orskov, E., *Reality in Rural Development Aid with Emphasis on Livestock*. Rowett Research Services Ltd., Aberdeen, UK, 1993.

Ou, S.H., Pathogen variability and host-resistance in rice blast disease. *Annual Review of Phytopathology*, 1980;18:167–187.

Pauly, D., et al., Towards sustainability in world fisheries. *Nature*, 2002;418(6898):689–695.

Petersen, H., and M. Luxton, A comparative-analysis of soil fauna populations and their role in decomposition processes. *Oikos*, 1982;39(3):287–388.

Phelps, H.L., The Asiatic clam (Corbicula-fluminea) invasion and system-level ecological change in the Potomac River estuary near Washington, DC. *Estuaries*, 1994;17(3):614–621.

Pimentel, D., *Techniques for Reducing Pesticide Use. Economic and Environmental Benefits*. John Wiley & Sons, New York, 1997.

Pimentel, D., and N. Kounang, Ecology of soil erosion in ecosystems. *Ecosystems*, 1998;1(5):416–426.

Pimentel, D., et al., Economic and environmental benefits of biodiversity. *Bioscience*, 1997;47(11):747–757.

Postel, S., Securing water for people, crops, and ecosystems: New mindset and new priorities. *Natural Resources Forum—a United Nations Journal*, 2003;27(2):89–98.

Price, A.R.G., Distribution of penaeid shrimp larvae along the Arabian Gulf-coast of Saudi-Arabia. *Journal of Natural History*, 1982;16(5):745–757.

Price, L.B., et al., Fluoroquinolone-resistant Campylobacter isolates from conventional and antibiotic-free chicken products. *Environmental Health Perspectives*, 2005;113(5):557–560.

Qi, B.X., et al., Production of very long chain polyunsaturated omega-3 and omega-6 fatty acids in plants. *Nature Biotechnology*, 2004;22(6):739–745.

Rana, K., and A. Immink, Farming of aquatic organisms, particularly the Chinese and Thai experience, in *Seas at the Millenium*, C. Sheppard (editor). Elsevier Science Ltd., Oxford, UK, 2000, 165–167.

Risch, S.J., D. Andow, and M.A. Altieri, Agroecosystem diversity and pest-control—data, tentative conclusions, and new research directions. *Environmental Entomology*, 1983;12(3):625–629.

Robertson, G.P., and D.W. Freckman, The spatial-distribution of nematode trophic groups across a cultivated ecosystem. *Ecology*, 1995;76(5):1425–1432.

Root, R.B., Organization of a plant-arthropod association in simple and diverse habitats—fauna of collards (Brassica-oleracea). *Ecological Monographs*, 1973;43(1):95–120.

Rossiter, P.B., et al., Re-emergence of rinderpest as a threat in East-Africa since 1979. *Veterinary Record*, 1983;113(20):459–461.

Royal Society of London, *Genetically Modified Plants for Food Use and Human Health—an Update*. Royal Society, London, 2002.

Royal Society of London, et al., *Transgenic Plants and World Agriculture*. National Academy Press, Washington, DC, 2000.

Sasser, J. Managing nematodes by plant breeding, in *Annual Tall Timbers Conference on Ecological Animal Control by Habitat Management*. Tall Timbers Research Association, Lubbock, TX, 1972.

Sears, M.K., et al., Impact of Bt corn pollen on monarch butterfly populations: A risk assessment. *Proceedings of the National Academy of Sciences of the USA*, 2001;98(21):11937–11942.

Sherman, B., Marine ecosystem health as an expression of morbidity, mortality and disease events, in *Seas at the Millenium*, C. Sheppard (editor). Elsevier Science Ltd., Oxford, UK, 2000, 211–234.

Smith, N.J.H., et al., Agroforestry developments and potential in the Brazilian Amazon. *Land Degradation and Rehabilitation*, 1995;6(4):251–263.

Snelgrove, P.V.R., The biodiversity of macrofaunal organisms in marine sediments. *Biodiversity and Conservation*, 1998;7(9):1123–1132.

Snelgrove, P., et al., The importance of marine sediment biodiversity in ecosystem processes. *Ambio*, 1997;26(8):578–583.

Squire, G.R., et al., On the rationale and interpretation of the farm scale evaluations of genetically modified herbicide-tolerant crops. *Philosophical Transactions of the Royal Society of London Series B—Biological Sciences*, 2003;358(1439):1779–1799.

Staskawicz, B.J., et al., Molecular-genetics of plant-disease resistance. *Science*, 1995;268(5211):661–667.

Steadman, D.W., Prehistoric extinctions of pacific island birds—biodiversity meets zooarchaeology. *Science*, 1995;267(5201):1123–1131.

Swift, M.J., O.W. Heal, and J.M. Anderson, *Decomposition in Terrestrial Ecosystems*. Blackwell, Oxford, UK, 1979.

Thompson, P., *Agricultural Ethics: Research, Teaching, and Public Policy*. Iowa State University Press, Ames, IA, 1998.

Todd, E., The cost of marine diseases, in *Global Changes and Emergence of Infectious Diseases*, M. Wilson (editor). New York Academy of Sciences, New York, 1994, 423–435.

U.N. Development Programme, *Human Development Report 2005*. UNDP, New York, 2005.

U.N. Food and Agriculture Organization, *FAO yearbook. Fishery statistics: Capture Production*. FAO, Rome, 1998.

U.N. Food and Agriculture Organization, *Livestock Breeds of China* (FAO Animal Production and Health Papers No. 46). FAO, Rome, 1984, 217.

U.N. Food and Agriculture Organization, *Review of the State of the World Fishery Resources: Marine Fisheries* (FAO Fisheries Circular). FAO, Rome, 1995.

U.N. Food and Agriculture Organization, Soil biodiversity and sustainable agriculture, in *Convention on Biological Diversity*. FAO, Montreal, 2001.

U.N. Food and Agriculture Organization, World review of fisheries and aquaculture: Fisheries resources: Trends in production, utilization, and trade, in *The State of World Fisheries and Aquaculture*. FAO Fisheries Department, Rome, 2000.

U.N. Food and Agriculture Organization and World Health Organization, Safety aspects of genetically modified foods of plant origin, in *Report of a Joint FAO/WHO Expert Consultation on Foods Derived from Biotechnology*. WHO, Geneva, 2000.

Verdegem, M., et al., Comparison of effluents from pond and recirculating production systems receiving formulated diets. *World Aquaculture*, 1999;30(4):28–33.

Wagener, S.M., M.W. Oswood, and J.P. Schimel, Rivers and soils: Parallels in carbon and nutrient processing. *Bioscience*, 1998;48(2):104–108.

Wardle, D.A., K.E. Giller, and G.M. Barker, The regulation and functional significance of soil biodiversity in agroecosystems, in *Agrobiodiversity*, D. Wood and J. Lenne (editors). CAB International, Wallingford, UK, 1999, 87–121.

Wardle, D.A., and P. Lavelle, Linkages between soil biota, plant litter quality and decomposition, in *Driven by Nature—Plant Litter Quality and Decomposition*, G. Cadisch and K.E. Giller (editors). CAB International, Wallingford, UK, 1997, 107–124.

Wardle, D.A., H.A. Verhoef, and M. Clarholm, Trophic relationships in the soil microfoodweb: Predicting the responses to a changing global environment. *Global Change Biology*, 1998;4(7):713–727.

Wolters, V., et al., Effects of global changes on above- and belowground biodiversity in terrestrial ecosystems: Implications for ecosystem functioning. *Bioscience*, 2000;50(12):1089–1098.

第9章

1. Serageldin, I., Biotechnology and food security in the 21st century. *Science*, 1999;285:387–389.

2. International Service for the Acquisition of Agri-biotech Applications, Global Status of Commercialized Biotech/GM Crops: 2005 (ISAAA Brief No. 34). ISAAA, 2005; available from www.isaaa.org/resources/publications/briefs/34/default.html [cited September 10, 2007].

3. Pew Charitable Trust, Fact Sheet: Genetically Modified Crops in the United States. Pew Charitable Trust, 2005; available from pewagbiotech.org/resources/factsheets/display.php3?FactsheetID=1 [cited September 10, 2007].

4. Dill, G., Glyphosate-resistant crops: History, status and future. *Pest Management Science*, 2005;61(3):219–224.

5. International Service for the Acquisition of Agri-biotech Applications, Global Status of Commercialized Biotech/GM Crops: 2006 (ISAAA Brief No. 35). ISAAA, 2006; available from www.isaaa.org/resources/publications/briefs/35/default.html [cited September 10, 2007].

6. Bates, S., et al., Insect resistance management in GM crops: Past, present and future. *Nature Biotechnology*, 2005;23(1):57–62.

7. Owen, M., and I. Zelaya, Herbicide-resistant crops and weed resistance to herbicides. *Pest Management Science*, 2005;61(3):301–311.

8. Potrykus, I., Nutritionally enhanced rice to combat nutrition disorders of the poor. *Nutrition Reviews*, 2003;61(6 pt 2, suppl S):S101–S104.

9. Maruta, Y., et al., Transgenic rice with reduced glutelin content by transformation with glutelin A antisense gene. *Breeding*, 2002;8(4):273–284.

10. Panos, A., et al., Dramatic post-cardiotomy outcome, due to severe anaphylactic reaction to prolamine. *European Journal of Cardio-Thoracic Surgery*, 2003;24(2):325–327.

11. Pinstrup-Andersen, P., and R. Pandya-Lorch, Food security and sustainable use of natural resources: A 2020 Vision. *Ecological Economics*, 1998;26(1):1–10.

12. Waara, S., and K. Glimelius, The potential of somatic hybridization in crop breeding. *Euphytica*, 1995;85(1–3):217–233.

13. Dantas, A., J. Miranda, and M. Alleoni, Diallel cross analysis for young plants of brachytic maize (Zea mays L.) varieties. *Brazilian Journal of Genetics*, 1997;20(3):453–458.

14. Gepts, P., A comparison between crop domestication, classical plant breeding, and genetic engineering: Review and interpretation. *Crop Science*, 2002;42:1780–1790.

15. Dyson, T., World food trends and prospects to 2025, *Proceedings of the National Academy of Sciences of the USA*, 1999;96(11)5929–5936.

16. World Resources Institute, Earth Trends. World Resources Institute, 2006; available from earthtrends.wri.org/ [cited 2006 September 26].

17. Wolfenbarger, L., and P. Phifer, The ecological risks and benefits of genetically engineered plants. *Science*, 2000;290:2088–2093.

18. Cattaneo, M., et al., Farm-scale evaluation of the impacts of transgenic cotton on biodiversity, pesticide use, and yield, *Proceedings of the National Academy of Sciences of the USA*, 2006;103(20)7571–7576.

19. Huang, J., et al., Plant biotechnology in China. *Science*, 2002;295:674–677.

20. Huang, J., et al., Insect-resistant GM rice in farmers' fields: Assessing productivity and health effects in China. *Science*, 2005;308:688–690.

21. Bennett, R., S. Morse, and Y. Ismael, The economic impact of genetically modified cotton on South African smallholders: Yield, profit and health effects. *Journal of Development Studies*, 2006;42(4):662–677.

22. Mamy, L., E. Barriuso, and B. Gabrielle, Environmental fate of herbicides trifluralin, metazachlor, metamitron and sulcotrione compared with that of glyphosate, a substitute broad spectrum herbicide for different glyphosate-resistant crops. *Pest Management Science*, 2005;61(9):905–916.

23. Smith, E., and F. Oehme, The biological activity of glyphosate to plants and animals—a literature review. *Veterinary and Human Toxicology*, 1992;34(6):531–543.

24. Cox, C., Glyphosate (Roundup). *Journal of Pest Reform*, 1998;18:3–17.

25. Relyea, R., The lethal impact of Roundup on aquatic and terrestrial amphibians. *Ecological Applications*, 2005;15(4):1118–1124.

26. Howe, C., et al., Toxicity of glyphosate-based pesticides to four North American frog species, *Environmental Toxicology and Chemistry*, 2004;23(8):1928–1938.

27. Wang, S., D.R. Just, and P. Pinstrup-Andersen, Tarnishing silver bullets: Bt technology adoption, bounded rationality and the outbreak of secondary pest infestations in China, in *American Agricultural Economics Association Annual Meeting*. Long Beach, CA, 2006.

28. Coghlan, A., China's GM cotton battles a new bug. *New Scientist*, 2006; available from www.newscientist.com/article/dn9614.html [cited September 10, 2007].

29. Tabashnik, B., et al., Insect resistance to transgenic Bt crops: Lessons from the laboratory and field. *Journal of Economic Entomology*, 2003;96:1031–1038.

30. Snow, A., et al., Genetically engineered organisms and the environment: Current status and recommendations. *Ecological Applications*, 2005;15(2):377–404.

31. Song, J., et al., Gene RB cloned from Solanum bulbocastanum confers broad spectrum resistance to potato late blight. *Proceedings of the National Academy of Sciences of the USA*, 2003;100(16)9128–9133.

32. Garg, A., et al., Trehalose accumulation in rice plants confers high tolerance levels to different abiotic stresses. *Proceedings of the National Academy of Sciences of the USA*, 2002;99(25)15898–15903.

33. Zhang, H.-X., and E. Blumwald, Transgenic salt-tolerant tomato plants accumulate salt in foliage but not in fruit. *Nature Biotechnology*, 2001;19:765–768.

34. Fernandez-Cornejo, J., W.D. McBride, Genetically engineered crops for pest management in U.S. agriculture. Agricultural Economic Report No. 786, U.S. Department of Agriculture, 2000.

35. Grancova, K., et al., Transgenic plants—a potential tool for decontamination of environmental pollutants. *Chemicke Listy*, 2001;95(10):630–637.

36. Giddings, G., et al., Transgenic plants as factories for biopharmaceuticals. *Nature Biotechnology*, 2000;18(11):1151–1155.

37. Hudert, C., et al., Transgenic mice rich in endogenous omega-3 fatty acids are protected from colitis. *Proceedings of the National Academy of Sciences of the USA*, 2006;103(30):11276–11281.

38. Ponnampalam, E., N.J. Mann, and A.J. Sinclair, Effect of feedings systems on omega-3 fatty acids, conjugated linoleic acid and trans fatty acids in Australian beef cuts: Potential impact on human health. *Asia Pacific Journal of Clinical Nutrition*, 2006;15(1):21–29.

39. Robert, S., et al., Metabolic engineering of Arabidopsis to produce nutritionally important DHA in seed oil. *Functional Plant Biology*, 2005;32(6):473–479.

40. Niemann, H., and W.A Kues, Application of transgenesis in livestock for agriculture and biomedicine. *Animal Reproduction Science*, 2003;79(3–4):291–317.

41. Ellstrand, N., H.C. Prentice, and J.F. Hancock, Gene flow and introgression from domestic plants into their wild relatives. *Annual Review of Ecology and Systematics*, 1999;30:539–563.

42. Pilson, D., and H. Prendeville, Ecological effects of transgenic crops and the escape of transgenes into wild populations. *Annual Review of Ecology, Evolution, and Systematics*, 2004;35:149–174.

43. Snow, A., et al., A Bt transgene reduces herbivory and enhances fecundity in wild sunflower. *Ecological Applications*, 2003;13:279–286.

44. Crawley, M., et al., Transgenic crops in natural habitats. *Nature*, 2001;409:682–683.

45. Marvier, M., Ecology of transgenic crops. *American Scientist*, 2001;89:160–167.

46. Hall, L., et al., Pollen flow between herbicide-resistant Brassica napus is the cause of multiple-resistant B. napus volunteers. *Weed Science*, 2000;48:688–694.

47. Comission for Environmental Cooperation, *Maize and Biodiversity: The Effects of Transgenic Maize in Mexico*. Commission for Environmental Cooperation, 2004; available from www.cec.org/files/PDF//Maize-and-Biodiversity_en.pdf [cited September 10, 2007].

48. Benz, B., Archaeological evidence of teosinte domestication from Guilá Naquitz, Oaxaca. *Proceedings of the National Academy of Sciences of the USA*, 2001;98(4):2104–2106.

49. Dutton, A., et al., Prey-mediated effects of Bacillus thuringiensis spray on the predator Chrysoperla carnea in maize. *Biological Control*, 2003;26:209–215.

50. Stotzky, G., Persistence and biological activity in soil of the insecticidal proteins from Bacillus thuringiensis, especially from transgenic plants. *Plant and Soil*, 2004;266(1–2):77–89.

51. Tapp, H., and S. G, Persistence of the insecticidal toxin from Bacillus thuringiensis subsp. Kurstaki in soil. *Soil Biology and Biochemistry*, 1998;30(4):471–476.

52. Saxena, D., and G. Stotzky, Bt corn has a higher lignin content than non-Bt corn. *American Journal of Botany*, 2001;88(9):1704–1706.

53. Firbank, L., Introduction. The farm scale evaluations of genetically modified herbicide-tolerant crops. *Philosophical Transactions of the Royal Society of London Series B—Biological Sciences*, 2003;358(1439):1777–1779.

54. Andow, D., UK farm-scale evaluations of transgenic herbicide-tolerant crops. *Nature Biotechnology*, 2003;21(12):1453–1454.

55. Tabashnik, B., Evolution of resistance to Bacillus thuringiensis. *Annual Review of Entomology*, 1994;39:47–79.

56. Powles, S., and C. Preston, Evolved glyphosate resistance in plants: Biochemical and genetic basis of resistance. *Weed Technology*, 2006;20(2):282–289.

57. Owen, M., and I. Zelaya, Herbicide-resistant crops and weed resistance to herbicides. *Pest Management Science*, 2005;61(3):301–311.

58. Landrigan, P., and A. Garg, Chronic effects of toxic environmental exposures on children's health. *Journal of Toxicology—Clinical Toxicology*, 2002;40(4):449–456.

59. DellaPenna, D., Nutritional genomics: Manipulating plant micronutrients to improve human health. *Science*, 1999;285:375–379.

60. Marvier, M., and R. Van Acker, Can crop transgenes be kept on a leash? *Frontiers in Ecology and the Environment*, 2005;3(2):93–100.

61. Gay, P., and S. Gillespie, Antibiotic resistance markers in genetically modified plants: A risk to human health? *Lancet Infectious Diseases*, 2005;5(10):637–646.

62. Royal Society of London, *Genetically Modified Plants for Food Use*. Royal Society, London, 1998.

63. Medical Research Council of the United Kingdom, Research into the Potential Health Effects of Genetically Modified (GM) Foods. 2001; available from www.biotech-info.net/GM_research_med.html [cited September 10, 2007].

64. Bernstein, J., et al., Clinical and laboratory investigation of allergy to genetically modified foods. *Environmental Health Perspectives*, 2003;111(8):1114–1121.

65. Matsuda, T., T. Matsubara, and H.N.O. Shingo, Immunogenic and allergenic potentials of natural and recombinant innocuous proteins. *Journal of Bioscience and Bioengineering*, 2006;101(3):203–211.

66. Richard, S., et al., Differential effects of glyphosate and roundup on human placental cells and aromatase. *Environmental Health Perspectives*, 2005;113(6):716–720.

67. Kiely, T., D. Donaldson, and A. Grube, *Pesticides Industry Sales and Usage: 2000 and 2001 Market Estimates*. U.S. Environmental Protection Agency, Washington, DC, 2004.

68. U.S. Geological Survey, *Glyphosate Herbicide Found in Many Midwestern Streams, Antibiotics Not Common*. Toxic Substances Hydrology Program, USGS, 2006; available from toxics.usgs.gov/highlights/glyphosate02.html [cited September 10, 2007].

69. Lotter, D., Organic agriculture. *Journal of Sustainable Agriculture*, 2003;21(4):59–128.

70. International Federation of Organic Agriculture Movements, Swiss Research Institute of Organic Agriculture, and Foundation Ecology and Farming, *The World of Organic Agriculture 2006—Statistics and Emerging Trends*, 8th rev. ed. IFOAM, Swiss Research Institute of Organic Agriculture, and Foundation Ecology and Farming, Frick, Switzerland, 2006.

71. Zörb, C., et al., metabolite profiling of wheat grains (Triticum aestivum l.) from organic and conventional agriculture. *Journal of Agricultural and Food Chemistry*, 2006;54(21):8301–8306.

72. Worthington, V., Nutritional quality of organic versus conventional fruits, vegetables, and grains. *Journal of Alternative and Complementary Medicine*, 2001;7(2):161–173.

73. Brandt, K., and J. Mølgaard, Organic agriculture: Does it enhance or reduce the nutritional value of plant foods? *Journal of the Science of Food and Agriculture*, 2001;81:924–931.

74. Asami, D., et al., Comparison of the total phenolic and ascorbic acid content of freeze-dried and air-dried marionberry, strawberry, and corn grown using conventional, organic, and sustainable agricultural practices. *Journal of Agriculture and Food Chemistry*, 2003;51:1237–1241.

75. Peluso, M., Flavonoids attenuate cardiovascular disease, inhibit phosphodiesterase, and modulate lipid homeostasis in adipose tissue and liver. *Experimental Biology and Medicine*, 2006;231(8):1287–1299.

76. Delmas, D., et al., Resveratrol as a chemopreventive agent: A promising molecule for fighting cancer. *Current Drug Targets*, 2006;7(4):423–442.

77. Baker, D., and P. Landrigan, Occupational exposures and human health, in *Critical Condition: Human Health and the Environment*, E. Chivian, M. McCally, H. Hu, and A. Haines (editors). MIT Press, Cambridge, MA, 1993.

78. Curl, C., R.A. Fenske, and K. Elgethun, Organophosphorus pesticide exposure of urban and suburban preschool children with organic and conventional diets. *Environmental Health Perspectives*, 2003;111(3):377–382.

79. National Research Council, *Pesticides in the Diets of Infants and Children*. National Academy Press, Washington, DC, 1993.

80. Slotkin, T., et al., Organophosphate insecticides target the serotonergic system in developing rat brain regions: Disparate effects of diazinon and parathion at doses spanning the threshold for cholinesterase inhibition. *Environmental Health Perspectives*, 2006;114(10):1542–1546.

81. Sanborn, M., et al., Identifying and managing adverse environmental health effects: 4. Pesticides. *Canadian Medical Association Journal*, 2002;166(11):1431–1436.

82. Damgaard, I., et al., Persistent pesticides in human breast milk and cryptorchidism. *Environmental Health Perspectives*, 2006;114(7):1133–1138.

83. Colborn, T., A case for revisiting the safety of pesticides: A closer look at neurodevelopment. *Environmental Health Perspectives*, 2006;1114(1):10–17.

84. Hole, D., et al., Does organic farming benefit biodiversity? *Biological Conservation*, 2005;122:113–130.

85. Fuller, R., et al., Benefits of organic farming to biodiversity vary among taxa. *Biology Letters*, 2005;1(4).

86. Mäder P, et al., Soil fertility and biodiversity in organic farming. *Science*, 2002;296:1694–1697.

87. Purin, S., O. Klauberg Filho, and S.L. Sturmer, Mycorrhizae activity and diversity in conventional and organic apple orchards in Brazil. *Soil Biology and Biochemistry*, 2006;38(7):1831–1839.

88. Gosling, P., et al., Arbuscular mycorrhizal fungi and organic farming. *Agriculture Ecosystems and Environment*, 2006;113(1–4):17–35.

89. Nelson L, et al., Organic FAQs. *Nature*, 2004;428:796–798.

90. Reganold, J., et al., Sustainability of three apple production systems. *Nature*, 2001;410(6831):926–930.

91. Green, R.E., et al., Farming and the fate of wild nature. *Science*, 2005;307(5709):550–555.

92. Smil, V., *Enriching the Earth: Fritz Haber, Carl Bosch, and the Transformation of World Food Production*. MIT Press, Cambridge, MA, 2004.

93. Rothamsted's Classical Experiments, The Rothamsted Archive. 2007; available from www.rothamsted.ac.uk/resources/ClassicalExperiments.html [cited September 10, 2007].

94. Lotter, D., R. Seidel, and W. Liebhardt, The performance of organic and conventional cropping systems in an extreme climate year. *American Journal of Alternative Agriculture*, 2003;18(3):146–154.

95. Pretty, J., and R. Hine, *Reducing Food Poverty with Sustainable Agriculture: A Summary of New Evidence*. 2006; available from www.essex.ac.uk/ces/esu/occasionalpapers/SAFErepSUBHEADS.shtm [cited September 10, 2007].

96. Badgley, C., et al., Organic agriculture and the global food supply. *Renewable Agriculture and Food Systems*, 2007;22(2):86–108.

97. Ehler, L., Integrated pest management (IPM): Definition, historical development and implementation, and the other IPM. *Science*, 2006;62:787–789.

98. Dasgupta, S., C. Meisner, and D. Wheeler, Is environmentally friendly agriculture less profitable for farmers? Evidence on integrated pest management in Bangladesh. *Review of Agricultural Economics*, 2007;29(1):103–118.

99. Kogan, M., Integrated pest management: Historical perspectives and contemporary developments. *Annual Review of Entomology*, 1998;43:243–270.

100. Lu, J., and X. Li, Review of rice-fish-farming systems in China—one of the Globally Important Ingenious Agricultural Heritage Systems (GIASH). *Aquaculture*, 2006;260(1–4):106–113.

101. Badgley C., Perfecto I. Can organic agriculture feed the world? *Renewable Agriculture and Food Systems*, 2007;22(2):80–85.

Box 9.1

a. Reichhardt, T., Will souped up salmon sink or swim? *Nature*, 2000;406:10–12.

b. Bessey, C., et al., Reproductive performance of growth-enhanced transgenic coho salmon. *Transactions of the American Fisheries Society*, 2004;133(5):1205–1220.

Box 9.2

a. Losey, J., Rayor, L.S., and M.E. Carter, Transgenic pollen harms monarch larvae. *Nature*, 1999;399:214.

b. Snow, A., et al., Genetically engineered organisms and the environment: Current status and recommendations. *Ecological Applications*, 2005;15(2):377–404.

Box 9.4

F. Runes, et al. (editors), *Sustainable Agriculture and Resistance: Transforming Food Production in Cuba*. Food First Books, Milford, CT, 2002.

Box 9.5

a. Clancy, S., et al., *Farming Practices for a Sustainable Agriculture in North Dakota*. North Dakota State University, Carrington Research Extension Center, Carrington, ND, 1993.

Box 9.6

a. Furuno, T., *The Power of Duck: Integrated Rice and Duck Farming*. Tagari Publications, Tasmania, Australia, 2001.

参考文献

Andow, D., and C. Zwahlen, Assessing environmental risks of transgenic plants. *Ecology Letters*, 9:196–214.

Barton, J., and M. Dracup, Genetically modified crops and the environment. *Agronomy Journal*, 2000;92:797–803.

Williams, I., Cultivation of GM crops in the EU, farmland biodiversity and bees. *Bee World*, 2002;83(3):119–133.

第10章

1. Millenium Ecosystem Assessment: Synthesis 2005; available from www.millenniumassessment.org/ [cited August 21, 2006].

2. Rees, W., M. Wackernagel, and P. Testernale, *Our Ecological Footprint: Reducing Human Impact on the Earth*. New Society Publishers, Galbriola Island, BC, 1995.

3. Myers, N., and J. Kent, *The New Consumers: The Influence of Affluence on the Environment*. Island Press, Washington, DC, 2004.

4. Brown, L.R., *Plan B: Rescuing a Planet under Stress and a Civilisation in Trouble*. W.W. Norton & Company, New York, 2003.

5. Halwell, B., et al., *State of the World: Special Focus: The Consumer Society*, L. Starke (editor). W.W. Norton & Company, New York, 2004.

6. Gorman, J., Plastic surgery gets a new look. *New York Times*, April 27, 2004, F1.

7. Melnick, D., et al., *Environment and Human Well-being: A Practical Strategy*. U.N. Development Programme, New York, 2005.

8. Diamond, J., *Collapse: How Societies Choose to Fail or Succeed*. Viking Penguin, New York, 2005.

9. Brower, M., and W. Leon, *The Consumer's Guide to Effective Environmental Choices: Practical Advice from the Union of Concerned Scientists*. W.W. Norton & Company, New York, 1999.

10. World Bank, *Environmental Fiscal Reform: What Should Be Done and How to Achieve It*. International Bank for Reconstruction and Development/World Bank, Washington, DC, 2005.

11. Kinga, S., et al. (editors), *Gross National Happiness: A Set of Discussion Papers*. Center for Bhutan Studies, Thimphu, Bhutan, 1999.

12. Goldsmith, E., *The Way: An Ecological World View*. Green Books, Foxhole, UK, 1992.

13. Wolfe, N.D., et al., Bushmeat hunting, deforestation, and prediction of zoonotic disease. *Emerging Infectious Diseases*, 2005;11(12):1822–1827.

14. Alverson, D.L., et al., A global assessment of fisheries bycatch and discards. Food and Agriculture Organization of the United Nations, Rome, 1996.

15. Danielsen, F., et al., The Asian tsunami: A protective role for coastal vegetation. *Science*, 2005;310(5748):643–643.

16. Ankarberg, E., et al., Study of dioxin and dioxin-like PCB levels in fatty fish from Sweden 2000–2002. *Organohalogen Compounds*, 2004;66:2035–2039.

17. Hole, D.G., et al., Does organic farming benefit biodiversity? *Biological Conservation*, 2005;122(1):113–130.

18. Roseland, M., *Toward Sustainable Communities: Resources for Citizens and Their Governments*. New Society Publishers, Sony Creek, CT, 1998.

19. Thomas, C.D., et al., Extinction risk from climate change. *Nature*, 2004;427(6970):145.

20. McMichael, A., et al., *Climate Change and Human Health: Risks and Responses*. World Health Organization, Geneva, 2003.

21. Energy Information Administration, Residential Energy Consumption Survey. 2001; available from www.eia.doe.gov/emeu/recs/ [cited August 23, 2006].

22. Bernasek, A., Real energy savers don't wear cardigans. Or do they? *New York Times*, November 13, 2005, 5.

23. American Water Works Association, Stats on Tap. 2006; available from www.awwa.org/Advocacy/pressroom/STATS.cfm [cited August 24, 2006].

24. Center for a New American Dream, Just the Facts: Junk Mail Facts and Figures. 2003; available from www.newdream.org/junkmail/facts.php [cited August 24, 2006].

25. Speth, J.G., *Red Sky at Morning: America and the Crisis of the Global Environment*. Yale University Press, New Haven, CT, 2004.

26. Rosenberg, D.K., B.R. Noon, and E.C. Meslow, Biological corridors: Form, function, and efficacy. *Bioscience*, 1997;47(10):677–687.

27. McNeely, J., and S. Scherr, *Ecoagriculture: Strategies for Feeding the World and Conserving Wild Biodiversity*. Island Press, Washington, DC, 2003.

参考文献

Buchmann, S., and B. Nabhan, *The Forgotten Pollinators*. Island Press, Washington, DC, 1997.

Energy Information Administration, Annual Energy Review: Energy Overview, 1949–2005. 2006; available from www.eia.doe.gov/emeu/aer/overview.html [cited August 23, 2006].

International Energy Agency, *Things That Go Blip in the Night: Standby Power and How to Limit It*. IEA, Paris, 2001.

International Union for the Conservation of Nature and Natural Resources, *Guidelines for Protected Area Management Categories*. IUCN, Gland, Switzerland, 1994.

International Union for the Conservation of Nature and Natural Resources, *Vision for Water and Nature: A World Strategy for Conservation and Sustainable Management of Water Resources in the 21st Century*. IUCN, Gland, Switzerland, 2000.

Murphy, D., Challenges to biological diversity in urban areas, in *Biodiversity*, E. Wilson (editor). National Academy of Sciences, Washington, DC, 1988, 71–76.

Prescott-Allen, R., *The Well-being of Nations*. Island Press, Washington, DC, 2001.

U.N. Environment Programme, *Global Environmental Outlook—3*. Earthscan, London, 2002.

CHAPTER AUTHORS

編著者

エリック・チヴィアン　Eric Chivian, MD

ハーバード大学医学大学院地球環境・衛生センター創設者・所長．1980年，ハーバード大学の他の３名の研究者とともに核戦争防止国際医師会議（IPPNW）を設立，その功績により，1985年ノーベル平和賞受賞．編著書に『Last Aid: The Medical Dimensions of Nuclear War』（WH Freeman 社刊，1982）および『Critical Condition: Human Health and the Environment』（MIT Press 刊，1993）がある．16年前から，リンゴ，桃，西洋梨，梨，アンズ，プラム，サクランボ，ぶどうなどのほぼ完全なオーガニック栽培を行なう果樹園を運営．

アーロン・バーンスタイン　Aaron Bernstein, MD, MPH

スタンフォード大学，シカゴ大学プリツカー医学校に学ぶ．2001年から，ハーバード大学健康・地球環境研究所に所属し，現在は同大学公衆衛生学部の医学専任講師およびボストン小児病院の医師を務める．

各章の著者（アルファベット順）

マリア・アリス・S・アルヴェス　Maria Alice S. Alves, PhD

リオデジャネイロ州立大学教授（生態学），ブラジル国家科学技術開発審議会（CNPq）調査員．専門は行動生態学．鳥類と植物の相互関係や絶滅の恐れのある脊椎動物の固有種の分布や保全について研究．

ダニエル・ヒレル　Daniel Hillel, PhD

マサチューセッツ大学名誉教授（農学，土壌学，環境科学），コロンビア大学気候システム研究センター上席研究員．世界銀行環境研究部，国連食糧農業機構土地・水資源研究部顧問．アメリカ科学振興協会，アメリカ土壌科学会，アメリカ農学会，アメリカ地球物理学連合特別会員．

ジョン・キラマ　John Kilama, PhD

ウガンダ生まれ．アリゾナ大学（ツーソン）で学位を取得（医薬品化学）．デュポン社上席研究員として作物保護のための化学物質の開発，途上国との共同研究に携わる．アフリカ生物療法学研究所（アメリカ合衆国のアフリカ財政援助機構）取締役顧問．Global Bioscience Development Institute を主催．

ジェフリー・A・マクニーリー　Jeffrey A. McNeely

アジアに12年間滞在し，タイの哺乳類の研究指揮，ヒマラヤ山脈における人々と自然の関わりに関する研究，メコン川流域の保護区の設定，インドネシアにおける WWF-IUCN 種保全プログラムの制定などについて幅広く活動．1980年より国際自然保護連合（IUCN）の委員長として自然保護の多様な課題について成果を上げる．著者，編者として40冊以上の本を刊行．７つの国際誌の編集者を務める．

ジェリー・メリロ　Jerry Melillo, PhD

ウッズホール海洋生物学研究所（マサチューセッツ州）エコシステムセンター副所長．アメリカ生態学会会長や38カ国の科学アカデミーおよび22の国際科学連合組織からなる環境問題科学委員会の会長を歴任し，人類が環境に与える影響に関する調査やシミュレーション・モデリング分析を指揮．最近はとくに気候変動が及ぼす生態学的な影響や窒素循環の人為による分断について研究．

デヴィッド・M・モリヌー　David H. Molyneux, PhD
リンパ系フィラリア症サポートセンター所長, 熱帯医学リヴァプール校（LSTM）教授（学部長）. 専門分野はリーシュマニア症, リンパ系フィラリア症, マラリアの制圧, オンコセルカ症, 寄生虫・ベクター媒介性疾患の防除, トリパノソーマ症.

カリマニ・ジョー・ムロンゴイ　Kalemani Jo Mulongoy, PhD
国立キンシャサ大学（コンゴ民主共和国）準教授, 国際熱帯農学研究所細菌学研究部長, 国際アフリカ開発研究所植物細胞分子生物学研究部長, 国際環境アカデミー生物多様性及び生物工学プログラム・ディレクターを経て, 生物の多様性に関する条約（CBD）事務局の科学・科学技術・工学部門部長. 多くの科学書籍の著者, 共著者, そして編者.

デヴィッド・J・ニューマン　David J. Newman, DPhil
1968年サセックス大学（イギリス）にて学位取得（微生物化学）. 1991年にアメリカ国立衛生研究所の癌研究所保存天然物素材部門（現在は部長）に移る前は, 大小の製薬会社で抗生物質や抗がん剤の開発に従事. メリーランド大学海洋生物工学センター特任教授.

リチャード・S・オスフェルド　Richard S. Ostfeld, PhD
エコシステム研究所（ニューヨーク・ミルブルック）上席研究員（動物生態学）. ラトガース大学およびコネチカット大学特任教授. 生態系における複雑な相互関係が人獣共通感染症の罹患リスクに与える影響について研究.

スチュアート・L・ピム　Stuart L. Pimm, PhD
デューク大学ニコラス環境スクール保全生態学部門長（Doris Duke Chair）. 研究領域は種の絶滅を防ぐための絶滅パターンの解析.

ジョシュア・P・ローゼンタール　Joshua P. Rosenthal, PhD
アメリカ国立衛生研究所・フォガーティ国際衛生科学先端研究センター国際研修研究部副部長として, 15の国々が参加する生物多様性共同研究グループによる「創薬と生物インベントリー」プログラム, および伝染病の蔓延予防のため環境変化への総合的な対策の研究を援助する「感染症の生態学プログラム」の２つの省庁を跨いだ能力強化プログラムの策定にあたっているほか, 生物多様性の保全やバイオインフォマティックス, 遺伝資源, 生体臨床医学などについて幅広い分野の著書がある.

シンシア・ローゼンツヴァイク　Cynthia Rosenzweig, PhD
アメリカ航空宇宙局（NASA）ゴダード宇宙科学研究所・気候変動グループ長, コロンビア大学地球研究所上席研究員. アメリカ農学会特別会員.

オスヴァルド・サラ　Osvaldo Sala, PhD
ブラウン大学（ロードアイランド州）生態学・進化生物学研究部教授, 環境変化イニシャティブおよび環境学研究センターを主催. 現在, 国際科学会議環境問題科学委員長, アメリカ芸術科学アカデミー会員. 専門分野は生態学. パタゴニア乾燥地のエコシステムや地球環境の変化について研究.

エレノア・スターリング　Eleanor Sterling, PhD
アメリカ自然史博物館（ニューヨーク）生物多様性保全センター部長. 南北アメリカ, アフリカ, アジア, 太平洋地域の海外調査研究プロジェクトを管理運営. コロンビア大学特任教授, 同大大学院生態学・進化学・環境生物学研究部長. 協力者および部分執筆者

CONTRIBUTING AUTHORS

協力者および部分執筆者

第1章

カラム・M・ロバーツ Callum M. Roberts, PhD
英国ヨーク大学教授．海の生物の種多様性の項を執筆．

第2章

スチュアート・L・ピム　Stuart L. Pimm（別掲）
陸上の生息環境の消滅や天然資源の乱獲，外来種に関する項に協力．

マリア・アリス・S・アルヴェス　Maria Alice S. Alves（別掲）
陸上の生息環境の消滅や天然資源の乱獲，移入種に関する項に協力．

カラム・M・ロバーツ Callum M. Roberts（別掲）
海洋における生息環境の衰退に関する項を執筆．

ジェリー・メリロ　Jerry Melillo（別掲）
気候変動と種の絶滅の項の気候変動の科学に関する概説を執筆．

ジュディー・オグルソープ　Judy Oglethorpe, MSc
WWF エコリージョン・サポート・ユニット部長．戦争，武力衝突に関する項を査読．

メラニー・L・J・スタイアスニー　Melanie L. J. Stiassny, PhD
アメリカ自然史博物館魚類研究部アクセルロッド調査研究員，コロンビア大学特任教授．淡水における生息環境の消滅の項を執筆．

第3章　該当者なし

第4章

ゴードン・M・クラッグ　Gordon M. Cragg, DPhil
元国立癌センター保存天然物素材部長．生薬利用の歴史およびパクリタキセル，カラノリドに関する部分を執筆．

エラニー・エリザベツキー　Elaine Elisabetsky, PhD
リオグランデドスール連邦大学（ブラジル）教授．南アメリカの薬に関する項を執筆．

ウィリアム・フェニカル　William Fenical, PhD
カルフォルニア大学サンディエゴ校スクリップス海洋研究所長．海洋微生物に関する項を執筆．

第5章

ケネス・パイゲン　Kenneth Paigen, PhD
米国ジャクソン研究所上席研究員．マウスの遺伝学に関する項に協力．

ゲイリー・ラヴカン　Gary Ruvkun, PhD
ハーバード大学医学大学院教授（遺伝学）．序文および *C. elegans* に関する項に協力．

第6章

マーク・R・L・カテット　Marc R.L. Cattet, DVM, PhD
サスカチュワン医科大学獣医学部助教．クマの冬眠に関する項に協力．

ジョン・ダリー　John W. Daly, PhD
アメリカ国立衛生研究所の糖尿病・消化器・腎疾病研究所生物有機化学研究室名誉研究員．両生類の医学研究への利用の項に協力．両生類に潜在する薬の項を査読．

アンドリュー・G・ヘンドリックス　Andrew G. Hendrickx, PhD
カリフォルニア大学デーヴィス校健康・環境センター教授，前カリフォルニア地方霊長類研究センター所長．霊長類に関する項に協力．

ジョン・J・マーチャロニス　John J. Marchalonis, PhD
アリゾナ大学医学部教授（細菌学，免疫学）．サメの免疫システムに関する項に協力．

ラルフ・A・ネルソン　Ralph A. Nelson, MD, PhD
イリノイ大学アーバナ・シャンペーン校医学部名誉教授．クマの冬眠に関する項に協力．

第7章

ジョナサン・H・エプステイン　Jonathan H. Epstein, DVM, MPH
保全医学コンソーシアム上席研究員．ニパウイルスに関し執筆．

ポール・R・エプステイン　Paul R. Epstein, MD, MPH
ハーバード大学医学大学院健康・地球環境研究センター副所長．気候変動と感染症の項に協力．

トーマス・K・クリステンセン　Thomas K. Kristensen, PhD
コペンハーゲン大学教授，マンダール・バルト生物多様性・健康研究センター長．住血吸虫症に関して執筆．

第8章

アーロン・バーンスタイン　Aaron Bernstein（別掲）
家畜に対する抗生剤の使用に関するコラムを執筆．

ダマヤンティー・ブチョリ　Damayanti Buchori, PhD
ボゴール農業大学教授，自然保護・昆虫学研究センター所長．インドネシアにおける稲作と益虫に関するコラムを執筆．

エリック・チヴィアン　Eric Chivian（別掲）
落葉の分解，菌根，窒素固定細菌に関するコラムを執筆．漁業に関する項に協力．

アンドリュー・R・プライス　Andrew R. Price, PhD
英国ウォーリック大学生物科学部生態学・疫学研究グループ長．水域の生態系からの食糧に関する項を執筆．

デヴィッド・M・シャーマン　David M. Sherman, DVM, MS
オランダ・アフガニスタン支援委員会カントリー・プログラム・ディレクター．前マサチューセッツ州家畜の健康安全・畜産品部長，タフツ大学獣医学部国際獣医学科特任教授．畜産品の生産について執筆．

アモス・タンドラー　Amos Tandler, PhD
イスラエル養殖漁業研究センター（エイラート）所長，上席研究員．養殖漁業の項を執筆．

ダイアナ・H・ウオール　Diana H. Wall, PhD
コロラド州立大学教授，天然資源生態学研究所長．土壌生物の多様性に関する項を執筆．

第９章

ダニエル・ヒレル　Daniel Hillel（別掲）
遺伝子組み換え作物に関する項に協力．

フレデリック・L・キルシェンマン　Frederick L. Kirschenmann, PhD
アイオワ州立大学アルド・レオポルド研究所前所長，栄誉フェロー．合衆国の大規模オーガニック農法について執筆．オーガニック農業に関する項を査読．

リチャード・レヴィンズ　Richard Levins, PhD
ハーバード大学公衆衛生学大学院教授（人口学）．キューバの農業に関する項に協力．

ジョン・P・リーガノルド　John P. Reganold, PhD
ワシントン州立大学教授（土壌学）．オーガニック農法に関する項を査読．

REVIEWERS

査読者

第１章

ノーマン・R・ペイス　Norman R. Pace, PhD
コロラド大学ボルダー校教授（分子生物学，細胞学，発生生物学）．３ドメイン系統図および微生物の世界に関する項を査読．

第２章

ロバート・J・ディアズ　Robert J. Diaz, PhD
ウィリアム・アンド・メアリー大学大学院ヴァージニア海洋科学研究所教授．デッド・ゾーンに関する項を査読．

ジョバンニ・ディ・グアルド　Giovanni Di Guardo, DVM
イタリア・テラモ大学教授（病理学，病態生理学），ヨーロッパ獣医病理学カレッジ専門官．海棲哺乳類の減少に関する項を査読．

スティーヴン・H・ファーガソン　Steven H. Ferguson, PhD
カナダ水産海洋省研究員．アザラシに関する項を査読．

トーマス・E・ラヴジョイ　Thomas E. Lovejoy, PhD
H. John Heinz III 科学経済環境研究センター所長，世界銀行生物多様性チーフ・アドバイザー，合衆国内務省科学アドバイザー，スミソニアン協会本部次長，顧問等を歴任．気候変動と種の絶滅に関する項を査読．

カラム・M・ロバーツ　Callum M. Roberts（別掲）
海洋生物の乱獲の項を査読．

デヴィッド・M・シャーマン　David M. Sherman（別掲）
薬学に関する項を査読．

ブライアン・R・シリマン　Brian R. Silliman, PhD
フロリダ大学動物研究部准教授．気候変動と種の絶滅の項の乾燥地と湿地に関する文章を査読．

第３章

ヴァージニア・R・バーケット　Virginia R. Burkett, PhD
米国地質調査所地球変動調査コーディネーター．淡水湿地に関する項を査読．

ドナルド・A・クレイン　Donald A. Klein, PhD
コロラド州立大学教授（細菌学，免疫学，病理学）．細菌のエコシステムに関するコラムを査読．

ポール・G・エックバーグ　Paul B. Eckburg, MD
スタンフォード大学細菌学・免疫学研究部ポスドク研究員．細菌のエコシステムに関するコラムを査読．

ブルース・J・パスター　Bruce J. Paster, PhD
ハーバード大学歯学大学院教授（口腔発生生物学）．細菌のエコシステムに関するコラムを査読．

デヴィッド・A・レルマン　David A. Relman, MD
スタンフォード大学細菌学・免疫学研究部准教授．細菌のエコシステムに関するコラムを査読．

マイケル・A・ザスロフ　Michael A. Zasloff, MD, PhD
ジョージタウン大学医学部外科・小児科学部教授．細菌のエコシステムに関するコラムを査読．

第４章

デヴィッド・O・カーペンター　David O. Carpenter, MD
ニューヨーク州立大学アルバニー校教授（環境衛生学，毒物学）．ω-3脂肪酸に関する項を査読．

アレクサンダー・リーフ　Alexander Leaf, MD
ハーバード大学医学大学院・マサチューセッツ総合病院臨床医学名誉教授．ω-3脂肪酸に関する項を査読．

第５章

アレハンドロ・サンチェス・アルヴァルド　Alejandro Sanchez Alvarado, PhD
ユタ大学医学部教授（神経生物学，解剖学）．プラナリアの再生の項を査読．

アダム・アムステルダム　Adam Amsterdam, PhD
マサチューセッツ工科大学癌研究所研究員．ゼブラフィッシュの遺伝に関する項を査読．

藤澤 敏孝　Toshitaka Fujisawa, PhD
国立遺伝学研究所助教授（発生遺伝学）．ヒドラの再生に関する項を査読．

フィリップ・C・ハナウオルト　Philip C. Hanawalt, PhD
スタンフォード大学生物科学部教授．大腸菌 *E. coli* に関する項を査読．

ナンシー・ホプキンス　Nancy Hopkins, PhD
マサチューセッツ工科大学教授（生物学）．ゼブラフィッシュの遺伝に関する項を査読．

カール・A・フフマン　Carl A. Huffman, PhD
デポー大学（インディアナ州）教授（ギリシャ語学，言語学）．古代ギリシャにおける医学の歴史に関する文章を査読．

ダグラス・A・メルトン　Douglas A. Melton, PhD
ハーバード大学教授，ハワード・ヒューズ医療研究所研究員．幹細胞に関する項を査読．

フェルナンド・ノッテボーム　Fernando Nottebohm, PhD
ロックフェラー大学教授，フィールドリサーチセンター長．神経発生に関する項を査読．

ケニス・D・ポス　Kenneth D. Poss, PhD
デューク大学医療センター准教授(細胞生物学)．ゼブラフィシュの再生に関する項を査読．

ゲイリー・ラヴカン　Gary Ruvkun, PhD（別掲）
遺伝学に関する項を査読．

齊藤　実　Minoru Saitoe, PhD
東京都神経科学総合研究所研究員．ショウジョウバエに関する項を査読．

アンヤ・O・サウラ　Anja O. Saura, PhD
ヘルシンキ大学生命・環境科学・遺伝学研究部講師．ショウジョウバエの遺伝に関する項を査読．

アン・E・シナー　Ann E. Shinnar, PhD
トウーロ大学ランダーカレッジ準教授．ヌタウナギに関する項を査読．

マイケル・A・ザスロフ　Michael A. Zasloff, MD, PhD（別掲）
自然免疫および無顎綱に関する項を査読．

第6章

ロバート・B・バーロー　Robert B. Barlow, PhD
ニューヨーク州立大学機構アップステート・メディカル大学教授（眼科学），ビジョン・リサーチセンター長．カブトガニに関する項を査読．

ジュリア・K・バウム　Julia K. Baum
ダルハウジー大学（カナダ）PhD取得候補生．サメに関する項を査読．

アンドリュー・E・ディローチャー　Andrew E. Derocher, PhD
アルバータ大学教授（生命科学），国際自然保護連合天然資源・種の保存委員会・ホッキョクグマ専門家グループ長．ホッキョクグマの危機に関する項を査読．

フランクリン・H・エプステイン　Franklin H. Epstein, MD
ハーバード大学医科大学院教授（William Applebaum Professor）．アブラツノザメに関する項を査読．

ベアトリス・H・ハーン　Beatrice H. Hahn, PhD
アラバマ大学バーミンガム校医学・細菌学部教授．霊長類のHIVに関する項を査読．

ジェームス・ハンケン　James Hanken, PhD
ハーバード大学教授，比較動物学博物館キューレーター（爬虫・両生類学）．両生類の減少に関する項を査読．

マイケル・J・ラヌー　Michael J. Lannoo, PhD
インディアナ大学医学部教授（解剖学），国際自然保護連合両生類の個体数減少に関する特別調査委員会コーディネーター．両生類の減少に関する項を査読．，

リチャード・レヴィンズ　Richard Levins, PhD
ハーバード大学公衆衛生学大学院人口・国際健康研究部教授．両生類の減少に関する項を査読．

リチャード・ルイス　Richard Lewis, PhD
クインズランド大学分子生命科学研究室準教授，Xenome 社薬理学部長．イモガイの毒と病理に関する項を査読．

バルドメロ・オリヴェラ　Baldomero Olivera, PhD
ユタ大学主幹教授（生物学）．イモガイの毒と病理に関する項を査読．

パスカレ・J・パランボ　Pasquale J. Palumbo, MD
メイヨークリニック医学校名誉教授（医学）．クマの冬眠に関する項を査読．

デール・ピーターソン　Dale Petersen, PhD
『Eating Ape』の著者．絶滅の危険のある霊長類に関する項を査読．

カール・サフィナ　Carl Safina, PhD
ブルーオーシャン研究所共同設立者，所長．絶滅の危険のあるサメに関する項を査読．

ウイリアム・サージェント　William Sargent
『Crab Wars: A Tale of Horseshoe Crabs, Bioterrorism, and Human Health』の著者，NOVA サイエンスシリーズ顧問，ボルチモア水族館前館長，ウッズホール海洋研究所嘱託研究員．カブトガニに関する項を査読．

スコット・L・スクリーベ　Scott L. Schliebe, PhD
米国魚類野生動物保護局ホッキョクグマ保護プロジェクトリーダー．ホッキョクグマの絶滅危機に関する項を査読．

クリス・ショウ　Chris Shaw, PhD
クインーンズ大学（ベルファスト）薬学部教授（創薬）．両生類から得られる薬の項を査読．

ルイス・R・シーバル　Louis R. Sibal, PhD
アメリカ国立衛生研究所特別顧問，前動物研究部長．類人猿に関する項を査読．

バート・E・ヴォーン　Burt E. Vaughan, PhD
ワシントン州立大学トリシティーズ教授（生命科学）．巻貝に関する項を査読．

デヴィッド・B・ウェイク　David B. Wake, PhD
カリフォルニア大学バークレー校教授（生物学），脊椎動物博物館キューレーター（爬虫・両生類学）．両生類に関する項を査読．

マーク・S・ワーレス　Mark S. Wallace, MD
カリフォルニア大学サンディエゴ校準教授，鎮痛緩和医療センター長．イモガイの毒と薬理に関する項を査読．

リチャード・W・ランガム　Richard W. Wrangham, PhD
ハーバード大学教授（自然人類学）．絶滅の危険のある霊長類に関する項を査読．

マイケル・A・ザスロフ　Michael A. Zasloff, MD, PhD（別掲）
両生類およびサメ類から得られる薬剤に関する項を査読．

第7章

ベアトリス・H・ハーン　Beatrice H. Hahn, PhD（別掲）
野生動物食およびHIVに関する項を査読.

ワリッド・ヘーネイン　Walid Heneine, PhD
アメリカ疾病予防管理センターHIV薬剤耐性および動物原性レトロウイルス感染症研究施設長. HTLV（ヒトT細胞白血病ウイルス）に関する項を査読.

ウイリアム・B・カレシュ　William B. Karesh, DVM
野生生物保全協会フィールド獣医学プログラム委員長, 国際自然保護連合天然資源・種の保全委員会・野生動物の健康に関する専門家グループ副議長. 鳥インフルエンザに関する項を査読.

安岡 潤子　Junko Yasuoka, DSc, MPH
世界保健機構カンボジア事務所においてマラリア予防管理担当する研究者. 蚊の生態およびマラリアに関する項を査読.

第8章

ロザムンド・ナイラー　Rosamund L. Naylor, PhD
スタンフォード大学準教授（経済学）, 環境科学政策センター上席研究員, 食の安全と環境プログラム主事. 養殖漁業に関する項を査読.

ドナルド・H・フィスター　Donald H. Pfister, PhD
ハーバード大学教授（植物分類学）, ハーバリウム・キューレーター. 菌根に関する項を査読.

アン・プリングル　Anne Pringle, PhD
ハーバード大学有機・環境生物学部助教授. 菌根に関する項を査読.

ジャニス・E・ティース　Janice E, Thies, PhD
コーネル大学準教授（土壌生物学）. 窒素固定細菌に関する項を査読.

エルス・C・ヴェリンガ　Else C. Vellinga, PhD
カリフォルニア大学バークレー校植物・細菌学部講師. 菌根に関する項を査読.

第9章

L. タリーサ・ヴォルフェンバーガー　LaReesa Wolfenbarger, PhD
オマハ大学（ネブラスカ州）準教授. 遺伝子組み換え作物に関する項を査読.

ミシェル・マーヴィアー　Michelle Marvier, PhD
サンタ・クララ大学準教授, 環境研究所常任理事. 遺伝子組み換え作物に関する項を査読.

ハンス・R・ヘレン　Hans R. Herren, PhD
ミレニアム研究所役員, 国際昆虫生理生態研究センター（ICIPE）前部長. 遺伝子組み換え作物に関する項を査読.

索　引

学　名*

A

Abies lasiocarpa（ミヤマバルサム）　252
Acer rubrum（アメリカハナノキ）　253
Acer saccharum（サトウカエデ）　107
Achatina fulica（アフリカマイマイ）　99
Acidianus（アシディアヌスウイルス）　71
Acipenser oxyrinchus（チョウザメ）　97
Acris crepitans（キタコオロギガエル）　221
Acrocephalus griseldis（バスラオオヨシキリ）　112
Acropora cervicornis　102
Actinomycetales（放射菌目／アクチノミセターレ目）　169, 178
Adelges tsugae（ツガカサアブラムシ）　252
Aedes（ヤブカ属）　278, 280, 281
Aedes aegypti（ネッタイシマカ）　47, 67, 277, 290, 296, 297, 302
Aedes albopictus（ヒトスジシマカ）　293
Alauda arvensis（ヒバリ）　357
Alcanivorax borkumensis SK2（海洋細菌）　139
Alligator mississippiensis（アメリカアリゲーター）　104
Alluropoda melanoleuca（ジャイアントパンダ）　232
Alopex lagopus（ホッキョクギツネ）　118
Alopias vulpinus（マオナガ）　261
Amaranthus rudis（ヒユ属の1種）　353
Amaranthus tuberculatus（ヒユモドキ）　353
Amblyomma americanum　280
Ambrosia artemisiifolia（ブタクサ）　353
Ambystoma barbouri（バーバーサンショウウオ）　222
Ambystoma gracile（ブラウンサラマンダー）　220
Ambystoma macrodactylum（ユビナガサラマンダー）　220
Ambystoma punctatum（キボシサンショウウオ）　231
Ambystomatidae（トラフサンショウウオ科）　218
Ancylostoma caninum（犬鉤虫／イヌコウチュウ）　25, 168
Anopheles（ハマダラカ属）　278, 279, 281
Anopheles bellator　283
Anopheles costalis　46
Anopheles culicifacies　284, 293
Anopheles darlingi　282
Anopheles fluviatilis　284
Anopheles freeborni　47
Anopheles funestus　46
Anopheles gambiae（ガンビアハマダラカ）　67, 198
Anopheles kochi　46
Anopheles rhodesiensis　46
Anopheles subpictus　293
Anura（無尾目）　218
Aotus spp.（ヨザル類）　244, 247
Apis mellifera（セイヨウミツバチ／ヨウシュミツバチ）　56, 101
Aptenodytes forsteri（コウテイペンギン）　118
Arabidopsis thaliana（シロイヌナズナ）　32, 111, 191, 198, 350
Araneus diadematus（ニワオニグモ）　55
Archilochus alexandri（ノドグロハチドリ）　56
Argopecten irradians（アメリカイタヤガイ）　263
Aristichthys nobilis（コクレン）　341
Artemisia annua（クソニンジン／青蒿）　23, 160, 161
Asimina triloba（ポーポー）　145
Aspergillus（アスペルギルス属）　166, 227
Aspergillus fumigatus　211
Aspergillus sydowii　98
Aspergillus terreus　172
Astraptes fulgerator（アオネセセリ属の1種）　3
Atelopus（フキヤガマ属）　223, 225
Atelopus varius（アデヤカフキヤヒキガエル）　85, 121, 223
Atelopus zeteki（パナマゴールデンフロッグ）　225
Azadirachta indica（インドセンダン）　28, 184

B

Babesia（バベシア属原虫）　277
Bacillus anthracis（炭疽菌）　242
Bacillus sphaericus　296, 297
Bacillus thuringiensis israelensis　296
Bacillus thuringiensis var. *kurstaki*（バクテリアのクルスタキ変種）　352
Bacillus thuringiensis var. *san diego*　352
Bacillus thuringiensis（バクテリア）　346, 347
Bacteroides thetaiotaomicron　132
Batrachochytrium dendrobatidis（カエルツボカビ）　121, 223
Battarrea phalloides（コウボウフデ科の1種）　380
Bdelloura（ヒラムシのなかま）　269
Beauveria bassiana（真菌）　297
Beta vulgaris maritima（シービート）　318
Betula alleghaniensis（キハダカンバ）　323
Betula lenta（アメリカミズメ）　253
Biomphalaria（巻貝類）　279, 286
Biomphalaria pfeifferi　285
Blarina brevicauda（ブラリナトガリネズミ）　294
Blattella germanica（チャバネゴキブリ）　184
Boiga irregularis（ミナミオオガシラ）　99
Bombina bombina（ヨーロッパスズガエル）　231

Bombina maxima（オオスズガエル） 228
Bombina orientalis（チョウセンスズカエル） 228
Bombina variegate（ヨーロッパキバラガエル） 226
Bombus pratorum（マルハナバチ） 56
Borrelia burgdorferi（ライム病菌） 278, 292, 294
Bos grunneins（ヤク） 332
Bothrops jararaca（ハララカ） 25, 168, 169
Brassica juncea（カラシナ） 17, 138
Brassica napus（セイヨウアブラナ） 351
Brassica oleracea（マスタードの１種） 347
Brugia malayi（マレー糸状虫） 278
Bryopsis（ハネモ属） 26, 174
Buddleja spp.（フジウツギ属） 378
Bufo americanus（アメリカヒキガエル） 221
Bufo boreas（セイブヒキガエル） 37, 120, 220
Bufo periglenes（オレンジヒキガエル） 37, 223
Bugula neritina（フサコケムシ） 26, 175
Bulinus（巻貝類の１属） 279
Bulinus forskalii 283
Bulinus globosus 285
Bulinus nyassanus 296
Bulinus senegalensis 285
Bulinus truncatus 283-286
Busseola fusca（アフリカズイムシ） 311
Buteo jamaicensis（アカオノスリ） 49

C
Caenorhabditis elegans（線虫） 33, 187, 193, 198, 199, 350
Calidris canutus rufa（コオバシギの北米亜種） 270
Callinectes sapidus（ワタリガニ科の１種） 122
Callistemon rigidus（マキバブラシノキ） 56
Calomys musculinus（アルゼンチンヨルマウス） 277, 280
Calophyllum lanigerum（テリハボク属） 24, 165
Calophyllum teysmannii 165
Campylobacter jejuni（カンピロバクター） 295, 333
Candida albicans（カンジダ症菌） 227
Canis familiaris（イヌ） 330
Capra hircus（ヤギ種） 330
Carcharhinus leucas（オオメジロザメ） 268
Carcharhinus longimanus（ヨゴレ） 261
Carcharhinus obscurus（ドタブカ） 262
Carcharhinus plumbeus（メジロザメ） 268
Carcharodon carcharias（ホホジロザメ） 261
Castanea dentata（アメリカグリ） 101
Catharanthus roseus（ニチニチソウ） 24, 163
Catostomus commersonii（ホワイトサッカー） 106
Caudata（有尾目） 218
Cebus xanthosternos（アゴヒゲオマキザル） 38
Cedrus spp.（ヒマラヤスギ類） 158
Cephalosporium acremonium（真菌） 170
Ceratotherium simium cottoni（キタシロサイ） 112
Cercocebus atys（スーティーマンガベイ） 50, 299
Cercocebus spp.（マンガベイ類） 246, 247
Cercopithecus aethiops（サバンナモンキー） 243
Cercopithecus neglectus（ブラッザグエノン） 299
Cetonia aurata（キンイロハナムグリ） 56
Cetorhinus maximus（ウバザメ） 44, 262, 263
Chanos chanos（サバヒー） 340
Chlamydia trachomatis 198
Chlamydogobius squamigenus（Edgbaston Goby） 298
Choresine 230
Chrysanthemum cinerariae Jolium（ジョチュウギク） 182
Chrysoperia carnea（ミドリクサカゲロウ） 352
Chrysoperia sp.（クサカゲロウの１種） 55
Chrysops（メクラアブ属） 278, 281
Cinchona offcialinis（キナノキ類） 160
Clupea harengus（タイセイヨウニシン） 263, 335, 340, 371
Clupea pallasii（ニシン） 117
Coleoptera（甲虫目） 183
Commiphora spp.（没薬） 158
Conuropsis carolinensis（カロライナインコ） 87
Conus bullatus（ナツメイモ） 43, 260
Conus geographus（アンボイナガイ） 258
Conus imperialis（ミカドミナシ） 258
Conus magus（ヤキイモ） 43, 258
Conus purpurascens（アヤメイモ） 258
Conus radiatus（クリイロイモ） 258
Conus striatus（ナガイモ） 258
Conus striatus（ニシキミナシ） 43
Conyza Canadensis（ヒメムカシヨモギ） 353
Cotesia angustibasis（カリバチ） 316
Crassostrea virginica（バージニアガキ） 135
Crepidula fornicata（ネコゼフネガイ） 269
Crocuta crocuta（ブチハイエナ） 334
Cronartium ribicola（五葉松類発疹サビ病） 121, 252
Cryphonectria parasitica（クリ胴枯病菌） 101
Cryptococcus neoformans（クリプトコッカス症菌） 227
Cryptosporidium hominis（原虫寄生虫） 277
Cryptosporidium parvum（原虫寄生虫） 277, 301
Cryptotethya crypta（カイメンの１種） 176, 177
Ctenopharyngodon idellus（ソウギョ） 341
Culex（イエカ属） 281, 293, 297
Culex pipiens（イエカ） 278, 280, 286, 292, 303
Culex quinquefasciatus（ネッタイイエカ） 51, 280, 303
Culex tarsalis 292
Culex tritaeniorhynchus（コガタアカイエカ） 287
Culex vishnui 287
Cupressus sempevirens（イトスギ） 158
Cyprinus carpio（コイ） 341
Cypripedium candidum 180

D
Daktulosphaira vitifoliae（ブドウアブラムシ） 310
Danaus plexippus（オオカバマダラ） 56, 352
Danio rerio（ゼブラフィッシュ） 34, 202, 205
Deinococcus radiodurans（デイノコックス・ラディオドュラン

ス) 70
Delphinapterus leucas (シロイルカ) 104
Demodex brevis (ニキビダニ属の1種) 130
Demodex folliculorum (ニキビダニ) 130
Dendrobates (ヤドクガエル属) 225
Dendrobates pumilio (イチゴヤドクガエル) 225
Dendroctonus ponderosae (アメリカマツノキクイムシ) 121, 252
Dendroctonus rufipennis (キクイムシの1種) 41, 121, 251, 252
Dermacentor andersoni 280
Dermacentor occidentalis 280
Dermacentor variabilis 280
Derris (デリス属) 183
Diabrotica virgifera virgifera (ウェスタンコーンルートワーム) 54
Diapetimorpha introita (ヒメバチの1種) 55
Diazona 176
Diazona sp. (群体ホヤの1種) 27
Diomedea immutabilis (コアホウドリ) 11, 109
Diospyros virginiana (アメリカガキ) 145
Discodermia dissoluta (カイメン) 175
Diuraphis noxia (ロシアムギアブラムシ) 55
Drechslera teres (大麦網斑病) 185
Driessana polymorpha (カワホトトギスガイ) 100
Drosophila melanogaster (キイロショウジョウバエ) 29, 187, 198, 201

E
Echinacea (ムラサキバレンギク属) 179
Echinacea angustifolia 179
Echinacea pallida 179
Echinacea purpurea (ムラサキバレンギク) 27, 179
Ecteinascidia turbinata (ホヤ) 175
Ectopistes migratorius (リョコウバト) 87, 94
Eichhornia crassipes (ホテイアオイ) 10, 100, 139
Elaeis guineensis (ギニアアブラヤシ) 19, 146, 373
Elanus caeruleus (カタグロトビ) 314
Elysia rufescens 174
Engraulis encrasicolus (ヨーロッパカタクチイワシ) 61, 340
Engraulis japonicus (カタクチイワシ) 335, 340
Engraulis ringens (アンチョベータ) 335, 340
Enterococcus faecium (バンコマイシン耐性腸球菌) 265
Eomaia scansoria (エオマイア) 32
Ephedra (マオウ属) 253
Ephedra spp. (マオウ類) 250
Epipedobates (エピペオバテス属) 225
Epipedobates tricolor (ミイロヤドクガエル) 37, 226
Epomops franqueti (フランケオナシケンショウコウモリ) 241, 289
Eptatretus burgeri (ヌタウナギ) 214
Eptatretus stoutii 214
Erignathus barbatus (アゴヒゲアザラシ) 234
Erysiphe graminis (小麦うどんこ病/真菌) 185, 311
Escherichia coli (大腸菌) 132, 161, 187, 197, 198, 295, 339
Eschrichtius robustus (コククジラ) 97
Euglandina rosea (ヤマヒタチオビ) 99
Euphausia superba (ナンキョクオキアミ) 118
Euphydryas editha (エディタヒョウモンモドキ) 115
Eurycea bislineata bislineata (キタフタスジオナガサンショウウオ) 221

F
Fagopyrum esculentum (オオムギ) 360
Falco peregrinus (ハヤブサ) 105
Francisella tularensis (細菌) 280
Fulmarus glacialis (フルマカモメ) 233
Fusarium (フザリウム/赤かび病) 122, 310

G
Gadus morhua (タイセイヨウマダラ) 97, 116, 336, 369
Galeopsis ladanum (チシマオドリコソウ属の1種) 357
Gambusia affinis 298
Gambusia holbrooki (カダヤシ) 298
Geocoris sp. 55
Gigartina (スギノリ属) 174
Ginglymostoma cirratum (コモリザメ) 268
Ginkgo biloba (イチョウ) 40, 251, 253
Gloeophyllum (褐色腐朽菌) 138
Glossina (ツェツェバエ属) 281, 291
Glossina fuscipes (ツェツェバエ) 291
Glossina pallidipes (ツェツェバエ) 48
Glossina spp. (ツェツェバエ属種) 279
Glycyrrhiza glabra (カンゾウ) 158
Gorilla beringei beringei (マウンテンゴリラ) 39, 240, 249
Gorilla beringei graueri (ヒガシローランドゴリラ) 112, 240
Gorilla beringei (ヒガシゴリラ) 240
Gorilla gorilla diehli (クロスリバーゴリラ) 240
Gorilla gorilla gorilla (ニシローランドゴリラ) 240
Gorilla gorilla (ニシゴリラ) 240
Gracilaria chilensis (紅藻類) 342
Gymnophiona (アシナシイモリ目) 218
Gymnosperm (裸子植物) 250
Gyps bengalensis (ベンガルハゲワシ) 11, 105
Gyps indicus (インドハゲワシ) 105
Gyps tenuirostris (ハシボソハゲワシ) 105

H
Haemaphysalis spinigera (フタトゲチマダニ) 278
Haliaeetus leucocephalus (ハクトウワシ) 105
Halichoerus grypus (ハイイロアザラシ) 102
Haplorhines (直鼻猿亜目) 238
Harmonia octomaculata (テントウムシ) 316
Helianthus annuus (ヒマワリ) 56, 138, 139, 360
Helicoverpa zea (アメリカタバコガ) 55

Heliothis（キンウワバ属） 183
Hippotragus equinus 334
Hirudo medicinalis（チスイビル） 25, 166, 167, 168
Homonoidea（ヒト上科） 238
Hoplostethus atlanticus（オレンジラフィ） 369
Hyalophora cecropia（セクロピアサン／カイコガ） 35, 210, 212
Hydra vulgaris（ヒドラ類） 34, 204
Hydrodamalis gigas（ステラーカイギュウ） 96
Hyla chrysoscelis（コープハイイロアマガエル） 232
Hyla versicolor（ハイイロアマガエル） 221, 232
Hylobates moloch（ワウワウテナガザル） 39, 239
Hypericum perforatum（セイヨウオトギリソウ） 27, 179
Hypoaspis similisetae（ホソトゲダニ属の1種） 322
Hypogastruridae（ムラサキトビムシ科） 57
Hypomesus pretiosus（チカ） 117
Hypophthalmichthys molitrix（ハクレン） 341
Hypsignathus monstrosus（ウマヅラコウモリ） 241, 289
Hystrix cristata（アフリカタテガミヤマアラシ） 95

I

Icerya purchasi（イセリアカイガラムシ） 141
Ichthyomyzon fossor（ノーザンブルックランプレイ） 214
Ifrita kowaldi 230
Ixodes pacificus（マダニ属の1種） 292
Ixodes ricinus (European Tick) 51, 277, 278, 302
Ixodes scapularis（クロアシマダニ） 48, 277, 278, 290
Ixodes spinipalpis（クロアシマダニ） 292

K

Kaloula pulchra（アジアジムグリガエル） 220
Kappaphycus（オオキリンサイ属） 174
Katsuwonus pelamis（カツオ） 335

L

Lampetra appendix（アメリカンブルックランプレイ） 214
Lantana camara（ランタナ） 291
Lates niloticus（ナイルパーチ） 100
Lebia（ジュウジアトキリゴミムシ属） 1
Leishmania（単細胞寄生原虫リーシュマニア属） 278, 281
Lepeophtheirus salmonis（サケジラミ） 60, 339
Lepidoptera（鱗翅目） 184, 311, 352
Leptinotarsa decemlineata（コロラドハムシ） 352
Leptospira（レプトスピラ属） 278
Leucaena leucocephala（ギンネム） 54, 311
Limulus polyphemus（アメリカカブトガニ） 45, 270, 271
Linum usitatissimum（亜麻） 181, 360
Lissoclinum patella（ホヤの1種） 178
Littoraria irrorata（タマキビ（貝類）の1種） 122
Loa loa（ロア糸状虫） 278, 281
Lolium rigidum（ボウムギ） 349
Lonchocarpus（ロンコカルプス属） 183
Lophocebus kipunji（ハイランドマンガベイ） 239
Luffariella variabilis 176
Lumbrineris brevicirra（ギボシイソメの1種） 184
Lumpenus lampretaeformis（ウナギガジ） 116
Lutjanus campechanus（フエダイの1種） 117
Lutzomyia（サシチョウバエ） 278, 281
Lutzomyia longipalpis（サシチョウバエ） 47
Lycaon pictus（リカオン） 334

M

Macaca fascicularis（カニクイザル） 208, 245
Macaca mulatta（アカゲザル） 243, 244, 245, 248, 249
Macaca munzala（アルナチャルマカク） 239
Macaca nemestrina（ブタオザル） 246
Macaca nigra（クロザル） 39
Macaca spp.（マカク類） 247
Maclura pomifera（オーセージオレンジ） 145
Magnaphorthe grisea（真菌） 312
Mallotus villosus（カラフトシシャモ） 335
Malus domestica（リンゴ） 347
Malus pumila（セイヨウリンゴ） 347
Mandrillus sphinx（マンドリル） 299
Manduca quinquemaculata（トマトスズメガ） 55
Mansonia（ヌマカ属） 278, 281, 293
Mantella（アデガエル類） 225
Marmaronetta angustirostris（ウスユキガモ） 112
Mastomys natalensis（マストミス） 314
Medicago sativa（アルファルファ） 360
Megalobrama amblycephala（ダントウボウ） 342
Melanogrammus aeglefinus（コダラ） 116
Meliaceae（センダン科） 184
Melilotus alba（シロバナシナガワハギ） 360
Melilotus officinalis（シナガワハギ） 360
Melilotus spp.（シナガワハギ属） 25, 165
Mesocyclops 49
Mesocyclops（カイアシ類） 297
Metarhizium anisopliae（真菌） 297
Micromesistius poutassou（プタスダラ） 335
Mimosa pigra（オジギソウの1種） 351
Minyobates（ミニオバテス属） 225
Moho nobilis (Hawai'i O'o) 5
Montastrea annularis（イシサンゴ類） 42
Morone saxatilis（ストライプドバス／シマスズキ） 338, 371
Mus musculus（ハツカネズミ／実験用マウス） 187, 194, 198, 206
Mycobacterium tuberculosis（ヒト型結核菌） 170, 171
Mylopharyngodon piceus（アオウオ） 342
Myonycteris torquata（コクビワフルーツコウモリ） 241, 289
Myriophyllum brasiliense（オオフサモ） 134
Mytilus edulis（ヨーロッパイガイ） 269
Myxine glutinosa（ヌタウナギの1種／キタタイセイヨウヌタウナギ） 35, 213

N
Neotricula 279
Neurospora crassa（アカパンカビ） 193, 198
Niaparvata lugens（トビイロウンカ） 254, 316
Nicotiana rustica（マルバタバコ） 183
Nicotiana tabacum（タバコ） 183
Nomascus concolor（クロテナガザル） 239
Notaden bennetti（オーストラリアガエル） 229
Notaphthalmus viridescens（ブチイモリ） 230
Nucifraga columbiana（ハイイロホシガラス） 252

O
Onchocerca volvulus 284
Onchocerca volvulus（フィラリア寄生線虫類） 279
Oncomelania（巻貝類） 279, 283
Oncorhynchus kisutch（ギンザケ） 351
Oncorhynchus mykiss（ニジマス） 220
Oncorhynchus nerka 83
Operophtera brumata（シャクガ科の1種） 120
Ophionea nigrofasciata（クロオビクビナガゴミムシ） 316
Oreophrynella weiassipuensis（コイシガエル属） 219
Oryza rufipogon formosana（野生イネ） 318
Ostrinia nubilalis（ヨーロッパアワノメイガ） 352
Otocyon megalotis（オオミミギツネ） 334
Ovibos moschatus（ジャコウウシ） 121
Oxya volox（ハネナガイナゴ） 317

P
Pachymedusa dacnicolor（フトアマガエル） 228
Paederus fuscipes（ハネカクシ） 316
Paguma larvata（ハクビシン） 9, 95, 289
Pan paniscus（ボノボ） 40, 241, 250
Panthera leo（ライオン） 334
Pan troglodytes troglodytes（チンパンジーの亜種） 246, 298
Pan troglodytes（チンパンジー） 40, 198, 243, 250
Papaver somniferum（ケシ） 24, 158, 163
Papio spp.（ヒヒ類） 247
Parus caeruleus（アオガラ） 374
Parus major（シジュウカラ） 120, 374
Penicillium（アオカビ属） 26, 166, 170
Penicillium brevicompactum（アオカビ属） 172
Penicillium citrinum（アオカビ属） 172
Penicillium notatum（青カビ） 169
Pericanus occidentalis（カッショクペリカン） 103
Perkinsus marinus（パーキンサス属の原生生物の1種） 101
Peromyscus leucopus（シロアシネズミ） 48, 281, 290, 296
Peromyscus maniculatus（シロアシネズミ） 277, 303
Petromyzon marinus（ウミヤツメ） 214
Petunia hybrida（ペチュニア） 33
Pfiesteria piscicida（渦鞭毛藻） 58, 333
Phakopsora pachyrhizi（大豆さび病菌） 98
Phalacrocorax penicillatus（アオノドヒメウ） 117
Phanerochaete chrysosporium（白色腐朽菌） 138
Phlebotomus（サシチョウバエ） 278
Phoca hispida（ワモンアザラシ） 38, 108, 117, 234
Phoca sibirica（バイカルアザラシ） 102
Phoca vitulina（ゼニガタアザラシ） 102
Phormidium corallyticum（シアノバクテリア） 42
Phratora vulgatissima 83
Phyllobates（フキヤガエル属） 225
Phyllobates aurotaenia 230
Phyllobates terribilis（モウドクフキヤガエル） 230
Phyllomedusa sauvagei（ソバージュネコメガエル） 37, 224, 226, 227
Phyllomedusa spp.（ネコメガエル属） 228
Physostigma venenosum（カラバルマメ） 28, 183
Phytophthora infestans（ジャガイモ疾病菌） 185, 310, 349
Picea engelmannii（エンゲルマントウヒ） 252
Picea glauca（カナダトウヒ／シロトウヒ） 121, 251
Picea rubens（アカトウヒ） 107
Picrophilus（ピクロフィルス属） 70
Pilocarpus jaborandi 162
Pinguinus impennis（オオウミガラス） 94
Pinus albicaulis（アメリカシロゴヨウ） 252
Pinus longaeva（ブリッスルコーンパイン） 251
Pithoui 230
Planaria maculata（プラナリア） 35
Plasmodium（マラリア病原虫） 244
Plasmodium falciparum（熱帯熱マラリア原虫） 160, 244, 279
Plasmodium malariae（四日熱マラリア原虫） 244, 279
Plasmodium ovale（卵形マラリア原虫） 244, 279
Plasmodium relictusm（鳥マラリア原虫） 101
Plasmodium vivax（三日熱マラリア原虫） 244, 279
Plasmopara viticola（ブドウべと病） 185
Plethodontidae（アメリカサンショウウオ科） 218
Pleuragramma antarcticum（コオリイワシ） 118
Plutella xylostella（コナガ） 353
Poecilia reticulata（グッピー） 297, 298
Polistes dominula（ヨーロッパアシナガバチ） 56
Pongo abelli（スマトラオランウータン） 239
Pongo pygmaeus（ボルネオオランウータン） 39, 239
Porifera（海綿動物） 178
Poxvirus avium（鳥ポックスウイルス） 101
Prochloron（シアノバクテリア） 178
Propylea quatuordecimpunctata（ラントウムシ） 55
Prosimians（原猿亜目） 238
Prunus africana（アフリカン・プラム） 94
Pseudacris crucifer（トリゴエアマガエル） 232
Pseudacris triseriata（コーラスガエル） 232
Pseudomonas aeruginosa（緑膿菌） 191
Pseudophryne（ヒキガエルモドキ類） 225
Pseudopterogorgia elisabethae（ヤギ目の軟質サンゴ） 27, 176

Pteris ensiformis（イノモトソウ）　17, 139
Pteris vittae（モエジマシダ）　324
Pteropus hypomelanus（ヒメオオコウモリ）　288
Pteropus poliocephalus（ハイガシラオオコウモリ）　56
Pteropus vampyrus（ジャワオオコウモリ）　47, 288
Puccinia graminis（黒さび病菌）　53, 310
Puccinia recondita（小麦赤さび病）　185
Pueraria lobata（クズ）　99
Pygoscelis adeliae（アデリーペンギン）　118, 374
Pyricularia oryza（稲いもち病）　185
Pyrrhocoris apterus（タイリクホシカメムシ）　213

Q

Quercus rubra（アカガシワ）　253
Quercus suber（コルクガシ）　193

R

Rana cascadae（カスケードガエル）　220
Rana catesbeiana（ウシガエル）　220, 223
Rana esculenta（ヨーロッパトノサマガエル）　222, 231
Rana muscosa（ヤマキアシガエル）　220
Rana palustris（カワカマスガエル）　228
Rana pipiens（ヒョウガエル／キタヒョウガエル）　109, 221, 222, 231
Rana sylvatica（カナダアカガエル）　232
Rana temporaria（ヨーロッパアカガエル）　231
Ranunculus arvensis（キンポウゲ属の１種）　357
Rattus norvegicus（ラット）　198
Reticulitermes speratus（ヤマトシロアリ）　129
Rhincodon typus（ジンベエザメ）　262, 263
Rhinolophus ferrumeouinum（キクガシラコウモリ）　357
Rhinolophus hipposideros（ヒメキクガシラコウモリ）　357
Rhinoptera bonasus（クロガネウシバナトビエイ）　263
Rhizobium（リゾビウム／根粒菌／窒素固定菌）　309, 325, 360
Ribeiroia ondatrae（吸虫の１種）　221
Rodolia cardinalis（ベダリアテントウ）　18, 141
Rubus idaeus（ヨーロッパキイチゴ）　347

S

Saccharomyces cerevisiae（パン酵母）　161, 172, 198
Saguinus mystax（クチヒゲタマリン）　243
Saimiri spp.（リスザル類）　244
Salinispora　178
Salix alba vulgaris（ホワイトウィロー）　164
Salix spp.　83
Salmonella enteritidis（サルモネラ菌）　279, 286, 287, 295
Salmonella gallinarum　286, 287
Salmo salar（タイセイヨウサケ）　341
Saprolegnia ferax（カエルツボカビ）　120, 221
Sardinella aurita（サッパ）　340
Scaturiginichthys vermeilipinnis（Red Finned Blue Eye）　298
Schistosoma haematobium（尿路住血吸虫）　279, 284-286, 296
Schistosoma intercalatum（住血吸虫）　279, 283
Schistosoma japonicum（日本住血吸虫）　279, 283
Schistosoma mansoni（マンソン住血吸虫）　279, 285
Schistosoma mekongi（寄生虫）　279
Schmidtea mediterranea（プラナリア）　205
Sciurus griseus（セイブハイイロリス）　292
Scomber japonicus（マサバ）　335, 340
Scomber scombrus（タイセイヨウサバ）　263, 340, 371
Secale cereale（冬ライ麦）　360
Sedum sp.（マンネングサ）　56
Sequoia sempervivens（セコイア）　251
Serenoa repens（ノコギリヤシ）　180
Shigella（赤痢菌）　339
Simulium（ブユ）　279, 281, 284, 297
Solea solea（ホンササウシノシタ）　116
Solenopsis inpieta（ヒアリ）　184
Sousa chinensis（シナウスイロイルカ）　108
Spartina alteriflora（ヒガタアシ）　122
Sphyrna lewini（アカシュモクザメ）　261
Spiraea ulmaria　164
Spizaetus ayrestii（クマタカ）　314
Spodoptera（スポドプテラ属）　183
Squalus acanthias（ニシアブラツノザメ）　44, 187, 261, 265, 267, 268
Staphylococcus aureus（メチシリン耐性黄色ブドウ球菌）　265
Staphylococcus aureus（黄色ブドウ球菌）　170, 186
Stenella coeruleoalba（スジイルカ）　102
Sternus vulgaris（ホシムクドリ）　99
Strepsirhines（曲鼻猿亜目）　238
Streptomyces aureofaciens（放線菌）　171
Streptomyces avermitilis（土壌細菌）　173, 184
Streptomyces coelicolor　173
Streptomyces griseus（細菌）　170
Streptomyces hygroscopicus（真菌）　172
Streptomyces peucetius　171
Streptomyces rimosus　171
Strobilurus tenacellus（マツカサシメジ）　28, 185
Sus domestica（ブタ）　210
Swainsona recta（スモール・パープル・ピー）　180
Syncerus caffer　334

T

Tabebuia impetiginosa　162
Tamiasciurus hudsonicus（アメリカアカリス）　120
Tamias striatus（トウブシマリス）　294
Taudactylus eungellensis（タニガエル属の１種）　224
Taxus brevifolia（タイヘイヨウイチイ）　41, 251, 254, 255
Telenomus rowani（タマゴクロバチ）　316
Tephrosia（ナンバンクサフジ属）　183
Terebra dussumieri（ヌリツヤトクサ）　43

Tetrastichus schoenobii（ヒメコバチの1種） 316
Thatcheria mirabilis（チマキボラ） 43
Theragra chalcogramma（スケトウダラ） 335
Thermus aquaticus（好熱菌） 198
Thlaspi caerulescens（グンバイナズナ） 138
Thryonomys swinderianus（アフリカヨシネズミ） 95
Thunnus maccoyii（ミナミマグロ） 336
Thunnus thynnus（タイセイヨウクロマグロ） 369
Toxorhynchites（オオカ属の蚊） 297
Toxorhynchites splendens 49
Trachurus murphyi（チリマアジ） 335, 340
Tragelaphus eurycerus 334
Tragelaphus imberbis（レッサークーズー） 334
Tragelaphus strepsiceros 334
Trapelia involuta（地衣） 138
Trematocranus placodon（カワスズメ科魚類） 48, 296
Trichechus manatus（アメリカマナティー） 103, 117
Trichiurus lepturus（タチウオ） 335
Trifolium pratense（ムラサキツメクサ） 56
Triticum durum（デュラムコムギ） 360
Triton cristatus（ホクオウクシイモリ） 231
Triton taeniatus（イモリのなかま） 231
Trituris vulgaris（スベイモリ） 222
Trypanosoma brucei（ブルーストリパノソーマ） 279
Trypanosoma brucei rhodesiense（ローデシアトリパノソーマ） 291
Trypanosoma cruzi（クルーズトリパノソーマ） 279
Tursiops truncatus（ハンドウイルカ） 102

U
Uncaria tomentosa（キャッツクロー） 162
Ursus americanus（アメリカクロクマ） 38, 235, 237
Ursus arctos horribilis（ハイイログマ） 252
Ursus maritimus（ホッキョクグマ） 36, 38, 232-238
Ursus thibetanus（ツキノワグマ） 232

V
Vanellus vanellus（タゲリ） 357
Vanessa cardui（ヒメアカタテハ） 56
Varecia variegata（シロクロエリマキキツネザル） 38
Vermivora bachmanii（ムナグロアメリカムシクイ） 87
Vibrio cholerae（コレラ菌） 50, 301, 339
Vinca rosea（ニチリンソウ／ニチニチソウ） 94, 163
Vulpes vulpes（アカギツネ） 49, 78

W
Wuchereria bancrofti（回虫） 278
Wyeomyia smithii（双翅類（蚊）の1種） 120

X
Xenopus laevis（アフリカツメガエル） 187, 208, 212, 222, 223, 226, 227, 231, 265

Z
Zea mays（トウモロコシ） 63

事　項

あ
アーユルヴェーダ療法 159
アイルシェミウス，ファニー 192
アインシュタイン，アルバート 125
アヴェロエス 190
アウレリウス，マルクス 188
赤かび病 310
アクロソーム反応 271
アスピリン 164
アセチルコリン 258
アセチルコリン受容体 226
アッ＝ザフラウィー，アブー・アル＝カースィム 190
アトラジン 140, 221
アトロピン 159
アビセンナ 22, 190
アブラヤシ農場 239
アヘン剤 258
アポトーシス 199
アミノグリコシド系薬品 170
アリストテレス 159, 192
アルカロイド 163, 225, 258
アルクマエオン 188
アルコール依存症 261
アルゼンチン出血熱 277
アルツハイマー病 197, 199, 210, 248, 259, 261
アルテミシニン 160
アルトマン，ジョセフ 209
アルトマン，スチュアート 249
アルブカシス 190
アル・ラーズィー 190
アントラサイクリン類 171

い
イエローストーン国立公園 198
イエローストーン・ユーコン保全イニシアティブ 379
硫黄・窒素化合物 152
イオンチャネル 260, 261
生きている地球指数 91
異常気象 331
イスハーク，フナイン・イブン 190
イスラム医学 190
遺伝学 191

す

せ

そ

た

ひ

ふ

へ

ほ

ま

み

む

め

も

や

ゆ

よ

ら

り

る

れ

ろ

わ

* 学名には現在使われていないものがあるが，原文のまま掲出した．

訳者紹介

小野　展嗣（おの ひろつぐ）
（別　記）

武藤　文人（むとう ふみひと）
（別　記）

中立　元樹（なかだて もとき）
東北大学大学院農学研究科博士後期課程終了
博士（農学）

原田　　純（はらだ じゅん）
北海道大学大学院農学院修士課程修了
修士（農学）

本郷　尚子（ほんごう なおこ）
フリーランス生物系編集者.
1958年, 福岡県北九州市生まれ.
日本女子大学家政学部生物学科卒.

監訳者紹介

小野　展嗣（おの ひろつぐ）

1983年，ヨハネス・グーテンベルク大学（ドイツ・マインツ市）生物学部中退．国立科学博物館研究主幹，九州大学大学院地球社会統合科学府客員教授（兼任）．帝京科学大学非常勤講師（博物館学）．理学博士（京都大学）．主な著書：『学研の図鑑クモ』（共著，学習研究社，1976），『くらしの昆虫記』（編著，日経サイエンス，1992），『クローズアップ図鑑・湿地の生き物』（訳著，岩波書店，1994），『節足動物の多様性と系統』（共著，裳華房，2008），『広辞苑第六版』（分担執筆，岩波書店，2008），『日本産クモ類』（編著，東海大学出版部，2009），『動物学ラテン語辞典』（編著，ぎょうせい，2009），『岩波生物学辞典』（分担執筆，岩波書店，2013），『NEO 危険生物』（共著，小学館，2017）．

武藤　文人（むとう ふみひと）

北海道大学大学院水産学研究科博士後期課程単位取得退学．TRAFFIC East Asia，（独）水産総合研究センターを経て，東海大学海洋学部水産学科生物生産学専攻准教授．博士（水産学）（北海道大学）．おもな著書：『水族館の仕事』（分担執筆，東海大学出版会，2007），『生物系統地理学 種の進化を探る』（監訳，東京大学出版会，2008），『カール・フォン・リンネ』（解説，東海大学出版会，2011），『ダーウィンフィッシュ －ダーウィンの魚たち A～Z』（共訳，東海大学出版会，2012），『日本産稚魚図鑑 第二版』（分担執筆，東海大学出版会，2013），『マグロの資源と生物学』（分担執筆，成山堂書店，2014），『MONSTER HUNTER 超解釈生物論，同 II』（分担執筆，笠倉出版社，2014），『NEO［新版］魚』（分担執筆，小学館，2015），『幡豆の干潟探索ガイドブック』（分担執筆，総合地球環境学研究所，2016），『地域と対話するサイエンス：エリアケイパビリティ論』（分担執筆，勉誠出版，2017），『駿河湾学』（分担執筆，東海大学出版会，2017）．

装丁　中野達彦

サステイニング・ライフ
－人類の健康はいかに生物多様性に頼っているか－

2017年10月20日　第１版第１刷発行

編著者　アーロン・バーンスタイン，エリック・チヴィアン
監訳者　小野展嗣，武藤文人
発行者　橋本敏明
発行所　東海大学出版部
〒259-1292 神奈川県平塚市北金目4-1-1
TEL 0463-58-7811　FAX 0463-58-7833
URL http://www.press.tokai.ac.jp/
振替　00100-5-46614
印刷所　港北出版印刷株式会社
製本所　誠製本株式会社

ISBN978-4-486-01898-8